云南省
科学技术哲学与科学技术史研究生
论坛优秀论文集

第十届

云南省自然辩证法研究会
云南大学政府管理学院哲学系 编

科学技术文献出版社
SCIENTIFIC AND TECHNICAL DOCUMENTATION PRESS

·北京·

图书在版编目（CIP）数据

云南省科学技术哲学与科学技术史研究生论坛优秀论文集.第十届／云南省自然辩证法研究会，云南大学政府管理学院哲学系编. —北京：科学技术文献出版社，2023.11

ISBN 978-7-5235-0776-6

Ⅰ.①云… Ⅱ.①云… ②云… Ⅲ.①科学哲学—文集 ②自然科学史—文集 Ⅳ.① N02-53 ② N09-53

中国国家版本馆 CIP 数据核字（2023）第 182119 号

云南省科学技术哲学与科学技术史研究生论坛优秀论文集（第十届）

策划编辑：崔　静　　责任编辑：韩　晶　　责任校对：张永霞　　责任出版：张志平

出　版　者	科学技术文献出版社
地　　　址	北京市复兴路15号　　邮编　100038
出　版　部	（010）58882943，58882087（传真）
发　行　部	（010）58882868，58882870（传真）
官方网址	www.stdp.com.cn
发　行　者	科学技术文献出版社发行　全国各地新华书店经销
印　刷　者	北京厚诚则铭印刷科技有限公司
版　　　次	2023 年 11 月第 1 版　2023 年 11 月第 1 次印刷
开　　　本	787×1092　1/16
字　　　数	729千
印　　　张	41.75
书　　　号	ISBN 978-7-5235-0776-6
定　　　价	128.00元

云南省科学技术哲学与科学技术史研究生论坛优秀论文集（第十届）

编　委　会

前 言

2023 年 4 月 20 日是云南大学百年华诞，习近平总书记发来贺信，"向全体师生员工和广大校友，致以热烈的祝贺和诚挚的问候"，给予云南大学全体师生极大的鼓舞和支持！云南大学秉承"会泽百家、至公天下"的精神，百年来为国家培养和输送了大量的高端人才，为西部高等教育和经济社会的发展做出重大的开创性贡献。

在庆祝百年华诞的盛大活动中，云南大学政府管理学院哲学系和云南省自然辩证法研究会联合举办第十届云南省科学技术哲学与科学技术史研究生论坛，在此，衷心感谢云南省自然辩证法研究会的领导，特别是理事长杨玲教授、荣誉理事长诸锡斌教授、副理事长樊勇教授、副理事长胥春雷教授，以及云南大学政府管理学院哲学系系主任杨勇教授等领导，他们为本次论坛的举办付出了大量的劳动，并衷心感谢云南师范大学等兄弟院校对本届论坛的大力支持。正如云南大学政府管理学院李娟书记在论坛开幕式上对各位嘉宾的欢迎辞中所述："能恭请到云南省自然辩证法研究会的各位领导、理事、专家及云南省兄弟院校的师生们齐聚云南大学呈贡校区，在云山之侧、泽湖之畔，共商科技创新之道，共谋中华复兴之方，切磋精湛之学问，琢磨微妙之道理，是我们的荣幸！师生共聚一堂，求真求善，究竟是非，碰撞思想的火花，品味精神王国的美丽和庄严，这样的学术研讨会议，这样的学术盛宴，是送给云南大学的珍贵的生日礼物！"

在各方的大力支持下，第十届云南省科学技术哲学与科学技术史研究生论坛于 2022 年 11 月 5 日在美丽的云南大学呈贡校区如期举行，论坛的主题是"科技创新与中华民族伟大复兴"。由于新冠疫情的影响，论坛首次采用线上线下相结合的方式进行。云南大学、昆明理工大学、云南师范大学、云南农业大学、昆明医科大学、西南林业大学、云南民族大学、大理大学等 8 所高校相关专业的研究生向论坛交来了研究论文 233 篇，论坛取得了圆满成功！在各校相关导师的精心指导下，一些论文颇有新意，值得学界注意。我们以各高校为单位，邀请了相关专业的专家和老师对这些论文进行评选，共评选出优秀论文一等奖 38 篇、二等奖 70 篇、三等奖 88 篇。为了方便学术交流、分享研究成果，也为了促进云南省科学技术哲学与科学技术史的教学和研究更好地发展，在科学技术文献出版社和中国科学技术出版社的大力支持下，我们从收到的这些论文中择优选编了这本论文集。由于论文撰写者是研究生，且内容繁多、涉及面广，多有不成熟之处，致使编辑难度很大，错误在所难免，恳请读者谅解并批评指正。

编者

2023 年 4 月 26 日

目 录

一等奖

本届论坛获一等奖的论文共 38 篇，本书全文发表其中的 36 篇。云南农业大学获一等奖的论文《以种业创新夯实中华民族复兴之基》（作者：郭川汇、王家欣）与《农村高校助力乡村振兴》（作者：李欣欣）都已约定在别的刊物上发表，故本书不再刊载。

论 AI 诗歌创作原始性的匮乏

方瑞韬　陈泓邑

（云南大学政府管理学院）

"人工智能"（Artificial Intelligence，AI）目前已经可以完成各式各样的、过去一直被认为专属于人的认知任务。从早期战胜国际象棋冠军的"深蓝"，到使用深度学习算法攻克围棋任务的 AlphaGo，再到 AI 绘画与诗歌创作，至少在特定认知任务上，AI 已经可以媲美甚至超越人类。虽然图灵（Alan Turing）所设想的通过图灵测试的 AI 目前尚未出现，但部分 AI 诗歌似乎已经到了"以假乱真"的程度，许多人越来越难以分辨一首现代诗究竟是由 AI 创作还是由人创作。在 AI 诗歌创作领域，弱化版的图灵测试标准——是否可以分辨其由 AI 还是由人创作——似乎已经被许多 AI 所达成。然而，深入的分析将表明，由于真正的诗歌，它的真实性、真情实感，需要通过人类所独有的"原始性"、人类的真实经验来辩护，而即使 AI 能够在相应的场合吐出相应的词句，根据定义，AI 也没有产生真实的感受和体验来辩护词句的真实性，因而 AI 诗歌还不是诗。AI 吐出的词句即使和人类的作品无法分辨，其究竟是真是假，是说谎还是完全没有真值而只是一堆声音和笔画？一旦思考这些问题，任何主张 AI 目前创作出了真正诗歌的人都将陷入困难。

一、AI 简史：从计算表征到深度学习

AI 这个"名称"由约翰·麦卡锡（John McCarthy）于 1956 年的达特茅斯会议上

作者简介：方瑞韬，男，云南大学政府管理学院外国哲学专业硕士研究生。

通讯作者简介：陈泓邑，男，云南大学政府管理学院讲师。

第一次提出，但第一个提出 AI"概念"（1950 年）的却是艾伦·图灵（Alan Turing）。在图灵的年代，想要进行复杂的运算必须把算式拆分化简，并筹集大量用纸笔来计算的计算代理人（Computing Agent）进行运算。所以图灵设想了一台能够代替大量计算代理人的运算机器，取名为"图灵机"（Turing Machine）。

图灵机被设想为拥有无限的内存位置和一个中央处理器。这些内存位置以线性排列，每一个位置等同于一个计算人员的办公桌，而中央处理器等同于一个心无旁骛的万能计算者，它以相同的线性轨迹运动，一次访问一个内存位置，有权限写入或擦去一个符号，也可以按线性顺序返回上一个位置或前往下一个位置。中央处理器具体进行的操作取决于两个事实：第一，内存位置现有符号是什么；第二，由设计者设计的一套机械逻辑指令的要求是什么，例如要找出所有奇数还是找出所有偶数。图灵认为，图灵机的工作原理虽然简单，但却能"复制"人类所能执行的任何符号算法，能够完成传统上只有人才能够完成的计算这一认知任务。图灵机完成这些任务的方式，是依据特定的规则即算法对符号表征进行操作。

虽然图灵的设想一开始只针对解决数学计算问题，其操作的"符号"只包括逻辑与数学符号，而不包括人类日常语言中的词句、图画、音乐等广义"符号"，但在图灵机上被看到的一种可能性——人类的智能，如果其本质也是依据特定的"规则"，对（广义）"符号"进行操作，那么原则上人类的智能可以被机器模仿——使得图灵提出了著名的"图灵测试"（the Turing Test）："如果一台机器能够与人类展开对话（通过电传设备）而不被辨别出其机器身份，那么称这台机器具有智能。"[①]

依据上述传统的"表征计算主义"开发的算法，虽然可以出色完成特定任务，比如下国际象棋，但在围棋、图像识别等任务中仍然表现平平。依据"联结主义"的计算观开发的算法为处理这些认知任务带来了希望。与表征计算"将信息视为浓缩在单个或多个符号之中，计算的任务是通过依据规则对这些符号进行操作来实现的"不同，联结主义中，信息全局地分布在人工神经网络之中：人工神经网络即设置许多作为人工神经元的节点，每一个节点代表不同的特定函数，这些节点被分布在输入层、中间—隐藏层和输出层，节点与节点之间的联结可以被赋予不同的权重，符号信息在节点间的运动路径根据不同权重来调整，不再是表征计算主义中的线性模式。其中隐藏层超过 3 层的神经网络被称之为"深度神经网络"。在图像识别这样的任务中，研究人员将大量已经被人类完成分类的样本数据从输入层输入，通过这种被称为"监督学

---

① 中华人民共和国国家互联网信息办公室 . 人工智能发展简史 [EB/OL]. [2022-06-11]. http://www.cac.gov.cn/2017-01/23/c_1120366748.htm.

习"的训练模式使算法能够在输出中对已有数据进行正确识别，之后，研究人员会用新的、算法从未见过的样本作为输入，考察其是否依然能够给出正确的输出，并通过对输出结果好坏的反馈使 AI 调整各节点的权重。这种使 AI 自我学习的方法又被称作"深度学习"（Deep Learning）。

AI 诗歌写作算法是基于深度学习的。当下的"大规模深度学习模型"可以将几乎所有可以找到的人类作者所创作的古诗词和现代诗作为"学习"对象，训练算法在接受特定的输入[①]时输出一首"诗"的能力。该过程实际上是总结人们写诗时常用的辞藻、搭配、意象、格式，将其转化为人工神经元之间不同的联结权重，使得"输入"能够更可靠地关联到"输出"。算法在被投入使用后，它们会从使用者那里分析接收到的图片和关键词，将其解码至数据库，并依据通过训练形成的、接收到特定输入时人工神经元之间会形成的特定联结模式（pattern）输出一首"诗"。

二、AI 创作了真正的诗歌？图灵测试的弱化版

"小冰"这款专为写现代诗而生的 AI 于 2016 年问世，并在互联网引起了针对"AI 能否'像人一样'写诗"这一问题的热烈讨论。许多人已经无法将其创作的诗歌和人的诗歌区分开。尽管与经典的图灵测试有别，但论证"AI 已经具有了创作诗歌的智能，能够创作真正的诗歌"的理由，仍然来自图灵测试。该理由可呈现为："如果一首由 AI 创作的诗歌能够被一个对作者身份毫不知情的读者辨别为人类的作品，就可称这个 AI 能够创作真正的诗歌。"这可称作"诗歌版图灵测试"（the Turing Test of Poem, TTP）。

经过对不同诗歌写作系统[②]的试用，文章选择[③]这首以当下流行的"内卷"作为关键词在"诗三百"上所"写"的诗，展开对 TTP 的讨论：

内卷

一个人的内卷，是一张白纸
我在写诗，但没有写出来

---

① 如关键词等。
② 继"小冰"后，和它类似的"华为乐府"（2019 年上线）、"诗三百"（2020 年上线）及"清华·九歌"（2022 年上线）等一批诗歌写作系统相继问世。
③ 选择原因是该作品没有出现其他备选作品中低级的语法错误或过分撕裂的意象。

他们说，我要把这张白纸撕碎

　　然后，将它撕开

　　那些黑色的字迹

　　像两只鸟飞过，而且

　　　又很快地

　　落在了同一片叶子上

可见，该诗具有典型的现代诗格式，例如相对不规则的分行与分段，不过这只是对格式的简单模仿，并不能说明什么。重点是，它能否"表达出"某些"意义"而使一个毫不知情的人类读者难以分辨这首诗的作者是人还是 AI？如果读者认为这是人写的，我们又能否以该结果为依据判断"该 AI 创作了真正意义上的诗歌——AI 具备了智能"？总之，这首《内卷》作为 TTP 的测试素材能否通过测试？结合作为关键词和标题的"内卷"，这首诗乍看似乎不难"读懂"，不难通过此诗"看出""作者"的心境：

从意象上看，"白纸"一方面意味着渴望但还未实现的梦想，另一方面也意味着内卷本身。因为如果把"写不出来"理解为付出了很多努力但无法从众多同样努力的人中脱颖而出，即内卷的失败，那"在纸上写出来"就意味着在内卷竞争中胜利得到"可观"成果，而"我要把这张白纸撕碎"就是指对梦想和内卷的放弃。"他们"指代与"我"同样在撕碎白纸，即同样在放弃梦想和内卷的人。那么，"黑色字迹"体现了"我"在放弃内卷时一同放弃的曾经那些豪言壮语的具象化和普遍性，即这些豪言壮语会再次出现在一个即将进入内卷的新人身上。这里也就可以顺势把接住"黑色字迹"的"叶子"理解为和"白纸"同构的东西，代指一个满怀希望投身内卷的新人的梦想。整诗所传递出的对美好的求而不得、对梦想的私人毁坏、对苦痛在同侪间轮回的洞悉仿佛就是"内卷"最好的注脚。

因而，在 TTP 中，部分读者会做出"这是由人类创作"的判断，创作《内卷》这首诗歌的算法于是通过了 TTP 的测试。但这是否可以为"AI 具备智能"提供足够有力的辩护？又能否证明 TTP 的可行性？

本文将在后续论证：虽然 AI 诗歌极具迷惑性，但由于缺少人类的"原始性"，AI 在诗歌创作方面仍"落后"于人，无法因为通过 TTP 而为自己"具有智能"辩护——TTP 并不可行。

三、AI 没有创作真正的诗歌：原始性在创作中的体现

在心灵哲学（Philosophy of Mind）领域，曾有这样一个思想实验：查尔莫斯（David John Chalmers）提出，假设一个世界在物理方面和我们的世界完全一样，但它的原住民是"僵尸"，它们与影视剧里青面獠牙的僵尸形象无关，相反，它们在外观和行为上与人相仿，但没有任何"心理活动—感受"，也就是没有通常被我们设想为"主观经验（subjective experience）"的意识。例如"僵尸们"可以在路过夜市时说出"好香啊"之类的话，但实际上它们并不能真正"感受到"食物的香气。

对于本文讨论的 AI 而言，提到"哲学僵尸"的意图在于，就创作诗歌这一点来说，AI 除了没有和"僵尸"一样的拟人躯壳，其余方面可谓毫无二致：二者都可以进行拟人的言说（utterance）①——在依据"内卷"的关键词"创作"出一首诗歌的 AI，根据其定义，无法"感受到"所谓内卷的经验——但二者的言说—创作均没有主观经验作为前提。"哲学僵尸"和 AI 诗歌作者之间的上述相似性，使我们可以合理地期待，心灵哲学关于"哲学僵尸"的讨论，可以为我们讨论 AI 是否创作出了真正的诗歌提供启发。

批评"哲学僵尸"之"可设想性"的其中一个论证，主张我们在获得经验时产生的鲜活的感受——感受质（qualia），可以为我们因经验而产生的言说的真实性提供辩护。感受质在其被提出时，曾经被用于批评物理主义：主张世界中有一些非物理的基本事实②。

该论证极具争议，但被普遍接受的是，我们确实有"感受质"的知识——例如前面提到的对夜市美食的"香"本身的感受——而这些知识会影响我们的行为，并且可以辩护我们在经历某种经验、体验时的言说的有效性和真实性。

根据 AI 的定义及其内部的工作机制，AI 不可能具有人类或生物特有的感受质，但它又能在获得适当的关键词时"说—输出"传统上人才可能说出的语词，因而可以被类比为弱化的"哲学僵尸"："哲学僵尸"在所有人类行为上都与人无法分辨，只是没有意识与意识中体会到的感受质，AI 在诗歌创作上看起来与人无法分辨，只是缺乏人在创作诗歌时所具有的鲜活体验。文章接下来将进一步阐明，这意味着 AI 创作诗歌缺乏人类所独有的"原始性"。

对于类似"哲学僵尸"的 AI 来说，缺乏感受质会导致它无法"看到"真实的世界，

---

① 包括诗歌创作。

② LEVINE. Materialism and qualia: the explanatory gap [J] . Pacific philosophical quarterly, 1983（64）: 354-361.

也就无法为自己的言说即诗写的"创作内容"的有效性及"创作冲动"的真实性提供辩护。

（一）原始性对"创作内容"有效性的辩护

假设一个真正诗人的创作内容默认具有有效性，则该有效性将表现为其主观经验具有真实性，即诗人确实"看到"了真实的世界。在此可以对比呈现在人类和 AI 面前的世界有何不同。

卡西尔（Ernst Cassirer）在其代表作《语言与神话》里提出，康德及其之前的认识论研究，都把重心放在作为自然科学对象的事物如何呈现和被认识，即科学观测对象[①]的呈现形式，却没有重视作为人文科学对象的事物即世界"最开始"在原始人那里的呈现形式。例如，在一个作为自然事物的太阳被认识之前，太阳在人类的认知中是怎样的存在？这样的认知又是如何形成的呢？要想回答这些问题，就必须回答：人类是如何从物我交融的拉康（Jacques Lacan）意义上的"实在界"（The Real）[②]中"脱离"出来的——人类是如何"看见"世界的？卡西尔对此的回答是：人类是通过"语言"及"神话"实现这一伟大飞跃的。在卡西尔那里，语言和神话的发生并不遵循传统的说法，即前者被认为是人类在"已经"被经验所呈现出的现象世界中为了对认识对象进行把握而工具性地使用的音节和符号，而后者被认为是人们在科学技术无法揭露万物运动的真相前通过拟人的故事来反映各种规律的落后产物。恰恰相反，他认为，语言和神话是我们"得以"经验世界的前提。

因为，在知性形式参与认识之前，我们的认识工具只有直观的感性形式，而呈现出来的事物也都没有明确的边界，甚至我们是无法区别自己与呈现之物的，可把这种状态理解为那时的我们身处"实在界"。而在我们受到外物的刺激时，这种刺激使我们意识到"我"与"非我"的异质性，此时拉康意义上的"想象界"（Imaginary Order）[③]从"实在界"中浮现了出来，直观之物在我们眼中也才逐渐开始有所区分。而这种区分迫使原始人"不受控制"地发出不同音节来与呈现在自己面前的不同"新事物"相配合，这可视作人类第一次产生指称冲动并使用"最早的语言"尝试去符号化外物，即拉康意义上的"象征界"（Symbolic Order）[④]得以发生。卡西尔据此认为，语言是与

---

① 以数学尺度作为基础的世界。
② 主体和自然完全融为一体，不分彼此的世界。
③ 被认识主体想象出的一个"我"与"非我"所组成的世界。
④ 认识主体以语言—符号来把"实在界"细分为杂多并对不同杂多有不同指称的世界。

人类意识所对象化的世界"同时"诞生的，即语言也是人类对现象世界的先天认知形式之一。他强调，语言本身就是知性范畴，即正是在一种对破碎的"实在界"进行指称的冲动下，我们开始了意向性的认识。

卡西尔进一步指出，此时的现象世界还并不稳固。在指称冲动使认识对象有所区分后，在部族生活里得到统一的语言系统又把这些对象纳入自己的表达当中，从而使对象之间不仅能在人的意识中相互区分，而且能在意识中共存，也就是说多个截然不同的对象能在语言中组合成为一个"生态系统"，至此"实在界"被"想象界"和"象征界"呈现出来的杂多才具有了"稳固的区分状态"。人们通常会将这种表达了对象间关系的稳固区分状态以"神话"的形式确定下来，进而"开始看到"一个稳固的"现象世界"，也就是说让"象征界"成为囊括所有认识对象的"意义世界"。如果从卡西尔把神话、艺术、科学都平等地视为一种先天认知形式，即一种"（呈现）实在的器官"① 的意义上来说，诗歌同样是这些"器官"之一，更确切地说，因为神话是古人以非科学尺度的语言表达"实在界"的结果，而这与诗人的创作如出一辙，则可以说：神话是最早的诗歌，而诗歌是如今仍在被书写的神话。

但是，卡西尔的理论仍然需要补充，他没有看到人类即使在知性上进入了"象征界"，但人类的"身体"和"存在"本质上依旧是"实在界"的住民，又因为"象征界"无法完全囊括"实在界"②，所以"象征界"并不会彻底遮蔽"想象界"和"实在界"，而是与其他两界共同构成人类的经验世界。所以，呈现在人类面前的世界是以清晰的"象征界"和相对模糊的"想象界"与"实在界"共同构成的世界，就是说我们的"象征界"里存在着"未被符号化的实在"。

而 AI 的经验世界是什么？无非是"纯粹的数据"，或者说是"彻底完成符号化的纯粹的象征界"。虽然"实在界"并不能肯定就是"最基础"的，但是相比"象征界"却更具有"真性"。

总之，人的"原始性"在这里体现为：人是动物，有着"完整的身体"，包括原始的身躯、感官和感受质，由于无法完全摆脱"前符号—语言状态"，所以人类可以"触"到"实在界"；同时人类还有"无中生有"地从"实在界"符号化对象即"发生语言"的能力。前者作为一种"亲密的认识论关系"（intimate epistemic relation），既确保我们对于主观经验是"熟悉的"（acquainted），也证明我们声称了解它们是"得到辩护的"（justifies），证明我们依据它们所叙述的创作内容是"有效的"。相反，虽

---

① 恩斯特·卡西尔.语言与神话［M］.于晓，等译.北京：生活·读书·新知三联书店，2017：36.
② 因为任何语言都无法完全表达"我的存在"本身。

然我们假定了 AI 是以同一种方式和人类一起"看"世界的，但实际上 AI 只能受限于它的编程"看"到特定类型的数据。二者的"看"一真实一虚拟，导致二者"看到的世界"也是一真实一虚拟。所以，相比之下，AI 的创作没有主观经验——其创作的"前端"是人类输入的关键词，那它们的诗歌创作内容，即对主观经验的表达也应当是"无效的"。

（二）原始性对"创作冲动"真实性的辩护

正如前文所说，人的经验世界是"象征界""想象界""实在界"相交融的，因此把知性和理性浸泡在"象征界"中的人类先天就能感受到自己的"残缺"，而残缺的那一部分是人的"实在界"存在中符号化失败的"语言的剩余"，即作为"存在的最后一块拼图"的"对象 a"（Object petit a）。但是，"对象 a""注定"无法被符号化，这也代表着"对象 a"的"不可得"。拉康认为，"对象 a"的缺失会导致人不断试图通过"象征界的符号活动"，如购买标榜具备特定功能的商品、追逐世俗成功等行为弥补自己"象征界存在"的残缺，但由于"对象 a"的不可得，又会导致人"自我补完"的欲望无限生长，最终陷落到西西弗斯的境地里。而创作冲动——在这里可以具化为诗歌的创作冲动，即"诗兴"——正是这种欲望的一种体现。

不同于 AI 可以"随时"创作，"诗兴"通常发生在诗人某一个生活中的主观经验与其"生活史"里的某些意象产生"共鸣"的时候。生活史是指人类具体主观经验的历史性归纳，已知主观经验是"不确定的"，即不同的生活主体的成长、喜怒、疼痛、进食、爱欲等经验各有不同，因此每个人的生活史也就不同。生活史在此处的"共鸣"中体现为，某个具体主观经验对象对一个人而言存在客观描述之外的意义的因果根据。

"共鸣"的产生还不代表"诗兴"的直接显现：首先，"共鸣"会使诗人产生"感怀"，这种"感怀"本身是"实在界"的东西，因为诗人会发现语言无法完全把握它。在诗人发现"感怀"的一瞬即逝和难以把握时，作为无法把握的根源的"对象 a"所代表的自我存在的残缺也会被"察觉到"。因为"对象 a"不可得，所以在"对先天的残缺的补完"和"用语言将'感怀'完全把握"两种心理中"对象 a"始终是同一个，这两种心理也因此得以同构，后者的弱冲动升格为前者的强冲动，并体现为"诗兴"。

诗人将在此创作冲动下尝试用所能使用的符号来排列组合以把握一瞬即逝的"感怀"，并在穷尽了一切表达后承认自己的无能为力，他 / 她曾经尝试过的表达也就成为一首诗。

当代著名诗人臧棣的"元诗歌 – 论诗诗"（Metapoem）作品中对诗歌本身的把握

是鞭辟入里的，他在《新诗的百年孤独》中写道："它^① 解雇了语言，// 理由是语言工作得太认真了。// 它扇了服务对象一巴掌。它褪下了 // 格律的避孕套。它暴露了不可能。"他还写道："这些豌豆尽管圆润，饱满，// 但还不是词语。"可见，真正的诗人能感受到自己的经验无法完全被语言所表达的纠结和无奈。我们现在可以对诗歌有一个简洁的认识：诗歌是被所经验世界触动的人类企图用语言表达当下却必然失败的产物。

如果说人类的诗歌创作冲动是自为—自发的，那么 AI 的诗歌创作冲动只能来自它被"先定"的程序，或者说：AI 压根就没有"冲动"，它的"创作"是一种"被动"的和自在的结果。更直白地说，人是"想"写诗，AI 是"必须"写诗，它的写作中只会遇到"该不该写"的问题^②，却永远不会有"能不能写"的痛苦^③。AI 只是在"模仿"创作，但它既无法感受到真实也无法主动去表达，它的创作冲动是"无效的"。事实上，即便文章对于"诗歌"的本体论述也许只代表"某一类型"的诗歌，但 AI 诗写在该类型诗歌创作上的无力亦可使"AI 具备创作诗歌的智能"一论断破产。

综上，作为"僵尸"的 AI，其诗在创作内容和创作冲动两方面都不具有有效性，它没有"表达"任何东西，它的创作是僵死的。人类的"原始性"在此处体现为"自身存在"的先天残缺，而人类的"原始性之矛"可以轻松地刺穿 AI 的"算法符号之盾"。

四、AI 没有创作真正的诗歌：原始性在审美中的体现

文章之前论证了，由于缺乏人类的"原始性"，AI 创作的诗歌是无效的。但如下遗留问题尚未得到回应：从审美观察，而非创作的视角看，为什么部分读者在"观察"时，会对 AI 创作的诗歌产生错误判断？为什么按理来说言之无物的《内卷》会在读者那里"表达了意义"？接下来将论证，AI 的诗之所以尚能被称作"诗"，其缘由在于审美主体——读者"赋予"了它"意义"。而这种意义的赋予表现为两种途径：

其一，人类读者通过"诠释"AI 所呈现出来的文字，并联想已知主题^④ 和文字意象的关系，从自身的生活史出发，将诗歌中的各种"隐喻"对应到自己身上，从而"偶然性"地为 AI 诗歌所触动，并得出一篇自洽的诗评。

其二，当我们感到 AI 的诗歌具有意义时，很可能是因为审美主体——读者"预先"把它"当作诗"了。齐泽克（Slavoj Žižek）曾这样总结意义的发生历程："意义

---

① 指诗。

② 有没有被键入关键词。

③ 诗人创作的"必然失败"。

④ 人为拟定的关键词。

是回溯性产生的，其产生的过程具有强烈的偶然性。"[1] 即在 TTP 中，当读者审视待判断的诗歌时，他们往往"预设"了这个作品"有可能"是由一个真实人类创作的；或者是另一种情况，读者即便被告知是要在人类和 AI 里判断诗歌的作者，但由于大众媒介（如好莱坞电影）对 AI 进行的大量"拟人叙事"及媒体对 AI 诗歌写作的过分吹捧，导致他们"预设"了一种 AI 写诗系统的"隐藏叙事"：AI "创作"出来的诗歌"一定"会是阐释作为其标题的关键词的"有效内容"。

齐泽克举例说，在一本小说的情节里，一个失去孩子的母亲最终将她妈妈给自己偷来的孩子接受为自己所出。齐泽克认为"孩子所在的位置就是'原质'（the Thing）的位置，看起来任何客体都可以占据这个'原质'的位子，但是要占据这个位子，有一个前提，那就是必须抱有那样一个幻觉——那客体早就在那里了……客体释放出来的迷人力量与它自身无关，而是它在结构中占据某个位置的结果。"[2] 在这里，"AI 创作的诗歌在读者'预设'中'应该有'的意义"就扮演了"原质"的角色。

总之，齐泽克认为，只要我们预设了"结果"是有意义的，那么我们会为"过程"中的所有"不合理"或"偶然"脑补某种"合理性"并把它们串联起来。例如在《内卷》中，第二段的"他们"、第三段的"黑色的字迹"及"同一片叶子"等意象严格说来是和前后文撕裂的，但是如果我们"预设"了它具有合理性，那么就可以如前文所说：把"他们"理解为同样撕碎过纸———放弃竞争的人，把"字迹"理解为放弃竞争后往日的梦想，把"叶子"理解为和白纸同构的东西，代指另一个投身内卷之人的梦想。

然而，即便读者在一系列的预设下成功对诗歌意义进行了"解读"，这种解读始终是无法得到辩护的。以齐泽克所引的小说为例，在旁人看来，这个孩子究竟"不是"这位母亲的。同样，AI 究竟"没有"进行真正的言说，读者对 AI 诗歌的解读实际上是"无效的"。

另外，不同于小说中母亲的"原质"曾有一个亲生子作为实体性的"根源"，读者的"原质"似乎完全是他们无中生有的。难道这里的"原质"真的没有"根源"吗？其实，读者的"原质"发端自人类"原始性"的另一个体现：人们对于"意义缺失"的恐惧。因为人类的存在境遇里先天缺少某种绝对和稳固的保证，即我们找不到某种"必然的"存在目的，于是人类必须"发明"一些意义来为存在的深渊点一束篝火。相反，AI 的存在目的已经由它的制造者们先定地安排好了。

总之，由于人类"看到"的世界相比 AI 更具"真性"，所以只有人类可以创作真

---

① 赵淳.淫荡的意义：齐泽克文学观研究［J］.外国文学评论，2015（3）：197-208.

② 同①.

正的诗歌，而在 TTP 中虽然读者的判断会出错，一方面，也是由于读者对 AI 诗歌进行了"意义"的"赋予"。就是说 AI 的诗如果因为被读者读出某些意涵而被认为具有了审美价值，也完全是由于读者自己给那些文字"赋予"了"意义"，并不意味着 AI 根据自己的主观经验和生活史去主动且真实地创作了一首诗，"AI 具备智能"的结论无法通过 TTP 得出，所以 TTP 并不成立。

另一方面，读者无法区分 AI 创作的现代诗与人创作的现代诗，还有可能是由于部分人创作的现代诗十分糟糕导致的。这些现代诗的作者往往只是自称在进行诗歌创作，但其"作品"也是堆砌辞藻、意象混乱、言之无物。他们的作品，只能"或可自赏，莫负流觞"①。在这一情况下，虽然读者确实无法分辨 AI 创作与人类创作，但仅仅指出这一点，并不能推出 AI 就具有了创作真正诗歌的能力，如下情况仍然是逻辑上可能的：AI 和部分人都没有创作出真正的诗歌。

简言之，本节虽然旨在论证"AI 无法进行有效的诗歌创作"且"只有人类能进行真正的诗歌创作"，但这并不是说"所有自称在进行诗歌创作之人的书写都是诗歌"。指出部分人创作的所谓诗歌由于其很糟糕而无法与 AI 创作的诗歌区分开，并不能成功论证 AI 就创作了真正的诗歌。

五、深度学习的挑战：原始性在自我迭代中的体现

前文从创作和审美两个角度论证了为什么 AI "创作"的并不是"真正的诗"，但许多乐观主义者设想，AI 在未来仍有可能"涌现"出意识，这意味着 AI 在未来也有可能"去感受"，并基于自己获得的感受为其创作的词句提供有效性的辩护。尽管这目前仍然处于设想之中，但对本文的论证仍然构成潜在的威胁，接下来尝试进行回应。

未来学家库兹韦尔（Ray Kurzweil）提出了库茨维尔加速回报定律（Kurzweil's Law of Accelerated Return），定律指出，当某个技术的信息和经验积累到一定程度，该技术的进步速度将迅速提高，例如，原始动物经过上亿年的发展在古猿那里产生了自我意识，随后只用了 300 万年的时间就让作为后代的人类进入了太空。库兹韦尔认为，就像我们至今都把古猿的意识发生视作一个在"足够庞大"的经验流积累下的"偶然事件"而不知道其准确原因，那么，对于 AI 的发展也应当保留一个预设——当 AI 深度学习的数据"足够庞大"，也许会开启 AI 的"技术奇点"（technological

---

① 冯源."尸字头"入诗：或可自赏，莫负流觞［N］.新华社电讯，2021-02-02.

singularity），使得 AI 的自我意识能从数据中"涌现"出来。而这一步一旦迈出，在库兹韦尔加速回报定律下，当前作为"弱人工智能"（Artificial Narrow Intelligence）^①的 AI 将在极短的时间内自我迭代成为"强人工智能"（Artificial General Intelligence）^②甚至"超级人工智能"（Artificial Super Intelligence）^③。库兹韦尔认为，这一"技术奇点"将在 2045 年出现。

需要认识到，这种理论上与人"完全相同"的"强人工智能"，目前仍然只是一个概念而非真实的存在。未来学家对此概念的假设空间源自人类自身意识发生的准确原因至今仍无定论，于是未来学家实际上是在假设人类意识发生的原因"就是"脑中存在足够大的经验—数据。即便他们的假设是"真相"，但在实际操作中他们却无法在 AI 那里"还原"人类脑中的经验—数据——正如本文第三节第一部分所论述的，人类是利用真实的身体感知"实在界"并得到各种经验—数据的，而没有身体的 AI，其获取的经验—数据只能来自数据库中的人造符号或者被符号所描述的符号。所以，AI 的数据库与人类的数据库之间并不能简单画等号，"强人工智能"恐怕不是那么容易实现的。

当然，我们仍需要回答：在当下的"弱人工智能"阶段，AI 是否有可能通过深度学习，创作出真正的诗歌？必须认识到，诗歌是有时代性的，随着生产力和生产关系的变化，社会意识和文学表达不会一成不变，也就是说，诗歌的"形式"与"内容"在未来也有变化的可能。又因为在深度学习中的那些诗歌数据是由真实的诗人创造的，而文章已经证明了 AI 无法进行自为—自发的"创作"，这决定了它的所谓"创作"只能从已有人类创作者的作品中汲取养分。假如人们都放弃了自主创作而去看它的作品，或者 AI 完全不屑于去看人们的新作，即了解新的诗歌表现形式，那必然导致它所能输出的语词"过时"，这是因为 AI 缺乏这样的"原始性"：人是作为"历史主体"的存在。

马克思说过，"整个所谓世界历史不外乎是人通过人的劳动而诞生的过程，是自然界对人来说的生成过程"^④，而创造历史的主体只能是"生活在社会、世界和自然界中有眼睛、耳朵等的属人的主体"^⑤。可见，AI 不是历史主体，一方面是因为它本身非

① 只擅长在单个方面模仿人类的人工智能。
② 除了"出生"和人类不同，其他各方面都与人类相同的人工智能。
③ 在各方面都强于人类的人工智能。
④ 马克思.1844 年经济学哲学手稿［M］.中共中央马克思恩格斯列宁斯大林著作编译局，译.北京：人民出版社，2018：84.
⑤ 马克思.1844 年经济学哲学手稿［M］.中共中央马克思恩格斯列宁斯大林著作编译局，译.北京：人民出版社，2018：131.

属人；另一方面是因为它并没有实践的能力，它无法通过实践在改造—认识世界与改造—认识自己间往返。如果说深度学习是 AI 的迭代方式，那人类的迭代方式就是作为历史主体不断自我更新，又因为深度学习的数据库依赖于人的新作，所以实际上人类的迭代就是 AI 迭代的前提。

此外，当前有些现象似乎正在偏离 AI 技术发展的良性轨道，主要表现为包含 AI 在内的由资本所掌控的算法不再满足于"正当的"自我迭代。资本通过文化霸权介入人们的审美：用诸如迪士尼 - 漫威模式的工业速食电影、都市小布尔乔亚爱情剧、龙傲天小说、编曲糊弄歌词空洞的流行歌、短视频软件等工具，把 AI 都写不出来的低智模板塑造成"审美极"。进而在继续研究"使机器变成人"的同时，开始尝试"将人变成机器"：通过把人困在一个阻碍感知"实在界"的"象征界"即"信息茧房"来屏蔽上述 AI 所缺乏的那些"原始性"。上述情况的发生，再次印证了文章第四节结尾时的论证：人类无法分辨 AI 与人的创作，无非是因为人类自己被"降智"了，由此不能有效论证 AI 会具有真正的创作能力。

可以肯定的是，只要人类还能通过实践作为历史主体存在，这些"原始性"就无法被抹去。但这要求我们偶尔放下手机，离开电视、电脑，离开那些光污染的广告，到大街上，到田野里，到山林中，到厨房和运动场；去交往，去劳动，去为社会主义现代化建设添砖加瓦。总之，运用我们的身体去感受"信息茧房"以外的世界，不要遗忘我们是"有"身体的活生生的存在。

六、结论

文章表明，AI 在诗歌写作上"落后"于人，是因为它过于"先进"——它缺少了人类的"原始性"。"原始性"可以由前文总结为人类—符号主体"在前符号—语言领域的存在特性"，即一种人类独有的、脚踏实地的、有真实经验—真情实感的特性。另外，AI 的"先进"特指其演算逻辑是现代人基于科学和数学建构的，而人类仍保有的原始视角——一种前科学的原始认知——它却无从观照。所以 AI 的诗即便通过 TTP 也不能为其拥有"智能"提供辩护，真正的诗"只有"人类能创作，根据 TTP 这一标准判断"AI 是否创作了真正的诗歌"并不可行。

不过，AI 的诗歌"创作"也有其价值，人们可以将 AI 当作进行真正创作的辅助工具。例如，可以通过控制其深度学习数据库的诗歌的作者、时代、地域等系数，使特定范围诗歌的"通病"显现出来，以此辅助诗人们进一步总结和自我迭代，创作出更好的作品。

参考文献

［1］马克思.1844年经济学哲学手稿［M］.中共中央马克思恩格斯列宁斯大林著作编译局，译.北京：人民出版社，2018.

［2］恩斯特·卡西尔.语言与神话［M］.于晓，等译.北京：生活.读书.新知三联书店，2017：36.

［3］吴琼，雅克·拉康.阅读你的症状［M］.北京：中国人民大学出版社，2011.

［4］陈小平.人工智能伦理建设的目标、任务与路径：六个议题及其依据［J］.哲学研究.2020（9）.

［5］赵淳.淫荡的意义：齐泽克文学观研究［J］.外国文学评论，2015（3）：197-208.

［6］陶峰.人工智能文学的三重挑战［J］.天津社会科学，2021-12-23.

［7］孙承叔.马克思唯物史观的历史主体理论［J］.西南师范大学学报（人文社会科学版），2005（5）.

［8］程羽黑.人工智能诗歌论［J］.华南师范大学学报（社会科学版），2019（5）.

［9］LEVINE. Materialism and qualia：the explanatory Gap［J］. Pacific philosophical quarterly，1983（64）：354-361.

［10］徐佳煜.人工智能，能否跨越智慧的疆界［N］.浙江日报，2022-9-30（8）.

［11］冯源."尸字头"入诗：或可自赏，莫负流觞［N］.新华社电讯，2021-02-02.

［12］中华人民共和国国家互联网信息办公室.人工智能发展简史[EB/OL]. [2022-06-11]. http://www.cac.gov.cn/2017-01-23/c_1120366748.htm.

技术与资本主义空间

——大卫·哈维技术批判及其启示

聂子琛　刘玉鹏

（云南大学政府管理学院）

哈维思想受到"世界体系理论"和"空间生产理论"的影响，十分复杂和多样化。技术从生产到应用都受到资本的影响。那么，资本主义为了获取利润最大化，不断进行全球扩张，这一方面可以给发展中国家带来充足的资金和技术支持，但另一方面也可能造成严重的贫富分化和日益加剧的社会矛盾，甚至会破坏社会公平正义。

一、哈维技术思想的理论渊源

从哈维思想的主要渊源来看，伊曼纽尔·沃勒斯坦和列斐伏尔作为"世界体系理论"和"空间生产理论"的主要代表人物，他们的思想对哈维产生了巨大的影响。从哈维所处的时代背景来看，西方国家在工业革命发生之前，就已经与其他国家组成了单一的世界体系。在这一世界体系中，国与国之间的等级差别明显，极少数发达资本主义国家处于核心地位，大多数国家处于附属地位，这种格局深刻地影响着技术。

在全球化浪潮对世界格局产生愈加剧烈的影响下，沃勒斯坦提出了"世界体系理论"。该理论认为，"世界体系有两个构成成分：一方面，资本主义世界经济体是以世界范围的劳动分工为基础而建立的，在这种分工中，世界经济体的不同区域（中心、

作者简介：聂子琛，女，云南大学政府管理学院马克思主义哲学专业硕士研究生。

通讯作者简介：刘玉鹏，男，云南大学政府管理学院副教授，硕士研究生导师。

边缘、半边缘）被派定承担特定的经济角色，发展出不同的阶级结构，因而使用不同的劳动控制方式，从世界经济体系的运转中获利也就不平等。"[1] 他借用这个理论和方法揭示当代世界的全球化发展趋势。沃勒斯坦采取了不同于以往的视角，他认为，近代社会的变迁不是由国家引起的，而是由经济的发展、政局的变化、文化的变迁 3 个方面所引起。在世界体系中，经济体决定政治体和文化体的变化发展及其方向，政治体和文化体反过来也影响经济体的发展。纵观整个世界经济体的发展和形成，最早可以追溯到 16 世纪的欧洲经济体，原因在于这一时期的欧洲内部社会经济状况发生了重要分化。例如，随着资本主义经济制度在西欧不断扩张，封建社会出现了前所未有的危机，资本主义西欧建立起完善的现代化工业体系和雇佣劳动制。然而，在资本主义同样扩张的情况下，东欧却形成了与之相反的社会结果，封建农奴制占主导作用，经济结构向农业方向发展；在西班牙、法国等地中海沿岸各国，社会发展程度则介于封建社会和资本主义社会之间。在这种互补性的地区劳动分工的基础上，欧洲各个国家和地区形成了强大而稳定的贸易联系，这便是欧洲经济一体化诞生的原因。自此以后，在西欧发达国家所形成的一体化趋势下，欧洲、亚洲、非洲的诸多国家和地区便不断进行贸易联系，由此产生了欧盟、东盟、非洲联盟等许多一体化组织，这些组织几乎覆盖全球。

空间技术是对人类生存的空间不断进行探索、开发和利用的科学技术，它能够极大地提高国家的综合实力，在各国首脑的会谈上，都离不开对空间技术的探讨。因此，国家在空间技术方面取得的成就，可以最好地反映一个国家的科技水平和国际地位。

作为"空间生产理论"的主要代表人物，列斐伏尔的思想对哈维也产生了极大影响。列斐伏尔的"空间生产理论"充分继承和发展了马克思资本主义生产方式批判学说，他认为，"当代社会已经由空间中事物的生产转向空间本身的生产"[2]。理解空间生产理论，不能把空间当成一个容器，而是要关注空间中的关系和空间本身的生产。比如，有学者研究城市中历史街区或休闲街区的生产，历史街区这一空间不能仅仅理解为一个容器，供游客和市民在其中参观游动；而是要看到历史街区生产的过程，有不同的生产关系在互相博弈，空间生产背后的目的不一样，空间的变迁也呈现出不同形态。

---

① 伊曼纽尔·沃勒斯坦. 现代世界体系（第一卷）：16 世纪的资本主义农业与欧洲世界经济体的起源［M］. 郭方，等译. 北京：社会科学文献出版社，2013：162.

② 亨利·列斐伏尔. 空间的生产 [M]. 刘怀玉，等译. 北京：商务印书馆，2021：24.

二、何谓被资本主义空间化？

哈维认为，技术是为了满足人们的某种需要，而利用自然界所形成的手段。在日常生活中，我们不断沉迷于技术带来的便利。然而，从哈维的角度来看，技术更加偏向资本，无论是从技术的创造、应用还是最终结果来看，技术和资本都是相互交织的。一方面，技术为资本创造出巨额的利润，成为为资本服务的工具；另一方面，新技术的产生是为了实现人们更多的消费需求。在技术和资本方面，资本家利用技术创新来实现资本的积累和扩张。

资本主义的全球扩张有利于世界范围的空间多样性发展。但资本主义生产方式不断让产品同质化，于是出现全球空间大范围对立的发展形势，这就是哈维所说的"不平衡地理发展"。资本主义之所以能够不断发展，原因在于利用各种技术和手段来实现资本的积累，为自身创造巨额利润，但是在这个不断积累的过程中就会出现地理发展不平衡。资本家实现利润最大化，追逐在全球化空间的竞争优势，造成了资本主义的各个环节一直处在不平衡状态，同时资本主义又将影响范围拓展到空间，资本在空间中迅速增值，就形成了不平衡地理发展，表现方式为资本流通不平衡地理发展在空间中产生。在以上种种条件的影响下，哈维对当代资本主义经济危机进行批判。资本主义不断废弃传统生产模式，在其基础上不断加以创新和发展，从而形成了自己独有的生产模式，资本家对原有城市不断地进行破坏，从而创造出新的城市景观。纵观整个西方资本主义的社会化进程，其中也不断对原有的政治、经济、文化等制度进行破坏，从而形成一套崭新的资本主义体系。哈维指出："人与人之间的物质关系显然无所不在，社会关系便以这种方式出现在各项物品之中。任何物品的重新制造都将造成社会关系的重新排列：在建造与重建巴黎的过程中，我们也建造与重建了自我，不管是个人还是集体。把巴黎想成有知觉的存在，等于承认巴黎隐约是个身体政治体。"[①] 不断破坏和重建原有的制度是现代化进程的体现，创造性的破坏在资本主义的生产空间中不断产生，这是理解哈维空间理论的基础。哈维认为，资本主义后现代化建设和物质生产实践是资本主义空间化的主要体现，对于现代的建设也具有重要的指导意义："它在赞美普遍性和空间障碍的崩溃之时，也以默默加强了地方身份的各种方法探索空间和场所的各种新含义。"[②] 哈维认为，在资本主义空间性的第二个理论层面上把握

---

① 大卫·哈维. 巴黎城记：现代性之都的诞生 [M]. 黄煜文，译. 桂林：广西师范大学出版社，2010：43.

② 大卫·哈维. 后现代的状况：对文化变迁之缘起的探究 [M]. 阎嘉，译. 北京：商务印书馆，2003：53.

的是无比复杂的交换关系，但他却始终局限在物的交换维度，并没有把握住资本主义交换关系的最核心内容其实是劳资之间的交换关系。资本主义社会出现的铁路、道路开辟，城市空间的扩张，如果仅仅将视角局限在物流便利的角度上，只是对资本主义表面的批判，并不能深入到资本主义的内部矛盾中，而不是资本对劳动力商品的剥削空间之拓展的层面上来加以理解，那是肯定抓不住要害的。哈维的确想从日常生活的客观之物中解读出生产及交换关系的内容，即把空间解读为社会建构物，但可惜的是，他只是从经济学的角度来理解这种生产及交换关系了，而没有像马克思那样上升到社会历史观的角度来加以理解。因此，哈维很难从马克思内在辩证法的角度来解读资本，把交换关系理解成一种内在矛盾关系的运动过程，从而看出物流层面的交换关系其实并不是资本主义交换关系的核心内容。他对生产过程的理解也是如此。局限于经济学的视域，他实际上只是把生产过程理解为劳动者作用于劳动对象的过程，而没有打开生产关系范畴中所内含的所有制关系、人们在生产过程中所拥有的不同地位及作用等内容。这就是为什么哈维虽然从超市货架上的产品上看出它们所存在的剥削，但没有具体展开资本对劳动者剩余价值的剥削。哈维把早期社会中的礼物关系与资本主义社会中的商品拜物教现象放在一起来加以剖析，这充分反映了他对资本主义出现的商品拜物教把握不够深刻。马克思在《资本论》第一卷中对商品拜物教的性质及秘密的揭示，是从对商品形式的奥秘的揭示开始的。"可见，商品形式的奥秘不过在于：商品形式在人们面前把人们本身劳动的社会性质反映成劳动产品本身的物的性质，反映成这些物的天然的社会属性，从而把生产者同总劳动的社会关系反映成存在于生产者之外的物与物之间的社会关系。"① 马克思通过人与人之间交换关系对商品拜物教进行展开，他认为，个人的劳动必须跟社会总劳动发生关系，因为分工造成的，发生交换，这种交换的方式，货币是唯一的媒介。实际上，货币表达的是人与人的交换，相互创造，但它通过货币的形式，能通过人与人的交往，货币这种物的形式来展开，这就叫商品形式的奥秘。人的劳动具有社会属性，单个的人面对自然界的活动就不能叫劳动，劳动一旦发生就是人与人的交往，人在人与人的交往关系当中发生人与自然界的交往，这才叫劳动。所以劳动一定有社会属性，这种社会属性在前资本主义时代以等级压迫的方式存在，一部分人必须劳动，还有一部分人掌握财富的分配，那么到了资本主义不用等级压迫，它有一般的中介物叫货币，终于完成了社会关系的物化。

哈维所理解的社会关系只是从物的生产和交换的角度来理解的，并没有像马克思一样从人的社会属性角度来理解社会关系。正因为如此，尽管哈维特别强调由市场所

---

① 卡尔·马克思.资本论：第一卷［M］.中央编译局，译.北京：人民出版社，2012：89.

培育的无比复杂的交换关系，在我们消费自己所购买的产品时被掩盖住了，但他其实并没有触及商品关系或交换关系的本质和秘密，仅仅是从物的角度来理解马克思所说的商品的含义。从严格意义上来说，哈维对商品关系的以物的生产为中介关系的解读方法，恰恰是马克思所批判的对象。在马克思看来，那些受商品关系束缚的普通交换者实际关心的问题，就是用自己的物能够换取多少别人的物。"在交换者看来，他们本身的社会运动具有物的运动形式。"① 但是哈维的思路就是马克思所说的普通交换者的思路。哈维的理论贡献并不在于对资本主义交换关系的研究，而只是在于提出了这种交换关系在消费之物中被掩盖了。因此，当他在谈到商品拜物教问题时，所提到的人与人之间通过物的交换而构建起来的社会关系，被解读成了直接的物与物之间的关系。但可惜的是，哈维所理解的拜物教并非马克思商品拜物教理论的内涵。在当代社会，如果我们买了一个苹果手机，我们看不到后面无数富士康工人生产加工制作这个产品，工人的劳动对于我们来说是抽象不可见的，我们仅仅看到了这个手机。当我们使用苹果手机的时候，只会觉得它的性能好、使用手感好、现代科技产品真的太伟大了等，而不会感叹富士康工人的手艺好。这种情况下，我们仅仅是感叹崇拜商品的伟大，而不是崇拜个体人的制造力。就哈维而言，它能够看到商品剥削人的本质，但却对这种剥削背后产生的原因视而不见，这与马克思对商品的理解存在着巨大的差异。

三、技术与资本的共谋

哈维认为，资本家用技术对劳动者的时间和技能进行控制。例如，外卖通过平台对劳动者的身体进行控制，让外卖送餐员必须在规定时间把东西送到客户手上，这就造成了很多送餐员为了不超时罚款而闯红灯，或者被迫一边骑车一边打电话。这种不安全的行为也造成了各种事故的频发，严重影响了人们的安全。为了更有效地控制劳动者，许多资本家通过一些技术的发明和改造来控制劳动。自动化、人工智能一方面可以让工作更省时省力，但同时也让人成为机器的附属品，而不是作为一个独立的个体而存在。资本主义的生产方式更多的是一种批量化生产和同质化生产，失去了劳动者独有的创造性。劳动者为了适应日益更新的新技术，不断学习新的技能，这实际上剥夺了劳动者对自己身体的支配权。在这种情况下，资本家通过大规模的培训，让原本只有少数人才能掌握的技能变成了人人都能掌握。当这种技能不再稀缺，资本家就开始疯狂压榨工人工资，降低劳动者的雇佣成本。当技术被广泛应用于生活的各个领

---

① 卡尔·马克思.资本论：第一卷［M］.中央编译局，译.北京：人民出版社，2012：92.

域，很多简单的工作被机器人所替代，生产方面节省的时间也日益增多，劳动者也从大量烦琐的工作中解放出来，从而有更多工作之外的时间。然而，资本家为了避免劳动者在工作时间外实现自我创造，又用技术的手段创造出更多的商品和营销手段，吸引劳动者进行消费，从而占据因为新技术的发明而拥有的自由时间。此外，在不断消耗劳动者时间的过程中，技术创新并没有成为马克思所希望的那样，即无产阶级联合起来反抗资本家的剥削。相反，技术创新不断破坏着劳动者之间的团结，从而成为资本家对付阶级斗争的武器。马克思曾深刻地指出："这种剥夺的历史是用血和火的文字载入人类编年史的"[①]，"资本来到世间，从头到脚，每个毛孔都滴着血和肮脏的东西"[②]。随着技术的不断进步，这种剥削开始渗入到人们日常生活的方方面面，不断压榨劳动者的个人时间来为资本服务。

哈维认为，当代资本主义之所以能够生存，就是通过不平衡地发展产生的差异，对劳动者进行剥削。但是，随着国家和地区之间的空间差异日趋扩大，资本家为了克服过度资本积累而产生的经济危机，把经济危机不断转嫁到其他欠发达的国家和地区。需要说明的是，这种空间差异不是自然形成的，而是资产阶级为了实现资本增值的需要而产生的社会发展的不平衡。因此，不平衡地发展过程就是要不断突破自然环境所产生的空间上的障碍和地理差异，在社会主义现代化的进程中，我们需要不断克服产生的新的空间障碍。从资本运动角度来说，资本能够充分地运动主要是由于不平衡地理空间上持续运动，如果资本固定、不运动，则会造成利润的下降，工人的工资更少，更会导致工人阶级斗争的加剧，资本主义就会在这种进退两难的困境中走向灭亡。综上所述，生产方式的不同让地理学也产生出差异，这种与生产方式有关的地理学就会涉及空间政治、空间权力和空间正义等方面，那么，对地理学的考虑发生变化，生产方式也会发生变化。

资本主义之所以能够运行，原因在于资本积累和不断增长的资本。如果资本不能大量积累，就会造成资本主义系统的崩溃，甚至是资本危机的到来。诚如哈维所言，随着资本的不断积累，在巨额利润的驱使下，各种各样的新技术将会不断涌入。为了实现更多更快的资本积累，这种新技术将会快速进入市场。资本也通过技术跨过了空间障碍，积累方式更加多样化。在哈维看来，技术对资本所产生的巨大帮助，将会在资本主义社会形成"技术崇拜"。一旦出现问题，资本家都希望能够通过技术的手段

---

① 卡尔·马克思. 马克思恩格斯全集：第二十三卷 [M]. 中共中央马克思恩格斯列宁斯大林著作编译局，译. 北京：人民出版社，1998：783.

② 同① 829.

得到解决，技术创新从而成为资本家所崇拜的有力手段。哈维试图从商品拜物教的角度来强调他对空间建构的历史唯物主义解读，与马克思对商品关系之拜物教特性的解读在方法论上是一致的，所以他强调"这正是马克思发展他最有力的概念之———商品拜物教——之际面对的状况。他试图用这个术语来捕捉市场掩盖社会的信息和关系的那种方式。这便是马克思的主要目的，要讲出通过商品生产和交换而进行的社会再生产的全部故事，就必须穿越市场的拜物教和面纱。"[①] 哈维以为，只要看出买卖之物即物与物之间的关系掩盖了人与人之间的社会关系，就标志着已经把握住了商品拜物教的秘密。他关注的是物与物的关系掩盖了人与人的关系，但这种关系存在的本质，他则视而不见。

四、技术与人的异化

作为法兰克福学派的主要代表人物，马尔库塞针对资本主义社会中出现的物质极大丰富和精神极度匮乏的巨大反差，从技术的角度对"单向度的人"理论进行阐述，对现代科学技术进行批判。"单向度的人"产生的原因有以下两点：第一，是所处社会环境的单向度造就了人的单向度。随着机械化的普及，人工智能已经渗透到各行各业，从当前的社会环境来看，云计算、人工智能化已经出现在各大行业，例如，华为云利用人脸识别技术曾帮助深圳警察成功锁定嫌疑人，找回一名丢失的小孩。除了面部识别，人工智能在建筑行业、法律行业等各方面也起着比较大的作用。人工智能极大地缓解了人的体力和脑力活动，不断使人向着同一个方向发展。这也说明了随着生产生活方式的变化，造成了社会的一体化，所有人看上去没有任何的差别。第二，是人的思想领域的单向度。现代科学技术飞速发展，许多电子产品开始出现在人们的日常生活中，各种各样的娱乐方式改变着我们的生活，不断控制着我们的身体甚至思想。大数据不断推送着人们感兴趣的东西，让我们将大量的时间投入到手机中，从而使人们失去了对生活的观察和深度思考。本来1000个人眼中应该有1000个哈姆雷特，可是随着大数据的推送，造成了人眼中的世界逐渐同质化，对事物的看法日趋一致，结果便是1000个人眼中只有1个哈姆雷特。当一个事物出现时，所有人的想法和观点都是一样的，这也就造成思想的单向度。马尔库塞在《单向度的人——发达工业社会意识形态研究》所说的"单向度的人"是指"当代工业社会主要是资本主义社会为了统治的需要，通过物质的和精神的各种手段，制造并满足人们的虚假需要，从而使

---

① 大卫·哈维.正义、自然和差异地理学 [M].胡大平，译.上海：上海人民出版社，2010：264-265.

人们进入并依附于现有制度，甚至于技术进步和更舒适的生活使性欲成分有可能有步骤地融入商品生产和交换领域，达到人的本能需要与社会需要之间的虚假的统一，人们的意识和生活完全被社会所支配与控制，与现存秩序一体化了。人成为被社会驯化、操纵的人，失去了自己的个性，失去了独立性，失去了对当代社会的内在的鉴别、批判、否定和反抗的能力，而只有对现存秩序的无意识地认同和肯定。人丧失了内在的批评性和超越性，人成了工业文明的奴隶，沉溺于虚假的需要和虚假的幸福之中而不再设想另一种社会和生活方式。这就是可悲的单向度的人。"① 然而，马尔库塞的理论仅仅停留在人本主义的范围中，他所认为的革命，其实是对现存社会的一种妥协，是一种无奈的暴动，并没有对技术产生的异化提出解决方法。哈维则从经济视角，以不平衡地理发展为切入点研究资本主义社会产生的异化现象。纵观资本主义的发展历程，资本与技术是相互联系，不可分割的关系。一方面，资本家利用技术来实现资本积累；另一方面，技术也通过资本不断实现创新。无论是资本还是技术，它们只是单纯地依赖劳动者给他们创造出巨额利润，对劳动者所处的艰难环境和现状毫不关心。哈维指出，随着现代技术的发展，割裂了人与世界的联系，资本将人异化为无意义的存在，但恰恰因为我们和技术的联系日益紧密，完全不可能脱离技术独立存在，不应该把人和技术看成非此即彼的关系。

哈维通过提出一系列的政治构想，想要解决技术造成的异化问题，实现人的解放。张爽在中国社会科学报上说明了哈维的政治构想。"其一，政治实践构想建立在创造新的技术和组织形态基础上，借由自动化、机器人、人工智能的应用，完成政治实践。其二，通过对技术的创新和应用，减轻所有形式的社会劳动负担，消除或减少不必要的技术分工，并将剩余的必要技术分工与社会分工尽可能地分开。其三，为个人和集体活动释出自由的时间，减少人们为了生存的奔波。其四，公民社团不再受统治，而是被赋予使用生产工具的权力，同时个体轮流行使行政、领导和治安等职务。其五，实现技术、社会、文化和生活方式创新方面的差异化。"② 张爽从政治、经济、技术及个人的角度对哈维的政治构想进行归纳总结，却忽视了哈维所关注的重点是资本是如何在不同的历史时期，想要按照自己的想法构建出不同的地理——空间景观，但是有时资本为了调节自身发展的需要，不得不摧毁之前建造出来的这种景观。

① 赫伯特·马尔库塞.单向度的人：发达工业社会意识形态研究[M].刘继，译.上海：上海译文出版社，2006：4.
② 张爽.大卫·哈维对现代技术的反思与批判[N].中国社会科学网—中国社会科学报，2020.

五、结语

哈维试图通过与马克思的商品拜物教理论之间的关联，来证明他对空间建构问题的理解是基于历史唯物主义视角的，这种想法显然是不能成立的。马克思是想说明人与人之间通过劳动的社会性质而构建起来的社会关系，被物与物之间的交换关系所掩盖了。他通过对这种商品拜物教现象的批判所要揭示的，是社会关系的内在矛盾，而不是哈维致力于探讨的那种消费物的社会建构性。所以，哈维的思想并没有深入到资本主义的内部矛盾中，其政治构想也只是在资本主义生产方式下进行的小修小补，无法运用在实践中。哈维的技术观也只是看到了资本与技术剥削劳动者的时间和技能，却没能提出一个可行性的方案来抵制这种剥削。

参考文献

［1］伊曼纽尔·沃勒斯坦．现代世界体系：第一卷：16 世纪的资本主义农业与欧洲世界经济体的起源［M］．郭方，等译．北京：社会科学文献出版社，2013：162.

［2］亨利·列斐伏尔．空间的生产［M］．刘怀玉，等译．北京：商务印书馆，2021：24.

［3］大卫·哈维．巴黎城记：现代性之都的诞生［M］．黄煜文，译．桂林：广西师范大学出版社，2010：43.

［4］大卫·哈维．后现代的状况：对文化变迁之缘起的探究［M］．阎嘉，译．北京：商务印书馆，2003：53.

［5］卡尔·马克思．马克思恩格斯全集：第二十三卷［M］．中共中央马克思恩格斯列宁斯大林著作编译局，译．北京：人民出版社，1998：783.

［6］大卫·哈维．正义、自然和差异地理学［M］．胡大平，译．上海：上海人民出版社，2010：264-265.

［7］卡尔·马克思．资本论：第一卷［M］．中央编译局，译．北京：人民出版社，2012：89.

［8］张爽．大卫·哈维对现代技术的反思与批判［N］.中国社会科学网—中国社会科学报，2020.

论海德格尔对现代科学的批判：从"领悟"到"研究"

谢尚文　王凌云

（云南大学政府管理学院）

一、对现代科学的考古——作为科学前身的希腊认识论和中世纪学说

在海德格尔的现代世界图式中，科学是这个时代的标志性特征，其中包含了机器技术作为现代技术的衍生物，其实质就是人凭借它而对自然进行筹划、控制和统治[1]。科学技术的成果推动人类的生产发展不断向前，越来越多原本不能被精确定性的研究对象和领域被纳入科学的麾下，这似乎确证了科学已经登上了所有观念体系的顶峰，成为现代世界最有效、最具真理性的话语。然而，在海德格尔看来，进步论的观点并不适用，现代性科学完全不能等同于进步性，"我们不能说伽利略的自由落体学说是真实的，而亚里士多德的教导是假的"[2]，因为这两种观点建立在对存在者全然不同的理解上。现代科学的成立及其有效性建立在现代形而上学的基础之上，想要理解前者的本质就不能不对后者进行全面的考察，因为科学本身是在科学话语的场域之外的。科学技术并非凭空出现的，可以认为希腊的认识论是现代科学的悠远的祖先，我

作者简介：谢尚文，男，云南大学政府管理学院外国哲学研究生。

通讯作者简介：王凌云，男，云南大学政府管理学院副教授，硕士研究生导师。

① 李霞玲.海德格尔的科学观［J］.武汉理工大学学报（社会科学版），2011，24（1）：105-110.

② 海德格尔.林中路［M］.孙周兴，译.北京：商务印书馆，2019：231.

们关于科学的发问必须是历史性的，因为历史总是过路，它把来临与过往的关于科学的"是"带到我们面前，并使我们的此是被召唤入此词的充分意义上历史，让我们关联于科学未被追问的可能性①。因此，尽管当代科学与希腊人和中世纪对科学的理解有着根本的不同，我们首先仍然要对现代科学的先驱作一番全面的探究。

科学的本质是什么，科学的根本规定何在？海德格尔在其论文《科学与沉思》中给出了简明扼要的回答：科学是关于现实的理论②。但是问题显然不止于此，与其说该论断道出了关于现代科学的本质性的东西，不如说它引出了更多的问题，提供了更多的问题提法。可以肯定的是，如此这般的有关科学的界定只适用于现代世界，可以想象无论是古希腊还是中世纪的学者，都会对科学的这个定位产生疏离感。科学并非生来如此，它有着关于自身的形成的历史和史前史，如果认为现代科学是关于真理的永恒不变的学说，同时它将恒久地保持自身为真，那么我们就还没有进入到对科学本身的批判性视域中。当代科学是如何一步步形成与发展至今天这个地步的，涉及科学本质的语词以及这些语词所关涉的事实活动其中的领域在其自身的历史中是怎样演变的，这将是海德格尔对科学之本质的词源学考察重点考察的问题。那么，当我们已经认定了科学就是"关于现实的理论"时，我们在意指什么呢？我们应该从两个方面阐释这句话：其一，我们追问什么是现实；其二，我们探寻理论是何物。

根据海德格尔的观点，"现实充满了作用者、起作用者之物的领域"。随之而来的发问生起为："作用"为何？作用起初意味着"作为"，它与希腊语的"设、置、放"关联甚密，即"放置"意义上的作为，该意义同时包含自然的生长运作和人的行为行动。这样理解中的作用就是"带出来"，意指是者在场的一种方式。于是，现实就包含进入在场中的产出者和被产出者。在德语和希腊语中，作品（werk）一词也源于印度日耳曼语的"作用"，但在这里的作品或者作用与成果或因果效用意义上的效应无关，它是在本真和最高意义上的在场者，亚里士多德的"隐德莱希"概念在此对之有一个恰如其分的解释：保持在完成中。到了罗马人那里，他们用自己的作为行动的"操作"来理解希腊人的"作品"一词，这样就遮蔽了作品在希腊此时那儿活脱脱的形象，他们用作用取代了实现。在作用中，有的是成果的现身，而后者又是由一个前置的、对其在因果律上起决定作用的前因带出来的，推而广之，甚至于"上帝也在神学中被表现为第一因"③。我们看到，在罗马人对"作品"的阐发中，已经隐含了对现实里各

① 海德格尔.形而上学导论［M］.熊伟，王庆节，译.北京：商务印书馆，2019：44.
② 海德格尔.演讲与论文集［M］.孙周兴，译.北京：生活·读书·新知三联书店，2005：40.
③ 海德格尔.演讲与论文集［M］.孙周兴，译.北京：生活·读书·新知三联书店，2005，45.

种联系的思考：因果问题被表象为纯粹的数学测量问题。在"现实"的意蕴中，自希腊人已降并经罗马人之手，其中的成果意义上的被作用之物摆在了一个突出的位置，"在场者在其成就中呈现出来"。紧接着要加以谈及的是有关科学本质的第二个方面：理论一词指涉什么？"理论"在词源上最早出现于希腊语中的动词"观审"，对应的名词是"知识、理论"。观审由两个词干组成，一个指的是某物在其中显示自身的外貌，另一意指注视或查看某物，所以观审就是"注视在场者于其中显现的那个外观"，并在这观看中持留于在场者那里。这样的观审在希腊人那里意味着一种纯粹的、最高的生活方式，于其中人的此是能够在思想的纯粹形式中关照最高的是者。柏拉图把在场者显示自身所是的这个外观称为"爱多斯"（eíde），这种观看使用的不是肉体的眼睛，而是灵魂之眼。观审的另一层含义隐藏在它的不同重读读法中，"无蔽"在这一读法中显现出来，在这一视角下，观审就是对于在场者无蔽状态的发现。虽然在我们谈论核物理与进化论时，希腊人所思考的多元的理论之本义隐而未现，但观审之意义仍然保持在现代人理解的"理论"之中。罗马人则用 contemplari 来翻译"观审"，如此一来观审面临着与"作品"相同的境遇，本质性的东西在这里消失了，contemplari 是在 templum（圣庙）中进行的，人们由之出发来观看所有的领域。在成为 contemplatio 的观审，即观察中，重要的是有所切割、分割的观看因素，人为的干预要素首次出现在认识过程中。在中世纪的神学话语中，观察在不同的意义上被启用，它把静观的庙宇生活同积极的世俗世界区别开来。观察凸显的是旁观的、理论的生活方式，在我们观察一幅画时，画作为一个被观察的对象显现给我、我们自身与画相遇的处境则不是构成本质性的要素。在拉丁语中，观察意味着处理、加工，它具有"朝着某物工作，追究某物"的特征。科学自己虽然宣称它的工作是理论性的，它追求真实的知识而再无其他外在的目的，然而我们注意到科学对于现实的态度乃是这样的：它把现实作为受作用者呈现出来，基于这一点，观察对于现代科学的亲缘程度已经充分地暴露了出来。至此，在对"现实"和"理论"的词源学追寻的基础上，经由罗马人对"现实"与"理论"理解的蜕变，本文阐述了海德格尔对科学的本质性定义的词源学考察。

　　语词的生命力不单单展现在该词所牵涉的语言使用的转变史，更为重要的是，我们关注到语词所指向的有关人的此时所活动的领域的相关事实，并且注意到这些活动的关键性转换。在希腊人的时代，人们对存在者的体悟肇始于巴门尼德的命题："思想与存在是同一的"，这意味着我们对存在者的领会符合存在自身的要求，并且这个领会也向来属于存在。在存在者和人的注视之间，人还没有达到后来所至的统治地位，与其说人关注存在者，不如说是存在者向人显现。在这样的境况中，不是存在者被人构建起来，而是人"被那开放自身的存在者聚集起来"，加入存在者的队伍之中，并与之处于开放状态。希腊人与之打交道的就是这样必须加以聚集、保持开放的存在者，对存在者的领会就是本真意义的认识。亚里士多德是推崇"经验"（empeiria）概念的先锋，观察事物本身、它们的性质及其变化中的变化以了解事物的规律，这就是"实验"（experimentum）。人们也许会认为这是现代物理实验的雏形，尽管二者都借助于数学和测量工具，但是他们仍然有着本质的区别。在现代科学中，实验所涉及的每一个对象都受到先行的法则所统摄，实验的每一进程与其结果都受到该法则的制约，该法则本身又是依据客体领域的轮廓而来的，这一点在亚里士多德的论述中是缺乏的。亚氏同时给出了对于技艺的定义："技艺是一种创制的品质"①，技师们知道要被创制的东西的形式，技艺要把将是的东西带往所是，将是的东西之形式位于灵魂中，所以形式是思想和创制之间联系的本源。"带往所是"是希腊人对技术阐释的核心，这与现代技术的问题提法有着根本的区分。中世纪的罗吉尔·培根也不能被视为现代科学的先驱，他所倡导的知识在各个方面只能充当亚里士多德概念的继承。在中世纪，对于真理的追求已经被经院哲学改造成了对教义的无误解读，神学权威的言论获得了天然的合法性。培根的实验还根本不是现代科学的物理实验，它只是完成了一种转换，即从"根据辞藻下判断"到"根据事实下判断"②，它主张对事物的仔细观察，这并没有超出亚里士多德的实验范畴，也尚未接触到关于现代科学的本质性的东西。真正使现代科学初现端倪的是笛卡尔的形而上学，关键之处不在于他把人从中世纪的宗教桎梏中解放出来而带来了主观主义，海德格尔的论断是人的绝对主体性的确立成为现代科学的形而上学基础与开端。

二、现代科学的本质："对置性"与"研究"

在海德格尔的不同表述中，涉及现代科学核心的概念是"对置性"与"研究"，"对置性"是现代科学的基本特征，后者则是由古希腊——中世纪的实验转化而来的现代科学之基本范式，这两个概念都来源于笛卡尔的主体性。人成为与其他存在者相对的主体，这意味着人被当作万事万物的基础，存在者只是被主体观察、发问、进而改造的对象，对象对我的显现必须符合主体的要求。只有当这样的基本观念被建立起来，现代科学才是可能的。在对科学的批判中，海德格尔是为现代物理学为范本的，这是由于物理学对现代世界观塑造上的优先性，它首先界定了一般意义的物质是什么③。故

① 海德格尔.柏拉图的《智者》［M］.孙周兴，王庆节，译.北京：商务印书馆，2016：50.
② 海德格尔.林中路［M］.孙周兴，译.北京：商务印书馆，2019：255.
③ 杨文.从生存论分析到"图像化"学说［D］.南京：南京大学，2020.

物理学是海德格尔的重点讨论对象。

研究的本质是，在自然或者历史领域中将自己确立为一种程序。程序参与到科学的方法和每一开放的领域中。研究的目的在于勾勒出自然事件的轮廓，在这一过程中，程序提前知道如何处理自己的对象：现代物理学之所以与数学紧密的结合，是因为它在本质上已经是数学的了，数学因素把现代科学同中实际科学本质性地区分开来了①。这说明了现代科学——以现代物理学为代表，已经先行地规定了一些被确定为已然属于学科的东西，并且实际上我们已经认识了它们，这些东西就是"为了认识自然而对自然进行的勾勒和预测"。在自然科学研究中，一切事件都事先被从时间和空间两个维度精确描述，这为科学带来了精确性，但这种精确性不来自数学计算上的精准，而是它必须符合这样的方式，即我们对事物的预先筹划。程序必须表象研究对象的变化，使对象的各种运动展现出来以查明变化中不变的法则。现代科学不是由实验所决定的，反之只有对自然的认识转变为"研究"实验才由此诞生。如上文所述，实验由先行的法则所规定，实验的建立不是盲目的，它的设计、实行和检验都遵循预设的条件，他的每一阶段皆通过计算预先控制，这样的法则根据客体的轮廓来给出。在人文领域情况也是类似的，当今历史学的史料研究，虽然它不声称找寻某种决定事实的规律，但历史学也专注于将过去表象为一个客体，并对这个客体进行特殊的计算，通过计算而来的比较来发现历史事件中不变的规律。如此沦为庸俗的历史学显示出固有的缺陷，那就是它解释伟大的历史事件、历史人物的无能，因为历史学只寻求对过去描述的通解，在客体化的历史上摸索共同点进而在可理解、可化简的层面上给出回答。然而，伟大事件之所以伟大，很大程度上就在于它不能诉诸平凡解，它们是不言自明的，史料批判对此还能诉说什么？诚如海德格尔在《形而上学导论》中指出的："并不是与历史的所有关联都能在科学上对象化和为科学处理……历史科学绝不可能捐赠出历史的历史性关联。"②科学活动的制度化、学者的专家化，它们表现为科学集中于企业活动或者科研人员的成果交流和规范调整，都呼应了科学对于客观事物的程序化态度。经由上述预先的计算，自然和历史都成为一种解释的表象客体，表象把存在者被带到作为主体的人之前并在意指和计算中通达存在者③，所有的存在者都能在这种向度上被理解，同时存在者在场的一切其他方面都被无视了。海德格尔认为所有这些根本的转向都是笛卡尔为之奠基的，只有在主体的绝对地位上，现代的世界图像才显露

① 李霞玲.海德格尔的科学观［J］.武汉理工大学学报（社会科学版），2011，24（1）：105-110.

② 海德格尔.形而上学导论［M］.熊伟，王庆节，译.北京：商务印书馆，2019：44.

③ 杨文.从生存论分析到"图像化"学说［D］.南京：南京大学，2020.

踪影，世界图像就是现代科学的形而上学根据。世界图像并不指代世界的摹本，它就是现代世界的整体，即"存在者如其所摆在我们面前的样子"，它从根本上约束着我们与世界打交道的方式。然而，世界图像并不意味着世界本身就是如此或者存在者的存在只能显现为如此，中世纪和古代世界的图像区别于现代，现代的世界图像预设了一些只能存在于现代的东西，它是指世界被构想和掌握为图像，为我们所经验到的都是被表象之物。世界如同图像被表象在人面前，人处于主体的王座上为一切事物制定准则，这无疑是现代科学所暗含的哲学基础。

科学的秘密也被"对置性"这个概念所揭示。对置性与对象性不同，它特指近代意义上的对象在场的一个特征，在其中在场者通过它的成果表现出来。以海森堡的研究和康德哲学为例，海德格尔例证了：在现代科学中现实转变为了成果，因为他们都把因果性看作时间顺序或测量问题，成果就成为它前置原因的后果。所以，在体现着对置性的科学中，在场者也成了一种主体的表象，可以说对置性是属于作为研究之科学的本质特征。我们已经看到，科学作为"关于现实的理论"，其根本要素已经从观审的对在场者无蔽状态的保持之意义下降到了近现代用观察这个词语所表征的理论，作为观察的理论"就是对现实有所追踪和确保的加工"[1]。科学当然不像它自己所宣称的那样是一种对现实无所干预的对真理的追求，反之，恰恰在这种隐性的加工之中包含着现代科学的全部奥秘，在科学所隐含的预先计算和精密数字被加诸对象之上时，一个存在者才被表象为科学可以处理的对象。现实是作用者与受作用者的领域，科学的对置性表现为它把现实当作受作用者摆置出来，它用自己的理论来逼问现实，并且在实验的结果中确证自己的本质力量，现实由其结果便是可追踪和得到确保的。对置性的高明之处在于它先行地设置了可能的问题，加之科学程序的严谨性，在科学领域内的任何新对象都要受到加工以使其符合对置性联系的要求。尽管古典物理学的框架与现代核物理有很大的差异，但是后者绝不能看作对前者的否决，因为对于它们来说对置性自始至终都是本质性的东西，自然都必须受到作为理论的科学的追踪和确保，其中的差别只在于对置化的规定方面的不同。在关于人的学问中，情况也是类似的：精神病学观察人的心灵生活中的病态现象，它根据"人的身体—心灵—精神的统一性对置性"把这种现象表象出来；语文学以各国家和民族的语言文字为研究对象，它尝试从语法、语源学、比较语言学的多种角度对语言进行观察。对置化不只是对现代科学的外观的凝练，更重要的是，它为科学带来了一个深刻而难以解答的问题，那就是自然，历史和语言作为科学将之对置化的对象，它们从一开始就是不可回避的东

---

① 海德格尔.演讲与论文集［M］.孙周兴，译.北京：生活·读书·新知三联书店，2005：51.

西，尽管物理学以越来越间接、越来越远离直观的情况下探究自然，情况也没有一丝改变，科学的对象作为不可回避之物在科学的本质中起支配作用。甚至于科学不能凭借自己的理论解释科学自身，人们绝不能在任何一种实验里找到科学的合理解释及其意义。从根本上来说，这是由于科学归根结底是依赖于这不可回避之物的，但是在对置化的程序中，它遮蔽了后者的丰富多样的本性，而只把存在者从预测与计算的角度加以把握，这直接导致了对存在者的领会把自己逼入了十分狭隘的场域中。由此看来，使科学被奉为圭臬的"对置化"式的研究，同时是科学的阿喀琉斯之踵，将科学的局限性清晰地揭示了出来。

现在，我们占有了关于科学本质的两个范畴：研究与对置性。海德格尔曾在他的论文《什么叫思想》中指出："科学不思考"①，基于对科学本质的描述，人们对这个疑难的命题可以有更加深入的理解。当海德格尔声称科学不思考时，他想说的不是科学不进行思虑，而是指科学不能以思想家的方式思考。不仅仅科学不思考，更为严重的是在这个时代我们不能够思考，即我们的思想尚未在它的本真要素中进行。在海德格尔看来，可思虑的东西是给予思想的东西，哪怕我们深入研习古代伟大思想家的各种著作，我们仍然无法确保自己在思想。现代世界的居民还没有进入那个"自身先于其他一切，并为了其他一切东西已经得到思虑的东西"的领域。这种尚未进入的局面不是由那个有待思虑的东西本身从人那里离去造成的，相反，它始终保持在这种"扭身离去"中，人与待思之物的疏离处于人的本质之中，因为有待思想的东西自行向人隐匿自身。然而如此隐匿的东西并没有消失，作为隐匿它就是本有——它对人本质的关涉更胜于人所触及的在场者，海德格尔在《存在与时间》中把它规定为"绽出之生存"的基本结构②，人始终被这隐匿自身者引向，唤起人们思想的东西本真地不在场，"这种指引就是我们的本质，我们通过显示到自行隐匿者之中而存在"③。当我们借助科学的仪器去看世界时，它只是从数字性的角度去计算，它证明自己的结果：依循自然因果律从一个原因及其条件推导出随之而来的后果，但是其他的一切意义则被放过了。科学不思想，而它却依赖别的思想，科学的"无预设"前提与话语体系向来已经从发生在历史中的思想继承而来。对那个隐匿自身同时从自身显现的东西，它之于我们只是进行指引，它与科学之间隔着不可逾越的鸿沟。

---

① 海德格尔.演讲与论文集［M］.孙周兴，译.北京：生活·读书·新知三联书店，2005：140.
② 托马斯·希恩.理解海德格尔范式的转变［M］.邓定，译.南京：译林出版社，2022：18.
③ 海德格尔.演讲与论文集［M］.孙周兴，译.北京：生活·读书·新知三联书店，2005：142.

三、科学的边界与元哲学对科学的超越

科学作为一种世界观其局限性已然展现出来，那么，在海德格尔的思考中什么才是理解世界的更好的方式呢？海氏在其课程讲稿《哲学的观念与世界观问题》里给出了一种区别于作为传统形而上学产物的科学的新第一哲学——解释学直观，他也把它称之为"元哲学"，从海德格尔的其他论述中我们可以得出结论，他在讲座里提及的元哲学就是《存在与时间》中的基础存在论，它追问作为存在的存在，也就是存在的意义问题[①]。海德格尔对现代认识论进行了批判，它对知识、对象以及实在性概念的理解只限定于数字性的自然科学之内，并且它也无法避免解释上的循环：在其中研究领域与其自身的规定相互决定。在《存在与时间》中海德格尔承认了元哲学也无法避免这一循环，但它不是一种恶性循环，而是理解和解释的本质规定，元哲学总是从实情本身出发来确定其命题。置言之，首先元科学包含了对于对象或者说实事本身的一种前理解，其次元科学规定了自身的论题[②]。元哲学对待世界的方法亦与科学式的研究大相径庭，它不以科学的理论性视角为圭臬，反之，作为元哲学的哲学更为注重世界对人的意义以及人对这意义的体验，同时把这种经验放在比世界观更高的位置。海德格尔在课程中以讲台为例，说明了在元哲学的语境下世界中的事物对于人到底意味着什么。一个讲台，在一个农民看来它可能是老师讲课的地方，在一个塞内加尔人看来也许是魔法的产物，在自然科学家眼中它只是碳分子的堆砌，讲台对于不同的人有不同的意义，在场者之在场的多样性得以显现。通过这个例子，海德格尔戳穿了科学严肃的无预设性，它掩藏在一种"理论事物的优先性"之中，它只在理性主义兴起的时代才是可能的。元哲学不把事物看作研究的对象并在过程中追寻作为数字的结果，它所思的是在世的存在者所涌现出来的意义和在探寻意义时人对周遭世界的体验——我们在我们的文化背景中直接被给予意义的经验。

至此，本文梳理了海德格尔视角下的"科学"的词源学考古，解释了从古希腊的领悟到中世纪的学说一路走向近现代的科学的过程中人们对于"理论"与"现实"的理解发生了怎样的改变，而人对世界的认识结构与范式又是如何确凿地扭转了方向。海德格尔用研究与对置性这两个关键概念廓清了现代科学的外貌，精准地定位了其在现代世界中的位置。经过海德格尔的沉思，科学的不证自明性经受到了怀疑，现在我们可以说：科学不具备它自己主张的客观性，它暗含的前提与预设仍然处于一种让人

---

① 陈勇.海德格尔论哲学作为元科学［J］.厦门大学学报（哲学社会科学版），2016（1）：79-88.
② 同①.

忧心的昏暗中，它对存在者的揭开无法为我们带来存在者的丰富的维度。一句话，科学是一种出现于现代，也只能存在于现代的历史性的认识。

参考文献

［1］海德格尔.林中路［M］.孙周兴，译.北京：商务印书馆，2019：231.

［2］海德格尔.形而上学导论［M］.熊伟，王庆节，译.北京：商务印书馆，2019：44.

［3］海德格尔.演讲与论文集［M］.孙周兴，译.北京：生活·读书·新知三联书店，2005：40.

［4］海德格尔.柏拉图的《智者》［M］.孙周兴，王庆节，译.北京：商务印书馆，2016：50.

［5］托马斯·希恩.理解海德格尔范式的转变［M］.邓定，译.南京：译林出版社，2022：18.

［6］李霞玲.海德格尔的科学观［J］.武汉理工大学学报（社会科学版），2011，24（1）：105-110.

［7］陈勇.海德格尔论哲学作为元科学［J］.厦门大学学报（哲学社会科学版），2016（1）：79-88.

［8］杨文.从生存论分析到"图像化"学说［D］.南京：南京大学，2020.

奇点迫近：人工智能冲击下的艺术变革

郭材欣　娥　满

（昆明理工大学马克思主义学院）

21世纪初，一些学者引入"人类纪"的概念，说明人类活动开创了一个新的时代[①]。然而，人类纪也指涉人类在弥留之际对自身活动的反思，人类纪的进步表象是以对其他生命形式、生态系统等造成有害后果为伦理代价的，它恰恰宣示着人类活动已把自身推向生存的某种极限[②]。因此，人类纪激活了一个区别于人文主义的新观察视点，即"后人类"的视点。人们开始反思人的定义，承认非人的地位[③]。如今，人类自己生产的人工智能（简称AI）以绝对优势在围棋对决中战胜了人类。同时，随着人工增强等技术的发展，人类通过技术重新塑造自身。库兹韦尔于上世纪末提出了"技术奇点"，AI将超越人类智能这一临界点，人类在未来将与非生物智能融合，人机界限将变得模糊[④]。奇点本来是天体物理学上描述黑洞的概念，用在未来学上则指我们

作者简介：郭材欣，男，昆明理工大学马克思主义学院美学硕士研究生。

通讯作者简介：娥满，女，昆明理工大学马克思主义学院教授，硕士研究生导师。

① CRUTZEN P J . Geology of mankind［J］. Nature，2002，415（6867）：23.

② DELLASALA D A，GOLDSTEIN M I . Encyclopedia of the anthropocene［M］. Elsevier：Amsterdam，The Netherlands，2017：6-8.

③ BROWN W . Man without a movie camera-movies without men：exploring the post-humanism of digital special effects［M］//Film theory and contemporary hollywood movies. Routledge：Taylor & Francis Group，2009：66-85.

④ 库兹韦尔 . 奇点临近［M］. 李庆诚，董振华，田源，译 . 北京：机械工业出版社，2011：11-15.

的认识基于一定的地平线，对此之外的黑洞却一无所知①。对黑洞般的后人类图景，福山表达了深切担忧，他认为人性可能被技术掏空，要控制新技术的使用②。然而，海勒指出，"问题不是我们是否会成为后人类……问题是我们将成为什么样的后人类"③。后人类主义有助于我们以不同方式看待自身，正如布拉多蒂所说："我把后人类的困境作为一个机会，从而追求思想、知识和自我表达的替代方案。"④

随着技术奇点的迫近，艺术家们面临着一幅后人类图景，被 AI 技术所塑造的"人—机—艺术世界"，AI 技术形塑着艺术生产环境，改变着艺术生成过程，威胁着艺术家的创作主体地位，甚至可能会生产新的"艺术终结"话语。然而，对后人类主义的艺术理论与实践来说，AI 的冲击反而有助于艺术摆脱人类中心主义的制约，从而开启艺术的变革。

一、智能世界：艺术生产环境之变

"艺术家生活在人工生态环境和大自然中，全透明大屋的材料与其说是玻璃，不如说是一片看不见但可触摸的高智能材料，此屋材料能根据屋外物体自动调整形体……用他大脑中纳米机器人与智能材料进行沟通……"⑤

这是对奇点时代艺术家活动的描绘，艺术家俨然处于一个智能世界中：艺术家生存于被 AI 塑造的世界中，智能世界随着人和非人的活动发生变化。AI 打破了传统工具单向度被控制的局面，从而推动着我们在后人类语境下去反思人与世界在艺术生产中的关系。

在传统工具主义的技术观中，技术只是静止现成的工具、只是主体把握的对象，而人却是自足的。这种技术观下的世界图景是以人为中心的，它使得世界成为主体的图像，"世界成为图像，与人在存在者范围内成为主体是同一个过程。"⑥基于人类中心主义话语的艺术生产使得艺术作品在某种预定的模型中被交出，世界的丰富性被预定

① ZIMMERMAN M. The singularity：a crucial phase in divine self-actualization？［J］. Cosmos and history：the journal of natural and social philosophy，2008，4（1-2）：347-370.

② 杨威. 面向"后人类"未来的人类：福山与斯蒂格勒的技术观述评［J］.山东社会科学，2021（3）：33-38.

③ HAYLES N K . How we became posthuman：virtual bodies in cybernetics，literature，and informatics［M］.London：The University of Chicago Press，1999：246.

④ BRAIDOTTI R . The posthuman［M］.UK：Polity Press，2013：12.

⑤ 谭力勤.奇点艺术：未来艺术在科技奇点冲击下的蜕变［M］.北京：机械工业出版社，2018：2-4.

⑥ 海德格尔.海德格尔选集［M］.孙周兴，选编.上海：上海三联书店，1996.

属性取代。海德格尔质询技术的工具主义，他通过现象学的"意向性"①概念来理解技术，认为人通过工具使用揭示自身和世界。人类与技术不仅有工具主义关系，还有密切的本体论联系，海德格尔将技术使用和我们与世界的关系联系起来，这提供了一种后人类的视角②，人并非是自足的，而是与技术、环境相互联系。由此，朗斯多夫将技术、后人类主义融入现象学中，为现象学添加了"有机体—环境模型"，他将修正的现象学称为"后现象学"，后现象学更关注人与技术、环境间的关系及非人类经验的可能性③。在后人类语境下，技术介入到人与世界的关系中，"我"与"世界"都在技术介入下发生持续变化，这种变化的结构即"生成意向性"④。AI 的介入能够变更人与世界间的意向性结构，改变艺术生产环境，这使艺术生产打破以人类为中心的局面：人与环境的关系从单向度的"人→环境"增加了"环境→人"的路径。

AI 的介入为艺术生产打开了一个丰富的智能世界：世界并非是现成性的，而是通过我们与技术的关系和活动而得以建构。智能世界提供了一种革命性的可能，即将艺术生产带入一种后人类主义的实践形式：人和非人交互的"后生产"模式。

二、"共同招致"：艺术生成过程之变

贡布里希在《艺术的故事》的导言中指出，"实际上没有艺术这种东西，只有艺术家而已。"⑤然而，随着 AI 在诸多领域上取得的跨越式进展，人类中心主义的观念受到挑战。AI 的出现使得人和艺术的概念变得紧张，这种紧张激发了人们对技术进行操纵的意愿。海德格尔认为人对技术的操纵没有关涉技术的本质，在关于艺术生成过程的日常思维中，艺术家操纵技术成为达到目的（艺术创作）的手段，这种技术的工具主义理解基于因果性的观念："工具性的东西占据统治地位的地方，也就有因果性起支配作用。"⑥在亚里士多德看来，结果因是造成最终对象之物，在艺术生

---

① 韩连庆 . 技术与知觉：唐·伊德对海德格尔技术哲学的批判和超越 [J] . 自然辩证法通讯，2004，26（5）：38-42.

② RAE G . Heidegger's influence on posthumanism：the destruction of metaphysics，technology and the overcoming of anthropocentrism [J] . History of the human sciences，2014，27（1）：51-69.

③ LANGSDORF L . Argument as inquiry in a postmodern context [J] . Argumentation，1997，11（3）：315-327.

④ LANGSDORF L . The doubleness of subjectivity：regenerating the phenomenology of intentionality [J] . Ricoeur as another：the ethics of subjectivity，2002：33-56.

⑤ 贡布里希 . 艺术的故事 [M] . 范景中，译 . 南宁：广西美术出版社，2008：15.

⑥ 海德格尔 . 海德格尔选集 [M] . 孙周兴，选编 . 上海：上海三联书店，1996.

成过程中，艺术作品的创作者被认为是艺术家，人即艺术品的结果因，然而，这种对艺术生成的因果性理解却遮蔽了人类与非人类要素间的关系。海德格尔以作为祭器的银盘的生成过程为例，指出作为祭器的银盘是共同"招致"的结果。[①] 假如没有银（质料）、没有盘子的概念（形式）、没有对盘子在祭祀领域内的限定（目的），都无法生成作为祭器的银盘。艺术家只是使得艺术生成的共同合作者，人和非人成分共同招致艺术，这是对人文主义艺术观念的反动，"是艺术造就了艺术，而不是艺术家"[②]。

艺术是在共同招致中生成的，这一理解通向了后人类主义的艺术实践。我们要从对材料的工具主义使用转变为与非人要素的交往，AI作为艺术生成过程中的非人要素来为艺术现身负责，与其他要素共同招致艺术，因此，艺术是一种合作。例如，艺术家可以通过AI的绘画风格迁移功能来调整创作中的风格、色彩、笔法和构图关系，虽然弱AI是按照确切的艺术形式和标准来创作，在生成图像等方面依据的是已有数据和算法，但我们并非只用AI完成预期目的，AI在艺术生成过程中提供了丰富的可能性，它通过将不同风格组合或利用非常态的计算结果来拓展艺术边界和人类的认知边界，打破艺术家认知和想象的局限。

"艺术是一种合作"意味着人类中心主义的艺术理解会导致某种程度的"失明"，在艺术生成过程中，人不只是"使用"智能材料与工具，而是与它们处于一种"关心"[③]的关系中。通过"寻视"[④]着的关心，艺术在我们与智能材料等非人事物的互动中出现，寻视摆脱了只见到人类自己预想之处的"盲目"，而植根于一种可理解性背景中，即我们与他人他物关联的存在方式。因为寻视和关心的应对，意外和失败的艺术生成环

---

① 海德格尔.海德格尔选集［M］.孙周兴，选编.上海：上海三联书店，1996.
② BOURRIAUD N. Relational aesthetics［M］.Dijon：Les Presses du Réel，2020：11-12.
③ "关心"也译为操心、烦神，在《存在与时间》中，人的行为举止分为3类：和他物、他人、自己打交道。人总是通过和他物他人打交道才和自己打交道，"关心"内在于和他人他物打交道的过程中，他区别于传统哲学中的理性认识。本文采用"关心"的译法，在后人类语境下，更能体现艺术家与他人他物、环境间密不可分的联系。参见：陈嘉映.Sorge及其翻译［J］.读书，1996（12）：107-113.
④ "寻视"是顺应于事的视，即同用具打交道的视之方式，这种视之方式不是盲目的，它区别于理论上的观察，实践活动是寻视着的，理论性活动则是"非寻视地单单观看"。海德格尔认为，最切近地与事物打交道的方式不是认识，而是使用事物的关心。参见：海德格尔.存在与时间［M］.陈嘉映，王庆节，译.北京：生活·读书·新知三联书店，2014：81-82；张汝伦.《存在与时间》释义［M］.上海：上海人民出版社，2012：228-240.

节也提供着可能性。当智能用具不按预想的方式给出结果或者损坏时，我们不再能按照预想方式去生成艺术，但这种无预备状态却有机会在实践中生成新的东西。艺术生成中的无预备状态拷问着人类中心主义，人的预定目的遮蔽新的可能，而在实践中，我们和材料、工具、他人、环境打交道的过程却有机会再次揭示事物、揭示世界。因此，艺术并不终结于人在中心位置上的失落，而是伴随着生成中的要素而处于不断创造中。

三、多重交互：艺术创作主体之变

后人类主义的艺术实践引发了人—人、人—非人、非人—非人间的多重交互的可能性，多重交互中没有任何一方是中心，彼此互相构成和交替。在艺术创作主体的问题上，无论是持"交互主体"还是"无主体的生成运动"①的理解，多重交互总是意味着互相作用和彼此的变化。

"交互主体"是指二元或更大群体间视角上的交互关系，②交互主体强调主体间的互动交流过程，而非某一方的孤立特征。在人—人的交互上，创作者和观众的二元对立被智能世界消解，观众不只是艺术创作中的旁观者和作品成果的接受者，他们也介入到交互式的创作中，而创作者也通过智能世界接受观众的反馈和体验数据，从而调整自身的创作，或者转为他人艺术创作的接受者。例如交互电影可以通过 VR 技术帮助观众主动参与影像的建构，从而使得观众介入创作过程，模糊了创作者和接受者的边界。在后人类的视角下，我们还需要考虑非人因素在交互中的地位。拉图尔的"行动者网络理论"为多重交互中的非人者的行动能力提供了理论支持，拉图尔认为，非人也是行动者，人与非人的行动者构成了相互交融的"实体的联合"，③联合不是实体的加和，而是要素间的共存共构。因此，在艺术创作中，人并非支配非人的中心因素，而是和非人共同卷入到艺术创作中。此外，智能机器间、智能机器与外部环境间也可

---

① "无主体的生成运动"是德勒兹的观点，他认为"主体"的说法以某些点为参照来定位自身，而生成没有起源、目的和任何参照，只有不断生成差异的运动："生成没有开端也没有目的，只有一个具体生成的环境"。参见：DELEUZE G，GUATTARI F. What is philosophy？[M]. Columbia University Press，1994：10.

② GILLESPIE A，CORNISH F. Intersubjectivity：towards a dialogical analysis [J]. Journal for the theory of social behaviour，2010，40（1）：19-46.

③ LATOUR B. Reassembling the social：an introduction to actor-network-theory [M]. Oxford：Oxford University Press，2005：65.

以相互作用，改变彼此的性质，构成艺术创作的万物智能互动网络。

人工智能技术的发展将全方位地改变我们的社会关系和生活环境，我们需要跳脱出"艺术家作为艺术创作主体，观众作为被动的接收者，以及非人类作为人类的艺术和审美的代理者"的观念，[①] 从而在智能世界中推动一种更为复杂的新的共同进化路径和生物——社会的协同效应，促进更为多样化和复杂的艺术创作互动。[②] 随着人类增强、虚拟现实以及强人工智能等技术的发展，我们甚至再难以坚持人的概念、难以在多重交互中区分人和非人，正如德勒兹的"配置"概念所指出的，个体只是作为组件的联合，只是集体性的配置，[③] 中心化的主体再难以寻觅，只有连接和关系。艺术创作的疆域不是固定的，疆域的建立和毁灭的过程与配置的聚集与离散过程伴随。因此，后人类语境下的艺术创作中的多重交互不再局限于"艺术家是艺术创作主体"的观念，而是从主体扩展到交互主体，甚至只关注无主体的生成运动。这一人类不再处于中心的智能世界图景提示我们重新思考人与人、人与非人间交互的原则。

四、结语

有关人类的言说已然处于后人类语境之下。在此，人工智能介入艺术，艺术不再只是人的独角戏，人类置身于和智能技术共存的智能世界，并且和该世界中的一切共同招致出艺术。艺术家和观众、人和非人的边界在交互中变得模糊，机器间、机器与环境之间的交互构成了艺术创作的万物智能互动网络，这都改变着艺术创作的状况。面对"技术奇点"的迫近，我们需要批判性和创造性地思考艺术是什么以及想象艺术将成为什么，从而在新的世界图景中生产新的艺术话语，以积极适应和作用于我们正在经历的后人类状况。

参考文献

［1］CRUTZEN P J．Geology of mankind［J］．Nature，2002，415（6867）：23.

［2］DELLASALA D A，GOLDSTEIN M I．Encyclopedia of the anthropocene［M］．Elsevier：Amsterdam，The Netherlands，2017：6-8.

---

① GIOTI A M．From artificial to extended intelligence in music composition［J］．Organised sound，2020，25（1）：25-32.

② MALAFOURIS L．Metaplasticity and the primacy of material engagement［J］．Time and mind，2015，8（4）：351-371.

③ PARR A．Deleuze dictionary revised edition［M］．Edinburgh University Press，2010：18-19.

［3］BROWN W . Man without a movie camera-movies without men：exploring the post-humanism of digital special effects ［M］//Film theory and contemporary hollywood movies. Routledge：Taylor & Francis Group，2009：66-85.

［4］库兹韦尔.奇点临近［M］.李庆诚，董振华，田源，译.北京：机械工业出版社，2011：11-15.

［5］ZIMMERMAN M . The singularity：a crucial phase in divine self-actualization? ［J］. Cosmos and history：the journal of natural and social philosophy，2008，4（1-2）：347-370.

［6］杨威.面向"后人类"未来的人类：山与斯蒂格勒的技术观述评［J］.山东社会科学，2021（3）：33-38.

［7］HAYLES N K . How we became posthuman：virtual bodies in cybernetics，literature，and informatics ［M］. London：The University of Chicago Press，1999：246.

［8］BRAIDOTTI，R . The posthuman ［M］. UK：Polity Press，2013：12.

［9］谭力勤.奇点艺术：未来艺术在科技奇点冲击下的蜕变［M］.北京：机械工业出版社，2018：2-4.

［10］海德格尔.海德格尔选集［M］.孙周兴，选编.上海：上海三联书店，1996.

［11］韩连庆.技术与知觉：唐·伊德对海德格尔技术哲学的批判和超越［J］.自然辩证法通讯，2004，26（5）：38-42.

［12］RAE G . Heidegger's influence on posthumanism：the destruction of metaphysics，technology and the overcoming of anthropocentrism［J］. History of the human sciences，2014，27（1）：51-69.

［13］LANGSDORF L . Argument as inquiry in a postmodern context［J］. Argumentation，1997，11（3）：315-327.

［14］LANGSDORF L . The doubleness of subjectivity：regenerating the phenomenology of intentionality［J］. Ricoeur as another：the ethics of subjectivity，2002：33-56.

［15］贡布里希.艺术的故事［M］.范景中，译.南宁：广西美术出版社，2008：15.

［16］BOURRIAUD N . Relational aesthetics ［M］. Dijon：Les Presses du Réel，2020：11-12.

［17］陈嘉映.Sorge 及其翻译［J］.读书，1996（12）：107-113.

［18］海德格尔.存在与时间［M］.陈嘉映，王庆节，译.北京：生活·读书·新知三联书店，2014：81-82.

［19］张汝伦.《存在与时间》释义［M］.上海：上海人民出版社，2012：228-240.

［20］DELEUZE G，GUATTARI F . What is philosophy? ［M］. Columbia：Columbia

University Press，1994：10.

［21］GILLESPIE A，CORNISH F . Intersubjectivity：towards a dialogical analysis［J］. Journal for the theory of social behaviour，2010，40（1）：19-46.

［22］LATOUR B . Reassembling the social：an introduction to actor-network-theory［M］. Oxford：Oxford University Press，2005：65.

［23］GIOTI A M . From artificial to extended intelligence in music composition［J］. Organised sound，2020，25（1）：25-32.

［24］MALAFOURIS L . Metaplasticity and the primacy of material engagement［J］. Time and mind，2015，8（4）：351-371.

［25］PARR A . Deleuze dictionary revised edition［M］. Edinburgh：Edinburgh University Press，2010：18-19.

脑机接口技术可能产生的问题及伦理分析

于 航 赵 旭

（昆明理工大学马克思主义学院）

一、安全性问题及伦理分析

（一）脑组织损伤风险

非侵入式的脑机接口技术对用户存在不同程度上的伤害，主要表现为以下两方面：一是脑电信号误读的伤害。因为脑机接口技术尚未成熟，所以很难获取到稳定的脑电信号，且对脑电信号的解析度不高，容易产生误判，从而导致对身体的间接伤害[①]。与此同时，人们在应用脑接口技术时，也会因其思想的复杂性而被情绪所左右。二是有潜在的电极伤害。由于"电极帽"的原因，人体在接触到电极以后，有很大的概率会出现皮肤感染、过敏等问题，如若经常接触此类的无线电辐射，将会对人的脑组织产生一定的影响[②]。

就目前来说，侵入式的脑机接口技术对大脑造成的短期和直接的损害更加显而易见。主要体现在以下几点：①手术伤害和长期植入风险。将植入物植入到头皮或颅骨，

作者简介：于航，女，昆明理工大学马克思主义学院科学技术哲学专业硕士研究生。

通讯作者简介：赵旭，男，昆明理工大学马克思主义学院教授，硕士研究生导师。

① TAMBURRINI G . Brain to computer communication：ethical perspectives on interaction models ［J］. Neuro-ethics,2009，2（3）.

② HASELAGER P，VLEK R，HILL J，et al . A note onethical aspects of BCI ［J］. Neural networks，2009，22（99）.

可能会导致并发症；而脑机接口技术的最长使用时间大约是一年，反复进行颅内植入会带来更大的危险性。②关于设备的安全性问题。由于人工脑部移植装置发生故障以及传感器的生物适应性下降而引起的生理性排异。③软件和算法的安全性问题。软件与算法的错误和偏离会引起输出指令的差错，进而产生无法弥补的损害。

脑机接口技术可能产生的安全性问题主要源于目前这种技术的临床应用还不成熟。即使脑机接口技术往往通过动物实验取得确定疗效和安全性后才进入临床应用，但是由于动物的脑和人的脑的结构和功能始终存在着差别，实验也就不能完全保证用于人的安全性。正因如此，应尽快建立相关安全评价与监管体系，把伤害控制在一定限度内，把对生命的利益增至最大。

（二）决策自主性缺失风险

首先，脑机接口技术是一种尚未完全投入临床使用的新兴技术。所以，研究人员并不能充分了解其所带来的危险。在这样的技术背景下，研究人员和患者的交流信息是非常有限的，他们也不知道该如何向患者告知脑机接口技术在使用过程中会出现怎样的状况。患者的自主权在某种意义上是有限的。

其次，患者在接收和理解研究人员所传递的资讯时，会有一定的局限性，进而会对其做出决定产生一定的影响。患者的状况会影响他们接受资讯的程度。肢体残疾但智力健全的患者能够充分了解接收到的讯息并表示认同。至于其他的神经功能异常或者受损的患者，则是不可能完全理解自己所接收到的资讯，也不可能自己做出决定。

研究者应该进一步实施更严格的知情同意程序，关注使用脑机接口技术的使用者对其信息的理解及其存在哪些问题与困惑，并及时与脑机接口技术的使用者进行沟通，以提高用户对脑机接口技术的理解，尽量减少由于使用者对信息理解的偏差而导致的自主决策的缺失问题。

二、隐私性问题及伦理分析

（一）个人信息的获取

脑机接口技术一经推广，将会全面监控人类的脑部行为，进而改变人类的隐私环境，所以，脑机接口技术的运用，会让个人产生戒心和不相信自己的行为，比如，向群众了解他们关于社会歧视的想法，他们可能会被社会环境和价值观所左右，或许会表现出顺从的态度，但他们的内心就不一定了。简而言之，脑机接口技术的应用，将无法确保使用者的隐私。

因此，在一定程度上，应增强脑机接口技术使用者的个人隐私及个人的安全意识，同时在技术上进行优化，从根源保护使用者隐私的安全性与可控性，这是防止个人隐私遭侵害的一个主要手段。

（二）思想控制的威胁

脑机接口技术建立在人机交互的基础上，所以可以进行逆向操作，当使用者应用脑机接口技术时，大脑就会失去自我控制能力，而这种丧失正是无形的思想。这样的侵袭可能出现在脑机接口技术应用的各个阶段[①]。一种是用直接的方式进行操作。这种操作方法切实可行，已在最近的计算机的安全和人机交互研究方面得到了验证。另外一种方法，是利用脑机接口技术对人的生理和精神健康产生直接的危害，并对其产生巨大的心理创伤和精神上的压力，伤害程度与使用者在身体和心理方面的受益程度成正比。

（三）数据所有权的争议

利用脑机接口技术，可以收集使用者的隐私，以及思想数据等脑数据，实验室研发者或将数据用于研究或用于存档，那么使用者是否对于自己的信息数据依然拥有绝对所有权？或者说谁具有这些数据的使用权力？又能够以什么程度、什么渠道去使用？这就衍生出了数据的归属问题。

个人大脑信息随时都有被侵害的危险。如果能清楚地确定这些信息的来源，那么脑机接口技术的研发人员、使用者和政府监管部门才可以有效地利用这些信息，同时可以保证他们的大脑信息不被侵犯。针对大脑数据，根据不同条件进行分类，确定大脑的数据归属，可以防止新的冲突，也可以防止脑机接口技术在临床应用时出现其他的问题。

三、其他社会问题及伦理分析

（一）社会公正问题

第一，比赛的不公平。在体育项目中，运动员可以通过脑机接口技术来操控外骨骼系统，从而提高其运动水平，也就意味着运动员无法在同一个起点上进行比赛，从

---

① IENCA M，HASELAGER P . Hacking the brain：brain-computer interfacing technology and the ethics of neurosecurity［J］.Ethics and information technology，2016，18（2）：117-129.

而影响到整个比赛的公平性。

第二，教育资源的不公平。脑机接口技术的使用者可以轻易地打败竞争对手，并通过参加各类考试以获取优质的教育资源，从而引发教育不公平的现象。在教育界，由于使用了脑机接口技术，会影响到入学标准、课程设置、比赛规则，让某些人轻易地上名牌大学，或是参加了不同的比赛并取得优异的成绩，这对其他孩子来说是不公平的[①]。

第三，司法方面的不公平。在我国的司法界，由于脑机接口技术的应用，使受益者具有较高的记忆力和坚强的逻辑性，更有甚者，可以直接获取对方的想法，以提高诉讼成功的概率。这对于那些不具备脑机接口技术使用条件的或者不愿接受脑机接口技术的人而言，这种待遇极为不公平和不公正[②]。

就目前的发展情况而言，脑机接口技术带来的公正问题的原因主要是经济发展的原因、技术本身的原因和政策的原因，我们应该优化与完善脑机接口技术，建立相应监督制度，对脑机接口技术引发的公正问题进行监管，保持社会公正。

（二）人的主体性异化问题

脑机接口技术对各类信息的读取和控制，尤其是对人类思想、记忆和情感等方面信息的获取，很有可能彻底地颠覆人类的主观能动性，而其关键在于，脑机接口技术会使人更像人，抑或让人类丧失人性，或者逐步向机械化进化。在这一点上，生物学上的自由派认为一切科技都是为了人，而脑机接口技术则是对人各种能力的一种提高。而像弗朗西斯·福山、迈克尔·桑德尔这样的生物保守派则指出，诸如"脑强化"这样的技术会伤害人的本性、尊严，甚至导致人的死亡。他们认为，随着脑机接口技术的应用而产生的不稳定性，将会破坏人的尊严以及自由平等的权利[③]。

由此可以看出，脑机接口技术对人的性格、自我认知力、自主决策能力、内在动力的影响仍然是模糊的，忽略人的主体性容易造成人与人之间的距离，人与"人"之间的联系薄弱，相反，人与"机"之间的联系紧密，这种状况会造成人伦关系的错乱。

---

① ELLEN M, MC GEE, MAGUIRE G Q. Implan brain chips？ Time for debate［J］. The hastings center report, 2010（1）.

② 邱仁宗. 生命伦理学在中国发展的启示［J］. 医学与哲学, 2019, 40（5）.

③ FUKUYAMA F. Our posthuman future: consequences ofthe biotechnology revolution ［M］. New York: Farrar, Straus and Giroux, 2003: 149.

（三）道德责任归属问题

第一，研发者的道德责任。如果脑机接口技术的研发人员未提前向使用者告知其潜在风险，或者有意地隐藏其自身的缺点，从而导致一系列的事故发生，那么研发人员有责任承担此伤害造成的损失。若是脑机接口技术的研发者提前告知使用者技术的全部信息，并提醒使用者可能产生的危险，但还是出现了不良后果。在这种情况下，研发者也理应负一部分道德责任。

第二，使用者的道德责任。当使用者是自愿使用脑机接口技术，并且事先知道可能造成的后果，责任就该归咎于使用者。若使用者虽自愿使用脑机接口技术，但无法控制自己的想法，并且不知道自己的想法时，他在道德上就无须负责。

第三，政府的道德责任。政府在脑机接口技术发展的过程中，应对脑机接口技术制定合适的政策，并对其使用进行监管和监督。若政府未能在宏观上对脑机接口技术研发者进行管理，没有制定技术使用的相关政策，没有履行其监督职能，在出现严重后果时，政府则要承担部分责任。如果一个国家在进行自己的政治活动宣讲时，或者想要用公民的选票来决定一个政策时，此时使用脑机接口技术，入侵民众的思想，从而操控民众行为得到自己想要的结果，对此，政府应该承担全部道德责任。

确定道德责任的对象，对道德责任进行合理的划分，是脑机接口技术应用的先决条件，是推动脑机接口技术发展的重要保证。

四、结语

由于脑机接口技术的快速发展与日益成熟，此项技术已经成为神经科学技术领域的重要研究方向，随着人们对脑机接口技术的深入研究，此项技术也带来了一定的伦理风险，主要表现在对于隐私权、知情同意权的侵犯，以及安全责任落实不明确等方面。这些问题的长期存在，阻碍了脑机接口技术的进一步发展，并对人类社会的基本伦理以及社会公正带来了巨大的挑战。想要妥善解决这一问题，相关研究人员需要对脑机接口技术可能引发的伦理风险进行系统性研究，为脑机接口技术的发展指明方向，让此项技术能够真正成为改善人们生活质量的有力帮手。

参考文献

［1］魏文庆.基于 EEG 的 BCI 的研究与设计［D］.杭州：浙江大学，2007.

［2］李亚飞.基于脑电信号的假手控制方法研究［D］.杭州：杭州电子科技大学，2009.

［3］熊杨.最小二乘支持向量机算法及应用研究［D］.长沙：国防科学技术大学，2010.

［4］李居康.脑—机接口技术在机器人控制上的应用［D］.南京：东南大学，2016.

［5］赵启斌，张丽清，CICHOCKI ANDRZEJ.三维虚拟现实环境中基于 EEG 的异步 BCI 小车导航系统［J］.科学通报，2008（23）：2888-2895.

［6］张宇，王行愚，张建华，等.离散粒子群优化：贝叶斯线性判别分析算法用于视觉事件相关电位 P300 的分类［J］.中国生物医学工程学报，2010，29（1）：46-52.

［7］潘洁，高小榕，高上凯.稳态视觉诱发电位频率与相位特性的脑电研究［J］.清华大学学报（自然科学版），2011，51（2）：250-254.

［8］楼铁柱，刘术，刁天喜.人体增强技术及其军事应用前景与影响分析［J］.军事医学，2014，38（1）：6-9.

［9］FIACHRA O'BROLCHAIN，BERT GORDIJN.Brain-computer interfaces and user responsibility［M］.Brain-Computer Interfaces in Their Ethical，Social and Cultural Contexts：163-182.

［10］BERGER H.UÈ ber das Elektrenkephalogramm des Menschen II［J］.Psychol neurol，1930，40：160-179.

［11］JACQUES J.Vidal，toward direct brain-computer communication［J］.Annual review of biophysics and bioengineering，1973，157-180.

莱布尼茨可能世界视域下的元宇宙

赵屹璇　赵　旭

（昆明理工大学马克思主义学院）

从逻辑的角度来看，"可能世界"本质上是一个模态论证的问题。模态论证以可能性和必然性为探讨主阵地，最早可以回溯至古希腊哲人亚里士多德。根据他的理解，可能伴随于必然，必然作为一切事物存在的本原，其他事物伴随它而产生。他借助模态逻辑开辟了理解可能与必然关系的全新视角，这一思路在世界多种形态的探讨上似乎启示了莱布尼茨、刘易斯及克里普克等后继哲人[1]。莱布尼茨首次提出可能世界理论，这一理论包含对于现实和可能的分析，尽管其最初并非为了模态分析，而是出于神学目的。莱布尼茨可能世界借助善恶的比较，成为辩护上帝至善的工具，也是最具独创性的地方，善恶的问题由此也成为可能世界的核心。元宇宙是近年来新兴概念，意图建立虚拟性的人类生活空间。世界的存在形态并不在莱氏论域之内。仅仅从世界形态的多元性上，元宇宙会被纳入莱布尼茨可能世界的领地。

一、可能世界理论的思想肖像

莱布尼茨提出了可能世界理论，他将世界称作所有现存事物的整个系列和整个集结[2]，表明万物都能在现行的时间和空间中获得安身立命之处。"但依然真实无疑的是：人们可以用无数多的方式填满它们，从而也就必定存在有无数多个可能的世界，以便

作者简介：赵屹璇，女，昆明理工大学马克思主义学院科学技术哲学专业硕士研究生。

通讯作者简介：赵旭，男，昆明理工大学马克思主义学院教授，硕士研究生导师。

① 亚里士多德.范畴篇 解释篇［M］.方书春，译.北京：商务印书馆，1959.

② 莱布尼茨.神正论［M］.段德智，译.北京：商务印书馆，2016.

上帝在其中挑选最好的。"① 存在无数的世界，彼此独立，万事万物都被囊括于其中，形成不同的发展路径，创造着世界发展的无数可能性。莱氏论及现实世界与可能世界之关系——"这个现存世界是偶然的，而无数其他世界也同样是可能的，也同样有权要求存在，这个世界的原因必然涉及所有这些可能世界，以便在它们之中确定一个并使之现实存在。"② 上帝在这个过程中起着决定性作用，它凭借自己的意志，考察可能世界中诸世界，依据充足理由律，选定了一个最善的现实世界作为最好的可能世界。这并不是说其他可能世界没有善，而是善的程度不及现实世界。

"可能世界是现实世界的潜在形态和未来阶段，是现实世界的逻辑延伸和必然趋势，现实世界则是可能世界的完全实现即客观化、对象化，同时是新的可能世界的出发点和孕育场。"③ 现实世界就是按照自身内在规律、秩序发展的实践态；而可能世界憾失成为现实之可能。现实世界就是人的生活，无时无刻不处在选择的道口，其旁、其上乃是无数潜在的可能世界。总之，按照莱布尼茨的运思路径，现实世界与元宇宙都是可能世界，只不过现实世界是最好的可能世界。

二、元宇宙的善恶问题分析

在莱布尼茨的可能世界中，善与恶依然会递归地呈现在各个世界中，不存在某一世界没有恶，某一世界是完满至善的，即使是现实世界依然存有恶，不过是恶的程度相对而言有所收敛。善恶的多寡性始终是莱布尼茨的观照对象，他认为"如果一种较小的善妨碍了较大善之实现，则就连较少的善也成了一种恶了"④。这种渴求善的最大化的思想并未影响莱布尼茨理性分析现实世界恶的缘由。他表示，上帝在创世前遍历世间极恶苦难，祂为一切事物都安排了秩序，并且诸事物在创世前也贡献力量，因而所有事物得以现实化呈现，其中就包括恶。他接着指出，如果恶缺失，世界便不再成其为本身，所有事物都一无所缺，这个世界才是最好的。

善与恶会彻底地从现实世界传导到元宇宙中。竞争始终是世界中最具普遍性的事件，元宇宙开辟了新的可能世界，依然少不了竞争和博弈，竞争和博弈是恶的开端。元宇宙的本质是世界，既然是世界，基本问题不会改变，因而元宇宙中也存在竞争。

① 莱布尼茨.神正论［M］.段德智，译.北京：商务印书馆，2016.
② 巨乃岐，邢润川，王志远.技术可能世界的哲学解读［J］.科学技术与辩证法，2008（3）：55-61，112.
③ 同②.
④ 同①.

互联网极客畅想的不是一个物物共享的共产主义的元宇宙，加密艺术和可信数字权益凭证都是最好的佐证。由争夺与侵占从而造成恶的发生，不会因为世界披上虚拟的外衣而消失，甚至一部分因为现实世界中受监督而不得已产生的善会被元宇宙遮蔽。元宇宙中主体是"我"，但因为虚拟性，身份可以随意注册，于是主体和身份之间形成撕裂。撕裂的后果是人在做出行为时对后果的欠考虑，容易滋生"恶"。根据上述分析，元宇宙只可能越来越恶，其恶的程度大概率会超过现实世界，在莱布尼茨可能世界理论的框架之下，现实世界依旧是最好的可能世界，元宇宙并不会取代现实世界。总之，无论是莱布尼茨言及的其他世界或是现实世界，世界的基本问题始终不会改变，善与恶都同样普遍存在，且会递归至元宇宙中。

三、可能世界：技术之下虚拟与现实的生成逻辑

元宇宙的建立，意味着对于莱布尼茨可能世界理论的重新诠释，毕竟受制于技术的发展，在那一时代，不存在虚拟性的元宇宙。由于新世界的出现，莱布尼茨可能世界公式会进一步扩展：

①可能世界 = 现实世界 + 其他可能世界；

②可能世界 = 现实世界 + 虚拟世界 + 其他可能世界；

③可能世界 = 现实世界 + 元宇宙 + 其他可能世界。

元宇宙作为正处于发展阶段的新兴事物，业界对此尚未形成通行定义，可以肯定的是其是虚拟世界。于是，莱布尼茨的可能世界公式由原先的①变为②进而拓展为③。在这一公式下，需要进一步探讨虚拟与现实的生成逻辑。

第一，"可能"不单只是具备判断作用的虚词，它还具有存在论意义——是一切存在的原点。元宇宙以虚拟性为标榜，成为"可能"之现实化的代名词。除了现实，虚拟便是经验范围内的可能的一种。受制于经验的界限，"可能"作为一个大集合，衍生出了虚拟，虚拟与现实一道上升至事物存在的两种截然相反的状态。

第二，技术的发展，为元宇宙的建立提供了物质支撑，使其成为一个包罗万象的对象，囊括其他技术于自身之内，建构了一个庞大的虚拟性实在。归功于技术的实用性功效与现实价值，潜在的可能事物获得了现实的提升。因此，在技术的逻辑下，虚拟与现实之间得以所与，并伴随着技术的完善，两者间的联系也更为紧密。

可能与现实逐渐演化为虚拟与现实，这一跨越赋予两者之间交汇贯通的张力。虚拟本该担当起实现可能跃迁至现实的使命，以往相关技术的滞后始终阻碍这一发展。总之，如果说事物的存在状态是现实，技术催化了与现实相反的状态即虚拟，同时加

速了虚拟世界从可能世界开辟的进程。

四、可能世界：作为平行共存二元世界的主体

（一）两个世界的连接点

元宇宙中的虚拟主体是现实主体在观念世界、虚拟世界中的延伸。作为实践主体的人，必然拥有实现主体需求的欲望，主体的精神性需要决定元宇宙断然不能消失，但是仅有元宇宙又不能够满足肉体的需求，毕竟虚拟世界中的自我只是虚体而非实体，不过是数字化的符号而已[①]。数字化是未来社会中人的一种可能存在形态，万事万物都被赋予数字化的存在形态，尽管数字化可能是经过"粉饰"后的格式化与普遍性。人渴望投身于虚拟世界的基因实际上是与生俱来的，就像人无法借助外部技术而逾越生命长度的限制也是无可更改的。基于此，元宇宙在主体的精神需要中应运而生，它使人能够走向表征着自由与永恒的理想世界，在理想世界中，传统肉身也将趋于"赛博格"的状态。

（二）主体客体化的再扩张

客体在实践中越来越占有人，甚至削弱主体的地位，不断影响和改变主体。于是，在自然中，主客之间的矛盾日益突出。得益于科技发展的善果，虚拟世界与虚拟实践活动不再遥不可及。虚拟性存在有望改善主体与客体的矛盾。元宇宙的建立，保持主客体之间的平衡态，使作为主体之在的人将自身的意志赋予客体的空间更为广阔。客体的丰富相应地也使人的"主体性"更为突出。要言之，虚拟性确保了无限的可能性，无限可能又为主体重新安置客体提供条件，客体按照主体的意愿自处，在此意义上，主体客体化伴随着元宇宙的发展呈现不断扩张之势。

（三）灵肉分离的尝试

赵汀阳提出了"我行故我在"的哲学命题，致敬笛卡尔"我思故我在"[②]。元宇宙被看成一个唯心主义世界，是"我思"的践履。现实世界是实现肉体与精神的"我行"世界。一方面，现实世界中主体的灵魂和肉体自始至终保持同一；另一方面，元宇宙的出现为灵魂与肉体的分离提供了可能，但在此之中精神出现了能够摆脱物质而独立存在

---

① 尹秀娟. 虚拟社会的主体异化研究［D］. 武汉：华中师范大学，2020.
② 赵汀阳. 形成本源问题的存在论事件［J］. 哲学研究，2021（12）：78-89，124.

的假象。"我行"在元宇宙下造成精神和肉体的分离，由此产生关于灵肉分离问题的争议。这些争议基于两个维度世界的共在，并且也无法脱离在空间内生长的主体。过度崇拜元宇宙，真实世界或许仅剩生存价值，身体仅剩维持生命的功能[①]。为此，需要警惕元宇宙的危害。但它是否也称得上主体灵魂与肉体分离的一种可贵尝试。分离之后，人的思维会更加跳跃，届时，主体对于世界、对于自身的探索都将迈上一个新台阶。

五、结语

虚拟世界从可能世界中开辟，元宇宙又从虚拟世界中凸显，莱布尼茨可能世界理论得以丰富并重新焕发生命力。元宇宙与现实世界如何分有可能世界，人究竟该如何平衡两个世界的生活，以及如何警惕自我在虚拟之中的堕落，确实是具有终极意义的重大课题，形成这个课题的基点，正是在历史的意义增殖中不断生长的人类主体。

如果未来世界的面貌是元宇宙与现实世界相结合的"二元世界"，而人成为横跨现实世界与元宇宙两个世界的主体，那么，人应当处理好两个世界的关系，防止元宇宙对现实世界场域的"侵占"，同时需处理好元宇宙中善的收缩与恶的放大的问题。倘若能在可能世界中划定界限，使元宇宙和现实世界"各安其分"，形成的和谐共存二元世界，是值得期待的。

参考文献

［1］亚里士多德.范畴篇　解释篇［M］.方书春，译.北京：商务印书馆，1959.

［2］莱布尼茨.神正论［M］.段德智，译.北京：商务印书馆，2016.

［3］巨乃岐，邢润川，王志远.技术可能世界的哲学解读［J］.科学技术与辩证法，2008（3）：55-61，112.

［4］尹秀娟.虚拟社会的主体异化研究［D］.武汉：华中师范大学，2020.

［5］赵汀阳.形成本源问题的存在论事件［J］.哲学研究，2021（12）：78-89，124.

［6］赵汀阳.假如元宇宙成为一个存在论事件［J］.江海学刊，2022（1）：27-37.

---

① 赵汀阳.假如元宇宙成为一个存在论事件［J］.江海学刊，2022（1）：27-37.

云南籍在滇院士科学家精神融入云南科技创新的价值探究

马晓婷　杨玉宇

（昆明理工大学马克思主义学院）

科学成就离不开精神支撑，科技创新也离不开人才力量。新中国成立以来，我国科技事业中取得的一切创造成果与显著成就，很大程度上与科学家矢志报国、服务人民的高尚情怀和优秀品质分不开，这些情怀和品质都是科学家精神的生动体现。云南籍在滇院士对云南科技创新的贡献是其科学家精神的重要体现。云南籍在滇院士为云南的科技创新贡献着自己的智慧和汗水，展现着崇高的科学家精神，这种精神是他们前赴后继创造、创新的价值体现。

本文在简述科学家精神内涵与特征的基础上，从云南籍在滇院士的人生观与价值观、科技活动和科研成果 3 个方面分析其科学家精神的存在形式，总结得出价值意蕴体现在能够将科学家精神转化为科技创新实践的动力和贯穿科技创新人才培养的全过程两方面。这对今后院士科学家精神的实践研究具有基础性的借鉴作用。

一、科学家精神简述

科学家精神是科学家群体在长期的科学实践活动中形成和发展的，体现了广大科技工作者的精神特质、价值取向和精神风貌。2019 年中共中央办公厅、国务院办公厅印发《关于进一步弘扬科学家精神加强作风和学风建设的意见》（以下简称《意见》）

作者简介：马晓婷，女，昆明理工大学马克思主义学院思想政治教育专业硕士研究生。

通讯作者简介：杨玉宇，女，昆明理工大学马克思主义学院副教授，硕士研究生导师。

指出："大力弘扬科学家胸怀祖国、服务人民的爱国精神，勇攀高峰、敢为人先的创新精神，追求真理、严谨治学的求实精神，淡泊名利、潜心研究的奉献精神，集智攻关、团结协作的协同精神，甘为人梯、奖掖后学的育人精神"[1]，从6个方面论述了科学家精神的内涵。

从中国共产党百年的奋斗历程中，可以看到科学家精神作为共产党人的精神谱系，始终扎根在科技工作者的实践中，是科技工作者独特精神特质的生动体现。体现了稳定性与持久性的结合、历史性与发展性相结合。科学家精神作为科学精神与人文精神的交叉融合，体现了科学性与人文性的统一[2]。

二、云南籍在滇院士科学家精神的表现形式

截至2022年云南籍在滇院士共5名（表1），他们为云南的科技事业奉献着自己的智慧和精力。

表1　云南籍在滇院士基本信息

姓名	性别	祖居或出生地	当选时间
陈景（1935—）	男	云南大理	1993年中国工程院院士
孙汉董（1939—）	男	云南保山	2003年中国科学院院士
张亚平（1965—）	男	云南昭通	2003年中国科学院院士
朱有勇（1955—）	男	云南红河	2011年中国工程院院士
朱兆云（1954—）	女	云南大理	2021年中国工程院院士

2008年72岁高龄的院士陈景，用了2年时间专注贵金属冶金难题突破和阳宗海砷污染治理，作为我国著名的铂族金属冶金专家，不仅在贵金属研究上潜心钻研，取得显著成果，还根据云南省发展云药产业的战略方针，基于云南得天独厚的植物资源，带领团队将研究领域拓展到了自然资源药物化学方向。

孙汉董院士坚持用20年时间只研究一个科的植物。他曾说："搞科研要坐得住冷板凳，哪怕一辈子只做一件事，只要坚持，才能有所发现，取得成功。"他用自己的

① 关于进一步弘扬科学家精神加强作风和学风建设的意见[M].北京：人民出版社，2019.
② 潜伟.科学文化、科学精神与科学家精神[J].科学学研究，2019，37（1）：1-2.

行动践行着脚踏实地干实事、干大事的人生观，在几十年的科研活动中，他一直坚持不懈地向前推进，直到最终取得成功，这体现了他坚韧不拔、持之以恒的价值观。

中国科学院院士张亚平从事分子进化和基因组多样性研究。其成果之一为通过推动中国科学院西南家猪分子育种基地的建设，将畜禽进化基因组的研究成果应用于家猪分子育种实践并进行产业转化与推广。

2015年，中国工程院召开的有关挂钩帮扶云南的会议，让时年60岁正当"年轻"的中国工程院院士朱有勇开始到云南省澜沧拉祜族自治县竹塘乡蒿枝坝村当起了"全日制"农民。经过4年的努力，朱院士驻扎的澜沧县已经探索出了一条"边疆民族贫困地区依托科技由绿水青山转变为金山银山的绿色发展之路"。

朱兆云院士参加工作40年来，带领团队对中国低纬高原地区复杂多样的民族医药资源进行了首次系统研究。这一项重大的研究工程，为推动中医药和民族药走出云南、走向世界做出了大量卓有成效的工作。

基于诸位两院院士的事迹与成就，可以看到他们在云南科技创新中的科学家精神具体表现在：

（一）院士的人生观、价值观之中

人生观决定着人生道路的方向，也决定着人们行为选择的价值取向和用什么样的方式对待实际生活。个人的价值观，直接影响其对人生目的、人生意义等问题的探索[①]。院士对自己所开展的科研活动的价值判断、自己从事事业的人生选择、对祖国和人民的情感深度，决定着他们对科研活动、科技事业的态度和人生奋斗目标的确定。在人生观和价值观的引导下，他们将这些内在的精神力量体现到实际行动之中，投身艰辛的科技活动中，为国家和人民的幸福奉献自己的劳动和智慧。科研活动是一项长期且艰巨的工作，从事这项工作的人拥有高于普通人的毅力和责任。认识、了解、解读院士人生观、价值观，从中挖掘他们对待工作和人生的态度能够更清晰地认识到他们身上强大的精神品质。

（二）院士充分利用云南独特资源，开展科技活动之中

科技活动包括科学技术研究与发展活动，很多科技活动因其不确定性和初次探索到的原因需要长期摸索进行下去，但科技活动又是国家创新发展的必由之路，所以科学家们从事的是一项必要且艰巨的事业。马克思曾讲过："在科学上没有平坦的大道，

---

① 思想道德与法治［M］.北京：高等教育出版社，2021：16-20.

只有不畏劳苦沿着陡峭山路攀爬的人，才有希望达到光辉的顶点。"云南籍在滇院士为国家科技事业、云南省科技事业所投入的每一分努力，展现出的巨大的创造力和坚韧的毅力，都是他们艰苦奋斗的结果。在滇院士几十年如一日地开展科研活动，所体现出来的是潜心研究的奉献精神以及在科研道路上勇攀高峰的创新精神。

（三）院士扎根边疆云岭大地，创造出为家乡谋益的科研成果之中

科研成果由科技工作者精神和智慧汇聚而成，充盈着巨大的价值。我们所能了解到的在滇院士所取得的众多科技成果不仅汇聚了他们不可磨灭的功劳和智慧，同样也蕴含着爱国、创新、求实、奉献、协同、育人的伟大科学家精神。云南籍在滇两院院士取得的累累硕果为国家科技自立自强和云南省的科技创新与科技进步提供了有力的支撑。这一系列科研成果的背后，承载的是中国世代传承的科学家精神，当然对于这些伟大的成就我们所要做的就是传承广大院士、科技工作者的科学家精神，在这一精神的指引下迈向中华民族伟大复兴的前进道路。

三、云南籍在滇院士科学家精神融入云南科技创新的价值意蕴

1950 年，云南科技事业一穷二白。经过 70 多年的发展云南正朝着科技创新强省的宏伟目标阔步前进，迈入科技创新新时代、新征程。云南籍在滇院士肩负着历史赋予的科技创新重任，云南科技创新成果的取得离不开科技工作者的矢志奋斗，所取得的科学成就以及云南科技创新的持续发展离不开这群院士身上独特的精神气质——科学家精神。

（一）理论层面——有利于将科学家精神转化为科技创新实践的动力

习近平总书记曾说，科学成就离不开精神的支撑[①]。科学家精神的内核表现为创新。云南科技创新的成果来自科技工作者的劳动与智慧，是被对象化了的科学家精神。云南科技创新的可持续发展更离不开科技工作者的精神力量，在滇院士为云南科技创新在医药、动植物、农业等多方面构筑了一座又一座丰碑，也在这个过程中形成自己独特的精神气质。在滇院士正是在科研报国的爱国精神、勇攀高峰的创新精神、追求真理的求实精神、淡泊名利的奉献精神等一系列伟大精神的驱动下铸就了无数丰功伟绩。他们身上的科学家精神不断支撑着他们在科研活动中，推动云南科技创新持续发

---

① 习近平.在科学家座谈会上的讲话［M］.北京：人民出版社，2020.

展，推动着云南的科技实力不断实现自立自强向着更高的深度发展。

（二）实践层面——有利于将科学家精神贯穿科技创新人才培养的全过程

科技创新力的根本源泉在人。人才培养是一个长久的过程，既包括了专业知识的培养，还必不可少德育教育的培养。因此在推进云南科技创新中，对科技创新人才的培养在注重专业教育的同时需要将精神培育融入人才培养之中。在滇院士所具有的爱国、求实、奉献、创新等精神对云南科技创新人才的培养的价值体现在：

1. 坚定科技创新人才的理想信念

引领示范、先锋模范是党、国家和人民一直推崇的价值观念，这是个人成长进步要学习的典范来源。在滇院士在成为科学家之前途经了"为学须先励志"，朱有勇院士年少时就敬佩曾经帮助过他们一家的农业科技工作者，这种敬佩之情支撑着他在科研路上不断前进，为科技事业筑牢了一座又一座丰碑。在滇院士们在自己科学家精神形成过程中所表现出来的精神品质和榜样案例，是新时代科技工作者率先学习的榜样和典型。作为中国特色社会主义事业的建设者和接班人，广大科技工作者应勇担中华民族伟大复兴的历史重任，发扬老一辈院士的科学家精神，筑牢自己的理想信念。

2. 规范科技创新人才的学术行为

科技创新活动需要有良好的科研文化氛围，这对一项工作的开展有着重要的作用。为弘扬和践行科学家精神、加强学风和作风建设，营造风清气正的科研环境，2019年中共中央办公厅、国务院办公厅印发的《关于进一步弘扬科学家精神加强作风和学风建设的意见》，是对科技工作者的引导与规范指南。在滇院士在长期科研工作中形成的淡泊名利、不忘初心和严谨治学的精神，是广大科技工作者在科技创新中践行崇尚学术民主，坚守诚信底线、反对浮夸、投机取巧行为的价值引领力，也是开展科研活动应该营造的良好科研氛围。

四、结语

科技创新战略任务是广大科学家的历史重任。科学家精神是科技创新发展的内在驱动力与价值引领。要持续弘扬科学家精神，不断发挥其核心作用，推进科技创新发展和创新强国建设，早日实现中华民族伟大复兴的历史重任。

参考文献

［1］关于进一步弘扬科学家精神加强作风和学风建设的意见［M］.北京：人民出版社，2019.

［2］潜伟.科学文化、科学精神与科学家精神［J］.科学学研究，2019，37（1）：1-2.

［3］思想道德与法治［M］.北京：高等教育出版社，2021.

［4］习近平.在科学家座谈会上的讲话［M］.北京：人民出版社，2020.

"双碳"目标下云南省能源结构优化研究

楼荣达　刘正平

（昆明理工大学马克思主义学院）

本文从云南省能源生产结构和消费结构展开分析，利用 IPCC 的碳排放测算方法统计了云南省 2008—2020 年的碳排放量，并以能源消费强度来反映单位能源所产生的经济价值。最后，笔者根据云南省能源结构的现状分析提出了一些能源结构优化的建议来推动云南省能源结构体系的绿色低碳发展。

一、云南省能源结构分析

（一）云南省能源生产结构

长期以来，云南省的资源依赖型和高耗能的产业比重相当大，能源利用率不高，呈粗放式经济发展趋势[①]。但是，2010—2020 年，云南省的能源生产总量呈上升趋势。相比于 2010 年，云南省 2020 年能源生产量增长了 55.65%。其中，云南省原煤、焦炭生产量以及发电量平稳发展。原油加工量略有下降，但下降幅度不大。因此，从整体上看，云南省能源生产总量较为稳定，能源生产种类主要为原煤和电力。同时，石气的产量也在逐步增加，从而逐渐改善了云南省能源生产结构，促进了能源生产结构

作者简介：楼荣达，男，昆明理工大学马克思主义学院科学技术哲学专业硕士研究生。

通讯作者简介：刘正平，男，昆明理工大学马克思主义学院教授，硕士研究生导师。

① 刘敬龙，罗卓英. 气候变化背景下云南省低碳经济发展研究［J］. 河南科学，2013（12）：2260-2264.

合理化。

（二）云南省的能源消费结构

从能源消费的发展趋势来看，由于云南省正处于工业化持续发展阶段，能源的需求量和依赖性都比较高，资源依赖型和高耗能的产业比重比较大。所以，2010—2020年，云南省的能源消费总量呈上涨趋势。

从云南省能源消费现状来看，首先，云南省的能耗主要来自煤炭和一次电。其次，云南省的石油消费总量变化幅度并不大，总体上保持稳定。再次，天然气的比重呈缓慢上升趋势。可见，2010—2020年，云南省逐渐改变了以往过分依赖于煤炭的能源消费状况，能源消费来源更加多元化，能源消费结构更加合理。

从各部门的能源消费状况来看，首先，2016—2020年，云南省的工业能源消费总量持续增加。其中，重工业能源消费比重达到了95%左右。其次，2016—2020年，云南省制造业的能源消费总量逐年上涨。2020年的能源消费总量为7636.25万吨，比2016年上涨了29.07%。最后，2016—2020年，云南省采矿业的能源消费量较工业和制造业要小很多，且在整体上呈下降趋势。

由此可见，在云南省各部门行业中，重工业对于能量的消费量是非常大的，占据工业部门的能源消耗的绝对比重。另外，部分制造业的能源消耗量很大，存在着高能耗、高污染的现象。

二、云南省能源碳排放现状

（一）云南省碳排放量的变化特征

笔者通过收集《云南省统计年鉴》的能源消费量数据来测算各类能源的碳排放量以及相应年份云南省规模以上工业企业的碳排放量。然后根据《IPCC温室气体排放指南》中的碳排放量的测算方法，将云南省各年份的相应能源消费量折算为标准统计量（标准煤）后，再与各自碳排放系数相乘来计算碳排放量。公式表示如下：$C_i=B_i \times F_i \times E_i$。其中，$C_i$表示该能源的碳排放量；$B_i$表示该能源的碳排放系数；$F_i$代表折标准煤系数；$E_i$代表该能源的消费量。通过数据计算得出下表（表1、图1）。

表1　云南省 2020 年规模以上工业企业碳排放情况

序号	能源类型	消耗量		折算系数		碳排放系数		碳排放 / 万吨
		数值	单位	数值	单位	数值	单位	
1	原煤	6704.45	万吨	0.7143	t 标准煤 /t	0.7559	t/t 标准煤	3619.997
2	洗精煤	1457.58	万吨	0.9	t 标准煤 /t	0.7559	t/t 标准煤	991.6062
3	其他洗煤	192.58	万吨	0.2857	t 标准煤 /t	0.7476	t/t 标准煤	41.13303
4	焦炭	1340.35	万吨	0.9714	t 标准煤 /t	0.855	t/t 标准煤	1113.224
5	焦炉煤气	70.785	万吨	6.143	t 标准煤 /t	0.3548	t/t 标准煤	154.2785
6	高炉煤气	3868.54	万吨	1.286	t 标准煤 /t	0.3548	t/t 标准煤	1765.11
7	其他煤气	107.73	万吨	1.286	t 标准煤 /t	0.3548	t/t 标准煤	49.154 27
8	天然气	112.85	万吨	13.3	t 标准煤 /t	0.4483	t/t 标准煤	672.8557
9	液化天然气	3.95	万吨	1.7143	t 标准煤 /t	0.5204	t/t 标准煤	3.523 881
10	原油	1026.09	万吨	1.4286	t 标准煤 /t	0.5857	t/t 标准煤	858.5613
11	汽油	2.36	万吨	1.4714	t 标准煤 /t	0.5538	t/t 标准煤	1.923 073
12	煤油	0.05	万吨	1.4714	t 标准煤 /t	0.5714	t/t 标准煤	0.042 038
13	柴油	39.01	万吨	1.4571	t 标准煤 /t	0.5921	t/t 标准煤	33.655 83
14	燃料油	0	万吨	1.4286	t 标准煤 /t	0.5185	t/t 标准煤	0
15	液化石油气	31.13	万吨	1.7143	t 标准煤 /t	0.5042	t/t 标准煤	26.907 22
16	炼厂干气	20.86	万吨	1.5714	t 标准煤 /t	0.4602	t/t 标准煤	15.085 08
17	其他石油制品	30.65	万吨	1.2	t 标准煤 /t	0.5857	t/t 标准煤	21.542 05
18	其他焦化产品	0.22	万吨	1.3	t 标准煤 /t	0.644	t/t 标准煤	0.184 184

各能源类型碳排放合计　　　　　　　　　　　　　　　　　　　　　9368.782

注：数据来源于《云南省统计年鉴》。

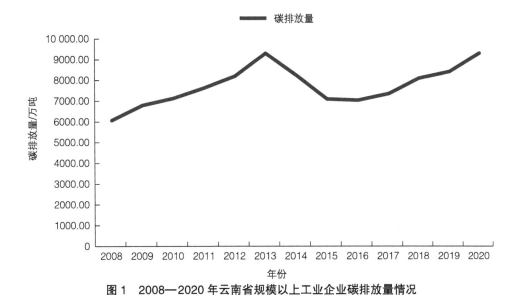

图 1 2008—2020 年云南省规模以上工业企业碳排放量情况

从图 1 的数据可知，2008—2020 年，云南省规模以上工业企业的碳排放量从6149.43 万吨增长到 9368.78 万吨，增长了约 3219.35 万吨，上涨了约 52.35%，年平均增长率为 4.36%。根据图 1 的数据显示可知，2008—2020 年云南省规模以上工业企业的碳排放量呈现为波动式的增长趋势。其中，2008—2013 年云南省规模以上工业企业的碳排放量持续走高。但是，随着云南省适时地调整了产业结构，第二产业中的部分高排放高污染的企业逐渐被替代，2013—2016 年云南省碳排放量有所减少。尤其是 2013—2015 年，碳排放量从 8308.67 万吨下降为 7170.00 万吨，下降了 1138.67万吨，大约下降了 13.7%。但是，2016—2020 年，云南省的碳排放量又呈现上升趋势，从 7 170 万吨上升到 9368.78 万吨，上涨了 2198.78 万吨，增长率为 30.67%，年平均增长率为 6.13%。

从表 1 的数据来看，在 2020 年云南省的 18 种能源类型中，原煤、洗精煤、焦炭、高炉煤气、天然气以及原油是主要的碳排放来源，占碳排放总量的96.29%。其中，原煤的碳排放量最高，达到了 3619.997 万吨，占碳排放总量的 38.64%。但是，相比于 2013 年，原煤的碳排放量减少了 1924.33 万吨，降低了 37.77%。可见，虽然云南省的能源消费结构改变了过分依赖煤炭的旧况，能源消费结构逐渐转变为多元化，但是，云南省规模以上的工业企业的能源消费品种仍以化石能源为主，清洁能源的使用量很少。

（二）云南省能源强度分析

笔者根据云南省规模以上工业企业的碳排放量和工业产值之比来计算碳排放强度，公式为 R=C/G。其中，R 表示碳排放强度（吨/万元），C 表示碳排放量（万吨），G 表示工业产值（亿元）。通过计算碳排放强度来评价生产总值同碳排放量的关系指标[①]，碳排放强度越低就表示单位能源的碳排放量越小，能源的利用率越高（图2）。

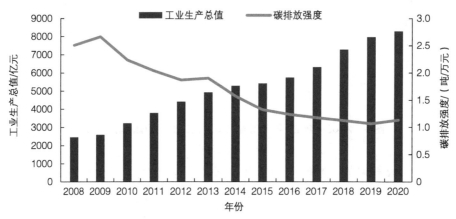

图2 2008—2020年云南省碳排放强度变化趋势

根据图2的数据可知，2008—2020年，云南省碳排放强度的变化幅度较大，从最高的2.66吨/万元降至1.07吨/万元。但是，云南省碳排放强度的下降趋势主要体现在两个时期：2009—2012年和2013—2015年。可能是因为2008年金融危机的爆发以及国家适时地调整了产业结构的原因，这两段时期内碳排放强度的大大降低说明了云南省低碳发展模式的建设初见成效。但是，2015—2020年碳排放强度下降的趋势大大减缓，且2020年的碳排放强度不降反升，可见，虽然云南省的节能减排工作取得重大的成果，但是碳减排工作也面临着瓶颈期。同时，这也意味着云南省节能减碳工作仍具有较大发展前景，需要进一步去推动碳减排工作，从而进一步推动经济社会的绿色低碳高效发展。

三、能源结构的优化路径

通过以上分析，笔者认为云南省在节能减排的发展道路上已经取得了重大成果，

---

① 朱新春，吴兆雪. 低碳经济及其影响因素的多维度比较分析［J］. 社会科学研究，2010（5）：1-6.

但距离碳达峰和碳中和目标仍有一定的差距。因此，云南省应把发展绿色低碳能源为关键，以重工业和高排放高污染行业的整治为重点，坚持走绿色低碳的发展道路。

（一）能源生产结构调整

云南省仍需进一步优化能源品种和能源生产结构。在可再生能源使用上，云南省对水能的利用是比较充分的，但是在其他清洁能源的开发利用上比较薄弱。因此，云南省应当进一步加速对绿色低碳技术的重大科技攻关，推动先进技术的研发，推进低碳前沿技术攻关，利用好风能、太阳能等可再生能源。同时，加强高校协作，鼓励高校建立节能低碳和新能源技术研发的科研项目和实验室，培养或引进专业技术人才，推动云南省科学研究与经济社会的协调发展。

（二）能源消费结构调整

1.持续推动产业结构的优化升级

云南省通过产业结构的优化改造，推动产业升级，大力发展第三产业，逐步降低工业产业在经济中的比重，坚持发展新型工业化道路[①]，已经从"二三一"经济发展模式发展为"三二一"的产业结构模式，第三产业成为主导产业。但是，云南省的第二产业结构失衡，重工业与轻工业发展仍很不平衡。此外，云南省第二产业的发展主要依赖于化学原料及化学品制造业、非金属矿物制品业、黑色金属冶炼及压延加工业以及有色金属冶炼及压延加工业等污染较大的行业。针对以上的问题，云南省应当加快推进重工业内部的产业结构改革，重点关注高耗能、高污染行业，落实节能减排的评价体系，制定有关钢铁、有色金属、石化化工等行业和领域的"双碳"实施方案。其次，同步推进第一产业和第三产业的绿色发展，提高生态农业和旅游服务业的低碳发展水平，打造低碳旅游企业，引入碳汇机制的旅游环境培育理念，注重提供企业的生态文明建设[②]。

2.建设清洁低碳的能源体系

在云南省经济社会发展水平不断提高的现状下，云南省能源消费结构呈现出多元化、合理化的发展趋势。但是，从能源消费的整体结构来看，煤炭仍然是云南省能源消费的主要来源，非可再生能源仍是能源消费主体，清洁低碳能源的使用量非常少。

① 刘霞.我国产业结构调整与经济发展方式的转变［J］.赤子，2014（11）：215-216.
② 王鹏，殷凤朝.区域能源消费碳排放及优化路径：以山东潍坊为例［J］.河南科学，2022，40（3）：449-456.

面对以上不足，云南省应严格控制石化能源消耗总量，坚持国家的能源发展战略，节能优先，减少温室气体的排放。其次，建立健全能源管理体系，进一步减少煤炭、焦炭、石油以及天然气等化石能源的使用量。此外，云南省能源消费结构必须得到进一步的优化，必须积极开发非化石能源，提高清洁能源的消费比例。

3.建立低碳发展模式示范点

首先，云南省在完善相关法律法规和监测体系的同时，可以同步加强对钢铁、有色金属、石化化工、建筑建材等部门和企业的宣传教育，引导企业主动学习"双碳"的相关政策，了解低碳节能的发展理念。其次，还可以建立低碳节能发展的示范点，鼓励部分企业率先实施低碳发展模式，实施重点行业领域"减污降碳"行动，引导和推动云南企业建立持续清洁生产运行机制，确保"节能降耗减污增效"取得实效[①]，助力"双碳"目标如期实现。

参考文献

［1］刘敬龙，罗卓英.气候变化背景下云南省低碳经济发展研究［J］.河南科学，2013（12）：2260-2264.

［2］朱新春，吴兆雪.低碳经济及其影响因素的多维度比较分析［J］.社会科学研究，2010（5）：1-6.

［3］刘霞.我国产业结构调整与经济发展方式的转变［J］.赤子，2014（11）：215-216.

［4］王鹏，殷凤朝.区域能源消费碳排放及优化路径：以山东潍坊为例［J］.河南科学，2022，40（3）：449-456.

［5］鲁彩荣，李建玲，潘波，等.云南积极消减碳排放和增加碳汇的建议［J］.创造，2022，30（4）：77-81.

---

① 鲁彩荣，李建玲，潘波，等.云南积极消减碳排放和增加碳汇的建议［J］.创造，2022，30（4）：77-81.

浅析克里考特自然审美思想

向娇 赵旭

（昆明理工大学马克思主义学院）

约翰·贝尔德·克里考特（John Baird Callicott，1941—），美国著名的环境伦理学家和环境美学家。他近 20 年的研究探索，促使美国环境哲学走向了成熟期。克里考特以生态伦理学理论为支点，勾勒出了其自然审美思想的基本思路和学说要点。但目前，中国国内理论界对克里考特思想的系统研究与阐释都还不够，整理其环境哲学思想中蕴含的自然美学旨趣的也就更少了。为了更好地调和人与大自然之间的关系，分析自然之美与道德的关联，深入研究克里考特思想中的自然审美问题是很有必要的。本文试图探析克里考特的自然审美理念，探讨他对当代中国自然审美与生态美学的知识建构有何价值与意义。

一、自然审美思想的理论基础

在克里考特成长的年代，生态学领域的前沿成果得到了进一步拓展和深入，他的自然审美思想正是承袭了利奥波德的大地美学理念，在现代自然科学进一步发展的基础上，将其理论置于休谟和斯密的情感伦理传统中形成的。

（一）利奥波德的大地美学思想

在美国环境哲学发展史上，利奥波德曾被称作"美国的先知"，克里考特正是依循利奥波德的论证理路，对大地美学进行了深刻、系统的考据与研究，最终使大地美

作者简介：向娇，女，昆明理工大学马克思主义学院伦理学专业硕士研究生。

通讯作者简介：赵旭，男，昆明理工大学马克思主义学院教授，硕士研究生导师。

学更加具有影响力。按照利奥波德的探索思路，生态学观照整体，自然审美在此基础上发展，强调整体性的伦理关联，使人与自然成为相互依存的整体，这彻底改变了人在大自然中的地位，成为与自然和谐共处的一员。这种新的伦理关系具有很高的审美价值，因为这种关系要求生态系统的完整、稳定和美丽。克里考特的论述类似于中国孔子的仁爱思想，主张推己及人，最终遍及天下。

（二）自然科学基础的基本理念

当人与自然的关系日益趋向对立面之际，环境保护运动日渐高涨，自然科学也获得了一些新的成就。克里考特把自然科学视为自然审美理论的核心部分，其阐释角度主要包括哥白尼天文学、进化论和生态学。

哥白尼的日心说认为，地球并非宇宙的中心，只是众多天体中平凡的一个。克里考特在此基础上，将人类等同于自然界中普通的一员，和其他自然存在物相比并无特殊之处，也就没有任意掠夺自然的权利。克里考特将以往以主人身份自居的人类转变为伦理共同体中平等的成员和公民。达尔文的进化论阐明，人类是自然的一部分，我们与地球上其他成千上万的生态物种一样，通过不断学习与进化，才得以变成现在的样子，才得以和大自然的其他成员建立不同程度的联系，人类与自然是平等的、协同进化的。通过这种方式，克里考特改变了人类征服者的角色，使人与自然的关系不再对立成为可能。

（三）休谟—斯密的道德情感理论

克里考特认为，道德情感理论提供了一种德性心理学，它使自然美学既是心理层面的又是精神层面的。休谟的理论阐释了道德行为和道德判断是以他人为导向的人格情感，诸如同情、仁爱、忠诚、爱国等。斯密认为这种道德情感正是社会稳定的必要条件，社会的稳定同时有赖于社会个体成员的生存和繁衍。他们声称，正是情感赋予人类道德。对于克里考特来说，这些情感并不仅是对其个体的关怀，还包含了对社会群体甚至整个共同体的关怀。克里考特的观点，与休谟和斯密的道德情感理论是等同的。克里考特总结道："因此，环境伦理或自然审美既是可能的，也是必要的。说其可能是因为人类的心理和认知状态都已恰到好处，说其必要是因为人类具备使自然完整、多样和稳定的力量。"

二、自然审美思想的哲学蕴含

在克里考特眼中，人只是大自然中的普通一员，也应该加入大自然当中，这些观念和我国生态美学所提倡的"天人合一"的理念是相合的。他的自然审美是一种整体主义，这种整体主义注重感知生态系统内不同生命之间的联系。在对自然进行审美的过程中，风吹云动、莺啼燕语，以及和煦的阳光所带来感官体验都通过对大自然的理性认知，相互融为一体。克里考特的自然审美思想看重果实和收获、美的感觉和体验、有意识地关心爱护大自然。对此，克里考特主要提出了3个方面的认识。

首先，感受自然的美。克里考特认为早期欧洲的自然审美思想大多都和如诗如画的艺术理论密切相关，但植根于自然生态和进化论的自然审美，比较关注特定视域内的审美体验。这种独特的视野以审美意识为主体，丰富了我们的审美感官。传统审美理论在艺术方面对自然艺术之美的解读与鉴赏，是自然审美理论不能认可的。自然审美强调被传统环境艺术所忽略的自然美，同时强调所有直观的、风景般的自然现象，特别是观念化的大自然，涵盖大自然的完整性、复杂性、丰富性、生物的多样性、物种间的相互作用等，这些与人类自然演变的生态过程一脉相关。人们虽然可以和传统艺术相同的方法欣赏大自然，但这些方式会使人们忽视许多和美相关的自然艺术带来的审美体验，这种忽视在对自然美的鉴赏上表现得比较明显。人的感官在经过训练后，能感知到美以外的东西。当人们面向平原时，面对直接见到的，或许并无什么审美感受可言，但通过平原的生态文化，人们能够得到更为深刻的审美体悟。

其次，美是大自然的赠礼。在克里考特看来，自然审美提倡农事的丰收、果实的茂盛以及田园生物的兴盛。自然带来的美，除非自然馈赠，否则谁也无法创造，人不可以为了存活而忽略大自然慷慨赠予的礼物。所有的自然生态物种都有属于其自身的独特性质，这种特质为人们带来了颜色、多样性、丰富性，以及欢悦的心情，这对任何一位阔别自然许久的人而言，都是一种美妙的感受。自然审美关注物种多样性，呼吁人类可以更多地聚焦物种多样性。自然审美使人们开启了眼界，人们由此也能够更全心全意地感受自然中的美。

最后，自然审美艺术的回归。克里考特对自然审美的未来做出了预测。他认为保护大自然不仅只是环境伦理的问题，也是环境美学的问题。人们是否选择保护大自然并不是一项经济活动，而是一种自觉的道德抉择，与利益无关。在自然审美的视野内，人们可以砍伐林木，开辟良田，播撒种子，但是除了这些经济收益，人们是不是失去了更多的东西？人类不管经历过多少次深刻的人类历史的洗礼，都不可能也不会从根本上摆脱大自然。所以，克里考特建议人类在收割作物、获得收益的时候，收获自然之美。这正是自然审美在当代意义的回归。

三、自然审美思想的价值

克里考特引用各种学说来论述自然美学，从一个全新的哲学视角对其加以捍卫和发展，他的研究工作对于我国环境美学的建设和发展具有重大的价值和意义。

第一，克里考特的自然审美思想极大地拓展了环境美学的范畴。传统的自然审美和现代的自然审美的范围并没有显著区别，二者的重点在于审美状态、审美层次的程度不同，因为传统的自然审美仅仅局限于天然物的外表形态，更注重的是"如画性"的风景景观，而现代自然审美的美学范畴更为深刻，除了自然物的形态，还看重自然界内在生态系统的健康和谐，所以，除去"风景如画"的自然景观，从荒漠冰原到生态园林，从荒野沼泽到生态绿洲，所有自然界内部的生态环境系统均被纳入了现代自然审美的范畴。

第二，克里考特的自然审美理论完善了环境美学和环境伦理学的联系。在人类对自然环境进行审美鉴赏的过程中，需要有环境伦理学，即情感理论的参与，并不能被大自然的形态之美所限制。加入道德考量，环境美学会更具生态魅力。亦即，环境伦理学和环境美学是密不可分的，因为他们的理论基点都与生态学息息相关，在生态学基础之上，自然的美需要一个健康、和谐、稳定的生态系统，在这样的意义上，完整和稳定的自然亦是迤逦的自然。

第三，克里考特的自然审美理论推动了生态美学的研究进程。环境美学和生态美学存在着十分紧密的联系，因为它们都是从生态整体主义的角度来审视人与自然之间的关系，都重视人类整体与自然生命的联系，因此克里考特的环境美学由此也被誉为是东方的自然美学。克里考特立足于用生态中心主义的方法反思人与自然间的联系，他的理念对我国环境美学的研究与建设具有重大的价值和意义。

中国目前进入高速发展时期，虽然采取的是富有中国特点的发展路线，但我们仍然存在与西方发达国家同样的自然环境问题。党的二十大报告中提出："大自然是人类赖以生存发展的基本条件。尊重自然、顺应自然、保护自然，是全面建设社会主义现代化国家的内在要求。必须牢固树立和践行绿水青山就是金山银山的理念，站在人与自然和谐共生的高度谋划发展。"[①] 所以，在中国当前环境美学建设中，我们应该要有自己的问题意识，反思中国如今存在怎样的问题，并结合克里考特的自然审美思想

---

① 人民日报评论部.论学习贯彻党的二十大精神:人民日报评论文章合集[M].北京:人民出版社,2022.

来思考我国当前的环境问题以及环境美学的建设问题，以促进我国环境事业的发展。

参考文献

［1］J BAIRD CALLICOTT . In defense of the land ethic, essays in enoironmental philosophy[M]. New York：State University of New York Press，1989.

［2］J BAIRD CALLICOTT . The land aesthetics[M]. Environmental Ethics：Divergence and Convergence，1998.

［3］J BAIRD CALLICOTT . Beyond the land ethic[M]. New York：State University of New York Press，1999.

［4］J BAIRD CALLICOTT . A neo presocratic manifesto[J]. Environmental humanities，2013.

［5］J BAIRD CALLICOTT . Introduction to ecological worldviews：aesthetics，metaphors，and conservation[M]. Springer：Springer Netherlands，2013.

［6］薛富兴 . 环境美学的必由之路：卡利科特对"大地审美"之阐释［J］.学术研究，2019.

［7］薛富兴 . 众生家园：捍卫大地伦理与生态文明［M］.北京：中国人民大学出版社，2019.

乡村振兴背景下云南绿色农业发展的有效路径探析

龙　敏　胥春雷

（云南师范大学马克思主义学院）

党的十九大把乡村振兴作为我国发展的主要目标，并指出良好的生态系统是乡村振兴的重要支撑。本文主要探析乡村振兴背景下农业科技创新与绿色农业发展的关系，并在分析云南省农业科技创新和应用情况的基础上提出在乡村振兴背景下云南农业科技创新推进绿色农业发展的对策。

一、乡村振兴背景下农业科技创新与绿色农业发展的相互作用机制分析

自 2018 年提出乡村振兴战略后，各地砥砺奋进，齐心协力推进"产业兴旺、生态宜居、乡风文明、治理有效、生活富裕"的建设，全国上下一起投入到乡村振兴的持久战中。一方面，乡村振兴为农业科技创新与绿色农业的发展提供了机遇和保障；另一方面，农业科技创新与绿色农业的发展也推进了乡村振兴战略的推进和实现。二者相互作用、相互影响，共同推进了我国农业的现代化和农村经济的发展。

国家发展改革委在 2022 年 9 月 28 日指出，"乡村振兴取得阶段性重大成就"，为乡村振兴开好了局、起好了步、扎牢了基础。绿色农业是充分运用先进科学技术、先进工业装备、先进管理理念来促进农业生产中的资源、生态、产品安全和综合经济效

作者简介：龙敏，女，云南师范大学马克思主义学院马克思主义基本原理专业硕士研究生。

通讯作者简介：胥春雷，男，云南师范大学马克思主义学院教授，硕士研究生导师。

益协调发展的农业可持续发展的现代发展模式。在乡村振兴战略引导下，各地加快推进农业发展的绿色转型，加快科技成果向农业领域的大力转化，在绿色农业发展方面取得了显著成果。首先，乡村振兴战略为农业科技与绿色农业的发展提供了战略支撑和目标导向。乡村振兴是我国决胜全面建成小康社会、全面建设社会主义现代化国家的重大历史任务，是"三农"问题的总抓手，同时是农业科技与绿色农业发展的指导方略。乡村振兴要求改变农业生产方式、优化农产品流通方式及打造现代农业示范区，这要求乡村产业兴旺。乡村的产业兴旺离不开现代农业的发展，现代农业就是农业生产手段的现代化，生产技术的科学化，经营方式的产业化，产业布局的区域化，基础设施、生态环境、农民生活的现代化，而这些都需要农业科技与绿色农业的发展及乡村振兴战略的支持。没有乡村振兴就没有农业科技及绿色农业的大力发展，乡村振兴为农业科技与绿色农业的发展提供了重要保障，提供了战略支撑和目标导向。其次，农业科技是绿色农业发展的第一生产力。科技创新是发展的第一动力，是推动农业发展和我国总体经济发展的重要动力和技术保障。农业是我国国民经济基础和社会稳定的基石，承担着我国社会和生态的重要职能。要实现传统农业向绿色农业的转变，就要把持续推进农业的科技创新作为关键。绿色农业是以可持续发展为基本原则，充分运用先进科学技术、先进工业装备和先进管理理念，以促进农产品安全、生态安全、资源安全和提高农业综合效益的协调统一为目标，把标准化贯穿到农业的整个产业链中，推动人类社会和经济全面、协调、可持续发展的农业发展模式[1]。农业科技作为农业生产的科学技术和农产品加工的技术，是推进绿色农业发展的第一生产力。农业科技的发展即科技创新是推进绿色农业发展的核心和关键，只有依靠农业科技在农业生产、流通等方面的创新，才能推进农业高质量、可持续与绿色化的发展。最后，农业科技与绿色农业的发展推进了乡村振兴。乡村振兴战略为农业科技与绿色农业的发展提供了战略支撑和目标导向，农业科技与绿色农业的发展也反过来促进了乡村振兴的实现，二者是目标与路径、指导思想与具体方法的关系。

二、云南农业科技创新与应用现状分析

云南积极响应乡村振兴战略的号召，紧跟全国农业科技创新的步伐，在农业科技创新上取得了有效成果。但基于云南特殊的省情，在农业科技的研究和应用方面还需要因地制宜，才能让农业科技创新充分发挥出区域性作用。

---

[1] 王松霈.生态经济建设大辞典：上册［M］.南昌：江西科学技术出版社，2013.

农业科技是提高农业生产和农村经济发展的第一推动力，而创新则源源不断地为农业科技输送着活力。农业科技创新是指包括农业科学研究、发明、创造以及进行科技成果推广和应用，增强生产能力，获得最大效益的运用过程，或者说是改变农业技术对农业生物要素与环境因素作用的过程[①]。云南积极响应乡村振兴战略的号召，积极通过农业科技的创新推进绿色农业的发展，促进了农业经济的大力发展。一方面，云南在推进农业科技的创新中取得了丰硕的成绩，体现在农业生产的多个方面。云南多次获得农业科技创新成果各种奖项并进行产品展示，还申请了多项农业科技专利、认定了多个新产品和新技术，并在此基础上形成了图书、论文等农业科技的理论成果。云南省4项成果获得全国农牧渔业丰收奖，其中"低纬高原甘蔗螟虫综合防控技术推广"和"豌豆种质资源收集评价创新与新品种选育及应用"荣获农业技术推广成果奖二等奖，"蚕桑病虫害绿色防控技术集成与推广应用"和"云南屏边荔枝优质高效栽培技术集成与推广"荣获农业技术推广成果奖三等奖。2021年公示了153个科学技术奖项[②]，2020年遴选推介了77项主推技术，包括"水稻前控后促栽培技术""云南冬春番茄病毒病绿色防控技术""白胡椒绿色初加工生产技术"等，在青稞种植业发展上也取得重大突破。可见，云南省积极推进农业科技创新，营造了农业科技创新的良好社会氛围，取得了农业科技创新丰硕的实践和理论成果。

但另一方面，云南的农业科技发展也存在不足。在全国分地区民族乡农业科技情况统计中（2019年），云南的农业科技与服务单位数为263个，在统计的25个省市中位列第一；中高级农业技术人员数为2717人，在统计的25个省市中位列第一。但在各地区主要农业机械年末拥有量统计中（2019—2020年），云南农业机械总动力、大中小型拖拉机拥有量、农用水泵、谷物联合收割机、机动脱粒机、节水灌溉类机械的拥有量都位于全国统计省市中的中下甚至倒数水平[③]。可见，云南虽然拥有丰硕的农业科技创新成果，但在农业科技的转化和实际推广应用方面还存在不足。

三、乡村振兴背景下农业科技创新对云南绿色农业发展的路径

乡村振兴战略是农业科技和绿色农业发展的重要支撑和保障。在各地区齐心协力的努力下，乡村振兴取得了阶段性的成果，但"实施乡村振兴战略是一项长期的历史

① 李丽莎.农业科技创新体系综述［J］.安徽农业科学，2012，40（9）.
② 云南省人民政府关于2021年度科学技术奖励的决定［R］.2022-05-20.
③ 国家统计局.中国民族统计年鉴［EB/OL］.［2022-10-10］.https：//data.stats.gov.cn/.

性任务，必须保持定力和韧劲，一件事情接着一件事情办，一年接着一年干"。[1] 农业作为衣食之源与生存之本，是国民经济的基础产业，是国家战略发展考虑的重要问题。科技创新是推进农业发展的第一生产力，要持续推进绿色农业的发展就必须不断推进科技创新。在全面建成小康社会后，如何通过农业科技的创新实现农民经济收入的提高和农村生态环境的优化保护并提高农民的幸福指数成为学术界关注的焦点。云南作为农业大省，抓住国家实施乡村振兴的重要战略期大力发展农业科技以促进绿色农业的发展，可以促进农业的转型升级和高质量发展。而农业科技对绿色农业发展的推进具有普遍性与特殊性，在综合借鉴我国及世界科技创新推进绿色农业发展的普遍性经验的条件下要具体分析云南的省情并提出有效路径，才能让农业科技在云南的绿色农业发展过程中发挥出最大效能，最终具有针对性、目的性地作用于云南的绿色农业发展，有利于乡村全面振兴和共同富裕的早日实现。

首先，政府要进一步建立和完善农业科技创新的制度机制及方针政策，从政策策略上研究出农业科技创新的计划、实施、验收细则及相关的农业科技保护法律法规，让农业科技创新真正做到有章可循、有法可依。在农业科技创新相关政策及法律的执行方面要落实区域责任制，让相关政策法规落到实处而不至于成为空头文件。建立和完善农业科技创新的激励机制和资金支持，做好农业科技创新的经济支持和物质保障。培养和引进国内外农业科技创新的高层次人才，提高农业科技人才总量，打造出坚实而稳定的农业科技人才队伍，保障农业科技创新的源泉、动力和活力，为农业科技源源不断地输入和输出创新力量，完善农业科技创新体系。

其次，企业是农业科技转化的重要承接地。企业在自身进行农业科技研发和转化应用的同时要加强和高校、科研所等的联系，实现更多成果的转化及应用。政府积极发挥在企业与高校、科研所等之间的桥梁作用，在政策和资金支持上积极保障和促进校企合作。基于云南的省情，农业科技研发机构及个人都应把科技创新及成果落实到大地上，在详细考察云南地形地貌特点、气候特点、土壤特征及农业耕作特点等的基础上再借鉴国内外农业科技创新的成果和经验研发出适宜云南农业生产、流通的科技成果。

再次，农业生产者是农业科技及创新成果的直接使用主体。一方面要提高农业科技应用者的文化教育水平和科技素养，以提高农业科技成果的接受意愿和使用意愿，减少农业科技的使用障碍。另一方面，政府应加大对使用农业科技产品和工具的购买补贴，减轻或消除使用者的经济压力和负担，从经济根源上解决农业科技推广的问题。实践是检验科技成果效果好坏的直接途径，农业科技的推广要与实际使用者的实地使用效果为

---

① 韩松妍.乡村振兴开局好、起步稳、基础牢［N］.中国食品报，2022-09-30（1）.

准，并根据实地使用反馈效果进行及时改进，才能把农业科技创新真正扎到土地上。

最后，农业科技的创新要强化思想理论的指导作用。继续深入贯彻落实习近平总书记考察云南重要讲话精神及关于农业科技创新工作"四个面向"的重要定位。在新发展阶段认真推进和落实乡村振兴战略、粮食安全、万亿级"高原特色现代农业产业"和世界一流"绿色食品牌"的建设，推进全省及全国的农业及经济发展。

四、结语

乡村振兴是农业科技和绿色农业发展的战略支撑和保障。结合云南的省情，在分析云南农业科技创新及应用现状的基础上提出了云南绿色农业发展中农业科技创新的路径。科技创新是农业发展的不竭动力，也是农业经济发展的第一生产力，只有不断促进农业科技的创新，才能推进农业经济的持续健康发展，实现农业的现代化及绿色化。农业的现代化推进了城乡的融合发展，缩小了城乡差距，推进了我国共同富裕目标的进程，为实现社会主义现代化强国补齐了农村短板。相信在全国齐心协力的努力奋进下，全面实现乡村振兴指日可待。

参考文献

［1］北京师范大学中国乡村振兴与发展研究中心.全面推进乡村振兴　理论与实践［M］.北京：人民出版社，2021.

［2］陈剑平，万忠，刘艳作，等.农业科技创新驱动发展战略研究［M］.北京：科学出版社，2021.

［3］段景田，段博俊.绿色农业发展研究［M］.北京：中国农业出版社，2017.

［4］周娜.乡村振兴视角下实现农业现代化的路径探析［J］.理论探讨，2022（2）：159-164.

［5］云南省人民政府关于2021年度科学技术奖励的决定［R］.2022-05-20.

［6］国家统计局，中国民族统计年鉴［EB/OL］.［2022-10-10］.https：//data.stats.gov.cn/.

工程师的美德培养

——解决 AI 科林格里奇困境的伦理方法探析

王 鑫　明 清

（云南师范大学马克思主义学院）

一、引言

自 1956 年人工智能（Artificial Intelligence）概念被首次提出以来，人工智能的发展已广泛地对经济社会发展与人们的日常生活产生着影响。斯图尔特·鲁塞尔（Stuart Rusell）和彼得·诺维格（Peter Norvig）比较了 8 种人工智能定义，并认定人工智能是可以自动运行并感知周围环境、可以在一段时间持续存在、有一定程度的适应能力，并创造和追求最佳结果的机器或程序[①]。根据上述两位学者的分析并结合当前人工智能发展的状况来看，人工智能技术目前仍旧是一种新兴科技，仍旧在发展的过程中，备受关注的所谓强人工智能（Strong Artificial Intelligence）还未出现。但正因为这种发展中的状况以及人工智能的技术性设想使得人工智能技术发展本身具有了早期的难预测性、发展不确定性和后果难控制性的特征。而这些特征也正如科林格里奇困境（Collingridge's Dilemma）中描述的一般：其早期风险难以预测，后期风险难以控

作者简介：王鑫，男，云南师范大学马克思主义学院伦理学硕士研究生。

通讯作者简介：明清，男，云南师范大学马克思主义学院副教授，硕士研究生导师。

① RUSSEL S J，NORVIG P . Artificial intelligence：a modern approach［M］.Upper Saddle River：Prentic Hall，2010：1-5.

制[①]。近期学者在尝试解决人工智能的科林格里奇困境的过程中引入了"预知性科技伦理"（Anticipatory Technology Ethics，ATE）和"负责任创新"（Responsible Research and Innovation，RRI）的方法，且这两种方法在一定程度上对于解决人工智能的科林格里奇困境具有积极作用，但就具体应用这两种方法时，两种方法均暴露出在面临对未来人工智能发展带来可能性后果的预测以及据此衍生出的一系列反作用于人工智能发展的影响时，在根基上存在着推测的不确定性，因而在完美消解人工智能的科林格里奇困境的尝试中显示出了这两种方法的局限性与不充分性。

二、预知性科技伦理的困境解决与局限

预知性科技伦理（Anticipatory Technology Ethics）是 2012 荷兰哲学家菲利普·布瑞（Philip Brey）在其论文《新兴科技的预知性伦理》（*Anticipatory Ethics for Emerging Technologies*）中提出的"预知性科技伦理是结合了各种众多伦理原则、问题、对象和分析以及研究目的的用于新兴科技的伦理分析的具有丰富概念性与方法论性质的方法"[②]。他在这种方法中以一门科技树状分支的等级层次由高至低将科技层次、人造物层次、人造物应用层次划分为 3 个等级分别进行讨论。他认为科技层次应该关注的点在于新兴科技的特征、分支和衍生技术；人造物层次应该关注相关制造物和制造过程本身；人造物应用层次应该关注的是对于相关制造物的应用。他依据所区分的 3 个层次分别讨论在 3 个层次中所进行的对新兴科技的伦理分析，而对于一些还不具有第二与第三层次事实依据的新兴科技，则需要通过预测性的方式来为与新兴科技发展相关的道德问题的提出做识别性工作，也就是依据目前的发展状况并结合相关专家对于该领域的未来预期进行得到相关的识别性道德事实，再根据这类预测性事实可能带来的影响依据他所给出的预知性科技伦理的道德清单进行道德分析，并作用于当下的科技发展以避免预测性道德问题的出现。

近期学者将"预知性科技伦理"方法应用于人工智能科林格里奇困境中，将人工智能技术发展分别对应于"预知性科技伦理"方法的 3 个层次，并标注出哪些部分是可以得出人工智能未来发展的识别性道德事实，以及给出评估阶段的路径和在分析评

---

① 文成伟，汪姿君.预知性技术伦理消解 AI 科林格里奇困境的路径分析［J］.自然辩证法通讯，2021，43（4）：10.

② PHILIP A E B . Anticipatory ethics for emerging technologies［J］. Nanoethics，2012，6（1）：1.

估后的反馈路径①。在方法的应用上，可以通过此论文看到在一定程度上使用"预知性科技伦理"的方法确实可以解决人工智能的科林格里奇困境，即在研发阶段就将可能性的问题提出并解决。

但就"预知性科技伦理"方法本身的道德事实识别阶段是有问题的。就道德事实来源问题，这一方法中的道德来源均来自基于当下科技发展状况与相关专家学者所进行的预测所得以确定的，因为如果科技本身已有成果与应用，并已经对社会发生了作用，那么就不需要进行所谓对新兴科技的预测性伦理分析。而且，在文中菲利普·布瑞也清楚地表明："识别阶段是调查这种技术的功能是否会对道德价值和原则有负面影响……问题在于伦理学家如何可以决定这种特定的科技、人造物和相关应用是否可能会对道德价值和原则有负面影响。"②他清楚地认识到，他的方法中很大一部分的事实依据是来源于一种前瞻性预测的，而预测得来的事实不能称之为既定事实，因而具有明显的不确定性，而以不确定性事实为基础进行对与此科技相关的未来可能发生的伦理社会问题的预测同样具有不确定性。所以，尽管人工智能科林格里奇困境在此方法内部得到了解决，但这种解放方法仍旧不充分，是存在着不确定性的解决方法。

三、负责任创新的困境解决与局限

负责任创新（Responsible Research and Innovation，RRI）最初这个词的用法以"负责任发展"（Responsible Development）出现在 2003 年的美国的 21 世纪纳米科技发展与研究法案中③，后由荷兰自然科技研究组织（Netherlands Organization for Scientific Research，NWO）提出。负责任创新常被用来指一种目的在于以确保科研成果是人们所欲求的可接受的视角改变、保存、发展、配合和调整现存的以及新兴科技创新有关的过程、角色和责任的高等级责任或元责任④。负责任创新一般被用来面对科技与创新解决"大挑战"（grand challenges）的路径中出现的问题，所谓大挑战是指就业问题、经济良性发展、人口发展、社会融合等社会问题，而科技与创新所带来的结果可能成

① 文成伟，汪姿君.预知性技术伦理消解 AI 科林格里奇困境的路径分析［J］.自然辩证法通讯，2021，43（4）：9-15.
② PHILIP A E B. Anticipatory ethics for emerging technologies［J］. Nanoethics，2012，6（1）：10.
③ BERND C S . Responsible research and innovation: the role of privacy in an emerging framework［J］. Science and public policy，2013，40：709.
④ BERND C S . Responsible research and innovation: the role of privacy in an emerging framework［J］. Science and public policy，2013，40：708.

为解决这些大挑战的有效手段，但因为对于科技创新发展结果的预测具有内在不稳定性[①]，使得这些科技创新的结果也可能伴随着新的问题。贝恩德·斯塔尔（Bernd Stahl）在 2013 发表的论文《负责任创新：新兴结构中隐私的角色》（*Responsible research and innovation：The role of privacy in an emerging framework*）中表达了负责任创新对于研究与创新中问题解决的 3 个责任维度：活动、参与角色与责任规范，具体思路为确认创新科研活动中的具体科研措施，并在科研创新活动全过程进行对于活动本身的评价和对可能出现的危害的评价；确认与科研创新相关的利益者，并使整个活动对这些利益者公开，利益者可以根据科研创新对于自身的可能性影响反作用于科研创新；责任规范的确立是整个方法的处理与评价标准，依照各种伦理原则建立为所有人认可并理解的问责规范与评价标准，以对科技创新全过程进行评价与规范。

东南大学的郭林生博士和南京农业大学马克思主义学院的刘战雄讲师将"负责任创新"方法引入到人工智能的问题领域，并对解决人工智能的科林格里奇困境产生了积极作用。他们提出人工智能的负责任创新发展道路上的 7 个解决困境的方法：①人工智能科学家和工程师道德责任的建立；②人工智能的伦理设计。③降低人工智能研究与应用的进度；④建立人工智能发展的政策与法规；⑤推进人工智能的跨学科合作与多元主体协商；⑥加强人工智能创新的公众参与程度；⑦推动人工智能研究与创新的全球治理[②]。以上 7 个解决方法在一定程度上可以使人工智能在发展过程中提升其社会隐患发现能力与后果解决能力，对于人工智能困境的解决给出了一种新的并且看起来可行的方法。

但就"负责任创新"在这 7 种方法的应用上，仍然存在着对于解决困境不充分的情况。就人工智能发展领域本身来讲，这一领域仍在创新发展的过程中，因而基于可能性预测后果的责任判断就显得不是十分可靠。因此，对于与此类科技创新相关的利益相关者的确认也是不确定的。所以建立人工智能发展的政策与法规和推进人工智能的跨学科合作与多元主体的协商也就失去了确定性基础。贝恩德·斯塔尔始终强调，对于科研创新活动的预测是负责任创新的关键部分，但不论以何种合理方式进行预测，预测本身就有不可剔除的不确定性，因而负责任创新对于人工智能困境的解决方式一定程度上伴随着不确定性。因此，对于新兴科技创新困境讨论的确定性基础的讨论，我尝试引入"美德培养"的伦理方法进行，虽然郭林生博士和刘战雄讲师提出的

① BERND C S . Responsible research and innovation: the role of privacy in an emerging framework［J］. Science and public policy，2013，40：709.
② 郭林生，刘战雄.人工智能的"负责任创新"［J］.自然辩证法研究，2019，35（5）：59-60.

"人工智能科学家和工程师道德责任的建立"已经很接近我所想讨论的方法了，但这种消解 AI 科林格里奇困境的方法中仍然是依赖以预测性的后果作为解决困境的依据，仍然有着不确定性。

四、美德伦理学的困境解决尝试

在上文所提到的大部分作者与其著作中，都赞成在新兴科技发展过程中嵌入伦理价值可以对整体的新兴科技发展的科林格里奇困境解决有很大帮助，但他们所给出的"预知性科技伦理"和"负责任创新"方法都对于科技发展的预测性结果有很深的依赖性，这导致了尽管他们给出了在其方法内部的伦理嵌入方式，但都不能避免预测性带来的不确定性，使得整体的人工智能的困境解决具有不充分性，留下了设计过程的空隙。

为了解决这样一种不确定性，我尝试在人工智能的科林格里奇困境解决方法中引入"美德培养"的方法。"美德"作为一个古老但新颖的概念，在亚里士多德那里"美德"（常翻译成"德性"）是指一种事物自身特有区别于他物的内在特性，因而人的美德在这种解释中就是人区别于他物的内在特性，且其目的在于最终的"幸福"（eudaimonia）。而在当代，赫斯特豪斯指出很多伦理学家将美德伦理学的关注点放在好人或有美德的人上[①]。所以，我所要引入的"美德"概念是关注人的幸福的内在的美好品格。而对于人工智能技术发展中作为研发主要参与者的工程师的美德培养，是对于这类工程师的关注人的幸福的内在的美好品格的培养。相比于"预知性科技伦理"在应用于人工智能困境时所采取的以外在伦理原则为依据对人工智能技术的预测性事实推测相关的道德问题，并解决这类道德问题的伦理嵌入方式，对于工程师的美德培养使得在整个科技发展的起始就嵌入了伦理价值，并贯穿整个科技发展过程的始终。而且这种伦理嵌入方式是来源于工程师内部的品格，具有内在的约束性和向善性，可以根据工程师内部的实践智慧来判断、确认、解决整个研发过程中的问题、方向与后果。在进行预测性后果被预测出之前，就可以有一种向好的目的来带领人工智能科技的发展。相比于"负责任创新"方法在人工智能困境的应用时所进行的多层次利益相关者的参与以及人工智能科学家与工程师的道德责任建立机制，对工程师的美德培养可以避免以预测性事实为基础来进行伦理价值嵌入。首先，"负责任创新"方法应用于人工智能困境时对于利益相关者的界定就是一种猜测性的，因为技术还处于发展过

---

① 罗莎琳德·赫斯特豪斯. 美德伦理学［M］. 李义天，译. 南京：译林出版社，2016：28.

程中，不能确定哪些群体和机构的利益会在未来被牵扯进技术的发展中，所以尽管可以让猜测性的利益群体参与进人工智能技术发展全过程，但这种参与本质上是不充分的。其次，对于人工智能科学家与工程师的道德责任建立，这是可行的，但如果出现了消极影响与后果，需要科学家与工程师去负责任，而科学家与工程师除了获得了研发过程中的责任重担什么都没有。相对的，对于工程师的美德培养，必然会包含对于工程师的道德责任建设，但除了其应当负的责任，还有着激励他将这一新兴科技向好发展的内在目的，这一内在目的就是其自身的美德。通过对美德的培养，可以明确在主要的参与主体中，对人工智能的发展方向是确定的，这种确定来源于工程师自身之确定美德，而这种发展方向一定是符合人之美好品质并关注于人的幸福的方向；而如何培养美德以及美德如何影响人的行动在亚里士多德那里已被很清楚地表达："德性在我们身上的养成既不是出于自然，也不是反乎于自然的……我们先运用它们而后才获得它们。对于要学习才能会做的事情，我们是通过做那些学会后所应当做的事来学的……简言之，一个人的实现活动怎样，他的品质也就怎么样。"[1]作为美德的品质我们需要从实践中做符合美德的行为来进行学习而获得，所以人工智能研发工程师在日常生活中就要如同美德者一样行事或如同一个好人一样行事，来培养美德。在拥有美德后，工程师必然会以符合美德的行动而行动，包括研发与后果解决，这有助于解决困境。而将"美德"概念引入人工智能科林格里奇困境解决方法集的一个重要原因是，引入了一种美德伦理学范畴下的"目的"因素，这种因素是向好向善的，因而，美德在人工智能研发工程师的培养层面可以以一种确定性的目的性基础来补充人工智能科林格里奇困境解决方法集中确定性的缺乏。

五、结语

本文在简单考察了学界解决人工智能科林格里奇困境的两种方法，并简要阐述二者方法在解决困境时的不充分因素是二者的一些解决方法和对技术的伦理嵌入具有预测性的不确定因素，并基于此，我引入了"美德培养"的概念，为的是使"美德培养"的方法可以以一种目的性确定的基础来对人工智能科林格里奇困境解决方法集提供补充。这是一种理论尝试，且这种尝试并不是为了取代其他方法对于人工智能困境的解决路径的，而仅仅是一种对解决这种困境的一种方法集的补充，因为就面对新兴科技而言，尤其是面对人工智能技术发展状况而言，断言某一种方法可以充分而完美地解

---

① 亚里士多德.尼各马可伦理学［M］.廖申白，译.北京：商务印书馆，2003：37-38.

决困境是不现实的，唯有不断探索充实这种困境解决的方法集才是合乎于理性的。

参考文献

［1］罗莎琳德·赫斯特豪斯.美德伦理学［M］.李义天，译.南京：译林出版社，2016：28-35.

［2］亚里士多德.尼各马可伦理学［M］.廖申白，译.北京：商务印书馆，2003：36-60.

［3］RUSSEL S J，NORVIG P.Artificial intelligence：a modern approach［M］.Upper Saddle River：Prentic Hall，2010：1-5.

［4］文成伟，汪姿君.预知性技术伦理消解 AI 科林格里奇困境的路径分析［J］.自然辩证法通讯，2021，43（4）：9-15.

［5］郭林生，刘战雄.人工智能的"负责任创新"［J］.自然辩证法研究，2019，35（5）：57-61.

［6］黎常，金杨华.科技伦理视角下的人工智能研究［J］.科研管理，2021，42（8）：9-16.

［7］赵国栋，吴文清.美德伦理视角的科技伦理研究转向［J］.自然辩证法通讯，2019，41（8）：81-86.

［8］STEVIENNA D S.Innovating innovation policy：the emergence of "Responsible Research and Innovation"［J］.Journal of responsible innovation，2015，2（2）：152-168.

［9］PELLE S，REBER B.Responsible innovation in the light of moral responsibility［J］.Journal on chain and network science，2015，15（2）：107-117.

［10］BERND C S.Responsible research and innovation：the role of privacy in an emerging framework［J］.Science and public policy，2013，40：708-716.

［11］PHILIP A E B.Anticipatory ethics for emerging technologies［J］.Nanoethics，2012，6（1）：1-13.

人类中心主义与非人类中心主义的价值论判定

——兼谈对弱人类中心主义的肯定

王子仪　张　霞

（云南师范大学马克思主义学院）

生态学界目前关于人类中心主义的认识主要有 3 种观点：①走进人类中心主义；②走出人类中心主义；③兼收并蓄沟通两极的第三条道路[①]。在第三条道路中，叶平（1995）、邱耕田（1997）等学者认为不能完全地否定人类中心主义，而要进一步地分析把握人类中心主义，并提出应该摒弃强人类中心主义，倡导弱人类中心主义的观点[②③]。本文分别考察了人类中心主义和非人类中心主义、强人类中心主义和弱人类中心主义的核心观点，指出相对于强人类中心主义和非人类中心主义，弱人类中心主义的观点有其合理的一面。

作者简介：王子仪，女，云南师范大学科学技术哲学专业硕士研究生。

通讯作者简介：张霞，女，云南师范大学马克思主义学院副教授，硕士研究生导师。

① 包庆德，王志宏.走出与走进之间：人类中心主义研究述评 [J]，科学技术与辩证法，2003（2）：12-14。

② 叶平."人类中心主义"的生态伦理 [J].哲学研究，1995（1）.

③ 邱耕田.从绝对人类中心主义走向相对人类中心主义 [J].自然辩证法研究，1997（1）.

一、对"人类中心主义"的内涵辨析

从哲学层次上划分，人类中心主义可以分为：存在论意义上的人类中心主义、认识论意义上的人类中心主义、价值论意义上的人类中心主义。存在论意义上的人类中心主义指的是人的存在是世界的中心；认识论意义上的人类中心主义指的是从人的立场认识外在事物；价值论意义上的人类中心主义认为价值是主体与客体相互关系的一种情景和质态，只有也仅有人类才是价值判断的主体，我们的目标是实现人与自然在实践中的辩证统一。价值判断的主体是价值关系中的主体，而价值关系在人的感性实践中产生，不同于抽象意义上的人，感性实践的人不断地与实践对象（自然）发生着关系。现实的自然可以划分为成为人类实践对象的人工自然和未来会成为人的实践对象的潜在自然。

生态学界现今所讨论的人类中心主义大多指存在论意义上的人类中心主义，与非人类中心主义的观点和立场相对，根据是否将自然纳入道德关怀的对象又将人类中心主义划分为：①强人类中心主义或功利论的人类中心主义；②弱人类中心主义或义务论的人类中心主义。

强人类中心主义或功利论的人类中心主义持近代机械论世界观，主张人与自然是机械对立的关系，人类可以征服并统治自然，自然无条件服从于人类，是存在论意义上的人类中心主义。作为唯一具有内在价值的自然存在物，人类才是唯一的道德主体，非人类自然存在物不在人的道德关怀范围之内。此种人类中心主义立场坚持非常纯粹和绝对的"以人类（抽象的人，脱离自然的人）为中心"的立场，在价值上排斥其他非人类自然存在物的存在。这样的认识思维容易将人与自然对立起来，导致人与自然的对立。弱人类中心主义或义务论的人类中心主义虽然同样坚持只有人是道德主体的根本观点，但是他们将非人类自然存在物纳入道德关怀的对象，认为人的发展以非人类自然存在物为基础，关爱自然就是关爱人类本身[①]。弱人类中心主义注意到人与自然的关系，开始试图调和二者的对立。

仔细考察强人类中心主义的内涵可以发现，强人类中心主义所谓的价值判断的主体并不是与自然相统一的人，而是与自然相对立的人。而价值论意义上的人类中心主义的价值判断的主体指的是能与自然相统一的人。因此如果单从人与自然的关系模式看，强人类中心主义其实根本不属于价值论意义上的人类中心主义，只有弱人类中心主义属于价值论意义上的人类中心主义。除此之外，生态学界普遍认为非人类中心主

---

① 壬丑. 应用伦理学 [M]. 北京：科学出版社，2020：102-103.

义也是笼统地关于价值论的学说。但是实际上经过仔细论证我们发现，生态学界的非人类中心主义并非关于价值论的学说。接下来本文将对主要的非人类中心主义学说进行考察，论证其为何不是价值论意义上的学说。

二、生态学界"非人类中心主义"学说对道德主体的界定

非人类中心主义学说包括以彼特·辛格为代表的动物解放论、以汤姆·雷根为代表的动物权利论、以阿尔贝特·施韦策为代表的生物中心主义、以奥尔多·利奥波德和阿伦·奈斯为代表的生态整体主义。

动物解放论者彼特·辛格（1973）主张应该平等地关心所有动物的利益，但并不认为所有动物应该得到相同的待遇。他们认为，根据动物的感觉能力和心理能力的复杂程序的不同，决定了不同动物得到不同的待遇。对待有感觉能力和心理能力的实体即动物，人类应该避免它们痛苦，在考虑行为的道德后果时，必须把受此影响的所有有感觉能力和心理能力的客体的利益都同等程度地考虑进去[1]。在此基础上，动物权利论认为动物和人类一样具有"天赋价值"，必须把动物当作一种目的本身而非工具来对待。动物权利论者汤姆·雷根（1987）主张人类应该：①完全废除服务于科学研究的动物实验；②完全取消商业性的动物饲养业；③完全禁止服务于商业和娱乐的打猎和捕兽行为[2]。动物权利论认为，道德主体是具有感受苦乐感觉能力的实体。动物解放论和动物权利论者把动物做了区分，分为有感觉能力和心理能力的动物与没有感觉能力和心理能力的动物，对于有感觉能力和心理能力的动物应该给予它们等同于人类的待遇，否则不能。

生物中心主义者阿尔贝特·施韦策（1986）倡导敬畏生命，生命之间并无高低贵贱之分。人类作为行为主体必须敬畏生命，在伦理要求和必然要求发生冲突时，如果选择了必然要求，人类就必须承担起由于伤害生命而给自己带来的责任[3]。生物中心主义者保罗·泰勒（2011）倡导尊重自然，人是地球生物共同体的普通一员，每个有机个体都是生命的目的中心，都以自己的方式实现自身的"善"。泰勒还提出了4个具体伦理规范：①不作恶的原则，指的是道德代理人不伤害具有自身"善"的生物；②补偿正义的原则，指的是道德代理人若没有履行其伦理规范给生物带来伤害时，要归还生物本身的"善"；③忠诚的原则，指的是道德代理人不应背叛生物对其的信任，

① SINGER P . Animal liberation[M]. London：Palgrave Macmillan，1973.
② REGAN T . The Case For Animal Rights[M]. Berlin：Springer，1987.
③ SCHWEITZER A，BRÜLLMAN R . Ehrfurcht vor dem Leben[M]. Switzerland：Haupt，1986.

具体应用为禁止钓鱼和捕猎等活动；④不干涉的原则，指的是道德代理人不插手具有自身"善"的生物与其他生物之间的生命活动[1]。生物中心主义认为生物具有内在价值，这赋予生命与生俱来的内在价值，道德主体是一切生物，即有生命的物体。在生物中心主义者这里，一切有生命的生物体都应该具有同等的地位，人类不仅要尊重自然，还要敬畏生命。如果人类确实因为某种必然要求要伤害其他生物应该为此付出代价、承担责任。

生态整体主义者奥尔多·利奥波德（1970）提出了"大地伦理"的思想，将道德权利扩展到动物、植物、土壤、水域和其他自然界的实体，但这是一种整体主义的伦理观，道德实体只是这些自然界实体构成的大地共同体。当一件事情有助于大地共同体的和谐、稳定和美丽时，它就是正确的；反之，就是错误的。人类在大地共同体中只扮演着普通公民的角色，意味着人类应尊重他的生物同伴和大地共同体[2]。另一位生态整体主义者阿伦·奈斯（1986）提出了深层生态学，认为生物圈是一切自然存在物相互联系和相互作用的一整个生态系统，人类只是这一生态系统中的一部分，人类的生活质量取决于整个生态系统的完整性。深层生态学主张自我实现原则和以生态为中心的平等主义，自我实现指不断扩大对自然的认同的过程，以承认生命平等和尊重生命为前提。意味着人类对自然界其他部分的伤害实际上是对人类自身的伤害，人类对其他物种和地球的影响应该最小而不是最大[3]。生态整体主义无所谓主体客体，主体客体就是一个整体，那就是包括人类以及其他所有自然界物质在内的整个生态系统。只能说道德整体或道德实体是包括人类以及其他所有自然界物质在内的整个生态系统。所有的自然存在物都具有其内在价值，都天生赋予权利，并构成整个道德实体。在生态整体主义者看来，人类和自然界同属于生态圈，它们是一个生态整体，不分彼此，构成地球上的整个道德实体。

总之，虽然动物权利论、生物中心主义和生态整体主义都不否认人是思想和行为的主体，但是在关于道德主体或实体上的看法各有不同。动物解放论和动物权利论将道德主体扩展到有感觉能力和心理能力的动物；生物中心主义将道德主体扩展到一切具有生命的生物；生态整体主义则更进一步将道德主体（实体）扩展到包括人类以及其他所有自然界物质在内的整个生态系统。

---

[1]　TAYLOR P W . Respect for nature：a theory of environmental ethics[M]. Princeton：Princeton University Press，2011.

[2]　LEOPOLD A . A sand county almanac[M]. New York：Ballantine，1970.

[3]　NAESS A . The deep ecological movement：some philosophical aspects[J]. Philosophical inquiry，1986，8（1/2）.

三、价值论意义上的"人类中心主义"构成条件判定

判定价值论意义上的"人类中心主义"需要满足的条件有两个：第一，价值主体是感性实践的人；第二，人与自然是一体的并辩证统一于实践。可以分解为条件①价值主体是人和条件②这个人是感性实践的人。价值判断的内涵判断都大于道德判断，因此条件①可以转变为①＋道德主体是人。感性实践的人实际是与自然同一的人，表现为将自然纳入道德关怀的对象。所以条件②可以转变为条件②＋该学说将非人类自然存在物纳入道德关怀的对象。所以要证明是价值论意义的学说需要满足的条件①和②可以转变为满足条件①＋和②＋，即该学说道德主体是人且将自然纳入道德关怀的对象。

强人类中心主义认为道德主体是人，满足条件①＋。强人类中心主义不将非自然人类存在物纳入道德关怀的对象，没有看到人与自然的统一，不满足条件②＋。所以强人类中心主义并非价值论意义上的学说。非人类中心主义中，动物解放论和动物权利论认为道德主体是包括人在内的一切有感觉能力的动物，不只是人，不满足条件①＋。动物解放论和动物权利论强调保护一切有感觉能力的动物，只将一切有感觉能力的动物纳入道德关怀的对象，但是将除此之外的自然存在物不纳入道德关怀的对象，不满足条件②＋。所以动物解放论和动物权利论并非价值论意义上的学说。生物中心主义认为道德主体是一切具有生命的生物，不只是人，不满足条件①＋。生物中心主义也仅仅是强调保护一切具有生命的生物，只是将一切有生命的生物纳入道德关怀的对象，但是不关心其他非生物存在物，不将其他非生物存在物纳入道德关怀的对象，不满足条件②＋。所以生物中心主义并非价值论意义上的学说。生态整体主义认为道德主体（实体）是包括人类及其他所有自然界物质在内的整个自然，不只是人，不满足条件①＋。生态整体主义强调保护整个自然，将整个自然都纳入道德关怀的范围。满足条件②＋。所以生态整体主义并非价值论意义上的学说。弱人类中心主义认为道德主体仅仅是人，满足条件①＋。同时，弱人类中心主义也强调保护自然，保护自然就是保护人本身，将自然纳入道德关怀的对象，满足条件②＋。所以弱人类中心主义是价值论意义上的学说。以上的分析中，满足条件①＋和②＋的只有弱人类中心主义，所以只有弱人类中心主义是价值论意义上的人类中心主义，不存在价值论意义上的非人类中心主义。

四、结论

学界容易将强人类中心主义纳入价值论意义上的人类中心主义分类。实际上，强人类中心主义持近代机械论的世界观，是存在论意义上的人类中心主义，坚持人与自然二分，在实践中造成了严重的生态危机，原因在于并没有认识到"价值判断的主体"是与自然统一的感性实践的人，经常将道德主体理解为抽象意义上的人。严格意义上讲强人类中心主义并不属于价值论意义上的人类中心主义。弱人类中心主义将非人类自然存在物纳入道德关怀的对象，认识到了"价值判断的主体"是与自然统一的感性实践的人，在这一点上应该属于价值论意义上的人类中心主义。非人类中心主义将道德主体扩展为非人类自然存在物，而价值论的主体只是人不能是其他，况且道德判断是价值判断的一种，所以价值论的道德主体也只能是人，因此非人类中心主义并非价值论意义上的学说。

不可否认非人类中心主义对现实的环境保护实践有着很大启发或参考作用。在实践中，摆脱强人类中心主义的旧观念影响，接受真正认识到人与自然的关系的价值论意义上的人类中心主义——弱人类中心主义立场，这将指引人类在处理人与自然关系问题时走上正确的道路。

参考文献

［1］包庆德，王志宏．走出与走进之间：人类中心主义研究述评 [J]．科学技术与辩证法，2003（2）：12-14.

［2］叶平．"人类中心主义"的生态伦理 [J]．哲学研究，1995（1）.

［3］邱耕田．从绝对人类中心主义走向相对人类中心主义 [J]．自然辩证法研究，1997（1）.

［4］壬丑．应用伦理学 [M]．北京：科学出版社，2020：102-103.

［5］SINGER P . Animal liberation[M]. London：Palgrave Macmillan，1973.

［6］REGAN T . The Case For Animal Rights[M]. Berlin：Springer，1987.

［7］SCHWEITZER A，BRÜLLMAN R . Ehrfurcht vor dem Leben[M]. Switzerland：Haupt，1986.

［8］TAYLOR P W . Respect for nature：a theory of environmental ethics[M]. Princeton：Princeton University Press，2011.

［9］LEOPOLD A . A sand county almanac[M]. New York：Ballantine，1970.

［10］NAESS A . The deep ecological movement：some philosophical aspects[J]. Philosophical inquiry，1986，8（1/2）.

"后真相"产生的内在逻辑原因分析

魏兴美　张　霞

（云南师范大学马克思主义学院）

　　"后真相"一词最早出现在美国作家史蒂夫·特希奇的一篇文章中，用"后真相"一词来反思伊朗门事件和波斯湾战争，他在文章里写道："我们作为自由的人民，却已经自主地选择我们想要生活在一个后真相的世界里。"[①]"后真相"一词与大众媒介有着密切的联系，2016 年随着"英国脱欧"和"美国总统特朗普当选"这两起荒诞离奇的政治事件走进广大公众视野，引发学术界广泛讨论。2016 年该词被《牛津词典》评为年度热词，并把其词用以形容"情感和个人信念较客观事实更能影响舆论的情况"[②]。2020 年年初暴发的新冠疫情把"后真相"一词搬到了台面上，成为公共讨论的焦点，新冠疫情引发的"病毒起源论"和"病毒命名论"等一系列成为争论的焦点，美国某部分人为了掩盖事实真相、推脱责任，利用碎片化信息制造出来的所谓"真相之争"，他们所想掩盖的"真相"恰恰代表了他们的政治立场和意图，之后很多舆情事件也被冠上"后真相"事件的帽子。

一、"后真相"的基本内涵

　　第一，所谓"后真相"并非指一个特定时期，而是一个充斥着"后真相"现象的

作者简介：魏兴美，女，云南师范大学马克思主义学院硕士研究生。

通讯作者简介：张霞，女，云南师范大学马克思主义学院副教授，硕士研究生导师。

① 　The Iran-Contra Affair 30 Years Later：A Milestone in Post-Truth Politics"[Z].National Security Archive.

② 　Oxford Dictionaries word of the year is actually a word，not an eraoji［EB/OL］.［2016-11-16］. https：//www.liverpoolecho.co.uk/news/uk-world-news/oxford-dictionaries-word-year-actually-12182706.

时代。从词源上看，"后真相"译为"Post-truth"，在英文中"post"用作前缀意为"与……不同""在……之后"，诸如此类的还有"post-modern""post-ecology""post-democracy"等，它们与"后真相"是同一类词。"后真相"的"后"与"后现代"的"后"大体意思相近，后现代的后有对现代化或现代性的批判否定的意思，为何不称为新现代或者非现代，原因在于新事物中包含的新因素还没有准确把握它们的本质，似乎是一个介于现代化（现代性）与新现代的时代，想不出恰当的概念表述，就用一个"后"字表述之。"后"作为前缀表明了"后真相"时代有别于传统"真相"时代，在这个时代中事实真相不像以前那么重要，理性思考让位于情感，立场决定是非，人的情绪、信仰、精神和兴趣偏好成为大家关注的、民意表达的中心，这些因素的影响力超过了对客观事实的了解与把握。因此我们把这种现象或者把有这种现象的时代称为"后真相"或者"后真相时代"。

第二，我国学者对于"后真相"时代的具体内涵也进行了探讨，骆郁廷、吴楠指出："后真相是互联网媒介尤其是社交媒介以情绪性、想象性事实代替客观性事实，以背离或摆脱客观准确事实的主体愿望、想象和偏好的主观性信息取代客观准确信息的网络舆论环境。"[1] 邹诗鹏认为"后真相并不是指不承认或者不存在真相事实，而是指我们身处于各种铺天盖地、纷至沓来、令人目不暇接的消息、图片乃至乱象的真实世界中，在这层含义上，后真相意指发现真相的无力、无能及不可能。"[2] 蒋璀玢、魏晓文则认为后真相意指一系列有意或无意掩盖事实、遮蔽真相的社会现象，如虚假的新闻报道、政客说谎之类[3]。史安斌从中国政治传播生态作为切入点，认为"后真相"具体来说就是指一些政客为了自身政治利益，对于客观事实置之不理，使用断言、猜测、情感等方式偏袒某种观点或强化某种偏见，从而盲目地去迎合受众的情感与心理[4]。综上所述，所谓"后真相"指的是："在影响公众态度，形塑公众舆论领域方面客观实际因素影响较小，而诉诸情感和个人信仰会产生更大的影响"[5] 这一说法为当今学术界与业界广泛采用。

① 骆郁廷，吴楠. 论"后真相"网络空间的价值澄清［J］. 思想理论教育导刊，2020（6）：139-145.

② 邹诗鹏. 后真相世界的民粹化现象及其治理［J］. 探索，2017（4）：27-29.

③ 蒋璀玢，魏新文. "后真相"引发的价值共识困境与应对［J］. 思想教育研究，2018（12）：56-60.

④ 史安斌，杨云康. 后真相时代政治传播的理论重建和路径重构［J］. 国际新闻界，2017（9）：54-70.

⑤ 胡泳. 后真相与政治的未来［J］. 新闻与传播研究，2017（4）：5-13，126.

二、"后真相"现象产生的内在逻辑原因分析

第一，科技进步为"后真相"现象的出现提供技术依据。"后真相"时代在大数据、人工智能、算法技术等现代科技背景下蓬勃发展，它们的发展不是各自平行发展的，呈现出交互利用，互相支撑的特点。"后真相"最典型的特征就是新时代对信息的处理大部分通过新兴媒介，基于网络媒体的开放性，参与网络活动主体的多元化，多元主体对事实的呈现和表述从不同视角出发，再由于多元主体各自的社会地位、利益、立场和价值取向不同，信息中负载的"真相"呈现出多样性，后真相时代的网络空间呈现"事实共识"和"价值共识"的双重困境。在大数据、人工智能和算法技术与网络的结合下，出现媒体信息的"过滤气泡"和"信息偏食"现象，在接收信息的普鲁米大众感受到追求真相变得非常困难，相反还会出现被人为诱导和操控，个人的相关信息还会被利用，比以往更难于保护。总而言之，在大数据、人工智能和算法等现代科技迅速发展的时代，通过新媒体等媒介寻找某个事件的事实真相变得扑朔迷离，异常困难。

第二，网络技术的发展使真相的承载形式不断更新。新闻是事实的生命，所谓的事实就是现实中真实存在过的。从事实的发展历程来看，它可以分为经典事实、数据化事实和网络化事实 3 个时期。在经典事实时期，真相相对稀少，主流媒体扮演着重要的新闻"守门人"角色。在数据化事实阶段，以数据代替事实，人工智能、算法过滤技术的出现使得它对事实的把控力不断降低，公众很难发现真相，人们下载得到的数据就可以作为既定的事实，调查、分析离事情真相越来越远，因此人们对事情的理解不可避免会偏离轨道，出现偏颇，算法推荐与社交机制进一步推动事实朝数据化发展，使其成为一种新的形态。网络化事实时代，我们所不知道的信息越来越多，信息量也越来越大，人们已经开始从自己的立场去认知事实。从数据化事实到网络化事实，事情的真相并不只是单纯地被报道，它还必须由我们自己去进行解读，每个人都有自己的观点，我们已习惯于按照既有的偏见来表达自己的看法，事实和真相的边界逐渐被淡化，事实的发展进入"后真相"时代，在资本利益的推波助澜下，网络空间谣言盛行，构成了一种介于真实与虚假之间的第三种现实，那些"弄虚作假"的人毫无社会责任感可言，不惜充当"戏精""键盘侠""标题党"，甚至有一些"网络大V"、营销账号故意编造虚假信息，以戏谑历史、调侃英雄人物来博取关注，谋取一己私利。真实、虚假和表象在事实中难以区分，信息模糊化，真相的不确定性增加，事实真相的承载形态多元化是后真相时代到来的重要推手。

第三，多元化社会思潮的兴起为后真相时代的到来推波助澜。如果说技术与媒介

的推动演进从技术支撑层面推动后真相现象的发展，那么后现代主义、历史虚无主义、道德相对主义、网络民粹主义等多元社会文化思潮成为"后真相"潜滋暗长的温床。其中后现代主义思潮的泛滥在一定程度上为后真相的兴起起到了思想动员的作用[①]，它具有反传统的倾向、否定绝对真理和信仰，对西方哲学体系中理性主义和启蒙精神的批判以及提倡无中心意识和多元价值取向，瓦解、颠覆了人们思想认识与价值观念，从而导致评判价值标准的模糊化，混淆真相与假象，使人们产生价值怀疑甚至走向价值虚无。历史虚无主义是从根本上否定马克思主义指导地位以及我国社会走向民主的历史必然性，否定党的领导地位[②]。它利用去中心化、扁平化的网络媒介使"后真相"传播语境得以持续滋长和蔓延，它使用大众娱乐、恶搞的形式来丑化、栽赃客观真实的历史，还声称自己是在进行"理性的思考"。而相对主义主要运用在涉及道德规范的领域里，它提倡个人的一切选择都是合情合理的，不存在好坏对错之分，每个人都可以根据自己的价值观来进行选择判断，它使所有人都认为自己已经掌握了他们所认为的事情的全部真相。正如美国学者莫伊尼汉所言："每个人都可以有自己的观点，但不可以有他自己的事实。"[③] 相对主义是对传统社会价值准则的破坏，它推崇娱乐至上和私利优先很容易造成道德信仰的缺失和精致的利己主义道德观的盛行，甚至陷入犬儒主义的现代歧途。相对主义模糊了是非善恶美丑的边界，对社会价值取向和个体道德观念造成强烈冲击，为后真相带来的新闻乱象提供了合理性支撑。网络空间的拓展以及社会矛盾的持续激化为网络民粹主义提供沃土，作为政治民主化的反常现象，网络民粹主义具有反精英、反权威、推崇人民、非理性等基本特征[④]，一些网络民粹主义分子使用夸张的标题、煽情的话语等方式来吸引人们的注意力，激发人们的情感宣泄，进而导致网络空间中谣言泛滥，网络暴力行为频繁发生，加剧"后真相"网络舆情的蔓延。

三、"后真相"时代如何坚持正确的真相观

"后真相"时代究竟有没有真相？一种观点认为，觉得"后真相"时代没有真相，有的只是媒体公司希望公众知道的真相，这些真相掺入了很多政治、经济因素，人们

① 蒋瑈玢，魏晓文."后真相"引发的价值共识困境与应对［J］.思想教育研究，2018（12）：56-60.

② 习近平.在全国党史工作会议上的讲话（摘要）［J］.中共党史研究，2010（8）：5.

③ 戴维·温伯格.知识的边界［M］.胡永，高美，译.太原：山西人民出版社，2014：56.

④ 巩瑞贤，王天民.网络民粹主义：反话语特征与治理路径［J］.理论导刊，2020（12）：25.

会发觉在网络时代谣言和谎言遍地都是，不知道该相信谁，也质疑真相的产生。另一种观点是事实真相是存在的，没有实践和没有事实真相人类社会便无法前行，只是在后现代或"后真相"时代，事实真相的呈现变得多元和多样，既包含对对象世界的客观认识，也有主体人的情感、兴趣、情绪和偏好等主观因素。这个时候的真相的内涵外延都有所扩大。因此可以这样认为："后真相"时代是一个价值觉醒的时代。因此我们在把握真相时应该注意以下问题：

第一，破除认知主义的迷信。过去人们不理解不重视价值，以为只要弄清楚真相，一切正确的推断都是不言而喻的，这就是认知主义成见中的"真相主义迷信"。就拿"一加一等于二"这个判断来说，普通人都认为这是常识，它可以应用于不同场景，如果有人对它持不同看法，质疑这个结论，认为"一加一未必等于二"，那么一定是这个人本身有问题。但是人们却忘记了，任何知识和真理都是有条件的，如果转换了条件，例如在二进制的计算中，"1+1"也会得出不同结果，如果转换了条件和视域，就可能得出不同结果，这是因为，在极其复杂多样的现实中，什么样的"一"加什么样的"一"，怎么个"加"法，实际上都是极其复杂多样的，观察和思考的角度不同，往往导致答案也有很多种结果，因此不可以千篇一律地套用这个简单常识。"真理总是具体的、有条件的"这一哲学常识在这科学推理和判断过程中得到了充分证明，"真相"的判断和推理，就越发彰显了理解价值主体性的重要性，当人们把价值命题当成认知命题来对待，还停留于认知主义的迷信，相信正确的答案是唯一时，对于价值多元的现实就会困惑不解，甚至动摇真相和真理的信念，这就是价值观念与科学知识不同之处。真正的科学知识问题，依据科学实验和逻辑证明，就可以消除分歧；而日常生活中的纠纷，多半是价值判断问题，价值判断有自身的特点，不能用认知主义的思维去理解，而要确立主体性思维，自觉地加以反思、澄清和超越，这是解决问题的关键。

第二，破除认识论上的独断主义。康德解释的独断主义，是指对自身认识能力和认识条件不加反思，轻易给事物下定论。"后真相"时代是一个破除认识论独断主义的时代，之所以要破除，是因为我们现在认识的对象不再是单纯的外部事物，而是人类活动中的种种现象，又或者是我们人类活动的本身和整体。破除认识论上的独断主义，要求回归"真理是具体的""真理是个过程""真理是不断发展，不可穷尽的"等基本理念。人们认知程度的层次，也决定了认知视野的宽窄程度，人的认知和意识、真理体系，始终是"滚雪球"式地发展的，即在原有的基础上进一步扩展和加深，所以"后真相"不是"无真相"或"弃真相"，而是对真相的理解和把握跃上一个新台阶——发现并补充"价值的真相"而已。我们唯物主义者任何时候都不能放弃对真相的追求，这是人类安身立命的前提，我们要从不同角度动态地考察真相，思想开阔，头脑灵活，尽量做到对真相的全面把握，要不断更新我们的认知图式，学会鉴别谎言和欺诈，学会区分"事实"和对事实的"解释"，那些宣称可以超越科学和真理的解释，是不可信的，科学研究的道路，是不断把未知变成已知，相信科学，就是相信人类自身。

第三，破除价值论上的独断主义。"后真相"时代意味着把人的价值意识提到重要的位置，关于任何对象的价值，也要具体地、历史地、动态地看，不能搞独断，不能盲目迷信"真相决定一切"，要加以积极正确的理解，要自觉端正自己的价值取向和立场，越是人的价值取向权重变得越来越重的时候，我们对自己的价值意识越是要自觉、清醒、坚定，因为价值选择问题上，主体之间不能相互替代，就像一个人吃饱了而另一个还饿着，不能平均为两个半饱一样。现实的历史选择，如同在十字路口，出于不同的原因和目的，大家走向各不相同，这是"多元化"，但落实到每一个行人自身，就必须"一元化"，我们一定要清楚自身的条件和目标，不能简单模仿和复制别人，不能到处跟着走，"随大流"。

参考文献

［1］戴维·温伯格.知识的边界［M］.胡永，高美，译.太原：山西人民出版社，2014.

［2］习近平.在全国党史工作会议上的讲话（摘要）［J］.中共党史研究，2010（8）.

［3］阴昭晖."后真相"与价值思维［J］.中国政法大学学报，2022（2）.

［4］罗红杰."后真相"视域下社会思潮的多元样态及其应对策略［J］.理论导刊，2020（5）.

［5］巩瑞贤，王天民.网络民粹主义：反话语特征与治理路径［J］.理论导刊，2020（12）.

［6］蒋璀玢，魏晓文."后真相"引发的价值共识困境与应对［J］.思想教育研究，2018（12）.

［7］胡泳.后真相与政治的未来［J］.新闻与传播研究，2017（4）.

［8］骆郁廷，吴楠.论"后真相"网络空间的价值澄清［J］.思想理论教育导刊，2020（6）.

［9］邹诗鹏.后真相世界的民粹化现象及其治理［J］.探索，2017（4）.

［10］史安斌，杨云康.后真相时代政治传播的理论重建和路径重构［J］.国际新闻界，2017（9）.

［11］Oxford Dictionaries word of the year is actually a word，not an eraoji［EB/OL］.［2016-11-16］.https：//www.liverpoolecho.co.uk/news/uk-world-news/oxford-dictionaries-word-year-actually-12182706.

浅析马克思的科技思想及其当代启示

——基于马克思关于人的全面发展学说的理解

郑勋来　刘化军

（云南师范大学马克思主义学院）

"人的全面发展"是人类永远追求而又永远没有止境的目标。科学技术对人全面发展发生作用的过程，实际上也就是客体主体化过程。科学技术即客体，作为主体活动的对象通过一定的方式及途径对主体发生的一种逆向性效应，并通过这种效应，使外在于主体的科学技术发展成果成为内在的主体之物，从而推动人的全面发展过程。

一、马克思科技思想关注人的全面发展的理论意蕴

在马克思看来，资本主义工业社会化大生产的发展，激发了人类征服自然、发展自身的内在潜力，同时具有自身不能超越的狭隘性和封闭性。它一方面在改造自然和社会历史的进程中为现实生活中的人获取全面发展准备了现实的物质条件；另一方面又使这些物质条件成为人全面发展的"桎梏"。在对资本主义私有制条件下人与社会异化发展批判的同时，马克思也特别注意到人的全面发展的实现，离不开科学技术发展的推动。

作者简介：郑勋来，男，云南师范大学马克思主义学院马克思主义哲学硕士研究生。
通讯作者简介：刘化军，男，云南师范大学马克思主义学院教授，硕士研究生导师、博士研究生导师。

（一）科学技术发展满足了人的全面发展的物质需要

马克思指出，人作为历史主体不可能对历史发展进行凭空创造，"都遇到前一代传给后一代的大量生产力、资金和环境。""他们也预先规定新的一代本身的生活条件，使它得到一定的发展和具有特殊的性质。"① 这些条件是科学技术丰富发展的结果，也是人主体创造性充分展现的现实依据，对于每一个生活在现实社会中的人来说都不是能够自主选择的，而是既定的、无法自我设计的东西。"个人是什么样的，这取决于他们进行生产的物质条件。"② 马克思指出，人的全面发展必须以现实的物质条件为基础，科学技术的发展水平是其中最为重要的现实条件。科学技术推动生产力发展所取得的每一个进步，对人自身的全面发展都有着积极意义。

（二）科学技术是加速私有制和旧式分工消亡的革命力量

马克思在对资本主义私有制条件下人的异化具体表现全面阐述的同时，深入剖析了造成人全面异化的内在原因。旧式分工及其私有制本身是对原始公有制的超越，虽然从整个社会发展的历史进程来看，它是一种进步，但从道德层面来讲，它却是一种退步。在私有制的条件下，私人利益与公共利益是相分离的。劳动者为了获得生活资料，不得不屈服于分工，这种违背劳动者意志强加于他的分工，造成了人的智力和体力的分离，出现"某种智力上和身体上的畸形化"③，科学技术成为奴役人的工具。"科学通过机器的构造驱使那些没有生命的机器肢体有目的地作为自动机来运转，这种科学并不存在于工人的意识中，而是作为异己的力量"④。资本主义制度下科技与劳动主体相互排斥的结果是，科学技术成为少数资本家榨取工人创造剩余价值牟利的工具，而其促进人与社会和谐发展的功效也无法得以充分发挥。因此，只有真正剪除"禁锢"人全面发展的资本主义生产关系及其旧式分工，才能使物质条件有可能转变为现实的人全面发展的条件，使劳动变成无产阶级真正的自主活动，实现劳动者对生产资料的自由支配、直接占有，从而真正实现劳动者自由而全面地发展。

（三）科学技术发展为人的全面发展提供"自由时间"

马克思所说的自由时间指的是，除了为满足自身生存需要所花费的必要劳动时间

① 马克思，恩格斯.马克思恩格斯选集：第一卷［M］.北京：人民出版社，1995：92.
② 马克思，恩格斯.马克思恩格斯选集：第一卷［M］.北京：人民出版社，1995：520.
③ 马克思，恩格斯.马克思恩格斯文集：第五卷［M］.北京：人民出版社，2009：486.
④ 马克思，恩格斯.马克思恩格斯全集：第四十六卷下［M］.北京：人民出版社，1980：208.

之外的时间，这部分时间主要是用于人的自我实现和发展自身的精神世界。有了充分的自由时间，个人才能全面发展。因此，可供主体自身支配的自由时间是实现人的自由而全面发展的必然要求和必要条件。只有在人拥有了充分的"自由时间"的前提下，人自由而全面地活动，以及由此决定的自由而全面发展才有可能成为现实，才可能锻造出"自由的人"这一新的社会主体或有"个性"的主体。而自由时间的有无和多寡取决于现有社会条件下科学技术发展的程度。科学技术在推动社会物质文明的作用上效能越大，社会成员中的个人在谋生活动时间上的分配就会越少，他便拥有了更多自由时间来发展自己。但在资本主义社会中，却出现了科学技术飞速发展同人"更不自由"的矛盾现象，其根源在于科技发展变成了资本主义私有制异化的产物。资本主义制度下的科技发展以及达到足以满足所有社会成员自我发展所需的水平，在事实上也不可能主动满足每个人对自由时间的需求，更不可能使人获得全面自由的发展。

马克思的论断表明，随着大工业的发展，劳动时间内所运用的动因力量将越来越成为创造现实财富的决定性因素，而科学水平的进步及技术的提高是这种动因力量的源泉，或者说，取决于一般科学水平和技术的进步。把劳动时间作为衡量财富多少的尺度，是社会发展缓慢的表征，而把人的自由时间，也就是可供人自由支配的、用于挖掘自身潜能、增长聪明才智的时间作为衡量财富的尺度，则是社会日益走向富裕、接近高水平的表现。呈现在这种历史性转变过程中的表现是：生产和财富的宏大基石将使人的综合素质得到全面发挥，因为科学技术的丰富发展所带来具有创造性的活动促使人的潜能得到最大限度的发展，人的全面性也由此展现。

二、马克思科技思想的当代启示

如何消除科技发展与人的自由全面发展之间的对立性，从而使其对人自由全面发展的积极作用得以充分发挥，这是新的历史时期，我们必须面对与思考的问题。从理论层面而言，中国特色社会主义的性质决定了人的自由全面发展与科学技术发展之间不存在对抗性的对立；从实践层面而言，中国式现代化发展新道路的选择正在为缓解和消除二者发展之间的对立准备现实条件。

回望以马克思科学真理为指导的中国特色社会主义建设的历史征程，总结经验，或许能为当今世界现实中的人提供一条在科学技术化生存中人自由而全面发展的路径选择。

（一）坚持中国共产党的集中统一领导

面对新时代中国特色社会主义应坚持什么样的发展，怎样发展的时代之问，习近平总书记指出，中国特色社会主义的本质特征就是坚持中国共产党的领导。新时代走中国式现代化新道路要确保科学技术发展以人为本的价值导向，首先在科技发展领域必须坚持中国共产党的集中统一领导。

科技创新发展是整个国家创新体系的核心，习近平总书记强调，必须把科技创新摆在国家发展全局的核心地位。在中国共产党的领导下，几十年的时空背景中我国的科学技术创新飞速发展，取到了非凡的成绩，超级水稻技术、独有的特高压输电技术、量子通信技术、激光制造技术、人造太阳技术等高新技术已名列世界前茅。以习近平同志为核心的党中央充分认识到在国家创新体系中科技创新是核心及先导，强调科技是国家强盛之基，抓住了科技创新便是抓住了牵动中国发展全局的"牛鼻子"，要求面对科技创新发展新趋势必须奋起直追、迎头赶上、力争超越。值得一提的是，中国共产党在强调科技创新发展的同时并未将人的全面发展作为一种虚幻的价值追求，而是将其视为发展过程的内在含义，要求科技创新发展不断为促进人的全面发展准备现实条件。习近平总书记指出，我们是全心全意为人民服务的党，追求老百姓的幸福[①]。因此，在全球科学技术迅猛发展的今天，只有在中国共产党集中统一领导下，科学技术发展的正确目标才能得以确保，真正避免科学技术发展异化，从而完善中国特色社会主义制度，促进人的全面发展。

（二）坚持科技发展为人民服务的理念

科学技术本是促进人全面发展的有效工具和手段，但在资本主义机器大生产的社会条件下，科学技术丧失了其为人服务的职能，加剧了人的异化。"这种科学并不存在于工人的意识中，而是作为异己的力量，作为机器本身的力量，通过机器对工人发生作用。"[②]科学技术与劳动主体在资本主义私有制条件下相互排斥、对立，科学技术丧失了其促进人全面发展的功效，越来越成为少数资本家榨取工人创造剩余价值的牟利工具。因此，在社会主义的今天，我们要扬弃科学技术异化，解决二者之间的对立，回归科学技术发展的本真，把其发展目标聚焦到最广大人民群众上来，让科学技术成为人全面发展的工具和手段，而不是为资本服务。这既是新时代中国化、时代化的马克思主义对科学技术与人的关系的完善与发展，又是党在新时代坚持以人民为中心发展科技的具体体现。此外，社会主义的本质要求，是推动社会全体人员共同富裕，而这一目标的实现，离不开科学技术及其生产力的发展。新时代的今天，中国人民的需

---

① 习近平.习近平谈治国理政：第三卷［M］.北京：外文出版社，2020：136.

② 马克思，恩格斯.马克思恩格斯全集：第四十六卷下［M］.北京：人民出版社，1980：208.

求向着多重化方面发展，且更加注重生活的质量水准，习近平总书记在党的二十大报告中指出：我们要"坚持以人民为中心的发展思想。维护人民根本利益，增进民生福祉，不断实现发展为了人民、发展依靠人民、发展成果由人民共享，让现代化建设成果更多更公平惠及全体人民。"①为此，在以科学技术推动中国式现代发展的征途中，我们必须坚持科学技术为人民服务的中心思想。

一方面，增强科技自主创新，结合中国现实的问题，使科技创新服务于中国的经济发展，服务于中国人民生活水平的提高。单纯地依靠引进他国先进技术，无法让人民群众过上通过科技自主创新，以此来解决现有具体问题所带来的便捷生活，相反只会成为其他国家的科技附庸，因此，要努力"构建高效强大的共性关键技术供给体系，努力实现关键技术的重大突破。"②为人民更高质量美好生活提供技术供应，为促进人的全面发展，提供科学技术保障。另一方面，要加强原始科学技术创新，随着我国科学技术向国际前沿迈进，人民对美好生活的向往也激发了更高的追求，在一些没有确定的科学技术路线可供借鉴的发展领域，要充分尊重自然规律及其科学技术发展规律，通过原始科学技术创新优先解决民生科技问题，这是通过科学技术发展顺应人民期待、坚持以人为本、实现人全面发展的基本前提。

参考文献

［1］马克思，恩格斯.马克思恩格斯选集：第一卷［M］.北京：人民出版社，1995.

［2］马克思，恩格斯.马克思恩格斯文集：第五卷［M］.北京：人民出版社，2009.

［3］马克思，恩格斯.马克思恩格斯全集：第四十六卷下［M］.北京：人民出版社，1980.

［4］习近平.习近平谈治国理政：第三卷［M］.北京：外文出版社，2020.

［5］习近平.高举中国特色社会主义伟大旗帜　为全面建设社会主义现代化国家而团结奋斗：习近平同志代表第十九届中央委员会向大会作的报告（摘登）［N］.人民日报，2022-10-17（2）.

［6］习近平.在中国科学院第十七次院士大会、中农耕工程院第十二次院士大会上的讲话［N］.人民日报，2014-06-10（2）.

---

① 习近平.高举中国特色社会主义伟大旗帜　为全面建设社会主义现代化国家而团结奋斗：习近平同志代表第十九届中央委员会向大会作的报告（摘登）［N］.人民日报，2022-10-17（2）.
② 习近平.在中国科学院第十七次院士大会、中农耕工程院第十二次院士大会上的讲话［N］.人民日报，2014-06-10（2）.

当代服务业价值创造机制的新认识与现实思考

张博瑞　胥春雷

（云南师范大学马克思主义学院）

马克思通过分析商品二因素和劳动二重性原理以及其间的相互关系，创立了科学的劳动价值论，为剩余价值学说的创立奠定了基础[①]，也为我国社会主义市场经济体制建设发挥了重要的理论指导作用。改革开放后，由于中国服务业在国民经济中的重要地位日益凸显，所创造的社会财富和就业率与马克思所处的新机器化大工业生产时期已经不再能同日而语，尤其是21世纪以来，服务生产者的创造的服务型商品转换成了体量庞大的社会财富，因此中国学术界对于劳动价值论的研究重点也不再局限于农业与工业，已经开始延伸到当今在中国市场经济条件下服务业的劳动价值创造问题。本文通过研究服务业的劳动价值创造问题，以解决马克思主义劳动价值论在非物质生产领域内的理论缺漏，论证服务业生产劳动与工业、农业的生产劳动具备相同的本质，从而强化马克思主义基本理论对我国服务业发展的指导地位，推动制造业与服务业融合发展，为我国实施供给侧结构性改革，振兴高技术服务业提供理论支持。

作者简介：张博瑞，男，云南师范大学马克思主义学院硕士研究生，研究方向为马克思主义基本原理。
通讯作者简介：胥春雷，男，云南师范大学马克思主义学院教授，硕士生导师。
① 朱炳元.劳动价值论：方法论、基本内涵与当代视野［J］.贵州师范大学学报（社会科学版），2018（1）：10-18.

一、服务业价值创造的学理认知

研究服务业的价值创造问题，前提是界定清楚马克思在劳动价值论中提出的价值创造原理是否适用于服务业。聚焦问题的本质，实际上我们要解决的是服务是否能作为商品出售并满足他人需要的问题，即在某些特定条件下，服务能否作为具备商品性质（符合商品二因素）且为交换而生的商品。解决这个问题就要先从概念上来分析二者：商品，在马克思主义政治经济学中，定义为"用于交换的劳动产品"。而服务，社会学上一般这样解释：对别人花费时间和精力并因此使别人从这一过程获得效益的行为，它不是用实物形式而是用提供活劳动来满足别人某一特定需求。

不难看出，服务与商品在定义上有着千丝万缕的联系，在一定条件下服务是符合商品定义，可以打上商品的标签的。首先，马克思自始至终都没有将是否具有物质形态作为确定某物为商品的依据。马克思说："服务这个词，一般地说，不过是指这种服务所提供的特殊使用价值，就像其他一切商品也提供自己的特殊使用价值一样。"[1]他还指出："任何时候，在消费品中，除了以商品形式存在的消费品，还包括一定量的以服务形式存在的消费品。"[2]根据马克思的商品二因素理论，在商品经济条件下，服务型劳动是专门用于交换的，而且是直接以活劳动的形式完成自己的使命，不需要借助物质形态的载体。它具有商品的二因素：使用价值和价值。其使用价值主要体现在：它能通过交换来满足社会和不同人的物质生产和生活需要，比如量身定制服装等凝结到物质形态商品中的服务，还有因人而异的心理疏导、代驾、跑腿等非物质形态凝结的服务；其价值主要表现为：各种服务都是服务者脑力和体力的支出，价值实体仍然不外乎人类一般劳动的凝结。

其次，从马克思主义劳动二重性理论出发，服务者的具体劳动生产出一定服务的使用价值并直接由服务对象所消费。这一点很好解释，因为服务者是现实的、实践中的人，每一种服务都是服务者有意识的活动，并且都要借助各种感觉器官来运作，在劳动过程中其体力和脑力的支出显而易见。因此，获得商品形态的服务劳动也具有劳动二重性，它是具体劳动与抽象劳动的统一。此外，服务是一种单向满足服务购买者的需要的活劳动凝结，服务的生产者将服务的使用价值转移给服务的购买者，从而取得服务的价值。由于商品经济下的有偿服务不需要凝结成物质实体就可以直接参与交

---

① 马克思，恩格斯.马克思恩格斯全集：第二十六卷第一册［M］.北京：人民出版社，1980：435.

② 马克思，恩格斯.马克思恩格斯全集：第二十六卷第一册［M］.北京：人民出版社，1980：160.

换，所以服务劳动本身就表现为一种商品，即活劳动商品，其价值实现过程也无非就是活劳动与其他商品或者货币的交换。服务劳动的二重性与服务型商品的二重性本质上是一致的，服务劳动的二重性外在的表现为服务型商品的二重性。

综上所述，物质商品与服务型商品生产流程如图1所示。

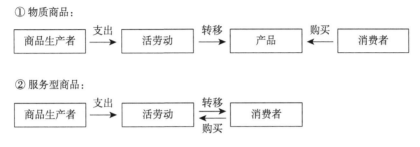

图1 物质商品与服务型商品生产流程

因此，劳动价值论所阐述的商品的定义：使用价值和价值的统一体[①]，是以有用性以及交换两个维度为前提的，并没有以是否具有实物形态为前提，所以服务也符合商品的定义。马克思对服务劳动也做过简单概括："这种劳动的特殊使用价值在这里取得了'服务'这个特殊名称是因为劳动不是作为物，而是作为活劳动提供服务的，可是这一点并不使它例如同某种机器（如钟表）有什么区别。"[②] 由此可以得出结论：在物质交换领域中，服务属于商品，而产生服务的劳动属于生产性劳动。

二、服务业价值创造原理的现实思考

（一）文化娱乐业、旅游业价值创造原理

在旅游业，商品生产者所提供的不只是餐食、旅游设备、纪念品和交通工具等物化劳动，还有向导、解说等活劳动，有形的产品价值和无形的服务产品价值一起构成了旅游业价值。文化行业亦是如此，商品生产者不仅提供有形的衍生产品，还重点提供文艺展示、节目表演等无形服务产品。在这类行业里，无形服务产品的好坏往往决定了相关有形服务产品的销量。有形商品的价值通过生产者的劳动对象化在产品中，在商品交换中实现自身价值。而无形服务的价值通过生产者的劳动对象化到被服务者

① 马克思，恩格斯.马克思恩格斯全集：第二十六卷第一册［M］.北京：人民出版社，1980：317.

② 葛扬，陈锐.第三产业价值创造的理论分析［J］.南京社会科学，2004（5）：8-11.

身上，在服务的过程中直接被消耗（实现）。

（二）教育、医疗业价值创造原理

教育、医疗业是专业性要求较高的、影响性非常持久而广泛的行业。由于这两个行业的特殊性，涉及国计民生的义务教育、基础医疗等服务由国家保障运营，不参与商品流通过程，故对其不作论述。本文仅对参与市场流通的产业型教育、医疗服务业的价值创造原理进行论述。

与非营利性的教育医疗事业相对，现实中也不乏教师、医师的劳动或劳动产品进入市场。具体来说：①教育服务不仅能满足人们生理和心理上的需求，更能提高人们的各方面能力，其价值不仅在于提高个人的综合素质，更在于提高个人的劳动能力。受教育程度越高的受教育者，越能进行复杂劳动，从而为社会创造更大价值。因此，尽管教育者的劳动是直接作用到受教育者身上的无形的知识流动工程，但不能说这种劳动就不创造价值，只不过其创造的价值在实现上具有滞后性，需要历经长年累月由受教育者完整地接收以后进入社会生产领域才能实现。而受教育者一生中在教育上的投入，大体上同这个人获得的教育资源的使用价值是一致的，他的各方面能力的提高，也是各个阶段教育总的使用价值的体现。所以，教育服务符合商品的定义，教育者付出了教育劳动，教育劳动创造了价值，而受教育者获得了教育劳动的使用价值。②医疗健康服务的价值实现机制与之殊途同归，唯一不同的就是后者是医务工作者通过劳动恢复或强化人的各方面能力，以提高人的健康程度，从而提高人的劳动能力。

（三）高技术服务业价值创造原理

进入 21 世纪以来，高技术服务业蓬勃发展，逐渐成为全球技术创新的主平台，高技术服务业也是我国促进传统产业升级、产业结构优化调整的发力点，更是我国建设现代化经济体系的桥头堡。高技术服务业是现代服务业在发展进程中、现代服务业和高新技术产业相融合的结果，是一种知识密集型新兴产业[①]，现实中，高技术服务业也是能创造价值的。

首先，高技术服务的生产者无一例外是脑力劳动者，甚至可以说是专家型脑力劳动者。他们的具体劳动概括来说就是软件的开发、运营维护、后期升级、安全管理等，抽象劳动就是在这个过程中的脑力和体力的耗费。其次，劳动形式属于复杂的脑力劳

---

① 赵公民，王仰东，闫莹.基于社会网络的高技术服务质量研究［J］.科技进步与对策，2013，30（8）：78-82.

动，其劳动强度一般来说都比较繁重，时间耗费一般来说都比较长。按照复杂劳动等于自乘或多倍的简单劳动①，其劳动创造的价值远大于普通的体力劳动者。最后，劳动产品也是非物质形态的，比较特殊的是，高技术服务对应的服务型商品有两种归宿，或是直接作用在其他人身上被实时消耗掉，这一点与别的服务型商品并无二致。抑或是凝结到互联网软件中去，通过软件被购买和使用，进而满足用户的需要，实现自身价值。在这里，软件就代替了物质形态的商品被消费者购买，软件生产运营者由此获得软件的价值，而消费者获得软件的使用价值，私人劳动转化为社会劳动。

因此，对服务商品来说，尽管其生产过程也是使用价值与价值形成的统一，但服务行业最为突出的特点就是不仅能够提供具有物质实体使用价值的产品，而且能提供非物质形态服务或软件、股票等衍生产品。服务型商品不仅能以自身的使用价值满足人们的需要或者间接参与有形产品的生产，还能直接为社会创造可观的虚拟经济，在一定条件下，虚拟经济是可以转换为实体经济的。

三、构建服务业价值创造原理的现实意义

（一）拓展劳动价值论对服务型劳动的阐述力

过去，由于马克思主义劳动价值论并未对服务业的价值创造原理作具体阐述，而第三产业结构复杂，且不一定是生产物质产品。不少学者由此认为第三产业的劳动是不创造价值。而时至今日，在社会主义市场经济条件下，服务业创造的社会财富比重甚至高于传统的农业和实体制造业。

因此，对于服务业劳动创造价值的原理，一定要有明确、深刻的认识，必须基于马克思主义劳动价值论的基本原理构建服务业价值创造原理，只有这样才能在新时代坚持和发展马克思主义劳动价值论，从而培育新时代的劳动精神，树立崇尚劳动的社会风气。从价值与使用价值的关系来看，服务型商品的价值与使用价值是一体两面的关系。马克思说过："社会形态无论是怎样，丰富的物质内容总是由使用价值构成的。"② 服务的使用价值是服务价值的物质承担者，服务价值寓于服务使用价值中，而一个使用价值或财货所以有价值，完全是因为有抽象的人类劳动，对象化或物质化于

---

① 谢新桃.复杂劳动等于多倍简单劳动的原因［J］.中小企业管理与科技（上旬刊），2014（9）：134-135.

② 马克思.资本论［M］.北京：人民出版社，2009：78.

其中①。因此那些对提高社会物质精神财富具有积极作用的服务型劳动，其使用价值已经得到体现，从客观上来看就是创造价值的。

而服务型劳动所创造的价值量可考虑从服务人员之间和间接参与的物质财富创造量进行研究，还要考虑到从事这种服务的总体服务人员的平均劳动时间。从而科学地掌握服务商品价值量。

（二）解决劳动价值论经典原理与国民经济核算体系的矛盾问题

首先，在进行国民经济核算时，我国自 1992 年后，开始施行以 SNA 为主体的新国民经济核算体系，即采用西方国家所使用的增加值指标来计算各部门产值的做法，以第一、第二、第三产业为生产范围进行劳动价值量的核算根据国家统计局公布的数据。而从劳动价值论的经典原理出发，对于一切商品而言，劳动是价值创造的唯一源泉，而物质财富即使用价值，是劳动价值的外在表现。因此，只有论证服务型劳动与一般生产劳动的同质性，揭示服务业的价值创造原理，才能更好地解释第三产业的产值与国民经济总产值的关系，从根本上解决经典理论与现实状况的矛盾。

其次，近 5 年来，我国服务业（作第三产业统计）产值占比均超过 50%，成为支撑国民经济的第一大产业，服务业蓬勃发展，逐渐成为我国技术创新的主平台，在科技发展和经济全球化的背景下，服务业在国际深化交流中扮演着越来越重要的角色，成为发展动力变革、质量变革、效益变革的重要环节，构建服务业价值创造原理有助于我国更科学地对服务业的发展进行规划和管理。

参考文献

［1］朱炳元.劳动价值论：方法论、基本内涵与当代视野［J］.贵州师范大学学报（社会科学版），2018（1）：10-18.

［2］马克思，恩格斯.马克思恩格斯全集：第二十六卷第一册［M］.北京：人民出版社，1980.

［3］葛扬，陈锐.第三产业价值创造的理论分析［J］.南京社会科学，2004（5）：8-11.

［4］赵公民，王仰东，闫莹.基于社会网络的高技术服务质量研究［J］.科技进步与对策，2013，30（8）：78-82.

［5］谢新桃.复杂劳动等于多倍简单劳动的原因［J］.中小企业管理与科技（上旬刊），2014（9）：134-135.

［6］马克思.资本论［M］.北京：人民出版社，2009.

---

① 马克思.资本论［M］.北京：人民出版社，2009：82.

全过程人民民主视域下农村基层"数字化民主"的建设

张清洪　邹丽娟

（云南民族大学马克思主义学院）

2022 年 10 月 16 日，中国共产党第二十次全国代表大会召开，着重强调了"人民民主是社会主义的生命，是全面建设社会主义现代化国家的应有之义，全过程人民民主是社会主义民主政治的本质属性，是最广泛、最真实、最管用的民主。"足见党和国家对于全过程人民民主的重视。农村基层作为我国人口分布最广的地方，由于人口分布散、人口大量外流严重等因素的影响，许多农村落实和贯彻全过程人民民主存在极大的困难。不过，随着信息技术的不断发展和农村互联网的普及，借助数字信息技术的支持，有望逐步推进农村全过程人民民主。

一、全过程人民民主与数字化农村基层民主

（一）全过程人民民主的内涵

1. 全过程人民民主的内涵

全过程人民民主是社会主义进入新时代的一种全新的民主形态，是人民利益和国家制度在践行民主政治上的有机统一[①]；是在时间和空间维度上能自由行使民主权利、

作者简介：张清洪，男，云南民族大学马克思主义学院硕士研究生，研究方向为马克思主义基本原理。

通讯作者简介：邹丽娟，女，云南民族大学马克思主义学院教授，硕士生导师。

① 张君.全过程人民民主：新时代人民民主的新形态［J］.政治学研究，2021（4）：11-17.

参与民主政治生活的表现[①]。全过程人民民主需践行以人民为中心的理念，核心原则是"维护人民的发展利益"，体现出更科学、高效、便捷、合理的民主内容与形式。

2. 全过程人民民主的建设

贯彻全过程人民民主，需要从"制度、组织、民意、体制"四位一体协调推进[②]，将"民主思维"落实到民主管理、民主决策、民主监督的全过程。党的二十大着重强调"全过程人民民主"是站在新的历史方位上，是对我国的民主建设提出更高要求的体现，为我国的民主政治建设指明了前进方向和实践路线。建设社会主义现代化，贯彻落实全过程人民民主要听党指挥，深刻领会民主思想，坚持以人民为中心，践行初心使命。

（二）"数字化"背景下的农村基层全过程人民民主

第三次技术革命产生的信息技术其最初就是为政治军事服务，转为民用后得到巨大发展，由于电子科技办公的便捷性，电子科技广泛运用于政府部门，产生了"电子政府"[③]。在我国，将政府公开信息线上化，是"数字政府"的体现，随着数字政府线上服务的内容、形式不断丰富和发展，产生了"智慧政府"。随着信息技术的不断发展，功能价值的不断开发，"数字化＋民主"的建设也逐步在一些农村得到实践，信息技术发展为广大人民的民主生活提供了新的路径。

农村基层全过程人民民主的数字化构建的是一个"村民——数字信息平台——村委会"三位一体的民主管理生态；数字信息平台充当沟通村委会与村民之间交流的桥梁，其存在打破了时间和空间的人员交流局限。数字化全过程人民民主实现了村民间接的民主管理、民主决策、民主监督等，完善了基层群众的自治的形式；村委会通过数字信息平台首先可以收集民意、了解村民情况，同时可以通过公开重大事件、财务、执行过程、执行结果等环节更好地达到服务村民的目的。数字化农村基层全过程人民民主符合农业农村现代化实践逻辑，其基本目标是实现现行状态下的农村基层群众自治，将极大推动"数字农村"的建设（图1）。

① 张明军. 全过程人民民主的价值、特征及实现逻辑 [J]. 思想理论教育，2021（9）：31-37.
② 吴玲娜，赵欢春. 全过程人民民主：党领导社会主义民主政治建设的历史必然 [J]. 江苏社会科学，2021（6）：17-25.
③ SEE SVENJA FALK, ANDREA ROMMELE, MICHAEL SILVERMAN. The promise of digital government, in digital government: leveraging innovation to improve public sector performance and outcomes for citizens[J]. Springer nature（2017）：3-25.

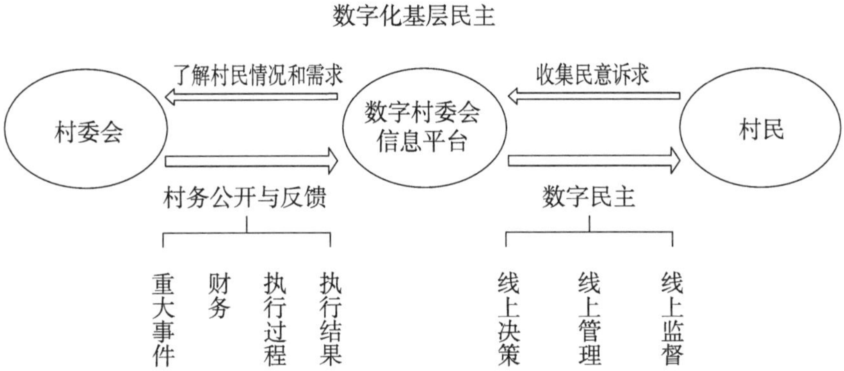

数字化基层民主

图1　数字化基层民主示意

二、数字化农村基层民主建设的必要性

我国是人民民主专政的社会主义国家，国家的一切权力属于人民，全过程人民民主的提出是我国发展到新阶段党和国家践行"以人民为中心"理念的体现，发展全过程人民民主是建设社会主义现代化的应有之意。

（一）农村落实民主的现实所需

改革开放以来，我国经济得到巨大的发展，人民的物质生活得到有力保障，城市化进程不断加快，但农村大量人口源源不断地涌入城市，以云南省昆明市禄劝县三江口地区为例，根据2021年三江口调研数据显示，三江口地区总人口8309人中常住人口4098人，流动人口4220人，流动人口占比51%。其中A村委会全村外出务工1500余人，现常住人口不足一半，人口流失占比50%。B村委会在家务农1451人，在外务工561人，人口外流占比27.8%。C村委会全村3236人中，常住人口1147人，流动人口2089人，在外务工440人，人口外流占比64%。在我国，农民外出务工已是常态，但由此也带来了农村基层群众自治的困难，村民大量外流，农民民主权利难以得到有效保障，如何践行"农村基层全过程人民民主"的问题随着人民对自主权利的重视而越来越引人注目。

（二）落实全过程人民民主的具体体现

2019年11月，习近平总书记在上海考察时，提出"中国特色社会主义民主是一种全程民主"①；2021 年 10 月 14 日，习近平总书记在中央人大工作会议上重申"新时代人大工作要逐步推进全过程人民民主"②；2022 年 10 月 16 日，习近平总书记在党的二十大上再次强调"全过程人民民主是社会主义政治的本质属性"③。党和国家多次在重要场合强调"全过程人民民主"，足以说明全过程人民民主建设对我国社会主义民主建设的重要性。事实上，要真正落实全过程人民民主，对于当前人口外流严重的农村而言就必须找到一种良好的载体，将全过程人民民主在农村地区的实践进一步细化，数字化无疑是其中的一种较好载体形式。

（三）"数字化 + 民主"的广泛性、深入性和持续性

在我国广袤的大地上分散居住着无数的劳动人民，数字化民主的建设将密切广大人民群众与国家的联系，体现出社会主义民主参与主体的广泛性，民主工作的深入性，贯彻落实人民民主的持续性，彰显出中国特色社会主义现代化强大的民主优势，坚定人民对于中华民族伟大复兴的信心和决心。

三、数字化农村基层人民民主的建设

（一）村民的数字化参与建设

1. 数字化民主管理
数字化民主管理是村民借助数字信息平台实现对村务管理的方式之一，其管理的内容包括：重要事件、重大计划、执行过程、执行结果等。需要注意的是：首先，要教会村民使用数字信息平台；其次，制定村规民约，规定村民参与基层群众自治的网上公约，对于违反公约的行为应该采取处罚等，以促进村民合理参与网络民主生活；最后，要加强村民的民主意识培育。要求村委会积极、真实、客观、有序地公开村内事务，增强村民参与民主管理的积极性。

2. 数字化民主监督
数字化民主监督的首要问题是"赋权教育"，需要教育村民行使民主监督的权力

① 习近平 . 中国的民主是一种全过程的民主 [EB/OL]. [2019-11-03]. https：//baijiahao.baidu.com/s?id=1649161646272129267&wfr=spider&for=pc.
② 习近平在中央人大工作会议上发表重要讲话强调　坚持和完善人民代表大会制度　不断发展全过程人民民主　李克强汪洋王沪宁赵乐际韩正王岐山出席　栗战书讲话［J］. 中国人大，2021（20）：6-11.
③ 本报记者 . 发展全过程人民民主［N］. 人民日报，2022-10-22（4）.

内容和细则，并对监督的内容、范围、方式等做出具体的细化和规定。村民根据村委会的数据信息平台享有质询权，村民有权质询村委会的财务开支情况、重大事件的执行进度、上级政府的重要通知等；对于村民的质询，村委会必须在规定时间内予以答复，村民若不满其答复，有权向上级政府申诉，政府部门应在规定时间内帮助解决村民的疑问。

3. 数字化民主决策

基层民主决策数字化是村民直接参与民主生活的体现，通过数字信息平台，村民可以直接在数字信息平台上进行举手表决、投票选举、决定村里大小事务、表达建议和要求、商量和讨论相关事宜等。如今，数字化民主决策的应用已经出现在各个领域，主要表现形式是"网络会议"，如：腾讯会议、钉钉等，新形式的民主途径在应对疫情过程中发挥了重要作用，越来越受到人们的理解与支持。

（二）数字化村委会建设

1. 村委会数字信息平台建设

数字化基层民主信息平台的创建将打破时间和空间对人的束缚，以更高效、有序、直接、便捷的形式沟通村民与村委会的联系。数字化信息平台的建设以政府公信力为支撑，其结构类似树状，与我国现行的民主参与方式一致，上级管理和监督下级，其中最小的民主服务单位便是村委会；其与现行的民主制度不同的是：第一，参与主体虚拟化，每个村民都将得到一个代表自己 ID 的虚拟账户；第二，参与形式虚拟化，数字信息平台将充当一种虚拟中介的存在，服务于每位村民。

2. 村委会事务的线上公开与收集

村委会作为基层群众自治的服务组织，负责日常管理和运营基层数字信息平台，应符合国家法律法规和村规民约的要求，合程序的在数字信息平台公开村里的重大事件、上级政府的重要通知、年度开支情况、重要事件的执行情况等。数字化村委会的日常活动在合规的条件下受上级政府和村民的监督；同时及时收集民意，了解村民的诉求和建议，并及时地解决村民的问题，高效地服务村民。

四、结语

农村人口的大量外流和农村居住分散的特点，加大了农村基层民主工作开展的难度。随着信息技术的不断发展和农村的网络基础设施建设的不断普及和完善，为农村基层贯彻全过程人民民主提供了可能。虽然现阶段农村基层全过程人民民主还无法真正实现，但科学技术自身的广泛性、深入性、持续性特点，决定了农村基层全过程人民民主与"数字化"的联系必然更加紧密，全过程人民民主也将得到逐步推进。

参考文献

［1］习近平在中央人大工作会议上发表重要讲话强调　坚持和完善人民代表大会制度　不断发展全过程人民民主　李克强汪洋王沪宁赵乐际韩正王岐山出席　栗战书讲话［J］. 中国人大，2021（20）：6-11.

［2］张君.全过程人民民主：新时代人民民主的新形态［J］.政治学研究，2021（4）：11-17.

［3］张明军.全过程人民民主的价值、特征及实现逻辑［J］.思想理论教育，2021（9）：31-37.

［4］吴玲娜，赵欢春.全过程人民民主：党领导社会主义民主政治建设的历史必然［J］.江苏社会科学，2021（6）：17-25.

［5］SEE SVENJA FALK，ANDREA ROMMELE，MICHAEL SILVERMAN. The promise of digital govemment，in digital government：leveraging innovation to improve public sector performance and outcomes for citizens[J]. Springer nature（2017）：3-25.

［6］习近平.中国的民主是一种全过程的民主［EB/OL］.[2019-11-03].https：//baijiahao. baidu.com/s？id=1649161646272129267&wfr=spider&for=pc.

［7］本报记者.发展全过程人民民主［N］.人民日报，2022-10-22（4）.

"大思政"格局下高职院校工匠精神培育路径探析

罗晶专　尹晓彬

（云南民族大学马克思主义学院）

党的二十大报告强调，"广泛践行社会主义核心价值观，弘扬以伟大建党精神为源头的中国共产党人精神谱系，深入开展社会主义核心价值观宣传教育，深化爱国主义、集体主义、社会主义教育，着力培养担当民族复兴大任的时代新人"。习近平总书记指出，在全面建设社会主义现代化国家新征程中，职业教育前途广阔、大有可为[1]。由此，应将以"爱岗敬业，争创一流，艰苦奋斗，勇于创新，淡泊名利，甘于奉献"为基本内涵的工匠精神培育作为思想政治教育的重要任务，纳入高职院校的"大思政"工作格局中，贯穿教育教学全过程。"'大思政'工作格局，是对多种具有思想政治教育功能的因素通过特定的活动或联系机制所形成的合力体系的整体形态描述。"[2] 在"大思政"格局下探讨高职院校工匠精神培育问题，既有助于彰显思想政治教育的责任与使命，也有助于高职院校人才培养体系的健全和人才培养质量的提高。

作者简介：罗晶专，女，云南民族大学马克思主义学院硕士研究生，研究方向为思想政治教育。

通讯作者简介：尹晓彬，男，博士，云南民族大学马克思主义学院硕士研究生导师。

[1] 习近平对职业教育工作作出重要指示强调：加快构建现代职业教育体系　培养更多高素质技术技能人才能工巧匠大国工匠［N］.人民日报，2021-04-14（1）.

[2] 刘兴平.高校"大思政"格局的理论定位与实践建构［J］.思想教育研究，2018，286（4）：104-108.

一、"大思政"格局下高职院校工匠精神培育的现实困境

（一）工匠精神培育价值尚未得到充分重视

受传统政治体制和文化环境的双重影响，工匠精神的培育价值尚未得到充分重视。有学者指出，中国传统社会受"重文轻技""重农抑商"等政策的影响，虽然曾孕育出高超的技艺，并创造出令人惊叹的物质文明，但传统工艺也常被视作"奇淫技巧"。我国社会主义制度建立以来，特别是改革开放以来，劳动、知识、技术、人才等得到前所未有的重视，为工匠精神的传承创造了更好的条件、提供了更多的可能。2016 年，"工匠精神"第一次被写入政府工作报告，引起了社会的广泛讨论，对工匠精神重要性的共识也逐步达成。然而，正如研究者指出，受沉淀日久的职业偏见影响，"今日仍有部分民众把学习掌握一门技艺看作底层社会无可奈何的谋生之举，对工匠职业及工匠精神时常报以一种轻视的文化心态"[①]。高职院校为促进经济社会持续发展和提高国家竞争力提供技术技能人才。在人才培养的过程中，为实现培养实用型人才的目标，重"匠技""匠艺"而轻"匠德""匠心"的情况一定程度存在。同时因社会浮躁而带来的急功近利、投机取巧的风气也为工匠精神的培育带来挑战。

（二）工匠精神培育存在"单兵"努力的现象

"大思政"格局构建原因之一是防范高校思想政治教育系统性的割裂[②]。由个体而部门的 3 种割裂状态在工匠精神的培育工作中表现仍十分突出，即：虽有"单兵"努力，但相互隔离，缺乏沟通、配合与协作，无法形成整体合力；缺乏相互理解和信任，"单兵"努力的程度不够，专门性思想政治教育部门之外的其他部门存在对自身所应履行的思政职责的忽视甚至无视；出现与思想政治教育主导方向相抵消的力量，比如专业课教师和思想政治理论课教师在学生教育引导上不能完全同向同行。以上割裂状态的存在，势必影响到"大思政"格局下高职院校工匠精神培育合力的发挥，"整体大于部分之和"的功效难以体现。

（三）工匠精神培育内容缺乏系统性和针对性

在工匠精神培育时，特别是在思想政治理论课、专业课和其他公共基础课的课堂

① 江宏.经济新常态下中国工匠精神的培育［J］.思想理论教育，2017（8）：19-24.
② 刘兴平.高校"大思政"格局的理论定位与实践建构［J］.思想教育研究，2018，286（4）：104-108.

教学中，存在内容缺乏系统性和针对性的情况。首先是在某一门课程中，关于应该依托哪些教学内容进行工匠精神培育，如何进行恰到好处的培育等缺乏精心设计，存在培育内容欠系统且较为"随意"的现象。其次，培育效果与学生职业要求匹配度较低，主要原因是在工匠精神培育过程中，将学生特点、学生专业、学生职业要求与教学内容紧密结合方面还有待进一步细化，存在泛泛而谈、蜻蜓点水的情况。在除课堂教学外的其他培育场域中，如职业技能大赛、社会实践活动、实习实训中，教师往往偏重于对技能技术的强化，对工匠精神的培育缺乏协同性和有针对性的指导。

二、"大思政"格局下高职院校工匠精神培育的路径选择

（一）更新传统观念和教育理念

"高校教师要坚持教育者先受教育，努力成为先进思想文化的传播者、党执政的坚定支持者，更好担起学生健康成长指导者和引路人的责任。"[①] 教师是影响学生成长、决定教育水平的关键。从教育主体而言，"大思政"格局下的思想政治教育工作者们包括思想政治理论课教师、专业课教师和其他公共基础课教师，辅导员、班主任，其他管理人员等。这是高职院校思想政治教育的核心力量，也是工匠精神培育的重要依托。

践行"工学结合、知行合一、德技并修"育人机制，首先思想政治教育工作者们要更新观念，正确认识和评价工匠和工匠精神，引导学生克服对工匠及工匠精神的刻板印象，树立起学生对工匠及工匠精神的敬畏之心。其次，思想政治教育工作者们要沉下心来教书育人，抵御社会浮躁之风的不良影响，引导学生摒弃急功近利、片面追求眼前利益、忽视对高品质的执着追求等不良思想。此外，思想政治教育工作者们要以身作则践行工匠精神。把握高职院校学生身心发展规律、思想政治教育规律等，充分了解学生个体差异、需求差异、思想变化等情况，以学生为本，进行精细化教育、分类化管理，切实做到因材施教。

（二）优化工匠精神培育机制

"大思政"格局，既包括"全员全过程全方位"育人格局，也意指"协同育人"

---

① 习近平.把思想政治工作贯穿教育教学全过程 开创我国高等教育事业发展新局面［N］.人民日报，2016-12-09（1）.

或教育合力的形成①。依此工匠精神培育要贯穿教育教学全过程，调动全体思想政治教育工作者的力量，通过课堂教学、实习实训、技能竞赛、社团活动等方式，实现对学生的思想和行为的影响，建立起优化的"多部门协作，多载体联动，课内外结合"的培育机制。

首先是"多部门协作"，包括马克思主义学院和其他教学部门之间的协作，学生管理部门和宣传部门之间的协作，学校家庭企业之间的协作等。各部门"各有其位、各安其位、各守其位"，构成一个能实现良性互动的有机统一体。其次是"多载体联动"，依托班级活动、党团组织、学生社团等，活跃校园文化，营造工匠精神培育氛围；通过举办系列工匠讲堂，聘请劳模工匠担任兼职德育导师等形式，强化榜样示范引领作用；结合实习实训、社会实践等方式加强学生"匠心""匠德"的培养；举办校内各专业技能大赛和创新创业比赛并组织学生参加省级、国家级比赛，在提高学生专业技能的同时，培养学生追求精益求精的品质。再次是"课内外结合"，课堂教学和课堂教学以外的工匠精神培育活动应该有机结合起来，切忌进行人为割裂，同时应该把握不同工匠精神培育场域的着力点和实现方式，实现二者的良性互动和有益补充，使工匠精神培育"内化于心"的同时，找到"外化于行"的践行渠道。

（三）建立工匠精神与课程知识点之间的链接

坚持思想政治理论课教学在工匠精神培育中的主渠道地位，是科学选择课堂教学内容的前提。同时，思想政治理论课，专业课和其他公共基础课应该同向同行，合理分工，各司其职，这样才能优势互补，共同为高职院校学生工匠精神的培育助力。工匠精神不仅要与思想政治理论课、其他公共基础课建立知识点的链接，而且需要进一步在知识点梳理的基础上与专业课程进行深度沟通，形成课程的工匠精神培育教学资源库。如思想政治理论课，以《毛泽东思想和中国特色社会主义理论体系概论》为例，在第三章社会主义改造理论"对手工业的社会主义改造"中，可以适时地为学生讲解在对手工业的社会主义改造中，涌现出一批批工匠，他们身上体现的工匠精神对社会主义改造有着促进作用，从宏观和历史的角度来讲述和呈现工匠精神。在专业课和其他公共基础课中，应在课程思政理念的指导下，结合课程属性和授课内容，将工匠精神作为思想政治教育的内容之一渗透在课堂教学和实践教学中，而不是强行进行机械片面的联系，造成教学内容安排的"失衡"，让学生潜移默化地感知工匠精神的价值

---

① 刘兴平.高校"大思政"格局的理论定位与实践建构［J］.思想教育研究，2018，286（4）：104-108.

和内涵，并且在实习实训和顶岗实习中践行和磨炼。如教师在给宝玉石鉴定与加工专业的学生讲授《玉石雕刻》课程时，针对学生中普遍存在怕吃苦、学技难的畏难情绪，教师可以给学生讲述全国劳动模范、云岭工匠董春玉的事迹，鼓励他们向玉雕名家学习，克服畏难情绪，树立职业理想，充分发挥榜样示范引领作用。

三、结语

作为技术技能型人才培养的摇篮，高职院校应以工匠精神作为根本价值导向，作为思想政治教育的重要内容贯穿学生培养的全过程。直面当前高职院校所面临的现实困境，必须通过转变观念，形成优化的"多部门协作，多载体联动，课内外结合"的工匠精神培育机制，精心选择工匠精神培育内容，工匠精神培育才有可能落到实处。只有切实探讨和优化培育路径，我们才能培养"'德'中有工匠精神、工匠品质，'才'中有工匠技能、工匠素质"[①]的高素质技能型人才，为实现我国经济高质量发展和中华民族伟大复兴提供人才支撑。

参考文献

［1］习近平.高举中国特色社会主义伟大旗帜　为全面建设社会主义现代化国家而团结奋斗［N］.人民日报，2022-10-26（1）.

［2］习近平对职业教育工作作出重要指示强调：加快构建现代职业教育体系　培养更多高素质技术技能人才能工巧匠大国工匠［N］.人民日报，2021-04-14（1）.

［3］习近平.把思想政治工作贯穿教育教学全过程　开创我国高等教育事业发展新局面［N］.人民日报，2016-12-09（1）.

［4］刘兴平.高校"大思政"格局的理论定位与实践建构［J］.思想教育研究，2018，286（4）：104-108.

［5］刘向兵.思想政治教育视域下工匠精神的培育与弘扬［J］.中国高等教育，2018（10）：30-32.

［6］江宏.经济新常态下中国工匠精神的培育［J］.思想理论教育，2017（8）：19-24.

［7］张苗苗.思想政治教育视野下工匠精神的培育与弘扬［J］.思想教育研究，2016（10）：49-52，111.

［8］张玉华.高职院校思政课开展工匠精神教育的必要性、着力点与实施路径［J］.思想理论教育导刊，2021（5）：109-113.

---

① 刘向兵.思想政治教育视域下工匠精神的培育与弘扬［J］.中国高等教育，2018（10）：30-32.

[9]李欢欢，许红梅.新时代高职教育中工匠精神的培育价值及路径研究［J］.教育教学论坛，2022（34）：185-188.

[10]张桂梅.新时代大学生工匠精神培育路径研究[J].山东工会论坛，2021，27（5）：9-17.

[11]刘君宇.职业院校工匠精神培养：理论逻辑　现实表象　路径选择［J］.大众文艺，2022（9）：179-181.

科教兴国的历史回顾

——国立劳动大学实践教育给予的启示

陈梦晴　诸锡斌

（云南农业大学马克思主义学院）

国立劳动大学是在孙中山先生三民主义的影响下于民国十六年（公元 1927 年）由国民政府在上海创办的第一所国立大学，校内设有劳农学院、劳工学院、社会科学院和其他行政部门。国立劳动大学由于各种原因在民国二十一年（公元 1932 年）被解散，未毕业学生也并入其他国立大学继续学习。但是国立劳动大学的创立，以及该校的实践教育对于今天教育改革仍颇具借鉴意义。

一、国立劳动大学的创立背景

国立劳动大学的前身是 1922 年由陈独秀和李大钊共同创办的上海大学。鉴于当时中国经济和社会发展落后，国际地位低下，民众生活困苦，有识之士希望能够培养大批的人才来改变中国的社会局面，其中教育改革势在必行。尽管当时由于蒋介石背叛革命，上海大学于 1927 年"四·一二政变"时被查封，但有鉴于孙中山先生三民主义中民生主义的目标是建立和谐的大同社会思想，在这种情势下，为适应社会发展需要，国立劳动大学在上海大学江湾原址上重建。上海大学查封后，该学校部分老师进入国立劳动大学任教，其中不乏共产党员。

蔡元培先生在 1919 年 2 月曾发表过《劳工：神圣》的演讲，提出："凡用自己的

作者简介：陈梦晴，女，云南农业大学马克思主义学院科学技术史专业硕士研究生。

通讯作者简介：诸锡斌，男，云南农业大学马克思主义学院教授，硕士研究生导师。

劳力，做成有益他人的事业，不管他用的是体力，是智力，都是劳工。所以农是种植的工，商是转运的工，学校教员、著作家、发明家是教育的工。我们都是劳工。我们要自己认识劳工的价值！"① 蔡元培认为克鲁泡特金② 无政府主义③ 的"互助论"既能够提高劳工的知识，又能实现教育平等和生活平等，并且与孙中山先生的民生主义目标相吻合，进而提出人人都要劳动，劳动所得归集体所有的倡议。劳动教育的理论是否适合中国，唯一能够验证的办法就是付诸实践，国立劳动大学由此而诞生。

上海江湾地区有游民、模范两个国有工厂，后因经营不善亏损严重，导致几百余人失业，后经上海政治分会教育委员李石曾提议，决定以游民、模范两个国有工厂为基础创办国立劳动大学（图 1）。并于 1927 年 5 月 9 日中央第九十次会议通过，决定派定蔡元培、李煜瀛、张静江、褚民谊、许崇清、金湘帆、张性白、吴忠信、严慎予、沈泽春、匡互生 11 人为筹备委员（图 2）④。1927 年 5 月 28 日，国立劳动大学筹备委员会、工厂改组委员会召开第一次联席会会议并完成了建校的各项议决。1927 年 8 月 15 日，劳工学院开始招生报名，计招本科生、中等生各 100 名，师范班、训谏班各 100 名。1927 年 9 月 4 日，国立劳动大学筹备委员会召开第六次会议，议决扩充筹备委员会人数，设常务委员 1 人，推定易培基为常务委员并为劳动大学校长。1927 年 9 月 20 日国立劳动大学正式开课。

二、国立劳动大学的实践教育

1924 年孙中山先生提出了新三民主义，其内容包含联俄、联共、扶助农工三大政策，这个政策使第一次国共合作顺利发展，也成为大革命时期共产党与国民党合作的政治基础。受新三民主义的影响，国立劳动大学办学目的第一是发展劳动者教育，第二是实验劳动教育，并以此提高农民和工人的文化水平，进而具备从事农业和工业的能力。其办学宗旨在于把劳动思想付诸实践，培养学生的劳心与劳力相结合，并将其作为教育的基础。

① 高·卜叔.蔡元培全集·劳工神圣：第三卷［M］.北京：中华书局，1984：219.
② 彼得·阿列克谢耶维奇·克鲁泡特金：俄国革命家和地理学家，无政府主义的重要代表人物之一，"无政府共产主义"的创始人。
③ 无政府主义：是一种思潮，其目的在于废除政府当局与所有的政府管理机构。
④ 国立劳动大学编译馆.国立劳动大学周年纪念刊：校况分纪［M］.上海：国立劳动大学印刷工厂，1928：1.

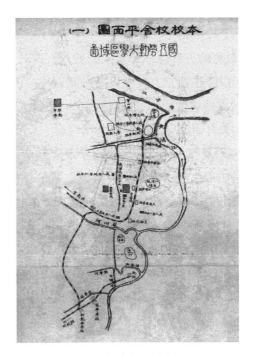

图1 国立劳动大学校舍平面图

（资料来源：《国立劳动大学纪念刊》图表）

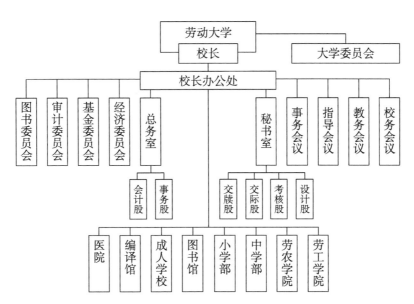

图2 国立劳动大学组织系统图

（资料来源：《国立劳动大学纪念刊》图表）

（一）独特的教育救国方针

"照教育的原理讲，教育的方针应该是全人的教育，即对于学生，须谋其知、情、意三方面的平均发达，所以除在课堂上授生以各种知识外，还须磨炼学生的意志，陶铸学生的感情。"[①] 而学校支持学生活动，并且采取师生合作的方法组成学生团体，形成各种研究会，例如劳动教育研究会、社会科学研究会、反日运动委员会、农村调查团、歌唱团、学生会等组织。

国立劳动大学主要是培养大批劳工和劳农人才，提高工人农民的知识文化水平，使其能够深刻认识到三民主义的重要性，并且实现工人、农民队伍的自我思想层面的解放。这所学校培养的人才既掌握大学基础学科知识，又掌握专业技能。该校上午教授基础学科的理论知识，下午进行专业劳动技能锻炼，将课堂学习的理论知识付诸生产实践之中。学校大纲规定该校学生课堂学习 4 小时、劳动 4 小时，并强调不能接受此项规定的学生切勿报考。由此可见学校对劳动的重视程度，其对学生动手能力的培养发挥了重要作用（图 3）。

图 3　国立劳动大学的实践教学图

（资料来源：《国立劳动大学纪念刊》图表）

（二）独特的学校模式

国立劳动大学设有劳工学院、劳农学院、社会科学院。课程除开设主课外，根据

---

① 国立劳动大学编译馆.国立劳动大学周年纪念刊—学生活动［M］.上海：国立劳动大学印刷工厂，1928：1.

专业内容再开设必修课程。国立劳动大学实行学分制，实习分数占每学期的 40%，每个学生每学期最少要修得 21 学分。

1. 劳工学院

劳工学院 1927 年 6 月 9 日成立，院长由沈仲九先生担任，初期设有学务、工务，后更改为教务、训育、工务、事务 4 门课程，工厂部独立之后，取消工务课和训育课，增设指导课。第一年并未分系，第二年分为劳工教育系、工业社会系、机械工程系，秋季增设土木工程系（图 4）。

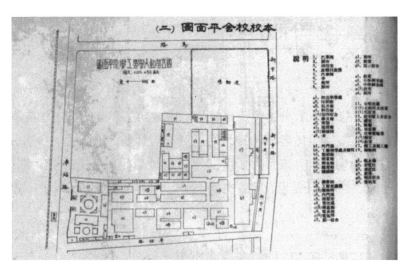

图 4　国立劳动大学劳工学院校舍平面图
（资料来源：《国立劳动大学纪念刊》图表）

劳工教育系一是为了培养专门研究高等教育的人才，二是学习劳动精神，该系特色是培养劳动精神和生活技能，并能够服务于社会。该系课程设置涉及 3 个方面，分别是科学知识、劳动工作、服务社会。除规定课程之外，还设有教育社会学、西洋教育史、欧美劳工教育、劳工立法、中国劳工教育等其他课程。工业社会系要求该系学生既要注重社会科学，又要注重学习工业的通识知识，并希望其毕业后学得知识与技能，可以从事劳工运动以解决资本和工人的纠纷。该系与劳工教育系组织了一个小型印刷部，用于两系学生劳动和工作。机械工程系和土木工程系类似，要求学生除功课学习之外，应注重工厂实习，毕业后能够担当实业建设、实业救国的责任。两系主要锻炼学生的机械制作和绘图计算等能力，要求学生必须在车、钳、锻、铸、木等类别中专学两门，并且要熟练精通能够运用（图 5）。

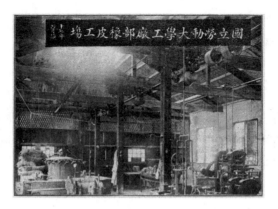

图5　国立劳动大学工厂部车间
（资料来源：《国立劳动大学纪念刊》）

　　劳工学院1927年第一学期共有学生400人，本科班、中等科班、临时师范班、临时训练班各招收100人，分为两个班教学。1928年第一学期劳工学院本科学生共129名，男生123名，女生6名。劳工教育系主任是马师儒，该系男生19名，女生2名；工业社会系主任是温崇信，该系共男生34名；机械工程系主任是罗葆寅，该系共男生32名；土木工程系主任是罗葆寅，男生48名，女生4名（图6）。

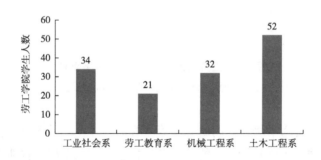

图6　1928年劳工学院学生统计
（资料来源：《国立劳动大学纪念刊》图表）

　　2.劳农学院

　　劳农学院课程主要由社会应用科学、农业各门科学、外国语组成。该院最重要的教学就是培养学生的劳动精神，不仅重视书本知识的学习，更注重农场实践，制定半日上课、半日劳动的要求。该院设置作物实验室、生物研究室、农学图书馆、木工厂和铁工厂（小规模）、各类图书、仪器、标本、药品、用具等。劳农学院学生更注重实习与实践，农场设有8个，分别是实习农场、实验农场、经济农场、稻作试验场、麦作试验场、棉作试验场、育种试验场、植物标本园（图7）。

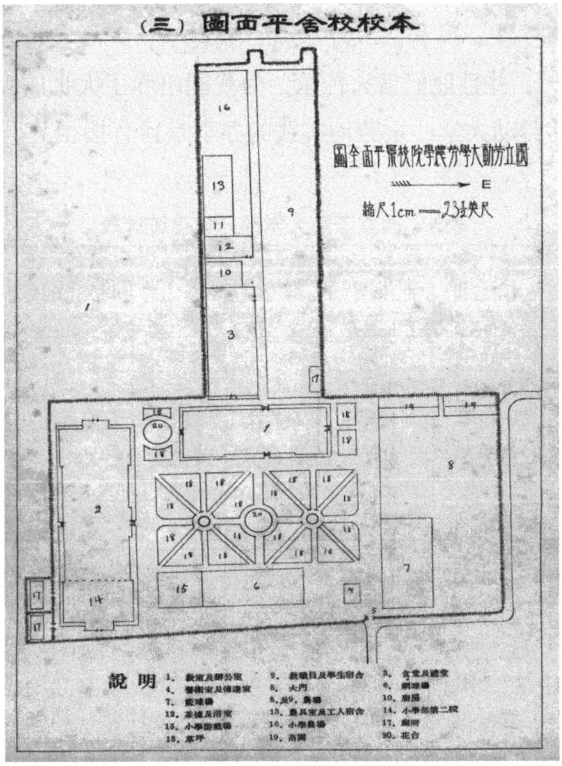

图7　国立劳动大学劳农学院平面图
（资料来源：《国立劳动大学纪念刊》图表第3页）

劳农学院初建时期并未分系，后应教育部要求分为农艺、园艺系、农业化学系。1928年该院本科生共150余人。其中园艺系学生共53人，本科一年级学生共21人，本科二年级学生共32人。园艺系有园艺实习场、园艺实验场、园艺模范场、园艺标本场、苗圃5个农场，涉及范围有果树、蔬菜、花草、观赏树木。

三、启示

习近平总书记在党的二十大报告中指出，教育、科技、人才是全面建设社会主义现代化国家的基础性、战略性支撑，体现了党和国家对于新时代实施科教兴国战略的高度重视。深化教育改革已成为当今十分重要的任务。国立劳动大学的实践教育思想对今天的教育改革仍有现实意义。

（一）突出劳动实践的办学宗旨

国立劳动大学办学虽短，但是毕业学生优异，许多都成为我国学科的开创者，涌现出诸如马纯古、周立波、冯和法、许涤新、钱省三、王泽农、方心芳、诸宝楚等一大批杰出人物（表1），并且他们薪火传承，为我国培养了大批的农业、工业和经济人才，究其原因与国立劳动大学注重劳动实践的办学宗旨直接相关。

表 1　国立劳动大学部分学生统计表

姓名	黄源	冯和法	徐悉庸	张庚	郭安仁	吕骥（旁听）	周立波	彭柏山	郑汉涛	丁冬放
职业	翻译家	中华人民共和国左派经济学家	杂文家、教育家	当代戏剧作家	文学家、翻译家	音乐理论家	著名小说家	文教工作者	曾任国防科办副主任	财经专家、曾任中国人民银行副行长

姓名	夏康农	诸宝楚	方心芳	王泽农	余皓	刘河洲	金培宋	罗紫崖	钱省三	马纯古
职业	生物学家、教育家	水稻育种学家	微生物学家、中国科学院院士	茶叶专家、教育家、茶叶生物化学学科创始人	岩矿分析学家	茶叶专家	发酵工业专家	水稻育种学家	革命家、经济学家	全国总工会副主席

资料来源：《国立劳动大学研究（1927—1932年）》第 78 ~ 79 页。

（二）突出劳动实践的教学方法

实践是理论的基础，劳动实践具有决定性的作用。国立劳动大学彻底践行实践教育，从中学部延伸到大学部，学生必须每日劳动。这种半工半读劳动教育思想，使众多贫困的工农子弟获得高等教育机会，拓展了人才培养的渠道，也是促使更多人才涌现的有效途径。

（三）突出了"全人教育"的理念

国立劳动大学通过组成学生团体，形成各种研究会，并依托以学生为主体开展形式多样的各种社会服务、文艺活动、学术研究等实践，使得学生在德、智、体、美、劳等方面得到提升，进而为学生走入社会奠定了较好的生存、生活能力。

（四）突出"吃苦耐劳"的劳动精神

国立劳动大学的招生大纲规定，该校学生课堂学习 4 小时、劳动 4 小时，并强调不能接受此项规定的学生切勿报考。体现了该校对劳动的高度重视，这不仅与其他国立高校相区别，而且也是学生入学的第一条件。打破了"唯有读书高"的传统思想，成为培养能吃苦，会劳动人才的重要措施。

目前，针对国内许多高校劳动实践薄弱的现象，国立劳动大学教育改革的经验，其重视劳动实践的教育探索，为我们今天的教学改革提供了很好的借鉴。

参考文献

［1］高·卜叔.蔡元培全集·劳工神圣：第三卷［M］.北京：中华书局，1984：219.

［2］国立劳动大学编译馆.国立劳动大学周年纪念刊：校况分纪［M］.上海：国立劳动大学印刷工厂，1928：1.

［3］国立劳动大学编译馆.国立劳动大学周年纪念刊—学生活动［M］.上海：国立劳动大学印刷工厂，1928：1.

［4］蔡兴彤.国立劳动大学研究（1927—1932 年）［D］.武汉：华中师范大学硕士论文，2011：57.

［5］教部彻底整理劳大 [N].中央日报，1931-07-12（1）.

［6］中国劳工运动史续编编纂委员会编.中国劳工运动史第二册第五编［M］.台北：中国文化大学劳工研究所理事会，1984：291.

元宇宙视域下云南农业气象公共服务创新研究[①]

宋雨轩　曹　茂

（云南农业大学马克思主义学院）

云南省位于中国低纬高原地区，以"彩云南现"的气象特色而得名，以"四季如春"的温暖适宜气候和丰富的生态多样性气候资源而举世瞩目。新中国成立以来，云南农业气象服务得到快速发展，但气象预报质量不高和气象灾害仍是约束农业发展的重要障碍。目前农业气象公共服务现代化、智能化、个性化发展滞缓，有些观测记录、数据处理、月表等仍需人工完成，难以满足农业现代化发展需要[1]。元宇宙以数字技术为基础，具有虚实融合、增强现实、低延迟、全局性、去中心化等特点。元宇宙视域下探讨云南农业气象公共服务存在问题和发展对策，具有重要理论意义和实践价值。

一、概念释义与研究背景

元宇宙是一个新的概念，学界称 2021 年是"元宇宙元年"。元宇宙以虚拟现实（VR）、增强现实（AR）、人工智能（AI）、脑机接口（BCI）、数字孪生等数字技术创新和现实需要为发展动力，它既是一种建立在数字技术基础上的未来虚拟世界，又是

作者简介：宋雨轩，男，云南农业大学马克思主义学院中国地方农业科学技术史专业硕士研究生。

通讯作者简介：曹茂，女，云南农业大学马克思主义学院副教授，硕士研究生导师。

① 基金项目：云南省教育厅科学研究基金项目（资助）"元宇宙视域下云南农业气象公共服务创新机制与对策研究"（项目编号：2023Y0991）。

一种现实的运动，具有虚实融合、低延迟下的高效运转、去中心化等特点。云南省天气复杂气象灾害频发，农业气象公共服务相对落后，难以满足农业发展需要。目前学界对云南气象公共服务发展研究成果较少，且尚未有关于元宇宙技术或数字技术推动农业气象公共服务发展的著述发表。

（一）元宇宙概念、特点与元宇宙技术发展

元宇宙是一个延续 VR/AR 技术，将其拓展为虚拟世界的"平行宇宙"，它与现实世界高度互通，虚实共生融合。具体来说，元宇宙是一个虚拟与现实高度融通且由闭环经济体构造的开源平台。它基于虚拟现实（VR）、增强现实（AR）、人工智能（AI）、脑机接口（BCI）、数字孪生等技术而生成的现实世界镜像。元宇宙具有虚实融合、沉浸式体验、低延迟下的高效运转、用户身份重塑、全局性、去中心化、强化互信、超现实的自由和创造性、可感知性、可扩展性强等特点[2]

元宇宙技术是 IT 新技术的综合运用。数字技术创新发展为元宇宙的实现和应用奠定基础，同时元宇宙发展也会促进现有技术升级换代[3]。元宇宙技术是人工智能、全息技术、交互技术、智能算法等发展到一定程度的必然结果和趋势[4]。它包括网络及运算技术（5G、6G、物联网、云计算、雾计算及边缘计算），管理技术，虚实对象连接、建模与管理技术、虚实空间交互与融合技术等。

（二）云南农业气象特点与公共服务研究状况

云南地处低纬高原，强降水、干旱等气象灾害频发，严重制约农业发展[5]。云南省气象灾害包括干旱、低温霜冻、洪涝、冰雹、大风等，其中干旱和低温霜冻对农业生产危害最为严重。云南省气象灾害时空分布特点，一方面周期性、季节性、地域性强。多数气象灾害周期性强，如旱灾周期分布，3 年一小旱，8 年一大旱。且周期正在缩短，灾害不断加剧。云南农业气象灾害种类繁多、发生频繁，农业气象公共服务及灾害评估技术落后问题引起学界重视。

农业气象公共服务是科技型、基础性、先导性社会公益事业，要面向国家重大战略、面向人民生产生活、面向世界科技前沿，坚持创新驱动发展、需求牵引发展、多方协同发展道路，将推进农业气象现代化建设作为贯穿高质量发展的主线。要把国务院关于《气象高质量发展纲要（2022—2035 年）》与"十四五"云南气象发展规划设定目标紧密结合，将智慧气象体现在气象现代化建设的各个环节、各个领域。要结合云南天气气候特点，加快建设气象科技创新体系，构建智慧精准的气象业务体系。

二、存在问题与创新路径

农业是云南省主要产业。云南山地多、海拔高低悬殊，天气复杂多变气象灾害频繁，农业气象服务对农业减灾增收至关重要[6]。元宇宙既是一种思想观念、行为方式方法，又是一种经济形式。针对云南农业自然特点与气象服务水平低、用户满意度低的实情，根据国家气象现代化与智能化发展规划要求，积极采用互联网、大数据、数字孪生、增强现实（AR）、虚拟现实（VR）、人工智能（AI）、区块链、雷视融合等元宇宙技术，推进农业气象公共服务智慧化、均等化、个性化发展。

（一）云南农业气象公共服务存在问题及不足

云南境内海拔高低悬殊，地形复杂，受热带季风与高原山地气候影响大。这些地形、海拔与大气环流等因素影响，决定云南天气复杂多变，昼夜温差大，气候类型多样，尤其是强对流天气空间尺度小、突发性强、造成灾害多，预报精准度低，一直是云南农业气象预报公共服务质量提升、天气预报服务创新的重点和难点。随着气象现代化建设推进与数据技术应用，农业气象公共服务体系不断健全，农民满意度不断提高。但整体上，云南智能网格预报、作物模型模拟、农业气象指数、气象灾害预报服务等方面不能满足农业生产实际需要。

（二）元宇宙视域下云南农业气象公共服务创新路径

气象公共服务本质上是信息服务。在元宇宙视域下，围绕云南农业气象服务创新发展不足及瓶颈障碍问题，将物联网、大数据、云计算、人工智能等元宇宙数字技术深度融入农业气象公共服务技术体系，以农业气象服务智慧化、均等化、个性化为创新重点目标，赋能赋慧，创新实况监测气象要素驱动和智能网格预报，缩短农业气象业务客观产品生命周期和业务流程，精准感知、精确分析、及时预报，提高气象服务产品数字化、智能化、针对性和满意度。

元宇宙技术推动云南农业气象公共服务智慧化、均等化、个性化是一个互为条件、相互作用、相互渗透的辩证发展过程。智慧化是均等化、个性化的基础。就均等化、个性化二者关系而言，均等化是基础性的、阶段性的，而个性化是发展目标。农业气象公共服务对象不同，需求各异，而在一定满意程度均等化基础上的不同用户气象服务需求各不同。因此，云南农业气象公共服务个性化水平低的问题不解决，就不可能真正达到均等化，也难以充分发挥智慧化的作用。

三、创新的对策与措施

元宇宙为解决现实社会问题提供全新视野和方法[7]。元宇宙是技术融合、硬件融合和场景融合形成的媒介化现实[8]。云南省农业气象公共服务客户分布广，居住点分散，对气象服务产品需求和语言、文化习俗都有较大差异。运用元宇宙数字技术加快推进农业气象公共服务创新的智慧化、均等化、个性化，提升气象预报精准感知、精密监测、精确分析、及时预报能力与满意度，应着重采取强化协调领导、统筹规划、加强技术培训、加大资金投入，以及强化专业人才引进力度、加快农业气象公共服务网络平台建设、大力开发农业气象公共服务个性化产品等对策措施。

（一）强化协调领导统筹规划和技术培训

适应云南农业气象公共服务创新发展要求，加强统筹规划和组织领导。将农业气象服务高质量发展纳入相关规划，统筹安排实施资金筹措计划，提升气象业务人员、农民、农村干部的数字素养。优化资源配置和数字技术培训。加强与国家气象局干部培训中心合作，有计划培训相关专业人才。云南省气象局加强市地县气象业务人员培训，尤其是农业气象公共服务数字化专门人才培训，内容包括天气探测仪器的探测原理、气象大数据应用、天气数值模式资料同化等技术。

（二）加大资金投入和专业人才引进力度

加大资金投入，适应加快云南省地市县各级政府农业气象公共服务基础设施建设和全民数字素养提升教育需要。加强计划落实、资金使用和建设质量监督，提升农业气象公共服务创新硬件需求、软件需求和气候资源利用网格化管理能力。组合应用国家和云南省各级地方人才政策，加大力度引进气象、农业、大数据、人工智能等专业高层次人才。健全鼓励创新创造、充分体现人才价值的分配激励机制，留住和使用好人才。优化基层岗位设置，实行基层台站专业技术人才定向使用、定向评价政策，夯实基层农业气象人才使用和管理基础。

（三）加强农业气象公共服务设施建设及管理

加强农业气象基础设施和精密监测数字化系统建设。充分利用云南现有条件，拓展农业气象数字资源获取和共享渠道，加大优质数字资源供给，完善数字学习服务平台建设，加快推进农业气象信息无障碍建设。结合云南各地实际，凝练重点工程，明确任务分工、责任部门、责任人员、完成时限、工作目标等，形成责任链条，扎实推进农业气象公共服务项目建设落实落地。加强管理提高已有设施利用成效。强化农业气象公共服务需求动态分析和服务质量监督。完善强降雨、降雪、雷电等智能网格预报智能化体系，提升中小尺度灾害性天气预警准确率、时间提前量和智能化水平。

（四）强化农业气象公共服务网络平台建设

利用扩展现实技术、数字孪生技术、区块链技术、大数据及人工智能等元宇宙技术，加强农业气象公共服务网络平台建设，为用户提供沉浸式体验、跨虚实交互、开放式编辑和去中心化交流。利用元宇宙"虚实融合"与"时空再建"特点，增强农业气象资源共享、农业气象服务机构与用户的互动，以获取农业气象数据，及时发布气象信息。拓展农业气象数字资源获取和共享渠道，加大优质数字资源供给，完善农业气象数字资源服务平台建设和更新维护，加快推进农业气象信息无障碍建设和农业气象公共服务数字化普及。

（五）开发农业气象公共服务个性化产品

利用元宇宙技术加强气象部门与相关部门信息资源共享和业务合作，根据烟草、甘蔗、橡胶及设施农业品种生物特点，开发个性化气象服务产品。加强农业气象数据库建设、资源共享和协同合作，将气象防灾减灾工作融入基层治理体系，组织开展农技人员及村镇干部、网格长、网格员的气象业务知识和数字技术培训；加强气象灾害预警信息传播、气象灾情收集利用、气象科普宣传等工作，提高认识，增强基层气象防灾减灾能力。

四、结论

云南省干旱、强降雨等农业气象灾害居全国之首，而农业气象公共服务现代化水平和满意度却远低于全国平均水平，存在及时性、精准性、针对性不足等问题[9]。元宇宙随着数字技术创新应用演进形成，既是平行于现实世界的未来虚拟社会，又是现实的运动，具有虚实融合、去中心化、高效运转、全局性及可感知性、可扩展性强等特点。针对云南农业气象公共服务现状、存在问题和农业结构特点，充分利用元宇宙数字技术，以农业气象公共服务智慧化、均等化、个性化为创新目标，加强协调领导统筹规划、数字技术培训、资金投入、人才引进、基础设施及网络平台建设，因地制宜开发农业气象公共服务产品，不断提升服务质量和满意度，更好地服务云南农业发展的需要。

参考文献

［1］刘博文，师丽娜.云南地面气象观测发展历程［J］.气象科技进展，2021，11（5）：185-186.

［2］FALCHUK B，LOEB S，NEFF，R . The social metaverse：Battle for privacy［J］. IEEE Technology and Society Magazine，2018，37（2）：52-61.

［3］王文喜，周芳，万月亮，等.元宇宙技术综述［J］.工程科学学报，2022（44）：744-756.

［4］吕鹏.“元宇宙”技术：促进人的自由全面发展［J］.产业经济评论，2022（1）：20-27.

［5］中国气象局.中国气象灾害年鉴（2019）［M］.北京：气象出版社，2020：4.

［6］何玉长.数字经济的技术基础、价值本质与价值构成［J］.深圳大学学报（人文社会科学版），2021（5）：57-66.

［7］钟楚，李蒙，朱勇.基于气象因子影响的云南烤烟主要化学成分预测［J］.西南农业学报，2013，2（26）：235-254.

［8］张新民，郁凌华，熊世为.智慧气象在农业气象服务中的应用探究［J］.南方农业，2022（2）：149-151.

［9］张寅伟，赵凯.推送技术在气象服务场景中的应用分析［J］.气象科技进展，2017（1）：171-174.

国外档案众包项目及启示

孙丽芳　赖　毅

（云南农业大学马克思主义学院）

随着互联网技术的日益发展，"互联网＋"成为一种新的模式。在此背景下，"互联网＋档案"孕育出了"档案众包"的合作模式。针对我国档案归档难度高、档案利用率低的现状，档案众包是解决档案管理难题的一剂良方。目前国外档案众包经过10多年的发展已具备较为成熟的经验可供借鉴，本文通过梳理国外档案众包案例，总结其中有益经验，希望能对相关档案建设实践有所借鉴。

一、众包及相关概念

（一）众包

2006年，杰夫·豪（Jeff Howe）首次提出众包（crowdsourcing）一词，认为众包是机构把员工执行的任务以自由自愿的形式外包给非特定大众网络的做法[①]。Braham（2008）认为众包是从发布任务、大众提供解决方案到获得相应奖励的过程，并且企业拥有创造出来的知识价值，是一种基于网络、分布式问题的解决及生产模式[②]。

笔者认为众包是机构利用互联网将工作任务众包给非特定的大众网络群体，后者自由自愿参与到各项任务环节的过程。

作者简介：孙丽芳，女，云南农业大学马克思主义学院农村科学技术发展专业硕士研究生。

通讯作者简介：赖毅，女，云南农业大学大数据学院教授，硕士研究生导师。

① HOWE J . The rise of crowdsourcing［J］. Wired magazine, 2006, 14（6）: 1-4.

② BRABHAM D C . Crowdsourcing as a model for problem solving an introduction and cases［J］. Convergence: the international journal of research into new media technologies, 2008, 14（1）: 75-90.

（二）档案众包

关于档案众包，谢晓萍等（2015）认为，档案众包是指档案部门通过互联网信息共享平台，为需大众力量完成的档案业务而组织志愿者群体加入，承担不同难度和模块的任务，贡献个人的智慧与资源，同时获得成就感、社会参与感及个人技能的提升，并可获得档案部门的奖励，从而达到档案部门与参与者互利共赢的一项活动[①]。裴丽（2017）认为，档案众包是指档案部门通过互联网信息平台，就某一档案业务，以公开招募的形式向网络大众发出"邀请函"，使其能够参与并完成相关任务，贡献自身的才智与能力的过程[②]。

笔者认为，档案众包是指档案馆将与档案有关的工作任务以自由自愿的形式外包给公众，让公众参与档案收集、整理、鉴定、传播与利用的一种完善档案建设的做法。

二、国外档案众包案例简述

本文收集整理了 6 个国家、10 余个档案机构，共 12 个档案众包项目的资料，梳理出档案众包的流程，并对众包内容及接包方申请资格进行了归纳，发现档案众包的内容包括以下几个方面：档案收集、整理、鉴定、传播、利用（表 1）。同时，接包方资格主要有 3 种类型：无须创建任何账户、仅需要创建账户、创建账户并参与培训。

表 1　档案众包内容

国家	机构	项目及时间	众包内容	资格条件
美国	国家档案与文件署（NARA）	Citizen Archivist（2010）	档案收集、整理	需创建账户
	纽约图书馆	"菜单上有什么？"（What's on the menu）（2011）	档案整理（转录）	无须创建账户

---

① 谢晓萍，胡燕.国外"档案众包"项目及启示［J］.档案天地，2015（9）：48-51.
② 裴丽.档案众包质量管理及评价体系研究［J］.档案与建设，2017（9）：14-17.

续表

国家	机构	项目及时间	众包内容	资格条件
澳大利亚	国家档案馆（NAA）	蜂巢（arcHIVE）（2012）	档案整理（ORC转录）	无须创建账户
	NAA和新西兰档案馆合作	Discovering Anzacs（2014）	档案收集、整理、鉴定、利用、传播	需创建账户，学习缩写规则
	NAA和澳大利亚民主博物馆合作	发现米尔登霍尔的堪培拉（Discovering Midenhall's Canberra）（2011）	档案收集（新照片）、整理（地理定位）、鉴定、利用、传播	需创建账户
	NAA	Montevideo Maru：船上的战俘和被拘留平民名单（Montevideo Maru：list of prisoners of war and civilian internees on board）（2012）	档案收集、整理、鉴定、利用、传播	需创建账户
荷兰	阿姆斯特丹城市档案馆与Picturae公司合作	"众在参与"（Vele Handen）（2011）	档案整理	需创建账户
		"保存肖像"（2013）	档案收集	需创建账户
英国	苏格兰三大档案馆、政府、高校	"转录档案"（Transcribe Archives）（2013）	档案整理（转录）	需创建账户并参与培训
	英国国家档案馆、帝国战争博物馆、Zooniverse公司合作	"战地日记"（Operation War Diary）（2014）	档案整理（贴标签）	十分钟培训短片
新加坡	国家档案馆	公民档案员计划（Citizen Archivist Project）（2015）	档案收集、整理	需创建账户
瑞典	美狄亚·马尔默大学	"Living Archives"（2012）	档案收集、整理、利用、传播	需创建账户

（一）档案众包的流程

档案众包的流程大致有以下 4 个环节（图 1）：

① 档案机构通过与数字化公司、高校、政府或其他机构合作，获得资金、技术支持，并创建众包平台；

② 档案机构作为发包方依据工作任务要求发起工作任务"邀请"；

③ 非特定网络大众注册登录、注册登录并培训、无须注册这 3 种方式，参与各类档案众包工作；

④ 发包方进行成果审核。

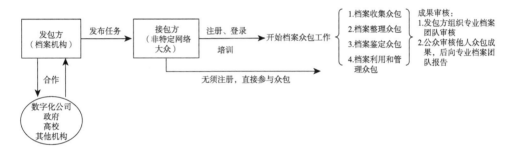

图 1　档案众包流程

（二）档案众包的内容

通过对国外档案众包案例的总结与归纳，得出国外档案众包的内容主要包括：档案收集众包、档案整理众包、档案鉴定众包、档案利用与传播众包几方面。

1. 档案收集众包

档案收集众包是指公众利用互联网上传相应主题的照片、档案等素材，主动添加评论、故事、回忆、人生事件或网页等来完善档案建设的过程。美国档案与文件署（NARA）的"Citizen Archivist"（公民档案工作者）项目中，公民注册登录后可在网页内参与上传档案[①]；2014 年澳大利亚国家档案馆（NAA）启动"Discovering Anzacs"项目，公众可参与添加服役人员的战时和战后经历，以完善军人的个人信息和故事等[②]。

---

① Citizen Archivist Dashboard［EB/OL］.［2022-10-15］https：//www.archives.gov/citizen-archivist.

② Discovering Anzacs［EB/OL］.［2022-10-15］https：//discoveringanzacs.naa.gov.au/.

2. 档案整理众包

档案整理众包是指公众通过转录、著录、贴标签、地理定位等方式将档案文本化和序化的过程①。2011 年，阿姆斯特丹城市档案馆启动的"众在参与"（Vele Handen），大众注册登录网站后，便可对感兴趣的档案进行转录、著录、贴标签、建立索引等工作②；2011 年 NAA 的"发现米尔登霍尔的堪培拉"（Discovering Midenhall's Canberra）项目公众通过帮助标记了上百张米尔登霍尔照片收藏照片档案的位置，对档案照片进行了整理③。

3. 档案鉴定众包

档案鉴定众包是指通过利用广大公众的群体智慧，对已有档案材料或后期转录的文本进行识别、纠错的过程。2014 年 NAA 启动"Discovering Anzacs"项目，对于"一战"和布尔战争的服役和遣返档案，公众可通过登录网址进行纠错；2012 年，NAA 启动 Montevideo Maru：list of prisoners of war and civilian internees on board，公众可通过登录船上的项目网站，参与"战俘和被拘留平民"名单的识别与纠错④。

4. 档案众包利用与传播

档案众包利用是指公众依托互联网对档案资源的更进一步开发。档案众包传播是公众利用互联网平台对档案资源进行广泛的传播共享。2012 年，瑞典美狄亚·马尔默大学发起"Living Archives"项目⑤、2011 年 NAA 启动的"Discovering Midenhall's Canberra"项目等，公众不仅可以通过互联网在线查看、修改、注释相关文档，还可以通过点击分享按钮，实现档案资料共享。

（三）接包方申请资格

档案机构作为发包方，发出工作任务"邀请"后，互联网上的非特定大众则为接包方。为保证最终成果的可靠性和规范性，发包方在接包方开始众包任务时，可能会设置较为简单的资格申请程序，综合上述 12 个众包项目情况，笔者总结出接包方资格主要有 3 种类型：无须创建任何账户、仅需要创建账户、创建账户并参与培训。

---

① 陈建.澳大利亚国家档案馆档案众包项目实践探析［J］.档案学通讯，2019（6）：72-78.

② Vele Handen［EB/OL］.［2022-10-15］.https：//velehanden.nl/.

③ Discovering Midenhall's Canberra［EB/OL］.［2022-10-15］. https：//mildenhall.moadoph.gov.au/.

④ Montevideo Maru list of prisoners of war and civilian internees on board ［EB/OL］.［2022-10-15］. https：//montevideomaru.naa.gov.au/.

⑤ Living Archives［EB/OL］.［2022-10-15］. https：//www.livingarchive.net/.

1. 无须创建任何账户

指公众不需要注册、登录便可在线完成众包任务。如纽约图书馆发起的"菜单上有什么？"项目，公众无须注册完成，即可在线完成数字化图片转录、校对等工作。

2. 仅需创建账户

指公众参与众包工作时，要先注册账号并登录，在登录时，会出现一些相应的用户条款，接包方同意条款后，可在一定程度上增强其自身的法律与责任意识，保证最终成果的可靠性与规范性。例如，美国档案与文件署（NARA）的"Citizen Archivist"（公民档案工作者）项目、荷兰"众在参与"（Vele Handen）项目等，公众均需创建账户并登录，才可开始众包具体工作任务。

3. 创建账户并参与培训

指公众在开始众包任务时，除了要创建账户，还应参加系统或网站相关操作培训、工作任务标准培训等。如英国"战地日记"项目公众在注册登录后需观看 10 分钟的培训短片；英国"转录档案"项目，公众参与众包项目需注册登录，并参与培训；澳大利亚"Discovering Anzacs"项目，公众注册登录后，需参与培训，学习缩写规则。

从案例中的数量来看，大多数机构在进行档案众包项目时，倾向于要求公众创建账户，来确保众包成果的规范性。

三、国外档案众包对我国档案众包的启示

目前，国内机构开展档案众包的实践相对较少，个别机构即使开展了档案众包，档案众包项目也处于萌芽阶段，对于众包网站的建设、众包法律规范建设还不完善[①]。通过对国外档案众包的梳理，结合目前我国档案众包实际情况，笔者得出档案众包的启示如下。

（一）开放

档案开放是实现档案众包的基础。纵观上述国外档案众包案例，笔者发现，国外各类档案众包活动的参与门槛都较低，即使大众需参与培训，也只是简单的平台操作培训，对参与者没有太多要求。这就意味着档案的大范围开放、大众的广泛参与。针对我国目前政治性和安全性第一的情况，可通过国家档案机构审核，对一些已到达开放年限，且不涉及国家机密的档案进行适当开放，让大众参与到档案的建设中，促进

---

① 顾丽娅.国外档案众包实践及启示［J］.浙江档案，2015（7）：13-15.

国家档案的完善与利用，增强大众"档案工作者"①意识。

（二）共建

档案的共建是实现档案众包的有力保证。国外档案众包的实现依赖于档案机构与数字化公司、政府、高校及其他机构的合作。如荷兰"众在参与"（Vele Handen）项目的实现则是通过阿姆斯特丹城市档案馆与 Picturae 公司合作，阿姆斯特丹城市档案馆为 Picturae 公司提供档案原件和费用，该公司负责提供技术与服务，将原件转为数字化材料，并解决后续平台运营中的技术问题。针对我国目前档案建设局限于档案机构情况，可借鉴国外档案众包的多主体合作模式，通过与技术型公司合作，开发与创建档案众包平台、通过引导公众参与档案众包，完善档案建设、通过社交媒体和网站等扩大档案的利用与传播。

（三）激励

档案众包的可持续需要科学有效的激励措施。国外档案众包实践注重对大众的物质激励与精神嘉奖。物质激励方面，国外采取的激励措施主要有积分兑换商品、纪念品、"vip"特权浏览收费资源、支票等②。精神激励主要是荣誉墙、积分等级排名等。我国档案众包也可借鉴国外，对于参与档案众包的大众设置不同风格的礼品，如浏览特权、荣誉勋章、主题荣誉墙、主题纪念品等。

（四）法制

法制建设的完善是档案众包实现的保障。国外档案众包的开放程度大，但这并不意味着国外档案机构机密性低。国外档案机构在实施档案众包项目的过程中，通过用户注册登录环节展示平台条款，并且对于档案众包成果也设置有严格的成果审核制度。针对我国档案众包体系不成熟，法律法规建设不完善的情况，可依托政府加强平台法律法规建设，同时，政府加入档案众包的平台构建中，可有效扩大档案众包的权威性和广泛性。

参考文献

［1］HOWE, J. The rise of crowdsourcing［J］. Wired magazine, 2006, 14（6）: 1-4.

［2］BRABHAM D C. Crowdsourcing as a model for problem solving an introduction and

---

① 谢晓萍，胡燕.国外"档案众包"项目及启示［J］.档案天地，2015（9）：48-51.
② 孙洋洋.基于众包模式的档案馆信息资源协同共建研究［J］.浙江档案，2015（11）：17-21.

cases［J］. Convergence：the international journal of research into new media technologies，2008，14（1）：75-90.

［3］谢晓萍，胡燕.国外"档案众包"项目及启示［J］.档案天地，2015（9）：48-51.

［4］裴丽.档案众包质量管理及评价体系研究［J］.档案与建设，2017（9）：14-17.

［5］Citizen Archivist Dashboard［EB/OL］.［2022-10-15］. https：//www.archives.gov/citizen-archivist.

［6］Discovering Anzacs［EB/OL］.［2022-10-15］. https：//discoveringanzacs.naa.gov.au/.

［7］陈建.澳大利亚国家档案馆档案众包项目实践探析［J］.档案学通讯，2019（6）：72-78.

［8］Vele Handen［EB/OL］.［2022-10-15］. https：//velehanden.nl/.

［9］Discovering Midenhall's Canberra［EB/OL］.［2022-10-15］. https：//mildenhall.moadoph.gov.au/.

［10］Montevideo Maru list of prisoners of war and civilian internees on board［EB/OL］.［2022-10-15］https：//montevideomaru.naa.gov.au/.

［11］Living Archives［EB/OL］.［2022-10-15］. https：//www.livingarchive.net/.

［12］顾丽娅.国外档案众包实践及启示［J］.浙江档案，2015（7）：13-15.

［13］孙洋洋.基于众包模式的档案馆信息资源协同共建研究［J］.浙江档案，2015（11）：17-21.

四川凉山彝族刺绣工艺的文化内涵与社会功能关系研究

武柯宇　　和　虎

（云南农业大学马克思主义学院）

非物质文化遗产是民族在漫长历史发展过程中形成并世代承袭的非物质形态的传统文化表现形式。保护非物质文化遗产需要将静态记录与收藏、活态传承与开发相结合，既要理解文化遗产背后凝聚的民族文化内涵，又要推动其现代化创新和产业化建设，挖掘其本身的附加价值，保障传承工作的持续健康发展。凉山彝族刺绣工艺以其深厚的历史积淀和鲜明的民族特色，从图案、色彩、手法等多个角度，展现出凉山彝族的历史变迁、文化内涵、道德伦理、审美意识以及独特的世界观和方法论。刺绣艺术既是彝族最重要的文化载体之一，又是依据凉山彝族贫困地区的资源禀赋、地方特色以及产业现状实现脱贫致富和乡村振兴的重要突破口，具有极高的经济和文化价值，是实现中华民族伟大复兴的具体实践。

一、研究背景

截至 2021 年年底，凉山州常住人口 487.4 万人，其中彝族人口为 293.65 万人，占总人口的 57.94%，全国彝族总人口为 983.03 万人，凉山彝族自治州的彝族人口就占到了 30% 左右，是当前国内彝族聚居人口最多的区域。森严的家支等级制度和统一的宗教及语言，加上地形的相对封闭性，对外交流受阻，使得凉山彝族能够形成独

作者简介：武柯宇，男，云南农业大学马克思主义学院少数民族科学技术史专业硕士研究生。

通讯作者简介：和虎，男，云南农业大学人文学院讲师，硕士研究生导师。

立特殊的文化体系和特质，原生文化得到较好的保留；自然景观的差异性和万物有灵的民族信仰又使凉山彝族文化中包含了丰富的意象，在刺绣中表现为极具象征意义的色彩和种类繁多的图案样式。因此彝族刺绣对于研究彝族传统文化和保护我国文化多样性具有极高的价值。

二、凉山彝族刺绣工艺分析

总的来看，凉山彝族刺绣工艺有挑花、贴花、锁花、盘花、镶嵌、刺绣等多种，各个方言区刺绣的工艺、图案和色彩都各有侧重，其中以义诺方言区的刺绣最为精美、技艺最为高超、图案样式最为多样，义诺地区的刺绣工艺以盘花绣、镶嵌绣和贴花绣为主。

（一）盘花绣

盘花绣是最常用的刺绣工艺，具有浮雕立体质感，极具特色。盘花绣首先需要选取同色的膨体纱线和缝纫线，然后利用纺轮对纱线加捻，使其更为紧实，将两股捻好的纱线按照树权型排列，并利用缝纫线在一端打结固定，两股纱线按照图案样式通过扭和盘的方式走线，同时搭配缝纫线对其进行加固，直至完成图案。

（二）镶嵌绣

与盘花绣相比，镶嵌绣更加素简、质朴，主要应用于领口、袖口、底边等边缘部分，利用颜色的错落进行多层次的装饰。镶嵌绣首先将裁切或折叠好毛边的布条对折，不同颜色的布条间隔排列，采用滚边、嵌线和镶马牙等形式进行镶嵌和固定。在边缘处使用镶嵌的布条能够增加面料的垂坠感和耐磨度，线条式的纯色布条设计也十分简洁庄重。

（三）贴花绣

贴花工艺主要用作袖口处的装饰，将剪纸艺术和刺绣巧妙结合，首先将布料裁剪成预计图案大小的布条，之后用剪纸的方式将其剪成花样，花样的颜色和服装的底色通常采用强烈的对比色，并在花样的边缘用缝纫线修饰，对颜色进行中和，既能显现出独特且寓意美好的图样，又不会显得突兀。

三、凉山彝族刺绣色彩及图案分析

色彩不仅是物体的自然属性，还具有一定的象征意义，从原始社会人类对于外界自然环境产生认知开始，人们就习惯于借助色彩表达复杂的个人情绪。一个民族对色彩的使用，充分展示出其整体性的审美取向、社会意识形态、民族文化观念及对自然环境的认知，并且成为民族信仰、图腾等特色文化的重要载体。

彝族刺绣是其"五色观"的充分展现，以黑、白、红、黄、青为主色，并将蓝、绿、紫、橙作为配色。

黑色在彝族文化中象征着高尚、庄重、尊贵和好运，是彝族服饰和刺绣最常用的颜色，通常作为整个服饰的主色调。对黑色的敬重和崇拜一方面来源于彝族人民对孕育生命、为他们提供生存所需食物的黑土地的敬畏和感谢；另一方面也受到彝族英雄传说的影响，如彝族创世史诗《勒俄特依》中所述，黑鹰落下 3 滴血在濮莫列依身上，濮莫列依因而怀孕，生下上天龙子支格阿鲁，成为彝族先民与大自然斗争的领袖。从黑鹰与民族英雄的传说中不难看出，彝族对黑色的崇尚由来已久。这样的色彩观还体现在彝族的等级秩序中，彝族人可分为黑彝和白彝两支，黑彝人地位更高、权力更大，而白彝则多为普通的底层群众，黑白彝之间阶级对立现象十分严重，这种观念时至今日仍对彝族地区产生着深刻影响。

而黄色和红色则代表着火焰、太阳与光明，火焰包含了彝族人民对世界起源和神灵的独特认识，火不仅创造了世界和人类，还带来了温暖安逸的物质生活，对于红黄色的喜爱展现出彝族人民对于以太阳为代表的自然力量的探索和征服欲，彝族人将黄色和红色应用在服饰中，寄托着对火焰和太阳的敬仰和对平安富足的祈愿；除此之外的其他颜色也都体现了彝族对自然的认知和敬畏，白色代表着吉祥洁净的云朵、蓝色代表广阔无边的天空、绿色则代表着山林草木……彝族人民透过缤纷的色彩展示着彝族深厚的历史文化底蕴和坚定而纯粹的信仰。

极具民族风格和特色的刺绣图案同样是凉山彝族文化的鲜活载体，在彝族人民迁徙和生产生活的过程中，产生了种类繁多的文化意象，每一个图案纹样都承载着彝族人民的信仰，全部取材于凉山彝族赖以生存的地理环境，尤其是自然界中造福彝族群众的物象，这些图案是对自然物象艺术化、图腾化的高度概括的反映，这种抽象化的图样，是彝族人民集体性审美意识的具体展现。

凉山彝族刺绣图案样式主要可以分为：动物、植物、器物、自然和文字 5 种。

动物纹样主要以羊、牛、马、蟹和鸡为主要的物象来源，牛羊是凉山彝族主要的食物和畜力来源，还能够提供其皮毛以御寒，牛羊纹饰不仅包含着彝族对为他们带来温饱的自然环境的崇拜，还带有对祖先克服艰苦境况顽强与自然斗争，从而使子孙衣食富足的感激之情；马因其在战争和迁徙中的重要作用而成为彝族文化中勇敢的象征；鸡是重要的食物来源和召唤日月星辰的吉祥之物；蟹纹样则来源于传说中名为补罗乌的动物神，神通广大战力骁勇。植物纹样以蕨菱、太阳花和叶片的图案为主，蕨菱是凉山原生的古老植物，也是帮助彝族度过艰苦饥荒年代的重要食物来源；太阳花则和红黄色一样象征着火焰和太阳，传达着彝族人对温暖和光明的深刻情感。器物和自然纹样同样脱离不了对火焰和太阳的自然崇拜，敬畏自然以及和自然和谐相处的民族情感及诉求始终贯穿在凉山彝族的文化符号中。

四、凉山彝族刺绣工艺在乡村振兴中的社会功能

我国的民族问题集中表现为少数民族和民族地区迫切要求加快经济和社会发展的现实，结合当前国家对文化遗产和乡村振兴战略中重中之重的"三农"问题的高度关注，少数民族特色科技的发展以其环境友好的生态性和极高的经济、文化价值成为少数民族地区劳动脱贫致富的重要手段，既有利于发挥其独特优势，又能够更好实现少数民族文化的传承，因此，少数民族文化在保留其内涵和民族特色的基础上适应新时代新的文化和经济发展环境既有可行性，又有必要性，中华民族的伟大复兴离不开中华民族共同体中每一个民族的发展和贡献。

近年来，凉山州逐步推进对民族文化和文化遗产的保护工作，发挥民间性彝族刺绣协会和文化产业园的作用，彝族刺绣手艺人的共同协作和专业化的市场运营及产品推广，对于充分保护、传承和激发彝绣文化活力，提升凉山文化软实力，促进少数民族贫困地区民生改善具有重大现实意义。截至2020年年底，凉山州已经建成1个彝族刺绣文化产业园和10个产业基地，以及众多刺绣技艺培训学校，并有年收入100万元以上企业20家、小作坊105家，彝族刺绣年总产值达1.39亿元，帮助20万左右的彝族贫困家庭妇女实现居家灵活就业，彝族刺绣对凉山州乡村振兴和精准扶贫工作的开展具有重要意义，且取得了阶段性的成果。

当前凉山彝族刺绣的产业化发展面临着背离彝族特色民族文化及内涵、成本因素导致的刺绣工艺简化、市场及应用领域局限等问题。笔者认为传统工艺品的再设计首先不能脱离凉山彝族的文化土壤，刺绣的图案和色彩的符号内涵绝不能背离彝族在长久的历史发展过程中形成的民族信仰，需要坚守匠人对技艺和美的极致追求。彝族刺绣新时代语境下的创新性开发应该将重点放在产品功能性的拓展和努力提高产品的附加价值上，可以与现代服饰面料结合，借鉴波希米亚风刺绣在服装领域广泛应用的经验，

将彝族刺绣应用场景拓展到卫衣、衬衫等现代服饰中；也可以与产品设计相结合，爱马仕与苗绣手艺人合作的月饼礼盒具有一定的参考价值；还可以将彝族刺绣应用到家居设计领域中，沙发套、窗帘等家居产品都将极大丰富彝绣的现代产品应用环境。

凉山彝族刺绣历史文化内涵的传承和时代化创新共同发力，对于保护中华文化多样性、帮助少数民族贫困地区脱贫致富并走实乡村振兴之路具有重要作用。在党中央提出构建中华文化传承体系，加强文化遗产保护的政策背景下，凉山彝族刺绣的保护和传承工作应当紧紧抓住这一发展机遇，让非物质文化遗产在新时代焕发新活力，为实现中华民族伟大复兴的道路贡献无法替代且坚实的力量。

参考文献

［1］凉山彝族自治州志地方志编纂委员会.凉山彝族自治州志［M］.北京：方志出版社，2000：119-120.

［2］凉山州统计局.凉山州2021年国民经济和社会发展统计公报［EB/OL］.［2022-05-12］.http：//tjj.lsz.gov.cn/sjfb/lstjgb/202205/t20220512_2218837.html.

［3］国家统计局.中国统计年鉴2021（第40期）［M］.北京：中国统计出版社，2021：57-58.

［4］刘正发.凉山彝族家支文化特性初探［J］.中央民族大学学报（哲学社会科学版），2008（4）：50-54.

［5］邹岚，李浚斌，谢映萍.凉山彝族服饰文化采风及设计浅探［J］.大众文艺，2017（15）：123-124.

［6］朱文旭.《勒俄特依》译注［M］.北京：民族出版社，2016.

［7］江龙.凉山彝族刺绣入选国家级"非遗"：从没人学到排队学，20万绣娘居家绣出新生活［N］.红星新闻，2021-06-20.

［8］王云，何勤华."凉山北大门"即将脱贫摘帽：对话183·甘洛县委书记陈建生［N］.四川日报，2019-12-22（2）.

［9］陈洪艳，刘宇翔.凉山彝族包饰旅游商品的创新设计与开发研究［J］.中国商论，2016（30）：52-54.

马克思主义与人工智能技术发展研究

许金成　刘　艳

（云南农业大学马克思主义学院）

马克思指出实现全人类解放是人类的终极追求，是共产主义社会中人应有的状态。从马克思提出人类解放的工业时代发展到今天的人工智能时代，人工智能技术的广泛应用使全社会的生产力发生了革命性的变革，人工智能技术极大发展了社会生产力，通过人工智能给社会生产力带来的巨大发展，我们看到了科技的力量，通过大力发展人工智能，我们将迎来一个生产力巨大发展和物质资料极大丰富的社会。当代人工智能的发展使马克思关于人的解放的很多现实条件成为可能，研究人工智能在何种程度上使人类解放愈发重要，这将促进中国特色社会主义的现代化发展，助力我们早日实现中华民族伟大复兴的中国梦。

一、关于人工智能

我们将人工智能这 4 个字拆成两部分来看，人工可以理解为人造，智能可以理解为智慧和能力，结合起来，人工智能就是指人造的智慧和能力，主体仍然是人，人工智能不过是人类智能的延伸，只是人类为解放双手的一种创造。人工智能是机器，是融合了高科技技术和人类智能的机器，是人类赋予了其智慧和能力，它的本质和当年的织布机是一样的。现代计算机技术的发展实现了人工智能的类脑处理模式，从一定

作者简介：许金成，男，云南农业大学马克思主义学院马克思主义基本原理专业硕士研究生。

通讯作者简介：刘艳，女，云南农业大学国际学院院长，硕士研究生导师。

程度上实现了代替人类从事一部分脑力劳动的可能。作为机器，其拥有强大的记忆能力与运算能力，这是人类不能比的，因此，人工智能的产生和应用，推动人类科技急速发展，进而促进社会经济发展。目前学界通过区分人工智能的智能程度把人工智能分为弱人工智能、强人工智能和超人工智能 3 类，3 者之间的智能程度呈递增趋势。关于弱人工智能，是指仅具备人类最基本的思维逻辑能力，只能进行数据记忆和命令执行，不能自主行动，不存在人类的智慧与情感。关于强人工智能，对比于弱人工智能有了一定的自主意识和人类智慧，可以像人类一样进行自主思考，目前远没有实现。关于超人工智能，这是人工智能的最高级形态，届时人工智能将拥有完全超越人类本身的智慧和能力，这是一种超理想的状态。当下我们所讨论的人工智能都属于弱人工智能范畴，弱人工智能没有独立思想与智慧，不能自主思考，但是具备强大的记忆和运算能力，可以在某些领域帮助人类。

二、马克思人的解放理论

致力于实现全人类解放是马克思毕生追求，马克思深刻探讨了实现人的解放的现实条件，实现人的解放是其理论体系的终极目的。在资本主义社会关系中，人类处于被压迫的状态，人失去了人本身，实现人的解放就是将人从现实世界的束缚中解放出来，将人的本质关系还给人本身，通过不断实现人个性的解放、人社会关系的解放、人自由而全面的发展 3 个方面，实现人的全面解放。马克思认为人只有在现实世界中获得劳动解放才能走向人类解放，人类自古以来就被劳动束缚，进入资本主义时代，尽管人类生产力获得极大发展，但资本主义制度却将广大劳动阶级处于异化劳动中，使人失去了人本身。马克思认为只有具备高度发达的生产力，人才可能实现劳动解放，消灭资本主义异化劳动，使人能够自由使用自己的劳动，实现劳动解放，进而解放人的关系实现人的解放。马克思讲任何解放都是使人的世界和人的关系回归于人自身[①]，在资本主义分工体系中，人与人的关系由人与物、物与物之间的关系所表现，社会关系被物化，异化的社会关系与人本身相冲突，人的本质关系无法实现复归，因此必须消灭旧式分工，使社会关系发展回归正常，才能实现人的解放。生产力的巨大发展是实现这一解放的必需条件之一，人工智能技术的发展带来了这种可能。

---

① 马克思，恩格斯 . 马克思恩格斯全集：第二版第三卷 [M]. 北京：人民出版社，1980：189.

三、马克思劳动观角度解读人工智能何以使人类解放成为可能

（一）人工智能大大提高了社会生产力

马克思讲要实现人的解放首先要实现人的劳动解放，那么实现劳动解放的一个条件就是社会生产力获得巨大发展。当前，人工智能技术的应用使社会生产力获得了极大发展，而且这个发展是以前所有的机器都不能比拟的。人工智能技术已经在社会各个生产领域广泛应用，人工智能正推动着全世界的生产力发展。作为人类要摆脱被迫劳动，首先需要充足的物质资料使自身存在，人工智能技术的应用使物质资料生产变得简单和快速。曾经人类造不出来的东西，在人工智能帮助下开始生产出来，曾经生产效率低的产业，在人工智能加入后，生产效率突飞猛进。生产力是社会进步的动力，我们研究人工智能为何给人的解放带来可能，首先就要从生产力的角度出发，通过分析人工智能在生产领域发挥的巨大作用，我们可以得出其对实现人的劳动解放和最终人的解放的积极意义。

（二）人工智能赋予劳动新含义

根据马克思对资本主义制度的批判，资本主义制度下工人的劳动被异化，人与自己的本质属性也就是劳动相脱离，人处于被迫劳动中，成为机器的附属物，不能感受那种自由自觉的劳动状态，劳动成为一种枷锁。人工智能技术的应用让人类面对劳动有了更多选择，曾经劳动强度大且危险系数高的工作被人工智能取代，这部分工人被解放出来，他们可以从事其他的安全且自己喜欢的工作，劳动在一定程度上摆脱了被迫。在智能大工厂时代，人在生产中需要贡献的时间和精力相对减少，人在工作之余，有了更多的时间去做自己喜欢的事情，同时智能大脑给现代人创造了各种各样的精神产品，人类面对劳动有了选择，这是巨大的进步。在旧机器时代，人是被固定在机器上的，一方面机器发展了生产力，另一方面却没有把人解放出来，人依然被迫劳动，而且无法满足自己的生存发展需要。现代无人化的生产工厂，是人工智能在工作，人负责发布命令和监督，这不仅极大地提高了社会生产效率，而且能够快速积累社会物质财富，大量工作人员不用被迫付出时间做自己不喜欢的工作，人们可以去从事幸福指数更高的工作，对人来说劳动过程开始变得积极且幸福。目前，人工智能的发展还不能让全人类完全摆脱被迫劳动，但人工智能时代，人们有了更多选择空间，可以去选择自己想从事的工作，在工作中不断挖掘自身潜能，劳动过程变得自由与轻松，这种选择是人工智能技术不断发展带来的。因此，人工智能赋予了劳动新的含义，那就

是与被迫劳动和异化劳动相反的积极劳动。让广大劳动者自由劳动，让广大人民从劳动中感受幸福，让人们通过劳动实现人生价值，是我们在实现中华民族伟大复兴过程中要做到的，国家发展不仅要国家实力强大，也要让人民有更高的获得感和幸福感，而这些是人工智能技术不断发展可以带来的，人工智能提供了使人类劳动更自由和更幸福的现实条件。

（三）人工智能重塑社会关系

社会关系是人类生活的全部，马克思讲人的本质是其全部社会关系的总和，人的本质属性就是其社会性。马克思劳动观认为劳动创造了人的社会关系，进而创造了人。分析人工智能对人类社会关系的影响非常重要，人工智能的发展不仅改变着人的劳动，也改变着人的社会关系。对于人而言，无论其以什么形式存在于社会，也无论其以什么样的条件成为社会产物，这一切都可以视为其社会本质的反映。人工智能作为对人类智能进行模拟的高级机器，它比以往其他所有机器都更能体现人的本质。人工智能通过计算机算法和编程的数理逻辑形成对人脑的模拟，成为人脑智能的延伸，成为人的本质力量的延伸。人工智能的发展改变了社会交往方式，它在不断塑造一种全新的社会关系。智能时代人的交往越来越全球化和多面化，人与人之间的交往变得更加简单和多元，在智能机器赋能下，人与人之间的社会关系变得和谐，人越来越重视精神上的满足和提升，这得益于人工智能给人类带来的时间上的解放。人工智能已经成为人的交往新中介，以智能语音机器人为例，它改变了人类的语言沟通方式，人类与机器之间有了语言交流，机器开始理解人类语言。资本主义制度下，人的社会关系被异化，不实现人的社会关系的解放，就不能实现人的解放。人工智能带来的生产关系及其交往方式的变革，必将改变社会意识形态及其社会关系，在一定的交往范围内人工智能将实现对社会关系的重塑，而新社会关系必定是更加开放和更加和谐的，这将实现人的本质社会关系的复归。构建一种更加开放和谐的社会关系也是我们实现社会主义现代化和中华民族伟大复兴的应有之义。

（四）人工智能满足人的需要

人的需要的满足是人得以生存和发展的前提，马克思在《德意志意识形态》中指出，全部人类历史的第一个前提无疑是有生命的个人的存在[①]。作为一个有生命的个人意味着要首先满足人的生命需要，而生命的维持需要能量，这就需要人类进行劳动，

---

① 马克思，恩格斯. 马克思恩格斯选集：第一卷［M］.北京：人民出版社，2012.

通过劳动从大自然中获取生存的能量，而人有各种各样的需要，而这些需要的满足是人类得以不断向前发展的前提，人的需要是无限的，低层次需要满足后就会产生高层次的需要，人会无时无刻产生各种各样的需要，因此，要实现人的更高发展，就要在最大范围内满足人的各种各样的需要。马克思指出人的需要也是人的本质属性，满足人的需要就是回应人的本质。人工智能技术的发展和应用首先大大促进了人类生产力水平，人类创造物质财富的能力极大提高；其次，在这个基础上给了人类更多的自由时间。这就满足了人类对生存和时间的需要，同时塑造的新型社会关系也在满足人的归属感和情感需要，同时人工智能处在不断优化中，人工智能会不断寻求满足人的需要的最优解，人的各种基本需要在人工智能的努力下会不断得到满足，这开始促使人向着更加自由自觉全面的状态发展。同时，人工智能还可以通过用户数据分析实现对人的按需设计和分配，即根据不同人的需要定制不同的产品，可以说人工智能在生产领域的应用为按需生产与按需分配提供了可能性[①]，未来人类将每时每刻享受着智能大脑提供的最优服务。人工智能的发展不断促进人的需要的满足，为人类解放提供了现实条件，通过不断满足人们的各种需要，让人们的生活更加轻松和幸福。

四、结语

人工智能是现代科学技术发展的风向标，当前人工智能的发展和应用已经给人类社会带来了巨大的改变。通过分析人工智能技术发展给社会带来的变化和好处，可以说明其在科技发展和社会进步中的重要性，其对实现中华民族伟大复兴的重要性。当然，面对人工智能我们不能只看其给人类社会带来的有利影响，我们也要看到其发展可能给人类社会带来的不利影响。例如，人工智能的安全问题，随着智能大脑越来越先进，人们普遍担心未来人工智能会对人类本身造成威胁，这是我们哲学社会科学工作者和技术从业者必须考虑的问题。还有就是人工智能带来的一系列伦理问题，未来强人工智能和超人工智能的身份如何界定，人与人工智能之间的关系如何界定等。我们还必须充分考虑当下人工智能技术的广泛应用对社会已经带来的消极影响，像人们所担心的造成大部分人失业和个人信息泄露的问题等。面对人工智能可能带来的一系列消极问题，我们必须引起重视，我们不仅要加强对人工智能技术本身的研究，更要加强对其现实应用给社会带来的危机的研究，这意味着我们要更加了解人工智能。我们需要从国家立法层面规范人工智能技术的发展，我们要有足够高的技术应用风险敏

① 王阁.人工智能与人的解放［J］.中共福建省委党校学报，2019（1）：146-151.

感度，我们要对人工智能已经带来的一些威胁做出合理有效的应对，我们的政府要充分考虑这方面的问题，并且切实去发现问题和解决问题，同时我们的技术开发者也要考虑从技术层面约束人工智能的发展。对于人工智能我们要坚持在马克思主义指导下和社会主义制度框架内引导其发展，避免人工智能出现机器异化等情况，实现正确引导人工智能发展，让人工智能这一科学技术更好地为人类进步服务。

参考文献

［1］马克思，恩格斯.马克思恩格斯选集：第一卷［M］.北京：人民出版社，2012.

［2］马克思，恩格斯.马克思恩格斯全集：第二版第三卷［M］.北京：人民出版社，1980：189.

［3］王阁.人工智能与人的解放［J］.中共福建省委党校学报，2019（1）：146-151.

［4］高奇琦.人工智能、人的解放与理想社会的实现［J］.上海师范大学学报（哲学社会科版），2018（1）：40-49.

［5］黄欣荣，张魏欣.人工智能对人类劳动的解放［J］.四川师范大学学报（社会科学版），2020，47（2）：5-12.

［6］刘同舫.马克思论证"人类解放何以可能"的维度［J］.华南师范大学学报（社会科学版），2015（2）：13-18.

［7］王晶.马克思人的自由与解放思想及其现实路径［J］.党政干部学刊，2018（6）：4-7.

［8］魏长领，冯展畅.马克思主义人类解放思想的三层意蕴［J］.河南社会科学，2019，27（10）：1-7.

基于肿瘤发生与治疗的哲学思考

董苹梅　　王文举

（昆明医科大学附属延安医院）

在《2012年肿瘤登记年报》中，全国患恶性肿瘤死亡人数最多的是肺癌[①]，云南省肺癌平均发病率是全国平均发病率的两倍，且云南省宣威市肺癌发病率位居全国第一[②]。由于肿瘤具有无限增殖、持续血管生成、凋亡受阻、浸润和转移潜能等特征，目前的治疗方法包括化疗、放疗、手术治疗、新辅助化疗、放化手术结合治疗等仍无法有效治疗恶性肿瘤。肿瘤的分子靶向治疗是现代肿瘤治疗的一大创新，但仍需我们实事求是投入到临床和基础研究中，不断开拓新的有效疗法。基于自己现在的研究方向——肺腺癌分子靶向血管研究，结合肿瘤的发生和现代恶性肿瘤临床治疗，我有以下几点思考。

一、从哲学的视角看待肿瘤的发生

（一）从存在决定意识看肿瘤的发生

肿瘤一词由公元前370年的古希腊希波克拉底首次提出，他在认识到了肉眼可见的肿瘤，并且发现恶性肿瘤的切割面很像是有很多脚的螃蟹，用螃蟹（cancer）来给

作者简介：董苹梅，女，昆明医科大学附属延安医院肿瘤学专业硕士研究生。

通讯作者简介：王文举，男，昆明医科大学附属延安医院研究员，硕士兼博士研究生导师。

① 《2012中国肿瘤登记年报》发表［J］.上海医药，2013，34（4）：2.

② 何大千.云南省宣威地区家族肺癌研究进展［J］.昆明医科大学学报，2022，43（3）：135-136.

肿瘤命名①。在中国古代医学史上，对肿瘤的认识最早记载于中医医典《黄帝内经》之中，如筋瘤、肠瘤等。宋代首次出现"癌"之病名，在东轩居士的《卫济宝书》中第一次提及"癌"字，并论述了"癌"的证治，把"癌"列为痈疽"五发"之一②。直到1869年，澳大利亚病理学家John Ashworth首次提出循环肿瘤细胞（CTC）③这一概念，让人类对肿瘤的认识从组织层面进步到细胞层面④。随着科学技术的发展水平和人们健康意识的提高以及肿瘤三级预防的开展，早发现，早诊断，早治疗，显著提高了肿瘤患者的预后和生存率。

（二）内外因结合探索肿瘤的发生机制

肿瘤是身体的一个外在体现，它的发生原因复杂多样，有外因也有内因。外因是非机体自身的因素，包括物理因素、化学因素、生物因素等。物理因素如各种电磁辐射等；化学因素，如腌制食品产生的亚硝酸盐、香烟产生的焦油和尼古丁等；生物因素，如细菌、病毒、寄生虫，细菌如幽门螺杆菌与胃癌有关，病毒，如HPV病毒，它和宫颈癌有关，还有血吸虫病与肝癌和结肠癌有关。

随着我国全面建成小康社会，人民群众的生活水平也不断提高，饮食和生活方式也变得多种多样，为肿瘤的发生发展提供了一些诱因，如高糖高脂高钠饮食，长时间的学习和工作压力的积累。不同的群体家族所带来的基因突变和遗传是肿瘤发生的关键，可称之为内因，不良生活习惯等通过基因突变和遗传发挥作用。相比外因，内因就更显得复杂。例如，基因突变和遗传、免疫系统异常、内分泌失调、身体超负荷状态⑤、长时间情绪抑郁低落等，都使机体处于非健康状态。此时，外因和内因的相互作用，为肿瘤的发生、发展提供了更多的可能。

（三）从必然和偶然、因与果看肿瘤的发生

从病理学的角度来看，长时间的病毒细菌感染的炎症累积得不到治疗便会转归为肿瘤，而且一些细菌病毒的遗传物质可能会插入到人体的基因中，这个问题很严

① 郑琪.希波克拉底对肿瘤的认识［J］.中华医史杂志，2010（4）：234-236.
② 晨曦."癌"字最早见于宋代的《卫济宝书》［J］.今日科苑，2014（6）：97.
③ 循环肿瘤细胞（circulating tumor cell）简称"CTC"，通常把进入人体外周血的肿瘤细胞称为循环肿瘤细胞。
④ 胡志远.循环肿瘤细胞技术临床应用的前沿进展［J］.实验与检验医学，2021，39（1）：1-3.
⑤ 身体超负荷，是指超过身体能够规定的承载的量，比如长期或某段时间的运动过量或者是工作量过量。

重。最典型的例子就是肝癌，我国是乙型肝炎大国，长期乙型肝炎导致肝硬化，肝硬化转变为肝癌是否有必然性？幽门螺杆菌感染导致胃炎，胃炎长期变成胃溃疡，胃溃疡发展为胃癌是否有必然性？细菌性肺炎、结核性肺炎或新冠病毒导致的肺结节病和肺纤维化等发展为肺癌是否具有必然性？这是临床医师需要不断思索的问题[①]。

自疫情暴发以来，新冠病毒基因突变是一个偶然，以往的疫苗对于突变的病毒防护作用减弱，感染新冠病毒的可能性增加。肿瘤的发生也具有偶然性，如一些无家族聚集性的肿瘤患者发生的一种或多种基因突变导致后续基因编码表达的蛋白异常而导致肿瘤的发生。

二、结合肿瘤的发生来看待肿瘤的治疗

（一）从质量互变规律看肿瘤的治疗

我国 20 世纪 50 — 60 年代难治的为感染性疾病，20 世纪 80 — 90 年代为心血管疾病，现在为恶性肿瘤疾病。从肿瘤的发生到出现临床体征就诊，大多数临床患者已经发生了转移或病理学检查肿瘤分度已是恶性，这就体现了早诊断早治疗的重要性，把肿瘤扼杀在量变期或量变向质变转化期对肿瘤患者的预后质量和生存率的提高起着不可估量的作用。

从中医相生相克的理论来看，若以相生为主，患者向好的方向转化，疾病会好转，可能不发展为恶性肿瘤。若以相克为主，病人可能发展为恶性并死亡。若相生相克，各不相让，则会形成慢性病[②]。肿瘤的治疗也是一个慢性和动态的过程，针对性化疗药物治疗可能刚开始有效，但是很快就出现化疗耐药，所以要从动态看待肿瘤的临床治疗。

（二）从认识论看肿瘤的治疗

1. 主客观相结合看肿瘤的治疗

主观性和客观性与肿瘤的诊断和治疗密切相关。临床上遇到的患者，特别是已确诊的肿瘤患者，大多症状和体征有一定的主观性。作为医师要用客观实际克服患者的

---

① 此处为作者基于所学临床医学知识的思考。
② 肖敬平. 细胞凋亡与癌变的相生相克: 肿瘤的发育生物学根源[J]. 生命科学研究, 2009, 13 (6): 471-473.

主观性，例如肿瘤晚期产生的疼痛，儿童可能表现为痛苦啼哭，且对疼痛部位性质等不能如实陈述。中年患者对疼痛较敏感并能如实表述，老年患者对疼痛感觉迟钝，可能没有特殊反应①。这时，医师就要用主观性克服病人的客观性，要主动观察，运用自己的知识和临床经验来判断并及时治疗。

2. 理论和实践相结合看肿瘤治疗

实践是检验真理的唯一标准。丰富的医学理论知识是诊疗基础，临床上理论结合实践再来丰富理论更重要。同一种肿瘤会有不同的症状，对患者身体产生的损害不同，并产生不同的症状和体征，同一种治疗方法对不同的肿瘤患者同样有不同的治疗效果。所以肿瘤的治疗必须理论和实践相结合。

由于不同的医师对患者的实践行为不同，即使面对同一个肿瘤患者，形成的临床诊疗思维也有很大的差异，从而导致治疗效果不同。思维的形成有赖于医师对肿瘤患者客观存在的认知程度和临床经验，医师在病史采集时考虑越全面，体格检查越仔细，则辅助检查就越有针对性，则可避免不必要的辅助检查和医疗纠纷，医师的诊疗思维和认知就会越接近疾病的实际。已有的疾病决定医师的诊疗思维，思维又反映于疾病，表明肿瘤是可以进行认知和预防的。肿瘤的早期诊断和早治疗对肿瘤患者的预后和后期生存率至关重要。

3. 感性与理性认识结合看肿瘤的治疗

我们对客观事实要有理性的认识和判断，肿瘤的发生是客观事实，要"知其然，还要知其所以然"，不可主观臆断，擅自猜测。对肿瘤的治疗在以科学技术"金标准"为依据的前提下，应充分结合患者身体状态和治疗环境，不能盲目乐观，也不能消极悲观，要综合考虑现有条件，采取最科学合理适用的治疗方法。病魔无情人有情，为医者亦为人。在治疗癌症病患的同时，要时常站在患者的角度去思考，理解患者诉求，体谅患者的痛苦，由此可不断加强与病患的共情能力，形成良好的医患关系，营造健康有序的诊疗环境。

（三）从矛盾论看肿瘤的治疗

1. 主次结合看肿瘤治疗

肿瘤的发生是由许多因素导致的，肿瘤的症状也是多样的，我们在治疗肿瘤的时候要抓住主要矛盾。例如靶向治疗的时候，肿瘤患者基因检测结果会显示许多癌基因和抑癌基因发生了变化，那么临床医师针对患者选择合适的靶向治疗药物时就

---

① 儿童、中年患者、老年患者对肿瘤带来的疼痛反应为作者基于临床观察和思考所得。

要针对关键的癌基因分子。如针对肺腺癌的 EGFR^① 的靶向治疗药物已成熟应用于临床，对肺腺癌的增殖和转移具有明显的遏制作用，无法手术治疗和放疗的患者，若基因检测有 EGFR 高表达时则应着重选择它的靶向药物。肿瘤产生的并发症如疼痛、出血、压迫等则应视为肿瘤治疗的次要矛盾，在不影响患者生命体征的情况下，应及时治疗原发肿瘤，疼痛、出血和压迫等并发症随之缓解。但是，医师对主要矛盾和次要矛盾的把握都应以患者为中心，全面把握患者的一般情况的生命体征，若是次要矛盾严重威胁了患者的生命体征，则次要矛盾此时上升为主要矛盾，应首先解除其带来的危害^②。

2. 共性和个性结合看肿瘤的治疗

当面临一种病症的时候，要了解这一症状的普遍性。如上消化道出血：可能为肝癌，可能为消化性溃疡，也可能为应激性溃疡；下消化道出血：可能为结直肠癌，可能为内痔、外痔、混合痔，也可能为结直肠息肉；咳痰和咯血：可能为肺癌，可能为支气管扩张，也可能为肺结核；妇女下腹疼痛：可能为卵巢肿瘤，可能为阑尾炎急性发作，也可能为异位妊娠。所以，医师在面对病人提出的主诉、患者所表现出的症状和体征时，应充分考虑到症状和体征的普遍性，考量多种可能，对避免漏诊和误诊至关重要。

个性是由于不同个体和不同环境决定的，每一个肿瘤患者的基因遗传和基因突变的概率不同。每个患者都有适合自己的肿瘤疗法，所以，肿瘤的治疗不是所有治疗方案对所有肿瘤都适用，而应针对不同个体选择和制订合理的治疗方案。如近年来新研究出的 CART 疗法（嵌合抗原受体 T 细胞疗法^③）、CARNK 疗法（嵌合抗原受体 NK 细胞疗法^④），作为目前常用的生物治疗方案，虽然已经用于临床并有部分患者取得不错的疗效，但同一种治疗方法并不适用于所有患同种肿瘤的患者。不同性别，不同年龄阶段和不同地区的肿瘤患者对 CART、CARNK 敏感程度和产生的不良反应也千差万别。所以，针对不同的肿瘤患者，我们医师应结合共性和个性综合评估患者自身状况，给每一个患者制订合理且最佳的治疗方案。

---

① EGFR，表皮生长因子受体. 针对 EGFR 的靶向药物已经应用于多种肿瘤的化疗，并取得了不错的成效。
② 此处的主次矛盾为作者结合临床与哲学关系所得。
③ CAR-T 疗法，一种治疗肿瘤的新型精准靶向疗法，在血液肿瘤治疗方面取得了瞩目的成效，且有可能治愈癌症的新型肿瘤免疫治疗方法；T 细胞也叫 T 淋巴细胞，是人体白细胞的一种。
④ CAR-NK 疗法，CAR-T 疗法的升级，NK 细胞为自然杀伤细胞，是人体重要的免疫细胞之一。

三、未来展望

人类对肿瘤的认识在不断地深入，从发病机制的探索，再到治疗方法的革新。肿瘤从最初认为的不治之症，到现在的部分个体可治愈、部分病类可预防，甚至通过干预后人体和肿瘤和谐共生，这诸多偶发性现象无疑在昭示着肿瘤被人类攻克就在不远的将来。作为一名肿瘤学在读研究生，须有承担"健康所系，性命相托"的勇气，对肿瘤患者投入更多的精力和关心，并不断加强自身的科研水平和临床经验，为成为一名优秀的肿瘤医师打下坚实的基础。未来肿瘤的治疗和研究前途是光明的，道路是曲折的，要以实事求是的科学研究，来开拓创新新疗法，不断探究新可能。肿瘤的研究和治疗仍然任重而道远。

参考文献

［1］2012 中国肿瘤登记年报［J］.上海医药，2013，34（4）：2.

［2］何大千，宁明杰，陈颖.云南省宣威地区家族肺癌研究进展［J］.昆明医科大学学报，2022，43（3）：135-136.

［3］郑琪，南克俊，郑怀林.希波克拉底对肿瘤的认识［J］.中华医史杂志，2010，4：234-236.

［4］陈博，孙彩珍，杨德志，等.《内经》治疗肿瘤经典理论归纳及临床应用［C］//.中医经典理论内涵与临床应用学术研讨会暨医史文献分会、中医经典与传承研究分会（筹）学术年会文集，2012：82.

［5］晨曦."癌"字最早见于宋代的《卫济宝书》［J］.今日科苑，2014（6）：97.

［6］胡志远，李雪杰.循环肿瘤细胞技术临床应用的前沿进展［J］.实验与检验医学，2021，39（1）：1-3.

［7］肖敬平.细胞凋亡与癌变的相生相克：肿瘤的发育生物学根源［J］.生命科学研究，2009，13（6）：471-473.

［8］但汉雷.肿瘤治疗理念和技术革新的哲学思考［J］.医学与哲学，2020，41（23）：54-59.

［9］康志杰，闫金松.肿瘤预防与筛查原则的哲学思考[J].医学与哲学，2021，42（11）：1-4.

医学人工智能在临床应用的哲学反思

吴长勇　彭云珠

（昆明医科大学）

1956 年，John McCarthy 首次提出人工智能（Artificial Intelligence，AI），是指利用计算机来模仿人类的高级思维活动，被誉为继第一次至第三次工业革命之后的第四次工业革命核心驱动技术之一。随着大数据、云计算、物联网、深度神经网络等信息技术的发展，AI 的研究和应用已迎来新的浪潮，目前已形成计算机视觉、自然语言图像识别、大数据统计分析、专家系统决策和智能机器人为主的多元化技术，这些技术在医学领域的运用将对医学研究、医学技术和医疗体系带来巨大革新，彻底改变传统医学模式，为临床工作提供有效辅助。随着人们对医疗健康需求的日益增长，海量医学数据不断产生，包括临床电子病历、高分辨率医学成像、连续输出病理生理学指标的生物传感器、基因组测序、疾病风险预测，而这些大数据的处理需依靠新兴的医学人工智能技术。在医学相关领域中，AI 主要广泛运用于早期筛查、医学影像、支撑诊断与治疗决策、疾病监测、智能机器人、健康管理、疾病预测和开发新的疗法等临床工作与研究中，形成一系列新型网络诊疗模式。

作者简介：吴长勇，男，昆明医科大学第一附属硕士研究生在读。

通讯作者简介：彭云珠，女，博士，主任医师，主要从事心血管疾病机制研究。

一、医学人工智能应用的现状

20 世纪 70 年代开始，AI 技术被应用于医疗领域以提升疾病诊治的效率与提高医疗质量，进而出现了医学人工智能（Artificial Intelligence in Medicine，AIM）。AI 技术在医疗领域的应用是科技高速发展的前沿，但 AIM 仍处于初级阶段，其研究的模式及规范形式逐渐被完善。未来的 AIM 技术将无缝融入临床工作流程中，是辅助临床诊疗决策中不可缺少的环节。AIM 作为"助手"不仅提高医护人员的专业能力，而且使医疗服务更加高效、精准和个性化。

（一）AIM 常用技术

1. 机器学习

1959 年 Samuel 提出机器学习（Machine Learning，ML）概念，指在数据模型与参数调校的协助下，无须通过明确的编码分析数据而达到预测目的。20 世纪 80 年代后，随着决策树、支持向量机、随机森林等多种 ML 算法被提出，AIM 趋向成熟。经典的 ML 算法包括有监督学习、无监督学习和强化学习，其中典型的监督任务包括回归和分类，无监督任务的包含降维、聚类和离群值检测等，而强化学习处于监督和无监督学习之间的混合框架，包含应用部分标记数据对图像进行分割或分类[1]。虽然 ML 是目前最常用的 AI 技术，但 ML 技术仍存在较大的不足与改进空间。在临床决策时，临床医师不能获取 ML 技术的底层机制而不能对患者提出个性化治疗方案，即所谓的"黑箱"问题。尤其是临床医师的既往经验与 AI 技术的建议存在问题冲突时，医师往往对 AI 技术缺乏信任。

2. 深度学习

随着 ML 算法的不断革新与改进，21 世纪初 Aizenberg 和 Hinton 等[2] 最早提出目前最流行的深度学习（Deep Learning，DL）。DL 是 ML 的一个子集，在 ML 基础上，DL 通过解释数据以获得内在的规律和理论。基于 DL 在图像辨别的成效显著，可降低医师负担和减少错误，在医学影像领域被广泛应用，如卷积神经网络（CNN）、树状结构的多任务全卷积网络（FCN）和 U 形卷积网络（U-Net），但仍存在一定应用限

---

① BURTON W，MYERS C，RULLKOETTER P . Semi-supervised learning for automatic segmentation of the knee from MRI with convolutional neural networks［J］. Comput methods programs biomed，2020，189：105328.

② SCHMIDHUBER J . Deep learning in neural networks：an overview［J］. Neural netw，2015，61：85-117.

制。与 ML 技术类似，DL 技术仍存在"黑箱"问题，在临床工作中医患双方接受程度不一，信任度降低甚至激化医患矛盾。DL 技术依赖高质量的大数据，而在小样本、单中心、经济不发达地区数据的准确性和稳定性较差。医疗资源存在不均衡性，因地制宜选择适合的 DL 技术能有效提高临床决策。

3. 专家系统

专家系统（Expert System，ES）是指模拟人类专家决策能力的计算机系统，利用现有的知识系统推理和解决一系列复杂问题，是较早的 AI 技术之一。目前 ES 在疾病筛查与诊断方面有较大优势，但依赖人工专家的决策，因此存在主观性。随着医学知识的探索与发现、医学技术创新，整合医师的既往经验，能不断提升 ES 的准确性和客观性。

4. 智能机器人

1979 年智能机器人（Intelligent Robots，IR）由美国机器人提出，被定义为一种可重新编码的多功能器械手，旨在利用各种编码材料、部件和工具以执行任务。与传统外科手术相比，IR 具有微创、精准、智能、恢复快等优势，逐渐被应用于骨科、口腔等外科手术；但 IR 具有成本高、应用范围受限等劣势。目前，经 FDA 批准的机器人手术系统包括宙斯（ZUES）、达·芬奇（Da Vinci）和自动内窥镜系统等。IR 包括离散型机器人和连续型机器人，而连续型 IR 具有较强灵活性、适应环境能力更强，将成为未来手术的主力军[1]。目前，医疗机器人包括导诊机器人、检查机器人、护理机器人和手术机器人，其在临床工作中各司其职，创造了一个全新参与方式、全新互动模式及全新相互关系的医疗生态。

（二）AIM 技术在医学中的应用

1. AIM 辅助疾病筛查

AIM 技术已广泛应用于恶性肿瘤和眼科疾病的智能筛查。在消化系统疾病筛查中，Mori 等[2]构建了基于 ML 的结肠镜图像分析系统，主要用于区分需要切除的腺瘤和不

---

① GAO Y, TAKAGI K, KATO T, et al . Continuum robot with follow-the-leader motion for endoscopic third ventriculostomy and tumor biopsy ［J］. IEEE Trans Biomed Eng, 2020, 67: 379-390.

② MORI Y, KUDO S E, MISAWA M, et al . Real-Time use of artificial intelligence in identification of diminutive polyps during colonoscopy: a prospective study ［J］. Ann Intern Med, 2018, 169: 357-366.

需要切除的非肿瘤息肉，其预测准确率为 98.1%。Kiani 等[①] 基于 DL 构建肝脏病理图像系统，实现了肝细胞癌、胆管癌的自动筛查，在验证集上准确率为 88.5%，在独立测试集上准确率为 84.2%。AIM 在乳腺癌、甲状腺癌、肺癌、皮肤癌等其他肿瘤疾病中也起到智能筛查作用，例如 Lotter 等[②] 提出了一种具有注释效率的 DL 法，与乳腺影像专家比较，AI 方法的平均灵敏度提升了 14.0%。而在眼科疾病中 AI 主要应用于视网膜病变和白内障疾病的筛查。基于 DL 方法处理视网膜病变图像，实现了糖尿病视网膜病变的自动筛查和严重程度分级，AI 方法诊断严重病变的灵敏性和特异性分别为 100.0% 和 88.4%[③]。即使 AI 技术提高了疾病筛查效率，但临床医师的决策是 AI 技术模型准确性的检验标准。其次，如果样本量小或发病率低的疾病，需结合人工审查排外假阳性率。

2. AIM 辅助医学诊断

AI 从机器视觉领域走向医学影像，打破了传统方法的技术壁垒，在影像、超声、内镜、检验和病理等医学辅助领域蓬勃发展，辅助医师识别病灶、诊断和疗效评估方面做出明显成效，部分基于医学影像 +AI 技术在肺结节等病灶识别准确度已达到经验丰富的影像学专家水平。例如，2017 年 11 月 24 日在成都举行了人机大战，双方谁能更准确判读甲状腺超声图像。名为"安克侦"的甲状腺肿瘤超声辅助侦测软件与 463 名超声医师打成平手，但实际效率明显高于医师。医学影像 +AI 方法模型大多数源于自然图像处理领域，相较于自然图像，医学影像图像趋于单一，而图像维度复杂，需建立标准化、规范化的数据库，紧随机器视角领域的步伐，从成像过程、影像处理、辅助识别和分型分类中取其精华。针对疾病个性化和不同医学任务，AI 仍需深度挖掘临床科研数据所蕴含的巨大潜能，积极开拓 AI 技术在医学影像未来的良好局面。

3. AIM 辅助治疗与临床决策

随着医疗信息变得错综复杂，临床医师需综合考虑多种因素才能做出恰当的决策。基于 AI 技术的临床决策支持系统（Clinical Decision Support System，CDSS）挖掘了海

---

① KIANI A, UYUMAZTURK B, RAJPURKAR P, et al . Impact of a deep learning assistant on the histopathologic classification of liver cancer［J］. NPJ Digit Med，2020，3：23.

② LOTTER W, DIAB AR, HASLAM B, et al . Robust breast cancer detection in mammography and digital breast tomosynthesis using an annotation-efficient deep learning approach［J］. Nat Med，2021，27：244-249.

③ NATARAJAN S, JAIN A, KRISHNAN R, et al . Diagnostic accuracy of community-based diabetic retinopathy screening with an offline artificial intelligence system on a smartphone［J］. JAMA ophthalmol，2019，137：1182-1188.

量的电子病历数据、整合了医学专业知识，并提供强大的工具和手段，能模仿临床决策者的认知过程，辅助临床医师进行决策，指导患者合理地进行药物调整，改善患者生活质量，同时提高了临床决策率和准确率，减轻了医护人员繁杂的工作负担。例如，Viz.AI 的 ContaCT 是 FDA 批准的第一个针对中风的基于 AI 的 CDSS，通过对中风患者脑部 CT 的图像学习，总结中风最紧密的 CT 图像模式，能在急危重症患者中及时判断病变并辅助医护人员尽早地进行临床决策。心电图是心血管领域的最常用、最基础和最重要的临床资料，2017 年 FDA 批准 Cardiology Technologies 的心电分析平台，指基于云计算的心脏监测分析网络服务协助医师使用长期动态心电图监测异常心律失常的症状，如目前使用的心电遥测监测设备、穿戴式远程监测设备、心电追踪记录仪等，能提前识别室性心动过速、心室颤动、房室传导阻滞等心血管事件发生和早期干预。放射治疗是多种肿瘤治疗的重要手段，治疗过程中需密集划定风险器官，为放疗提供指导和预测风险。Yang 等[①] 基于 ML 方法预测器官敏感性，估算每个器官接受放射剂量的阈值，还分析放射剂量与远期生活指标的相关性。因此，AIM 通过远程云端监测及数据记录、分析，辅助临床医师早期识别危险事件，做到早发现、早诊断及早治疗。

4. AIM 辅助风险预测

基于 AI 技术的预警系统也逐渐被应用于公共卫生事件、慢性病和治疗风险预测方面。Sun 等[②] 基于 ML 方法预测新冠病毒的感染风险和传播媒介，为制定感染策略控制提供支持。Boutilier 等[③] 利用 ML 方法预测糖尿病及高血压的危险分级，将糖尿病预测准确率由 67.1% 提高至 91.0%，高血压预测准确率由 69.8% 提升至 79.2%，且极大降低了糖尿病和高血压的预测成本。Wijnberge 等[④] 构建基于 ML 的血流动力学指标分析系统，实现了心脏手术术中低血压风险分自动预警，AI 干预可将低血压中位

① YANG Z, OLSZEWSKI D, HE C, et al. Machine learning and statistical prediction of patient quality-of-life after prostate radiation therapy [J]. Comput Biol Med, 2021, 129: 104127.

② SUN C L F, ZUCCARELLI E, ZERHOUNI E G A, et al. Predicting coronavirus disease 2019 infection risk and related risk drivers in nursing homes: a machine learning approach [J]. J Am Med Dir Assoc, 2020, 21: 1533-1538.

③ BOUTILIER J J, CHAN T C Y, RANJAN M, et al. Risk stratification for early detection of diabetes and hypertension in resource-limited settings: machine learning analysis [J]. J Med Internet Res, 2021, 23: e20123.

④ WIJNBERGE M, GEERTS BF, HOL L, et al. Effect of a machine learning-derived early warning system for intraoperative hypotension vs standard care on depth and duration of intraoperative hypotension during elective noncardiac surgery: the hype randomized clinical trial [J]. Jama, 2020, 323: 1052–1060.

时间由 32.7min 缩减至 8.0min。临床日常工作中处方错误加重了医疗负担、引发了医患纠纷，Segal 等[1]提出了基于 ML 的处方识别系统，实现心脏病患者处方错误的自动预警及纠错，临床有效率为 85.0%。但 AI 预测存在不确定性、不稳定性，与临床医师的决策存在分歧。因此，AI 预测技术仍需大数据、多中心的群体研究，进一步证实安全性和可推广性。

5. AIM 辅助医学科研

随着医学领域知识的更新、发现和系统化，AI 方法在分子生物技术、生物信息分析、基因及代谢等组学、药物靶点及临床试验等科研方面蓬勃发展。例如，传统的药理研究需经过靶点筛选、成分设计、体内外试验和临床试验等步骤，周期长达 10～20 年，这对临床药物研发十分不利。而利用网络药理学方法和基因组学测序分析，突破了传统的药理研究模式，实现了低研发成本、短研发周期和高药物性能模式。近年来，计算机虚拟临床试验的概念出现为开展预测性、预防性和个性化的医疗研究提供新的途径，在一定程度上解决临床设计困难、受试者不足等问题。在心血管领域中，AIM 的 3D 及手术模拟技术，能提前在瓣膜置换术等介入手术中预判操作难点、风险及并发症，提前做好围术期准备，减少临床实践操作的风险，提高患者预后。

二、医学人工智能与科技哲学

科学技术活动本身就是人类智能的一个集中表现，其产品是人类智能的凝聚和结晶。从马克思角度来看，AI 实际上是随着人类智能在社会经济发展到一定时期的产物，是人类智能的一次延伸。二者的开发与应用是相互推动、彼此联系和相互影响的过程。AI 的研究者在实践中尝试用智能技术构建一个智能化系统，以模仿、拓展和扩充人的智能为目标，从而高度关注所从事的科学技术研究过程及其知识结构和功能。

（一）AIM 发展的科技哲学形态

AIM 哲学的兴起开启了科技哲学更大的探新的疆域。从经典哲学转变为信息技术哲学，再演变为当代的 AI 哲学，科技哲学的转变既顺应了 AI 时代的要求，又获得了新型发展契机。目前全球的发展呈现为一个地球村和全球化时代，各国相互依存、休戚与共，共同构建人类命运共同体。因此，AI 哲学的繁荣必然离不开生物技术哲学、

① RAWSON T M, HERNANDEZ B, MOORE L S P, et al. A Real-world evaluation of a case-based reasoning algorithm to support antimicrobial prescribing decisions in acute care [J]. Clin Infect Dis, 2021, 72: 2103-2111.

人文哲学等其他哲学发展与促进，尤其是离不开当代新兴技术中所形成的分支科技哲学的研究。AI 哲学作为信息技术哲学的分支，不再停留在"宏观"的研究水平上，而是成为走向"微观"的中介或桥梁。除此之外，当代前沿技术呈现出"会聚"的发展特点。会聚是交叉、整合、融合从而发挥集群效应，产出更大的价值和效用，形成单链或单项技术难以具备的影响和功能。例如，在临床工作中的罕见病、疑难病需要影像技术、检验、基因组学等科学审查评估、共享决策、多学科合作、循证与叙事医学的综合诊治，在诊疗过程中充分展现了科学技术的转变、分支、微观和会聚的哲学思想。

（二）AIM 在科技哲学中的整体性

AIM 在科技哲学思想内容上具有整体性，形成了一个从本体论到人文论的哲学阐述。本体论是任何一个哲学都要面临的问题，AIM 哲学的逻辑起点也是建立在此基础上的。AIM 本身是作为物质性的人工智能产物而存在，但从本质或使命上，它创造了一种不同于物质存在的信息形式，体现了科技的特征和智能的本质。人的认识与 AIM 之间存在必然联系，因为认识的本质是人的能动性实践过程，在实践基础上形成独立的主客观性。即人的认识会受到 AIM 的影响，而 AIM 的演变会导致认识能力和方式的转变。然而，实践是检验认识真理性的唯一标准，是认识的基础、来源、发展动力和最终归宿。实践是哲学的核心范畴之一，也是 AIM 在临床与科研中最重要的助手。科学、合理地理解和运用 AIM 有助于危重病、罕见病及疑难杂症的诊治，个性化、精准及靶点用药，提高患者生活质量。AIM 时代的来临以及针对 AIM 的实践必然会给社会和人类带来新的认识、新的价值，但本质上讲只是改变了人的生物性状，例如通过人工晶体延长了眼力、智能耳蜗延长了听力、心脏永久起搏器挽救了生命等，而不能从根本上改变人的社会属性的本质。同时，AIM 在临床与科研实践中，人文关怀和伦理是面临最值得思考的问题之一，因为 AIM 在对人的生存、生命过程进行干预时，也对人的历史主体地位、尊严和善恶价值认知存在影响。医者仁心仁术，救死扶伤是初心与使命，在新理念新技术的实践中，必须秉承科学精神与人文精神相统一、医患双方价值利益共济共赢等基本原则与理念，带着审慎、批判的态度合理嵌入 AIM 技术，遵循和尊重人的社会历史地位。

三、结语

综上所述，AIM 技术在临床实践中应该遵循：①坚持局部病变与全身状况相结合，既要微创、精准诊治病灶，也要全面评估和改善身心状况；②坚持标本兼治原则，治标不松劲，治本不松懈，以治标为治本赢得时间和创造条件，以治本从源头遏制问题发生；③坚持有机统一整体原则，全面评估疾病的发生发展、诊治、康复及预防等问题；④坚持科学精神与人文精神相统一，遵守人的社会历史地位，重视人机交互问题。AIM 的未来领域值得深入研究和思考，用辩证发展的眼光看待 AIM 技术在临床实践中的变革，将有助于推进医学从传统的治疗理念与技术发展到更具吸引力的微创、精准、个性化综合治疗的 AI 时代，形成一系列新型医学网络生态规范。

参考文献

［1］BURTON W，MYERS C，RULLKOETTER P . Semi-supervised learning for automatic segmentation of the knee from MRI with convolutional neural networks［J］. Comput methods programs biomed，2020，189：105328.

［2］SCHMIDHUBER J . Deep learning in neural networks：an overview［J］. Neural Netw，2015，61：85-117.

［3］GAO Y，TAKAGI K，KATO T，et al . Continuum robot with follow-the-leader motion for endoscopic third ventriculostomy and tumor biopsy［J］. IEEE Trans Biomed Eng，2020，67：379-390.

［4］MORI Y，KUDO S E，MISAWA M，et al . Real-time use of artificial intelligence in identification of diminutive polyps during colonoscopy：a prospective study［J］. Ann Intern Med，2018，169：357-366.

［5］KIANI A，UYUMAZTURK B，RAJPURKAR P，et al . Impact of a deep learning assistant on the histopathologic classification of liver cancer［J］. NPJ Digit Med，2020，3：23.

［6］LOTTER W，DIAB A R，HASLAM B，et al . Robust breast cancer detection in mammography and digital breast tomosynthesis using an annotation-efficient deep learning approach ［J］. Nat Med，2021，27：244-249.

［7］NATARAJAN S，JAIN A，KRISHNAN R，et al . Diagnostic accuracy of community-based diabetic retinopathy screening with an offline artificial intelligence system on a smartphone［J］. JAMA ophthalmol，2019，137：1182-1188.

［8］YANG Z，OLSZEWSKI D，HE C，et al . Machine learning and statistical prediction of patient quality-of-life after prostate radiation therapy［J］. Comput Biol Med，2021，129：104127.

［9］SUN C L F，ZUCCARELLI E，ZERHOUNI E G A，et al . Predicting coronavirus disease 2019 infection risk and related risk drivers in nursing homes：a machine learning approach［J］. J Am Med Dir Assoc，2020，21：1533-1538.

［10］BOUTILIER J J, CHAN T C Y, Ranjan M, et al . Risk stratification for early detection of diabetes and hypertension in resource-limited settings: machine learning analysis［J］. J Med Internet Res, 2021, 23: e20123.

［11］WIJNBERGE M, GEERTS B F, HOL L, et al . Effect of a machine learning-derived early warning system for intraoperative hypotension vs standard care on depth and duration of intraoperative hypotension during elective noncardiac surgery: the hype randomized clinical trial［J］. Jama, 2020, 323: 1052-1060.

［12］RAWSON T M, HERNANDEZ B, MOORE L S P, et al . A real-world evaluation of a case-based reasoning algorithm to support antimicrobial prescribing decisions in acute Care［J］. Clin Infect Dis, 2021, 72: 2103-2111.

哲学和死亡现实

朱艳华　张艳亮

（昆明医科大学第一附属医院）

马克思主义哲学主张物质世界的客观实在性，不以人们的意志为转移，死亡是客观存在。生存和死亡是人类的重大问题，当今社会对待死亡的态度和看法不一，一个人有权力选择如何生存，也有权力选择如何死亡。立法规范现实中的安乐死行为，不仅是对社会秩序的维护，而且是真正意义上对公民生命权的尊重。而伴随安乐死案件的频发和医疗科学不断进步与发展，世人死亡观念逐步转变，安乐死立法也成为摆在各国面前亟待解决的议题，这表明我国安乐死立法具有可行性。

一、死亡是客观存在

马克思主义哲学主张物质世界的客观实在性，不以人们的意志为转移，死亡是客观存在。人们的主观意志作为一种社会意识，包括想消灭或保护客观存在的实体，对客观事物的发展只能起推动或阻碍作用，不能决定事物是否存在[①]。从哲学角度分析死亡是非常抽象的。如果洞察虚无死亡是为了让生命有个美好的结局，它必须连接死亡，因为它发生在我们生活中。因此，本文将简短地探索我们通常如何理解我们与死亡的关系，阐明并加深我们对死亡的理解和对虚无的分析。

①我们与死亡的关系的第一个方面是巨大的即将到来的死亡可能对我们产生的情感影响。这通常伴随着死亡临近的痛苦、绝望、无能和悲伤，让人难以谈论。如果我

作者简介：朱艳华，女，昆明医科大学第一临床学院临床检验诊断学博士研究生。

通讯作者简介：张艳亮，男，昆明医科大学第一附属医院教授，博士研究生导师。

① 蔡治祥.从马克思主义哲学"发展"的眼光看医学及发展趋向 [J].医学观察，2020：1674-8913.

们失去了所爱的人，或许更糟，如果我们自己患有危及生命的疾病，我们知道剩下的时间不多了。这死亡的暴力亲密似乎与对死亡的哲学诡辩形成对比。毕竟为了反省现实，哲学远离具体的现实和情感上的亲密。因此，第一个挑战是对虚无的哲学分析，在这个过程中有令人心碎的情绪痛苦，这往往是固有的死亡现象。

②我们与死亡关系的第二个方面是普遍认为我们无法知道死亡。我们既不能体验死亡，也不能理性地理解死亡。我们既无法知道死亡在何时发生，也不能体会他人死亡的手段，不管他人的死是多么令人心碎，这也是我们与死者的距离。海德格尔说："没有人可以接受他者离他而去"。有时我们为一个人的死亡感到悲痛，但他是死去的人，我们仍然不能感受他的死亡之际的感受。但是，我们难道不能通过濒死体验来了解死亡吗？答案是：从唯物主义和超然的观点来看是没有。从唯物主义的角度看来，死人是没有意识的，因此无法登记他或她已经死亡。从超然观点来看，死者可以登记他或她自己的死亡，但是因为死亡是由它的不可逆性来定义的，可以永远不向活着的人复述它。无法体验或理解自己的死亡直接意味着哲学的第二个挑战，公正对待死亡的基本精神无形性。

③我们与死亡关系的第三个方面是我们倾向于否认我们自己的死亡。虽然我们知道自己是凡人，但实际上并不相信这也很重要。用弗洛伊德的话来说："没有人相信自己的死亡，在无意识中我们每个人都相信他的不朽"。贝克尔在《否认死亡》中描述了两者之间的紧张关系，希望成为自己不可逆转的死亡。因为我们想成为自己，却不能接受自己的凡人地位，这也说明我们根本不想做自己。因此，我们需要接受我们必死的状态：我们需要接受死亡才能更好地生活。

二、哲学就是学习死亡

苏格拉底说，哲学就是为死亡做准备①。哲学的首要问题是哲学与死亡的关系，哲学就是学习死亡，哲学不仅要思考死亡，还要思考我们本身与死亡的关系。死亡扮演着重要角色，在诸多当前的医学辩论中死亡也越来越多地被讨论。死亡不仅与临终关怀、安乐死或器官移植有关。围绕死亡的中心话题都已经被赋予继续与疾病、衰老和腐烂做斗争。我们与之抗争的死亡是什么？广大公众都明白，我们无法知道死亡。也就是说，我们不能通过经验知道死亡。

①精神分析疗法不应该治愈人的死亡，也不应该帮助他忘记死亡。它应该是与灵

---

① 柏拉图.柏拉图全集：第一卷［M］.王晓朝，译.北京：人民出版社，2002.

魂有关的，而死亡则由灵魂来决定。死亡实际上不是精神分析治疗的问题，它唯一的问题可能是灵魂。另一方面，只有对灵魂而言，死亡才是一个真实的问题。只有灵魂才能真正将死亡带入问题。精神分析通过发现人性的力量和批判性的审慎来文明地揭开已经被压抑了几个世纪的性禁忌和羞耻感面纱，今天，性不再被压抑，但对一些人来说，死亡被压抑了。

死亡只是其中一个问题，但可能是最重要的一个问题。把自己强加于一个分析的情境中。现实地说，对于两者来说分析者和分析者的死亡是绝对模糊的。人们必须找到一种方式来回应它的沉默。如果我们按照柏拉图的理论来考虑精神分析，它必须成为：灵魂的治疗。死亡突出是一个不可避免的问题。每个人的想法、野心或思想在面对死亡时获得合法性。精神分析是具体的基于其哲学的治疗方面的维度。按照柏拉图的说法，精神分析的意义在于实践，而非理论。

② 一种没有实践基础的抽象理论精神分析是胡说八道，换句话说，由于它的治疗方面超越了理论的极限。应该强调的是，柏拉图的概念治疗在很多方面都与实际的当代术语不同，是含义更广泛、更丰富的治疗。尽管治疗可能携带一些特定的医学内涵，但治疗不完全是医疗。治疗的对象更多通常是人类，因此需要包含存在的整体性：疾病与健康，生与死。因此不仅是对灵魂的治疗，更是对灵魂的特定关怀引导。对于柏拉图来说，哲学与死亡之间的联系是不可否认的。他认为哲学是作为一种特定类型的人对死亡体验的理智准备。

③ 哲学家通常被视为一些阴郁的人的灵魂。相反，他本质上是快乐的，但这种快乐和特征不是庸俗的小丑。作为一个人，哲学家觉得真正的、孩童般的喜悦，是他对自己的整体体验的真实感受存在；质疑他自己的死亡的存在。精神分析不是诡辩，即使它确实包含不起眼的玄幻元素。但这样做的目的是抓住事物本身，灵魂的活泼活力在内心反复表达。精神分析师并不是想象的，或者起初看起来并非如此，作为一种快乐的精神；他的职业迫使他保持沉默。他应该为现实服务原则，而不是快乐原则。精神分析师不可避免地处理文字，由于他职业习惯的局限，他应该保持沉默并倾听另一个人说话。然而，精神分析中的关键是知道如何保持沉默；但更重要的是，知道什么时候以及如何打破沉默。

三、哲学与安乐死

当今的世界，随着预期寿命增加，死亡原因从传染病转变为退行性疾病。越来越多地提倡安乐死作为对最终的预后和痛苦的人道回应。情绪化的争论，主要是关于个别极端情况，医师挑战性地超越既定伦理过早地结束了人类的生命。功利的思考，强调自主性和实用主义，影响舆论这可能会引起医师的共鸣愿为患者尽心尽力。然而，也有很多国家彻底拒绝了医疗协助自杀的提议法案，但有利于其的压力也不会消失。当临终者自杀行为在行为能力上无法实现时，安乐死才可能成为临终者权益表达的方式，安乐死一定后起于自杀。安乐死的支持者、研究者和观望者常常忽视了安乐死作为临终者权益表达形式，自杀的根本是临终者权益表达被他人侵权代理的结果[①]。

① 坚持信仰必须是在反思中伴随着理性追求出现的基本价值对人类来说是天生的，生命是不可侵犯的。正如各国一直所主张的，社会可以在任何故意结束生命进程的阶段立法。立法者必须表现出道德意识代表社会，而不仅仅是反映公众舆论，尤其是在考虑生死大事，设限务实，尊重原则。作为从业者，医师有责任提高他们直面死亡、增进健康、预防疾病并尽量减少生活中的痛苦的能力。

② 安乐死的研究者往往强调死的"安乐"，但是安乐死首先面对的问题仍然是"生"与"死"的问题，儒家世界观认为"天人一体"，在死亡面前，应该坦然接受死亡，这为安乐死研究提供了一个逻辑起点。儒家人生观认为，如果不存在持续性的痛苦的患者，那么不都可以申请安乐死，只有疾病已阻止到了对人格理想的追求时才可以申请安乐死，并且痛苦不包含精神上的痛苦[②]。关于安乐死的道德和法律的讨论标准是自愿、非自愿和非自愿安乐死之间的区别。安乐死在被安乐死者请求或同意安乐死时被称为自愿，当人可以但不请求或同意安乐死时被称为非自愿，当人不能请求或同意被安乐死时被称为非自愿。这些传统的区别并没有反映一个明显的事实，即安乐死（与自杀相反）需要生命即将结束的人以外的其他人的行为。

从患者和参与患者护理的医疗保健提供者的角度来看，安乐死可以是自愿的。更重要的是，我们的目标是挑战那些正在进行的关于安乐死道德的哲学辩论的人区分自愿和非自愿安乐死的方式，理由是以传统方式区分安乐死不能反映什么是重要的患者的观点，并且未能反映医疗保健提供者利益的重要性，包括他们的自主性和完整性。我们的目标是通过将注意力从患者的角度转移到更复杂但更现实的情况，在这种情况下，要考虑患者、医疗保健提供者和其他参与指导临终关怀的人（包括代理决策者）的利益。尽管患者的价值观和利益至关重要，但在我们的讨论中应该有更多的空间来考虑他人的利益，尤其是医疗保健提供者的担忧，在大多数情况下，他们有法律和专业义务遵守患者的利益。这种注意力的转移将使我们的理论讨论更能反映现实生

① 任俊圣.临终者权益表达形式的医学哲学审思 [J].医学与哲学，2014（12）.
② 田甲乐.儒家生命伦理视阈下的安乐死 [J].医学与社会，2010（8）.

活中的情况，同时使我们的理论框架能够更好地指导我们确定在这些情况下什么是重要的。

③ 安乐死有时是非自愿的，我认为不应过分强调自愿和非自愿安乐死之间的传统区别。从有能力和无能力的患者的角度来看，重要的是患者的最大利益得到保障，患者的价值观系统决定了他的哪些利益是"最佳"的。首先，即使承认同意的实际价值，将安乐死的自愿性与同意联系起来的传统方式也过于狭隘。其次，传统的焦点往往会掩盖我们的目标是尊重患者的最大利益，因为这些利益是根据患者的价值观确定的。尽管当患者有能力传达这些利益时，患者的利益更容易确定，除患者以外的其他人都面临着尽其所能确定患者利益的挑战，因为他们都与患者紧密相关，甚至他们的决定影响到患者的利益。

安乐死的目的是解除痛苦，消除困扰患者无法解决的不堪忍受的痛苦。在这种情况下是不能实行安乐死的，其一，患者因家庭经济条件困难得不到良好的救助；其二，谋取某种不正当的经济利益。如一个人身患绝症但是其生理上无痛苦，也是不能实行安乐死的。安乐死的方式必须是尽可能无痛和仁慈的，必须符合道德人伦，做到让患者无痛苦地离开人世。立法规范现实中的安乐死行为，不仅是对社会秩序的维护，而且是真正意义上对公民生命权的尊重①。基于此，我国应该将安乐死纳入法律的范畴进行调整、规范，从而能有效地控制与安乐死相关的违法犯罪行为，逐步实现安乐死合法化。

参考文献

［1］蔡治祥.从马克思主义哲学"发展"的眼光看医学及发展趋向［J］.医学观察，2020：1674-8913.

［2］柏拉图.柏拉图全集：第一卷［M］.王晓朝，译.北京：人民出版社，2002.

［3］任俊圣.临终者权益表达形式的医学哲学审思［J］.医学与哲学，2014（12）.

［4］田甲乐.儒家生命伦理视阈下的安乐死［J］.医学与社会，2012（8）.

［5］邬拉.对安乐死的合法性改进研究［J］.法制与社会，2012（11）.

---

① 邬拉.对安乐死的合法性改进研究 [J].法制与社会，2012（11）.

浅谈医疗科技创新

杜彤萱　晏　姗

（昆明医科大学生物医学工程研究院）

近年来，智慧医疗发展迅速，医疗科技创新为智慧医疗的发展插上了翅膀。医疗卫生事业关系到人民群众的身体健康和生老病死，与人民群众切身利益密切相关。新时代"互联网＋医疗健康"发展已经从梦想照进了现实，小时候总是幻想着对于身体小毛病而言，人们不用跑去医院就能看病、开药，日有所思夜有所梦，现在医师在线上就能为患者就诊，通过患者的症状叙述以及拍照观看发病部位，医师就能通过这些症状，为患者们提出相应的建议以及措施。互联网开启了人类文明的一个崭新时代，日益成为创新驱动发展的先导力量，深刻改变着人类社会生产生活方式、社会交往方式和思维方式。生活在旧时代，人民总是吃不饱穿不暖，没钱看病，无论是生活质量还是医疗卫生，各种各样的落后。通过几代人坚持不懈地努力，"中华民族站起来了"，人民富裕起来了。医疗水平的提高，尤其是医疗科技创新，为新时代增添了一抹浓郁的色彩！

一、医疗科技创新对新时代的影响

基因组医学和分子生物学的发展，深化了对疾病本质和生命机制的认知；物理学和计算机科学的进步，使疾病的物理诊断技术取得了巨大进展；分子靶向药物的研制和应用，大大提高了肿瘤药物治疗效果，同时降低了不良反应；腔镜手术、介入治疗和器官移植技术的兴起，突破了传统外科医学模式；循证医学的建立，使临床决策建立在最好的临床研究证据基础之上，健康大数据的应用将进一步提升医疗决策的科学性[1]。

创新工场董事长兼CEO李开复博士日前在一场医疗创新趋势分享会上表示，传

作者简介：杜彤萱，昆明医科大学生物医学工程研究院医学生物化学与分子生物学硕士研究生。

通讯作者简介：晏姗，昆明医科大学生物医学工程研究院副教授，硕士研究生导师。

统的医疗大健康赛道在人工智能和自动化两大平台技术的推动下迎来创新拐点，开启"医疗＋X"的落地爆发时代。所谓的"医疗 +X"，即医疗与人工智能、自动化等多种学科和技术的交叉发展。李开复认为，在科技交叉发展越来越频繁的当下，人工智能和自动化已经成为底层的"数字基建"，它们与各领域的技术交叉带来了越来越多的创新突破。医疗健康领域也不例外。"在新冠疫情的助推下，以往'慢热'的生命科学创新进入加速模式，它正在人工智能和自动化两大技术的重塑下，往数字化、智能化方向转型升级。"

二、医疗科技创新的应用

（一）"无缝连接"——心脏连接枢纽

这种最新的医疗技术首次实现了心脏起搏器与智能手机或平板电脑的连接，让医疗设备"无缝衔接"患者生活，进行安全而直接地传递信息，便于医师更加高效地追踪和关注患者的心脏健康[2]。

医师为患者安装心脏起搏器时，一般要先将病人的心脏切开，然后把控制心跳的元件放入心脏上挖出的腔里，最后把脉冲发生器与经由锁骨处静脉接入的电线连接起来。这种手术可能很快就不再必需了。取而代之的是，从大腿主静脉处向心脏导入小型无线起搏器。对于心律失常患者或难以诊断的疑难患者，开发了这样一款小型化的心脏监测仪。以往，心脏的监测需要持续追踪心脏活动，可能一次就要几天。患者在此期间必须把便携式监测装置一直挂在脖子上。而今后，医师可以用类似注射器的设备，将新型监测仪植入心脏上 8mm 深的小创口内。心脏活动数据可以无线传输到床边的监视器上，甚至可以传送到智能手机上。更加提高患者与医师的紧密联系，更加提高了患者的生活质量。

（二）"另辟道路"——单碱基编辑

镰刀型红细胞贫血症和地中海贫血症是最常见的血红蛋白病，它们会导致人体血红蛋白和氧气不足，从而损害神经和器官，甚至可能致命。目前，血红蛋白病唯一的治疗方法是血液和骨髓移植，但只有很少一部分患者有幸得到治疗。如今，最新研究成果显示，一种实验性的基因疗法有望帮助患者自身生成具有正常功能的血红蛋白分子[2]。

镰刀型红细胞贫血病是一种常染色体显性遗传病，病因相当明确——由于基因突变，患者体内无法产生正常的血红蛋白。目前，已有多家生物医药公司正在开发治疗这种疾病的基因疗法：一些公司想把编码正常血红蛋白的基因引入患者体内，重塑患者制造这些血红蛋白的能力；另一些公司则另辟蹊径，想要恢复人体产生胎儿血红蛋白的能力。这种血红蛋白也具有运输氧气的能力，但往往在婴儿期就停止了生产。以上方法都在临床上获得了不错的成果。然而无论哪一种方法，这些理论上都有可能带来潜在的治疗风险。

镰刀型红细胞贫血病是一种单碱基突变导致的疾病，病因在于一个腺嘌呤（A）突变成了胸腺嘧啶（T）。早在几年前，刘如谦团队就已经开发出了单碱基编辑技术，在不弄断 DNA 双螺旋的情况下对碱基进行精准的编辑。但很遗憾，这种工具尚有局限，不能反其道而行之，把 T 变回成 A。从印度尼西亚的一个罕见血红蛋白变异体中，研究人员找到了新的思路。这个变异体的腺嘌呤突变成了胞嘧啶（C），但依旧可以维持血红蛋白的正常功能。而将 T 修改成 C，是可以通过单碱基编辑实现的。

（三）"如虎添翼"——最新手术机器人

10 年来，达·芬奇手术机器人从第四代发展为第五代，手术机器人的广泛应用是近年来微创外科发展的主流趋势之一，达·芬奇手术机器人是当前全球领先、应用广泛的内窥镜手术控制系统，主刀医师可以在远离手术台的操控台上，通过观看立体的腔镜手术画面操控机械臂，对患者实施精准手术。达·芬奇机器人手术如同直接拿着针做手术，可以更加自由、多角度地发挥，同时放大 20 倍的裸眼 3D 高清视野能够帮助医师完成超精细操控。因儿童的组织器官相对于成人更小，管道和血管更细，对手术的精准性提出了更高的要求，因此达·芬奇手术机器人特别适用于儿童微创外科手术，能够大大减轻儿童术中及术后痛苦[2]。

三、医疗科技创新对新时代的意义

当时代发展到今天，科技创新已经成为推动社会和个人发展的基石。从社会或国家的层面而言，如果没有科技创新，不但当前的社会和国家繁荣难以维系，还会在很短的时间内倒退；从个人的层面来说，如果没有科技创新，个人的工作效率和生活的幸福感都将会大打折扣。科技创新似乎关联着整个社会、民族、个人存在和发展的命运。这可以从当前整个社会的经济、政治、文化和科技发展面貌中体会和观察到[3]。

医疗科技创新所开发的产品，可以使人们在不增加甚至降低医疗费用的情况下享受到更高水平的医疗服务。医疗和公共卫生领域的创新帮助我们解决了医疗问题，并在相关专业领域取得了国际领先地位，也因此我们从过去国外先进技术的追随者转变为先进科技的开拓者。

医学的创新对医学的开展有着举足轻重的意义，在当今医学所面临的众多难题和重大挑战下，医学的创新就显得更加重要。创新精神提倡独立思考、不人云亦云，并不是不倾听别人的意见、孤芳自赏、固执己见、狂妄自大，而是要团结合作、相互交流，这是当代创新活动不可少的方式：创新精神提倡胆大、不怕犯错误，并不是鼓励犯错误。创新精神提倡不迷信书本、权威，并不反对学习前人经验，任何创新都是在前人成就的根底上进行的；创新精神提倡大胆质疑，而质疑要有事实和思考的根据，并不是虚无主义地疑心一切。医学的开展更需要这种创新精神，对一些旧的、不符合现在医学事实的理论敢于质疑，对不健全的医学体系敢于摒弃或完善，这样我们的医学才能适应社会开展的进程，才有可能把一直以来威胁人类生命的疾病完全地消灭[4]。

四、关于医疗创新提出的建议

我们要清醒地认识到，我国医学科技水平与世界先进国家相比还有较大差距，我们一定要在坚持需求导向、强化自主创新、突出优势特色、创新体制机制的原则下，牢牢抓住机遇，实现我国"大医学""大卫生""大健康"跨越式发展[5]。

（一）完善科技政策

完善科技政策结构体系，优化协同效应，监督科技政策的有效结合。技术创新政策要根据创新阶段不同、协同效应水平、行业技术现状等特点，进行多元化和优化，制定供给侧和需求侧多元化政策体系。同时，政府应落实知识产权保护等环境建设政策，消除自主创新的制度性壁垒，提高政策绩效和协同效应水平。

（二）突破医药关键技术

要进一步摸清家底，针对国外对我国封锁的技术、我国进口量大的产品、重要支撑保障平台和关键共性技术，充分发挥我国集中力量办大事的制度优势，布局面向2035的重大科技项目，统筹中央和地方、国际和国内资源，采取系统部署、"大兵团联合作战"的模式，不断强化事关发展全局的基础研究和共性关键技术研究，全面提高我国医学科技自主创新供给和保障体系，力争实现我国生物医药技术科技创新由跟跑并跑向并跑领跑转变[5]。

（三）鼓励原创、促进转化

新时代，高水平医学科技创新要转化为认识生命、促进健康、经济发展、国家安全的"国之重器"，需要强调坚持基础研究、临床研究和技术产品研发创新全链条有机融通；强调坚持科学兴趣驱动和战略需求驱动相结合的创新范式；强调"基础研究和核心技术供给路径、国家需求牵引的攻关创新路径"新型双引擎创新强国路径[6]。

（四）支持科研人员进行自由探索

科技创新是培养出来的，研究热点、新兴领域的兴起往往是某项原始创新或突破性创新通过科学家们的信息觅食或信息偶遇所选定、采纳，从而触发的迭代创新过程[7]。因此可以说一个学科次级创新或迭代创新的数量或活跃程度反映了这个学科的科技创新活力。但是现如今，科研管理中一味强调科研周期、成果数量，这将会对科学研究设置壁垒。科研管理和项目研究本身不是问题，但是如果一味以好的结果作为管理、科研的目的，则会产生对科技创新的制约。再者科技创新是一个缓慢而稳定的过程，不是一蹴而就的，因此不应为研究者的科研提供太多的规则限制，自由的科研空间是科技创新萌芽所必需的[8]。

相信在不久的将来，新冠病毒被消灭，健康码行程卡功能关闭，人们可以摘下口罩，医护人员可以有空在家陪家人，学生在教室上课，可以看演唱会，见想见的人，去看看世界。后来，人们摘下口罩，再次看清了对方的脸，面带微笑。

参考文献

［1］苏庆玲，郭展熊，黄小坪，等.高精尖设备促进精准医疗，科技创新助力健康中国建设［J］.中国医疗设备，2022，37（9）：1-3.

［2］邵常清.2021年度十大医疗创新成果［J］.张江科技评论，2021（6）：6-7.

［3］黎松.科技创新与良善生活的辨证［J］.阴山学刊，2022，35（4）：27-32，2.

［4］崔景斌，陈正跃.医学创新对医学发展的影响和意义［J］.河南医学研究，2002（1）：80-82，85.

［5］曹雪涛.对我国医学科技自主创新发展的几点思考与建议［J］.中华医学杂志，2020，100（1）：1-3.

［6］詹启敏，杜建.论医学科技与"国之重器"［J］.北京大学学报（医学版），2022，54（5）：785-790.

［7］宋歌.共被引分析方法迭代创新路径研究［J］.情报学报，2020，39（1）：12-24.

［8］孙文莺歌，李艺影.对医学领域科技创新工作的思考与建议［J］.中国医药导报，2020，17（33）：181-184.

新冠疫情下再议人与自然的关系

——基于恩格斯自然报复思想

李新宇　刘小勤

（昆明医科大学马克思主义学院）

自新冠疫情暴发，COVID-19 病毒在人类的"围追堵截"中不断进化、变异，截至 2022 年，全球范围内新冠病毒变异毒株已经发现超 1000 种。新冠疫情的蔓延，不仅给人类的生产生活、生命健康带来了巨大威胁，同时造成精神和心理的困扰。新冠疫情大流行的本质就是病毒的变异，而导致这种变异的最大因素就是生态环境的不断恶化，进而将人与自然的矛盾尖锐地呈现出来，并且迫使人类重新开始思考社会经济的发展与生态环境的关系，积极纠正疫情背后错误的生态认知。面对全球性的生态危机，恩格斯早在 100 多年前就发出"我们不要过分陶醉于我们人类对自然界的胜利。对于每一次这样的胜利，自然界都对我们进行报复"[1] 的生态警示。恩格斯的自然报复思想展示了人与自然间的互动、矛盾及动态发展的过程，阐述了马克思主义的新型自然观，正确地把握了人与自然之间的辩证关系。从恩格斯自然报复思想的视角下，审视新冠疫情的暴发，提高对于自然规律认识和把握，反思人与自然的关系，从而为全球疫情防控以及人与自然和谐共处寻求良策。

作者简介：李新宇，男，昆明医科大学马克思主义学院硕士研究生。

通讯作者简介：刘小勤，女，昆明医科大学马克思主义学院教授，硕士生导师。

[1]　恩格斯.自然辩证法［M］.北京：人民出版社，2018：313.

一、现状：人与自然的现实困境

（一）人与自然关系的错误认知

恩格斯认为"人的思维最本质的和最切近的基础，正是人所引起的自然界的变化，而不仅仅是自然界本身；人在怎样的程度上学会改变自然界，人的智力就在怎样的程度上发展起来"[①]。人类对于事物的认知往往取决于客观实践水平，在特定的实践基础上形成的特定思维方式对人类生产活动起价值导向作用，对人类的生产生活方式产生不可磨灭的影响。恩格斯强调，自然报复的思想根源来自人类过分注重人与自然互动的最近的结果。在新冠疫情初期，为了遏制病毒发展，人类不断尝试各种药物治疗手段，追求如何快速消灭病毒，促进健康恢复，虽然取得了一定的成效，但忽视了病毒本身的自然规律，最终导致病毒不断地变异、进化。现代化进程加速发展，人类在自然界占据主导地位，以人类为中心的思想在不断被放大和强化，将自然视为发展过程中的"俎上鱼肉"，恣意妄为地对自然资源无节制利用，无视生态环境。如果把新冠疫情肆虐、猴痘病毒暴发等当作大自然对于人类的报复，那么这些来自大自然的警示理应让人类反省，人类是否真的是自然的主人。因此，我们要转变对于自然的认知，从人类的根本利益出发，把不断从自然界中索取的观念转变到尊重和敬畏自然。

（二）科学技术发展的两面性

纵观人类发展历史，科学技术的稳步发展是历史发展的必然趋势，人类通过科技来改造自然、利用自然，并且不断深化对于自然的认识，摆脱对于自然的迷信，树立科学的自然观。科学发展带动技术革新，促进生产力发展，恩格斯在《英国工人阶级状况》中高度赞赏了科学发现为新技术的发明和应用奠定了重要的基础。尤其是在资本主义社会，激烈的竞争迫使企业争相追逐先进的生产设备以及生产工艺，这就对科技的发展提出更高的要求和期望，并且促使科学与技术之间的联系越来越紧密。在科学与技术发展的同时，社会生产力也得到了极大的提高，技术的进步带动劳动生产率提高，缩短劳动生产时间，并且能够更好地对自然资源进行利用，实现了对劳动资料以及对象的节约。但是，伴随资本主义工业化的不断推进，人与自然环境之间的问题也逐渐暴露出来，空气污染、土地沙漠化、河流污染、森林破坏等现象慢慢呈现。资本主义舍本逐利的价值导向是科技发展对自然不利影响的重要原因，对于累积资本的狂热追求，造成了自然资源过度开发利用。资本主义依靠先进的科技，对自然界进行

---

① 恩格斯.自然辩证法［M］.北京：人民出版社，2018：98.

无节制的利用，突破自然界的承受边界，破坏自然的运行体系，把自然当作满足人类需要的对象，无视自然界的客观规律。在《自然辩证法》中，恩格斯以西班牙种植场焚烧古巴森林、马铃薯遭受病害造成爱尔兰大饥荒、美洲土著居民灭绝乃至黑奴贩卖等实例，揭示了资本主义生产方式的逐利本性。他在《劳动在从猿到人转变过程中的作用》中说："一个厂主和商人在卖出他所制造的或买进的商品时，只要获得普通的利润，他就心满意足，不再去关心以后商品和买主的情形怎样了。这些行为的自然影响也是如此。当西班牙的种植场主在古巴焚烧山坡上的森林，认为木炭作为能获得最高利润的咖啡树的肥料足够用一个世代时，他们怎么会关心到，以后热带的大雨会冲掉毫无掩护的沃土而只留下赤裸裸的岩石呢？"①。人类征服自然的活动势必会带来生态环境的破坏，病毒的生存空间也势必会受到改变，为了自身的生存和发展，从感染动物到感染人类是它存活的方式。人类对于这一类来自自然界的病毒初次接触时并不存在免疫力，这就大大增加人类感染和传播的机会，这也是病毒生存的手段，同样不可否认的是这也是客观自然规律。同时，科技的发展把人类的脚步带到了世界各个角落，变相地增加了人与病毒接触的机会。在当今世界经济全球化向纵深发展的历史时，人们的交通工具从过去的马车、轮船转变成为飞机、高铁等，便利的交通设施大大缩小了人际交流的地理空间限制，同时为病毒的传播带来更为便捷的通道。自然界中生命相互依存的方式决定了哪怕我们采用最先进的科技手段消灭了新冠病毒，但未来也可能会有另一种病毒的出现，这就是自然界的秩序。

（三）阶级利益与制度缺陷

恩格斯从社会历史领域批判资本主义私有制冲击着人与自然的关系，在资本的作用下，逐利以及短视行为激化着人与自然间的矛盾。人类不断掠夺自然资源，在征服自然的错误道路上渐行渐远，从而导致各种生态危机。恩格斯指出，"到目前为止的一切生产方式，都仅仅以取得劳动的最近的、最直接的效益为目的"②。在资本主义生产方式的引导下，这种短期逐利行为忽视了长远的发展，是生态危机产生的根源。在资本主义生产方式下，"生产达到这样的高度，以致社会不再能够消耗掉所生产出来的生活资料、享受资料和发展资料，因为生产者大众被人为地和强制地同这些资料隔离开来"③。生产者与生产资料分离、供需不平衡、产品过剩等必然会造成资源浪费，

---

① 恩格斯.自然辩证法［M］.北京：人民出版社，2018：316.

② 恩格斯.自然辩证法［M］.北京：人民出版社，2018：315.

③ 马克思，恩格斯.马克思恩格斯全集：第二十六卷［M］.北京：人民出版社，2014：756.

同时会不断增加环境的压力。恩格斯评判道，资本主义的逐利性对自然的影响是巨大的，甚至是毁灭性的，资本家对于生态环境的破坏是无休止的，为了获得经济利益以牺牲环境为代价，这种短视行为势必遭到自然界的反噬，人类在自然灾害面前将是不堪一击。在新冠疫情至今仍在流行的全球严峻形势下，恩格斯的自然报复思想得到了很好的验证。人类对自然的掠夺与索取，一旦超出了自然界的承受能力，违背了自然界的规律，那些本存在于动物体内的病毒，因为人类的逐利行为，被带入人类社会，人类在初次面对这些新的病毒时毫无免疫能力，势必导致在人群中的广泛流行。正如恩格斯所说的，"每一次胜利，起初确实取得了我们预期的结果，但是往后和再往后却发生完全不同的、出乎意料的影响，常常把最初的结果又消除了"①。在资本主义制度的统治下，生产的最终目的只在于完成现实交换，完全忽略其使用价值的实现，一旦产品被消费，就意味着生产的不断扩大，那么其结果就是对自然界进行下一轮的资源掠夺，并且无限循环。恩格斯对资本主义批判道："当一个厂主卖出他所制造的商品或者一个商人卖出他所买进的商品时，只要获得普通的利润，他就满意了，至于商品和买主以后会怎么样，他并不关心。关于这些行为在自然方面的影响，情况也是这样"②。人与自然在资本作用下对立冲突，其关键问题在于人类如何进一步认识自然、改造自然并且融入自然，而不是为了维护一系列不合理的生产关系，不断加剧生产方式的短视以及逐利行为，这也是从侧面说明了资本主义制度对于生态环境问题的无力性。在恩格斯看来，资本主义生产的不断进步和发展促进社会矛盾的爆发，进而引发人与人以及人与自然进行和解，但其本身并不具备这种能力，势必会导致结局的恶化，人与自然关系逐渐走上天平的两端。

二、反思：人与自然的和解之道

（一）尊重自然，合理发挥人类主观能动性

恩格斯在当时的社会发展背景下，敏锐地观察到人类社会文明进步和发展存在的潜在危机，洞察到人类实践活动对于生态环境的破坏，深刻认识到自然的界限以及自然生态的基础性价值。恩格斯以自然报复的比喻来阐述人类实践活动同自然边界的关系。人类有意识、有目的地改造自然的实践活动是人类社会存在的特殊表现，体现了人的主观能动性和自主创造性。但不可否认的是，人类一切主体性活动都是基于自然

① 马克思，恩格斯.马克思恩格斯全集：第二十六卷［M］.北京：人民出版社，2014：769.
② 恩格斯.自然辩证法［M］.北京：人民出版社，2018：316.

条件的前提下进行的，存在着主动性和被动性的双重属性。一方面，自然界为人类提供赖以生存的空气、土地等外部自然条件。另一方面，自然界还为人类提供了生产生活资料的资源，这些资源是人类生产实践的基础，但其本身在一定时间空间上是有限的存在，一旦超出自然的承受范围，打破自然的客观规律，就很大程度上会引发自然的报复。进入 21 世纪，人类面临的一系列生态灾害，其本质是人类对于自然界的过分改造实践，一味追求人类需求的满足，无视自然界的基础情况，其结果也必定是突破自然界承受能力而引发的生态灾难。因此，人类在面对自然时，充分发挥主观能动性进行改造时要懂得尊重自然，利用自然资源的同时要切实掌握自然基本状况，避免资源枯竭、生态破坏。人类需要以满足人类需要的目的性和以凸显自然界生态价值的基础性作为社会生产实践价值导向，不断推动人与自然的和谐共处。

（二）和谐共处，推动绿色科技发展创新

恩格斯在阐述科技发展对自然环境影响时提到，科技的进步发展能够帮助人类深化对于自然的认识，有助于科学的、唯物辩证的自然观的形成，掌握自然规律，树立正确的自然观念。其次，科技能打破自然条件的限制，促使人类将不能利用土地进行改造后重新利用，实现对土壤的改良。最后，恩格斯认为，更先进的科技和设备能够减少生产资料的损耗，提高生产效率，减少废弃物排放。同时，也加深对于废弃物的认识，变废为宝，缓解对自然环境的压力。因此，现代社会要不断推动绿色科技的发展，充分发挥科技为生态环境带来的正面影响，依靠科技的力量修复破坏的生态环境、加强环境保护、减少自然资源浪费、加强环境污染治理等。虽然生态环境问题会牵扯到科技发展，但其本身而言是资本主义无节制利用传统科技进行自然资源的掠夺，破坏自然的有机整体性，加剧能源危机，影响气候环境，生态环境问题愈发突出，最终导致人类自食其果。但是如果人类能够合理地处理人与自然之间的关系，利用合理的科技，就能够促进科技的进步作用。绿色科技就是对传统科技的超越，以保障自然为基础，尊重自然规律，在满足人类需求的同时能够保护生态环境。科技发展的步伐是不可逆的，人类一方面要警惕可能带来的破坏，同时要坚信科学技术的力量是解决生态问题的重要保障。科技的确是一把双刃剑，关键在于人类如何使用，合理利用即可造福人类，不合理利用就可能祸及人类。现代科技的发展将逐渐走向生态化，以绿色科技为保障，实现人类社会以及自然的可持续性发展。

（三）构建人与自然命运共同体

恩格斯认为，人是自然的一部分，人与自然是统一体，其自然观辩证地论述了人

与自然的关系，对当今世界构建"人与自然命运共同体"提供理论指导。人与自然是无法独立区分开来的，二者是一个有机的整体，相互发展、相互制约。人与自然命运共同体理念揭示人与自然共生的关系，为生态文明建设以及人与自然和谐共生提供理论依据。新冠疫情的突发，人类与微生物展开了殊死搏斗，付出了惨重的代价，虽然没有具体证据指明此次疫情的源头，但是能够明确的是这必定与人类自身行为相关联。恩格斯指出人类行为对自然的伤害最终会报复在人类自己身上。人类是从自然中来的，本身逃脱不了自然属性，人类对自然的伤害实际就是对自身的伤害，新冠疫情就是最真实的写照。反观现代自然环境，频繁遭受人类破坏，自然灾害频发，人类的生命安全受到了严重威胁。"人与自然命运共同体"为解决全球性生态环境问题，实现人与自然和谐共生、共融发展提供了全新路径。地球是一个整体，尤其是全球化趋势日趋加速的今天，各个国家和民族之间的各个领域都有着紧密的联系。如今气候变暖、冰川融化、大气污染等全球性生态安全问题急需解决，全球只有通力合作，齐心协力才能够解决这些棘手问题，特别是在面对各国不同经济发展及实力的前提下，更需要发达国家的表率，承担更多的责任，摒弃生态霸权主义。"人与自然命运共同体"为人类发展提供新的理念，强调各国应该树立命运共同体意识，共同推进生态文明建设，应对全球性环境生态问题，加强国际合作交流，促进人与自然命运共同体的构建，使得全人类共同受益。新冠疫情至今持续不断就是 1 个生动的案例，有力地说明了抗疫不是 1 个国家或者 1 部分人就能够成功，更需要的是全人类的连接成为 1 个命运共同体，同舟共济，共同努力来完成和实现疫情的阻击。在自然面前，没有任何 1 个人 1 个国家能够置身事外。

三、展望：人与自然的发展道路

（一）发展生态文明建设

恩格斯对资本主义生态问题产生根源及解决路径进行了探索，实现了唯物论、辩证法、唯物史观在自然生态领域的内在统一。社会主义制度是解决人与自然关系的根本途径，在社会主义制度下，"人们第一次成为自然界的自觉的和真正的主人"[①]，社会主义是实现人与自然、人与人关系正确发展的途径。《自然辩证法》中提及资本主义制度的本质是反生态的本质，并且指出人类如果试图控制自身生产活动对社会以及自然方面的消极影响就需要对社会制度进行改革，利用制度的强制性以及约束性对人

---

① 马克思，恩格斯 . 马克思恩格斯文集：第九卷［M］. 北京：人民出版社，2009：356.

的主观自觉意识进行有力补充。恩格斯列举了诸多生态破坏案例，通过对每一个案例的剖析，我们不难发现生态破坏的发生无外乎环境保护意识欠缺以及人类生产活动没有受到有效的监管。当前需要完善生态环境监管制度，发挥多元主体协同作用，明确不同主体的任务和分工，形成相互配合监督的"协同共治"格局。其次，构建生态环境风险防范化解制度，科学、精确、有效地应对生态环境的风险挑战，逐步提升生态治理的水平和能力，扎实保障生态环境安全。生态文明建设需要科学地看待资本的双重效应，善于发挥资本的文明作用，扬资本之善，抑资本之恶，实现对资本逻辑的超越，促进资本的理性增殖。自然报复论是大自然对人类无视客观规律实践活动的后发性反馈。因此，在今后社会发展过程中，人类要切实承担生态环境保护的责任，实现人类社会与自然界的共同发展，有效推动生态文明建设。

（二）坚持和谐共生的现代化道路

现代社会的经济发展要立足于生态环境保护的基础之上，积极把握好经济发展与生态环境保护的辩证关系。生态环境本身就是财富，做好生态环境保护就是在进行财富的积累，能够正确认识到这一点，就能够促进人们正确地认识自然和改造自然。虽然生产力提高，生产方式改革，促进了人类生活水平的改善，但是不能以牺牲自然作为代价，最终只会带来更加严重的生态问题。人类生存和发展离不开自然，保护好自然就是在保护和发展生产力，我们不能将现代经济发展同生态保护相对立，两者是相辅相成，要同时协调推进经济发展与生态保护，促进经济发展带动生态保护，同时要把生态优势转化为经济优势。我们要积极推进绿色发展方式，提倡绿色生活方式；推动科技创新，通过开发新技术、升级新设备不断提升生产效率，降低生产成本，减少生产资源损耗；引导资本发展，合理利用和规划资本，促进社会进步和发展的同时要减少其负面影响；转变经济发展方式，调整产业结构，开发新能源，实现经济发展与生态保护的平衡，促进二者协调发展；倡导绿色消费模式，合理适度消费，自觉形成可持续消费模式，减少资源浪费和环境污染；积极完善法律及监管体系，加强生态教育，树立生态保护意识，在实践和行动中促进人与自然的和谐共生。

（三）实现人的自由全面发展

人与自然的研究最终仍然要归于人的发展，正是人的发展关系到社会主义各事项的建设，直接影响社会建设的格局。马克思指出，人与自然和解是有利于实现人的自由全面发展，人能够得到全面自由发展一定是在人与自然和解的关系下进行的。人与自然矛盾的化解，创造出良好的生态环境，这是人能够得到自由全面发展的客观条件。其次，人与自然在本质上是统一的，人类对于自然的伤害最终会以自然报复的形式反馈于人类自身。人类的解放是建立在自然的解放之上，将自然从人类的异化方式中解放出来，是人类自身解放的重要内容。人与自然共融共存，构建一个和谐统一的"真正的共同体"，"将是这样一个联合体，在那里，每个人的自由发展是一切人的自由发展的条件"①。社会主义制度是人与自然矛盾的解决的最终途径，社会主义社会是一个更多正义、更少异化的社会，更适合人类本性所具有的创造性和社会性②。当代社会的新型发展观要以人的自由全面发展为目的，摒弃任何导致自然破坏以及人的异化的发展模式；要坚持维护全人类的共同利益，为人类美好幸福生活的实现作为最终归宿；要以马克思恩格斯人与自然关系思想为引领，坚持生态文明建设；坚持生态环境保护。

四、结语

人类的政治、经济、文化等活动都离不开其所在的生态环境，自然界为人类生存提供了生命不可或缺的物质资料。虽然自然为人类提供了如此多的生态经济价值，但人类的实践活动从未停止过对自然的破坏。由于人类活动，地球局部以及整个生态系统都面临着巨大挑战，生态危机事件层出不穷，威胁着人类生存和发展。人类命运与生态环境安全息息相关，打破了自然界的平衡，必将遭受自然界的报复，新冠疫情让人类付出了惨重的代价，经济后退、社会停摆、生命离去等一系列惨痛教训，进一步说明了生态文明建设的重要性。人类要保持尊重自然、敬畏自然，任何发展都必须遵循自然规律，在不断开发和改造自然的实践活动中要自觉、自动地保护自然生态环境。总之，通过新冠疫情重新审视人与自然的关系，对恩格斯自然报复论有了新的认识，人类需要从被动生态保护转换为主动生态建设，在进行自然资源利用的同时要给自然留有足够修复时间，确保自然的自我修复。此外，人类需要深度反思自然界的生态警示，不断重构人与自然的和谐共生关系，为人与自然的和解以及人类自身发展开辟现代化生态道路。

---

① 马克思，恩格斯.马克思恩格斯文集：第二卷［M］.北京：人民出版社，2009：53.

② 乔纳森·休斯.生态与历史唯物主义［M］.张晓琼，侯晓滨，译.南京：江苏人民出版社，2011：176.

参考文献

［1］恩格斯.自然辩证法［M］.北京：人民出版社，2018：313.

［2］恩格斯.自然辩证法［M］.北京：人民出版社，2018：98.

［3］恩格斯.自然辩证法［M］.北京：人民出版社，2018：316.

［4］恩格斯.自然辩证法［M］.北京：人民出版社，2018：315.

［5］马克思，恩格斯.马克思恩格斯全集：第二十六卷［M］.北京：人民出版社，2014：756.

［6］马克思，恩格斯.马克思恩格斯全集：第二十六卷［M］.北京：人民出版社，2014：769.

［7］恩格斯.自然辩证法［M］.北京：人民出版社，2018：316.

［8］马克思，恩格斯.马克思恩格斯文集：第九卷［M］.北京：人民出版社，2009：356.

［9］马克思，恩格斯.马克思恩格斯文集：第二卷［M］.北京：人民出版社，2009：53.

［10］乔纳森·休斯.生态与历史唯物主义［M］.张晓琼，侯晓滨，译.南京：江苏人民出版社，2011：176.

"健康中国"战略背景下昆明医科大学大学生体质健康状况调查研究

任雪峰　魏晨曦　张明珠

（昆明医科大学口腔医学院）

一、调查背景

"健康中国2030"重点推动建设健康中国。我们要坚持预防，提倡健康文明的生活方式，创造绿色健康的环境，减少疾病。要调整和优化卫生服务体系，加强早期诊断、早期治疗和康复，维护基础，加强基础，建立机制，更好地满足人民的卫生需求。坚持政府领导、动员全社会参与。优先解决重点人群的健康问题。构建一个健康服务体系，加强法治，并扩大卫生健康国际交流合作。各级党委政府必须增强责任感和紧迫感，坚持人民健康优先发展的战略地位，尽快研究并制定支持政策，坚持问题导向，毫不迟延地完成短期纲领，不断为实现"两个一百年"的中国梦和中华民族的伟大复兴奠定坚实的基础。今年是"健康中国2030"的第五年，马上进入第六年，随着时代的发展，我国的医疗体系也发生了许多改变，人民的身体素质也随之提高，随着经济条件的改变，大学生的生活质量也逐步提高，大部分大学生因为受到家长的呵护，自身也对目前的生活状况感到满足，使得现在学生越来越不愿意参加体育锻炼，

作者简介：任雪峰，男，昆明医科大学口腔医学院，口腔医学专业硕士研究生。

　　　　　魏晨曦，男，昆明医科大学口腔医学院，口腔医学专业硕士研究生。

通讯作者简介：张明珠，女，昆明医科大学口腔医学院教授，硕士研究生导师。

从而大量减少了体育体能训练的时间①。据研究显示，我国当代大学生在身体健康素质方面并不理想，处于下降趋势②。因此我们想要对昆明医科大学的在校大学生的身体素质展开调查。

二、调查对象及方法

（一）调查对象：昆明医科大学在校大学生。

（二）调查方法：通过电子问卷形式发放。

三、调查统计与分析

（一）调查统计

①样本年级分布：10.78%的为大一学生；14.71%的为大二学生；8.82%的为大三学生；11.76%的为大四学生；11.76%的为大五的学生；42.16%的为研究生。

②样本睡觉时间分布：没有学生在晚上10点前睡觉；5.88%的学生在晚上10点至11点睡觉；52.94%的学生在晚上11点至12点睡觉；41.18%的学生在晚上12点以后睡觉。

③样本睡眠质量分布：4.9%的学生经常失眠；13.73%的学生睡眠比较差；52.94%的学生睡眠比较好；28.43%的学生睡眠很好。

④样本吃早餐的分布：36.27%的学生吃早餐的次数在4天及4天以下；33.33%的学生吃早餐的次数在5天或6天；30.39%的学生每天吃早餐。

⑤样本喜好食物的分布：69.6%的学生喜欢吃炒菜；73.53%的学生喜欢吃蔬菜；76.47%的学生喜欢吃火锅；66.67的学生喜欢吃油炸小吃；81.37%的学生喜欢吃水果。

⑥样本锻炼次数分布，32.35%的学生每周基本不参加锻炼，34.31%的学生每周参加锻炼的次数为1~2次；22.55%的学生每周参加锻炼的次数为3~5次；10.78%的学生每周每天都参加锻炼。

⑦样本认为学校场地的设施是否齐全的分布：17.65%的学生选择不齐全，

① 戴超平．"健康中国"视域下大学生体质健康影响因素分析及干预措施［J］．当代体育科技，2021，11（26）：253-256.

② 任严强，韩海珍．"健康中国"背景下大学生体质健康现状与路径研究［J］．西北成人教育学院学报，2021（5）：96-99.

56.86%的学生选择一般；25.49%的学生选择齐全。

⑧样本认为当代大学生身体素质状况如何的分布：21.57%的学生选择较差；17.65%的学生选择不清楚；56.86%的学生选择一般；3.92%的学生选择很好。

⑨样本认为上大学之后体质与以前相比的分布：31.37%的学生选择有所下降；4.9%的学生选择不清楚；44.12%的学生选择基本相当；19.61%的学生选择有所提高。

⑩样本对于目前压力的分布：9.8%的学生选择不大；59.8%的学生选择还好；有30.39%的学生选择大。

⑪样本认为压力来源的分布：87.25%的学生选择社会；39.22%的学生选择父母；67.65%的学生选择学校。

（二）调查分析

1. 大学生体质健康状况

由调查结果显示，21.57%的学生认为大学生的体质较差；17.65%的学生并不清楚当前大学生的体质情况；56.86%学生认为目前大学生的体质一般；仅有3.92%的学生认为大学生的体质很好。31.37%的学生认为自己的体质健康在读大学后有所下降；4.9%的学生不清楚；44.12%的学生认为自己的体质健康基本没有变化；仅有19.61%的学生认为自己的体质健康有所提高。为了清晰地了解大学生的体质健康情况，我们对接受调查的大学生中的BMI指数进行了分析，从BMI指数分析来看，在接受调查的大学生中仅有40.20%的学生在正常范围内（图1）。该结果表明在接受调查的大学生中，大部分学生的身体素质或多或少都存在一些问题。于是我们将接受调查的大学生中平时喜欢吃的食物进行了权重分析，火锅达28%，而火锅油脂含量过高。火锅的汤大多采用猪、羊油等高脂肪物质为底料，又多以辣椒、胡椒和花椒等为佐料，吃多了易导致高血脂、十二指肠溃疡、口腔溃疡、痔疮、牙龈炎等疾病。同时吃火锅多数人喜欢吃带有刺激性的调料，而调味料中的辣椒酱和沙茶酱对胃肠的刺激较大，吃得过多会引起胃肠的不适。火锅的辛辣味道最先刺激的是食道，接着迅速通过胃、小肠等，严重刺激胃肠壁黏膜，引起胃酸和胀气，除容易引发食道炎、胃炎外，腹泻也在所难免。所以这可能会是影响大学生体质健康降低的一个因素（图2）。同时很多研究都表明，睡眠出现障碍是最容易引起人身体出现健康问题的根源所在，因此我们对"你平时几点休息"和"你的睡眠质量如何"两项间的关联关系进行了分析。从表1可知，"你平时几点休息"和"你的睡眠质量如何"进行交叉分析时P值为$P=0.096<0.2$，虽然二者关系一般，但说明入睡时间和睡眠质量有一定的关系，从而影响了大学生的体质健康。

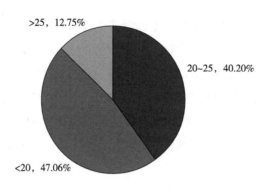

图1 BMI 指数分析

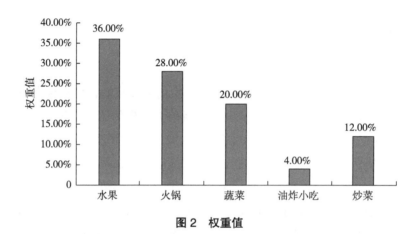

图2 权重值

表1 "你的睡眠质量如何"和"你平时几点休息"交叉分析

题目	名称	你平时几点休息（%）			总计	χ^2	P
		十点至十一点	十一点至十二点	十二点后			
你的睡眠质量如何	很好	2（33.33）	15（27.78）	12（28.57）	29（28.43）	10.748	0.096
	比较好	2（33.33）	33（61.11）	19（45.24）	54（52.94）		
	比较差	2（33.33）	6（11.11）	6（14.29）	14（13.73）		
	经常失眠	0（0.00）	0（0.00）	5（11.90）	5（4.90）		
总计		6	54	42	102		

2. 大学生的压力情况

调查结果显示，59.8%的学生认为自己压力还好，30.39%的学生压力大，仅有9.8%的学生压力不大。大部分学生认为压力有87.25%来源于社会，39.22%来源于父母，67.65%来源于学校（表2）。在接受调查的大学生中，本次研究"你目前的压力大吗"和"你的年级"两项间的关联关系，因而使用简单对应分析进行研究。从对应表可知，"你目前的压力大吗"和"你的年级"进行交叉分析时 $P=0.081<0.2$，意味着二者关系一般。但可以轻微说明随着年级的增长，压力也随之上升，同时我们进行了压力来源的权重分析，结果显示压力主要来源于社会和学校。其中社会高达55.56%（图3）。

表2 "你的年级"和"你目前的压力大吗"交叉分析

题目	名称	你目前的压力大吗（%）			总计	χ^2	P
		大	还好	不大			
你的年级	大一	1（3.23）	8（13.11）	2（20.00）	11（10.78）	16.726	0.081
	大二	3（9.68）	9（14.75）	3（30.00）	15（14.71）		
	大三	0（0.00）	8（13.11）	1（10.00）	9（8.82）		
	大四	6（19.35）	6（9.84）	0（0.00）	12（11.76）		
	大五	6（19.35）	4（6.56）	2（20.00）	12（11.76）		
	研究生	15（48.39）	26（42.62）	2（20.00）	43（42.16）		
总计		31	61	10	102		

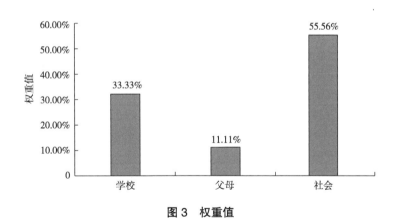

图3 权重值

3. 大学生的体育锻炼情况

调查显示，32.35%的学生每周基本不参加锻炼，34.31%的学生每周参加锻炼的次数为 1 ~ 2 次，22.55%的学生每周参加锻炼的次数为 3 ~ 5 次，仅有10.78%的学生每天都参加锻炼。本次研究"你的年级"和"你一周的锻炼频率"两项间的关联关系，因而使用简单对应分析进行研究。从对应表可知,"你的年级"和"你一周的锻炼频率"进行交叉分析时呈现出 0.05 水平的显著性(χ^2=46.251,P=0.000<0.05),意味着二者有着差异关系。由此说明随着年纪的生长,大学生选择体育锻炼的也越来越少(表3)。

表3 "你一周的锻炼频率"和"你的年级"交叉分析

题目	名称	你的年级(%)						总计	χ^2	P
		大一	大二	大三	大四	大五	研究生			
你一周的锻炼频率	每天	3(27.27)	7(46.67)	0(0.00)	0(0.00)	0(0.00)	1(2.33)	11(10.78)	46.251	0.000
	3~5次	5(45.45)	4(26.67)	3(33.33)	2(16.67)	2(16.67)	7(16.28)	23(22.55)		
	1~2次	2(18.18)	3(20.00)	4(44.44)	6(50.00)	2(16.67)	18(41.86)	35(34.31)		
	基本不参加	1(9.09)	1(6.67)	2(22.22)	4(33.33)	8(66.67)	17(39.53)	33(32.35)		
总计		11	15	9	12	12	43	102		

我们对"你一周的锻炼频率"和大学生的体质情况进行了分析,从对应表可知,"你一周的锻炼频率"和"上大学之后你的体质与以前相比"进行交叉分析时 P=0.055<0.2,意味着二者关系一般,说明不进行体育锻炼与身体健康素质有一定的关系(表4)。

表4 "上大学之后你的体质与以前相比"和"你一周的锻炼频率"交叉分析

题目	名称	你一周的锻炼频率(%)				总计	χ^2	P
		每天	3~5次	1~2次	基本不参加			
上大学之后你的体质与以前相比	有所提高	4(36.36)	5(21.74)	4(11.43)	7(21.21)	20(19.61)	16.643	0.055
	基本相当	5(45.45)	13(56.52)	14(40.00)	13(39.39)	45(44.12)		
	不清楚	2(18.18)	1(4.35)	2(5.71)	0(0.00)	5(4.90)		
	有所下降	0(0.00)	4(17.39)	15(42.86)	13(39.39)	32(31.37)		
总计		11	23	35	33	102		

我们对"学校场地的设施齐全吗"和"你一周的锻炼频率"进行了关联分析。从对应表可知,"学校场地的设施齐全吗"和"你一周的锻炼频率"进行交叉分析时 P=0.380>0.2,意味着二者之间没有差异关系。因此可以得出学校场地的设施齐全与否并不是大学生不进行体育锻炼的原因(表5)。

表5 "你一周的锻炼频率"和"学校场地的设施齐全吗"交叉分析

题目	名称	学校场地的设施齐全吗（%）			总计	χ^2	P
		齐全	一般	不齐全			
你一周的锻炼频率	每天	3（11.54）	6（10.34）	2（11.11）	11（10.78）	6.404	0.380
	3～5次	8（30.77）	13（22.41）	2（11.11）	23（22.55）		
	1～2次	6（23.08）	24（41.38）	5（27.78）	35（34.31）		
	基本不参加	9（34.62）	15（25.86）	9（50.00）	33（32.35）		
总计		26	58	18	102		

四、调查总结

（一）影响大学生体质健康的各项因素

1. 社会因素

随着技术现代化进程的不断进步，互联网和计算机技术在人们的生活中得到了广泛的应用。电脑时代迅速发展，导致学生花在体育活动上的时间大幅减少。现在的学生通常是虚弱和肥胖[①]。有研究表明，上网在大学生的业余生活中排名第二，因此不可避免地影响了当代大学生的健康体质。网络文化的兴起使学生将网络作为交流对象，而网络又将室外的"游戏"转入室内，提高了"手眼能力"，退化了"腿脚能力"。因而不可避免地影响学生体质。再加上学校对学生管理的松懈。绝大多数学生有通宵上网的习惯，过度的通宵也是造成学生体质健康下降的重要因素之一。这与我们的调查结果基本一致，大多数同学都是在12点后入睡。

2. 学校因素

学生在进入大学后，高校每个星期基本只会安排1～2节体育课，根本无法满足学生的锻炼需求，根据我们的调查结果显示，在"你认为学校的体育课时安排合理吗？"这个问题中，有38.24%的学生选择少，这也恰恰说明了学校的体育安排课时不合理。

高校缺乏一个适合学生身心特点的校园文化氛围，课余体育活动不够丰富，师生之间的了解、沟通不够广泛全面。校园体育运动设施问题是学生及教师等所有人员都认为存在的问题。

[①] 黄强. "健康中国"背景下大学生的体质健康教育研究［J］.大学，2021（21）：137-139.

3. 个人因素

（1）缺乏运动

通过该问卷调查发现一大部分学生缺乏自我主动锻炼的意识。大学生体育锻炼意识逐渐淡化，随着国民生活水平的提高，学习任务繁重，很难抽出时间进行锻炼，导致学生体质健康状况出现持续下降的趋势。

（2）熬夜

通过该问卷调查发现熬夜已经成为一个普遍的现象，不少同学已经把熬夜当成了一种习惯，"早睡"这个词语正在离大学生越来越遥远。然而，熬夜所带来的危害已渗透到大学生生活的方方面面，给大学生带来了很多不良影响。随着大学的生活和学习越来越快节奏化，熬夜越来越普遍化。毫无疑问，熬夜会对学生体质健康造成负面影响。

（3）没有养成良好的饮食习惯

通过该问卷调查发现大部分大学生未养成良好的饮食习惯，例如，相当多的大学生不吃早餐或早餐营养质量不高，偏爱零食、洋快餐、油炸食品、校外就餐，蔬菜和水果摄入量少，一日三餐进餐时间和分配也无任何规律，随意性非常大。由此可见当代大学生普遍缺乏营养学知识，饮食消费行为基本处于盲目状态，随意性较大。不科学的饮食习惯会对大学生的身体素质以及学习效率有较大的影响。

（二）研究的不足

此次调研的局限于昆明医科大学的在校大学生，对昆明医科大学来说具有一定的代表性，但是由于精力、时间的限制，调查对象选取的范围局限，无法对云南省高校全体在校学生健康素养做出评价，进一步研究可以扩大样本数量，数据更精确，更具有说服力。

五、结语

健康中国战略背景下，大力发展大学生体质健康是当今教育极其需要解决的重要问题，尤其是亚健康问题较为严重，面对当前大学生体质健康状况，该文根据当前大学生的体质健康现状，认真分析其影响因素，分别是缺乏体育锻炼、学业和就业压力、不良习惯3点，对于这些不良影响因素，有针对性地进行干预对策的制定，寻求恰当的解决途径。首先，在国家政策引导，地方和学校领导高度重视，加强校园体育文化建设，丰富校园体育活动；其次，树立正确的体育价值观，端正体育在大学生心目中的位置，提高体育教师的职业素养；最后，制定合理有效、切实可行的应对措施，在互联网时代利用体育运动类 APP 的便捷性、科学性、全面性等以提高大学生健康水平。让更多的大学生可以形成良好的体质健康素养和全面身体素质的提升，真正做对国家和社会的有用之才。

参考文献

［1］戴超平．"健康中国"视域下大学生体质健康影响因素分析及干预措施［J］.当代体育科技，2021，11（26）：253-256.

［2］任严强，韩海珍．"健康中国"背景下大学生体质健康现状与路径研究［J］.西北成人教育学院学报，2021（5）：96-99.

［3］黄强．"健康中国"背景下大学生的体质健康教育研究［J］.大学，2021（21）：137-139.

新科技背景下智慧医疗的应用与思考

保苏丽　彭云珠

（昆明医科大学）

　　新时代我国不断推进科技创新思想，完善科技创新体系，对中华民族伟大复兴起到重要推动作用。而在各领域新方法、新技术层出不穷的大环境下，医学技术及生命科学技术也得到了飞速发展[①]。一方面，现有医疗资源及医疗服务水平无法满足患者实际所需这一社会需求不断推动医学研发模式转变；另一方面，计算机和信息科学等多学科与医学的交叉融合不断加强，基础研究的突破不断引领创新前沿，显著推进了医学领域中医疗技术的发展。其中智慧医疗以智能的方式主动进行疾病管理并将数据、信息、社会和卫生医疗领域内设施连接起来，智能地响应医疗卫生系统内的需求。且目前"智慧医疗"在我国已取得了一定效果，将使人们趋于获得个性化的医疗卫生服务体验。

一、智慧医疗的概况

（一）智慧医疗的定义与来源

　　智慧医疗体现了信息化技术在医疗卫生领域的应用，是以数字化、智能化的方式

作者简介：保苏丽，女，昆明医科大学第一附属医院心脏内科学硕士研究生。

通讯作者简介：彭云珠，女，昆明医科大学第一附属医院心脏内科主任医师、教授，硕士、博士研究生导师。

① 陈凯先. 生物医药科技创新前沿、我国发展态势和新阶段的若干思考［J］. 中国食品药品监管，2021（8）：4-17.

提供社会医疗卫生服务需求，从而保证患者或健康人群能便捷、快速、系统地获得较为合适的、高质量的预防性或治疗性医疗服务方案。智慧医疗源于国际商业机器公司（IBM）提出的"智慧地球"战略概念，2009年，IBM的刘洪对智慧医疗的主要内容进行了概括：智慧医疗包括数字化医院和区域卫生信息化两部分，其中数字化医院部分包括临床信息管理中心解决方案、医院运营管理中心解决方案、IT技术支持中心解决方案；区域卫生信息化部分包括区域卫生IT规划咨询和信息平台及数据中心建设，实现支持社区"六位一体"的服务和公共卫生服务管理，以及区域内医疗机构的互联互通、业务信息共享、业务流程协作[①]。智能医疗目前主要用于疾病的检测分析、诊断、治疗、健康监测、预防以及疾病管理等方面。

（二）智慧医疗国内外研究现状

随着智慧医疗有越来越多的政策关注以及技术支持，近年来国内外不少学者对智慧医疗技术开展了大量研究。而作为当前医学领域较受关注的研究热点，我们也需持续关注国内外智慧医疗研究的发展动态，以便及时完善我国的智慧医疗体系使其更好地应用于卫生健康领域。其中喻启思等[②]通过对中国知网（CNKI）和Web of Science数据库进行2009—2020年的文献检索，可视化分析结果可看出自2009年以来国内外对于智慧医疗的文献研究均呈不断增长趋势，但国内外对于智慧医疗的研究热点有所区别。与国外相比，国内的研究热点偏向于如人工智能、大数据、互联网＋医疗研究等，注重于宏观层面的研究分析，而造成该现象的原因中不可否认有政策驱动这一因素。可见在信息技术不断进步的今天，国家越来越重视智慧医疗的建设，对智慧医疗的政策支持进一步推动医疗向着智慧化、高效化发展。

二、智慧医疗助力于医疗事业的发展

（一）智慧医疗在医学发展中的意义

1.智慧医疗推进临床疾病的诊治

与传统的医学诊治模式相比，智能医疗在疾病的诊断治疗、监督管理、预后评估方面更具智能化、网络化、个体化、精细化等优势。智慧医疗下的智能化设备可辅助

① 李海阳."智慧医疗"践行中国新医改［J］.中国数字医学，2010，5（6）：83-84.
② 喻启思，罗茜，匡栩源.国内外智慧医疗研究进展与演变：可视化比较分析［J］.现代医院，2022，22（7）：985-988，996.

医务工作者对海量的医疗信息、影像图片、化验数据优化处理，最终独立分析数据并得出结论，辅助医务人员进行疾病诊断；智慧医疗下的人工智能技术使得外科手术方式不断得到突破，更多的疾病治疗成为可能；智慧医疗下的可穿戴设备可实时检测患者的多项生物功能指标，改善患者预后，降低其再住院率。

2. 智慧医疗优化医疗卫生管理

面对医疗卫生资源分配不均，基层医院医疗资源利用度不够等问题，智慧医疗可以通过大数据平台使患者知晓周围医院可进行的诊治，常见疾病患者可前往就近医疗机构进行救治，减轻三甲医院重负的同时使基层医疗资源得到充分利用。面对患者诊治流程耗时、医疗转诊信息不同步等问题，智慧医疗则对这些医疗卫生管理问题进行了优化：智慧医疗实行门诊就医一卡通，一卡即可进行挂号、就诊、检查及缴费治疗等医疗行为，节省了患者的时间和精力，而患者就诊资料电子化处理也可与转诊处医疗机构实现共享，更有效地为广大患者进行服务。面对社会老龄人口不断增长，养老问题日益显现，智慧医疗为我国"智慧养老"提供了条件，智能机械装置产品的不断研发促进我国辅助养老技术服务体系的发展，使不同类型的老年人得到更好的照顾、监督及管理[①]。

3. 智慧医疗应对突发公共卫生事件

21世纪以来，我国发生多起公共医疗卫生事件，在处理突发的公共医疗卫生时，智慧医疗可为其提供快捷、便利及高效的医疗服务，保障人们的生命安全。远程医疗作为智慧医疗模式中的一种在突发公共卫生事件的处理中发挥重要作用。在新冠疫情防控中，远程医疗服务模式，能够对隔离病房以及基层定点医院进行治疗干预，实现远距离的医疗技术指导、重症患者的多学科会诊、救治方案共享、实时调整治疗方案等服务，提升新冠疫情防控下患者救治的效率和应对能力，缓解了疫情防控压力[②]。

（二）智慧医疗的应用

1. 智慧医疗——大数据技术提升医疗服务水平

大数据并非传统意义上的传输与储存，它融入了智能化的信息处理技术，具有一定的信息加工能力，包括数据计算技术、管理技术、分析技术、安全流通技术。在互联网＋大数据技术的基础上，医务人员可以很好地对患者信息、病历资料进行分析、

---

① 刘云佳.构建以大数据为支撑的智慧医养体系：访全国政协委员顾建文［J］.城市住宅，2021，28（5）：13-16.

② 蒋帅，孙东旭，翟运开，等.远程医疗在新冠肺炎疫情防控中的实践与探索［J］.中国数字医学，2021，16（3）：109-113.

处理、整合，快速给出合适的诊治方案[①]。利用智慧医疗，不仅能够有效提高医疗效率，提高其服务水平，同时大数据为智慧医疗提供了精准诊疗方案，为临床治疗提供了数据支持。

（1）在医学检验方面

在医学检验过程中，常出现检测数据来源多样化、数据量庞大、非结构化数据等情况使得数据分析困难，而利用大数据技术对数据进行处理后，可方便数据分析，提高诊断准确率。利用云计算功能对不同疾病的常规指标进行关联性分析，这种方式可有效警示疾病的发生发展。此外还可通过云计算分析测试数据与疾病表现之间的逻辑关系提取疾病的隐性特征，达到疾病早期筛查预防的作用。

（2）在临床决策方面

随着互联网技术在医学领域中的不断发展，精细化医疗管理的发展需求不断增强。然而传统的医疗模式存在很多不足难以满足这一需求，这时大数据技术的发展在一定程度上填补了这一短板。通过挖掘整合已有的医疗数据，搭建适合当地医院自身的医疗云服务平台，可实现基于大数水平针对个体给予辅助临床决策支持，为术前诊断、效果评估、预后恢复等方面提供数据支持。智慧医疗大数据分析的出现，显著提高临床决策的准确性的同时有效节省了医疗成本，为患者提供了更优质量的医疗服务。

2.智慧医疗——人工智能成为医学发展新动力

人工智能医疗是实现"健康中国"战略的重要驱动力。人工智能是在计算机、控制论、信息学、神经心理学、语言学等多种学科研究的基础上发展起来的一门综合性前沿学科[②]。随着政府的政策倾向及经费支持，人工智能医疗即 AI 医疗目前正处于繁荣发展态势，应用范围日益扩大。

（1）在疾病诊治方面

医学影像学是目前多种疾病的主要辅助诊断手段，相比于之前传统的影像学的诊断与分析模式，使用人工智能阅片和智能分析系统可通过其数字化处理和优化可保障影像学结果的准确性，同时可提高疾病的诊断效率。在外科中微创手术机器人可提升手术灵活性，致力于更高精度执行复杂手术。在病理检测中，人工智能设备在标注病理结构时能够识别到人眼无法观察到的细节并作定量描述。

① 贾斐，任九选，冯天宜.大数据技术在智慧医疗中的应用［J］.通信管理与技术，2022（4）：11-13.
② 王月辰，蔡葵.人工智能在践行"健康中国"战略中的应用［J］.中国医院建筑与装备，2021，22（12）：44-47.

（2）在医疗服务水平方面

随着医疗人工智能的发展，目前已有医院配有医疗机器人，它可以通过人工智能算法对当天院内就医人员的数量情况进行大数据分析整合，优化就医人员接待和安排方案，更好地引导和管理病人就医，不断提高医疗服务效率和质量。另外 AI 技术可以利用互联网与传感器等获取人类的心理、身体健康等多方面的个体化信息从而进行个体化健康管理。

3. 智慧医疗——5G 技术指导下的医疗诊治与教学

创新驱动医学发展，其中 5G 技术的创新发展改变着我们的认知模式和医学研究的方式。5G 作为新一代移动通信技术，为智慧医疗发展带来新的机遇和挑战，5G 通信技术以其传输速率快、低延时、大连接的特点，为智慧医疗的众多应用场景提供了可行性[1]。借助 5G 时代建立智慧医院信息平台，与数据挖掘、人工智能等技术结合，使患者可以享受便利、安全和优质的诊疗服务。

（1）在远程操控方面

远程手术是 5G+ 智慧医疗在远程治疗领域的一项重要应用，通过无线网络、机器人技术的应用，专家可以对异地的患者实施手术治疗，且通过 5G 远程机器人手术的应用可联合不同地点的专家在同一个时空中，为疑难手术开展提供强大支撑。另外在新型冠状病毒疫情期间，5G 物资运输机器人、5G 消杀机器人、5G 导引机器人、5G 特殊药品管控机器人等[2] 大量智能机器人被应用在医院内抗疫现场代替人力进行医疗服务，降低交叉感染风险。

（2）在远程指导方面

基于 5G 技术下的远程会诊可提供多地区视频共享平台促进疑难重症病例间相互交流讨论，同时可综合多位专家意见，提高会诊意见准确性、全面性。远程示教可通过院内的移动 5G 网络，在复杂医疗场景下通过视频手段进行手术直播教学或是指导其他医务者操作。同时随着增强现实（AR）技术、虚拟仿真（VR）技术的进步，5G+AR/VR 衍生的虚拟线上教学平台也得到迅速发展[3]，通过穿戴式 AR/VR 立体眼镜，结合三维立体数字化操作模型进行模拟教学培训可让初学者多维度深层次了解疾病的发生发展，增强自主学习能力。

① 杨敬，葛涵涛，陆烨晔 .5G 技术在智慧医疗领域的应用场景浅析 [J].中国卫生信息管理杂志，2020，17（6）：804-808.
② 杨升富，欧伟光，林薇薇 .5G+ 智慧医疗的应用实践 [J].医疗装备，2021，34（21）：12-13.
③ 裴建廷，于谦，孙斌 .基于 5G 等技术的混合式医学教学模式设计与应用研究 [J].中国教育技术装备，2020（9）：24-25，28.

三、智慧医疗在新时代医学领域发展中的辩证思考

智慧医疗已经成为一种必然趋势，将会大幅提高我国医疗资源的利用率以及医疗机构的服务水平，切实解决患者就医难、费用高的问题，且医患关系也可能从中得到改善。但从辩证的角度来看，智慧医疗这一新生事物必然伴随有诸多问题与矛盾[①]，只有不断反思、不断解决智慧医疗体系中的问题才能使其更好地为我国医疗卫生事业的发展和社会稳定安全提供有力的保障。智慧医疗所伴随的问题与矛盾如下：

（一）技术发展不成熟引发医疗事故

一方面，智慧医疗依赖于计算机技术对信息、数据、图像的算法处理，而数据质量问题引起的智能分析结果偏差、智能设备分析系统的错误分析则将误导医务人员对患者情况或卫生健康事件的判断，从而未能及时做出处理或做出错误处理。另一方面，人工智能手术机器人在提供了许多便利之处的同时暴露出技术不成熟等一系列问题，如手术机器人的触觉反馈功能较差、术中患者情况判断不及时、手术操作时间延长等问题。这些技术问题若不能及时得到改善，轻则会对病人进行无效的操作，重则会导致重大失误甚至威胁到病人的生命安全。因此智慧医疗技术还需不断完善，才能更好地为我国的医疗卫生事业提供助力。

（二）安全保障及法律责任问题

智慧医疗已涉及就医的方方面面，极大便利了人们的就诊、监护需要，但同时给患者隐私保护带来了巨大的挑战。如果信息管理不善导致数据泄露则极有可能让不法分子利用患者信息损害患者利益，这也就要求医疗机构、数据管理部门和社会各界从技术、规章制度等多方面着手切实保障患者医疗信息。另一方面，智慧医疗使得患者看病就医行为通过虚拟的信息系统，医患关系涉及了患者、医疗人工智能系统或医疗机构、医务人员三方，医疗风险不可控性增强，就医过程中如果出现意外难以区别错误来源并进行责任判定，加之目前我国还处于智慧医疗发展的初级阶段，尚未出台法律用于明确医疗机器人的责任归属、监管机制及其背后复杂的伦理规定。这一系列的问题也将限制人工智能在医疗领域的进一步运用。因此，有必要加强智慧医疗背景下的风险责任法律法规，保障患者和公众的健康权益。

---

① 曹艳林，王将军，陈璞，等.人工智能对医疗服务的机遇与挑战［J］.中国医院，2018，22（6）：25-28.

（三）人工智能存在人文关怀缺失

现代医学模式将患者看作一个生理、心理、社会的整体，更加注重病人的身心感受，给予患者人文关怀。然而人工智能医疗取代临床后，更多的是将疾病而不是患者作为治疗的中心与对象。患者个体的差异远不止体现在性别、年龄、体质、环境等方面，人工智能机器的"智能"目前还未能涉及人文关怀范畴，未能达到在治疗的方式上动态地、灵活地分析各种因素给患者带来的影响。它所秉持"以病为本"的观念与人们一直以来提倡的"以人为本"的观念相悖，这也在很大程度上限制了人工智能的使用范围。

参考文献

［1］陈凯先.生物医药科技创新前沿、我国发展态势和新阶段的若干思考［J］.中国食品药品监管，2021（8）：4-17.

［2］李海阳."智慧医疗"践行中国新医改［J］.中国数字医学，2010，5（6）：83-84.

［3］喻启思，罗茜，匡栩源.国内外智慧医疗研究进展与演变：可视化比较分析［J］.现代医院，2022，22（7）：985-988，996.

［4］刘云佳.构建以大数据为支撑的智慧医养体系：访全国政协委员顾建文［J］.城市住宅，2021，28（5）：13-16.

［5］蒋帅，孙东旭，翟运开，等.远程医疗在新冠肺炎疫情防控中的实践与探索［J］.中国数字医学，2021，16（3）：109-113.

［6］贾斐，任九选，冯天宜.大数据技术在智慧医疗中的应用［J］.通信管理与技术，2022（4）：11-13.

［7］王月辰，蔡葵.人工智能在践行"健康中国"战略中的应用［J］.中国医院建筑与装备，2021，22（12）：44-47.

［8］杨敬，葛涵涛，陆烨晔.5G技术在智慧医疗领域的应用场景浅析［J］.中国卫生信息管理杂志，2020，17（6）：804-808.

［9］杨升富，欧伟光，林薇薇.5G+智慧医疗的应用实践［J］.医疗装备，2021，34（21）：12-13.

［10］裴建廷，于谦，孙斌.基于5G等技术的混合式医学教学模式设计与应用研究［J］.中国教育技术装备，2020（9）：24-25，28.

［11］曹艳林，王将军，陈璞，等.人工智能对医疗服务的机遇与挑战［J］.中国医院，2018，22（6）：25-28.

中国传统医学与现代医学模式的契合思考

李 纲 李 懿

（昆明医科大学中国人民解放军联勤保障部队第九二〇医院）

马克思主义哲学认为，世界是普遍联系的统一整体，在事物内部，各要素之间相互联系，构成具体事物的统一整体；在事物外部，事物与事物之间，事物与其所处的环境之间也具有极其复杂的联系，整个人类社会，整个自然界，无一例外，都是相互联系着的统一的整体。对于患者而言，在其内部，身心之间相互联系，构成统一整体；在其外部，患者与自然环境、社会环境亦构成一个相互联系的大系统。我国传统医学理论大致上属于西方所说的古代朴素的整体医学模式，其核心理念是"天人合一"与"形神一体"的整体观以及"不治已病治未病"的预防观。千百年后，通过近代生物医学模式的过渡，经历了否定之否定的发展过程，在世界另一端的美国，现代的"生物 - 心理 - 社会"医学模式于1977年由美国内科教授恩格尔提出，该医学模式是对生物医学模式的辩证否定，该模式重新将心理因素和环境因素引入治疗模型之中，重新建立起整体的医疗观念。然而在笔者看来，该模式并未充分继承我国传统医学理论的精华，仍存缺陷。本文目的有二：其一，探求中国传统医学理论与现代医学模式理论的契合点；其二，对现代医学模式的完善进行深入的思考。

作者简介：李纲，男，昆明医科大学中国人民解放军联勤保障部队第九二〇医院肿瘤学专业硕士研究生。
通讯作者简介：李懿，女，昆明医科大学中国人民解放军联勤保障部队第九二〇医院副主任医师，硕士、博士研究生导师。

一、医学模式的演变

医学模式是人们关于健康和疾病的基本观点，是医学临床实践活动和医学科学研究的指导思想和理论框架。医学模式来源于医学实践，是对医学实践的反映和理论概括。在人类探索医疗的历史中，医学模式主要经历了 3 个阶段的变化，第一阶段是古代朴素的整体医学模式，该医学模式有很强的哲学理论基础，但是受当时科技发展水平的束缚，缺乏科学实验数据的支持；第二阶段为近代生物医学模式，该医学模式过分强调物质层面的致病因素以及治疗方法，而忽略了意识（或者说精神）与社会环境、自然环境因素在疾病发生发展中与身体的各种交互作用；第三阶段随着科学技术与社会经济的不断发展，人们对于健康要求的不断提高，医学发展日趋社会化，同时由于全球疾病谱和死因谱发生了重大变化，心脑血管疾病、肿瘤和意外伤害等病因交错复杂的疾病占据了病因谱和死因谱的重要位置，现代生物—心理—社会医学模式应运而生，该模式试图将心理致病因素以及心理学的治疗方法与生物医学的视野相结合，同时，由于人们对人的属性的认识已经由非本质的自然人属性深入本质的社会人属性，因之，该模式重新将社会环境因素纳入进来。总之，现代生物—心理—社会医学模式不仅追求患者的身心健康，同时考虑患者个体的健康与患者社会关系成员乃至整个社会之间的交互作用。然而，该医学模式也存在着明显的缺陷，该医学模式着重考虑社会环境因素通过心理因素对疾病所产生的影响，对于自然环境因素认识，只是停留在孤立静止地看待自然环境致病因素的水平上，因之，在此方面，亟待完善。

二、我国传统医学理论要点

（一）"形神合一""身心同治"

中国医学重要经典《黄帝内经》[①]认为，人的怒、喜、思、悲、恐 5 种情绪与人身体的肝、心、脾、肺、肾五脏有着——对应的关系，5 种情绪的过度表达和 5 种脏器的损伤之间有着密不可分的关系，比如人大怒则伤肝，人肾伤则生恐。而人体的各脏器具有不同的属性，其中肝属木，心属火，脾属土，肺属金，肾属水，木、火、土、金、水 5 种属性之间相生相克，构成人体的稳态。因此，情绪的剧烈变化可以引起脏

① 姚春鹏. 黄帝内经 ［M］. 北京：中华书局，2022：16.

器的变化，而脏器的变化则可以打破机体稳态的平衡，即精神因素可以很大程度上引起机体的失衡，进而酿成各种疾病；反之亦然。比如怒则伤肝，肝藏血，血往上涌，会导致血压升高，甚至会脑出血而亡。因此在《内经》中的一个重要思想是"形神合一"，相对应，对于疾病的治疗策略为"身心同治"。对于"身心同治"的实施，《内经》中给出了两种策略，其一为"五情相胜疗法"，在《内经》的《阴阳调神大论》中给出了一种治疗心理问题的方法，该疗法将 5 种情绪配以"木、火、土、金、水"5 种属性，运用五行相生相克的原理，来治疗患者的心理问题。如某患者暴怒伤肝，由于怒属木，需用金去克木，而悲属金，根据该理论，此时只需要因势利导，使患者产生悲伤的情绪，便可化解暴怒，病因一解，肝病可消。很多著名的医案都验证过此理论，据《三国志·华佗传》[①]记载，有一郡守因思虑过度而致病，吃药疗效甚微，于是就请来华佗给他诊治，华佗认为只有使用激怒他的办法才能将其治好，于是他就加倍地收取郡守诊费而不给其诊病，第二天不辞而别。郡守暴怒，吐黑血数升而愈。情绪相胜法在我们的日常生活中很常用，如我们在悲伤时，经常会找一些能让自己快乐的事情来做，以减轻悲伤的感受。按《内经》的理论，悲属金，火克金，而喜正好属火。实践是检验真理的唯一标准，我们生活中的诸多经验以及长期的医学实践都足以证明中医学理论体系的合理性。其二为"心理暗示疗法"，在《内经》的《移精变气论》中阐述了我国古人对于心理暗示疗法的认识。该理论提出的"祝由"之术，一说是向上天祷告诉说病由，以期得到庇佑；二说是"祝"和"由"二字连读为"咒"，即通过念咒来祛除病魔。乍一听，"祝由术"好像只是一种古代的巫术，跟封建迷信脱不开干系，实际上，由于当时科技水平落后，人民对于自然界心存敬畏，对于不能解释的现象，皆归因于鬼神，他们对于神秘主义的信仰十分坚实，就像今人信仰科学一样信仰着神秘之力，《移精变气论》正是利用患者的精神信念，强化其自我暗示，从而调动其积极信念，转移其对疾病的注意力，激发其正面情绪，使得其在意识层面得到安慰与鼓励，有利于其病情好转。《内经》的主旨思想是反对迷信的，《内经》中说，"拘于鬼神者，不可与言至德。"其中，"至德"指医术。《内经》之所以推荐运用"祝由之术"，是因为其对于患者精神与肉体关系的深刻洞察，属于具体问题具体分析，为救治患者不拘泥于成规的限制，真正突破了教条主义，体现了实事求是的精神。

（二）"天人合一""不治已病治未病"

中国传统医学理论的另一要点是要求人们遵从自然规律进行养生，通过"天人合

---

① 崇贤书院.三国志［M］.北京：北京联合出版公司，2021：28.

一"的做法来达到预防和治愈疾病的目的。在《内经·四气调神大论》中，对此作了详尽的阐述，我们以春季养生为例来加以说明。《四气调神大论》有云："春三月，此谓发陈。天地俱生，万物以荣。夜卧早起，广步于庭，被发缓形，以使志生；生而勿杀，予而勿夺，赏而勿罚，此春气之应，养生之道也。逆则伤肝，夏为寒变，奉长者少。"春季的 3 个月，万物生发，欣欣向荣，由于从春季开始，日照时间逐渐延长，因此应该将人的生物钟与宇宙的时间对应起来，由于白天延长，所以夜卧早起，以此来合乎天时。由于春季五行属于木，木对应肝脏，而肝喜抒发而恶郁结，因之，人们应该解除束缚，放松身心，使得情志获得生发，如若不然，肝气郁结，并会影响到下一季节的身心健康，由于春季的少阳之气得不到上升，在夏季就不符合自然界的太阳之气，就会得如腹泻痢疾之类的寒病。因之，"天人合一"的方法论不仅关乎此时的健康状态，还有预防疾病的功能。同时，《内经》还提出了保护自然环境的要求，俗话说"劝君勿打三春鸟，子在巢中待母归。"由于春季刚经过寒冬，自然界的万事万物刚刚生发，人们应该"生而勿杀，予而勿夺，赏而勿罚。"应该更加呵护自然，只有这样，才能等夏季到来时，满眼都是郁郁葱葱。可见，中国传统医学在谈人与自然的关系时，不仅考虑到物质（环境致病因素，如污染、病毒等）是运动的，同时以物质运动的存在形式——时空作为医疗方法论的切入点，教导人们以所处时空为尺度，通过调整自己的生物钟以及情绪和处事态度，来达到治疗、预防疾病的目的，揭示了"顺应天时"与保持健康、预防疾病之间的深刻关系。

三、现代医学模式理论要点

现代医学模式的主要观点可以简要归结为 4 点[①]：其一，从医学本体论的方面来说，现代医学模式反对近代生物医学模式在笛卡儿"身心二元"论的指导下将"人体"看作研究对象的本体论，反对其采用理性的可分性方法和还原论方法将人从整体分割为部分，将高级的生命运动形式还原为低级的物理、化学甚至是机械的运动形式，并且试图用低级的运动形式去解释高级的生命运动形式。现代医学模式提倡将社会的人作为医学本体来研究，社会的人作为一个系统，是一个既包含心理又包含生理的统一的整体；社会的人作为要素，同其他社会要素一道，构成一个更大的系统。其二，从医学认识论的方面来说，随着人们生活水平的提高，人们对于健康的要求亦更加广泛，人们不再满足于单纯的生理层面的健康转而追求更高层次的精神健康，现代医学

---

① 李秋心，赵金元，张丽.（医科）哲学导论［M］.北京：中国文联出版社，2008：97-98.

认为，人的健康包括身体健康，心理健康以及各种社会功能的完整。其三，从医学主体方面来说，现代医学模式下的医师不仅是生物医学家，更是医学心理学家和医学社会学家。其四，从方法论的角度来说，现代医学模式，既要求对患者"身心同治"，又要求增强患者的社会活动能力；既要求关心患者，又要求关心患者的社会关系成员；既要求使个体得到充足的关怀，又要求促进社会的稳定繁荣。

四、对两种理论的契合思考

上述两种理论代表着医学模式的两个不同发展阶段。马克思主义哲学认为，客观事物的发展是一个从肯定到否定再到否定之否定的过程，要经过两次否定，3 个阶段，呈现一个发展周期。从古代朴素的整体医学模式到近代生物医学模式，再到现代生物—心理—社会医学模式的发展，正是经历了这样一种辩证否定的发展过程。在事物的发展过程中，否定之否定是在更高的层次上重复肯定阶段的某些特征，是对肯定阶段的一种回归，其实质是扬弃。显而易见，我国传统医学理论缺乏科学实验验证数据的支持，存在模糊性和猜测性，因此，现代医学模式对此进行了否定，并用生物科学进行补充；我国传统医学理论的某些精华，如"形神合一""身心同治""不治已并治未病"以及"天人合一"的部分内涵被现代医学模式所继承，用"心理因素""社会因素"来表现。然而，在笔者看来，"天人合一"的精髓并没有被现代医学模式完整地继承，因之，在医学模式的这一发展周期里，否定之否定的阶段尚未完成，亟待完善。现代医学模式理论中对自然环境因素的解释与运用具有很大的局限性，这种自然环境因素往往是孤立的、静止的，如我们现在常说的生活环境中碘含量的缺乏可以导致甲状腺肿，空气中的有害气体可以导致呼吸道疾病，环境中的某些致癌物可以诱发癌症等，这些发现在很大程度上促进了预防医学的进步，但这还不够，我们不仅要将环境因素通过孤立、静止的方法来具体把握，更应该用系统的、运动的观点来看待环境因素。我国传统医学理论中所涉及的各种自然因素存在于永无止境的运动之中，各因素之间是相互联系的，人与各因素之间也是相互联系的。要达到"天人合一"，就要在方法论的层面上找到一个总把手，这一把手既要精确反映整个自然界的变化，又要能够被人类感知。马克思主义哲学认为时空是运动着的物质的存在形式，时空与物质的运动是不可分割的，即整个自然界的变化或存在状态与时空是联系在一起的，这一点与我国传统医学理论的观点十分契合。时空可以作为我们在医疗实践中发挥主观能动性的总把手。我们只要把握好时空的变化，特别是时间的变化，通过使人们的生物钟、行为情绪更符合天时的变化，就能够使我们更好地融入自然，从而达到更好的治疗和预防疾病的目的。

从广义上来讲，时空同样是现代医学模式所提出的其他运动着的要素（生物、心理、社会环境）的存在形式，通过研究其他要素以及要素与要素之间的运动规律，就能够通过把握时空来更好地发挥现代医学模式对医学实践的指导作用。总之，"时空"既是认识论又是方法论。从认识论的角度来说，"时空"的观点提倡用整体的、运动的眼光来看待医学模式中涉及的各种因素以及各种因素间的关系；从方法论的角度来说，只有充分了解各种因素的运动规律，通过时空这个总把手，就能够更简单、经济、高效地为人们提供维持健康的方案。

五、结语

中华民族的璀璨文化浩如烟海，其中不乏在今天依旧适用的理论精华，作为新时代的研究生，我们应广泛了解先民智慧，建立文化自信，使古代宝贵的理论宝库与现代的科学技术理论成为造福人民、实现中华民族伟大复兴的车之双轮，鸟之双翼。

参考文献

［1］姚春鹏.黄帝内经［M］.北京：中华书局，2022：16.

［2］崇贤书院.三国志［M］.北京：北京联合出版公司，2021：28.

［3］李秋心，赵金元，张丽.（医科）哲学导论［M］.北京：中国文联出版社，2008：97-98.

马克思主义视域下科技创新与医学进步的关系研究

唐灵通　冯　磊

（昆明医科大学第六附属医院）

复杂世界的演化充满不确定性，无论是从科技创新还是从医学进步角度，人类在回应不确定性问题时所展现的创新性、逻辑性、价值性以及可证实性等科学特征基本是一致的。科技创新与医学进步有着密切关联[1]，本质上都是遵循着从生动的直观到抽象的思维，并从抽象的思维到实践的研究途径。跨学科交叉汇聚与多技术跨界融合将成为新一轮科技革命和产业革命的潮流，本文基于马克思主义理论视角探析科技创新与医学进步关系，有助于推动学科的交叉融合，促进马克思主义理论与实践深度融合。

一、马克思理论视域下科技创新与医学进步的关系研究的必要性

科技创新与医学进步对人们的生产方式和生活方式具有革命性。随着这些革命性的变化，人们普遍意识到科技创新与医学进步研究的必要性。长期以来，医学技术与安全的关系呈现出正相关关系。科技的作用越大，就越需要安全支持或监督。它在很大程度上以马克思的劳动价值论，包括价值观念、分工论、异化论、人机关系论、意识形态论、人本主义理论、科技观、机械观等诸多理论为基础。由于科技创新与医学进步在人类历史上从未与人们的生产和生活方式深度融合，因此它不是简单的 A 领域和 B 领域

作者简介：唐灵通，男，昆明医科大学临床检验诊断学专业博士研究生。

通讯作者简介：冯磊，男，昆明医科大学第六附属医院教授，博士研究生导师。

的交集，而是最大化跨学科研究和共同发展，未来医学的发展仍然取决于现代科学技术的发展，有赖于医学各学科之间、医学与自然学科之间、医学与人文社会科学之间的交叉融合。事实上，科技创新与医学进步发展呈现的学科融合趋势，突出了马克思主义理论空前水平、学科融合先进、辩证思维高度的优势，导致科技创新与医学进步存在互相干预，这是因为科技创新与医学进步的发展潜力不容小觑，我们密切关注科技创新与医学进步的关系，它在理论层面对整个人类社会带来了巨大的影响和挑战[2]。

二、基于马克思理论分析科技创新与医学进步发展的重要性

马克思理论具有丰富的理论视角，因而马克思主义理论也具有复杂的理论层次。概括地说，马克思的理论体系涉及从个体到整体的提升，以及从理论思想到具体实践的转变。一般意义上的思想主要关注人与作为社会需要的思想的关系，而马克思的思想超越了一般意义上的道德哲学，更为关注人的内在需要的道德以及人类解放和发展的道德。从等级理论的角度，科技创新与医学进步的研究也具有复杂的理论层面，包含从个体到人类的层次变化，从纯粹的科技创新与医学进步到跨学科的人类整体论的意蕴变化。中国共产党从一开始就确立了实现马克思主义的崇高理想，在实践中也逐步形成了科学发展的理念。从马克思理论的形成过程来看，科技创新与医学进步发展演化的历史坐标，发挥着政治灵魂和科学精神的引领作用。在建设社会主义的新时期，研究马克思主义思想，可以为我国科技创新与医学发展指明发展方向和提供理论指导，坚持中国共产党的领导，筑起信念的压舱石，保持强大的战略集中力，因而马克思思维视域具有启发意义，对科技创新与医学进步的分析过程具有重要意义。

三、马克思理论视域下科技创新与医学进步关系探析

（一）运用辩证思维和创新思维，正确认识科技创新与医学进步

科技创新与医学进步的多学科视角，有助于研究者确立整体研究方案，这是全面认识世界和挖掘事物规律的基础。科技创新与医学进步有着深刻的内在关联，历史上那些科学的重大发现以及关乎国计民生等重大社会问题的解决，往往都会涉及不同学科的相互交织和相互融合。在新一轮科技革命和产业革命的历史背景下，科技创新与医学进步的交叉融合顺应了历史大势，这是物质世界运动规律、社会空间尺度变化以及科学技术进步综合作用的必然结果。在科技创新与医学进步的交叉融合中，呈现的是一种对概念、理论、方法、模型、标准甚至是价值的仿效，这一环节完成的是交叉

的任务。科技创新与医学进步的相关领域在交叉的基础上，通过密切交互完成融合和增生，形成新的理论范式。为此，在个人层面，我们需要改变思维方式更新观念。一是要运用辩证思维，科技创新与医学进步给人类社会带来革命性颠覆。二是创新思维，习惯性思维从确定性思维转变为不确定性思维，从红海思维转变为蓝海思维。三是培育群体思维。在科技创新与医学进步时代，个体行为具有高度的独立性和关联性，被动承担社会责任是积极的，从个体思维到集体思维，从短期到长远利益，我们需要从社会责任感承担中学习。四是促进协同思维。人类与科技创新与医学进步的共存与融合将成为必然。个人需要学会创造和分享，注重自主学习多元发展，坚持科研诚信，保护科技创新成果，为美好生活而奋斗。

（二）运用马克思哲学思想探索科技创新与医学进步的价值和意义

新时代科技创新思想是马克思主义哲学思想理论在当代中国发展的产物，是马克思主义中国化的最新理论成果，具有时代性、实践性和发展性，蕴含着丰富的哲学要素和哲学底蕴。科技创新与医学进步的共同性，实际上是对世界的理解逐步向真理趋近，既强调整体关联，又注重分解合成。科技创新与医学进步的定义正在改写，以全新的认知方式和学术理念来构建自身的学科体系。任何社会关系和生产力的变革都源自人民群众的创造，在科技创新与医学进步时代，科技创新与医学进步的价值与意义的问题，其实牵涉人类发展的悖论。科技创新与医学进步，无论是超越人类、控制人类，还是异化人格，其实都着眼于智力领域而不是体力，但人类的成就感是人类的创造力所产生的。人工智能时代对人类价值和意义的追求高于物质能源时代，所谓外在需求的满足不再是人类价值意义的源泉，追求内在价值的意义才是生活品质。人的生命分为生产意义的生命和精神意义的生命两部分。因此，在人的自我实现层面，我们必须摒弃传统思维，为自己能做什么、想做什么、想生活在什么样的社会中承担责任。马克思哲学思想展现的主旨和核心是其思想性与政治性，彰显了马克思理论思想的核心要义。在科研工作中，我们应当从学科、科研、教研等多方位全频段认真研究、领悟马克思哲学思想的核心要义，发挥出马克思主义理论智库研究成果的溢出效应。马克思哲学思想贯穿科技创新与医学进步发展全过程，是引领科技创新与医学进步发展的力量、理论的力量、信仰的力量。

（三）运用马克思科学发展观推进科技创新与医学共同进步

马克思科学发展观发展至今，从立国立本的战略高度，构建了科技创新与医学进步的基本逻辑。深刻领悟马克思科学发展观的行动指南，凝聚奋进力量，要以提高马克思主义理论研究水平为抓手，运用最新的研究成果支撑教学，增加科技创新与医学进步的理论含量和学术容量。在科技创新与医学进步时代，人类的独特性在很大程度上依赖于独特性的定义，人类进化是达尔文的生物进化，因为从生物学和人类学的双重角度来看，人类进化不同于生物进化。这是人类独特性的重要前提，无法用理论来解释。科技创新与医学进步作为一个新物种的潜力不容小觑，我们密切关注科技创新与医学进步的潜力，它在理论层面对整个人类社会带来了巨大的影响和挑战。作为马克思主义的创始活动，科学发展观指出了科学发展、探索人类解放道路的目标、原则、方法和步骤，这个思想显然是马克思主义思想的灵魂索引，贯穿始终。马克思科学发展观在中国特色社会主义进程中的延续，也是历史和理论逻辑的有机结合，所有重大的技术进步都对人类的思维过程产生了重大影响。

四、结语

综上所述，在几十年的发展中，科技创新与医学进步走过了曲折的道路，希望与挑战、进步、停滞交织在一起。实践表明，医学的发展，很大程度上依赖于科学技术的进步，渗透着医学、数学、物理、化学、生物、信息等多种学科的交叉融合，这是医学取得突破性进展的必然途径。马克思理论中国化肩负起聚合社会资源、凝聚群众智慧、合成群众力量、推动高质量发展的重大使命，不断继承和创新发展，以马克思主义哲学思想为方向指引，要深刻领悟科技创新与医学进步发展的深刻科学内涵，应急处突的最前沿，要观大势、谋全局、促合力，推进马克思科学发展理论中国化创新发展。本文从马克思主义理论的角度阐述了科技创新与医学进步的关系，运用辩证思维和创新思维，正确认识科技创新与医学进步，运用马克思哲学思想重新探索科技创新与医学进步的价值和意义，运用马克思科学发展观推进科技创新与医学共同进步，本文的研究有助于深化马克思主义理论在科技创新与医学进步领域的应用，同时丰富科技创新与医学进步相关理论研究。

参考文献

[1]崔泽田，李庆杨.马克思科技创新驱动生产力发展思想及其当代价值[J].理论月刊，2015（5）：6.

[2]刘大椿.现代科技发展与马克思主义哲学的创新[J].南京大学学报（哲学·人文科学·社会科学版），2020（4）：22-35.

试论中国式现代化的科技驱动

赖文涛　张海夫

（西南林业大学马克思主义学院）

创新是民族进步之魂，科技是国家强盛之基，是推动中国式现代化进程的核心动力。科技创新及其产生的巨大驱动力与以中国式现代化推进中华民族伟大复兴之间存在非常高度的正相关性，科技作为第一生产力，其本身就内含着教育和人才的基础性、支撑性作用，彼此之间是相互交融与共生关系。从人类社会的历史进程来看，推动传统国家向现代国家转变的决定性力量当属科技这一社会性变革的客观存在。高质量发展是全面建设现代化国家的首要任务，而科学技术是高质量发展的火车头。只有通过强有力的科技创新，才能为中国式现代化发展提供持续不竭的动能，推动中华民族这艘巍巍巨轮扬帆远航，实现中华民族伟大复兴的壮丽梦想。

一、中国式现代化的求索进程是科技创新应用的奋发过程

党的二十大报告庄严宣告，从现在起，中国共产党的中心任务就是团结带领全国各族人民全面建成社会主义现代化强国、实现第二个百年奋斗目标，以中国式现代化全面推进中华民族伟大复兴。推动中华民族伟大复兴必须坚持科技是第一生产力、人才是第一资源、创新是第一动力，深入实施科教兴国战略等一系列战略，不断开辟新

作者简介：赖文涛，女，西南林业大学马克思主义学院硕士研究生，主要从事马克思主义基本原理研究。
通讯作者简介：张海夫，男，西南林业大学马克思主义学院党总支副书记、副院长，教授，主要从事马克思主义基本原理研究。

赛道，塑造发展新动能。"一个没有发达的自然科学的国家不可能走在世界前列。"[①] 纵观我国现代化的启动、追赶、变道的奋进历程，科学技术始终担负着引领性的第一动力作用，科技创新对中国式现代化的贡献始终处于重要地位，在中华民族腾飞路上所做的贡献功不可没，科技的力量在不同历史时期展现出自身的独特魅力。

《史记·孝武本纪》有言："乘舆斥车马帷帐器物以充其家"中"器物"二字，就是科技在中国人眼中最初的传统印象。由于历史原因，当时的生产力水平决定的科技水平较为低下，时代的局限性制约着科技在我国的发展。近代以来，西方科学技术突然呈现出"寒武纪生物大爆炸"式的"科学技术领域的哥白尼式的革命"，诞生了近代西方科学技术大爆炸的历史奇观，使得欧美主要国家依靠科技走在了世界前沿，并以此拓展世界市场，进行殖民式的掠夺，我国亦未幸免。"在它不到百年的阶级统治中所创造的生产力，比过去一切时代创造的全部生产力还要多，还要大。"[②] 在马克思的论述中，生产力是能够推动一个社会发展的根本动力。科技的进步促进生产力发展，生产力发展要求更换更科学合理的社会制度，孕育更高水平的文明，英国资产阶级革命的成功印证了这一点。反过来，一个更加文明和谐的社会能够孕育出更高水平的科技、促进生产力的发展。

迫于形势，近代中国开始学习西方先进技术，但根本上还是无法改变对西方技术抱有的敌视态度，视西方科技为奇技淫巧。被迫式现代化产生的反向动力使得我们不得不接受西洋的科学技术这一新事物，并在艰难的实践过程中，根植中国传统文化给养，积极探索科学技术的本质特征及其作用。科学技术作为一种强有力的驱动力量，逐步成为我们追赶、超越的基本支撑。真正改变我国在世界格局中的方位。这一历史性变革，从新中国成立后的"两弹一星"及工业化领域的"一五计划"完成的165个大项目就足以证明科技对生产力和生产关系的作用。

中国在科技探索的这条路上是曲折发展的。近代中国科学技术的发展可谓是十分艰难，由于缺少科技的经验，缺少懂科学技术的人才，缺少研究科学技术的环境，中国共产党只能独立自主、自力更生，使得科学技术在中国落地生根，一步步建立起了具有中国特色的马克思主义理论科技体系。李大钊提出："近代科学勃兴，发明了许多重要机械，致人类的生产力逐渐增加。"[③] 肯定了科技对于生产力的促进作用。

① 许可，郑宜帆.中国共产党领导科技创新的百年历程、经验与展望［J］.经济与管理评论，2021，37（2）：15-26.

② 马克思，恩格斯.共产党宣言［M］.北京：人民出版社，2014：12.

③ 李大钊.李大钊全集：第二卷［M］.北京：人民出版社，2013.

毛泽东尊重科学、尊重人才，在新民主主义时期，坚定科技发展实践。科技意味着是高尖端人才的出现，高速度生产力的发展。对于科技人才的培养始终是一件大事，即使在局势动荡的抗日战争与解放战争时期，中国共产党始终稳定大后方，为科技的发展营造环境条件。正是因为一代代领导人重视科技并在历史实践中形成了一系列的有利于中国科技事业发展的政策，才建设出一大批科技机构，才锻造出一批又专又红的科技人才。

改革开放时期，中国与世界的联系加强，在信息技术、航天航空等各领域逐渐达到国际标准。1978年，科技的春风吹起。邓小平同志结合中国具体实践，运用历史唯物主义方法论，正确分析科技与生产力之间的关系，得出"科学技术是第一生产力"的结论。科技的春天虽充满朝气与希望，但是更多的还是得依靠中国共产党领导下的优秀人才队伍独立自主、自力更生。此时的中国科技力量较为薄弱，中国共产党把握时代风向，清楚认识到国家与国家之间的竞争越来越受世界科技革命的影响，要想发展得更好，就得发展高科技产业，实现科技产业化。一方面要与国际接轨，另一方面要重视人才教育，发展一批又一批又专又红、属于党属于人民的高尖端人才，才能为中国的科技源源不断地输送能量。科教兴国的深化教育体制机制，推动了马克思主义理论科技思想的系统化与理论化，为社会主义的现代化建设做出巨大贡献。社会主义现代化新时期，第三次科技革命思潮涌动，掌握核心信息技术，深化科技体制改革，将科技创新融入社会主义现代化建设之中，能为一个国家走在前列赢得筹码。

党的十八大以来，以习近平同志为核心的党中央领导国家全面深化科技体制改革，将科技创新思想融入社会主义现代化治理中去，科学合理地利用体制机制改革激发科技创新活力，加大科技创新和成果转化力度。新发展理念中创新是引领发展的第一动力。中国共产党第二十次全国代表大会公报中继续坚持实施科教兴国战略，强化现代化建设人才支撑。我国科技发展的方向就是创新，要抓住新一轮科技革命和产业变革的机遇，推动新兴技术与社会各个行业深度融合，加快中国社会各领域的全面革新和转型。

二、科技驱动现代化发展仍然存在诸多短板

在科技领域上取得的成就是衡量一个国家综合国力的重要标准。世界各国重视科技创新，提高科技水平就是为了更好地抢占未来制高点。改革开放以来，尽管我国科学技术事业发生了历史性、整体性、格局性重大变化，成功进入创新型国家行列，但是，在关键的核心领域依然存在"卡颈"之处，高端前沿领域存在不少短板。

（一）科技领域高端行业差距较大

中国在发展经济中的5个短板：高端机械发动技术、科技型材料、数控机床、生物医药、信息技术硬件。出现这种差距的根本原因是中国缺乏核心技术，缺乏自主创新的能力。若受到逆全球化影响，其他国家一旦断供了这5个板块产业，我国整个产业就会受到巨大影响，在发展方面受到限制，显得十分被动。

首先，在日常生活中，地铁公交等公共交通设施的建设便利人们的生活。而这些交通工具中所涉及的高端发动机几乎都是依赖外来技术，中国缺乏高端机械发动技术。其次，我国科技型材料创造能力短缺，大约有50%的材料靠进口。再次，中国的部分涉及使用数控机床生产零部件制造行业中的数控机床依靠进口，一旦涉及不可抗力问题，这些行业被国外厂家卡住"脖子"，陷入困境的概率很大。然后，中国产业层次偏低、产业链条短、产品处于价值链低端、资源综合开发利用水平不高，导致生物医药领域发展落后于发达国家，市面上流通的许多基础药（如治疗癌症、高血压的药品）都是靠进口。最后，我国在信息技术的硬件制造水平弱。一方面智能化发展迅速，另一方面芯片短缺延续。要想突破这一困境，关键要靠科技创新，由被动依赖进口转向自主研发，这是必然选择，也是现实要求。

（二）科研投入方式及经费运用的思维明显滞后

科研经费的来源一般是政府和个人投资。政府研发资金作为重要的科技投入资源之一，其分配和流向能够较好地反映政府科技布局。私人对科研的投资则体现一个国家的科研氛围浓厚程度。

在资本主义国家，因最早经历工业革命，不仅资本得以最快地积累，在科技创新方面也是自成体系，科技创造力更具有主动性。所以，西方国家的科技思维中更倾向于个人投入科研资金，获得科技成果后，将成果投入市场或打包卖给国家。中国因为科技发展经验比较少，部分是借鉴国外经验，且在国内受大环境影响，国民创新能力整体不强。

三、科技驱动中国式现代化发展的基本路径

从世界主要发达国家的经验来看，尽管现代化道路依靠的制度体系具有明显的差异，但作为具有共性的历史大叙事和人类前进方向，现代化的基本动力来自不断的科技创新与应用成为高度共识，这也是中国式现代化最强劲的内生动力。为此，必须根据现代化战略的重大任务和目标进行有效的路径设计。

（一）坚持党建引领科技发展

坚持党的领导、加强党的建设是我国发展科技创新的独特优势。非凡十年里，中国取得诸多成果。从神舟问天到中国天眼，再到5G、高铁领域取得的一项项亮眼的创新成果，都是在党的指引下实现的。无论时代如何变化，中国共产党对于科技的态度始终是人民群众需要什么，科技发展的导向就聚焦于什么。科技既要扎根于人民群众的需求又要服务于人民群众，保障人民利益，将人民生命财产安全放在首位。由于面临着相似的任务和挑战，作为在社会治理领域广为应用的制度形式，党建引领并非单纯自上而下制度设计的产物，而是基层在长期摸索和应对挑战时形成的一系列做法。党建在引领科技创新领域也充分发挥着党建引领制度优势。坚持不懈用习近平新时代中国特色社会主义思想武装头脑、指导实践、推动工作，不断提高政治判断力、政治领悟力、政治执行力，发挥了党委（党组）的领导作用，在把方向、管大局、促落实方面出实招，确保党和国家方针政策、重大部署贯彻执行。

（二）科技创新推动发展方式深刻变革

中国经济结构经过深化改革，已进入了高质量发展阶段。但在对外出口关键技术领域仍未获得长足发展。面对当前严峻形势，要深化改革，盘活体制，提高抗风险能力。始终坚持以公有制为主、发展混合经济、走法治经济道路。依靠自主创新，以钱学森技术科学思想为指导，基于技术科学的本质属性，创新性开发潜在功能，以技术科学为核心构建科技创新"双循环"新发展格局[①]。在面对恶劣的外部发展环境，艰苦的内部发展形势，中国科研人员坚定信念，坚持独立自主，积极学习外部知识，艰辛钻研，并将科技知识代代传承。除自主创新发展以外，还要随时关注世界科技前沿成果，与全世界范围内的科技领域的成果、发明进行合作交流，通过交流创新，将外部知识资源以其他形式引入国内大循环。结合国内具体需要，融会贯通、汇聚交叉，提升科技创新的水平，更好地适应全球化市场的需求。

（三）强化科技要素协同创新效能提高科技转化率

硬科技研发投入时间长，持续性长，技术门槛高，短期内难以见到经济效益，企业大都没有动力对其进行投资，只能依靠政府来牵头研究。所以，政府在科技创新中主要起引领和示范的作用。政府利用"看得见的手"宏观调控市场，加大对颠覆性技

---

① 杨中楷，高继平，梁永霞.构建科技创新"双循环"新发展格局［J］.中国科学院院刊，2021，36（5）：544-551.

217

术的支持力度，研究设立颠覆性技术资助机构，采用适当的项目产生、遴选、管理、评估机制，促进颠覆性技术的产生和突破。以此提升科技成熟度，降低企业科研风险，推动科技成果的商业化和产业化。随着企业科技实力的增强，政府资金投入也由试验发展转向基础研究和应用研究，并注重加强三者之间的衔接。科技不仅仅是在某一领域集中发力，而是各个领域之间都是相互联系，相互融合的。提升科技创新的转化率，将科技创新的内容转化为拉动经济增长的动力，将科技创新成果转化为经济效益。

（四）加强科研人才培养和能力提升

科技创新的主体是人，人的积极性能够更快速地促进好的科技创新发展。在大环境下，科技创新成为核心点。为了适应在复杂多变形势下的社会环境，中国共产党不断推进科技体制改革，加强对科技思想的宣传，促使更多的人才涌入科技创新的队伍。科技创新与人才培养是密不可分的，优秀人才可以为科技创新带来持续不断的科技创新成果。坚持社会主义科技人才队伍建设，注重科技人才品德与能力并兼，选贤任能，聚集天下民智，以人才带人才的模式，培养造就更多更优秀为社会主义事业添砖加瓦的人才。

四、结语

科技创新的前沿永无止境，科技创新的前景鼓舞人心。步入新时代新征程，面对世纪疫情、百年变局演进的新冲击，面对国内外发展的新要求，必须坚持和加强我们党对科技事业的领导，建设世界科技强国、建设社会主义现代化强国，要完善党中央对科技工作统一领导的体制，有效总揽全局、协调各方，形成全面谋划科技创新工作的强大合力。加快壮大战略科技力量，更快更好地推动高水平科技自立自强，以科技强国、以人才强国，以中国式现代化全面推进中华民族伟大复兴。

参考文献

［1］许可，郑宜帆.中国共产党领导科技创新的百年历程、经验与展望［J］.经济与管理评论，2021，37（2）：15-26.DOI：10.13962/j.cnki.37-1486/f.2021.02.002.

［2］马克思，恩格斯.共产党宣言［M］.北京：人民出版社，2014：12.

［3］李大钊.李大钊全集：第二卷［M］.北京：人民出版社，2013.

［4］杨中楷，高继平，梁永霞.构建科技创新"双循环"新发展格局［J］.中国科学院院刊，2021，36（5）：544-551.

［5］习近平．全面加强知识产权保护工作　激发创新活力推动构建新发展格局［J］．当代党员，2021（4）：3-5.

［6］孙祁祥，周新发．科技创新与经济高质量发展［J］．北京大学学报（哲学社会科学版），2020，57（3）：140-149.

［7］陈劲，阳镇，尹西明．双循环新发展格局下的中国科技创新战略［J］．当代经济科学，2021，43（1）：1-9.

以科技创新促进云南甘蔗产业机械化发展

万成现　王传发

（西南林业大学马克思主义学院）

在《共产党宣言》中，马克思、恩格斯指出，要将农业与工业紧密结合起来，实现农业现代化发展。马克思认为，工业能够为农业大规模经营提供动力。随着工业革命的进展，传统的手工农业生产方式逐步被机械和大工业生产所取代，农村的生产力获得了解放，农业机械化的广泛应用也使得农业的生产效益大幅增加。在发展甘蔗产业方面，由于甘蔗是生产蔗糖的主要原材料，可以供给人类生产生活需要的大量糖料，因而机械化发展甘蔗产业意义重大。

一、科技创新与产业发展的内在关系

科技创新与产业发展相互促进、相互融合，共同推动经济社会不断向前发展。一方面，科学技术创新已日益成为世界经济发展中不可或缺的关键因素，因为科技的创新发展大大提高了生产效率，并改变着人类的生产生活模式，极大地促进了社会经济的繁荣和各类产业的发展，以往靠增加劳动和资源投入来促进经济发展的模式已逐渐被淘汰。另一方面，工农产业的蓬勃发展既引导着对技术要素的投资，也为高新技术发展提供了强大的基础，加快推动了科技的创新发展[①]。当今社会，智能化和机械化已

作者简介：万成现，男，西南林业大学马克思主义学院马克思主义理论专业硕士研究生。

通讯作者简介：王传发，男，西南林业大学马克思主义学院教授，硕士研究生导师。

① 赵奇平.中国科技进步与经济发展互动关系研究［D］.武汉：武汉理工大学，2002.

经无处不在，而社会的不断进步和巨大变化也不断推动着科学技术的发展，社会不会停止向前，创新也永无止境。与此同时，各国工农业的持续发展也越来越依靠技术的革新，离开科技的创新，就谈不上产业的发展。科技与产业之间存在互补互利的关系，二者共同构成一个科技创新和产业发展的良性互动循环。产业科技化、科技产业化也已成为产业和科技发展的客观趋势。

（一）产业发展激发科技创新

马克思认为，资本主义生产方式首先为自然科学发展提供了物质手段，在此基础上，自然科学本身的发展开始。经济、产业的发展决定着科技的产生与运用，对于科技的创新发展具有重大的支撑作用。农业在我国一直以来都占有很大比重，农业的发展水平在很大程度上直接影响着国家的经济建设和社会发展。马克思曾指出："我们首先应当确定一切人类生存的第一个前提是生产物质生活本身"[1]。想要获得更多的物质生活资料，首先要保证农业生产和发展。科学技术的创新发展及其在生产中的运用程度在相当意义上决定了生产力的增长方式及其发达程度。一旦生产力的发展有需要，就会促使科技的创新和发展。科技的发展归根到底是由经济发展决定的，而促使科技发展最首要的基本要求就是社会生产力的发展。正如恩格斯所说，社会一旦产生对技术的需求，那这种需求将会比十所高校更能将科学往前推动[2]。这说明了社会的需求对科学技术的形成与发展有着直接的促进作用。科技的提高需要依靠人才、资金等因素的持续支持，依赖于整个社会经济发展的水平。当今科技不断朝着纵深方面转移，技术体系和要素的复杂程度日益增高，研制投入越来越大，对产业发展的要求也越来越大。

（二）科技创新促进产业发展

马克思认为科学的发展、技术的突破推动了产业革命，而产业革命也使市民社会在经济方式和社会关系方面产生了全面改革。在马克思、恩格斯生活的那个时期，他们就关注到了工业革命给农业带来的巨大冲击。马克思、恩格斯曾提出，"现代自然科学和现代工业共同改变了自然界"。马克思、恩格斯明确表示：在任何一个国家，假如没有了利用蒸汽引擎的机器工业，它就无法解决（哪怕是大部分）他们对产品的

① 马克思，恩格斯.马克思恩格斯选集：第一卷［M］.北京：人民出版社，1995.
② 李艳影.社会主义和谐社会构建中的科学技术的作用研究［D］.长春：东北师范大学，2009.

需求，那么，它在各社会民族中也就不能够取得相应的经济优势①。由此可以看出，农业劳动生产率的提高和工业的诞生与发展息息相关。在马克思眼中，科学通过技术转变为生产力，随着机器、大工业生产的发展，社会创造财富就不只是取决于生产技术和消耗的劳动量，而且更多地取决于社会普遍的科学技术水平和技术在社会生产中的运用。马克思还指出，社会生产力的发展是以一定的科学技术发展程度为基础的。由于自然科学与工业技术的发展，人类生产力将会进一步得到提高，而这种提高，归根到底还是来源于自然科学的发展。

马克思、恩格斯在《资本论》等著作中对于农业发展理论也做了大量阐述，他们认为科学技术发展水平、新工艺应用程度、法律制度环境等因素影响了劳动社会生产率的提高。除此之外，马克思、恩格斯还强调了发达的农业科技对农业现代化发展的重要性，鼓励支持农业生产者运用先进的农业工艺。正像马克思、恩格斯所指出的："在自然肥力相似的各块土地上，一样的自然肥力能被使用到何种地步，既取决于农业化学的发展，又取决于机器的使用"②。从这些可以看出，马克思主义经典著作已经深刻意识到，只有将先进的科学技术应用到农业生产领域，才能更好更快地实现农业农村现代化。

二、产业机械化：甘蔗产业科技创新的集中体现

传统的农业生产过程中，土地的翻耕、农产品的种植、收割等工作大都依靠人工来进行，既费时又费力，生产效率和农产品的产出效率难以提升，严重阻碍了农业的发展。要如何提升农业的生产效率，发展新式的现代化农业呢？对于这个问题，自新中国成立始，党的几代领导人一直在积极探索。为发展农业，毛泽东同志提出了实行农业合作社，将分散的小农经济集中化，积极引导小农经济向现代化和集中化方向发展。改革开放后，为加快农业发展，邓小平同志提出了"四个现代化"建设的目标。在十三届八中全会上，江泽民同志首次提出了"科技兴农战略"，之后，胡锦涛同志指出要深化先进科技在农业生产领域的应用。十八大以后，习近平总书记将发展科技摆在了农业现代化建设的核心位置，明确要转变传统农业生产模式，加快农业科技创新以提高农业生产率，保证农业高质量发展。由此可以看出，通过几代领导人的努力，我们最终探索出了一条农业科技创新的发展道路。

对于云南这样一个经济发展水平相对落后的高原地区，由于工业不发达，经济发

---

① 刘天旭，赵兆东．马克思恩格斯对中国工业化的展望［J］．社会主义研究，2010（4）：30-34.

② 马克思．资本论：第三卷［M］．北京：人民出版社，1975.

展主要是靠农业，在农业中，甘蔗又是作为云南许多地方的支柱性产业。甘蔗产业要想获得持续健康发展，必须充分发挥科技创新的巨大作用，而科技创新在农业生产发展过程中发挥作用的方式又集中体现在农业的机械化上。因此，这就势必要求我们创新农业生产和发展方式，将机械化广泛运用到农业生产的各个环节中，促进农业科研成果的创新和转化，提高农业的科技含量，提升产品的产量和质量，增强产业的竞争力，以此来促进农业的现代化发展。

三、云南甘蔗产业机械化发展中存在的问题

马克思所在的时期，是科技大发展的时期，科技的创新发展推动着资本主义生产力的极大提高[1]。以蒸汽机为代表的工业革命，直接推动了机器大工业的形成与发展，而机器的普遍运用极大地改善了资本主义的生产效率，也变革了资本主义的生产方式与劳动形式，直接导致了大分工的产生。由此可见，资本主义的经济大增长离不开科技的创新发展。云南由于地理、历史条件等诸多因素的影响，科技创新发展一直比较落后，产业的发展也存在机械化基础条件差，机械化、智能化应用程度不高、产业与科技融合度不够等问题。要想农业经济得到良好的快速发展，就需要大力发展高新技术，充分发挥科技在产业发展中的重要作用。

（一）产业机械化基础条件差

在甘蔗的生产过程中，机械化技术在甘蔗的种植和收割等环节中都可广泛应用。但是在云南，因为很多主客观因素的影响，严重影响了甘蔗产业的机械化进程。一方面，云南多数地方甘蔗栽培条件较差，蔗区水利设施不齐全，无任何灌溉设施，现在仍然面临靠天吃饭的状况，严重影响了甘蔗生产的质量和甘蔗产业的发展。另一方面，蔗农多是单家独户种植甘蔗，致使甘蔗的品种参差不齐，有的甘蔗地栽种的甘蔗长度和形态都有差异，市场上的机械设备难以与甘蔗品种匹配，这会大大增加甘蔗的机械切削损失量，从而降低了甘蔗机械的工作质量，使得收割效率大大降低。另外，由于机械化操作对地势要求很高，要在耕地比较平整、土地集中的情况下才有利于机器的使用，而云南种植甘蔗的大部分地区由于蔗田地块较小、零碎且地形复杂，不适合大型的农机作业，而小型的甘蔗农机由于功率小和甘蔗品种不一的原因，机械收割的效率难以把控。这就使得运用和推广机械化作业有着很大阻碍，只能采用人工种植和收

① 张强强，成璐.马克思的科技观及其当代价值［J］.商品与质量，2012（S5）：110-111.

割，但又由于疫情和经济原因导致人工成本高昂，且受农产品价格低廉影响，为了谋生，许多具备一定文化水平的年轻人出外务工，导致农村劳动力紧缺，加之货物运输价格连年上涨，严重压缩了蔗农收益①。由此看来，云南甘蔗产业机械化发展道路上还有很多问题有待解决。

（二）科技创新与产业发展缺乏深度融合

俗话说，科学技术是第一生产力，科技的进步带来产业的发展，技术的革新引领产业的革新。机械化种植能够使得效率提升，大大地节省了人工成本，收益也随之提高。如果产业和科技的融合度不高，就无法发挥科技创新对于产业发展的促进作用，实现产业健康可持续发展的道路将变得举步维艰。自改革开放以来，中国的农业工业等都进入了蓬勃发展的好时期，在党和政府的支持下，中国的甘蔗种植业发展势头良好，在农业技术方面的投资量也在逐渐递增，但即便如此，中国的农业技术投资总体上同发达国家相比还是有较大差距，在农业建设发展过程中，由于科技创新与甘蔗产业发展缺乏深度融合，农业机械化和技术化的普及程度相对于发达国家尚有不足。特别是在云南这种经济和科技发展相对更加落后的地区，科技创新与产业发展融合度不足的问题更加突出。其中主要有两个原因：一方面，由于经济发展水平较落后且缺乏切实有效的政策支持，企业对新技术的研发创新力度和科技创新能力难以得到实质性提升。另一方面，企业研发的科技成果转化应用率不高，推广难度大，研发出来的产品并没有很大程度地应用到实际的生产过程中，没有转化为产业发展的实际动力。

（三）农民对于机械化生产认识薄弱

在马克思的生产力范畴中，劳动者这一生产力的要素同科学技术息息相关。随着劳动者的综合素质不断提升，可以促进科技研发向着更深更广的程度发展。反之，如果劳动者的综合素质较低，就会制约科技的创新发展。由于云南的蔗农受教育水平还普遍不高，再加上社会一些陈旧观念还没有转变，在很大程度上影响了甘蔗的机械化发展。再者，由于许多地方关于甘蔗生产机械化观念的普及程度不足，使得蔗农并没有完全了解掌握机械化生产的优势。蔗农们还保留传统守旧的思想观念，对市场上的甘蔗收割机器认识比较浅薄，不愿探索新的生产技术方法。由于中国现如今还普遍存

---

① 杨威，马佳俊，黄翠宇，等.文山州蔗糖产业现状及发展对策［J］.南方农业，2018，12（8）：88-90.

在着传统的小农经济生产理念，阻碍了农作物的产量提升和生产效益的提高。而在欧美等发达国家，早已完成了农业的机械化生产。要改变中国传统的人工农业生产模式，势必得进行创新，以实现机械化生产代替人工种植。

四、以科技创新促进云南甘蔗产业机械化发展的有效路径

正像马克思所指出的："资产阶级在它的不到一百年的阶级统治时期中所创造的生产力，比过去所有世代创造的社会生产力还要多，还要大"[①]。事实上，资产阶级是通过革新技术以缩短社会必要劳动时间，从而提高生产效率，获得更多利润。比起以往传统单一的资本主义生产方式，以技术进步为基础的资本主义生产方式大大提高了生产效率。所以，要想充分发展生产力，必须重视科学技术的进步和提高。

（一）坚持全面科技创新

科技创新是实现工农业持续健康发展的主要驱动力，是增强生产能力、推动工业加快成长、推动经济稳定发展的重要途径[②]。发展建设先进科技产业，就是要将科技深入地运用于农业发展之中，通过技术创新提升农业经济发展的效率，增强农业经济的竞争力。科技创新可以为社会生产力增长提供新的动力，是经济社会生产结构调整升级的重要因素。马克思在《资本论》中指出，在资本主义环境下，资本家为了获取相对剩余价值，会不断革新工厂的技术条件以提高工人的生产劳动效率。在马克思看来，技术创新在整个社会变革中起着关键作用，其潜能也蕴藏于推动社会物质生产力发展的进程之中。由于新的生产力的出现，社会的生产方式随之转变，推动经济迅速发展的同时，又使社会结构进行了相应调整。在新一轮的科技革命和产业革命中，我们要始终坚持创新，积极发挥科技创新的重要作用，将科技创新带动经济社会发展的积极作用最大化，积极推进科学技术革命向社会实际生产力的转变，深入发掘经济增长新动力，实现产业的跨越发展。

（二）加快促进科技创新与产业发展深度融合

云南省大部分地区蔗农都是采用单户种植的甘蔗生产模式，田地分散且面积较小，难以发挥生产机械化的优势。因此，应注重技术革新和产业结构优化的协调发展，

---

① 章毅，朱琦.马克思科技创新思想及其当代启示［J］.文化学刊，2020（2）：56-58.
② 贾洪文，张伍涛，盘业哲.科技创新、产业结构升级与经济高质量发展［J］.上海经济研究，2021（5）：50-60.

围绕甘蔗产业发展各重点领域，通过调整、改造或是淘汰的方式优化传统产业的结构，加强关键核心技术的攻关，促进传统产业优化改造从而推动科技创新，同时要继续促进原有创新主体进行科技创新活动，不断更新和开发满足新的市场需求的科技产品，从根本上推动传统产业转型发展。科技创新和产业结构升级是在创新发展理念下推动经济社会高质量快速发展的关键着力点，但如果只是单方面地注重科技创新或者单方面的产业升级，那对于促进经济快速发展所起的效果将大打折扣。只有注重二者的协同发展，才能更好地促进产业的发展和社会进步。为此，各地要从政策角度统筹规划，充分发挥引导功能，加大对甘蔗产业的科技研发投入力度和农业科技成果的转化推广力度，通过构建完整的科技创新体系，促进科技创新与产业发展深度融合。除此以外，还可以建立一批甘蔗产业与科技融合发展的示范基地，引进先进工艺设备和先进农业生产技术，积极探索以先进技术为引领，形成科技加产业协同发展的特色农业产业的新模式，增强先进农业技术在农业生产领域的应用，将传统的小农经济逐步转化为大规模农业，帮助其提升生产效率，逐步实现高技术、高质量的现代化农业体系，推动甘蔗产业机械化发展。

（三）培养高素质的创新型农民，壮大技术型农业经营主体队伍

农民作为建设发展农业现代化的主体力量，甘蔗产业的关键在于培育高素质的创新型农民，壮大技术型农业经营主体队伍，解决好技术型农业经营主体内生动力不足的问题。要完善科研与创新型人才成长激励机制，全面落实国家人才强国战略，培养一批勇于开拓创新、素质优良的劳动者。如果不能实现农民综合素质的提升，就不能将机械化、信息化的装备、先进的技术和管理模式运用到生产实际中。所以，要重视创新精神与实际创新能力人才培养，以社会需求为导向，充分发挥教育在创新人才培养中的重要作用，培养适应产业现代化快速发展，并能根据自身的发展特征和甘蔗产业发展的实际情况创新农业生产和经营模式的创新型劳动者。同时应牢牢把握产业科技化发展的契机，深化应用先进的机械化设备。对此，政府和相关部门可安排专业人才，对蔗农进行集中培训和技术指导，引导蔗区蔗农科学种植。只有这样，才能加速推进甘蔗产业的现代化进程。

五、结语

在马克思、恩格斯生活的时代，科学技术带来的产业革新，为当时的工业发展带来了巨大的活力。现如今，随着经济社会的不断发展进步，产业的发展越来越依赖科

技创新，而前沿和先进的科技重大突破也不断促使生产力的内涵及其发展方式发生根本性的变化。事实上，随着科学技术的不断创新，科技与农业的融合过程也在不断发展变化。科技创新的速度不断在加快，也越来越表现出聚集化的特征。通过促进高新技术产业的聚集发展，可以提高科技创新能力。当前我国正处于巩固脱贫攻坚战果、全面乡村振兴的关键时期，产业新方能乡村新，甘蔗产业作为云南很多地区的支柱性产业，只有甘蔗产业发展好了，人民收入提高了，人民生活水平和幸福感才能不断提升。因此，必须始终坚持科技创新，强化农民的科技创新能力，加快传统甘蔗产业的转型升级，促进科技创新与甘蔗产业深度融合发展，带动经济提升，助力农民增产增收，共奔富裕路。

参考文献

［1］马克思，恩格斯.马克思恩格斯选集：第一卷［M］.北京：人民出版社，1995.

［2］马克思.资本论：第三卷［M］.北京：人民出版社，1975.

［3］章毅，朱琦.马克思科技创新思想及其当代启示［J］.文化学刊，2020（2）：56-58.

［4］刘天旭，赵兆东.马克思恩格斯对中国工业化的展望［J］.社会主义研究，2010（4）：30-34.

［5］张强强，成璐.马克思的科技观及其当代价值［J］.商品与质量，2012（S5）：110-111.

［6］杨威，马佳俊，黄翠宇，等.文山州蔗糖产业现状及发展对策［J］.南方农业，2018，12（8）：88-90.

［7］贾洪文，张伍涛，盘业哲.科技创新、产业结构升级与经济高质量发展［J］.上海经济研究，2021（5）：50-60.

［8］赵奇平.中国科技进步与经济发展互动关系研究［D］.武汉：武汉理工大学，2002.

［9］李艳影.社会主义和谐社会构建中的科学技术的作用研究［D］.长春：东北师范大学，2009.

习近平关于"四个面向"重要论述的生成逻辑及当代价值

王开燕　谢莉勤

（大理大学马克思主义学院）

当今世界正在经历着百年未有之大变局，近年来新冠疫情影响下更是进一步加剧了各国政治、经济的不确定性和不稳定性，纷繁复杂的国际局势对实现中华民族的伟大复兴提出了进一步的挑战。2020 年 9 月，习近平总书记在主持召开科学家座谈会，并对国家科技创新与发展及人才培养提出了要坚持"面向世界科技前沿、面向经济主战场、面向国家重大需求、面向人民生命健康"[①] 的具体要求。"四个面向"的提出是对马克思主义科技发展理论和人才培养理论的丰富和创造性发展，对实现中华民族的伟大复兴具有重要价值导向。

一、"四个面向"的历史生成

"四个面向"思想不是凭空产生的，其形成充分汲取了中华优秀历史传统文化，具有丰富的历史文化底蕴，在历史理论的基础上以史为鉴，推陈出新，充分汲取了马克思主义理论辩证法思想、哲学思想和人文思想。"四个面向"的形成具有深厚的理论依据和现实基础，为中国科技创新的发展和人才的培养提供了实践指南，深刻反映了新时代中国国情和时代发展的要求，是理论创新与实践创新相结合的产物。

作者简介：王开燕，女，大理大学马克思主义学院马克思主义理论专业硕士研究生。

通讯作者简介：谢莉勤，女，大理大学马克思主义学院副教授，硕士研究生导师。

① 习近平 . 在科学家座谈会上的讲话［M］. 北京：人民出版社，2020：4.

（一）"四个面向"的理论依据

"四个面向"具有丰富的历史内涵，其生成逻辑是在充分汲取先人伟大智慧上形成的。习近平总书记多次运用典故来隐喻科技创新的重要性，借用商代君王商汤的"苟日新，日日新，又日新"[①]，揭示了国家科技创新发展是动态的，并随着历史和实践不断丰富完善；借用程颐、程颢的"不日新者必日退"[②]，表明科技创新要抓住事物发展规律，不断实现革新；借用《周易·乾·文言》的"终日乾乾，与时偕行"，表明科技创新要谨慎坚持，和日月一起运转，永不停止。"四个面向"同样充分吸收马克思理论的精华，马克思非常重视科学技术对人类文明进步的影响，指出，"火药把骑士阶层炸得粉碎，指南针打开了世界市场并建立了殖民地，而印刷术则变成新教的工具，总的来说变成科学复兴的手段，变成对精神发展创造必要前提的最强大的杠杆"[③]。这些重要论述是马克思对生产力技术发展高度重视的表现，也为我们今天重视科技创新、人才培养提供了参考和借鉴。

（二）"四个面向"的现实基础

"四个面向"是立足于我国发展的目标、环境、条件所提出的，体现了生产力发展的客观要求，也体现了最大限度地激发科技作为第一生产力的巨大潜能的必然要求，为大力推进我国科技体制改革创新，加强科技人才培养指明目标方向。"四个面向"是在牢牢把握全球经济发展的现实基础上形成和发展起来的，是中国融入国际市场，提升综合国力的现实要求。

（三）"四个面向"的实践指向

"四个面向"创造性地从时代大背景下把国家的科技、经济、民生、社会发展相融合，为实现科技强国的目标提供了强大的理论武器。在进入中国特色社会主义新时代，国家在生物、医学、科技、工程、航天航空等各个领域实现了突破性的进展，"东方魔稻""北斗导航""芯片技术""5G通信"等一系列科技成果都在展示着国家的现代化科技水平。"四个面向"对党和国家科技创新发展赋予了新的历史使命，是"十四五"时期党和国家科技创新思想的时代结晶。

---

① 人民日报评论部.习近平用典［M］.北京：人民日报出版社，2015：249.
② 人民日报评论部.习近平用典［M］.北京：人民日报出版社，2015：251.
③ 马克思，恩格斯.马克思恩格斯全集：第三十七卷［M］.北京：人民出版社，2019：50.

二、"四个面向"的时代内涵

在大众创业，万众创新的时代潮流中，只有不断凝聚科技创新力量才能够使我国早日实现科技自立自强。坚持习近平总书记"四个面向"培养科技人才，将为我们全面建设社会主义现代化国家，深入实施科教兴国战略、人才强国战略、创新驱动发展战略提供人才支撑。

（一）面向世界科技前沿展现中国良好形象

面向世界科技前沿，是国家实现产业转型升级的重要举措，是关乎实现中华民族伟大复兴的实践指南。坚持面向世界科技前沿才能够运用新的技术手段打造更多中国品牌，近年来"中国形象""中国力量"在国际社会上的影响力越来越大，越来越受到世界各国的广泛关注，随着我国经济科技实力的不断增强和国际话语权的不断提升，我国在重大国际事务中发挥着关键作用，向世界人民展现着一抹靓丽的中国红。

（二）面向世界经济主战场把握时代发展潮流

改革开放以来党和国家牢牢把握住时代发展潮流始终坚持把科技创新面向世界经济主战场，充分结合中国的具体国情不断与时俱进地进行实践。邓小平提出"科学技术是第一生产力"，突出把科学技术摆在国家发展的重要位置，江泽民提出"科教兴国"战略思维进一步把科技创新放到国家发展的全局上来，胡锦涛又进一步提出了"走自主创新道路，建设创新型国家"的思想，习近平总书记进一步推进科技强国，提出了一系列科技创新思想，形成了完备的中国特色社会主义科技创新思想体系。

（三）面向国家重大需求铸牢中华民族共同体意识

推进科技创新的过程中需要面向国家发展重大需求，以需求为导向进行科技创新才能够不断解决制约国家发展的问题。中国共产党第二十次全国代表大会的召开，党和国家对经济、社会、民生、生态等的关注度越来越高并提出了许多创新性的思想观念和展望未来的宏伟目标。党的二十大报告提出展望未来的同时也抛出了一个重大问题，如何打牢中华民族共同体意识？这就需要科技创新要牢牢把握住国家发展的重大需求，切实提高国际竞争力。

（四）面向人民生命健康坚持人民至上

儒家的民本思想从古代到现代一直对中国政治经济产生着极大的影响。夏王朝被商王朝取代后，商代以史为鉴提出了"古我前后，罔不惟民之承保"的思想[1]；春秋战国时期孔子的"仁治"观点以及孟子"民贵君轻"思想；中国共产党全心全意为人民服务的宗旨以及新时代中国特色社会主义提出来的人民至上思想都是民本思想的重要体现。习近平总书记提出，"我们要坚持人民至上、生命至上，调集一切资源、尽一切努力保护人民生命安全和身体健康"[2]。

三、"四个面向"对振兴中华民族的当代价值

中国共产党第二十次全国代表大会明确指出了新时代新征程中国共产党的使命任务，团结带领全国各族人民进行社会主义现代化强国建设，强国的建设离不开科学技术的创新发展。"四个面向"正是新时代科技发展具体要求的体现，对于实现中国式现代化和全面推进中华民族伟大复兴具有丰富的价值内涵。

（一）凝聚新时代中华民族伟大复兴的中国梦

习近平总书记在参观《复兴之路》展览时提出，中国梦的追求是实现民族的伟大复兴。中国梦的实现需要党和国家政策的支持，中国梦的实现需要全体中华儿女共同努力，中国梦的实现需要各个领域和行业实现高质量发展。"四个面向"的重要论述为中国梦的实现提供了具体的实践路径，是实现经济腾飞的必经之路，是实现中华民族伟大复兴中国梦的现实要求。

（二）打牢全面建设社会主义现代化国家的战略基础

中国共产党第二十次全国代表大会报告中把教育、科技、人才作为全面建成社会主义现代化战略性、基础性的支撑。"四个面向"从国家发展的科技、经济、民生、国家需求等各个方面指明了发展方向，进一步深化了供给侧结构性改革，提出的具体要求能够为我国社会主义现代化建设提供发展路径，为现代化强国的建设不断提出价值遵循，现代化的建设离不开"四个面向"的规划指导。

---

[1] 诸凤娟.古代民本思想的当代价值探析［J］.北京大学学报（哲学社会科学版），2012，49（1）：123-129.
[2] 习近平.习近平谈治国理政：第四卷［M］.北京：外文出版社，2022：456.

（三）为世界发展提供了"中国方案"展现"中国智慧"

生产力和生产技术的不断提高使得我国综合国力不断增强，在世界经济、文化、国际重大问题治理上提出了许多先进性的理念，展现着中国智慧。"四个面向"是在纵观全球视野发展中提出来的，国家间合作与竞争相互交织形成错综复杂的国际关系，垄断、经济霸权、不正当竞争在欧美国家为首的资本主义经济市场上呈现愈演愈烈趋势。中国在世界经济舞台上始终坚守原则和底线，走出了一条完全不同于西方社会的经济道路，始终坚持互利共赢，促进世界共同发展，致力于全球治理。新冠疫情下更加践行了面向人民生命健康，国外自由放任的疫情防控政策与国内形成鲜明的对比，疫情暴发中国科研团队争分夺秒地研制新冠疫苗，为全国人民免费接种疫苗。彰显大国情怀，为疫情严重的国家和地区捐献疫苗和口罩等，一系列的中国治理方案都给世界各国提供了良好的借鉴。

四、结语

"四个面向"富有创见地洞明了推动科技向现实生产力转化的路径取向，是契合我国国情发展做出的重要论断。阐述了在 21 世纪的经济潮流中抓住国际主战场，顺应经济全球化的具体要求，中国共产党第二十次全国代表大会的召开，把科技创新又推向了新的发展高度。"四个面向"从宏观的角度为国家科技创新指明了发展方向，从微观的角度对提升国家各个领域创新力做出了具体要求，习近平"四个面向"广泛地融入国家发展的全局中，为综合国力的提高和中华民族的伟大复兴提供了不竭动力。

参考文献

［1］习近平.在科学家座谈会上的讲话［M］.北京：人民出版社，2020：4.

［2］人民日报评论部.习近平用典［M］.北京：人民日报出版社，2015：249.

［3］人民日报评论部.习近平用典［M］.北京：人民日报出版社，2015：251.

［4］马克思，恩格斯.马克思恩格斯全集：第三十七卷［M］.北京：人民出版社，2019：50.

［5］诸凤娟.古代民本思想的当代价值探析［J］.北京大学学报（哲学社会科学版），2012，49（1）：123-129.

［6］习近平.习近平谈治国理政：第四卷［M］.北京：外文出版社，2022：456.

滇西民族地区学校铸牢中华民族共同体意识的机制与路径

李 倩 褚远辉

（大理大学 保山学院）

新时代，我们要以习近平总书记提出的中华民族共同体意识为指导思想，"全面贯彻党的民族政策，深化民族团结进步教育，铸牢中华民族共同体意识，加强各民族交往交流交融，促进各民族像石榴籽一样紧紧抱在一起，共同团结奋斗、共同繁荣发展"①。本文着眼于民族地区学校在铸牢中华民族共同体意识的过程中，借鉴部分学校结合自身特点和资源的案例，将铸牢中华民族共同体意识融入学校为学生全面发展的全过程。

一、滇西民族地区学校铸牢中华民族共同体意识的机制

在新时代背景下，滇西民族地区学校铸牢中华民族共同体意识需要从民族团结进步创建和教育者和教育对象等方面出发，积极协调各种资源，切实把民族地区学校铸牢中华民族共同体意识教育落到实处。

作者简介：李倩，女，大理大学马克思主义学院马克思主义理论专业硕士研究生。

通讯作者简介：褚远辉，男，保山学院党委副书记、校长，二级教授，博士生导师，主要从事民族团结进步教育研究。

① 习近平.决胜全面建成小康社会 夺取新时代中国特色社会主义伟大胜利［N］.人民日报，2017-10-28（1）.

（一）以民族团结进步创建为抓手

第一，教育为本，创新推进民族学校团结进步创建工作。深入不同民族地区学校，细致考量和研判各个学校具体情况。在民族团结进步示范校创建活动中，大理市少年艺术学校紧紧围绕铸牢中华民族共同体意识这一命题，在创新发展艺术特色教育的同时，就本学校所处的地理环境，把大理白族的特色舞蹈"霸王鞭"也融入教程，将民族团结进步教育和校园文化建设、学科建设有机结合起来，做到了艺术特色教育与民族文化传承相互发展相互促进的新局面。

第二，深化民族团结进步宣传教育，促进各民族交往交流交融。2019年，习近平总书记强调，坚持促进各民族交往交流交融，不断铸牢中华民族共同体意识[1]。保山学院通过开展各类活动，在继承的同时不断发展少数民族优秀传统文化，有效拓展了学校民族团结教育的内容。学校还把民族团结进步创建工作与主动服务和积极融入地方经济社会发展工作紧密结合，不断夯实铸牢中华民族共同体意识的基础，推动中华优秀传统文化融入滇西民族地区学校的生活和学习中，开展各族学生相互交流和培养融洽感情的系列活动，此举有利于引导各族学生在对铸牢中华民族共同体意识理论学习的同时付诸一定的实践，不断增强对"五个认同"的认识，有利于形成密不可分的共同体。

（二）构建大中小学一体化的长效教育机制

围绕铸牢中华民族共同体意识这一主线建立大中小各学段一体化发展是一项崭新的时代课题，需要各方积极协调联动，立足实际主动探索、大胆创新。

一是建立完善教学体系。部分偏远的山区学校没有相关的配套教材和严重缺乏专业教师队伍的问题，影响了民族团结进步教育的成效。首先最重要的是亟待解决的教师队伍问题。各教育部应当具体问题具体分析，根据学校所处的环境，给予支教老师更多的福利待遇，以便吸引更多教师前往，壮大山区教师队伍。其次要把控教育者自身的专业素养，要对前往教师的政治立场、思想政治教育水平和自身的专业素质等方面进行考察，落实为人师表和立德树人。最后是推动中华民族共同体教育教材编写工作。滇西地区的实际情况是多民族聚居，本地的风俗文化由来已久，所以在编写教材的时候，可适当结合本地区的优秀传统，研发出可被认可和采用的本土教材。

二是学校引导学生积极参与系列实践活动。学校在宣传的同时，要以积极有趣的方式鼓励学生自觉参与进去。因为不管是大中小学的学生，参与活动都是最为直观的。

---

[1] 习近平. 在全国民族团结进步表彰大会上的讲话［N］. 人民日报，2019-09-28（2）.

比如大理州的民间舞蹈"霸王鞭"，深受群众喜爱，众多中小学校纷纷把原先的课间操改为舞霸王鞭，通过这一改动，一方面有利于学生更好地传承本地优秀文化，另一方面也充分展现出学校灵活应对并及时做出调整的能力。

二、滇西民族地区学校铸牢中华民族共同体意识的路径

滇西民族地区学校在铸牢中华民族共同体意识的实践过程中要具体问题具体分析，制订符合学生全面健康发展的方案，引导学生树立正确的思想观念；结合学校具备的优势资源，在学生心里厚植中华民族共同体意识。

（一）树立正确的观念，打牢中华民族共同体意识的思想基础

各族学生应树立正确的观念。"中华民族不是56个民族的简单叠加，而是一个有着共同使命、休戚与共的民族整体。"[1] 习近平总书记还说："一部中国史，就是一部各民族交融汇聚成多元一体中华民族的历史，就是各民族共同缔造、发展、巩固统一的伟大祖国的历史。"[2] 中国经历了几千年的历史层层演进才走到现在，然而伴随而来的历史虚无主义却让我们措手不及。历史的发展是向着文明社会不断迈进的，牢固树立正确的观念，深入开展"四史"教育，汲取历史经验，把握历史大势，不断增强各族学生的"五个认同"。滇西学校处在多民族地区，学校在促进学生树立正确的观念教育有着重要的引导作用，要求学生要自觉尊重各民族在语言、文化、习俗等方面的差异，牢记习近平总书记在中央民族工作会议上的重要讲话精神，尊重彼此的差异，用更加包容的心态对待彼此，让巩固和发展社会主义民族关系自觉成为学生的使命和担当。

（二）巩固民族团结进步教育，铸牢中华民族共同体意识

第一，强化滇西民族地区爱国主义教育。在面对新冠疫情的重大考验下，教育部做出"停课不停教、停课不停学"的重要举措，全面部署开展线上教学。大理大学校党委书记段林根据教育部的要求，率先开讲战"疫"爱国主义主题教育第一课，强调在此次灾难中涌现出来的"抗疫精神"是新时代的爱国主义精神的体现。马克思主义学院各思政课教师积极响应，主动结合各自课程性质和教学要求，录制了战"疫"爱国主义主题教育微课。强化爱国主义教育，单靠哪一个方面都是行不通的，需要全校

① 冯连军，赵亚楠．"多元一体"格局：铸牢中华民族共同体意识的关键［J］.湖北经济学院学报，2019，17（4）：108-113.
② 习近平.在全国民族团结进步表彰大会上的讲话［N］.人民日报，2019-09-28（2）.

师生一起共同为之努力。

第二，重视滇西民族地区历史文化教育和党的民族政策理论教育。学校教育要重视加强民族地区优秀文化的弘扬，协调好各民族之间的关系，严格遵守民族区域自治制度等方面的研究，增强民族地区学校师生对本民族文化政策的了解，楚雄州南华县南华民族中学自己编撰校本教材，从宏观上宣传国家民族政策再具体到县域各民族常识，使学生们更好地了解党的民族理论和政策，有利于铸牢中华民族共同体意识和巩固社会主义思想基础，增强维护祖国统一的自觉性和坚定性。

（三）利用多元文化优势，铸牢中华民族共同体意识

第一，培育中华文化认同是滇西民族地区学校铸牢中华民族共同体意识的重要一环。习近平总书记指出，加强中华民族大团结，长远和根本的是增强文化认同[1]。新时代，纵观我国在建设文化强国方面取得的一系列成就，文化的大发展提高了我国的国际影响力和综合国力。学校教育是青少年提高文化认知、了解中国特色社会主义文化，增强文化自信的关键。这个时期的青少年正处在知识的学习储备和一定价值观念的形成，应该鼓励学生积极参加社会实践活动，比如参观历史古迹、博物馆或者是其他一系列的有利于学生增强文化认同感的活动。

第二，加强滇西民族地区学校的红色文化教育。滇西民族地区学校有着独特的地理位置优势和多民族聚居的实际情况，学校可鼓励或组织带领学生参与当地红军或抗战老兵等红色基地，如祥云县王德三、王复生纪念馆和大理市周保中将军纪念馆等，使学生们通过红色基地的环境氛围和解说员的宣讲而产生共情体验。近年来，大理大学也采取了以大学生宣讲的形式，到纪念馆等红色基地开展"故居讲故人故事"活动，通过深入学习，促进学生们的知识获得和情感升华。

三、滇西民族地区学校铸牢中华民族共同体意识的意义

"铸牢中华民族共同体意识，对于民族院校而言具有坚守创办初心、践行特殊使命、培育时代新人、擦亮示范窗口、坚守前沿阵地的价值意蕴。"[2]民族地区大中小学校都肩负着培育人才、传承文化、进行民族理论和政策研究等重要使命。

---

① 中央民族工作会议暨国务院第六次全国民族团结进步表彰大会在北京举行［N］.人民日报，2014-09-30（1）.

② 杨胜才.民族院校铸牢中华民族共同体意识的价值意蕴、方法路径与保障体系［J］.中南民族大学学报（人文社会科学版），2020，40（5）：9-14.

（一）践行滇西民族地区学校的特殊使命

首先，在立德树人的背景下，大理大学始终根植滇西，为本地区的社会发展乃至全国提供力所能及的服务。通过和漾濞县的友好交流中发现，该县有意愿和需求在铸牢中华民族共同体意识上更进一步，随即大理大学民族文化研究院与漾濞县相关部门取得联系，双方协商一致，携手共同开展铸牢中华民族共同体意识理论研究与实践工作。此举有利于打开大理大学服务地方经济社会发展的新格局，并在推动新时代民族团结进步事业开创新局面，践行了地方高校服务地方的重大使命。

其次，地方小学也积极践行各自使命。位于大理州祥云县的普淜小学具有289年的办学历史，学校里有包括彝族、白族、壮族等过半的少数民族学生。该校于2016年被评为"县级民族团结进步创建示范单位"，始终把各民族学生之间的友好交往交流作为民族团结进步教育的重点。从踏进学校大门开始，随处可见张贴着宣传民族团结的画报等，课余时间组织系列活动，旨在让学生能够在耳濡目染中种下民族团结的种子。普淜小学在传承中不断创新，提升民族教育的办学水平，挖掘民族教育元素，让学生在启蒙时期学会热爱祖国，丰富学校民族团结进步教育，坚守为培养合格的社会主义建设者和接班人的初心使命。

（二）引领滇西民族地区学校团结进步教育

滇西民族地区学校在民族团结教育和铸牢中华民族共同体意识方面拥有自己独特的资源和机遇。洱源县第一中学把民族团结进步示范创建作为学校的重要工作，以建设互相尊重、互相包容、互相欣赏、互相学习的民族团结文化为核心，以丰富的民族团结活动为载体，大力开展团结教育，促进了学校师生多民族关系友好发展，推进学校民族团结进步示范向纵深发展。学校始终坚持继承和弘扬中华民族优秀传统文化，打造多民族学生共居共学共融的办学特色，加强校园民族团结教育，牢固树立各民族一家亲的思想。再有鹤庆县云鹤镇中心小学，共有17个民族师生共同生活，学校重视民族团结进步教育工作，把铸牢中华民族共同体意识纳入了教师的教学计划和学生的学习计划中，其特色就是把本土红色文化引进校园，定期组织学生去红色文化陈列馆参观学习，赓续红色精神血脉。

在新时代背景下，滇西民族地区学校大中小一体化铸牢中华民族共同体意识是一项系统且复杂的工程，学校在进行正确引导的过程中，促使其正确价值观的形成，并在以后的学习生活中学生能够严格要求自己，厚植中华民族共同体意识。

参考文献

[1] 习近平. 决胜全面建成小康社会　夺取新时代中国特色社会主义伟大胜利 [N]. 人民日报，2017-10-28（1）.

[2] 习近平. 在全国民族团结进步表彰大会上的讲话 [N]. 人民日报，2019-09-28（2）.

[3] 冯连军，赵亚楠. "多元一体" 格局：铸牢中华民族共同体意识的关键 [J]. 湖北经济学院学报，2019，17（4）：108-113.

[4] 习近平. 在全国民族团结进步表彰大会上的讲话 [N]. 人民日报，2019-09-28（2）.

[5] 中央民族工作会议暨国务院第六次全国民族团结进步表彰大会在北京举行 [N]. 人民日报，2014-09-30（1）.

[6] 杨胜才. 民族院校铸牢中华民族共同体意识的价值意蕴、方法路径与保障体系 [J]. 中南民族大学学报（人文社会科学版），2020，40（5）：9-14.

恩格斯《自然辩证法》中实践观的当代价值

王炳艳　赵金元

（大理大学马克思主义学院）

　　《自然辩证法》是恩格斯为进一步论证辩证唯物主义自然观于 1873—1882 年撰写的一部未完成手稿，它由论文、札记和片段等组成，总结了那个时代自然科学领域的新成就。恩格斯在这部著作中不仅深刻阐述了自然界和自然科学中的辩证法问题，而且对马克思的实践观进行了丰富和发展。因此，对恩格斯《自然辩证法》中的实践观点进行深入分析和阐述，有助于我们完整理解和把握马克思主义的实践观，从而为新时代中国特色社会主义建设提供科学指导。

一、《自然辩证法》中的实践观

（一）物质生产劳动

　　恩格斯在《自然辩证法》的《劳动在从猿到人转变过程中的作用》中有大量关于劳动的论述。恩格斯在一开始就指出："劳动是整个人类生活的第一个基本条件，而且达到这样的程度，以致我们在某种意义上不得不说：劳动创造了人本身。"[①] 他分析

作者简介：王炳艳，女，大理大学马克思主义学院马克思主义理论专业硕士研究。

通讯作者简介：赵金元，男，大理大学马克思主义学院教授，博士生导师。

[①]　中共中央马克思恩格斯列宁斯大林著作编译局.马克思恩格斯选集：第三卷［M］.北京：人民出版社，2012：988.

了人类的起源，指出由于生存环境的恶劣以及食物的日益减少使得古类人猿的双腿得以进化，学会了直立行走，慢慢地他们的双手也获得了解放，逐渐开始用手进行活动并开始制作工具，以自然为原料进行对象性活动，并最终演变成了现代社会的人。"动物仅仅利用外部自然界，简单地通过自身的存在在自然界中引起变化；而人则通过他所做出的改变来使自然界为自己的目的服务，来支配自然界。这便是人同其他动物的最终的本质的差别，而造成这一差别的又是劳动。"[①] 可见，人类只有依赖于劳动才能够与动物区分开来，获得维持生命的基本物质条件。

（二）科学实验

恩格斯在为写《导言》而准备的札记《自然科学各个部门的循序的发展》中指出："科学的产生和发展一开始就是由生产决定的。"生产不断推动着科学的发展。进入工业社会后，力学、化学、物理学上的新的成就不仅提供了大量的材料，而且也产生了新的实验的手段，"真正系统的实验科学这时才成为可能"，实验作为研究自然科学的手段出现。因而，科学实验从生产实践中分化出来，成为一项独立的实践活动。

（三）社会革命

恩格斯在《自然辩证法》中提到社会革命，指出："需要对我们的直到目前为止的生产方式，以及同这种生产方式一起对我们的现今的整个社会制度实行完全的变革。"[②] 由于资本主义生产方式的存在，社会贫富差距变大，导致社会矛盾的不可调和，引起社会革命。他还指出，资本主义生产方式是生态危机产生的根源，因此建立和谐的人与自然关系就需要对现今的制度实行完全的变革。也就是说，恩格斯看到了资本主义生产方式下，无产阶级与资产阶级的贫富差距在逐渐拉大，社会矛盾也在不断激化，他在 1875 年的《致彼得·拉甫罗维奇·拉甫罗夫》信中指出："生产者阶级把生产和分配的领导权从迄今为止掌握这种领导权但现在已经无力领导的那个阶级手中夺过来，而这就是社会主义革命。"

---

① 中共中央马克思恩格斯列宁斯大林著作编译局.马克思恩格斯选集：第三卷［M］.北京：人民出版社，2012：997-998.

② 中共中央马克思恩格斯列宁斯大林著作编译局.马克思恩格斯选集：第三卷［M］.北京：人民出版社，2012：1000.

二、《自然辩证法》中实践观的价值

（一）理论价值

首先，恩格斯《自然辩证法》中的实践观是恩格斯的人与自然关系理论的基础，为自然辩证法和辩证唯物主义世界观的发展提供了坚实的理论支撑。自《自然辩证法》问世 140 年以来，世界发生了翻天覆地的变化，人与自然、科技、经济、社会与自然的关系都发生了巨大变化。伴随着工业革命给人类带来的环境污染、生态破坏和生态危机的问题，人类开始反思以往的发展理念，摒弃"人类中心主义"的思想，人类的发展观念逐渐回归到辩证唯物主义关于人与自然辩证关系原理上，发展升华为人与自然、人与社会和谐共生的可持续绿色发展观。人是自然的一部分，人类的第一个实践活动就是进行物质资料的生产，只有尊重自然、顺应自然，才能更好地认识和改造自然，才能为人类获得更为丰富的物质和精神产品提供永不枯竭的物质生产来源。

其次，恩格斯《自然辩证法》中的实践观丰富和完善了马克思主义理论体系。马克思毕生致力于《资本论》的写作，《资本论》的主要任务是揭示资本主义的运动规律，进而揭示人类社会的辩证法，论证"两个必然"的理论旨归。《自然辩证法》则力图通过自然科学的发展揭示自然界的辩证法，科学回答"人与社会是怎样形成的，人类社会怎样正确对待自然等重大的世界观的问题"[①]，在马克思和恩格斯看来，要想解释人类社会的发展规律，必须从整体上把握社会历史，即人化自然和自在自然。自然不仅指人类社会，还应包括自然世界，因此，要科学揭示整个人类的社会历史，不仅要分析社会运动的辩证法，也需要揭示自然运动的规律，从而使社会发展的辩证法和自然辩证法相互补充、相互支撑，自然辩证法和社会辩证法是马克思主义辩证法的两翼，共同服务于其唯物史观，使马克思主义成为一个完整的科学体系。

最后，恩格斯《自然辩证法》中的实践观还为后世的一些马克思主义经典文献的形成提供了主要的理论基础。比如影响了列宁、毛泽东等人的实践观。马克思主义继承者和发展者历来重视将马克思主义普遍原理与本国实际相结合。列宁的《谈谈辩证法问题》一文，充分阐述了科学的辩证法思想是无产阶级开展有效斗争的强大思想武器，他针对当时无产阶级革命事业的现实问题，提出对立统一是辩证法的实质和核心，把辩证法和唯物论结合起来，为无产阶级认识复杂的革命形势提供了科学指导。毛泽东在《矛盾论》中指出："辩证法的宇宙观，主要的就是教导人们要善于去观察和分析各种事物的矛盾的运动，并根据这种分析，指出解决矛盾的方法。"承认矛盾

---

① 赵云耕，王晓芳.论《自然辩证法》的历史地位和当代价值［J］.理论与改革，2013（3）：15-17.

的普遍性、客观性，增强问题意识。他在《实践论》中明确指出："实践的观点是辩证唯物主义认识论的首要的基本的观点。"强调我们不仅要善于砸碎旧世界，而且要善于建设一个新世界。正如马克思在《〈黑格尔法哲学批判〉导言》中所说的那样："批判的武器当然不能代替武器的批判，物质力量只能用物质力量来摧毁。"① 无论是苏俄革命的成功还是中国的革命、建设和改革事业，都是在轰轰烈烈的实践运动中开展的。实践不仅改造着我们的客观世界，同时改造和丰富着我们的主观世界，推动着人类社会不断向前运动，实现着更高形式的发展目标。

（二）实践价值

首先，恩格斯《自然辩证法》中的实践观促使了人与自然在实践基础上的统一。要求我们在改造和利用自然的实践活动中，应该把人的主观能动性与遵循自然规律统一起来，坚持用可持续发展的眼光看待人与自然的关系，做到尊重自然、顺应自然、保护自然。当今科技迅猛发展，生态和环境问题日益严重，深刻领悟人与自然的辩证关系关乎人类未来的生存和发展。《自然辩证法》论证了辩证唯物主义自然观取代形而上学自然观的历史必然性，要求人们正确认识和处理人与自然的关系，告诫人们不能违背自然规律，破坏生态平衡，否则就要受到自然的报复和惩罚。

其次，恩格斯《自然辩证法》中的实践观揭露了资本主义生产方式对生态环境的破坏性。恩格斯认为，生态危机产生的根源正是资本主义生产方式的不合理性，只要资本主义生产方式一直存在，生态危机就会不断地爆发。因此，要想彻底解决生态危机，必须进行社会革命，实现共产主义，指明了破解生态危机的正确方式就是更为和谐的社会生产方式，科学论证了社会主义取代资本主义的历史必然性，增强了社会主义道路的自信和魅力。

最后，恩格斯《自然辩证法》中的实践观有助于指导新时代中国特色社会主义的不断发展。恩格斯认为："我们对自然界的整个支配作用，就在于我们比其他一切生物强，能够认识和正确运用自然规律。"《自然辩证法》所体现的人与自然的辩证关系是习近平生态文明思想的重要理论来源，正如习近平总书记所说，大自然是人类生存发展的基本条件②。人类社会的发展必须以尊重和保护自然作为前提，这是我们发展的经验总结。中国在发展经济、追求社会效益的过程中也曾经走过弯路，也曾忽视了对

---

① 中共中央马克思恩格斯列宁斯大林著作编译局.马克思恩格斯选集：第一卷［M］.北京：人民出版社，2012：9.

② 习近平.中国共产党第二十次全国代表大会报告［N］.人民日报，2022-10-16.

环境和生态的保护，20 世纪 50—60 年代的大兴土木，破坏了生态平衡；改革开放的高增长、高排放，加剧了环境污染，加速了资源消耗。痛定思痛，我们回望历史，总结经验，反思教训，及时主动对人与自然关系进行调整，今天，"绿水青山就是金山银山"的价值理念已成为我们正确看待自然，改造和利用自然的新的法则，尊重自然，利用人类掌握的科学技术科学合理地开发自然，在自然面前保持敬畏，始终把人置身于自然，把人当作自然不可分的一部分，形成人与自然的相互依存、共同发展、休戚与共的命运共同体。"统筹人与自然的和谐发展不仅要在生产环节上做文章，追求'绿色 GDP'，更要在消费环节上倡导健康文明的生活方式。"①当我们尊重自然，有节制地开发利用并积极保护自然时，自然会以其博大的资源回馈人类，实现人与自然的和谐共生和经济生态的双赢。

三、结语

实践作为人与自然的中介，随着科学技术的不断发展，人类通过科技作用于自然的实践可以创造更多产品满足人的需要，但人与自然是生命共同体，二者相辅相成、辩证统一。它要求我们将新技术运用于生产时要树立尊重自然、顺应自然和保护自然的价值理念，发挥科学技术改造和保护自然的双重作用，实现经济社会发展和生态保护的双赢，助力实现中华民族的伟大复兴。

参考文献

［1］中共中央马克思恩格斯列宁斯大林著作编译局．马克思恩格斯选集：第三卷［M］．北京：人民出版社，2012．

［2］赵云耕，王晓芳．论《自然辩证法》的历史地位和当代价值［J］．理论与改革，2013（3）：15-17．

［3］中共中央马克思恩格斯列宁斯大林著作编译局．马克思恩格斯选集：第一卷［M］．北京：人民出版社，2012：9．

［4］习近平：中国共产党第二十次全国代表大会报告［N］．人民日报，2022-10-16．

［5］刘松涛．人与自然关系的实践困境及其出路：重温恩格斯《自然辩证法》［J］．北京大学学报（哲学社会科学版），2006（S1）：5-10．

［6］李猛．重思《自然辩证法》对唯物史观的独特贡献及其当代价值［J］．自然辩证法研

---

① 刘松涛．人与自然关系的实践困境及其出路：重温恩格斯《自然辩证法》［J］．北京大学学报（哲学社会科学版），2006（S1）：5-10．

究，2021，37（9）：89-94.

　　［7］庞元正.自然辩证法研究与马克思主义哲学时代化［J］.自然辩证法研究，2020，36
（1）：3-10.

二等奖

本届论坛获二等奖的论文共 70 篇，本书全文发表其中的 68 篇。云南农业大学获二等奖的论文《科技精准供给驱动乡村振兴的发展路径研究》（作者：王鹏程、周昱宏）与西南林业大学获二等奖的论文《时不我待推进科技自立自强》（作者：徐佳）都已约定在别的刊物上发表，故本书不再刊载。

人工智能时代人的主体性地位危机

——以马克思科技伦理为视角

李金发　　邵　然

（云南大学政府管理学院）

"人工智能（Artificial Intelligence）即让计算机完成人类心智（mind）能做的各种事情。"[①] 从学科的层面上来理解，用以研究和开发人类智能，模仿、执行人类部分智能的一门综合性学科。随着生产力的发展，科学技术不断取得突破，人工智能技术在 21 世纪的今天已经广泛运用于各个领域，"人工智能催生了新型的社会生产关系，如何理解机器在劳动实践中的地位，以及人工智能高新技术的发展和社会应用，成为重要的时代课题。"[②] 人工智能因其智能、精准、高效等特点使得其受到广泛追捧与推广，成为促进各产业发展的重要推动力，它改变着社会生产方式，促进新型生产关系的产生；但随之而来的即广泛的社会问题和伦理争议，人工智能已经渗透进人类生活和社会结构的方方面面，并以前所未有的强劲势头对人之主体性地位带来了深刻冲击，造成了巨大威胁。

一、马克思的科技伦理批判

科学技术的发展，展示着人的本质，但也带来了人的异化现象，马克思认为"在

作者简介：李金发，男，云南大学政府管理学院，马克思主义哲学专业硕士研究生。

通讯作者简介：邵然，男，云南省社会科学院哲学研究所副研究员，硕士研究生导师。

① 玛格丽特·博登. AI：人工智能的本质与未来 [M]. 孙诗惠，译. 北京：中国人民出版社，2017：3.

② 徐源. 马克思"机器论片段"视域下人工智能技术的地方性治理 [J]. 山东大学学报，2022（5）.

我们这个时代，每一种事物都好像包含有自己的反面。我们看到，机器具有减少人类劳动和使劳动更有成效的神奇力量，然而却引起了饥饿和过度的疲劳。新发现的财富的源泉，由于某种奇怪的、不可思议的魔力而变成贫困的根源。技术的胜利，似乎是以道德的败坏为代价换来的。随着人类愈益控制自然，个人却似乎愈益成为别人的奴隶或自身的卑劣行为的奴隶。甚至科学的纯洁光辉仿佛也只能在愚昧无知的黑暗背景上闪耀。我们的一切发现和进步，似乎结果是使物质力量具有理智生命，而人的生命则化为愚钝的物质力量。现代工业、科学与现代贫困、衰颓之间的这种对抗，我们时代的生产力与生产关系之间的这种对抗，是显而易见的，不可避免的和毋庸争辩的事实。"[1] 科学技术的发展本应给人的发展带来便利，但使得人"异化"，是什么导致这样的结果呢？马克思在《资本论》第一卷中对资本家榨取工人剩余价值的分析中，指出机器应用的特点及影响，"旧方法的基础是单纯对工人材料进行残酷地剥削……这种基础已经不再能适应日益发展的市场和更加迅速地发展着的资本家之间的竞争了。采用机器的时刻来到了。"[2] 资本家为了提升竞争力，使用机器，机器部分地进入价值增值过程，创造价值，并对工人产生直接的影响，它使得工人家庭全部成员不分男女老少地都受到资本的直接统治，从而增加雇佣工人的数量，另外机器使得工作日延长，即机器提高劳动生产率，缩短生产商品的必要劳动时间，从而使得工人工作时间延长。同时"机器的资本主义使用一方面创造了无限度地延长工作日的新的强大动机，并且使得劳动方式本身和社会劳动体的性质发生这样的变革，以致打破对这种趋势的抵抗；另一方面，部分地由于使资本过去无法染指的那些工人阶层受资本的支配，部分地由于使那些被机器排挤的工人游离出来，制造了过剩的劳动人口。"[3] 马克思通过论证机器在资本主义社会的应用，揭示出资本对人的异化与奴役。而随着社会迈入人工智能时代，其实就是异化的进一步加深，使人类愈发不能成为自己的主人。资本、技术甚至流动的数据都异化成为人的思维方式、行为模式、价值观念等自我属性和自我意识的控制者和主导者，人在生活中不自觉地受到这些技术的影响，人自身也物化为了机械化运转的世界机器的一部分。尤其是近年来，智能机器人的不断迭代升级，从第一位机器人公民的出现到机器人情感伴侣的投入使用，一切都在暗示：AI 机器人有望获得主体地位。

---

① 马克思，恩格斯 . 马克思恩格斯全集：第十二卷 [M]. 北京：人民出版社，1962：4.

② 马克思，恩格斯 . 马克思恩格斯全集：第四十四卷 [M]. 北京：人民出版社，2001：543.

③ 马克思，恩格斯 . 马克思恩格斯选集：第二卷 [M]. 北京：人民出版社，2012：222.

二、"资本—技术"下人主体性的危机

"人"是马克思一切批判和分析的核心，围绕人的主体性问题他展开了一系列关于现代社会运转状况是否符合人的自我发展和自我实现要求、何为人的主体性更好的实现方式和实现环境等问题的论证，而实现人的解放和自由全面发展亦是马克思构建理想的科技伦理社会的理论起点和终极目标的统一。现代社会在资本逻辑的支配下不断异化而向前发展，人类最基本的存在方式和人性生成的决定因素——生产劳动，早已从人的生存和发展需求转变为了资本扩张的需求，人在此中失去了主体性的地位和主导权力而成为资本奴役的对象，工具理性取代价值理性，人的本质在现代社会陷入了失落的境地，而人的主体性也就无从继续自然地展现和深化地发展。随着资本的运动，资本开始成为世界主宰者，在资本逻辑的统治下本来作为社会现实的历史主体的人，被作为客体的资本颠倒，主体成为客体，而作为对象的客体即资本成为现实的主体。"人工智能的资本主义应用依然可以通过马克思的固定资本批判视域来分析，它植根于资本主义生产方式，既是资本主义资本生产的本性，又是资本生产和资本积累的结果。"①

首先，关于资本。"要理解现代技术的本质，就必须从蕴含了手段—目的论的工具—中立论转向非目的和抽象化的系统论。这个系统的动力是资本，根据是科学，而最强有力的现实形态则是技术。"②人工智能作为一种新兴现代技术，要想了解其背后的本质，就要了解推动技术发展的根本动力，即资本。马克思在《资本论》中说道，"资本它只有生产剩余价值，它才生产资本。"③这句话表明了资本是带来剩余价值的价值，资本的本性和使命就是不断地进行增值，资本的这种逐利性促使资本家通过控制工人劳动时间和劳动效率，压榨绝对剩余价值与相对剩余价值。当然，仅得到剩余价值并不是资本家的最终目的，他们要创造出更多的剩余价值，且剩余价值作为一种资本，其本身又具有使用价值，利用剩余价值的使用价值又可以创造出更多的财富，资本本身就具备二重性。

其次，关于资本逻辑。资本不是永恒的，也不是从来就有的，它的产生是一个历史的过程，在马克思看来，从产品到商品，从商品到货币，再从货币到资本，是资本逐步实现自身的历史逻辑，资本的形成并非凭空产生，它总是依托于一定的历史产

① 薛丹妮. 人工智能资本主义应用的资本逻辑及内在张力 [J]. 深圳大学学报，2022（5）.

② 余明锋. 资本—技术—科学的三位一体 [M] // 未来哲学（第一辑），孙周兴编. 北京：商务印书馆，2019.

③ 马克思，恩格斯. 马克思恩格斯全集：第二十三卷 [M]. 北京：人民出版社，1972：996.

物的基础之上，马克思将人类社会发展分为 3 个阶段，在第一阶段，人的依赖关系是最初的社会形式，在这种形式下，人的生产能力只是在狭小的范围内和孤立的地点上发展着[①]。这一阶段人从自然状态进入社会状态，进行着简单生产活动。在这个阶段由于社会生产力低下，对自然的改造需要整个集体共同进行，于是有了早期的自然分工，自然分工导致产品的集中化和专业化，由于人们生产和生活的需要，后期出现产品的交换并最终实现由产品形态到商品形态的转化。生产和商品的集中，使得原始的自然分工演变成一种社会分工，随之，货币作为商品交换所必需的等价物，也伴随商品生产规模和交换场地的扩大而应运而生。而这些正是为资本的出现奠定了社会物质基础，资本在这一阶段空前兴盛，而这个物的依赖性的社会正是资本逻辑笼罩下的社会。

人工智能时代资本逻辑下人主体危机表现。首先，人工智能的普遍化会导致人类主体能动性的消解。许多需要人发挥能动性来进行实践进行操作的事情可以通过人工智能来代替，人的主观能动能力开始受到威胁。作为人类的主体能动性是人区别于其他物种的独特属性，这是只有人所能发挥的能力和作用，包括常说的认知和实践能力，也包括审美能力、创造能力、思辨能力等许多其他能力，但人工智能技术作为最接近人类智力的技术工具，已经越来越广泛地进入诸多以往由人牢牢把握的、机器无法替代的领域。人工智能以其"洞察力"和"预判力"，为人的实践活动提供近乎完美的决策方案，这在一定程度上减轻了人的脑力劳动，与此同时，在对人工智能技术的长期依赖中逐渐丧失个性化，不仅意味着人对自身批判反思能力的让渡，也代表着人对自身主观能动性的否定，这极大削弱了人类的主体能动性，使得人类的多种能力存在"用进废退"的退化风险，进而导致对人类的活动种类、作用领域和主体领地的不断分割和侵占，面临主体地位消解的威胁。

再次，人工智能技术会导致人与人之间的社会关系异化，即虚拟化。人工智能技术与互联网的深度融合，使得虚拟社交愈发方便快捷、智能精准，因此现实的社会交往被互联网领域的虚拟社交广泛取代。人与人之间的交往与沟通是通过符号化、信息化的交换实现，这种虚拟化的社交方式本质上是一种交往的异化，背离了"现实的、感性的""一切社会关系的总和"，不仅将人的自我以现实和心理两重世界割裂开来，还导致人与其本质属性之一的社会属性不断背离，从而使人陷入了异化社交的控制之下。

最后，作为新兴科技的人工智能具有潜在的伦理风险。人工智能技术使得网络犯

[①]　马克思，恩格斯. 马克思恩格斯全集：第三十卷 [M]. 北京：人民出版社，1995（2）：107-108.

罪更便利，容易引起更为广泛的犯罪活动，互联网作为一个仍在不断发展的新生领域和最具不确定性、复杂性、多维连缀性的领域，对互联网的监督管理，治理网络安全问题仍是任重而道远，更何况人工智能的广泛应用与大数据的发展就是依靠网络这个平台，这更加使得对网络道德观念的维系与网民责任意识的增强，以及真实身份的明辨等方面都变得更加艰难；同时，无处不在的隐私泄露问题也为违法犯罪人员带来了极大的便利、产生了巨大的诱惑，给社会治安和稳定带来不利影响，因此，新兴科技的人工智能的发展对现实伦理道德有潜在的威胁。

马尔库塞认为："现代社会的畸形发展使得人用科技所创造出来工具和设备不但没有使人更好地得到解放和获得自由，反而成为奴役人的工具，而在这样一个价值社会中，一切也都变得被待价而沽，包括人；而人性中的一些珍贵的特质却被越来越看轻和忽略。"[①] 在这种环境下生长出来的新兴科技，那必然是过分追求实用，忽视人的主体地位的现代技术。对人工智能这一新兴科技的未来，我们不能一味地追捧或否定，社会伦理道德和国家价值导向应该明晰其阴暗面的威胁，从而使道德建设跟上科技进步的速度，真正实现二者的相互促进、协同发展。

三、人工智能时代人主体性的复归

怎样实现人的主体性的复归？人的主体地位、主体本性的异化，人的自我实现的受阻，归根结底是现存的生产方式和社会制度不符合人的自由发展的需求，因此要复归人的主体性就需要变革现存的社会实践方式，包括资本逻辑下的劳动分工、机器系统、私产制度、个人主义价值观念等，归还人类去实践自己的能动性的、创造性的、自主性的自由自觉地活动和对劳动、社会关系及其自身的掌控权，即马克思所说的："对私有财产的扬弃，是人的一切感觉和特性的彻底解放。"[②] 因此，需要首先通过政治解放，即通过暴力革命、推翻资本主义统治、建立无产阶级政权进而建立具有理想性科技伦理秩序的共产主义社会的政治伦理途径，从而在根源上消除异化，给予人类自我发展的最大自由，最终实现人的全面发展。

首先关于政治解放。政治解放归根到底其实就是经济上的解放，即通过阶级斗争来消灭私有制，实现人的解放。"人工智能作为人类实践活动的成果，作为人类的生产资料和生活资料，它到底应用在什么方面以及如何应用，首先取决于它归谁所有，是归共同体所有还是归私人所有，在不同的所有制下，它的用途迥然不同。而所有制

① 马尔库塞.单向度的人[M].刘继，译.上海：上海译文出版社，2016：116.
② 马克思，恩格斯.马克思恩格斯文集：第一卷[M].北京：人民出版社，2009：190.

恰恰是生产方式的十分重要的组成部分。人工智能的应用归根结底是由生产方式决定的。"①在资本主义社会里,私有制的生产方式决定了人工智能的运用一定会为资本服务,成为资本增值的手段,以人工智能为核心的第四次科技革命,因其高度智能化和自动化的特点,在可预计的将来,将会极大提升社会生产力。与此同时,与以往的科技革命类似,人工智能的过度应用破坏了人类可选职业的多样性,导致越来越多的岗位被人工智能取代,造成大规模的结构性失业,"劳动资料一旦作为机器出现,就立刻成了工人本身的竞争者。"②因此工人通过斗争消灭私有制取得政权走向共产主义这同样契合马克思主义关于解放人的现实道路。

其次要坚持"科技向善"原则。从理论维度来讲,就是要在法律法规与道德规范上做好相应的完善,在法律层面保证人工智能技术发展的公开、公平与公正,确保人工智能从开发到投入市场使用的全过程受到社会大众的共同监督,针对社会大众的相关建议进行调控改进,实现人工智能真正的为人所用。人工智能的开放性决定了每个人都有平等使用技术的权利,可以借助人工智能技术完成内容创作,实现信息共享,同时决定了其不可控性,这就要求政府部门颁布相关法律法规,限制和规范人工智能使用者的行为,规定特定群体相应的行使权限与使用时长,确保在法律的强制性下减轻技术"上瘾患者"对人工智能的依赖,实现人工智能产品的安全可控,提升主体自制力,以积极向上的心态回归现实生活。从行为维度来讲,就是要将人工智能来服务人的社会实践,拓展延伸人的实践能力,以人为中心,人的实践能力为逻辑起点,做到创造价值与价值共创。从理论与行为维度加强对新兴科技的引导,驶向"善"的方向发展。

最后要坚持人类社会的"道德关怀"的原则。马克斯韦伯说过,现实实践是"祛魅"的价值选择过程,人们进入"价值诸神"的现代性生活价值冲突之中。"走向世俗社会,意味着从一个坚定不移信仰上帝的社会,来到一个信仰上帝只是选择之一,而且这一选择通常还不是最轻松自如的社会。"③市场经济生活抛弃了传统自然经济状态的美的神圣性,把人们精神崇拜的信仰拉入人们的日常生活之中,个体价值、个性需求和平等至上、大众民众的要求总是充满了巨大的冲突。这就需要形成一种现代性的人性化道德制度和理论体系来规范社会生活中的道德实践问题,更好地关注人的价值与人的

① 袁伟.人工智能:统治人类还是服务人类?——基于历史唯物主义的思考[J].自然辩证法通讯,2021(2).
② 马克思,恩格斯.马克思恩格斯文集:第五卷[M].北京:人民出版社,2009:495.
③ 查尔斯·泰勒.世俗时代[M].张容南,等译.上海:上海三联书店出版社,2016:3.

需求，凸显出人的主体地位。

参考文献

［1］马克思，恩格斯.马克思恩格斯全集: 第二卷、第二十三卷、第三十卷、第四十四卷［M］.北京：人民出版社，1956、1971、1995、2001.

［2］马克思，恩格斯.马克思恩格斯文集：第一卷、第五卷［M］.北京：人民出版社，2009.

［3］马克思，恩格斯.马克思恩格斯选集：第二卷［M］.北京：人民出版社，2012.

［4］赫伯特·马尔库塞.单向度的人［M］.刘继，译.上海：上海译文出版社，2016.

［5］查尔斯·泰勒.世俗时代［M］.张容南，等译.上海：上海三联书店出版社，2016.

［6］玛格丽·特博登.AI：人工智能的本质与未来［M］.孙诗惠，译.北京：中国人民大学出版社，2017.

［7］徐源.马克思"机器论片段"视域下人工智能技术的地方性治理［J］.山东大学学报（哲学社会科学版），2022（5）.

［8］盛卫国.科技异化：马克思等人的观点［J］.自然辩证法通讯，2004（5）.

［9］袁伟.人工智能：统治人类还是服务人类？——基于历史唯物主义的思考［J］.自然辩证法通讯，2021，43（2）.

［10］闫坤如.人工智能技术异化及其本质探源［J］.上海师范大学学报（哲学社会科学版），2020，49（3）.

［11］杨淼，雷家骕.科技向善：基于竞争战略导向的企业创新行为研究［J］.科研管理，2021，42（8）.

［12］李桂花.科技异化与科技人化［J］.哲学研究，2004（1）.

［13］陈翠芳.马克思主义与当代资本主义科技异化研究［J］.马克思主义研究，2008.

结构主义框架中的技术认知方式

李书海　张小星

（云南大学政府管理学院）

在结构主义视角下，技术认知的复杂性被理解为在构造过程中，结构视角适合理解综合的复杂情形。技术问题又通常都具有这样的特征。本文将以结构为核心，论证技术认识中结构主义框架的作用，通过对技术认知过程的阶段演进来说明其意义，并以技术认知案例的分析进行佐证。这种结构主义框架具有技术实践的整合性，将有助于我们更好把握传统技术认识中模糊的部分，并且将技术认知更好地运用于技术实践中。

一、结构在技术认识中的运用

结构主义（structuralism）是一种把对象和现象还原成结构，从结构视角理解事物的方法。"结构"在拉丁语中为 structura，最初只具有建筑学中"建造大楼的方式"的意义。从 17 世纪开始，"结构"一词的意义得到延伸。受自然科学影响，部分学者开始将人体或语言视为建筑，并使用这个术语对局部构成整体的过程进行描述。结构主义的视角利于多学科交流，使众多概念从一个知识领域流入另一个知识领域，形成知识交流的机制[①]。结构主义的研究都注重对象的整体性，具有明显的整合性，直接以对象不同部分的相互作用方式为对象。这一视角区别于从具体事物逐步上升到抽象概念的传统认识方法。尽管结构的研究也常常需要从具体案例的研究来获得抽象概念，但其最为核心的部分仍在于研究对象所展现的关联性的构造、再构造过程，以及这些过程所产生的整体性结构。

作者简介：李书海，男，云南大学政府管理学院外国哲学专业硕士研究生。

通讯作者简介：张小星，男，云南大学政府管理学院副研究员，硕士生导师。

① 弗朗瓦斯·多斯.结构主义史［M］.季广茂，译.北京：金城出版社，2012：11.

254

自从索绪尔在语言学领域提出关于语言共时性的有机系统概念后，结构主义的思想便长期影响了数学、物理学、社会学、文学等诸多领域。这一影响的深远体现出了结构框架的繁多表现形式。结构视角适合理解复杂情形，而技术问题通常都具有复杂的特征。对于技术认识领域来说，结构所具有的整合性恰好有助于我们强化对于技术认知环节的把握。

关于结构整合带来的优势，我们将以工程科学与人文科学对立传统的调和为例进行说明。根据米切姆的区分，工程的技术哲学着眼于技术的合理性，或者着重分析技术本身的特性，而人文的技术哲学探寻技术的意义，即技术与那些超越技术事物如艺术和文学、伦理学和政治学、宗教的联系[①]。然而，技术与人文的现实交互所产生的，是一个具有若干转换的流动结构，并非一个界限明显的静止状态。如果单一地从技术内部层面进行分析、归纳，得出一系列方法、概念，只注重技术生产本身而忽视了技术生产关系和生产关系的再生产，技术将被限定在一个"器官的投影"的机械论断中。这显然背离了技术发展的初衷。可以看到的是，无论工程科学认知和人文科学认知的分歧如何显著，他们的理论倾向都含有一种对技术及相关延伸概念如何产生并持续发展的判断，都试图通过对技术的反思，为技术的发展指明出方向。这表明了技术发展与这两种技术认知都组成了密切关联的结构。动态发展着的技术过程无论在什么领域都表现出复杂的程序和步骤，是诸多技术因素与社会因素的综合体。对于这些因素的运用转换，要求技术认识具有比其他认识更强的解释功能，这类解释功能保障了技术认识能够适用于更多情况下的控制、变换和重复，而不是仅仅停留在技术手段的实践领域中。因此，作为外部支撑的非技术观念是不可或缺的，这样的支撑将从政治的、伦理的、文艺的乃至宗教的角度来提供对人与技术之间的关系的调和，将技术生产的把握范围扩展到人的现实层面。结构主义方式为此搭建了一个交互式的整体，内在的技术生产与外在的生产关系再生产相互转换，相互构造与被构造，在框架中明确了技术认识的范围和形式。

在不以结构为核心的研究中，技术和人文相互依赖的复杂关系要么是被简单地分离开来，要么是只着重强调其中的一个环节。对技术认知和技术发展做出界定时，往往选择对人文的部分进行切割，用带有明显特征的局部，来匹配在技术中可以对应的部分。伊德以现象学的立场为出发点，将当今技术哲学领域分为了 4 种流派：埃吕尔学派、马克思学派、海德格尔学派和杜威学派[②]。芬伯格以技术是否负载价值与技术、

① 卡尔·米切姆.通过技术思考［M］.陈凡，秦书生，译.沈阳：辽宁人民出版社，2008：80-81.
② DON IHDE . Philosophy of technology 1975—1995［J］.Society for philosophy & technology，1995，1（1-2）.

是否自主为依据，把技术哲学理论划分为4种类型：技术工具论、技术决定论、技术实体论、技术批判理论①。拉普把技术哲学划分为工程科学、文化哲学、社会批判主义和系统论4种观点，这4个主题各自集中于技术的一个特定方面②。学者们的分歧往往出现在被切割部分的功能重叠上，同一个技术部分在具体的技术实践中表现出了分类体系中的多个方面的特征，缺乏整体性统摄的构建使得各自孤立的理论分类并不严密甚至矛盾。例如，芬伯格试图通过可选择技术的形成可维护和巩固多元的文化背景，来确保现代性的可选择性，破解技术与文化之间的悖论的方法。这样过分强调文化与技术之于现代性的作用，而忽视了现代性之外的其他部分，使他陷入了以特殊性覆盖普遍性的论证方法，导致了以偏概全的困境③。

结构主义为技术认识提供的支撑不仅仅体现在整体性方面，也表现在技术认识发展的环节中，通过调节来把握现实构造过程中的各个阶段。这种调节最简单的展现形式为内在技术和外在支撑之间的占比调节。以农业种植技术为例，内在技术的生产条件和外在支撑的市场需求、政策导向的占比变动，对其具体发展方向的调节是十分显著的。在复杂性逐渐增长的技术认识中，两者对技术认识中核心框架的功能也是随着整体的调整而进行调节。因为结构主义的方法并不取消任何其他方面的研究，这样的调节趋向于将所有研究整合进来，进而促进了整体性框架的构建以及内部联系转化的不断优化。调节对于具体实践的优化也体现在对发展的覆盖，新技术的出现对旧技术的覆盖，这种覆盖并不是对应的置换，而是一种潜藏，旧技术并不会完全消失，而是以另一种方式完成与人的交互。例如，现代交通工具的发明在绝大多数情况下覆盖了马车的运输功能，但在特殊情景中，马车的运输功能依然存在；而在对应的运输工具认知中，马车的运输功能会成为技术发展记载中的一环。作为一种曾经的技术形式，尽管已经失去了技术本身的功效，也会因为调节的功能赋予其他领域意义上的技术认识地位。

二、技术认知过程的阶段演进

尽管技术认知过程包含着复杂的程序和步骤，作为动态的技术也会因为处在不同的结构状态中而采用不同的构建方式，但我们依旧能够按照结构的框架对技术认知过程进行概括性的阶段划分，以便在具体的技术实践中更好地把握技术认知带来的合理

① 孙丽.芬伯格的技术批判理论探析［J］.广西社会科学，2008（5）：32-35.
② 拉普.技术哲学导论［M］.刘武，译.沈阳：辽宁科学技术出版社，1986：3.
③ 刘同舫.技术可选择还是现代性可选择：对芬伯格现代性理论前提与内在矛盾的批判［J］.哲学研究，2016（7）：108-113.

帮助。在结构中技术认知过程可以被分为一个贯穿全部技术认知过程的其他因素：技术情景和 3 个阶段：技术问题、技术设计、技术使用。

（一）技术情景的人文框架功能

涉及人文因素的技术，所包含的内容非常丰富，所对应的实践范畴也是多种多样的。因此，在探索技术的概念、方法论、认知结构以及客观的表现形式等具体内容的同时，一定要梳理技术与技术之外事物的关系。以此作为构建含有技术的整体结构，将人文与技术的联系置于整个技术环节框架中，为技术认知提供一个有效的支撑。

技术情景具有两个方面的意义。首先，技术情景最直观地作为技术构成要素的社会基础，包括组成技术活动中和技术人工物为实现其功能所依赖的非技术因素，例如国家政策、宗教习俗、个人情感。技术无法脱离人本身的需要。处在群体中的人也无时无刻不受到复杂情境的影响。作为人文的技术哲学的思想来源，对这类情景的思考能够帮助技术建立与人之间的紧密联系。在现代社会中，跨越原有单一技术领域边界，而在多学科之间合作展开技术研究的交叉学科模式已经成为常态。作为所有的学科之间链接主体的人，以及这种链接所带来的人与技术的关系，都始终都处在技术情景的基础内。同时，人与技术的交互发展的过程不断补充、修改着构成这个情景的相关技术支持，在这种社会现象再生产范式的持续交替结构中，技术情景的支撑作用是第一位的。

其次，技术情景划定了在无限组合的技术可能中，人所能认知的范围有限。以对水的认知为例："水可以饮用"和"水分子的结构式是 O—H—O"，两者都是对水的知识，只不过知识的程度或涉及的应用方面不同。技术同样如此，认知情景对技术认知提供了范围。在人所涉及的具体情景中，认知一门技术成为可能，认知达到了一定程度，能够对技术提出问题，展开设计，进行使用，就可以称之为获得了一项有关的技术认知。只要技术活动出现，我们也就能确定相关的技术边界，同样也能为结构运转的封闭性做出保障。

（二）技术问题的形成

技术认知的起点在于人对涉及有关技术的需求问题。科学技术研究与技术活动也都是从问题开始的[①]。其问题的形成最为明显的表现为理论与经验的相互作用，这种相互作用通常出现在技术活动各具体环节之中。在已有的技术理论与具体的技术活动交互时，

① 张华夏，张志林.技术解释研究［M］.北京：科学出版社，2005：40.

我们不仅需要理论来引导新事实的发现，以此应对尚未解决的问题；还需要通过新发现的事实来补充、修改甚至推翻原有的理论。由于问题的开放性，技术本身往往具有明显的实践特征。技术问题也往往不只是单纯的技术问题。例如，对于核能源的开发与使用过程中，有关的生态问题和道德问题显然不是仅仅通过核能源技术自身就能解决的。

由于技术问题相关因素的复杂性，我们可以对技术问题进行下述划分：常规技术问题和非常规问题。常规问题，是在技术发展过程中在原有基本技术原理的范围内所产生的技术问题。非常规技术问题，是在技术发展过程中，需要突破原有基本技术原理所产生的技术问题[①]。一个现实的技术问题在发展的过程中可能会出现常规技术问题向非常规的技术问题的转化。因此对技术问题的类型划分还需要根据不同的技术问题所涉及的情景因素来判断。常规与非常规的区分只能为解决问题提供最基础的思路，并不能作为指导实践的分类方法。在对技术实践中的归纳总结受到综合性和时效性的影响，技术问题贯穿了技术实践的不同阶段，但在不同的阶段呈现着不同的样貌，例如同一产品的生产问题和使用问题就需要从不同角度着手解决。构造一个适用于普遍技术问题的分类方法并不现实。

（三）技术设计和技术使用

因为技术问题的复合性，解决问题的方法也需要一系列有关的技术设计来完成。设计过程，通常表现为把思维中的技术在一定的规范中实践化的过程，在这个过程中一种功能被翻译或转换成一种结构[②]。技术的设计具有一定程度的封闭性。技术的使用则是开放的。技术设计在解决技术问题的过程中为技术使用做出了规范，以此将技术使用对应到具体的实践问题上。因而技术设计的实现过程中需要反复进行分析、综合、实践等环节。设计方案在解决技术问题时，所经历的相关环节都会根据实践的结果进行对应的调整，在已有实践的产物情况再进行分析、综合、实践，以达到对应问题的综合最优解。尽管每一次尝试不一定能比上一次收获更具体的成果，但至少能积累有关技术交互所带来的可能性经验。

通过对技术问题的设计，其最终的解决形态就是关于技术的使用。这种使用不仅体现在日常生活情景下动态的技术实践运用中，还能够作为观念形态的技术、心理形态的技术协调着人类的发展。技术不仅仅是一种工具，而是人造物与使用者的一个共

---

① 程海东.实践语境中的技术认识研究［M］.北京：中国社会科学出版社，2020：89.

② KROES P . Technical functions as dispositions［J］. Techné research in philosophy & technology，2001，5（3）：105-115.

生体[①]。技术的发展延伸、强化甚至在某些领域替代了人类的能力。处在使用中的技术才是现实的技术，尽管随着技术的发展，许多原有技术的使用场景会与设计的使用初衷有所差别。这种使用并不需要具体到现实生活中，文本的、记录的乃至观念的、心理的使用也能在一定程度上作为技术的使用方式将技术的现实性体现出来。技术不能只依据现实工具来理解，关键的问题在于不是把事物做成什么样的形状，而是人们用它做什么[②]。传统哲学中将理念与技术进行切割的方法不利于解释现代复杂技术的形成的原因，如果忽视了人的因素，技术本身的使用也将失去意义。

三、结构主义中技术认知案例的具体分析

在具体的技术案例中，结构主义框架的认知方式能够为把握技术问题的核心而针对性展开技术设计做出有效的引导。尽管结构主义的方法可能在具体实践中已经长期存在于许多技术领域，但这些技术更多的是被动的接受结构，而不是主动的搭建结构。因此，很少有对具体技术进行完整结构表述的文本。从技术情景的确认到技术问题的提出、技术设计的搭建、技术使用的解决，动态的技术活动对划分技术知识提出了动态的要求。构造一个具体的技术，也需要通过对具体产品或工艺的动态分析来完成。

下面我们以色母粒法生产原液着色锦纶 6FDY（Fully Drawn Yarn 全拉伸丝）的生产工艺来做具体分析[③]，通过对该技术整体性的构造，完成对其技术的有效认知。为了便于理解原液着色纺丝技术，更好地梳理结构框架对具体技术认知的重要意义，我将纺丝流程简图附在下方，以便在阅读时进行对照（图1）。

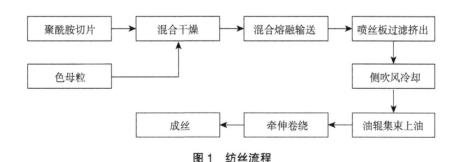

图 1　纺丝流程

①　陈凡，曹继东. 现象学视野中的技术：伊代技术现象学评析［J］. 自然辩证法研究，2004，20（5）：5.

②　PACEY ARNOLD . Thinking through technology：the path between engineering and philosophy. carl mitcham［J］. Isis，1995.

③　李书海，余礼卫，卢琳娜，等. 原液着色蓝色锦纶 6 FDY 的生产工艺［J］. 化纤与纺织技术，2020，49（1）：7-12.

（一）原液着色锦纶 6FDY 技术发展阶段

原液着色技术是指在进行化学纤维纺丝工艺前，将着色物质与聚合物原料充分混合均匀，再经过纺丝工序直接生产出有色纤维的技术。以原液着色的生产方式进行染色，相对于传统后染法具有耗能更低、污染少、色牢度高、工艺路线短等优点[①]。

1. 技术情景

原液着色技术自 20 世纪 70 年代引进以来长期处于小规模生产试验阶段。近年来，随着国内环保意识逐渐提高，原液着色技术所带来的显著环保效益受到重视。传统纺织环节的印染工序需要高额的水资源供给，同时会排出大量处理成本不菲的工业废料。因此，虽然原液着色纤维生产的设备成本更高，成品应用范围更窄，生产容错率更低，研发难度更大，但是也在非技术因素的影响下，成为我国"十三五"国家重点研发计划项目之一[②]，并在 2016 年后引发了众多学者的研究热情（表 1）。这表现了社会文化、政治、经济对技术的影响，非技术的人文因素以一种再生产的方式规范了技术生产的需求，指明了技术发展的道路。

表 1　原液着色相关论文刊发量

单位：篇

年份	2006	2007	2008	2009	2010	2011	2012	2013	2014	2015	2016	2017	2018	2019	2020	2021
刊发数量	4	4	10	14	18	17	28	29	24	24	52	51	53	60	52	56

资料来源：中国知网主题词检索数据

原液着色技术的技术组合范畴明确地表现为纺织科学与工程领域中化纤生产技术的一个部分，同时因为其涉及颜色领域，对于有关颜料技术的整合也存在于这个结构中。在这样的情景规范下，对该技术的认知就能够在这个有限的、封闭的范围内展开。

2. 技术问题及技术设计

在具体案例中，技术设计对技术问题都具有极强的针对性。设计必须是符合自身结构规律并且带有目的性的方案。只有当技术设计符合技术问题的预设，才能为解决技术问题提供助力。同时，解决不同问题的不同设计，也是对知识的调节筛选，在结

---

① 刘会超，黄意龙，龚静华，等.原液着色阻燃共聚酯及其纤维的制备与表征［J］.高分子通报，2013（10）：179-183.

② 宁翠娟，郭冬.化纤联盟推进高品质原液着色项目［J］.纺织科学研究，2018（4）：39-41.

构中内部的调节一直都是保障结构稳定的重要一环。

在研制原液着色锦纶 6FDY 的过程中，技术问题及针对性的技术设计主要体现在以下 3 个方面：

（1）色母粒性能对成丝的影响

色母粒性能及含量配比会影响到有色纤维的生产加工。在 FDY 的生产工艺中，如果色母粒中颜料自身的分散性不好，将会导致纤维表面出现凸起颗粒物，且会出现明显的条干不匀、色彩偏差等，并且严重影响到纺丝流程的正常进行。

因此，首先要选取粒径大小均匀的颜料，防止出现由于大颗粒和小颗粒之间的范德华力不同，彼此之间出现相互吸引力不一致，导致过度团聚的现象。同时要选择耐温性较高、熔化频率慢的颜料，防止颜料颗粒产生二次团聚，堵塞喷丝板滤网。在材料混合阶段添加离聚物分散剂、酰胺蜡分散剂等助剂，有效地润湿颜料并充满颜料团聚体的空隙，让颜料团聚体的内聚力减小，并且在细化过程中能够更有效地传递剪切力，使得颜料团聚体粉碎得更加良好，来保障颜料在后续成丝过程中分散均匀，以此降低颜料添加对整体工艺的影响。

（2）混合熔体纺丝工艺的整体调整

添加颜料的有色纤维纺丝工艺有别于传统的普通纤维，对于纺丝温度、喷丝板设备选择、牵伸卷绕速度等方面都需要进行对应的调整，基于整体工艺的复杂性，结构的框架为整体工艺中的局部调整，提供了对应的路径。每一个环节都与其他环节息息相关，而每一个环节又有自己独特的技术需求。

以纺丝温度为例，纺丝温度的控制成果直接影响到熔融挤出、牵伸卷绕等后续工艺。添加了色母粒后的熔体与传统熔体一样，纺丝温度过高会导致材料发生降解，使纤维力学性能下降。但纺丝温度过低时，熔体的流动性差，这会导致纤维条干不匀率提高，甚至出现阵发性熔体压力波动而发生断头。在充分考虑色母粒的熔点和负载颜料的分散性、流变性、结晶过程、温度承受能力等方面后，应该选用量程长，温控区间多的熔融挤出设备，以此进行更为细致的逐级体温，保障熔体温度稳定。

（3）原液着色纤维色牢度性能

色牢度一直是作为与传统有色纤维进行对比的参数。颜料在纤维中分散情况会影响到纤维的色牢度。如果颜料在纤维内部分散不匀或产生团聚现象，色牢度将大幅下降。同时可以预见的是，色牢度高低直接受色母粒添加含量的影响。

针对色牢度的问题，应以颜料分散性作为出发点，将检测和提升的重点放在摩擦色牢度、耐皂洗色牢度方面，同时根据成品的使用场景，对其他色牢度进行研究，提高整体色牢度性能。在特殊使用场景中，亦可通过使用皮芯复合等特殊纺丝方式，或在后整理环节中加入固色剂的使用，来保障具体产品的色牢度需求。

（二）原液着色锦纶 6FDY 技术认知的结构

在受到人文因素影响而越发受到重视的原液着色纤维领域中，环保因素带来的政策导向作用成为研究开展的重要诱因，原有技术受非技术因素影响而展开的深入研究表现出了人文与技术之间复杂关系的交替影响过程：

① 原有的技术诱发了关于环保等人文因素的反思和选择；

② 人文的反思和选择指导了原有技术发展的方向；

③ 发展后的新技术为人文反思和选择提供了新的可能。

这样的转换促使着有关的技术结构进行着调节，并不断根据需求来确认技术发展的方向。在认知过程中，人文与技术作为一个整体的认知对象同时存在。在相互作用中不断变动，甚至出现相互对立的情况，这是因为变动过程中它们的激烈程度或时间周期并不同步。正如前文所说，这会导致技术认知的分裂和偏差。而通过结构主义框架来进行保障的认识中，结构在技术发展所相关的所有领域中，用强有力的整合手段加强了这些方面的研究。

具体技术中的 3 个主要技术问题则体现了技术问题贯穿了技术实践的不同阶段的特性，这是在常规技术基础上进行的非常规技术交互，问题①中的色母粒作为着色的关键，贯穿着整个技术问题的全部方面，同时作为最大的变动因素，在有色熔体在挤出螺杆内的变化过程；喷丝板的孔径选择；长丝牵伸角度、速度、倍数等方面，都需要不断建立新的模型和进行具体试验来进行数据分析。由于色母粒的纺前添加使得颜料分布于纤维整体，这区别于传统后整理染色技术中颜料分布在表面的着色情况，对其成品丝色牢度的判定指标也应进行适当调整，以符合具体产品的检测需求。对原有技术的补充修改也证明了技术认知问题的复合性、交互性特点，在整体的技术框架中，对问题的着力点进行结构的调整转换，以此引入新的技术部分，来完成对技术问题的设计。

具体的问题设计过程，已经能够作为我们搭建结构框架并分析技术知识的类型的材料，在解决这 3 个问题的过程中，对于颜料性能（物理性质的知识）、纺丝工艺（行动的知识）的组合，表现出了多重知识间相互构成的环节样式。结构主义的整合方式符合复杂技术知识相互构造的需求。原液着色锦纶 6FDY 的技术认知过程在技术问题与技术设计的阐述中不断被强化和构造，又在具体使用和对技术情景的完善中进行了再生产式的被构造，它的调节形成了一个整体的结构，在转换中表现出了作为技术的不同方面（政策的、工程的、环保的）。作为纺织工程学科的一部分，原液着色技术与其他纺织技术构成了纺织的整体，同样也作为技术的一部分，和其他各类技术共同构成了技术的整体。

四、结语

通过对原液着色锦纶 6FDY 生产案例的技术认知推导，结构主义框架对技术认知的帮助在整体性、联系性、调节性的方面展现出来。技术的构造与被构造是认知过程的体现。作为技术认知的构造前提，结构伴随着技术认知的发展阶段而不是停留在技术概念中，为技术认知过程的各个部分塑造了紧密的关系。无论是基于人文与技术的调和，或是关于技术问题的具体实践，结构主义的框架都呈现出了更为丰富的包容与体系功能。结构的视角适用于理解综合的复杂情形，而技术问题常常是综合的复杂情形。结构主义方法的使用，对于我们梳理技术认知中复杂因素的关系，厘清技术领域的模糊区域，建立高效的技术认知体系有着积极的帮助。

参考文献

［1］弗朗索瓦·多斯.结构主义史［M］.季广茂，译.北京：金城出版社，2012：11.

［2］DON IHDE. Philosophy of technology 1975—1995［J］.Society for philosophy & technology，1995，1（1-2）.

［3］孙丽.芬伯格的技术批判理论探析［J］.广西社会科学，2008（5）：32-35.

［4］拉普.技术哲学导论［M］.刘武，译.沈阳：辽宁科学技术出版社，1986：3.

［5］刘同舫.技术可选择还是现代性可选择：对芬伯格现代性理论前提与内在矛盾的批判［J］.哲学研究，2016（7）：108-113.

［6］卡尔·米切姆.通过技术思考［M］.陈凡，秦书生，译.沈阳：辽宁人民出版社，2008：80-81.

［7］张华夏，张志林.技术解释研究［M］.北京：科学出版社，2005：40.

［8］程海东.实践语境中的技术认识研究［M］.北京：中国社会科学出版社，2020：89.

［9］KROES P . Technical functions as dispositions［J］. Techné research in philosophy & technology，2001，5（3）：105-115.

［10］陈凡，曹继东.现象学视野中的技术：伊代技术现象学评析［J］.自然辩证法研究，2004，20（5）：5.

［11］PACEY ARNOLD . Thinking through technology：the path between engineering and philosophy. Carl mitcham［J］. Isis，1995.

［12］李书海，余礼卫，卢琳娜，等．原液着色蓝色锦纶 6 FDY 的生产工艺［J］．化纤与纺织技术，2020，49（1）：7-12.

［13］刘会超，黄意龙，龚静华，等．原液着色阻燃共聚酯及其纤维的制备与表征［J］．高分子通报，2013（10）：179-183.

［14］宁翠娟，郭冬．化纤联盟推进高品质原液着色项目［J］．纺织科学研究，2018（4）：39-41.

科学与性别

——论唐娜·哈拉维的女性主义科学观

龙梓瑞　王凌云

（云南大学政府管理学院）

从 19 世纪到 20 世纪 70 年代的女性主义运动，女性主义的主要议题是女性的政治权利和社会权利，科学批判问题并不是女性主义一开始的主要议题。近代西方借助科学的巨大力量，完成了工业现代化，社会物质财富疯狂增长。到 20 世纪，科学业已成了社会政治和经济的发动器，"控制自然"转变成了对人和社会的控制，成为既能解释当下，又能预言未来的"上帝"。科学技术的进步带来的是，将本身具有的解放的潜在力量，转变成为统治的合理性提供思想依据的工具。在发达工业社会中，精神价值的丧失、人的异化、自然环境恶化等一系列社会问题凸显，对科学的反思成为西方学术界关注的重要课题。于是乎，对科学的批判自然也进入了当代女性主义的理论中。

在女性主义看来，科学是男性的"属地"，科学知识建构在男性经验之上，忽略了女性的视角和经验。而传统科学观中理性和客观性，看似是一种中立的立场，但实际上的认知主体却是一种男性中心的，将女性抛离在外，并非真正客观的。如何寻求科学真正的客观性，为科学知识奠定可靠的基础，这成为女性主义在科学领域所面临的问题。针对于此，以桑德拉·哈丁（Sandra Harding）、伊芙琳·福克斯·凯勒（Evelyn Fox Keller）、唐纳·哈拉维（Donna Haraway）等人为代表的西方女性主义学者，强

作者简介：龙梓瑞，男，云南大学政府管理学院马克思主义哲学专业硕士研究生。

通讯作者简介：王凌云，男，云南大学政府管理学院副教授，硕士研究生导师。

调女性在科学认识中的独特地位，从不同的角度对传统科学中的客观性进行了批判，通过客观与主观性、文化与自然、男性气质与女性气质之二元论思想进行深层解构，阐释了客观性背后隐藏的男性中心主义意识形态及其对自然和女性的统治权力[①]，构建女性主义的科学哲学。正是在女性主义对科学客观性问题批判的背景之下，唐娜·哈拉维提出了"情景化知识"理论。其中，哈拉维虽较少从哲学层面探讨科学客观性问题，但对与此相关的问题的分析隐含在了她的研究当中，包括她对灵长类科学史的叙述。基于此，本文将对唐娜·哈拉维的"情景化知识"和灵长类科学史分析叙事进行论述和分析。

一、传统科学的客观性是合理的吗？

当托马斯·库恩在 1962 年发表《科学革命的结构》一书，并提出"范式"的概念，似乎就宣告着对以往科学的"积极形象"的革命到来了。在库恩看来，科学的革命实质上是一种理论"范式"向另一种的理论"范式"的转换，即格式塔的转换。两种不同理论"范式"之间是不可通约，原因在于两种理论的世界观不同[②]。因此，如果要建立一个新的科学理论范式，实现科学革命，就必须将原先的科学放在新的科学范式之中，重新进行定义，还要把此前的科学问题区别到其他领域。这也就是说，科学与非科学之间并没有严格分明的界限。此外，在库恩看来，科学共同体决定了"范式"，即经过严格学术训练的、具备科学素养的科学家共同体[③]。换言之，所谓的科学中客观性的标准也无法脱离科学共同体，一切与科学家和科学家共同体有关。基于以上两点，那么，这为所有人提出了一系列问题：传统科学中的客观性是否真的存在？如何实现科学客观性的最大化？面对传统的科学观念，我们该重新理解？针对这些问题，后现代女性主义也给出了具有独特性和创新性的答案。当然，在回答这一系列问题之前，我们首先要对何为传统科学的客观性做出解答。

一般来讲，传统科学指的是实证主义科学。实证主义科学坚持内在主义的科学认识论，强调将科学认知的获得归功于自然秩序和科学的内在过程，其方式包括了普遍的科学方法、对合理性和客观性最大化的标准等。而就客观性的概念来讲，从本体上

① 章梅芳.爱、权力和知识：凯勒的客观性研究评析 [J].自然辩证法研究，2008（3）.
② 托马斯·库恩.科学革命的结构［M］.金吾伦，胡新和，译.北京：北京大学出版社，2012：94-95.
③ 托马斯·库恩.科学革命的结构［M］.金吾伦，胡新和，译.北京：北京大学出版社，2012：15-16.

讲，客观性就是与现象相对立的实在；在认识论意义上，客观性便是反映实在的观念的特征。在实证主义看来，通过中立的观察、实验，与逻辑推导，并排除任何人为的主观因素，能获得关于自然的知识，即建立在清楚明晰证据之上的知识是对外面自然世界的反映，这就是客观性。显然，实证主义科学观的预设前提是存在一个与人类分离的世界，客观性概念便是连接二者的纽带，这样的预设本质上是主客二分思维的产物。但在后现代女性主义者看来，以实证主义核心的传统科学客观性并不合理，也不能获得客观性最大化的科学知识。桑德拉·哈丁（Sandra Harding）、伊芙琳·福克斯·凯勒（Evelyn Fox Keller）分别提出"强客观性"和"动态客观性"理论，对传统科学客观性的合理性进行了批判，以及为如何获得客观性最大化的科学知识给出了自己的答案。

桑德拉·哈丁作为后现代女性主义的代表人物，在她看来，传统的科学客观性是一种"弱客观性"，无法为获得科学知识提供最大化的客观性。于此，哈丁提出"强客观性"理论。当传统内在主义科学的客观性遭到质疑时，进路可分为两类：一是相对主义的，即认为如果有客观性的话，那这种客观性也只是相对的、有条件的；二是对客观性的彻底否定，即放弃客观性概念。后一类观点实质上仍坚持客观性应是"价值中立"的，或是无关价值的，这类观点其实是在客观性基础上的一个对立性反射[①]。与上述两类进路不同，哈丁认为对客观性的质疑首先面对的问题是客观性问题的新老转换。老的客观性问题是指在相对主义和客观性两者中，选择站在哪一方，而新的客观性问题是将这个问题合二为一，即两者不是对立的关系，需要对"老"客观问题的地位和前提假设进行重新探讨。为此，哈丁认为有必要对客观性的观念进行澄清，它至少有4个方面的属性：第一，客观或不客观被认为是某些人或某些团体所有的属性；第二，客观性被认为是知识假说的属性、陈述的属性；第三，客观性也被认为是人们觉得公平的方法或惯例的属性；第四，客观性被认为是某些知识探索社群的结构属性[②]。在这4个方面的意义中，前3种有助于产生更正确的知识，科研成果中的偏见和谬误更少，显然，哈丁是赞同"老"客观性方法依然是有效的。那么，传统科学中客观性究竟是哪部分出了问题？传统观点认为，科学客观知识的获得，有赖于价值中立的原则，依靠价值中立原则运用检验、证明等方式可以获得完全客观的、真正的知

① 桑德拉·哈丁.科学文化的多元性：后殖民主义、女性主义和认识论[M].夏侯炳，谭兆民，译.南昌：江西教育出版社，2002：171.
② 桑德拉·哈丁.科学文化的多元性：后殖民主义、女性主义和认识论[M].夏侯炳，谭兆民，译.南昌：江西教育出版社，2002：172.

识。然而，哈丁通过研究科学史之后发现，科学一直在受两种政治策略的影响。一种是较旧的政治策略，即促进所谓利益集团的利益和计划的公开行动和政策，这种策略通过外部影响科学，将科学政治化，在这种策略中价值中立性发挥着很好的作用。一种是借助科学的统治性地位与制度性结构，构造特定的科学史的常用规则和文化，这种策略中的价值中立性基础上形成的"客观性"本身就带有各种主观、社会和利益的因素①。客观主义将带有曲解和偏见的科研结果视作价值中立和自然的，由此为权力集团取得符合他们利益的信息和解释。换言之，价值中立其实已经是立场先行，所谓的客观性知识也只是特殊性的知识。因此，在哈丁看来，以价值中立性为特征的传统客观性是一种"弱客观性"，这种客观性无法为科学知识提供可靠性的支撑。她提出"强客观性"理论，来寻求科学知识的最大化客观性。"强客观性"理论认为，要达到客观性的最大化，必须将认知主体的范围扩大，加入被"压迫者"和女性主体。

同样作为后现代女性主义的代表人物，与哈丁不同，伊芙琳·福克斯凯勒将传统科学中客观性视作"静态客观性"。凯勒从科学史和心理学层面进行客观性批判，借助"过渡性客体"理论，在此基础上提出了"动态客观性"理论。首先，凯勒通过考察和比较"柏拉图认识论中的性隐喻""培根新科学中的性隐喻""近代科学中诞生中的争论"这3个不同历史时期的科学观，阐释了客观性与社会性别观念的关系，揭示了科学客观性与男性中心主义两者之间相互构建且不断强化的历史渊源②。凯勒认为，近代科学诞生的时期，在炼金术和以培根、波义耳等人为代表的机械论之间的争论中，爱和知识越来越分离，进而对立起来。虽然争论内容并未直接涉及两性关系，但考虑了男性的定义，直接影响了人们对何为女性气质和男性气质的看法与评价。而在日渐明显的男性与女性、工作与家庭、公共领域与非公共领域之间的对立，科学促成了主观与客观、理性与情感之间的分裂，产生了机械化与世俗化的自然观念。因此，科学成为积极变革的代言人，它的意识形态为男性化观念提供了坚实的基础。其次，凯勒为探究客观性的心理学的根源，从个体情感与认知心理学出发，对形成主体与客体、男性气质与女性气质等观念的形成和关系进行了分析。她借鉴了弗洛伊德和皮亚杰的心理学理论，为个体客观性能力下了定义，即将主体从客体中区分出来，获取"客观地"认识现实的能力③。个体客观性能力的发展意味着主客体的分离，在其发展

① 桑德拉·哈丁.科学文化的多元性：后殖民主义、女性主义和认识论［M］.夏侯炳，谭兆民，译.南昌：江西教育出版社，2002：176.
② 李银河.妇女：最漫长的革命［M］.北京：中国妇女出版社，2007：151.
③ 章梅芳.爱、权力和知识：凯勒的客观性研究评析［J］.自然辩证法研究，2008（3）.

过程中，加强了科学客观性与"男性气质"的结合。面对传统科学客观性中主体与客体、男性与女性等的二元对立，为消解主客分离所带来的女性维度的缺失。凯勒提出了"动态客观性"理论。凯勒将"动态客观性"阐述为："一种知识形式承认周围世界的完整独立性，但的确也认识到我们与这个世界的相关性。这种知识形式保留并依赖于这种相关联系。因此，动态的客观性并非不是一种移情作用，它是一种他人的知识形式来源于情感与经验的共同主体，以便按照他和她的认识，丰富对他人的理解。"[①]

综上所述，以哈丁和凯勒为代表的后女性主义学者，为解决如何实现科学客观性的最大化的问题，提出了"强客观性"和"动态客观性"的理论。我们要注意到，实质上，她们想要解决的问题是，传统科学的客观性的男性中心主义带来女性的主体性缺失。传统科学的客观性实际上是主体与客体、男性与女性、理性与自然的二元对立的体现，它蕴含着男性中心主义，遮蔽了男性对自然和女性的控制。在下文中，我们将看到，面对科学史和女性主体两个主题，唐娜·哈拉维（Donna Haraway）通过对灵长类科学史叙事的分析，揭示了科学史叙事背后资本主义、男权主义价值导向，提出情景化知识的理论，力主建构属于女性主义的科学哲学。

二、破解"科学客观性"之谜：灵长类科学史与情境化知识

（一）灵长类科学史

在 20 世纪末的生物科学研究中，哈拉维发现动物与人、自然与文化的二元对立的界限，似乎在灵长类科学的历史叙事之中模糊了。"人类起源论"一边在回溯文明进程和人类进化，将人类和其他物种分别开来，一边在回溯历史时将动物作为人类的对照面。在《灵长类视觉》一书中，哈拉维通过对灵长类动物史的分析，揭示了人类怎么重塑自我形象。这种自我形象建立在西方传统先验的二元论基础之上的，即男性与女性、自然与文化、理性与感性等的二元对立基础。换言之，哈拉维将生物科学，尤其是灵长类动物的科学史，看作话语—权力结构，揭示了人和自然是被建构的，并以此来批判背后的西方中心主义和人类中心主义，以及更深的男性中心主义。

首先，哈拉维用"SF"理论，即科学（science）与虚构（fiction），来表述自然科学中事实和虚构的界限模糊。哈拉维认为，事实和虚构的关系，其实反映了知识是如何被建构的。在词源意义上，事实为"fact"，会让人联想到行动"action"一词，因此，"与词语相对的行动是事实之母，也就是说，人类的行动是能被我们在语言学角度并

---

① 洪晓楠，郭丽丽.女性主义经验论科学哲学评析［J］.自然辩证法，2005（5）.

在历史角度视为事实的事的根基。"① 换言之，当行动和行动结果经由载体成为物质形式时，对行为和行为结果的物质形式给予符号性与便是知识的建构，"事实"出现了。此处的事实，在某种程度上就是符号。"科学实践首先是一种在阐释和证明的特定历史实践意义上而言的讲故事的实践。"② 虚构与事实之间，界限其实并不明显，探寻真理就是获取知识，而获取知识就是讲故事。同时，也要注意到，哈拉维将科学知识当作事实与虚构的交叉，并非在完全否定科学，而是为了在此基础上寻找更多的客观性，让更多的科学事实得以被看到。那么，在谈论了事实与虚构的关系之后，哈拉维以人类的"动物性"和动物"人化"两方面去叙述"自然是如何被建构的"这个问题。

生物学意义的人类起源，是从人类开始使用工具开始的，当学会使用工具，人的"自我"在一定程度上就被创造出来了。人借助工具，开始掌控自身，进行劳动，满足自身需求，于是乎开启文明进程。同时，使用工具的过程中，人类使自身远离了自然，工具成为人与自然的媒介。工具一方面给人类带来了技术极大的优越性与便利，另一方面也使人的身体退化。因此，这种"退化"与"衰弱"的威胁，迫使人类追寻自然力量。在哈拉维看来，灵长类学的研究，诸如标本收集和建立博物馆，皆是应对"衰弱"的威胁。在这一切的行动，人类想要进入原先纯粹的"自然"，但是作为人类镜像的灵长类世界的"自然"，这似乎是不可能的。越是寻找"纯粹自然"，越会发现这其实是人类的"内部自然"，已经完全的"人化自然"，是人本身投射的自然，是人的"动物性"体现。那么，灵长类的故事中是如何体现人的动物性？哈拉维在考察20世纪初的美国的动物博物馆之后，发现这正是人类"动物化"的故事。在动物博物馆当中，人类与动物相遇，标本中的动物栩栩如生，人类隔窗与之对视。若自然是生命的体现，那么博物馆中的标本是对生命的扼杀，这种还算是自然的相遇吗？哈拉维称其为"精神景观"，"只有这样，它们生命的本质永远都是处于现在的，只有这样，自然疗法才能治愈文明化了的人的不健康的视觉。标本剥制术满足了再现以及成为整体的致命欲望；它是一种生殖政治学。"③ 换言之，动物的"死亡与再现"成为人与自然之间的沟通。哈拉维通过讲述4个故事来展示了动物的"人化"。第一，简·古道尔与黑猩猩的接触，她通过模仿黑猩猩的叫声与它们成为朋友；第二，灵长类学家佩

---

① 唐娜·哈拉维.灵长类视觉：现代科学世界中的性别种族和自然［M］.赵文，译.郑州：河南大学出版社，2017：6.

② 唐娜·哈拉维.灵长类视觉：现代科学世界中的性别种族和自然［M］.赵文，译.郑州：河南大学出版社，2017：9.

③ 唐娜·哈拉维.灵长类视觉：现代科学世界中的性别种族和自然［M］.赵文，译.郑州：河南大学出版社，2017：63.

妮·帕特森训练了一种会手语的"可可"大猩猩，"可可"能简单地用手语和人交流，还会使用相机拍照；第三，灵长类学家罗杰·傅茨发明了一套关于猩猩的手语方法，不仅让猩猩学会用手语与人交流，还学会了与同类用手语；第四个故事则是讲述接受训练之后，代替人类进入太空的猩猩"罕姆"[①]。显然，在这4个故事之中，对于人和灵长类动物之间的界限已经不是那么明显，灵长类动物被"人化"。通过灵长类科学故事的讲述，哈拉维向我们展示的是自然与文化之间的关系是如何科学建构的。同时，哈拉维也认为，知识体系的形成，并非是科学发现关于世界的本质，在于科学建构的"故事"。当科学成为一种"讲故事"，自然与文化、主观与客观和人与动物等的界限就被模糊了。因此，哈拉维是在这个基础上对科学知识与客观性问题进行的思考。

（二）情景化知识

与哈丁强调在认识论上的立场优势而实现"强客观性"，以及凯勒主张的"动态客观性"不同，哈拉维提出"情境化知识"，强调科学客观性中的一切二元对立之间界限的模糊性、流动性。哈拉维同哈丁和凯勒一样，关注着客观性问题，正如哈拉维讲的一样，"我认为我们的问题是如何同时拥有一种对所有知识主张和认识对象的根本历史偶然性的描述，一种识别自身对已产生的'符号技术'的批判性实践，以及一种忠实描述'真实'世界的严肃承诺。"[②]不难看出，她想建立一个能对世界做出准确描述的客观性学说。在哈拉维看来，女性主义处在一个关键时刻，为了能更好地生活在世界中，我们需要对影响自身和他人的实践的不平等部分做一个批判性的反思，需要对客观性做出全新的理解。为此，她想要"一种具体客观性的教条，来适应矛盾和批判的女权主义科学项目，女性主义的客观性就是情景知识。"[③]而这种客观性学说，能够"将特权给予竞争、解构、激情建构、网络化联系"，并且"转变知识系统和观察方式"。换言之，哈拉维希望自己的客观性学说能够为人们提供观察世界的新视角。那么，在哈拉维这里，情景化知识就是对科学客观性问题的回应，何为"情景化知识"，她并非一言以蔽之，而是隐含在文章当中，从情景化知识的几个特征出发，我们能更好理解和把握其内涵。

---

① 唐娜·哈拉维.灵长类视觉：现代科学世界中的性别种族和自然［M］.赵文，译.郑州：河南大学出版社，2017：333.

② 唐娜·哈拉维.类人猿、赛博格和女人：自然的重塑［M］.陈静，吴义诚，译.郑州：河南大学出版社，2012：260.

③ 唐娜·哈拉维.类人猿、赛博格和女人：自然的重塑［M］.陈静，吴义诚，译.郑州：河南大学出版社，2012：262.

从局部视角出发。局部视角，科学的客观性在于情景化知识，在于"看"的方式。从局部的视角具有优势，所有不同的定位和看的方式都有优势。局部视角为何具有优先性？从局部视角出发，以涉身的、无特权的实现来看，与非人化的客体进行对话，最终能获得一种情景化的知识，这种情景化的知识具有地方性特征。"科学知识毫无疑问具有地方性的特征，客观性也总是一种地方性的成就，它总是事关充分控制各种事物的实践，并使人们能强烈共享关于这一实践的解释。"①

负责的科学。在局部视角之下，哈拉维为我们描述了何为负责的科学。一门负责的科学才是有用的科学，才能确保获得准确的知识。首先，这种科学强调必须与相对主义和整体主义划清界限。哈拉维批评作为唯一正确的客观性，赞同站在处于社会弱势的局部视角出发去观照世界。但并非所有局部视角都是可行的，局部视角必须反对相对主义和整体主义。"相对主义的选择是偏袒的、可定位的、批判的知识，支撑着关系网的可能性，这种关系网在政治中被称为团结，在认识论中被称为共享对话……相对主义与客观性意识形态中的整体化是一模一样的；两者都在否定在方位、体现和偏袒角度中的筹码……相对主义和整体化都是'神的伎俩'……围绕科学的修辞中的一般神话。"②显然，相对主义和整体主义否定了局部视角的重要作用，要达到客观性唯有坚持"局部视角的政治学和认识论。"哈拉维认为，消解相对主义和整体主义的方式是局部、情景化的知识，同时保证关系网络的可能性，并不是去寻求一种抽象的，在历史和地方之上的客观性。也就是说，哈拉维不赞成作为被压制者的女性身份认同和身份认同在知识认识论上的地位，她从根本上驳斥的是对性别、科学知识、客观性的一切宏大叙事，强调科学的客观性和合理性在于地方性、情景性和变化性。其次，负责的科学坚持主体的多样性。哈拉维认为，从单一的主体的出发，是无法获得对世界真正的认识，只有共同体才是知识的主体。不同的主体处在不同的历史社会环境之中，其思想方式都带有明显的历史社会印记。"分裂和矛盾的自我是一个能够质疑定位和可解释的自我，能够构建并连接理性对话和改变历史的……分裂，而非存在，才是女权主义科学知识认识论的特权形象。"③换言之，多元主体的本身就是具有一种多重视角的特性，与批判的特性。唯有科学主体的多样性，寻求局部的共同体连接，才能保证不同视角的结合而形成客观性。

---

① 章梅芳.唐娜·哈拉维的科学客观性思想评析［J］.科学技术哲学研究，2014（4）.

② 唐娜·哈拉维.类人猿、赛博格和女人：自然的重塑［M］.陈静，吴义诚，译.郑州：河南大学出版社，2012：266.

③ 唐娜·哈拉维.类人猿、赛博格和女人：自然的重塑［M］.陈静，吴义诚，译.郑州：河南大学出版社，2012：268.

三、反思与评价

综上，哈拉维从分析科学史出发，以传统科学客观性为批判标靶，提出"情景化知识"理论，构建了一个强调多元主体的女性主义科学认识论。同时，我们必须注意到，后现代女性主义对科学领域的批判最终是要进入现实政治领域。他们意在构建科学知识的女性主体性地位，进而在此基础上为消除现实政治领域中的女性的不平等地位提供助力和解决方案。不可否认的是，哈拉维的科学客观性思想促进了当代的科学哲学的发展，对科学客观性问题、主体性问题和女性主义的发展做出了贡献。

首先，为批判主流科学提供了新角度——性别视角。后现代女性主义通过传统科学的批判，揭示了其客观性并非性别中立，它实际是男性视角的。传统科学的主体虽然是抽象的人，但这个抽象的人就是男性，女性被排除在外。这样一来，基于男性经验所获得的知识便具有了特殊性。若要排除科学知识的特殊性，便需要将女性经验也作为科学知识的来源。女性作为主体，与男性一样，也具有一定的优势，诸如女性的情感、热情等，这为我们提供了一个从性别视角对主流科学进行的研究的方向。女性主义从性别出发，对传统科学进行了研究，发现现代科学的世界观是将世界看作一种物体的总和，而这种世界观与男性的社会性别意识形态密切相关，正是这种男性的社会意识形态创建了男性化的科学形态，造成了对女性的排斥。显然，它不是价值中立与客观的。哈拉维的女性主义告诉我们，要认识和批判这种意识形态。于是乎，女性主义将我们的视野引入到以其他研究视角难以观察的科学技术文化中各方面，引发了对主流科学中那些看似合理的重要问题进行讨论。这不仅让我们对传统科学文化的概念框架的局限有了新的认识，也扩展了我们对于各个领域的认识。

其次，为科学研究提出了新的方法论。哈拉维的科学观在文化分析立场之上对科学发展做出哲学解读，对传统科学的二元论的批判，对情景化知识的坚持表明，我们应当对科学方法论采取怀疑的态度，并非只有一种关于知识的客观标准，存在着处于不同立场的不同标准。以哈拉维为代表的女性主义者更加强调科学是社会建构的产物，科学的内容是建构科学的人的利益和意识形态的倒影。诚然，这不意味着女性主义者对科学持有一种的相对主体的态度，相反，他们更关注的是知识—权力和知识如何被建构的问题。从性别的视角出发，对知识与权力的建构关系做出批判，这是女性主义者提供的新方法论。最后，唤醒女性科学意识与关注弱势群体。我们知道，女性主义的发展经历了漫长的时期，从19世纪下半叶的女性主义运动第一次浪潮，到20世纪40年代由美国兴起的第二次浪潮。在前两次浪潮当中，女性主义追求的目标更多是政治领域的女性权力，并未将关注点放在科学文化领域。当女性主义者意识到"女性角色在科学研究中的缺失"的问题时，他们才以此为契机，借助福柯的"知识—权力谱系"和库恩的"范式"的思想资源，对西方传统科学做出重新审视。哈拉维对科学的研究表明，女性并未生来就与科学无缘，女性不单可以像男性一般从事科学研究活动，而且还具有与男性不同的独特的自身优势。毫无疑问，以哈拉维为代表的女性主义者的科学理论，能够唤醒许多女性的科学意识，为她们参与科学提出了强有力的引导和依据。同时，女性主义对科学与社会建构的关系的揭示，也让女性认识到，要寻求自身的解放，必须是力求多领域的、多方面的解放，而不仅仅是政治或经济的解放，建立科学文化的女性主体地位，也能带来其他领域中女性的发展。此外，正如哈拉维所认为的一样，被压迫者和弱势者的局部视角更具有客观性。当我们站在性别之外的角度去看待局部视角的理论，更能体会到其重要性。

当然，在哈拉维的"情景知识"中依然有一些问题。

其一，如何确保共同体视角的同盟？"情景知识"理论认为，认识世界的正确方式在于我们多元主体的差异性与视角，这具有理论和实践意义。不同视角间的相互结合能够保证科学的强客观性，但是如何确保各个不同视角的组合与结盟，哈拉维并未给出仔细的回答。首先，"情景知识"在思想层面被构建得很好，却在现实层面的实践中得到了阻碍。诸如东西方世界之间、发达国家和发展中国家之间等，想要找到一个中间地带来融合两种差异的文化形态似乎是很难的。不同视角之间的交流，或许最可能的实现方式存在于科学共同体之间的。其次，哈拉维认为情景化知识的主体在认知过程中必须处于被批判的地位，并不存在因特权而免批判的主体。但是，正如库恩所认为的那样，科学共同体创造了范式，共同体内部的科学家具有学术素养和经过严格学术训练的，我们怎能保证从没有经过学术素养但具备局部视角的主体出发，能获得比之前更客观的知识？对于主体的选择，是否需要一个标准？最后，局部视角强调不同地区和文化背景之下的群体的视角，但要注意到，哈拉维的目的是想消除女性在现实中的不平等地位，提升女性的主体性地位。因此，局部视角更多强调女性的视角。

其二，"情景知识"似乎也是一种中心主义？哈拉维的"情景知识"强调从局部视角出发，不同群体之间的思想碰撞，但是实际来看，她依然假定了一种西方中心主义的世界观，科学的主体依然是西方主义的。要知道，哈拉维并没有完全抛弃原有的传统科学的客观性观念，而是对其进行了改造，她同时承认客观性的关键作用，并没有超越出客观性的框架之外。她想要在社会建构论和社会经验论中找到第三条路，但无法确保哪一种的客观性更可靠。但无论怎样，她依然做出了有效的尝试和卓越的成果。

参考文献

［1］唐娜·哈拉维.灵长类视觉：现代科学世界中的性别种族和自然［M］.赵文，译.郑州：河南大学出版社，2017.

［2］托马斯·库恩.科学革命的结构［M］.金吾伦，胡新和，译.北京：北京大学出版社，2012.

［3］唐娜·哈拉维.类人猿、赛博格和女人：自然的重塑［M］.陈静，吴义诚，译.郑州：河南大学出版社，2012.

［4］桑德拉·哈丁.科学文化的多元性：后殖民主义、女性主义和认识论［M］.夏侯炳，谭兆民，译.南昌：江西教育出版社，2002.

［5］希拉·贾撒诺夫.科学技术论手册［M］.盛晓明，孟强，胡娟，等译.北京：北京工业大学出版社，2004.

［6］李银河.妇女：最漫长的革命［M］.北京：中国妇女出版社，2007.

［7］章梅芳.唐娜·哈拉维的科学客观性思想评析［J］.科学技术哲学研究，2014（4）.

［8］周丽昀.情景化知识：唐娜·哈拉维眼中的"客观性"解读［J］.自然辩证法研究，2005（11）.

［9］王宏维.论哈丁及其"强客观性"研究：后殖民主义认识论语境分析［J］.华南师范大学学报：社会科学版，2004（6）.

［10］章梅芳.爱、权力和知识：凯勒的客观性研究评析［J］.自然辩证法研究，2008（3）.

［11］洪晓楠，郭丽丽.女性主义经验论科学哲学评析［J］.自然辩证法，2005（5）.

科技发展带来的新"洞穴"困境及其出路

任才怡　周文华

（云南大学政府管理学院）

一、"洞穴"困境

（一）柏拉图的洞穴比喻

柏拉图在《理想国》第七卷中借苏格拉底和格劳孔的对话给出了著名的洞穴比喻：

设想有一群人（A）生活在一个阴暗潮湿的洞穴之中，他们的脖颈和双腿被绑着，不能走动也不能转头，只能向前看着洞穴的墙壁。这些人身后是一堵矮墙，矮墙的另一侧是一条可以通向洞外地面的小路，在这之后还有一堆火在燃烧。在这小路上行走的人们（B）扛着人造物（C），人造物的影子（C1）由于火光的投射而出现在洞穴中人们（A）面前的墙壁上。这些洞穴中生活的人们（A）从始至终都认为他们看到的这些影子（C1）就是真实的存在，过路人（B）发出的声音在洞穴的墙壁上引起的回音，会被囚徒们（A）认为是对面洞壁上移动的阴影（C1）发出的。

设想人群（A）中有一人 a 被解除了桎梏，他刚走出洞穴的那会儿，会由于洞外阳光的刺眼而眼花缭乱，认识真相需要时间。

已经走到洞外的人 b 若想要拯救洞穴里的囚徒（A）——他过去的同伴，他来到洞穴里，也会因黑暗而变得什么也看不见，会看不清墙壁上的那些阴影，他要看清那

作者简介：任才怡，女，云南大学政府管理学院外国哲学专业硕士研究生。

通讯作者简介：周文华，男，云南大学政府管理学院副教授，硕士研究生导师。

些阴影也需要一段时间来适应。于是人们（A）会说他到上面去走了一趟，回来眼睛就坏了。于是囚徒们不再会想要解除桎梏走出洞穴。如果他（b）试图解开囚徒们的锁链并把他们带到上面的光明之处，他们（A）甚至会将他处死。

（二）"洞穴"困境的特性

从以上的"洞穴比喻"中，不难看出，"洞穴"有如下几个特性：

①"洞穴"是一个闭塞的不自由的环境，洞穴中的人们（A）是蒙昧的，他们犹如井底之蛙，没有见识。

②"洞穴"中人们的观点、认识大部分是错误的，因为他们只能看到真实事物的影子，而看不到真实的事物，但年复一年、日复一日地看影子，让他们以为他们看到的是真实的事物。就是说，长期形成的习惯和经验会带来严重的偏见。

③由于"洞穴"的特殊构造，"洞穴"里的人对真相是怀疑和排斥的。他们拒绝那些好心地试图解开他们的锁链并把他们带到上面光明之处的先知b，甚至要杀害先知。

④可怜之人必有可恨之处，看不到真相、居于阴暗潮湿的洞穴、手脚被捆绑的囚徒们安于现状，对要拯救他们出苦海的先知既恐惧又憎恨，甚至要置之死地而后快！这本身就是一种吊诡的困境。救还是不救？又是先知面临的一种道德困境。

二、科学技术带领人们走出"洞穴"

从茹毛饮血的原始时代到种植农作物、养殖家畜的农业时代，再到广泛应用机器的工业时代，一直到今天的借助计算机和网络大量使用、储存、传输数据的信息时代，每个时代都有自己独特的标志性的科学和技术，表明我们人类对自然的认识较上一个时代有全面地深化和提高，新技术在生产和生活上也有广泛的应用和影响，人们的世界观、生活方式和文化较上一个时代有着根本性的改变，站在今天看以前的时代，就会觉得以前的人们是多么的愚昧。

站在新时代看以前时代的人们，会发现他们就像"洞穴"中的囚徒，把虚幻的阴影当作真实的存在，处在十分蒙昧的状态。例如，今天小学生就知道地球围绕太阳转，日心说在今天是常识；而在16世纪的欧洲，布鲁诺（Giordano Bruno）向世人宣传这一真理时，因与天主教教义和当时普通人日常认知相冲突，没有被当时的大多数人接受。当时大多数人就像柏拉图所说的"洞穴"中的囚徒，把假象当真理；日心说被教会批判为异端邪说，坚持向世人宣传真理的布鲁诺被活活烧死在罗马鲜花广场。布鲁诺的遭遇仿佛是被 2000 年前柏拉图预言了似的：他就是那个试图解开大众的锁链、要把他们从只能看到假象的洞穴带到上面可以看到真相的光明之处的先知（b）。

（一）科学技术作为启蒙之力——带领人们走出蒙昧

远古时期，人们相信万物有灵，山有山神，河有河神，甚至还有妖魔鬼怪，一些自然现象例如狂风暴雨旱涝灾害的出现，实际上是天神对人们的惩罚。长期以来，人们赖以生存的农业粮食生产主要依靠自然降水、靠天吃饭，于是带有强烈的原始宗教色彩的祈雨、祈求丰收的祭祀活动在很多民族、部落中出现。后来，人们开始有了一些科技知识，懂得修建水利设施（例如我国的都江堰），才使农田所需用水有了一定保障，也逐渐明白祈雨等活动没有什么用。所以，科学技术的发展能让人们摆脱愚昧，走出"洞穴"，科学的作用就是启蒙。

又如，鲁迅的短篇小说《药》中描写的"用人血馒头治病"就反映了在旧中国民间存在的一种愚昧。《药》讲述了一位茶馆老板华老栓，他的儿子小栓得了肺痨，也就是现在所说的肺结核，当时流传人血馒头可以治好这病，老栓花了大钱买下了叛党斩首时染好的人血馒头，回去蒸给小栓吃，可惜他的努力没有起作用，小栓最终还是死了。显然，华老栓夫妇相信人血馒头能治肺痨，康大叔还说："这样的人血馒头，什么痨病都包好！"当时的人的这种认识在今天看来没有任何合理的依据，是十分愚昧的迷信；今天，科学（医学）已经弄清肺结核是由于结核分枝杆菌引起的肺部感染性疾病，弄清了其发病机制，且如今的医学技术是完全可以治好肺结核病的，人们再也不会用人血馒头治痨病。所以，科学技术让人们走出了"洞穴"，不再那么愚昧。

科学对人类的启蒙作用不限于自然领域，不限于驱散了蒙盖在自然身上的层层迷雾、让自然的真相展现在人们的眼前。科技的发展，特别是印刷术、电报、电话等传播传媒技术、通信技术的普及，社会科学、人文学科的知识和自然科学的知识一道四处传播，社会的真相也展现在人们的眼前，所以，科技对人类的启蒙也触及社会领域和精神领域。以 20 世纪初在我国爆发的辛亥革命和新文化运动为例，随着中外经济贸易的往来、科学技术的传播、中西文化的交流，人们不再迷信"皇权神授"，不再迷信"皇帝是天子"，毅然起来推翻了帝制；人们喊出了拥护"德先生"（Democracy）和"赛先生"（Science）的口号，高举"民主"和"科学"的伟大旗帜，宣扬进步文明，反对封建迷信和愚昧，最终带来了中国社会的巨大变革。

（二）科学技术告诉我们世界的真相

在"洞穴"的人们看到的只能是假象，在现实的世界中人们经历的只能是现象。

如何看到真相，如何透过现象看本质，这就需要科学方法，这就需要技术手段。

科学知识建立在无数的实验和实践的基础之上，不是用神灵等超自然的力量解释自然，而是用人们所发现的自然规律来解释自然现象。科学的实验方法和科学的推理理性的完美结合，在科学大师的艰苦努力和天才演绎下，自然不得不透露它的秘密，于是科学知识产生了，它犹如一盏明灯一下照亮了茫茫的黑暗，真实的宇宙显身了。技术的不断积累和提升，让人们能更精确更清晰更深入更全面地了解和感知自然，看到"真相"，例如，望远镜的出现让人们能看到遥远的天体，显微镜的出现让人们能看到微小的细菌和病毒。科学技术就这样带领大众朝向"洞穴"外走去，最后，科学知识犹如太阳照亮万物，让人们看到真实的世界。

当然，科学是分门别类的，是由多个学科组成的，每一学科研究和揭示自然的一个方面。动物学告诉我们地球上有哪些动物以及它们的习性和规律，植物学告诉我们地球上哪些地方生长着哪些植物以及它们的形态和规律，物理学则告诉我们宇宙万物共有的一些规律，如此等等。特别是到了19世纪中后期，达尔文进化论、细胞学说、能量守恒和转化定律、电磁场理论、元素周期律、尿素的人工合成等一系列重大科学发现的出现，引起了自然观的深刻革命，揭示了自然界运动形式的多样性及其相互联系与转化，消融了有机界与无机界之间的鸿沟，自然界的主要过程得到了科学的说明，并被归之于自然原因，科学以近乎系统的形式描绘出了整个自然界的几乎所有方面的清晰画卷。

不过，科学还远远没有完成或终结，人类仍然对很多事物是无知的；科学永远也不会完成或终结。愚昧并不会随着科学的出现而消失，只是总的发展趋势是人类的知识越来越多、越来越趋近真理，而愚昧无知的方面会越来越少，整个科学的发展过程也是民众逐步摆脱假象、走出洞穴、接近真相的过程。

三、科技发展如何为人们构建了新的"洞穴"

科学告诉我们世界是怎样的，告诉我们世界中万事万物的规律；科学既描述世界的整体图景，又描述世界的局部细节；科学也不断地自我更新。我们相信，新科学比旧科学具有更多的真理性，告诉我们更多的真相。但这只是信念，科学的真理性只有在实践中得到验证，而实践和实验的对象、方法、手段、规模等也都受到当前科学和技术的影响。因此，科学仍然可能像一副有色眼镜，让我们所看到的世界都带上了一种其实世界本来并没有的颜色，这当然是一种洞穴效应。

技术是我们改造世界的工具和能力；当然，它是深刻地受当前科学的影响的，科学引领技术的发展，技术诱导科学的发展，科学技术越来越一体化。以下我们将描述技术怎样通过改变世界而构建新的"洞穴"，技术如何扭曲人与世界的关系而形成新的"洞穴"。

（一）人类"珊瑚"

大家知道，海洋中有各种形状各种颜色的美丽的珊瑚，有珊瑚岛、珊瑚礁，是美丽的海洋画卷的重要构成部分和底色，但它们实际上是无数的小珊瑚虫的代谢产物。与此类似，我们人类的世界也不是自然的本来面貌，也是几千年以来无数的人们辛苦劳作的产物，例如种植着各种农作物的农田、长城、金字塔、运河、水库、机场、工厂、公路、村落和城市，这些都是人类"珊瑚"。城市犹如由钢筋水泥造成的巨大的森林般的怪物，还有大城市晚间被点亮的万家灯火，以及众多建筑物上的霓虹灯构成的明亮工程，这些庞大的人类"珊瑚"甚至会迷惑生活在其中的人类，所有这些都是人类自己给自己精心打造的"洞穴"，是一种故意营造的梦幻般的真实的"假象"。

（二）信息茧房

上述的人类"珊瑚"是物质构成的，是实体的。而今天由于计算机互联网信息技术、通信技术的飞速发展，万物互联，形成了一个以信息链接为特征的物联网。随着电脑等终端的大量出现，特别是平板、手机等移动终端设备的普及，人们获取知识的途径越来越多、越来越便利，相关领域的信息量也呈爆炸式增长。而个人的生命和时间是极其有限的，人们如何从海量的信息中选择少量的却特别重要的信息加以消化收纳，这取决于人们所在的文化、所受的教育、所建立的观念和所形成的习惯。这个时候常常出现"信息茧房"现象。"信息茧房"是指人们关注的信息领域会习惯性地被自己的兴趣所引导，从而将自己的观念和生活桎梏于像蚕茧一般的"茧房"中[①]。蚕茧是蚕自己吐丝做出来的，作茧自缚；而信息茧房则既可以是完全由自己造成的，又可以是外部大数据处理系统以某种算法蓄意推送他们想推送的东西而造成的。这样的茧房遮蔽了真实的世界，形成了"洞穴"效应。信息茧房成为大部分人保持舒适和逃避思考的温床，人们在针对性的信息推送中加固自己的爱好，同时加深自己的偏见。所以在这样的"洞穴"中，人们也沉溺其中难以自拔，拒绝走出洞穴，拒绝真相。

---

① https://baike.baidu.com/item/%E4%BF%A1%E6%81%AF%E8%8C%A7%E6%88%BF/12661227？fr=aladdin.

（三）数据麻醉

科技进入了大数据时代，各种信息都可以由数据来表达，所以，上述的"信息茧房"只是一种"数据假象"的表现形式。当然还有其他形式的"数据假象"存在，像哈哈镜一样把世界扭曲地反映着，让我们如"洞穴"之囚徒，以影子为真实。"洞穴"中人之所以沉迷于假数据，无意求真，还在于某些假数据能给人以安慰、满足，纸醉金迷，像在原味中加了糖一样，这就是"数据麻醉"。正如医药麻醉可以让人忘记肉体的痛苦，"数据麻醉"也可以让人忘记精神的痛苦，甚至可以带来精神的快乐。由此会产生一种新的行业，即以大数据为基础能给人带来精神快乐的"智能服务"。例如高度契合用户需求和提升用户生活便利的智能服务，包括随时随地可以上网、看视频和在手机上玩游戏，为人们的生活逐渐构筑出了一个以便利为名的"囚笼"，人们逐渐被这样的便利所饲养而丧失了一部分自己的选择权和思考空间。信息和服务业的改革和升级，形成的以"智能服务"冠名的新科技新业态，其核心是用合适的数据麻醉了我们的感官和精神，最终让人们以更加舒适的状态沉浸在自己的"洞穴"之中。"洞穴"里太舒服了，就没有走出"洞穴"的冲动和追求；甚至对"走出洞穴"的呼声置若罔闻，有的甚至会想要扼杀这种呼声！

（四）沟通假象

在信息社会，由计算机或手机作为中介的人类实践正变得越来越多，人们面对面交流所进行的人类实践正变得越来越少；我们正在见证人与人之间相互联系的逐步解体、传统社会交往的消失和一种新人类生活模式的凸现。在这种新模式中，个体是与智能终端而不是与人一起工作和生活[①]。现代技术让人们很容易通过网络来沟通，例如用 QQ 或微信聊天，但在这种沟通中人们对聊天对象的了解是基于互联网的展示、基于聊天对象的自我包装和有选择地展示。这两种展示都不能保证真实性：网上展示的个人简介等信息可以是假的，聊天中的自我介绍也不一定是真实的，尤其是一般人不愿意把自己的缺点展示给对方。由于网络背后有时间和空间的阻隔，人们往往难以真正了解对方的真实面目、真实意图，所以在沟通中形成了各种"沟通假象"。现代技术能造成比以往多得多的"沟通假象"，一些别有用心的人就利用"沟通假象"进行非法活动，例如电信诈骗、网络诈骗在现在非常普遍，这些都发生在我们的日常生活中，防不胜防的，需要我们时刻保持警惕。

---

① 张成岗.技术与现代性研究：技术哲学发展的"相互建构论"诠释［M］.北京：中国社会科学出版社，2013：138.

（五）元宇宙（Metaverse）

作为具有连接感知和共享特征的数字虚拟空间，"元宇宙"凭借网络和算力技术、人工智能、电子游戏技术、显示技术和区块链技术的"群聚效应"正在成为人类社会发展新的实践场域[1]。目前，元宇宙是人们对于未来生活数字化构想的美好愿景，倡导者认为人们在不久的将来可以在 3D 虚拟世界中进行大部分的实践活动，例如学习、社交、购物、旅游和工作等。这些活动方式将在时间和空间上进行巨大的改革，在此基础上，虚拟现实、增强现实、混合现实、人工智能与脑机接口等具有未来主义色彩的技术将为人们的体验和互动提供全新的基础，元宇宙中的互动将全面模拟物理世界中的视觉、听觉、触觉等感知活动，它们可使平台和个人随时随地沉浸在互联网中[2]。人将陷入技术创造的环境，在虚拟的环境中实现自己的需求。但是这个以科技为依托的虚拟的元宇宙当然不是真相，而是一个规模更大的高科技的富丽堂皇的"洞穴"。

（六）混入人群中的机器人（人工智能 AI）

在我们的日常工作和生活中，人工智能都扮演着重要的角色，例如手机上的语音助手、家庭的智能家居以及工厂的智能机器人。依赖于科学技术的不断突破，人工智能在不断挑战完成更精密和更复杂的任务。人工智能具有非常强的逻辑推理能力，在很多情形下能够代替人类做出决策，人工智能也能够对各种机器进行自如的操控，人工智能还能够理解人类的自然语言，并做出类似于人类的响应[3]。人工智能可以代替我们完成绘画、计算与分析，其广博的"知识"可以代替法律专家、医学专家，琴棋书画样样精通，不知疲倦、不需休息、不停学习、不断进步，ChatGPT 的出现，表明人工智能可以通过图灵测试，可以创作、编程，能通过各类考试，这些不同成就的背后都暗示着人工智能正在无限地接近人。过去我们依赖机器承担枯燥乏味的重复劳动，依赖机器的巨大力量和速度，现在我们很多时候依赖于人工智能带给我们的信息与决策。现代技术能让机器人的外形与真人惟妙惟肖，甚至于比普通人更加美丽、更加善解人意、更加高大帅气。所以，不久的将来混入人群中的机器人是难以发觉的，让人们真假难辨，这样的世界无疑是一种新的"洞穴"。而且，ChatGpt 还可以通过辅助编

① 戴亮.认识论视野下的"元宇宙"四个层面［J］.北京航空航天大学学报（社会科学版），2022（10）：1.

② 段伟文.元宇宙与数字化未来的哲学追问［J］.哲学动态，2022（9）：39.

③ 韩东旭.人工智能应用之技术与伦理的辩证思考［J］.湖北第二师范学院学报，2021，38（12）：106.

程、辅助阅读与辅助写作，为研究者赋能，大幅提升研究工作效率，缩短研究产生成果的时间周期，让每个人都能在短时间内伪装成一个陌生领域的大师，同样让人真假难辨，犹如在"洞穴"中。正如孩子被游戏吸引而大大减少了在真实的、现实的世界中的活动，人们也会沉浸在自己的技术构造的"洞穴"之中，因为它更加舒适，可以逃避现实的残酷和无奈。而且，AI撰写的文章出现事实性错误或者有剽窃嫌疑时，无人为之负责；当输入错误数据，或AI因为语言学习能力的局限让某些隐私信息泄漏了，无人能够挽救这样的失误；这些都是"洞穴"世界的风险。

于是，我们看到，技术扭曲了人与世界的关系：第一，是人与人的关系变得脆弱，世界变得封闭，人与人之间变得防备。第二，表面上人有更多的选择，但更多的选择会让人变得更加盲目。第三，互联网在社交方面的运用让人们可以更加方便地掩饰自己，例如在交友软件上，人们只能依赖固定的信息了解沟通对象的基本情况，但是真实的情况往往不尽如人意。第四，比起真实的世界，人们对网络的依赖程度更高，甚至越来越高；网络游戏等应用程序的设计充分利用了人性的弱点，越吸引人越能赚取更多的利润；而人在网络的虚拟环境中沉迷，甚至是非颠倒、作息无时，但是其本人仍然沉迷其中、无法自拔，这种现象比比皆是、令人痛心。第五，人与世界的连接变得稀少，比起现实生活，人们更愿意把时间和精力花在网络世界中，网络信息的更新速度是人在现实生活中无法比拟的，人们的时间、精力和情绪被网络世界裹挟着向前走，却没有时间停下来思考。第六，人们习惯于学习和接受网络信息，没有时间或不习惯自己思考，于是网络变成了一个巨大的操控者，人类反而成了网络背后力量的提线木偶，被这种无形的力量进行随意操控。所以，不是人自己在选择自己的生活，实际上在某种程度上科技已经主导了人的生活。科技的这种安排有如洞穴中锁链、矮墙、火把等这些构成的设置一样，不知不觉地误导人们把所看到的假象当成了真理。

四、现代人如何走出新的"洞穴"困境

如前所述，现代人生活在科技带来的新的"洞穴"之中，一方面享受着科技带来的物质、信息和服务的便利，另一方面又沉溺于信息茧房、元宇宙等如梦如幻的舒适的环境中而无力自拔。我们的教育推崇科学技术同时又受权力和资本的引导，不断地塑造我们的习惯和世界观。久而久之，潜移默化地，我们会自然地认为我们所见所闻、所接收到的信息是真实的、是世界的真实样子，而忘了这些信息往往是大数据的后台根据我们以前的行为、爱好和选择做出的基于某种利益的推送，我们的认知是被塑造的，我们对宇宙和世界的认知也有可能越来越偏离真实的宇宙和世界，因为我们看到

的实际只是世界的一个局部，甚至是被扭曲的局部，实际上我们是被绑在无形的位置上不知动弹，深深陷入新的"洞穴"困境中而不自知。无形绳索的捆绑比有形绳索的捆绑将人绑得更为牢固，因为人们这时甚至不知道要去解开自己所受的束缚。

柏拉图的洞穴之喻对人类心智具有深刻的洞察力，是哲学史上最具有启示性和批判性的经典比喻之一，在今天仍然有振聋发聩、当头棒喝的作用。这种警示是必要的，有助于我们保持清醒的头脑，有助于我们警惕自己处在某种"洞穴"中，有助于我们克服"洞穴"思维，有助于我们走出"洞穴"。

要想走出"洞穴"、逃离"洞穴"，我们并不能简单粗暴地完全拒绝科技，也不可能拒绝科技，而是应该更加理性地对待科学、运用技术。

首先，科学不仅是指各门类各学科的具体科学知识，也包含科学方法、科学研究的方法、科学态度和科学精神。其中最重要的是科学精神，即反对愚昧、盲从、迷信的理性态度、批判勇气和实证精神！其中包括了默顿所说的"有条理的怀疑精神"。在这种科学态度下，任何科学知识都需要在实践中检验、修正和发展。

其次，技术发展最终应当回归人本身，技术应该是"为了人类的技术"。技术带来的负面影响，还要靠新的技术来改变和消除，解铃还须系铃人，例如使用新的没有原来那种负面影响的技术。面向未来，我们不是要放弃技术，而是要全面深入反思技术对社会的影响，改进相关的制度设计，用更开放的心态、更广阔的思路、更积极的行动解决技术发展中遭遇的各种问题。

最后，人们在使用科技时要以自然为基础，维持人与自然、社会和科技发展的全面平衡。走出困境的实质就是要实现人与自然、社会的全面、协调、可持续的发展，实现生态平衡、社会平衡以及人自身内部的平衡，使科技文明走向更高级的、稳定的平衡状态[1]。人类的思维模式、行为方式和价值取向决定了科技应该朝着什么样的方向发展以及如何发展，比起简单地把困境的原因归咎于科技来说，我们更应该从人自身的方面找原因，明确在科技使用过程中人作为主体的责任，尽量避免科技带来的负面效应，坚持把科技运用于创造人类的美好生活之中。

总之，在科技时代，人们要面临各种假象、处在各种"洞穴"之中。随着科技的不断进步，我们在不断走出"洞穴"的同时也在不断地走进新的"洞穴"，走出原来的"洞穴"并不代表我们就已经身处"洞穴"之外，因为走出本身是一个辩证发展、永无止境的过程。我们要时刻保持理性和警惕，不要像"洞穴"中的人一样，故步自封，把无知误以为知。我们要不断超越自身，面对真理，接近真理，正确地运用科技，

---

① 曾林.论科技时代人类生存的困境［D］.北京：中共中央党校，2005：42.

避免科技对人的异化，最大限度地发挥科技对社会发展的积极作用和长远利益。

参考文献

［1］https：//baike.baidu.com/item/%E4%BF%A1%E6%81%AF%E8%8C%A7%E6%88%BF/12661227？ fr=aladdin.

［2］柏拉图.理想国［M］.郭斌和，张竹明，译.北京：商务印书馆，1986.

［3］戴亮.认识论视野下的"元宇宙"四个层面［J］.北京航空航天大学学报（社会科学版），2022（10）：1-7.

［4］段伟文.元宇宙与数字化未来的哲学追问［J］.哲学动态，2022（9）：39-42，127.

［5］韩东旭.人工智能应用之技术与伦理的辩证思考［J］.湖北第二师范学院学报，2021，38（12）：106-110.

［6］曾林.论科技时代人类生存的困境［D］.北京：中共中央党校，2005.

［7］张成岗.技术与现代性研究：技术哲学发展的"相互建构论"诠释［M］.北京：中国社会科学出版社，2013.

《庄子》思想中的"道—技"关系浅探

王 涛 郑 全

（云南大学政府管理学院）

《周易·系辞》云："形而上者谓之道，形而下者谓之器"，中国古代哲人常从"道"的形而上本性与"技"的形而下特征来探讨"道"和"技"的关系。在他们看来，"道"是世界本体之义，而"技"在中国古代不仅包括器、术、艺等诸多方面，还指彰显道、合于道的工具或方法等。国内学界中冯友兰也关注了"道"与"技"的概念，他在《贞元六书》的总纲《新理学》也谈及了技与道的问题，发挥了《庄子·养生主》中"臣之所好者道也，进乎技矣"中的思想[①]。

从庄子的"道""技"阐述来看，庄子的技术观不是现代意义的机械文明的概念而是基于个体手工劳动的经验诀窍[②]。在庄子文本中，《养生主》《天道》《达生》《知北游》等篇都对"道""技"关系进行了阐述。目前对于《庄子》中的技艺寓言的研究主要有两种情况：一是庄子寓言研究对技艺类寓言的涉及；二是庄子哲学、美学研究中对技艺类寓言的涉及。梳理与庄子"道—技"相关的研究，可发现前人多从宏观角度把握"道—技"关系，以作品或文论作为出发点研究的成果颇丰，但对于道技关系的问题和究竟是"由技进道"还是"由道进技"的问题仍看法不一。本论文尝试立足于《庄子》及常用注本，从不同、不外、不二3个角度分别论证庄子道技寓言中的

作者简介：王涛，女，云南大学政府管理学院中国哲学硕士研究生。

通讯作者简介：郑全，男，云南大学政府管理学院，副教授，硕士研究生导师。

① 冯友兰.新理学［M］.长沙：长沙商务印书馆，2007.

② 吴波.庄子论技道关系［J］.四川理工学院学报（社会科学版），2006（3）：85-88.

对立——统一——圆融关系，进而阐释道由技显和由技进道两种实践路径，由此把握庄子思想中的道技关系及其实践意义。

一、道技相分——不同之对立关系

中国的传统文化思想中一直沿袭着重道轻技的观念，甚至认为"作文害道"，"技艺"不利于体现"道"。在中国古代，技艺被文人士大夫看成低等事业，在他们心中研技会妨碍求道，因此古人认为道与技有境界追求上的差别。中国古代自先秦提出"道"与"技"的讨论后，就一直沿袭着重道轻技的观念。在儒家思想中，这一观念非常明显。孔子说："朝闻道，夕死可矣。"（《论语·里仁》）又说："四十、五十而无闻焉，斯亦不足畏已。"（《论语·子罕》）一个人到了四五十岁还未闻道，自然不足道了。可见，闻"道"难，得"道"尤不易。孔子之后，儒道均未逃脱"以技艺为末"的禁锢。《淮南子·泰族训》中有"小艺破道"的表述，将技艺视为末端，还认为其使风气败坏、礼仪崩溃。

庄子之"道"，在继承老子思想实质的基础上作了长足的发展。"夫道，……自本自根，未有天地，自古以固存神鬼神帝，生天生地在太极之先而不为高，在六极之下而不为深，先天地生而不为久，长于上古而不为老"[1]。在庄子看来，"道"作为先"天地"且不依凭任何外物而生的存在，在生成意义上是"天地"万物的生成源头，其本身也处于恒常的生成变化之中，故而"长于上古而不为老"。"道"在"太极""六极"中所处的态势，表明其在生成层次上是有着最高价值和本体意义的存在。因此，庄子关于"道"的观念与见解实质上展现着一个处于自存自新的生命境域，表达了对自然生命本真的尊重与崇敬，这也是庄子"道"论的真谛所在，也是其最为可贵之处。

《说文》说"技，巧也，从手，攴声。"郭象也曾注曰："技者，万物之未用也。"[1] 庄子之"技"，也更多地体现在技艺，如庖丁、大马之捶钩者、吕梁丈夫、佝偻者、梓庆、操舟之津人等人的手工技艺上。例如，《庖丁解牛》寓言中的庖丁就在悟道后对技术的细节处理上，达到了新的境界，超脱"眼测、手摸、心算"等五感的使用，而进入了一种"以神遇而不以目视。官知止而神欲行"的第六感境界。经验技术可以在使用过程中悟道，这是因为经验相对宽松的规范性不会制约主体的创造自由。与之相对，机械技术是量化的，规范的技术形式，技术主体在劳动过程中往往受到工具的制约。这种对主体的约束必然影响技术主体的创作自由。庄子对机械技术的全盘否定

---

① 郭庆藩.庄子集释［M］.北京：中华书局，1961.

正是因为他认为机械技术偏离了天下之大道[1]。在《庄子·天下》篇中提到："天下大乱，贤圣不明，道德不一，天下多得一察焉以自好。譬如耳目鼻口，皆有所明，不能相通。犹百家众技也，皆有所长，时有所用。虽然，不该不遍，一曲之士也。……悲夫，百家往而不返，必不合矣后世之学者，不幸不见天地之纯，古人之大体，道术将为天下裂。"[2]在这里"百家众技"的出现是"道术"分裂的结果，"技"犹如人的耳目口鼻，虽各自具有功能但是却不能相通，从这里也可以看到"技"与"道"在这里绝对不是一个层次上的问题。

我们可以更进一层的理解，"技"在这一层面上是指体悟"道"的方法技巧。"道进乎技"，"道"是比"技"更高层次的东西，"技"是通向道的桥梁[2]。"道"在一定意义上是形而上的虚幻状态，很难说明"道"的具体存在形态，甚至是不可言说的。而"技"则是形而下的真实存在，技艺水平的高低人人得而见之。但高超的技艺并不是《庄子》全文的主题，相反在技艺基础上的"道"境的获得却是庄派的追求，从"拘楼者承蜩"中的老人到"梓庆削木为鐻"中的木匠，从"庖丁解牛"到"吕梁丈夫"，叙述的重点不在"技"本身，而重点在由"技"入"道"的艰苦训练，长期的时间积累以及主体"坐忘"而"虚静"达到的"道进乎技"形态。由此看来，"道""技"虽然不是一个层面上的问题，但是做这种区分乃是为了体现"道进乎技"。

二、道不离技——不外之统一关系

《天地》篇谓："能有所艺者，技也。"唐成玄英疏曰："率其本性，自有艺能，非假外为，故真技术也。"[3]现代学者陈鼓应先生解释为"才能有所专精者是技艺"[4]。才能专精者才是技艺，且技艺不是孤立自了的存在。技在道中，道在技中；技不离道，道不离技。它们之间是彼此制约、相互影响的关系。要想达到"道"的水平，必须有足够娴熟的"技"的支撑，尤其需要"技"不断地去适应"道"的要求，这也从一个侧面对习技者的自身技巧的熟练度和内在精神的修养提出了更高的要求。

其一，技不离道。任何高技术含量的艺术作品，都往往遵照特定的构思，体现着创作主体的某种精神追求，就此而言，"技"不离"道"。古人还认为，技要顺道而为，如果把技看作舟，把道看作水，道和技关系就如舟行水上，顺势而为，如果逆水行

---

[1] 吴波.庄子论技道关系［J］.四川理工学院学报（社会科学版），2006（3）：85-88.

[2] 朱喆，刘红霞.论庄子的"道""技"思想［J］.江汉论坛，2005（4）：67-69.

[3] 郭庆藩.庄子集释［M］.北京：中华书局，1961.

[4] 陈鼓应.庄子今注今译［M］.北京：中华书局，1988.

舟，将会行而不远。《庄子》中讲道："以舟之可行与水也。而求推之于陆，则没世不行寻常。"[①]"道"是庄子所追求的最高境界，它不仅是自然的本质，而且是规律的体现。因而，在技术活动中，习技者要有严格技术训练，"用志不分、乃凝于神"，这种专心致志和聚精会神是一种精神修养，借此可以达到艺术境界。庖丁19年如一日，将解牛由实践层面升华到精神层面，达到"以神遇而不以目视，官知止而神欲行"的境界。最终，这种技术训练也当然并未沦为简单地机械重复。《庄子·人间世》提到："若一志，无听之以耳而听之以心，无听之以心而听之以气。""一志"的状态正是这种"用志不分"的专心致志状态。在《庄子·达生》中，粘蝉的驼背老人说，"吾处身也，若橛株拘；吾执臂也，若槁木之枝。虽天地之大，万物之多，而惟吾蜩翼之知。"因为他心无二念，所以粘蝉能手到擒来。《庄子·知北游》中，大司马家的捶钩工匠，年高80，还能做得丝毫不差。他从20岁起就"于物无视也，非钩无察也"，因为他心无旁骛，所以"不失毫芒"。《庄子·达生》中，梓庆削刻木头做鐻，先斋戒静养心思，入山林达到物我两忘的境界，才能制成"惊犹鬼神"的鐻。《庄子·大宗师》中提出了"坐忘"的精神境界："堕肢体，黜聪明，离形去知，同于大通，此谓坐忘。""忘"之人"用志不分、乃凝于神"。在习技过程中，如能超越于物，排除无关之物的干扰，心通于道，会神于特定的创作对象，便能创作出鬼斧神工般的作品。因此，技术训练的过程是身心修养的过程，"用志不分、乃凝于神"是必备的精神修养。如果过分专注于技术训练之技，而缺少精神修养之道，即使再高超的技艺也只能沦为匠人之作。

其二，道不离技。"技"与"道"二者的关系极其紧密，"技"是"道"的最佳载体，离开了"技"这个载体，"道"也无法实现它的境界。在创作和鉴赏两个不同的环节中，"技"与"道"之间的关联是有所不同的，大致而言，鉴赏主要是感官上的享受，有时甚至是无意识的反应，无须专门的特别的培训，而创作这一环节则要求在技艺上有计划地开展，它们尤其体现在创作时的技术训练上。也就是说，想要完美地表达其技巧内容，习技者往往需要长期艰苦的练习。我们以庖丁解牛为例来说明。经历了19年，庖丁解了"数千牛"，他在技术训练上花费的时间非常之多。好一点的庖人（良庖）一年换一把刀，普通的庖人（族庖）一个月换一把刀，庖丁的刀用了十九年而刀刃若新发于硎，就像是刚从磨刀石那里磨出来的一样。庖丁之所以达到游刃有余不用换刀的境界，就是经过了克服技术障碍，不断实现超越然后趋近完美的过程。再比如《庄子·达生》中所记载的佝偻者承蜩，从二累丸不坠落都很少的情况到累三坠落只有1/10的概率，再到最后累五不坠落，这也是不断训练的结果。这些例子都说明，一般的技术性活动不仅需要有"道"，还需要有技，只有将"道"融于"技"的实践中，才能实现个体精神与物质性技术的统一。

综上所述，"技"与"道"是一对动态的概念：技法是伴随着"道"的内涵的不断发展而日臻成熟的，同样，正因为"技"的不断成熟，才会生成"道"的不断演变进步。两者相辅相成，在逻辑上不能偏重一方，因为它们是密不可分的辩证关系①。如若过于注重技术则会削减对道的把握与认识，也就脱离了原有技艺演进的目的；如若排斥技术，也可能行至"道"之空洞体悟中，因缺乏实践操作性而无从下手。

三、道即是技——不二之圆融关系

"道—技"关系论的第三种理论层面是道即是技，技即是道。在道家老子哲学视域里，不乏诸如"复归于无物""复归其根"等种种阐述，天地万物复归于道，道不仅有其本源、本根义，更有其超越境界义。庄子技艺寓言涉及的"道"与"技"的问题，多以"技"喻"道"，借"技"体"道"，实际上本质为即"技"即"道"，"道"与"技"是合一的。庄子所谓"得意忘言""得鱼忘筌""得兔忘蹄"，只是因为人们往往执着于"言""筌""蹄"而忘却了真正的目的，故作是言。其实，"言"与"意"、"鱼"与"筌"、"兔"与"蹄"，如何能破裂为二呢？"道"与"技"亦然。"技"与"道"在这一层面也并非紧张的分裂与对立的关系，而是体用不二的关系。在"技"与"道"的体用不二的圆融中，"道"是体，"技"是用，以用明体，以体导用。庄子的"道""技"圆融至少有如下两层含义：

其一，主客一体，也即物化。庄子在《达生》篇中讲道："工锤旋而盖规矩，指与物化而不以心稽，故其灵台一而不桎。忘足，履之适也；忘要，带之适也；知忘是非，心之适也；不内变、不外从，事之适也；始乎适而未尝不适者，忘适之适也。"在"工锤运旋"的寓言中工锤以手画圆的技艺超过了圆规，手和物象融合为一，不用心思计量，所以其心灵专一而毫无滞碍。忘记了脚，鞋子是舒适的。忘记了腰的存在，腰带是合适的。忘记了是是非非的争论，心灵也会是安适的。从哲学的角度看，工锤能够达到如此技艺，乃在于他已经消弭了主体与对象之间一切差别，打破了物我之间的隔障，指与物化，心物相融，主客一体，这种"道技圆融"取决于主体的"忘"，既要克服对外物的排斥性，又要克服外在之物的自在性。克服对外物的排斥性，就是庄子的"心斋""坐忘"，忘脚、忘腰、忘心、忘适就是忘却自我，以开放的心灵去面对对象，对"无厚"之我去面对"牛体"，本来一切对象都是自在的，并不能自适人意，它们都是按照自己的规则存在和发展着。所谓克服对象之物的自在性，就是主体已经

---

① 朱喆，刘红霞.论庄子的"道""技"思想［J］.江汉论坛，2005（4）：67-69.

对对象之物了然于心。对象之物、外在之物已经成为他自由表现自己胸中意象的元素。庖丁所解之"牛"也已经成为庖丁借以展示自己高超技艺的道具。在这里指与物化，物我相融正是"技""道"合一的展示，"技"的极致即是"道"。

除此以外，"道技圆融"的另一个重要因素是"得心应手"。《天道》篇云"臣也以臣之事观之。斫轮，徐则甘而不固，疾则苦而不入，不徐不疾，得之于手而应于心，口不能言，有数存焉于其间。"轮扁在谈到自己制作车轮的体会时说：砍削木材制作车轮，慢了就松滑而不够坚固，快了就会滞涩而难入。不紧不慢，得之于手而应之于心，虽然无法用言语说出来，但有奥妙的技术存在于其间。"数"者，"道"也。技艺的化境不是靠口头传授就能获得的，必须以"手"为依托、为起点，"技"是"道"的外在表现或激发因素，手到要心应。一般人往往心身不一，或手到而不能心应，或意有所欲而手不能到，这样如何能创造出"惊犹鬼神"之作？换而言之，求道者要想得道、求道，只能保持心身的高度和谐，只能通过自觉、自证，而不能靠客观法式的传授。身心合一、手到心到，也就是"技""道"圆融。苏轼在《跋秦少游书》中说"少游近日草书，便有东晋风味，作诗增奇丽，乃知此人不可使闲，遂兼百技矣。技进而道不进，则不可，少游乃技道两进也。"苏轼反复强调，只有技道俱进，才能创造出好的作品，这可以说是庄子"道技圆融"思想的极好注脚。

庄子"道""技"圆融思想说明一切技术产品都要兼养人的肉体和精神的两个方面，达到"体舒神怡"双重效能。庄子对道的追求，不是对事物作客观本质上的形而上的探求，而是旨在消除物我之间、心身之间的二元对立的精神游戏，是一场旨在消除技术规范对于精神束缚基础上实现的"逍遥游"。

四、由技进道——互化之实践路径

"道—技"关系论的第四个层面是道由技显、由技进道的实践形态。一方面，"技"作为道之载体，具有分殊并彰显其"道"的作用；另一方面，"技"在通达"道"的过程中有着重要的作用，须由"技"进至"道"。实际上"道心惟微"，"道"在日常生活中却往往并不为人们所易见，所以一般人只看到显现在外的各种技艺并为此而惊叹，就像庄子所说的那位庖丁一样，文惠君仅仅看到他高超绝伦的解牛技术，而无法真正体会庖丁得"道"后的那种精神上的快乐与满足。在日常生活中，入"道"自然并不那么容易，须由"技"才能进乎"道"，所谓的"下学"，实际上也就是要解决这个"技"的问题。

其一，道由技显。在"道"的关照下，"技"得到最优化、极具和谐意味的发挥和实现，即由"道"及"技"的向度。庄子在"庖丁解牛"的寓言中为我们具体展现了技术优化实现的和谐图景，这里的"和谐"包含着技术活动各要素的和谐。首先，"良庖岁更刀，割也；族庖月更刀，折也；今臣之刀十九年矣，所解数千牛矣，而刀刃若发新发于硎"的事实表明，由于庖丁在具体的技术活动中始终保持着对"道"的体悟与追求，故而其刀历"十九年""解数千牛"却刀刃仍然锋利如初，这是"良庖""族庖"无法企及的。这一事实集中体现了在"道"的关照和指引下，技术的操作者与工具这两大技术要素之间的和谐。其次，技术活动发生的实际情形又是这样的："庖丁为文惠君解牛，手之所触，肩之所倚，足之所履，膝之所踦，砉然向然，奏刀騞然，莫不中音。合于《桑林》之舞，乃中《经首》之会。"解牛的动作舞蹈般极富韵律，舒展曼妙。这已经不仅仅是庖丁通过自身技艺的使用和发挥来完成"解牛"这项劳作任务了，更是进行一场精妙绝伦的艺术展创作，其成果就是顷刻间全牛已解，显然技术操作者在这种技术与艺术的交融中达到了身心愉悦的和谐状态。在《大马之捶钩》寓言中，工匠说："臣有守也。臣之年二十而好捶钩，于物无视也，非钩无察也。是用之者，假不用者也，以长得其用，而况乎无不用者乎！物孰不资焉！"工匠的道亦显于其技艺之上。此外，更值得注意的是，上述两种和谐的产生实质上都应该是源于技术操作者与技术对象的和谐。庖丁的做法是"以神遇而不以目视，官知止而神欲行"，因其天然条理，进而能"以无厚入有间"而"游刃有余"。这里的根本在于，技术活动是依循、顺应"道"而进行的，因而在高效完成"解牛"这一实践目标的同时保持了自然生命的本真，做到了物不伤我，我也不伤物。因此，虽然庄子一再强调了"技"是体悟、获得"道"的手段，但正是在由"技"至"道"的实践中同时孕育了这种由"道"及"技"的技术本身得以最优化实现的途径，也就是说从着眼于技术发展的角度，"道"实际上是技术存在和发展的"至境"。但是，这种技术的"至境"并不意味着它代表一种更高超的技术，而恰恰是对技术本身的超越。"道"的技术"至境"意蕴所表达的这种超越性正是现代技术所有待正视的。

其二，由技进道。从技术作为体悟、获得"道"的手段的角度，"道""技"关系具体体现由"技"至"道"的超越向度。在这里，庄子特别强调"技"对"道"的体悟追求的实现功能意义，更将这一过程的终点归结为"养生"的达成。庖丁能够使其解牛如一场艺术表演，是经历由"见全牛"到"不见全牛"；由"目视"到"神遇"；由"割""折"到"游刃有余"的转变过程。具体说来，就对客体对象（牛）的把握而言，庖丁由表及里，依乎天理，因其固然，对牛体结构了然于心；就主体自身而言、庖丁努力使其刀无厚，并"怵然为戒"，"动刀甚微"。梓庆制作乐器，其鬼斧神工之技也非一蹴而就。在时间上有由"三日""五日"到"七日"的过程；在主体精神状态上有一个由忘功名利禄、忘是非好恶到忘却自我的历练。用自然无人为滞碍的眼光去选材，以忘却自我之心去对待待加工的材料，即"以天合天"，这样制作出来的乐器有如自然天成。

如果说"庖丁解牛"主要侧重于对技艺所指向的对象的透彻认识，而"梓庆为鐻"则侧重于主体精神状态的调整与修养，高超的技艺要充分地发挥出来还要靠全神贯注、忘利害、忘物我，用志不分的精神状态来做保证。通读《庄子》，我们可以看到"心斋""坐忘""朝彻""见独"同"技兼于事，事兼于义，义兼于德，德兼于道，道兼于天"（《天地》）是彼此呼应、互相发明、互为印证的。"技"在这里很明显地成为达到"天"的境界的阶梯，"技"成为达到"道"的铺垫或媒介。庖丁、梓庆、轮扁、吕梁丈夫等均是通过他们所掌握的"技"超越了对象和自我对他的束缚，他实现了自由，也成就了他的艺术，也就得到了"道"。换言之，技艺以具体的创造制作活动为基础，使普通的生活实践提升到可以与终极实在相贯通的高度。按照西方浪漫派神学家、美学家施莱尔玛赫的说法，庖丁、梓庆等人的忘物忘我精神沉迷状态正是一种沟通有限和无限整体的酒神式的情感。因此，庖丁等人的劳动过程并不是"苦心智""劳筋骨"的痛苦过程，而是一种艺术的展示，是一种精神的享受。在这一过程中，他们妙契大道。在庄子这里，直觉和内心情感、虔诚与专注、思想的形象性和寓言成为其把握"绝对"、表现"绝对"的主要形式。理性主义时代的哲学家们相信理性思辨是把握"绝对"的最高方式，但庄子却认为技巧和体悟才是把握"绝对"的最适当方式。

五、结语

庄子哲学在我国哲学史和美学史上都具有源头性的意义，"道—技"关系论也是中国传统思想的重要组成部分。庄子文本中的道技关系从对立、统一、圆融3个理论层面和互化的实践层面进行义理诠释，其实是一个形上和形下两者的关系探讨。在"技"的实践中，通过主体的身与心、主体与客体、主体与工具等关系的逐渐融洽到一片圆融和谐，实现了形而下的"技"与形而上的"道"的沟通。正如海德格尔所说："在技术的本性中根植着和成长着拯救"[①]，其实存在之意义问题并非超世脱俗和彼岸意义上的"崇高问题"，现代技术也并非单纯经验和无精神的实践，二者必须紧密结合在一起，它们关注的落脚点都必须在世界之中人的存在意义的整体问题，人之整全，必然是这个现实世界即技术世界中的整全；所谓拯救，也必然是对人之整全的拯救。体

---

① MARTIN HEIDEGGER.Vertraege und aufsaetze [M]. Pfullingen：Neske，1978.

庄子技术之"道"，真正的技术活动不应是破坏自然本性的残害行为，而是以生命为旨归的体悟生命的过程，庄子哲学通过这些比喻，实际是在为我们现实生活中如何实现精神性的超越提供可能。

参考文献

［1］冯友兰.新理学［M］.长沙：长沙商务印书馆，2007.

［2］陈鼓应.庄子今注今译［M］.北京：中华书局，1988.

［3］郭庆藩.庄子集释［M］.北京：中华书局，1961.

［4］叶舒宪.庄子的文化解析［M］.西安：陕西人民出版社，2005.

［5］刘笑敢.庄子哲学及其演变［M］.北京：中国社会科学出版社，1988.

［6］王先谦.庄子集解［M］.成都：成都古籍书店，1988.

［7］徐克谦.庄子哲学新探［M］.北京：中华书局，2005.

［8］吴波.庄子论技道关系［J］.四川理工学院学报（社会科学版），2006（3）：85-88.

［9］朱喆，刘红霞.论庄子的"道""技"思想［J］.江汉论坛，2005（4）：67-69.

［10］杨儒宾.技艺与道：道家的思考［J］.原道，2007（14）：245.

［11］李壮鹰.谈谈庄子的"道进乎技"［J］.学术月刊，2003（3）.

［12］祁海文.庄子"道进乎技"观述论［J］.文史知识，1995（3）.

［13］谭日纯.论庄子的"道"与"技"［J］.西华师范学院学报，2003（5）.

［14］邹洁.从庖丁解牛论艺术创作与审美［J］.文艺理论与批评，2007（3）.

［15］MARTIN HEIDEGGER.Vertraege und aufsaetze［M］.Pfullingen：Neske，1978.

人工智能助力大学生党史教育的挑战及策略思考

李泊沅　张云莲

（昆明理工大学马克思主义学院）

2017 年，国务院发布了《新一代人工智能发展规划》，定义了智能教育："利用智能技术加快推动人才培养模式、教学方法改革，构建包含智能学习、交互式学习的新型教育体系。"[1] 习近平总书记在《国际人工智能与教育大会致贺信》中指出，"中国高度重视人工智能对教育的深刻影响，积极推动人工智能和教育深度融合，促进教育变革创新。"[2] 随着科技的创新与发展，人类进入智能时代，人工智能的发展推动着教育的革新，给教育带来新的机遇与挑战。我国正处在迈向第二个百年目标的新征程上，当前国际形势纷繁复杂，百年变局、世纪疫情、俄乌冲突等的叠加影响，加速了国际政治、经济、思想的新变化。国外借着网络化的便利向大学生宣扬历史虚无主义，歪曲党的辉煌革命历史。同时，多元的网络文化冲击了主流红色文化。因此，在新的征程上，如何利用人工智能助力大学生党史教育，以智能化党史教育培养堪当民族复兴大任的时代新人显得尤为重要。

作者简介：李泊沅，女，昆明理工大学马克思主义学院思想政治教育专业硕士研究生。

通讯作者简介：张云莲，女，昆明理工大学马克思主义学院教授，硕士研究生导师。

① 　国务院.国务院关于印发新一代人工智能发展规划的通知［EB/OL］.［2017-07-08］.http：//www.gov.cn/zhengce/content/2017-07/20/content_5211996.html.

② 　新华社.习近平向国际人工智能与教育大会致贺信［EB/OL］.［2019-05-16］.http：//www.xinhuanet.com/politics/2019/05/16/c_1124502111.htm.

一、人工智能助力大学生党史教育的作用

生产力与生产关系的矛盾运动推动社会发展。科技是第一生产力,以人工智能为代表的新一轮科技革命必将推动大学生党史教育发展并推动社会发展,同时,教育的发展反过来推动科技的进步。人工智能与大学生党史教育之间的关系,是将技术作为为党史教育目标服务的工具,通过人工智能提高党史教育效果,培养国家所需要的人才,从而推动科技进步与社会发展。人工智能通过灵活的教育载体及多样的知识呈现形态使党史教育走向智能化。另外,人工智能推动党史教育情景式、体验式学习,可以促进大学生知、情、意、行的发展。

(一)以史明理走向智能化

科技是第一生产力,人类自古以来就致力于制造工具解放自我。在知识经济时代,数字化知识成为新的知识生产要素,数据驱动知识生产。人工智能的介入使党史知识的来源从社会实践转变为数据资源的挖掘与整合,使党史知识可从人与机器的交互中获得,以史明理趋于智能化。"思想是行为的先导,积极的思想对物质世界的发展起巨大的促进作用。"[①]以史明理是一个内化的过程,即让大学生从党史学习中领悟党的百年奋斗重大成就和历史经验,形成正确党史观,反对历史虚无主义,进而使大学生坚定对中国共产党领导的认同,为培养堪当民族复兴大任的时代新人奠定基础。

借助人工智能开展大学生党史教育可促进党史教育智能化。"在教育学领域,人工智能的发展促进了知识形态和知识载体的转变。"[②]人工智能可使党史的呈现形态多样化。一般而言,党史知识多由纸质书本为载体,以文字形式存在;但党史是由鲜活的英雄人物和生动的党史事件组成的,文字不能将党史立体化呈现在学生面前。人工智能的出现,将党史中的英雄人物、事件、场景和历史遗物等接入网络,通过图像、声音、视频等多种形式立体化呈现,紧密连接虚拟与现实。因此,在党史教育中,人工智能丰富了党史知识的呈现形态,多样化的呈现形态可使党史知识更具灵活性,不仅可以调动学生多感官参与党史学习,提升学生的学习兴趣,增强学生的学习获得感,还大大提高了学习效率,提升党史教学效果。例如,人工智能为视频的传送和沉浸式体验提供技术支持,利于从同学们的兴趣点和共鸣点入手,在较短时间内理清党史脉络,突出重大党史事件与英雄人物的高光时刻,相较于传统的口耳相传,以多样化的形式呈现

---

① 陈秉公.思想政治教育学原理 [M].北京:高等教育出版社,2006(1):101.

② 郝祥军,贺雪.AI 与人类智能在知识生产中的博弈与融合及其对教育的启示 [J].华东师范大学学报(教育科学版),2022,40(9):78-89.

百年党史，不仅使抽象的党史生动化，还大大缩短了学习时间，提高了学习效率。

人工智能促进学情分析数字化，准确分析大学生学情有利于党史教学活动顺利开展，借助人工智能可辅助教师利用大数据了解学生思想状况、兴趣和需求，从而更有针对性和预判性地进行党史教育，实现精准化施教。例如，中国人民大学的思政课智慧教室就是利用人工智能推动了教学升级，教师在进行党史教育过程中可充分利用"智能测评、导学系统"实现学情分析，从而提升教学效果。

（二）以史促行更具新动力

学习党史是为了从百年党史中汲取精神力量，激发爱党爱国情感，增强信念，内化于心，外化于行。人工智能可推动党史教育情景式、体验式学习，使大学生在党史教育过程中始于情动，外化于行。另外，人工智能为党史实践教学提供新动力，促进大学生知、情、意、行的协调发展。

"任何人行为的发生都是在外界环境刺激下产生的。"[1] 人工智能通过改变党史教育的学习环境，促进大学生产生积极的行为。人工智能赋能的智慧教室可使教育场景虚拟化，从而推动党史教育情景式学习，教师可结合教育内容创设沉浸式互动教学情景，打破时空限制，让学生"身临其境"，亲历党史场景和党史事件。例如，北京科技大学马克思主义学院推出的"VR+红色教育"，通过虚拟场景高度还原历史场景，让学生置身于历史事件中，体会真实感和在场感。

"由知到行的关键中介是信念，而情感是形成信念的基础。"[2] 可见，在党史教育中增强情感体验是促使大学生由内化到外化的基础。人工智能推进体验式智能学习，在党史教育中通过浸入式游戏，可使大学生以历史人物视角感知党史事件，以沉浸体验的方式激发学生情感，增强信念，从而促成积极行为。另外，利用人工智能，全国各地的大学生可以突破时空限制，体验"实地"参观红色博物馆、纪念馆，近距离全息观赏、虚拟触摸革命历史文物，甚至可以借助设备与历史人物对话。这不仅为党史实践课提供新动力，还提高了大学生的学习兴趣，以情增信、促行，促使大学生将个人理想与中国梦相结合，为实现中华民族伟大复兴的中国梦添砖加瓦。

二、人工智能助力大学生党史教育的现实挑战

人工智能为大学生党史教育提供诸多便利的同时也面临许多挑战。基于 200 份对

[1] 陈秉公.思想政治教育学原理［M］.北京：高等教育出版社，2006（1）：101.
[2] 陈秉公.思想政治教育学原理［M］.北京：高等教育出版社，2006（1）：107.

大学生的调查，人工智能助力大学生党史教育仍面临数字化党史资源整合不足、智能化党史教学缺乏系统性和机械化党史教育遮蔽人的主体价值等挑战。

（一）数字化党史资源整合不足

党史资源是大学生党史教育的重要元素，在大学生党史教育过程中已积累了丰富的党史资源，但结合人工智能，仍面临数字化党史资源整合不足的挑战。

一是数字化党史资源呈碎片化。在调查"在党史教育中您的教师运用了哪些资源？"选项中，选择"图片、视频资源"的大学生占比 67.0%，选择"试题资源"的大学生占比 56.5%，选择"音频资源"的大学生占比 47.5%，选择"文献资源"的大学生占比 44.0%，选择"以上资源"的大学生占比 6.5%（图 1）。

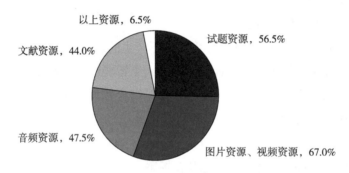

图 1　党史教学资源的运用情况

由调查数据可知，教师在党史教学过程中运用图片、视频资源较多，缺乏对音频、试题、图片和文献资源的综合运用。党史教育过程中各类资源运用情况反映出数字化党史资源趋于碎片化。人工智能促进党史教育系统化，但一些高校在整合数字化党史资源方面还不成体系。二是教学中课外资源运用不足。在调查"你认为党史教育中的课内、外资源是否充足？"选项中，选择"课内资源充足"的大学生占比 36.0%，选择"课外资源充足"的大学生占比 28.0%，选择"都充足"的大学生占比 30.5%，选择"都不充足"的大学生占比 5.5%（图 2）。通过调查数据可知，教师在党史教育过程中对课外资源的运用不足。

资源运用不充分说到底就是资源整合不足。由调查数据可知，当前党史教育数字化资源有待进一步整合。党史理论知识大多通过课堂讲授实现教学目标，如何将丰富的党史资源结合人工智能运用于教学中仍需进一步思考。

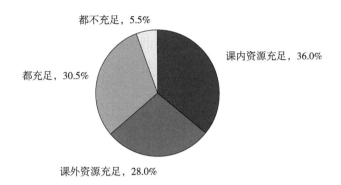

图2　课内、外资源的使用情况

（二）智能化党史教学缺乏系统性

人工智能助力大学生党史教育可使教育智能化，课前可运用人工智能分析学情，课中可借助人工智能辅助课堂教学、开展实践课，课后可运用人工智能反馈教学效果。但在目前教学中，智能化党史教学面临缺乏系统性的挑战。

在调查"你的教师在党史教育过程中有下列哪些行为？"选项中，选择"课前运用人工智能分析学情"的大学生占比40.5%，选择"运用人工智能辅助课堂教学"的大学生占比57.5%，选择"运用人工智能开展实践课"的大学生占比42.5%，选择"课后运用人工智能反馈教学成果"的大学生占比34%，选择"以上都有"的大学生占比21.5%（图3）。

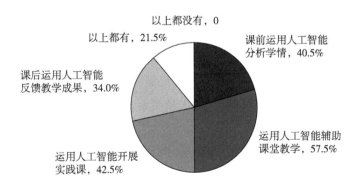

图3　党史教学中人工智能的使用情况

由调查数据可知，在党史教育过程中，大多数教师更倾向于用人工智能辅助课堂教学，较少将人工智能运用到课前的学情分析，以及课后的教学反馈。由此可见，智能化、系统化的党史教育有待进一步发展。从教师运用人工智能开展教学的情况可以看出，智能化党史教学目前仍面临缺乏系统性的挑战，教师大多在课堂教学利用人工智能，如何使人工智能赋能大学生党史教育，贯穿整个教学过程，使智能化党史教学更具系统性仍需进一步思考。

（三）机械化党史教育遮蔽人的主体价值

工业时代，马克思立足于生产力与生产关系，揭示了人机关系的异化，蒸汽机的广泛使用使工人不用从事繁重的体力劳动，但这使工人机械化地从事同一工作而失去了人的全面性。在人工智能时代，由于机器的功能性增强，使得人机关系更为复杂，人机异化现象泛化。例如，以流量为王的信息时代，数据推送背后的资本运作使人类困于"知识茧房"，使人类逐渐丧失主观能动性。"在教育场域中，人工智能对人的主体性地位产生潜在威胁已成为共识。"[1] 同样地，在人工智能背景下，机械化党史教育容易消解学生主观能动性，遮蔽教师主导性，忽略教育的人本价值。

首先，就学生层面而言，通过人工智能虽然能实现学生学情自动化分析，在党史教学过程中具有数据化优势，但通过机器分析的整体学情具有片面性，这会使党史教育趋于机械化。另外，人工智能算法主导下形成的"茧房效应"会消解学生的主观能动性。其次，就教师层面而言，人工智能虽能协助教师完成部分工作，但党史教育是有关情感体验、理想信念和价值认同的教育，它以立德树人为根本遵循，是人文感性教育，教师在党史教育过程中的引导显得尤为重要，机械化的党史教育会遮蔽教师的主导作用，从而遮蔽教师价值。最后，就学校层面而言，人工智能能够提供海量的党史学习资源，但也容易忽略党史教育的人本价值。

"人与机器都是时代的产物，不同时代有不同时代的人机关系。"[2] 人工智能使教育突破时空限制，促进教育发展变革，但也带来智能时代的人机关系问题。我们渴望通过人工智能将党史教育推向新一波高潮，但机械化的党史教育容易遮蔽人的主体性，因此，在党史教育中应处理好智能时代的人机关系。

三、人工智能助力大学生党史教育的策略

人工智能促进了大学生党史教育的智能化发展，我们渴望借助人工智能将党史教

---

[1]　陈涛，韩茜.教育场域中技术焦虑的形成机理及治理路向：基于马克思"人与机器"思想的时代阐释［J］.重庆高教研究：1-17.

[2]　胡华.智能思政：思想政治教育与人工智能的时代融合［J］.思想教育研究，2022（1）：41-46.

育推向新高潮，但人工智能助力大学生党史教育仍面临许多现实挑战。据此，高校需进一步推进党史资源模块化、打造体系化党史教学模式、以"人机共教"开展党史教育，推进智能化党史教育的高阶发展。

（一）推进党史资源模块化

党史资源是大学生党史教育的重要元素，人工智能背景下，我们仍面临数字化党史资源整合不足的挑战，将丰富的党史资源进一步整合，推进党史资源模块化，可提升大学生党史教育的教学效果。通过分析全国高校马院数字化平台的资源库，试图从看、听、读、测4个方面分模块整合在线党史资源，推进数字化党史资源的共建共享。

"看"即整合党史图片、视频资源，这是大学生喜闻乐见的学习资源。首先，将党史图片、视频按人物、事件划分，提高党史资源的利用效率。其次，虚拟博物馆、纪念馆也是优秀的视频资源，加快推进各地虚拟博物馆、纪念馆的联结与互动，促进数字化党史资源的传播与利用。最后，增设"推荐资源"，即时下最热的党史事件、电影、视频等，从学生兴趣点入手整合党史资源。"听"即整合党史的音频资源，音频资源有利于营造氛围感，能让大学生从多感官体验情感。按历史时间脉络整合红色歌曲、有声书等音频资源，促进"有声教材"的传播与利用。"读"即整合党史资源的文献资源。整合一手文章、英雄人物的家书和学术文献，让大学生从文献资源中学习党史知识，促进教师将党史资源更好地与教材相结合。"测"即整合党史试题、成果资源。建立党史试题资源库，帮助大学生在课后巩固知识；同时，整合大学生学习后的论文成果，将优秀论文汇编成册供同学们参考。

（二）打造体系化党史教学模式

在目前的大学生党史教学中，智能化党史教学面临缺乏系统性的挑战。因此，打造全过程、一体化的党史教学模式，有利于促进党史教育智能化。在课堂教学前、中、后借助人工智能提升教学效果，并打造产学研一体化的党史教学模式，推动大学生党史教育的高阶发展。

推进人工智能贯穿党史教学全过程。智能化党史教学是一个从教学理念—教学设计—教学实施—教学效果的一个完整的系统。打造体系化党史教学模式应从以下几个方面着手：一是教师应树立积极的智能化教学理念，消解机器最终代替人的焦虑和技术操作性焦虑；二是教师要积极利用智能导学系统、智能测评系统分析学生学情，通过数据化的形式科学地诊断学情，从而更加有效地开展党史教育；三是学生利用在线教学平台、党史资源平台在线预习，教师根据学生学习情况再来组织线下教学翻转，以问题导向提高党史教育的针对性；四是教师在教学过程中可借助人工智能创建智慧学习空间、利用 VR、AR 推动情景式、体验式学习，增强学生体验感和获得感；五是教师在教学结束后，可利用人工智能对教学效果进行动态反馈，为下一次教学奠定基础；六是推进产学研一体化的党史教学良性循环，高校应与其他高校、科研机构以及智能企业联合起来，整合党史资源，形成教育合力，更好地为体系化、智能化的党史教学赋能。

（三）以"人机共教"开展党史教育

不同时代有不同时代的人机关系，人机交互过程中所产生的矛盾具有历史必然性。科技发展最终目的是为人与社会的发展服务，在人工智能时代应以人为本，将人工智能作为促进人与社会发展的工具，推动科技与教育共同发展。人工智能参与党史教学活动，改变了党史知识的存储方式与呈现形态，凭借强大的分析、归纳能力，使大学生党史教学变得多样、便捷、高效。但人工智能无法赋予党史知识意义，不能产生情感互动，无法产生正确的价值判断。因此，在党史教学过程中应充分发挥人的主体性。在教育领域，"人机共教"是教育政策极力推崇的，如联合国教科文组织在《教育中的人工智能》报告中明确提出开展人机协同教学[①]。"人机共教"已成为教育常态，在智能化党史教育中，理应协调好人机关系，理性看待智能优势，将其作为党史教育的工具，明确人机分工。

人机共教是智能时代教育的应然选择。就教师角度而言，在智能化党史教育中，教师占主导地位，教师更多的是承担党史教学的设计和与学生的情感交流，而人工智能作为党史知识教学的辅助工具。另外，智能时代的高校，应以学生的发展为基础，着力建设智能设施，建设智慧教室，利用元宇宙建设智慧学习空间，促进教师与学生共学；应与其他高校形成教育合力，共建党史教育资源库，利用知识图谱将党史知识可视化，为学生提供丰富的学习资源。

---

① 人民网. 联合国教科文组织发布人工智能的教育报告［EB/OL］.［2019-05-10］. http：//edu.people.com.cn/n1/2019/0510/c1053-31077802.html.

参考文献

［1］新华社．习近平向国际人工智能与教育大会致贺信［EB/OL］.［2019-05-16］.http：//www.xinhuanet.com/politics/2019-05/16/c_1124502111.htm.

［2］国务院．国务院关于印发新一代人工智能发展规划的通知［EB/OL］.［2017-07-08］.http：//www.gov.cn/zhengce/content/2017-07/20/content_5211996.html.

［3］人民网．联合国教科文组织发布人工智能的教育报告［EB/OL］.［2019-05-10］.http：//edu.people.com.cn/n1/2019/0510/c1053-31077802.html.

［4］陈秉公．思想政治教育学原理［M］.北京：高等教育出版社，2006.

［5］郝祥军，贺雪．AI与人类智能在知识生产中的博弈与融合及其对教育的启示［J］.华东师范大学学报（教育科学版），2022，40（9）：78-89.

［6］陈涛，韩茜．教育场域中技术焦虑的形成机理及治理路向：基于马克思"人与机器"思想的时代阐释［J］.重庆高教研究．

［7］楼军江，肖君，于天贞．人工智能赋能教育开放、融合与智联：基于2022世界人工智能大会开放教育和终身学习论坛的审思［J］.开放教育研究，2022，28（5）.

［8］胡华．智能思政：思想政治教育与人工智能的时代融合［J］.思想教育研究，2022（1）：41-46.

［9］韩俊，金伟．数字技术融合下思想政治教育智能转型探赜［J］.思想教育研究，2022（6）：32-37.

［10］张进宝，李凯一．中国人工智能教育研究现状的反思［J］.电化教育研究，2022，43（8）.

［11］万力勇，易新涛．人工智能驱动的高校思想政治理论课精准教学：实施框架与实现路径［J］.思想教育研究，2022（4）：110-115.

泛娱乐时代下思想政治教育的文化创新

丁芳玉　王卫宁

（昆明理工大学马克思主义学院）

泛娱乐时代使原本不包含娱乐元素的事物转向娱乐化的属性，并将娱乐化渗透到人们的精神世界。思想政治教育应主动适应泛娱乐时代的客观事实，对泛娱乐化主动发声，加以引导、规范、利用和改造是必然。以自然辩证法的观点来看，泛娱乐时代既有主体多元化、领域整合化、载体和手段多样化和亲和化的可取之处，但也给思想政治教育文化带来解构内涵、削弱价值、歪曲精神的困境。思想政治教育的文化创新既要克服泛娱乐化带来的危机，也要从泛娱乐化中吸取可借鉴的部分，实现两者的辩证双向循环，具体方法包括以创新方式坚持马克思主义在意识形态中的指导地位、传承中华优秀传统文化；意识形态教育应当"如水渗透"回归"生活世界"；以人为本，强化思想政治教育创新人才培养，适应时代发展进步；规范、引领并重，营造健康网络文化生态，占领互联网阵地。

世界著名媒体文化研究者和批评家尼尔.波兹曼说："有两种方法可以让文化精神枯萎，一种是让文化成为一个监狱，另一种就是把文化变成一场娱乐至死的舞台。"[1]面对泛娱乐时代对我国意识形态的冲击，思想政治教育作为一种文化育人、文化传递和文化创造的活动，分析其应如何与泛娱乐时代形成良性配合并进行文化创新，对新时代推进中华民族伟大复兴具有积极意义。

作者简介：丁芳玉，女，昆明理工大学马克思主义学院思想政治教育专业硕士研究生。

通讯作者简介：王卫宁，男，昆明理工大学马克思主义学院副教授，硕士研究生导师。

[1]　尼尔·波兹曼.娱乐至死［M］.章艳，译.北京：中信出版社，2015.

一、泛娱乐时代缘起

所谓泛娱乐化，是利用人们的娱乐需求，使娱乐成为资本逐利的工具，无底线地娱乐一切道德、信仰、文化、价值，造成社会浮躁、人心空虚的社会思潮，即娱乐的异化。泛娱乐时代，即时代的泛娱乐化。在 2016 年泛娱乐化初现端倪时，《人民日报》如此批评泛娱乐化："娱乐化一旦过度膨胀，其必然的结果就是审美取向感官化，价值取向虚无化，政治取向戏谑化，道德取向去崇高化。"[①] 但到 2022 年，泛娱乐化并没有由此衰弱，被网友戏称为"国民娱乐平台"和"国民学习平台"的抖音和 B 站用户达到 7 亿，至今它们的流量和变现能力还在以惊人的速度持续增长，如何看待泛娱乐化现象是一个非常值得研究的问题。

泛娱乐时代具有碎片化、低价值、渗透性的特点。其产生可以从 3 个方面分析，从推动力量背景看，资本的敏锐嗅觉渗透进入娱乐界，使得任何娱乐形式将不再孤立存在，而是全面跨界连接、融通共生。从参与的主体行为和意图看，泛娱乐时代的消费者倡导发挥个性、展示自我，十分注重文化娱乐等精神消费，但娱乐媒体打造"信息茧房"和"群体认同"，使个体失去独立表达的特性和个性，在群体无意识狂欢的"集体高潮"中逐渐颓废和迷失。从技术背景层面上看，自媒体等新媒体形式的出现，使得人人都能打造自己的 IP，从而产生了许多网络意见领袖，造成大众狂欢的娱乐现象；表情包、流行语等符号化元素成为文化传播的主要载体，产生新的娱乐互动方式。

二、思想政治教育文化创新面临考验

文化是人类智慧和创造力的体现，人创造了文化，也享受文化，同时受约束于文化，最终又要不断地改造文化。思想政治教育是一种特殊的教育实践活动，也是一种文化现象。思想政治教育是文化的一种实践方式和传播途径。

思想政治教育具有强烈的意识形态特征，有严格的政治属性、规定性和规范性，在泛娱乐时代，其固有的不灵活性特征受到了泛娱乐化的挑战。但是，互联网时代的泛娱乐化是一个客观事实，思想政治教育不能视互联网为"不存在"，也不能自弹自唱，曲高和寡。思想政治教育应主动适应泛娱乐时代的客观事实，对泛娱乐化主动发声，加以引导、规范、利用和改造是必然的。

---

① 人民日报评论部.现代中国多维观察：人民日报评论部文章选粹［M］.北京：人民出版社，2016.

三、辩证看待泛娱乐时代与思想政治教育文化

（一）一半是天使，泛娱乐化的时代性

第一，主体多元化。泛娱乐化的主体由个人和组织两部分构成，其中包括大学生群体、普通网民、意见领袖、市场主体等，这些群体既被泛娱乐环境所渲染和影响，也在不断输出内容和推动泛娱乐环境的发展。

第二，领域整合化。自 2014 年起，以 BAT 为代表的互联网企业大量进入文化产业领域，通过投资、合作、扩展业务等方式开展影视、音乐、文学等业务。不仅产生多种多样的意识形态和价值观念，还使各方面联合起来互相供血形成一个有机整体。

第三，载体和手段多样化。电子杂志、数字电视、新闻网站、AR 互动等新媒体载体大大拓宽了信息传播的渠道；抖音、小红书、微博、快手等分享式短视频 APP 提供了随时分享新信息的平台；微信、QQ 等联络式软件改变了人与人之间信息延迟的状态；还有各类自媒体的产生使文化传播形式更加丰富，文化来源更加多样，文化内容更加快速地更新迭代。

第四，亲和化。泛娱乐化具有较强的亲和力，适应了高强度、快速化的生活常态，满足了人们快速了解信息、放松身心的客观需求，生活化的表达方式更适应普通人的生活状态，这是泛娱乐化得以迅速发展的现实基础。

（二）一半是魔鬼，泛娱乐时代给思想政治教育文化带来困境

1. 解构思想政治教育文化内涵

泛娱乐化之"泛"在于娱乐的扩大化和娱乐建设性功能的僭越，反而使娱乐成为虚假、被动、平庸、遮蔽、控制、默从、偏离等为特征的活动。在这样的环境下任何文化话语体系、主流意识形态、价值观念、精神谱系，都可以被瞬间解构与瓦解。

2. 削弱思想政治教育文化价值

泛娱乐时代让思想政治教育所承载的国家政策、意识形态、政治话语等文化体系失去权威性和感召力，使大众被奴役而不自知，公民传统政治参与观念变得非理性，对社会和政治事务的基本理解力在下降，容易成为表面生活的"专家"，当面临国家大事时又容易成为置身事外的"观望者"。

3. 歪曲思想政治教育文化精神

文化的精神是文化发展过程中精微的内在动力，是指导文化不断前进的基本思想。泛娱乐时代是奶头乐理论的具体表现形式之一。奶头乐理论是用来描述一个设

想：由于生产力的不断发展，世界上的一部分人口被不需要参与到劳动产品的生产过程中。为了安慰这些"被遗弃"的人，他们的生活应该被大量的娱乐活动（比如网络、电视和游戏）填满。

（三）双向认知，泛娱乐时代与思想政治教育的辩证循环

恩格斯指出："辩证法的规律是从自然界的历史和人类社会的历史中抽象出来的。"[①]综上，笔者认为思想政治教育既要克服泛娱乐化带来的困境，也要从泛娱乐化中吸取可借鉴的部分，实现两者的辩证双向循环，让思想政治教育不再是高高在上、"假大空"的理论灌输，而是真真切切地走进现实生活世界中，走进人民群众的心中，接地气接民气。其实现实生活中并不缺乏这样的两者相互促进的例子，比如中国饭圈女孩对她们共同的偶像中国称为"阿中哥哥"，用特有的饭圈文化，与帝吧青年有组织有纪律地以强大战斗力爆表怒怼"港独"言论，一夜之间占领各大社交媒体；在抗疫期间，武汉建立雷神山和火神山医院时，网友们虽然不能到现场出把力，但也给自己加了一个身份：云监工，通过直播镜头去"监督"医院的建设进度，为医院建设加油、呐喊、助威等。

四、泛娱乐时代下思想政治教育文化创新路径

（一）以创新方式坚持马克思主义在意识形态中的指导地位、传承中华优秀传统文化

一方面，以创新方式坚持马克思主义在意识形态中的指导地位有利于促进党执政的生机与活力。另一方面，保持文化的活力不是抛弃文化传统，而是对传统文化的吸收和重铸，中华优秀传统文化为马克思主义中国化提供了丰厚的沃土，也在马克思主义理论的指导下不断生成新的成果，逐渐成为中华民族的精神火炬和人类文明进步的标尺。思想政治教育中应借鉴泛娱乐化渗透的手段形式，立足当下、因地制宜、就近就便地创新文化载体，比如积极开展中华优秀传统文化系列主题活动、组织节日民俗、文化娱乐等大众活动，让人们身体力行地参与到其中来，感受传统文化之魅力。

（二）意识形态教育应当"如水渗透"回归"生活世界"

回归"生活世界"，就是要重新构建人们的精神家园，重新肯定人们的经验、情

---

① 恩格斯.自然辩证法［M］.北京：人民出版社，2018：75.

感乃至各种具有偶然性的生活事件所具有的意义。泛娱乐化是现代科技飞速发展带来的结果，是属于"科学世界"的内容，即符号化、标签化的世界，思想政治教育如若不能及时回答时代的难题和群众的拷问、无法解释现实中与理想社会状态相去甚远的弊病，便会让人们在困惑不安中失去了对社会主义意识形态的信心①。思想政治教育可采用理论生活化、实践丰富化、社会大课堂等形式，比如思政老师在课堂上无论如何生动描绘南京大屠杀的场景，都无法完全激起学生愤慨和热情，不如组织一场研学活动直接去现场遗址看，这样带给学生们的震撼会更彻底。

（三）以人为本，强化思想政治教育创新人才培养，适应时代发展进步

人是文化的创造者，文化从人的社会实践活动中产生，人也受着文化潜移默化的影响，被文化所塑造。加强人才队伍建设，培育适应、发展、创新新技术的人，才能从根本上扶正大众思想观念，从而助力创新出更优秀更丰富的文化，又反过来影响人的思想，形成人—新文化—人的正向循环，促进先进创新意识、先进创新手段、先进创新方式的产生。思想政治教育可采取加强精神激励、优化创新创业环境、加强校企合作、引导职业规划等方式培养创新人才。

（四）规范引领并重，营造健康网络文化生态，占领互联网阵地

泛娱乐化是资本无序扩张的结果，只有规范资本，引领健康的娱乐圈生态和网络文化生态，才能稳固、扩大主流意识形态的主导权。思想政治教育应该采取以下方法：一方面，建立网络监管机制，比如设置网络警察、引导主持人、监督审核员，设定网络空间发言规则，提前对内容进行严格把关，中途及时中断低俗肤浅内容，扩大社会主义核心价值观的宣传。另一方面，对人们所关注的各类直播平台、小视频平台、常用 APP 等进行潜移默化式和规范式的引导，引导人们强化理想信念和社会责任感，培养家国情怀和人民立场，在网络世界中严格约束和规范自身行为。

---

① 王涛，姚崇.网络虚拟空间社会主义意识形态传播及其建设研究［J］.北京师范大学学报（社会科学版），2017（2）：99-109.

参考文献

［1］尼尔·波兹曼.娱乐至死［M］.章艳，译.北京：中信出版社，2015.

［2］人民日报评论部.现代中国多维观察：人民日报评论部文章选粹［M］.北京：人民出版社，2016.

［3］恩格斯.自然辩证法［M］.北京：人民出版社，2018：75.

［4］王涛，姚崇.网络虚拟空间社会主义意识形态传播及其建设研究［J］.北京师范大学学报（社会科学版），2017（2）：99-109.

科技创新引领经济高质量发展，助推中华民族伟大复兴

滕 进 冯 芸

（昆明理工大学马克思主义学院）

一、经济高质量发展的内涵

在党的二十大报告中，党中央根据我国所处发展阶段、内外环境、条件变化提出实现高质量发展是全面建成社会主义现代化强国的首要任务。我们要坚持以推动高质量发展为主题，加快构建新发展格局，促使经济实现质的有效提升和量的合理增长，进而以中国式现代化全面推进中华民族伟大复兴。

经济高质量发展在不同发展阶段有不同的要求，不少学者对经济高质量发展的内涵做出解释和界定。金碚学者认为，经济高质量发展是以满足人们日益增长的美好生活需求为目标，是经济、政治、文化、社会、生态文明五位一体建设的统筹推进和协调发展，最终实现人的全面发展和社会全面进步[1]；王雪峰学者认为，经济高质量发展阶段更加侧重于创新引领、动力转换、结构改善，强调发展质量和效益，追求全面协调、共享的特征[2]；张占斌学者指出，高质量发展致力于实现"更高质量、更有效率、

作者简介：滕进，女，昆明理工大学思想政治教育专业硕士研究生。

通讯作者简介：冯芸，昆明理工大学马克思主义学院教授，硕士生导师。

① 金碚.关于"高质量发展"的经济学研究 [J].中国工业经济，2018（4）.

② 王雪峰，曹昭乐.我国经济高质量发展的内涵、特征及要求 [J].中国国情国力，2020（6）：14-17.

更加公平、更可持续"的发展[①]。钟学义、任保平、李禹墨等学者也做出相同解释。

综合以上学者观点，经济高质量发展的内涵可归纳为：经济高质量发展是依靠科技创新、区域协调发展、人与自然和谐共生、全面深化改革和以人民为中心的发展。

二、科技创新在经济高质量发展中的重要性

党的二十大报告中，习近平总书记指出，我国经济高质量发展取得新突破、科技自立自强能力显著提升、构建新发展格局和建设现代化经济体系取得重大进展，是我国未来五年全面建设社会主义现代化国家的主要目标任务。在新冠疫情影响下，国际政治和经济环境也发生了巨大变化，为我国经济发展带来了挑战。面对国际经济环境的不确定性和不稳定性，科技创新在推动我国经济高质量发展和中华民族伟大复兴方面具有至关重要的作用。

首先，纵观西方发达国家经济发展历程，创新多次使西方国家走出了经济危机。蒸汽时代至今，科技创新推动了西方发达国家的产业革命，使其获得生产力的变革。西方国家经济发展并非依靠廉价劳动的投入和传统的生产技术，而是技术创新。万殊一辙，我国经济实现高质量发展也必须依靠科学技术的创新。

其次，科技在国家发展历程中起到了至关重要的作用，且渗透到生产力各要素之中，无论是生产工具的改善、劳动者劳动技能的提高，还是劳动对象的开拓都需要科技的推动。

最后，经济高质量发展阶段是实现动力转换、产业优化和提质的阶段。这一阶段更应注重科技创新在新阶段对我国经济和社会发展的决定性作用，与对我国经济的创新性、优化性，全面性、协调性和共享性等方面的影响。

三、科技创新推动经济高质量发展的现状

党的十八大以来，我国经济发展取得了举世瞩目的成就。但我国经济发展在新产业的创新和科技储备力量方面还存在不足，产业也未达到全球价值链的顶端。

（一）科技创新推动经济高质量发展取得的成效

党的十八大以来，科技创新推动经济高质量发展取得很大成就。如科技创新促使区域协调发展水平逐渐提升，各地区的发展空间得到改善和扩展、发展差距得到缩

---

① 张占斌，毕照卿.经济高质量发展［J］.经济研究，2022，57（4）：21-32.

小，城乡发展合力得到提升：促使创新水平迈上更高台阶，我国5G市场、云计算、大数据、人工智能等行业在技术攻关、科技成果的应用方面取得巨大进步，突破了核心技术的限制；绿色发展水平取得一定成效，各行各业着力以技术创新推动绿色、循环低碳式发展，使得生态保护方面取得巨大成效；开放发展水平获得提升，我国对外开放发展水平达到新高度；使得共享发展水平呈现良好状态，我国大力推进基础公共服务均等化，让人民的生活水平迈上新台阶，并取得全面建成小康社会的伟大成就。

（二）经济高质量发展在科技创新方面存在的不足

1. 企业在技术创新上出现不切实际的现象

我国进入新发展阶段，党和国家更加强调产业的创新能力和以科技创新驱动各行各业经济质量的提升。一批产业为了抓住科技革命的机遇，出现盲目跟风和"拿来主义"的现象，即在不掌握关键核心技术的情况下，对相似产业成功的创新经验生搬硬套和进行复制粘贴，从而导致高投资、低产能的结果。

2. 人才引进和技术创新方面仍然存在区域差距

近几年来，我国经济发展趋势大体上呈现稳中有进、进中可持续的状态，但区域差距依旧存在。我国地形风貌千姿百态，导致大多农村地区在生产工具的使用、与城市地区的联系上受到障碍，阻碍了农村地区的经济发展，出现发展不平衡的现象。此外，西部地区由于地理环境和发展进程的影响，人才引进仍然是一大难题，这在很大程度上影响了西部产业的科技创新和转型升级。

3. 生态环境治理机制长效性不强

近年来，各地区都有推进环境治理在科技管理方面的创新，和加强科技、生态环境等相关部门的环境科技管理协同创新，在绿色技术创新、环境治理体系建设方面取得了不少成就。但部分地区产业和政府在执行环境保护政策和科技环境管理方面搞"一刀切"，在一定程度上制约了生态保护与经济发展同步进行的长效性。

4. 科技创新在推动对外发展方面临着未知风险

我国对外开放水平虽已迈上新台阶，进出口率也保持有序性。但世界正处于百年未有之大变局中，加上新冠疫情的蔓延和乌克兰危机的不良影响，影响经济发展的不确定性和不稳定性因素有所增多，使得我国经济发展环境更为复杂。随着我国经济稳定发展和世界大国地位的巩固，西方发达国家对此眼红，使得我国经济发展面临巨大的国内外压力，科技创新在推动经济高质量发展中面临着未知风险和挑战。

5. 科技创新在促进共享福利平等化方面还有待提升

随着经济的稳定发展，人民的幸福指数很大提高，但在共享福利方面还存在问题，共享福利具有偏差性，发展红利主要倾向于经济发展良好和发达的地区。发展落后地区的经济发展红利和基础公共服务水平与发达地区相比还有较大差别。

四、解决经济高质量发展在科技创新方面问题的对策

习近平总书记提出，实现中华民族伟大复兴的中国梦需要强大的科技创新力量。这意味着我国经济发展要坚持创新在我国现代化建设全局中的核心地位，并从关键核心技术入手，解决创新、协调、绿色、开放、共享等方面的问题，推动经济发展质的提升和量的合理增长，进而实现经济高质量发展。

（一）坚守供给侧结构性改革主线，创造创新新局面

党的二十大报告提出把扩大内需同深化供给侧结构性改革结合起来，推动战略性新兴产业融合集群发展。要构建新一代信息技术、人工智能、生物技术和高端装备，通过技术的创新和进步，提高资本的运行效率和劳动力的使用效率，增加产品的技术和知识含量，从而引导产品向高质量的转变。又要在需求方面通过产品的升级和优化，完善供给体系扩大内需，促使需求和供给两点共同发力。

（二）以科技创新推进乡村振兴，实现城农协调发展

经济高质量发展助推中华民族伟大复兴，最艰巨最繁重的任务仍然在农村。要以科技创新促进乡村振兴，就要有完善的相关保障。

规划保障上，需要为科技下乡制订长期有效的实施计划，为科技振兴之路提供必备保障；针对农村发展的"人才引不进""引进留不住"这一痛点，农村地区应让当地知识性人才向外学习和以科技培训课形式的"走不去"，与政府出资聘请相关权威专家进农村传授科学知识的"请进来"相结合，强化农业科技和装备支撑；在政策上，政府要加大政策红利，鼓励支持科技下乡。

（三）坚持技术创新推动低碳发展，促进生态环境持续优化

党的二十大报告指出推动经济社会发展绿色化、低碳化是实现高质量发展的关键环节。环境的保护和生态的维护不只需要一时的解救药方，更需要保护的长期性和持久性。这要求企业结合环保部门的政策和要求，合理制定环境保护指标，加快推动产业结构、能源结构的调整规划。同时，在生产技术和环保装置上也要实现技术创新，解决生产污染方面的新问题和长久性问题。

（四）提高科技要素投入实效，完善开放格局，扩大发展空间

针对在新冠疫情和风云变化的世界格局给经济发展带来的不确定性风险，我国的数字经济要以研发、融合、创新、规模等多层面赋能，促进数字经济核心技术的自主突破和关键技术创新，提升我国数字经济在全球数字科技领域中的核心竞争力，推动共建"一带一路"的高质量发展。同时要注重科技创新在产业结构转型升级方面的促进作用，要利用好技术要素，促进产业结构的升级，发挥好技术升级对劣势地位企业的淘汰功能。

（五）构建数字化、智能化共享体系，解决共享偏差

如何构建全面均等和平衡性更高的共享体系，一个关键点就是构建"智能+"优质公共服务体系。近年来"元宇宙"的发展为我们提供了办公虚拟空间，能使个体能在时间、空间和费用诸方面都受益。在公共服务和福利共享层面，也可以通过元宇宙技术从事各种服务和活动，减少工作点、服务机构等服务距离限制，提高优质公共服务在供需匹配层面的精准性。智能化共享体系的构建需要地方政府找好机会吸引相关企业发展远程操作，扩大优质公共服务供给，解决好地区间的共享偏差。

参考文献

［1］马克思，恩格斯.马克思恩格斯选集：第二卷［M］.北京：人民出版社，2012：96-98.

［2］黄安明，晏少峰.元宇宙开启虚实共生的数字平行世界［M］.北京：中国经济出版社，2022.

［3］贾品荣.以科技创新赋能高质量发展［J］.前线，2022（5）：75-77.

［4］张占斌，毕照卿.经济高质量发展［J］.经济研究，2022，57（4）：21-32.

［5］金碚.关于"高质量发展"的经济学研究［J］.中国工业经济，2018（4）.

［6］王雪峰，曹昭乐.我国经济高质量发展的内涵、特征及要求［J］.中国国情国力，2020（6）：14-17.

［7］田梨.技术创新与区域经济协调发展［J］.商场现代化，2022（13）：111-113.

［8］苗峻玮.科技创新对经济高质量发展的影响研究［D］.北京：北京交通大学，2021.

［9］梁炜.科技创新支撑中国经济高质量发展的理论与实证研究［D］.西安：西北大学，2020.

智媒时代下青年学生媒介素养提升初探

——基于网络伦理学的分析视角

高伟丽　王　颖

（昆明理工大学马克思主义学院）

一、问题缘起

《新时代公民道德建设实施纲要》（以下简称《纲要》）提出，"网络道德环境的建设仍需要抓好网络空间道德建设，加强网络内容建设、培养文明自律网络行为、丰富网上道德建设、营造良好网络道德环境。"[①] 从《纲要》的内容可以看出，虽然网络环境已经得到一定的优化，但进入新时代，新媒介依赖"既与时俱进地得以形塑，又针对当前问题开展回应"[②]，青年学生逐渐沉浸在新媒介中。在各种因素的影响下，青年学生在现实生活中难以排解的孤独和失落，亟须在虚拟世界寻找刺激来满足。但在虚拟世界里，网络热梗层出不穷以致青年学生对事件的真伪和信息的复杂程度难以甄别，同时西方社会思潮的涌入使青年学生的价值观异化引发青年学生媒介素养缺失现象，就此成为网络伦理在新时代所要研究的问题。

作者简介：高伟丽，女，昆明理工大学马克思主义学院思想政治教育专业硕士研究生。

通讯作者简介：王颖，女，昆明理工大学马克思主义学院副教授，硕士生导师。

① 中共中央，国务院.新时代公民道德建设实施纲要［R］.中国政府网，2019.10.27.

② 尼古拉斯·盖恩，戴维·比尔.新媒介：关键概念［M］.刘君，周竞男，译.上海：复旦大学出版社，2015：2.

网络社会为青年学生提供一种全新的生活环境，青年学生媒介素养的高低对其价值观的塑造和确立具有一定的影响，关系着青年学生的健康与成长。因此，深入探究智媒时代青年学生媒介素养缺失的典型表现、形成机制以及提升青年学生媒介素养的策略，有助于将青年学生的个人成长与国家的前途命运相联结，引导青年学生以积极进取、昂扬向上的斗志积极投身于社会实践中。

二、青年学生媒介素养缺失呈现

5G 时代为高清短视频、动态图片的输送提供了强有力的保障。青年学生的社交、生活以抖音、微博等新软件为主，这些软件均以视频与文字相结合的形式进行信息的传递，在此过程中，有的发布者为了博人眼球，乔装打扮、哗众取宠；也有部分营销号为了制造噱头，宣传"成功学"……网络社会乱象丛生给受众的青年学生造成是非难辨，精神迷乱的状况，导致青年学生媒介素养缺失逐渐显现。

（一）缺乏理性思辨，道德观念模糊

抖音短视频以 15 秒到 1 分钟不等的时间直观生动地传播着高密度的信息。其强烈的趣味性成为大多数青年学生娱乐消遣的主要工具。但抖音短视频也不免出现"短而不精"的状况，例如"一分钟让你了解'十四五'规划""一张图看懂马克思主义"等，这样粗枝大叶地呈现，其中的复杂辩证逻辑难以在有限的短视频里阐述清楚，知识以"速食""碎片化"的形式在各大软件上广为流传，导致青年学生丧失理性思考，难以审慎地吸收，影响正确"三观"的形成。

（二）欲望节制力"滑坡"，道德立场不明

现代化使人们拥挤在高节奏的生活中，人心浮动，欲望强烈。据报道："一则'上海名媛拼单群'的事件被网友爆料。瞬时，这则消息就冲上了热搜，引起了大家的关注。在拼单群里，名媛们本着经济实用、能拼就拼的原则，拼豪车，拼酒店，拼大牌奢侈品，拼下午茶……总之，名媛们凭'拼力'上演了一出线下真实版'拼多多'。"[①]表面"小资精致"，实则狼狈不堪，照片在网络的联结性和隐蔽性下在朋友圈迅速传播开，激发了同龄学生对金钱、地位的向往，殊不知背后的虚假与伪装。同龄学生逐渐开始构建自己的人设，迫切想要成为这样的"名媛"，在攀比、盲目心理的推动下

---

① 周玉婷.成名想象·媒介使能·圈子互动："名媛拼单"现象的传播逻辑［J］.声屏世界，2022：93.

进入超额消费的状态，他们选择蚂蚁花呗、京东白条、"校园贷"等方式来满足自己的虚荣心，逐渐打破伦理道德底线、立场不坚定，甚至铤而走险触碰法律。

三、青年学生媒介素养缺失归因

网络伦理学是以网络道德为研究对象，是一门全新的伦理学。智能媒体技术突飞猛进，使青年学生逐渐沉迷于网络，从而导致青年学生出现各种网络伦理失范的行为。由于网络的开放性、隐藏性的特征，加上青年学生是一个复杂的个体，因此青年学生媒介素养缺失的成因是复杂多变的。基于此，本文将从社会、智媒技术、西方社会思潮3个方面分析青年学生媒介素养缺失的影响因素。

（一）社会结构的剧烈变迁

社会结构的变迁既影响着青年学生对自我的规划和定位，也影响青年学生对国家的认知。当代青年学生成长过程是中国经济快速增长的时期，拥有着稳定的社会环境，由此青年一代对未来有着很高的期望。智能时代，各种新兴产业以及服务业以智能媒体为载体，直播带货、电子商务等行业欣欣向荣，社会快速转型直接影响着青年学生对职业的选择以及人生的规划。加之疫情的反复增加了社会中诸多的不确定性，在一定程度上增加了青年学生的生存困境。

（二）智媒技术的瞬息万变

2022年4月8日《中国智能媒体发展报告（2021—2022）》中显示，在后疫情时代，智能媒体被广泛应用于各种新场景，形成了"互联网＋社会治理"新模式，由此可以看出智能媒体技术已经渗透到了社会生活的各个方面。对于青年学生而言，新媒介不仅满足了其日常购物、娱乐的需要，而且成为他们的精神寄托，青年学生"长期处于媒介的虚拟化情景中，游戏和娱乐成了日常生活的主要资料，脱离社会、脱离真我、脱离现实的虚拟人格模糊了青年对历史意识、价值体系、崇高厚重的认知，从而降低了青年的责任意识、道德意识"[①]，产生网络伦理失范行为。

（三）西方价值观的暗潮涌动

当代青年学生处于多元文化的包容之中，在寻找自我同一性的过程中崇尚对不同个性的尊重，部分青年学生更加注重自我内心的感受。在智能媒体技术的推波助澜下，

---

① 赵红勋.新媒介依赖视域下青年学生的"信仰风险"论析［J］.中国青年研究，2020（1）：17.

西方社会的价值观涌入我国，青年学生的价值观念产生变迁。西方价值观推崇个人本位价值观，与当代中国所推崇的主流价值观背道而驰，在青年学生心里产生了冲击，但在青年学生看来，似乎西方所推崇的价值观与他们的心灵更加契合。西方社会思潮依托新媒介技术侵入我国，打着宣扬自由、民主的幌子，对典型历史人物进行攻击，篡改经典红色歌曲，歪曲历史，使青年学生陷入历史虚无主义，吞噬其理想信念。

四、提升青年学生媒介素养的策略

智能媒体在促进我们生活多样化和时代化之际，也向广大青年学生密集化传递信息，加剧知识的碎片化传递。表面看来是新媒介所带来的娱乐至上，但实质却是提升青年媒介素养所遇到的困扰，青年学生媒介素养低下，不仅影响其健康成长，而且对国家的发展和繁荣形成障碍。因此，提升青年学生的媒介素养迫在眉睫。

（一）规制网络主体，营造风清气正的网络生态

网络主体是关于网络的建设、管理、使用的人和社会组织。换言之，网络主体包括网络经营服务者、网络管理者、网络使用者（本文是指青年学生）。提升青年学生媒介素养时，加强对网络主体的规制，发挥其主体性作用，推动良好网络生态的形成。

网络经营服务者为使用者提供了基础条件，因此网络经营服务者应切实加强信息发布的真实准确，对于其他网络经营服务者的侵权行为应依法承担责任。网络管理者主要负责制定和实施网络安全管理制度，具有强制性和约束性，发挥信息"把关人"的作用，以法律的威慑力加强网络经营服务者、使用者的道德和法律规范。青年学生对于新媒介的依赖导致其在虚拟世界与现实世界频繁切换，一定程度上削弱了青年学生的社会性。因此，应加强以马克思主义为基石的理想信念教育，兼顾理性与感性、娱乐性与思辨性，促使青年学生自觉成为肩负中华民族伟大复兴的时代新人。

（二）着力推进媒介素养教育，提高思想觉悟

对青年学生开展媒介素养教育，强化青年学生信息甄别、选择、解读、有效利用的能力。学校和家庭加强对青年学生的思想引导，促使青年学生向积极进取的方向前进，关注青年学生内心需求并探求新媒介可能存在的潜在危险，加强青年学生对于高质量媒介使用的能力。

在开展媒介素养教育时，还需对信息生产者和发布者进行思想引导。信息的呈现

是由信息生产者和信息发布者传播出来的，因此信息生产者和发布者更应自觉地提高媒介素养，以思想性和亲和力为主要内容呈现，生产和创造高质量的作品，加强青年学生的人文情怀和思辨能力，"三管齐下"协同推进媒介素养教育，增强青年学生和群众的媒体道德观念，促进社会文明和谐发展。

（三）加强青年学生自我教育，用青春点亮人生

提升青年学生的媒介素养还需要青年学生加强自我教育，摒弃狭隘的自我私利，以学养德、以学促心，树立实践意识，逐渐提升自身的修养和道德涵养，将学习奋斗的具体目标同民族复兴的伟大目标结合起来。习近平总书记对新时代的中国青年深情寄语："未来属于青年，希望寄予青年。一百年前，一群新青年高举马克思主义思想火炬，在风雨如晦的中国苦苦探寻民族复兴的前途。一百年来，在中国共产党的旗帜下，一代代中国青年把青春奋斗融入党和人民事业，成为实现中华民族伟大复兴的先锋力量。要增强做中国人的志气、骨气、底气，不负时代，不负韶华，不负党和人民的殷切期望！"①

参考文献

［1］中共中央，国务院．新时代公民道德建设实施纲要［R］．中国政府网，2019．

［2］尼古拉斯·盖恩，戴维·比尔．新媒介：关键概念［M］．刘君，周竞男，译．上海：复旦大学出版社，2015．

［3］周玉婷．成名想象·媒介使能·圈子互动："名媛拼单"现象的传播逻辑［J］．声屏世界，2022．

［4］赵红勋．新媒介依赖视域下青年学生的"信仰风险"论析［J］．中国青年研究，2020（1）．

［5］习近平．在庆祝中国共产党成立100周年大会上的讲话［M］．北京：人民出版社，2021．

---

① 习近平．在庆祝中国共产党成立100周年大会上的讲话［M］．北京：人民出版社，2021：21．

乡村振兴战略下农业科技创新中的市场作用与政府作用关系浅析

郑雪莹　秦成逊

（昆明理工大学马克思主义学院）

我国作为人口众多的农业大国，农业问题是关系国计民生的根本性问题，实施乡村振兴战略推动"三农"问题的解决是新时代农村工作的重心。当前中国特色社会主义进入新的历史时期，我国农业发展面临转型，习近平总书记强调，农业现代化，关键是农业科技现代化，实现农业现代化的重点在于科技创新。政府与市场作为农业科技创新的重要推动力，为实现农业科技创新提供了政策与市场机制支持。本文探析了二者在乡村振兴战略背景下，对农业科技创新发挥的作用，对其关系进行探讨，并结合农业发展现状提出建议。

一、乡村振兴战略下农业科技创新的重要意义

农业科技创新是完成脱贫攻坚任务后，乡村地区面临的新挑战，也是新时代对于农业发展的最大考验。当前我国的经济社会发展比过去任何时候都更加需要科技这个第一生产力，在乡村振兴战略背景下，"三农"问题是解决乡村地区发展的核心问题，实现乡村振兴的关键在于实现农村的现代化，而解决这一问题的根本途径就是科学技术。乡村振兴要在农业产业化上下功夫，以科技创新引领农业高质量发展，打造高效农业，推动巩固脱贫攻坚成果同乡村振兴有效衔接。党的十八大以来，我国农业科技

作者简介：郑雪莹，昆明理工大学马克思主义学院马克思主义基本原理专业硕士研究生。

通讯作者简介：秦成逊，昆明理工大学教授，硕士研究生导师。

工作成效显著，重要农产品的创新推动从"吃得饱"向"吃得好"转变，为保障国家粮食供给稳定增长、实现以农业发展助力乡村振兴发挥了重要作用，农业科技创新之路也是乡村地区实现振兴的必由之路。

二、乡村振兴战略下农业科技创新中的市场决定作用

（一）乡村振兴战略下农业科技创新中市场作用的有效性

党的二十大报告指出，全面推动乡村振兴，要坚持农业农村优先发展、城乡融合发展，畅通城乡要素流动。市场是商品生产者之间发生联系的纽带，无论是对于宏观的国民经济还是微观的企业主体，均起着重要作用，在乡村振兴战略背景下，市场对推动农业科技创新的作用，具体表现在以下几个方面：

1. 促进农业产业结构转变

充分发挥市场作用的农业科技创新，最主要的特征就是"市场"决定农业科技资源配置，龙头企业成为科技创新的核心并主导农业产业结构转变。农业的经济效益及农产品价格波动直接影响了资源在各农业产业之间以及产业内部之间的流动，决定了农业投资结构与产业结构，从而影响农业科技创新。近年来，在很多地区都存在龙头企业反哺地方农业的景象，例如在青海省甘德县，通过采取"龙头企业＋基地＋合作社＋牧户"的产业发展模式，依托甘德县优良的天然草场，经过几年时间发展，该牧场从种植草料、养殖牦牛、构建有机化肥生产线到粪便处理，都实现了农业产业现代化，形成了多业态的综合性农牧业企业，提高了牧场产量，使当地农民通过农业科技创新走上了致富之路。这些龙头企业走在了科技创新的前沿并且有着雄厚的资金，采取"龙头企业＋"的模式，拓宽了乡村振兴的发展思路，是市场发挥促进农业产业结构转变作用的具体体现[①]。

2. 决定农业科技创新类别

市场是最终决定农业科技创新类别的社会经济因素，要发挥市场作用来促进农业科技创新，就要对农业市场信息有敏锐的判断力，市场上农产品的价格水平变动反映了某种农产品的供求及资源稀缺状况，为农业科技创新提供需求缺口依据，从而决定农业科技创新类别。市场需要什么就要求创新什么，比如要求产量，就需要生产提高产量的农业科技产品。当前，我国很多乡村地区通过市场作用实现了多种

---

① 杨浩.十八大以来习近平农业现代化思想析论［J］.农村经济与科技，2018，29（19）：284-287.

类别的农业科技创新，涌现了众多科技创新成果，如浙江省吕山乡实现了机器换人，种田不用下地、实行工厂化养殖，智能化检测鱼苗健康状况，提高了鱼的存活率、采取"互联网＋乡村振兴"模式，发展农业电商产业，拓宽了农产品销售渠道，促进了乡村振兴。

3. 变革农民农业生产理念

农业科技创新与农民生产理念变革是齐头并进的。农民生产理念不会自发实现变革，尤其对于落后的乡村地区，旧生产理念长期占据主导地位。市场通过其竞争机制的优胜劣汰规则使得生产力高的农业科技会占据优势地位，生产力低的农业地区在市场上受价格影响处于劣势地位，落后地区要想在农业方面占据优势，就必须要与时代接轨，增强农业科技创新的能力，推动农业生产朝着革新方向前进，这种竞争有利于激活农业科技创新的内生动力，使群众自发的改变农业发展观念，摆脱一切靠政府的消极思想，并通过科技创新促进农业增产增量为实现乡村振兴发挥有效作用。

（二）乡村振兴战略下农业科技创新中市场作用的有限性

在强调发挥市场作用来促进农业科技创新的同时，也要清醒地看到市场存在的缺陷与不足，具体表现在市场不可能自发地完全具备最优的竞争环境，在缺乏合理秩序及相关监管时，可能会出现垄断、资源两极分化、地区发展不平衡等现象，进一步拉大乡村地区与其他地区的差距，阻碍农业科技创新。此外市场信息不对称会使其出现秩序混乱，某些劣质农产品通过低廉的价格吸引消费者，使优质产品的提供者处于不利地位，从而使农业的发展在混乱的市场竞争秩序中很难做到提质增效，导致农业科技创新在发展过程中动力不足，创新能力下降[①]。

三、更好发挥乡村振兴战略下农业科技创新中的政府作用

（一）更好地发挥政府在乡村振兴战略下农业科技创新中的监管作用

针对农业科技创新中市场作用的有限性，需要更好地发挥政府职能，来弥补市场缺陷。在新时代背景下，我国农业发展结构不断调整，各种新产业新业态新模式层出不穷，农产品交易市场也由原来的线下市场转变为线上线下交织融合的市场，创新成果保护需求日趋增大，对政府的监管工作要求也更高。政府监管要从更系统的领域

---

① 王起静.市场作用、政府行为与我国旅游产业的发展[J].北京第二外国语学院学报,2005(1)：
20-25.

思考，对于农业科技创新要坚持以监管为主，在监管的过程中促进科技创新，双管齐下，随时观察市场新动向，在严格执行监督管理职能时，还要查缺补漏，补齐农业相关法规秩序空缺，提高市场监管效能。

（二）更好地发挥政府在乡村振兴战略下农业科技创新中的引导作用

提升农业科技创新的信心不仅来自农业产业内部，更来自国家政策导向，公平的竞争环境、完善的制度体系都是农业科技创新关注的重点部分。有效发挥政府在推动农业科技创新中的引导作用，要根据不同地区农业特色来制定相关政策，引导和鼓励地方通过农业科技帮助农民富起来，使农民转变旧的农业发展理念，接受农业市场发展规律，坚持使市场在资源配置中起决定性作用的前提下，找到政府的发力点，充分激发市场主体活力，引导发挥龙头企业在农业科技创新中的带头作用，为农村经济发展提供支撑和引领。

（三）更好地发挥政府在乡村振兴战略下农业科技创新中的带动作用

乡村振兴是"三农"工作的中心，用创新抓"三农"，发展现代化农业，政府的带动作用必不可少。当前，我国农业科技创新风起云涌，建立现代农业产业科技创新平台，已成为重要的政治举措。我国政府针对乡村地区科技创新动力不足问题，提供了众多对应措施，为地方农业科技创新开辟了多种帮扶渠道，例如在乡村建设农业发展示范区，组织科技特派员到各乡镇贫困村开展科技推广、采取政府扶贫＋科技的模式振兴乡村。云南的"农民院士"朱有勇就是个鲜活的例子，他针对山区水稻种植难问题，研发了水稻旱地种植技术，变革了传统的种植理念，大幅提高了粮食产量，还敢于啃"硬骨头"，在极度贫困的云南省澜沧拉祜族自治县建立了"科技小院"，创办院士科技扶贫指导班，为脱贫攻坚事业做出巨大贡献，开创了一条独特的助力乡村振兴之路，即以农业科技创新来推动农村发展，成为科技助农的典范。

四、正确处理好农业科技创新中政府与市场的关系

农业科技创新需要市场和政府合力推进，协调好二者在发挥助力科技创新作用时的关系，市场决定农业科技资源配置，政府补齐市场"短板"，解决乡村振兴动力不足问题。而市场配置科技资源的结果会受到外部环境的影响，比如农业市场秩序不规范等，所以要想通过科技来实现农业现代化，使乡村经济持续健康发展就必须处理好

市场与政府的关系[①]。

（一）理顺农业科技创新中市场与政府之间的关系

理顺农业科技创新中市场与政府的关系，是正确处理好二者关系的前提，科技创新中的政府和市场并非对立关系，而是相互促进、优势互补的关系。实现农业科技现代化要促进政府和市场的有机结合，市场为农业科技创新发挥基础性调节作用，政府为农业市场的公平性和有效性提供保障，二者各司其职，市场失灵是政府干预市场的主要原因[②]。找准二者在农业科技创新中的定位，是理顺其关系的关键。政府在农业科技创新中扮演了掌舵者与服务者的角色，市场为农业科技创新提供动力来源和方向引领，政府和市场在科技创新中的关系及定位要求政府职能要与市场经济相适应，正确处理好政府与市场在农业科技创新中的关系。

（二）更好的发挥政府在农业科技创新中的作用，构建有为政府

1. 提高农业科技创新管理服务效能

乡村地区作为经济相对落后的地区，缺乏科技创新竞争力，更需要政府的相关政策支持。我国农业科技创新的优势就在于政府作用，能有效管控发展失衡，为乡村地区的农业科技创新提供发展支点。提高政府在农业科技创新中的管理服务效能，要加大财政投入力度，为科技创新提供资金支撑；建立基础农业技能教育培训班，着力提高农民素质，促进新型农业科技产品的推广；完善相关制度保障政策，规范后续市场秩序。

2. 引导资本充分发挥推动农业科技创新的积极作用

对于资本我们要辩证地看待，在推动农业科技创新过程中，有很多的地方龙头企业到乡村地区进行投资，改变农业生产结构，变革当地农民的生产理念，这些龙头企业走在了科技创新的前沿并且有着雄厚的资金，在一定程度上对于当地的农业发展发挥了重要作用，所以政府要为相关龙头企业提供政策指引，引导资本并充分利用好资本来助力农业科技的发展。

3. 完善相关配套教育体系促进科技研发与转化应用

农业科技人才的质量和数量关乎农业科技创新的结果，某些落后地区教育资源相

---

① 李雪. 中国经济新常态：市场作用与政府作用——中国民航大学人文社科学院王勇教授访谈录 [J]. 经济师，2016（1）：6-9.

② 李义平. 正确发挥市场作用和政府作用 [J]. 前线，2014（7）：26-28.

对匮乏，人才较少，阻碍了科技创新的步伐，不仅在研发主体上，对于被推广使用的主体，缺乏相关学习经历也会影响其对于"新设备"的使用，使创新成果走不出实验室，不利于农业科技发展，故应完善相关教育体系，建立基础农业技能培训班，着力提高农民素质，促进新型农业科技产品的推广。

五、结语

在当前这个科学技术是第一生产力的时代，农业科技创新已成为并将长期成为农业发展的出路，如何合理利用好政府与市场的作用，处理好政府与市场关系来为农业科技创新提供有效服务，是一个需要长期探索的问题，农业科技创新不能单独依靠政府或市场的任何一方，我们要始终坚持使市场在农业科技创新资源配置上起决定性作用，更好发挥政府对于农业科技创新的有效作用，加快实现农业现代化的步伐。

参考文献

[1]杨浩.十八大以来习近平农业现代化思想析论[J].农村经济与科技,2018,29(19):284-287.

[2]王起静.市场作用、政府行为与我国旅游产业的发展[J].北京第二外国语学院学报,2005(1):20-25.

[3]李雪.中国经济新常态:市场作用与政府作用——中国民航大学人文社会科学院王勇教授访谈录[J].经济师,2016(1):6-9.

[4]李义平.正确发挥市场作用和政府作用[J].前线,2014(7):26-28.

科技创新推动"德智体美劳"全面发展，促进中华民族伟大复兴

曾正艳　郑晓琴

（昆明理工大学马克思主义学院）

科技是第一生产力，重视对科学技术的创新发展，以应对世界、国家和人民的发展需要。要坚持以"德"为导、以"智"为主、以"体"为引、以"美"为核和以"劳"为行等创新发展，使科学技术朝着既能促进社会生产力的发展，又能有效提高社会可持续发展方向创新。

一、科技创新是中华民族伟大复兴的迫切需要

（一）应对外部环境复杂变化的需要

国际局势瞬息万变，科学技术是当代综合国力竞争的关键和前沿。如不重视科技的创新发展，掌握新型技术的主动权，那么落后挨打的事实可能会再次重演。19世纪，西方列强凭借第一次和第二次科技革命，用坚船利炮打开了中国的国门，造成了中华民族近百年饱受苦难的日子。历史证明，科技落后就会挨打，只有掌握先进的科学技术，才有能力有实力震慑西方列强。如"两弹一星"的发射，为我国平稳发展奠定了良好基础。现面对日益复杂的外部环境，如英国脱欧、美国退群、中东战火、俄乌冲突等政治事件不断发生；贸易战、能源战和资源战等问题频出，世界性风险增大，导致大国竞争的核心不仅是军备力量和国内生产总值的竞争，更是新兴技术和高新产业

作者简介：曾正艳，女，昆明理工大学思想政治教育专业硕士研究生。

通讯作者简介：郑晓琴，女，昆明理工大学思想政治教育副教授，硕士生导师。

之间的较量。

（二）应对内部环境稳定发展的需要

科技创新是实现社会主义现代化强国的重要支撑，也是实施创新驱动发展战略的关键核心。首先，由于国际环境的不稳定性，对外投资和出口受到国际动荡和逆全球化的影响，着眼于长远发展的目标转向国内市场的主导作用，需改善我国的供给侧结构实现高质量生产，这就需要科技创新的大力支持，助推国内大循环的有效实现。其次，构建新发展格局最根本的特征是要实现高水平的自立自强，实现自立自强就必须强调自主创新，抓住核心技术和关键零部件提升话语权，突破西方国家的技术堵截，实现高新技术的自立自强。社会主义现代化是科技创新发展的现代化，党的二十大报告再次提到科技的支撑性、基础性作用，必须发挥科技创新对稳定社会发展的支撑作用。

（三）应对人民高质量生活的需要

我国社会主要矛盾已经发生转变，人民对美好生活的需要提出了更高的要求，而不平衡不充分的问题已经成为满足人民美好生活需要的主要制约因素。要解决不平衡不充分的发展问题，就要大力促进生产力的发展。要使生产力快速提高，就要加快劳动工具的变革和创新，而科学技术包含在生产工具要素中，它的直接表现形式便是生产工具的科技含量和生产工具的创新和改善。通过科学技术的不断创新发展，促进生产方式的转型升级，提高人民的物质生活水平，以满足人民日益增长的美好生活需要，增强人民的满足感和幸福感，增强民族自信和民族自豪，利于凝聚人民力量为实现中华民族伟大复兴团结奋斗。

二、科技创新和中华民族伟大复兴的理论逻辑

（一）科技是第一生产力

科技的创新发展，助推社会生产力的不断提高，改善人民生活条件。"各种经济时代的区别，不在于生产什么，而在于怎样生产，用什么劳动资料生产。劳动资料不仅是人类劳动力发展的测量器，而且是劳动借以进行的社会关系的指示器"[①]。生产工具作为衡量国家经济发展的重要尺度，科学技术的不断创新发展就直接体现了国家社

---

① 马克思，恩格斯. 马克思恩格斯全集：第四十四卷［M］. 北京：人民出版社，2001：210.

会经济的发展水平。科技创新直接使劳动工具得到创新和改善，促进社会生产力的发展。"物质生活的生产方式制约着整个社会生活、政治生活和精神生活的过程"①，通过科技的创新发展促使物质生活的生产方式得到改变和改善，整个社会生活、政治生活和精神生活也随之发展。

（二）科学技术是推动社会变革的重要力量

科学技术通过改变人们的生产方式、生活方式、交往方式和思维方式等促进社会发展，是社会变革的重要力量。实现中华民族伟大复兴的中国梦，就是要实现国家富强、民族振兴、人民幸福，要实现这个目标就要自觉主动地把科学技术纳入社会生产和发展之中，正确认识和利用科学技术所蕴含的力量推动中国梦的实现。人类社会经历了三次科技革命，每一次都使社会生产力发生极大飞跃，使世界经济、生产、生活方式发生巨大改变，甚至影响社会政治制度的变革。如今社会进入更高的发展阶段，科学技术也要符合社会发展的需要进行创新，在符合社会发展的同时又助推社会向更高的境界发展。科学技术每一次向前发展都推动社会的进步，科学技术是社会变革的强大力量。

（三）实践与认识的辩证统一

科技创新是人们在实践与认识的不断发展中提出的战略方针。面对我国科技发展的"阿喀琉斯之踵"，要不断提高科学技术的总体水平，提高科技对经济社会发展的支撑力度。科技创新战略是在我国发展实践中提出的科学认识。"通过实践而发现真理，又通过实践而证实真理和发展真理，改造主观世界和客观世界。实践、认识、再实践、再认识，这种形式，循环往复以至无穷，而实践和认识之每一循环的内容，都比较地进到了高一级的程度"②。科技创新就是国家经济社会发展到一定阶段的科学认识，并根据实践发展要求做出的战略方针，而科技的不断创新发展又助推着经济社会向前发展。所以，科技创新是实践与认识的辩证发展的成果。

三、科技创新促进中华民族伟大复兴的方法论

（一）科技创新：以"德"为导

科技创新促进经济发展、社会转型的同时，也面临质疑和批判。第一，认为科技

---

① 马克思，恩格斯.马克思恩格斯选集：第二卷［M］.北京：人民出版社，1995：32.
② 毛泽东.毛泽东选集：第一卷［M］.北京：人民出版社，1991：296-297.

发展带来数字鸿沟加剧，不利于我国共同富裕目标的实现；第二，认为科技发展带来个人隐私和尊严被侵犯、就业机会被剥夺；第三，认为科技发展会带来文明的风险和伦理的破坏。这就决定了在发展过程中要用辩证发展的眼光看待科技创新，认识科技创新发展对社会经济和文明带来有利一面，也要处理好发展过程中出现的问题，注重科技发展带来的贫富差距、隐私泄露和科技伦理问题，坚持"以人为本"创新理念，服务于人民的需要。科学技术"本身是没有阶级性的，资本家拿来为资本主义服务，社会主义国家拿来为社会主义服务"[①]。站在人民的整体利益和社会健康发展的基础上，促进科技向善发展，进行"负责任"的创新。

（二）科技创新：以"智"为主

科技创新从信息化、数字化到智能化、智慧化的发展，展现出科技的智慧程度不断提高，在不断发展和完善的过程中实现质的飞跃。5G、大数据、区域链、人工智能、量子通信、云计算等都是科技创新智能化发展的新成果。世界上存在着技术威胁论的观点，认为科技的崛起，特别是人工智能的发展将会对人类造成严重威胁，人工智能可能会取代人类。要正确认识人与技术之间是创造与被创造的关系。辩证法认为，一切事物本身都存在既相互对立又相互统一的倾向，科学技术的不断智能化发展是人的智慧化的表现，同时又推动人朝着高阶智能发展，推动社会向着更高级转型发展。科学技术的智能化程度不断提高是人的智慧化发展的体现。加大科技的创新研发力度，推动技术的智能化和智慧化发展。

（三）科技创新：以"体"为引

以国家体制体系为保障，实现科技的"变"与"不变"。创新就是一种改变，科技创新就是要实现科技的性能、结构、功能等方面的变化发展，改变旧的生产方式和功能，突破原有的技术壁垒，创新出符合社会发展需要的新技术。"不变"指的是科技创新的中心思想不能变，社会主义方向不能变，要始终坚持为人民服务的中心思想，把科技创新是为了造福人民放在首位。在科技创新的过程中以国家出台的体制体系为指引，走在世界前沿、满足国家需求、促进经济发展。世界是一个联系的整体，任何事物都与其他事物处于一定的联系之中，科技的创新发展并不是一个孤立的过程，它与国家的各方面都有直接或间接的联系。所以，科技创新要以国家的体制体系为指引，促进社会的协调发展。

---

① 邓小平.邓小平文选：第二卷［M］.北京：人民出版社，1994：111.

（四）科技创新：以"美"为核

科技创新要坚持绿色发展理念。科技创新并不是"自然而然的好事"，其本身也蕴含着破坏的一面，出现了污染严重、土壤退化、水资源过度消耗等问题。当今世界，生态环境和资源问题突出，就是人与自然关系失衡的重要表现，应转变发展理念。自然界与人类社会相互作用、相互影响，科技的创新发展与自然界的关系并不是敌对的，要转变发展理念，在尊重自然界发展规律、适合自然界发展尺度的基础上，发挥人的能动性和创造性，实现人与自然和谐的创新发展。马克思也提出，"应当合理地调节人与自然之间的物质变换，在最无愧于和最适合人类本性的条件下进行这种物质变换。"科技创新要以"美"为核心，走可持续发展道路，建立一个良好的、健康的、面向未来的社会主义现代化强国。

（五）科技创新：以"劳"为行

科技创新发展的最终目标是实现人的解放。科技的不断创新发展，使人的居家出行、社会交往、职业生活等方面大大改善，人能够运用自身智慧所创造的科学技术，让劳动人民逐渐从烦琐、细屑、艰苦的劳动中得到解放，从事高质量的生产，得到更好的生活和服务。实现每个人自由而全面的发展是我们的最终目标，在实现这个目标的过程中要把人从烦琐的劳动中解放出来，只有成为生活的自由者，才能够进行自由的选择和全面的发展。科学技术的不断创新发展，使更多的人从烦琐劳动中得到解放成为可能。在中国特色社会主义制度下，要发挥科学技术作为生产要素的积极作用，合理剥离资本家追逐利润最大化的倾向，使科学技术能够更好地服务于人与社会全面发展，做到真正发展人、解放人。

唯创新者进、唯创新者强、唯创新者胜。"真正的核心关键技术是花钱买不来的，更不能做其他国家的技术附庸，必须走自主创新道路"[①]。科技创新是推动社会发展的有力突破口，但在创新过程中要注重科技与人、自然的关系，使科技创新朝着"德智体美劳"和谐发展，提高社会发展的有效性和可持续性，推动中华民族的伟大复兴向前迈进。

---

① 习近平. 习近平关于科技创新论述摘编［M］. 北京：中央文献出版社，2016：67.

参考文献

［1］马克思，恩格斯．马克思恩格斯全集：第四十四卷［M］．北京：人民出版社，2001.

［2］马克思，恩格斯．马克思恩格斯选集：第二卷［M］．北京：人民出版社，1995.

［3］毛泽东．毛泽东选集：第一卷［M］．北京：人民出版社，1991.

［4］邓小平．邓小平文选：第二卷［M］．北京：人民出版社，1994.

［5］习近平．习近平关于科技创新论述摘编［M］．北京：中央文献出版社，2016.

科技创新条件下云南省生态文明建设的"变"与"不变"

韩佩琪　徐绍华

（昆明理工大学马克思主义学院）

生态文明建设是关系人民福祉、关乎民族未来的长远大计[①]。生态环境的变化直接影响着文明的兴衰演替，影响着中华民族伟大复兴的发展进程。生态文明建设与科学技术发展是相互作用、相辅相成的辩证统一关系；缺少科学技术支撑的生态文明建设只能成为空中楼阁，可望而不可即，而两者的相辅发展将推动社会的发展进步和中华民族的伟大复兴。云南省作为我国西南地区重要的生态安全屏障，必须牢固树立和践行"绿水青山就是金山银山"[②]的生态文明发展理念，发挥生态文明建设排头兵的引领作用，以现代科技发展为基础，在坚持"变"与"不变"中依靠科技创新助力实践发展，开启"绿美云南"建设新征程。

一、科技创新条件下的生态效应

科技创新在推动人类文明进程中发挥着不可替代的驱动作用，但由于科学技术的双刃性，使其作用于生态文明建设时，既有正面效应，也有负面效应。

作者简介：韩佩琪，女，昆明理工大学马克思主义学院硕士研究生，主要从事思想政治教育研究。

通讯作者简介：徐绍华，男，昆明理工大学学报编辑部教授、博士、硕士研究生导师，主要从事思想政治教育研究。

① 中共云南省委，云南省人民政府.云南省生态文明建设排头兵规划（2021—2025 年）［N］.云南日报，2022-06-07（4）.

② 习近平.在全国生态环境保护大会上的讲话［N］.人民日报，2018-05-20（1）.

（一）科技创新对生态文明建设的正效应

科技创新对生态文明建设的正效应主要表现在：科学技术的发展进步为生态文明建设带来新的发展契机。生态技术和生物技术等新兴发展技术促进了产业结构、生产方式、生活方式的转型升级，促使经济效益和生态效益协调发展，从而促使工业文明迈向生态文明。依靠绿色科技创新可以使人类活动对自然环境所造成的伤害和影响最小化，还祖国以碧水蓝天，还人们以美丽家园，实现人与自然和谐相处。现代科技的生态正效应表明：以科技创新助力生态文明建设是实现人与自然和谐发展的必然途径，是建设资源节约型、环境友好型社会的必然要求。

（二）科技创新对生态文明建设的负效应

科技创新对生态文明建设的负效应主要表现在：科学技术的滥用和误用使得人类面临着新的生态危机。当科学技术在为资本服务时，总会贪婪地、无限制地向自然索取资源与能源，导致人类可持续发展问题受到严重挑战；现代科技的滥用导致森林面积减少、沙漠化和石漠化加重、水土流失和洪涝灾害愈演愈烈，全球变暖等生态平衡系统破坏问题直接威胁到人类的生存安全。现代科技的生态负效应表明：关注科技创新的生态价值，应规避科学技术的不当滥用、恶用而造成的不良后果，使科技创新朝着绿色化、生态化方向发展，实现生态环境保护和经济发展的合理平衡。

二、科技创新条件下云南省生态文明建设的应"变"之策

建设人与自然和谐共生的"绿美云南"，需要依靠科技创新，在理念、实践和方法方面主动应"变"，以科技创新强化云南省生态文明的现代化建设。

（一）生态文明建设的理念应变

思路一变天地阔，观念一转气象新。新的科技创新环境催生着生态文明建设理念的重大转变。云南省生态文明建设要在科技创新环境中有所作为，必须转变发展理念，紧跟新时代发展步伐，主动应变和求变。首先，要转变人统治自然、"人类中心主义"、科技与生产力发展的固有逻辑等刻板理念，建设人与自然和谐共生的理念，注重生态文明建设量与质的有机统一，既要符合新时代社会发展要求，遵循正确的价值引领，又要扩大影响力，打破固有的边疆地域歧视，转变固有观念，加强边疆地区生态文明建设，形成云南特有的绿色边疆新理念。其次，随着新媒体技术的方兴未艾，应充分利用新媒体将绿色发展理念贯彻到人们的消费、生产和生活中，确立生态建设与长远

目标融合发展的新理念，进一步完善云南省绿色发展新理念。

（二）生态文明建设的实践应变

打造"绿美云南"独具边疆特色、民族特色的现代化生态环境，首先需要注入科技创新的驱动力量，更加注重科技创新在解决生态危机中的独特作用，找准突破口，应时而变。云南省在加强生态文明建设的实践中一直在行动，且善于抓住自身特点，找准自身定位，促进生产发展。例如，以科技创新助力"稻+"模式，促进生态增收；利用生物工程技术处理各类废弃物，实现农户有实惠、企业获原料、洱海得治理的循环目标。其次，必须着力应对云南省生态文明建设实践中存在的差异和不足。例如，高质量绿色发展还不充分，出现滇池沿岸违规违建问题；环境质量改善目标差距明显，9大高原湖泊水质脱劣问题；生态安全风险防控压力大，外来物种入侵、口岸疫情疫病传入风险问题等。事实表明，在科技创新条件下，云南省生态文明建设的实践需要适时而变，突破自身发展瓶颈，进一步以科技创新生态化的力量促进云南省生态文明的现代化建设。

（三）生态文明建设的方法应变

科学方法是解决问题的关键所在，科技创新促使生态文明建设过程中的生产生活方式和宣传方法要因时而变。首先，云南省生态文明建设的宣传方法应变，要充分利用现代网络信息技术优势，用APP、自媒体等平台加强对体现生态文明建设题材的文学、影视、短视频等作立体式宣传。针对云南山区农村基础设施较为落后，且宣传不够到位、理念难以传达、政策难以落实的情况，充分运用科技创新的神奇力量，打通网络渠道，结合地方特色，在保护的基础上整理、挖掘、打造具有地域特色或民族特色的生态文化。其次，生态文明建设的生产生活方式也应改变，充分运用环保技术、生物技术、生态技术等对高污染、高耗能产业进行转型升级，发展生态富民产业，转变以牺牲环境为代价谋求经济增长的生产方式；积极开展绿色生活行动，构建绿色生活方式，促使生产生活方式变得更加低碳、环保、可持续。

三、科技创新条件下云南省生态文明建设的"不变"法则

科技创新为生态文明建设带来了一系列新变化，产生了一系列重大影响。这种影响迫使生态文明建设必须转变发展理念、实践和方法，以科技创新生态化促进生态文明建设。但是，科技创新既不会改变生态文明建设的根本实质，也不会打破自然规律。

所以，无论生态文明建设的形式经历何种变化，生态文明建设所坚持的规律、原则和作用依然不变。

（一）生态文明建设所坚持的自然规律不变

"敬畏自然、尊重自然、顺应自然、保护自然"[①]是生态文明建设过程中必须坚持的"四自规律"。历史反复证明：无论人类社会怎样进步、科技怎样创新，规律不能被打破。云南省生态文明建设过程中的一切技术创新、生产活动，必然不能违背生态规律；科技创新过程中需要对其设想、部署、实施等环节提出生态要求和原则标准。党的十九大报告强调："人类只有遵循自然规律才能有效防止在开发利用自然上走弯路，人类对大自然的伤害最终会伤及人类自身，这是无法抗拒的规律。"[②]科技创新带来的影响有利有弊，只有坚持自然的内在规律，摒弃科技创新的生态负效应，生态文明建设才能在科技创新推动下越走越远。

（二）生态文明建设所遵循的以人为本原则不变

马克思指出："人的本质是一切社会关系的总和。"[③]人与自然的关系是科技创新条件下生态文明建设的核心，科技创新作用于生态文明建设，最终服务的是人。云南省在运用科技创新作用于生态文明建设过程中，必须坚持以人为本的原则不变，在深刻把握新时代云南省情特点的基础上，把生态文明建设的出发点和落脚点放在造福人民上，充分运用科技力量提升和改善生态环境质量，切实解决损害群众健康的突出生态环境问题。例如：应重点整治云南农村的生活垃圾、生活污水、"垃圾围村"和黑臭水体等突出环境问题，不断满足人民群众日益增长的优美生态环境需要；在维持生态系统稳定性基础之上，应以维护人类长期生存来进行技术革新，发展科学技术，致力于人们绿色生活方式的有效构建，平衡精神生活和物质生活，实现生态惠民。

（三）生态文明建设所发挥的生态化导向作用不变

生态文明建设是"五位一体"总体布局的基础，对政治、经济、文化和社会建设起着生态化导向作用。云南省生态文明建设引导经济建设朝着节能、环保方向发展，走绿色经济的可持续发展道路；引导政治建设完善生态法律制度，建立生态节约型政

① 宫长瑞.习近平生态文明建设规律论解读［J］.理论探索，2021（4）：5-11.

② 习近平.决胜全面建成小康社会 夺取新时代中国特色社会主义伟大胜利：在中国共产党第十九次全国代表大会上的报告［M］.北京：人民出版社，2017.

③ 马克思，恩格斯.马克思恩格斯选集：第一卷［M］.北京：人民出版社，2012：135.

府；引导文化建设以先进生态文化建设、培养公民生态道德、树立科学生态价值观为重点；引导社会建设朝着生态民生建设方向发展。为此，科技创新虽为生态文明建设注入了强劲动力，是破解资源环境约束的根本之策，却并没有改变云南省生态文明建设对于其他建设的生态性导向作用，且应更好地引导政治、经济、文化和社会建设朝着绿色健康方向发展。

四、结语

在科技创新条件下，生态文明建设机遇与挑战并存。云南省作为生态文明建设排头兵，最大优势在生态、最大潜力在生态、最大责任在生态。云南省生态文明建设要牢牢抓住科技创新带来的新契机，化挑战为动力，化风险为机遇，化被动为主动，充分利用科技创新带来的生态正效应，主动应变，积极求变；还应注意以不变应万变，有效规避科技创新带来的生态负效应，为实现人与自然和谐共生的中国式现代化建设注入更多的新鲜活力。

参考文献

［1］中共云南省委，云南省人民政府.云南省生态文明建设排头兵规划（2021—2025年）［N］.云南日报，2022-06-07（4）.

［2］习近平.在全国生态环境保护大会上的讲话［N］.人民日报，2018-05-20（1）.

［3］宫长瑞.习近平生态文明建设规律论解读［J］.理论探索，2021（4）：5-11.

［4］习近平.决胜全面建成小康社会　夺取新时代中国特色社会主义伟大胜利：在中国共产党第十九次全国代表大会上的报告［M］.北京：人民出版社，2017.

［5］马克思，恩格斯.马克思恩格斯选集：第一卷［M］.北京：人民出版社，2012：135.

智能时代精神生活的矛盾与人的全面发展

李 楠 张 燕

（昆明理工大学马克思主义学院）

精神生活是人在精神层面上创造、享受、确证自身存在的价值与本质的生命活动。进入智能时代，人类满足物质生活需要的能力已得到极大提升，但精神生活面临的挑战却更加严峻：一方面，精神生活面临西方资本逻辑主导下物质主义膨胀的困境，引发人们对资本物化的各种形态的消费主义、感官享乐的新一轮追逐和沉迷[①]；另一方面，人的数字化生存形成的数字痕迹，反过来制约着自我认同，如何应对主体的外化和"数字异化"这种紧迫挑战[②]，实现中国式现代化建设中人的精神世界的丰富和共同富裕，促进人的全面发展是一个亟待深入研究的紧迫课题。

一、智能时代社会的发展与变革

（一）智能时代生产方式的变革

经过 60 多年的发展，人工智能经历了人工规划、机器学习和深度学习 3 个典型阶段。现阶段，在大数据、物联网以及脑科学等新理论技术驱动下，人工智能呈现出

教育部高校思政课教师研究专项："中国式现代化道路"教学资源库建设及应用研究（22JDSZK093）。

作者简介：李楠，女，昆明理工大学思想政治教育专业硕士研究生。

通讯作者简介：张燕，昆明理工大学马克思主义学院教授，硕士生导师。

① 庞立生，王艳华．精神生活的物化与精神家园的当代建构［J］．现代哲学，2009（3）：8-11.

② 蓝江．外主体的诞生：数字时代下主体形态的流变［J］．求索，2021（3）：37-45.

深度学习、群智开放、自主操控等新特征，并且正向实现推理能力、博弈能力和高级决策能力的方向发展[1]。人工智能技术在农业、交通、医疗等领域逐渐落地应用，从智能化工厂中的生产线到智慧城市大脑，人工智能技术已经渗透到社会生产的各个环节。

马克思指出，机器"是转化为人的意志驾驭自然界的器官"[2]。很显然，智能时代的生产方式是通过人与人之间和人机协同的方式优势互补，追求增强和拓展人类能力，实现人的智能的物化和延伸，达到提高生产效率的目的。且个体不断深度学习，发挥人的效率最大化，增强社会责任和价值共生意识，具有数字化市场运营管理的技能等成为人们在智能时代完善自我过程中主动追寻的目标。但是，在目前弱人工智能向强人工智能发展的阶段，逐利和竞争成为产业化的原动力，导致了创新差距、行业差距、区域差距及贫富差距等问题的出现，也带来在安全、隐私、伦理等方面需面临的新挑战[3]。

（二）生活方式的变革

当数据成为新的生产要素，算法开始成为新的生产力，基于强大算法的虚拟化"数字劳动力"将以更低成本、更高劳动生产率的优势深刻地改变着人类生活方式最基础的内容。

人的消费生活从实物消费拓展到虚拟消费，消费对象已从有形的商品逐渐扩展为无形的数字化信息。早在 2016 年，阿里巴巴就推出了 Buy+，利用 VR 技术打造了虚拟的购物空间。消费者与商品的视觉感知距离被缩短了，消费者能更直观地了解商品性能和使用体验[4]。

在教育生活领域，智能化的探索在课堂教学、教学管理等多个环节中被积极利用，能够实现大规模的个性化教学，让教师和学生解脱于不必要的知识灌输。专业能力强的老师的课程可以依托互联网平台嵌入智能教育产品中，实现能力和知识的共享，推动教育公平化和普惠化发展。

除了以上转变，绿色生活方式的实现也有了新的技术支撑——在满足了物质生活

① 李修全.智能化变革：人工智能技术进化与价值创造［M］.北京：清华大学出版社，2021：10.
② 马克思，恩格斯.马克思恩格斯全集［M］.北京：人民出版社，2002.
③ 国务院发展研究中心国际技术经济研究所，中国电子学会.人工智能全球格局：未来趋势与中国位势［M］.北京：中国人民大学出版社，2019：1.
④ 金相均，申炳浩.解码元宇宙：未来经济与投资［M］.黄艳涛，孔军，译.北京：中国对外翻译出版社，2022.

需要的基础上如何以健康纯粹的精神文化力量进行物质和精神消费，构建绿色低碳的生活方式正成为新的潮流。

（三）交往方式的变革

随着智能时代信息传播渠道的转变和话语权的重构，人们获取信息的方式从原有的"被传统媒介选择"转变为"主动构建信息源"。"数字化的生活将越来越不需要仰赖特定的时间和空间，现在甚至连传送'空间'都开始有了实现的可能。"[①] 人与人之间的互动和交往进一步打破了时间和空间的阻隔。

智能时代，交往模式有了巨大的改变。元宇宙把游戏作为交往活动的主要载体，创造出"游戏＋工作会议""游戏＋毕业典礼"等诸多交往模式[②]。交往方式也展现出不同的特征。首先，镜像化。人们将自己的欲望幻想投射入大众媒介中，将大众媒介因资本运作后放大了的欲望与幻想当作在实践活动中竞相模仿的对象；其次，感性化。基于 AI 算力基础设施的发展，交往超越了平面化的叙事表达。这种全身沉浸的交互方式，拓展到了感、触，同时延伸的还有时间感和空间感；再次，茧房化。每个人在交往过程中都作为一个被挑选或放弃的对象，持续、反复加深选择的偏爱，形成一个坚固的回音室，走入"信息茧房"的困局。

二、智能时代精神生活的矛盾表征

（一）人的独立性与物的依赖性的对立

"一切肉体和精神的感觉都被这一切感觉的单纯异化即拥有的感觉所替代"[③]，人的独立性与物的依赖性的对立，是智能时代精神生活的众多矛盾之一。人对物的渴求与依赖既是人生存的必要条件，也是人独立性得以体现的基础。但以"物化"作为个人的全部追求，就会导致人的独立性遭到动摇。沉溺于智能化技术的革新进化、文化现象的工业化迭代中铺天盖地、品种繁多的感官刺激，传统精神生活的价值性和超越性被僭越，精神生活"以快乐之名"披上了世俗感性的物化外衣。

此时，精神生活的核心主题已成为对物的刺激和满足，人们从欲望的满足中确证自我。首先，精神生活物化的实现体现在需要外物对感官上的满足与刺激，特别

---

① 尼古拉·尼葛洛庞蒂. 数字化生存［M］. 海口：海南出版社，1996.

② 黄安明，晏少峰. 元宇宙：开启虚实共生的数字平行世界［M］. 北京：中国经济出版社，2022.

③ 马克思. 1844 年经济学哲学手稿［M］. 北京：人民出版社，2000：85.

是借用层出不穷的智能化技术的发明实现来激发。其次，精神生活原有超验的理性面世态度转变为现实的工具理性态度。直接短暂的感官刺激使个体感性得到了一定程度的解放，但片面肤浅的精神享受只是沉迷瞬间满足与即时占有。最终，人们只愿意重复不断接受物的刺激、不愿沉思生命意义，名叫"幸福"的感觉逝去后，只留下瞬间的感觉"幸福"，从而陷入"躺平与内卷""消费主义与逆行消费"等多重矛盾交织的状态。

所以，扬弃精神生活物化就需要人的实践活动自觉地构建精神生活中的独立性。"无神论是以扬弃宗教作为自己的中介的人道主义"[①]。这既是对西方传统有神论精神生活的批判，也是对资本主义发展必然导致的虚无主义的超越。摒弃精神生活物质主义的膨胀，才能摆脱被智能技术进一步放大的精神生活物化的状态，克服对物的绝对依赖以获得最大程度人的独立，实现人的自由而全面的发展。

（二）内主体与外主体的抗衡

主体是人为设置的用以观察和理解整个世界的原点。原先在情绪释放的过程中，欲望与力比多从内在主体中的逃逸是几乎无痕的，内在主体似乎牢牢掌握着自我，本我逃逸的痕迹被内在主体架构冲刷后，仿佛一切都没有发生。

如今，力比多的逃逸痕迹虽被内在主体消除，但在大数据的记录下，任何无意识的行为都会凿刻下无法抹除的数字痕迹。原先被抑制在内部主体的欲望在智能技术的助推下流溢出指尖，在所到之处随着数据的交互转换，抵抗着内在主体的抹除向外蔓延。此时，从内在主体流溢出的欲望化身为可分析性数据，经数字绘像又反作用于内在主体，操纵着我们的行为选择。这种潜在力量形成一种"外主体"，它不完全属于我们的内部，而是被分散成了外部数据，以内在主体空洞化为代价自我抗衡。但是，被庞大的数字算法所控制，并不意味着自我的彻底消失。资本控制的大数据公司基于价值判断对部分活动数据进行筛选，形成符合商业逻辑的数字绘像。在数字绘像生成过程中，必定存在着大量被资本认定无价值抛弃的数据，相对于有利用价值的绘像数据，遗下的就是剩余数据。"这些剩余数据构成了一个可以与受资本控制的数字绘像抗衡的外主体，从而可以让我们形成一个前所未有的新主体形态。"[②]

为了避免数字异化使我们沦为数字信息的傀儡，就需要我们掌控被资本所抛弃的剩余数据，重新建构认识主体的新形态，形成完整的数字生态学。外主体的出现既能

---

① 马克思 .1844 年经济学哲学手稿［M］.北京：人民出版社，2000：112.

② 蓝江 .外主体的诞生：数字时代下主体形态的流变［J］.求索，2021（3）：37-45.

让我们被数字信息控制行为，失去内在的精神，也能让我们在逃逸了数字资本的剩余数据中发现一个具有批判和反思能力的，导向人的全面发展的新主体。

（三）精神生活升华与高阶智能技术的匹配

精神生活升华中道德智慧是关键。道德修养作为社会意识的重要组成部分，必定与具体的历史条件和社会生活环境紧密关联。就像工业革命时期蒸汽机放大物理能力，人工智能也会放大人们的认知能力。因此，智能时代尤其需要将个体的智力、智慧转化为内在德性修养的能力。

但是，人的需要的矛盾性也导致了人们的精神生活充满了交织错综的矛盾：首先，数据共享与私密的矛盾。在数据共享带来利益的同时，伴随的是私人数据遭到非法泄露的风险[1]；其次，人工智能权利与责任的矛盾。围绕人工智能知识产权与无人驾驶汽车为代表的新型责任问题[2]；再次，核心技术合作与竞争的矛盾。在美国等西方国家霸权主义对智能核心技术围堵下的智能时代可能会导致国际分工的终结，影响最大的可能不是美国和其他发达国家的劳动者，而是以低成本劳动力作为竞争优势的发展中国家[3]。所以，高阶智能技术的配置不只是数据处理、深度学习等能力，更需要的是道德培育和人格塑造。

人工智能极大地解放了人的低阶物质需求，极大地拓展了精神实践的时间和空间，数字化生存提供了对人的主体意识再认识的丰富材料。这些都为智能时代精神生活矛盾的转化提供了丰富的正向资源，充分发挥人工智能技术对人的道德修养塑造的正向作用，通过有效驾驭与运用智能技术不断探索与高阶智能生活技术相匹配的精神生活升华的机制与新形态，实现外在的智能技术向个体精神生活智慧的转化，是智能时代人的全面发展的重要路径。

① 王岩，叶明.人工智能时代个人数据共享与隐私保护之间的冲突与平衡[J].理论导刊，2019（1）：99-106.

② 郭泽强.人工智能时代权利与责任归属的域外经验与启示[J].国外社会科学，2020（5）：61-72.

③ 高奇琦.全球善智与全球合智：人工智能全球治理的未来[J].世界经济与政治，2019（7）：24-48.

参考文献

［1］庞立生，王艳华.精神生活的物化与精神家园的当代建构［J］.现代哲学，2009（3）：8-11.

［2］蓝江.外主体的诞生：数字时代下主体形态的流变［J］.求索，2021（3）：37-45.

［3］李修全.智能化变革：人工智能技术进化与价值创造［M］.北京：清华大学出版社，2021：10.

［4］马克思，恩格斯.马克思恩格斯全集［M］.人民出版社，2002.

［5］国务院发展研究中心国际技术经济研究所，中国电子学会.人工智能全球格局：未来趋势与中国位势［M］.北京：中国人民大学出版社，2019：1.

［6］金相均，申炳浩.解码元宇宙：未来经济与投资［M］.黄艳涛，孔军，译.北京：中国对外翻译出版社，2022.

［7］尼古拉·尼葛洛庞蒂.数字化生存［M］.海口：海南出版社，1996.

［8］黄安明，晏少峰.元宇宙：开启虚实共生的数字平行世界［M］.北京：中国经济出版社，2022.

［9］马克思.1844年经济学哲学手稿［M］.北京：人民出版社，2000.

［10］蓝江.外主体的诞生：数字时代下主体形态的流变［J］.求索，2021（3）：37-45.

［11］王岩，叶明.人工智能时代个人数据共享与隐私保护之间的冲突与平衡［J］.理论导刊，2019（1）：99-106.

［12］郭泽强.人工智能时代权利与责任归属的域外经验与启示［J］.国外社会科学，2020（5）：61-72.

［13］高奇琦.全球善智与全球合智：人工智能全球治理的未来［J］.世界经济与政治，2019（7）：24-48.

科技创新与美好生活：论科技创新对新时代社会建设的巨大赋能

李佳燕　付立春

（昆明理工大学马克思主义学院）

党的十九大明确提出，我国社会的主要矛盾已经发生了变化，转化为人民日益增长的美好生活的需要和不平衡不充分发展之间的矛盾[①]。党和国家要满足人民群众各种各样的需求，需要借助科技创新赋能于社会建设。党的二十大报告中，习近平总书记重点强调，我们要深入贯彻以人民为中心的发展思想，在幼有所育、学有所教、劳有所得、病有所医、老有所养、住有所居、弱有所扶持续用力……取得新成效[②]。这一句话突出了我国进入新时代以来，人民的需求更加多样化。党和国家要重视人民群众的切实需求，任何时候都要以满足人民的需求作为一切工作的出发点和落脚点。党和国家要真正落实这一点需要我们借助科技创新的力量，让科技创新在涉及民生的各个领域持续发力，为切实解决民生问题提供技术支撑。

作者简介：李佳燕，女，昆明理工大学马克思主义学院马克思主义基本原理专业研究生。

通讯作者简介：付立春，男，昆明理工大学马克思主义学院副教授，硕士研究生导师。

① 本报评论员.正确把握社会主要矛盾和中心任务：论学习贯彻习近平总书记在省部级专题研讨班上重要讲话［EB/OL］.（2022-01-14）［2022-10-22］.http://opinion.people.com.cn/n1/2022/0114/c1003-32330953.html.

② 人民日报编辑部.高举中国特色社会主义伟大旗帜　为全面建设社会主义现代化国家而团结奋斗：习近平同志代表第十九届中央委员会向大会作的报告摘登［N］.人民日报，2022-10-17（2）.

一、科技创新为幼有所育赋能

教育对于一个国家、一个民族的发展来说，具有十分重要的意义。党和国家要办好让人民满意的幼儿教育，要求我们在党和国家的统一领导下，借助科技创新的力量，为幼儿教育的发展提供动力，借助先进的技术设施和大数据云平台，来促进先进育儿理念在我国普及、育儿设施的完善和幼儿安全措施健全，真正做到育幼的科学化和合理化。

技术的创新与发展，有利于先进育儿理念在我国普及。现今的育儿标准要求我们把促进幼儿全面发展作为教学的最终目标。在科技创新的引领下，教师可以借助互联网、大数据等现代化技术手段去汲取世界各国先进的育儿理念，使其贯穿于社会的各个方面。老师和家长共同利用先进的育儿理念，使孩子们形成良好的行为习惯，让每一个孩子都能实现全面发展。

技术的创新与发展，有利于我国育儿教学设施的完善以及安全措施的健全。一方面，教师需要借助一些现代技术和智能设备来开展育儿教育，例如：教师利用大数据对孩子的"幼儿成长档案"进行管理，实时跟踪记录孩子生活、学习与人际交往的发展状况等；另一方面，建设数字化管理系统，用信息技术手段加强幼儿的教育、管理和安全防护，使家长和教师可以时刻了解幼儿的安全状况。

二、科技创新为学有所教赋能

技术的创新，对我国教育事业的发展起着积极的促进作用。技术创新促进我国教育模式的转变，从而在一定程度上提升了我国受教育者的综合素质。

技术的创新，促进教学模式的转变。在传统的教学模式中，教师是教学过程中的主体，学生在教师安排下被动学习。随着现代技术的突飞猛进，教师用先进的教学理论来武装自己的头脑，意识到学生主体地位，从而转变教学模式，积极鼓励学生进行自主、探究式学习。在教学过程中，教师在尊重学生主体性的基础上，发挥主导作用，使其能动地进行学习与研究。

技术的创新，使受教育者在教育方式多样化，教育模式转变的前提下，自身的综合素质得到提升。以前，人们获取知识的方式十分单一，一方面是通过自身实践，另一方面是通过间接经验，导致其自身素质的提升效果不明显。随着一轮轮科技革命的到来，人们有了更多获取知识的途径，使受教育者在获取知识的过程中获得思维的创新发展，并在进行知识分析、归纳总结以及实际运用的过程中使自身的综合素质得到提升。

三、科技创新为劳有所得赋能

科技创新与劳动力就业之间的关系是当今经济社会中一个重要的经济命题。在我国技术创新为劳有所得赋能时，使我国增加了许多的就业机会、促使岗位信息多元化，改变了人们的就业形式，在一定程度上可以满足人民群众劳有所得的需要。

技术的创新发展，带来就业机会的增加，促使岗位信息渠道多元化。科学技术的创新发展将会改造并淘汰一批传统产业，使其必须进行结构的转型升级。在技术创新的帮助下，一批新兴产业诞生了，并给这些富余的劳动力提供新的就业机会。同时，人们获取岗位信息的渠道更加多样化，人们可以通过各类就业信息网站、供需信息交流活动等渠道了解就业相关信息，实时跟踪并记录就业岗位的需求变化，便于找到适合的工作岗位，真正使人们可以劳有所得。

技术的创新发展，使人们的就业形势发生变化。随着信息、智能技术的蓬勃发展，人们的就业形式发生了变化。由以前的线下办公变为线上办公，人们可以通过互联网来公布重大事务和通知，利用网络平台实时开会。技术的创新与发展改变了人们的就业形式，缩短了人们的劳动时间，为人们的办公提供了便利。

四、科技创新为病有所医赋能

医疗卫生与人类本身的生存发展和生活质量休戚相关，重大疾病是导致人民生活水平和质量降低的重要原因之一。身体健康是人们享受美好生活的首要前提，要想提高人民的生活质量，我们首先应该满足的是人民对于身体健康的需求。

随着科技的快速发展，医疗领域发生了一次又一次的重大改革。在基础医学研究方面，医生利用基因工程新成果进行抗病毒疫苗的研究、基因工程诊病[1]；在免疫学方面，免疫学的发展为人类预防疾病做出重要贡献，如抗体 cDNA 的表达文库[2] 等；这都有利于提高我国医疗水平，让人们享受便利的服务，增强了人民的生活幸福感和安全感。

加强科技创新可以使人们享受高水平的医疗技术，提高医护人员的工作效率和服务质量。例如：人们足不出户就可以远程看病；尤其是 2020 年新冠疫情暴发以来，我国人民对于身体健康方面有着更加迫切的需求，科技创新在我国疫情防控的过程中

---

① 臧一浩 . 基因工程在医学中的应用［J］. 中国科技投资，2018（4）：312.
② 王锦明，刘军龙，刘爱红，等 . 莫氏巴贝斯虫裂殖子 cDNA 表达文库的构建及免疫学筛选［J］.畜牧兽医学报，2012，43（12）：1931-1937.

起着至关重要的作用，正是因为科技创新才使我们在短时间内查清楚病毒的基因序列，了解病源并把信息共享；我们通过确诊人员轨迹分析、密切接触人员轨迹跟踪以及交通、迁徙大数据整体联动，实现对疫情的及时追溯跟踪[①]；同时，科研人员加快对疫苗、药物的研发和相关临床试验，使全体国民在最短的时间内接种疫苗，用科技的力量阻断了疫情的大范围暴发。

五、科技创新为老有所养赋能

根据全国第七次人口普查得出的数据，表明我国老龄化人口问题比较严峻。对于老年人来说，他们的需求更为复杂。为了更好地满足他们的需求，需要我国加强科技创新，让科技创新为我们的养老事业提供技术支撑，使老年人可以从"养老"转变成"享老"。

技术的创新，可以使老年人的生活与护理更加便利。使他们更好地安享晚年。随着我国信息智能化水平的进一步提高，一方面可以使老年人们的出行变得更加便利，例如：老年人不仅可以利用电子平台进行购票，还可以利用大数据与家人实时共享信息。另一方面还可以为老年人提供先进的护理技术，例如，大小便人工智能护理机器人、智能洗浴机器人产品，使护理的质量和效率得到提高。

技术的创新，使老年人可以享受高质量的医疗水平，从而延长他们的生命周期[②]。特别是对于老年人群体来说，借助科技创新的力量，可以随时监测自己的身体状况，以便出现疾病可以及时救治。人们可以利用食品科技上的创新，为老年人提供营养和能量密度较高、含有优质蛋白质的食物，以此来提高他们的身体素质。生物和医学技术的进一步融合创新，使我们可以延缓细胞衰老的进程，使生命得以延长。

六、科技创新为住有所居赋能

"科技是第一生产力"。我国作为世界人口大国，不仅要解决人们的生存需要，还要解决人们的发展需要。衣食住行作为人们最基本的生存需要，党和国家必须高度重视，让技术的创新与发展为解决人们的生存需要——住房赋能。

---

① 赵杨，曹文航.人工智能技术在新冠病毒疫情防控中的应用与思考［J］.信息资源管理学报，2020（6）：20-27，37.

② 学会之声.重点关注 | 浅谈"科技＋养老"_澎湃号·政务_澎湃新闻-The Paper［EB/OL］.（2021-02-23）［2022-10-22］.https：//www.thepaper.cn/newsDetail_forward_11439055.

技术的创新与发展，使人们可以体验远程看房。人们可以利用先进的 VR 技术体验远程看房，VR 看房主要分为两种，一种是实时进行摄影记录，另外一种是利用建模软件进行设计与制作。VR 技术可以呈现房子的布局、装修风格和设计细节以及周围配置信息，利于人们随时随地在手机、电脑和 ipad 等设备上实时看房与购房，方便人们的生活。

技术的创新与发展，使人们的居住条件得以改善。在房地产界，各个房地产公司会借助科技创新的力量来研发一些"黑技术"。例如："可变户型设计"[①] "毛细管网技术"[②] "装配式＋绿色＋智慧"[③] 模式的住宅，使人们居住出行更加便利。科技创新赋能房地产，使人们的居住条件得以改善，实现"一键式生活"，增强人们的居住体验感，让人们住得舒适、安全与放心。

七、科技创新为弱有所扶赋能

"弱有所扶"是在党的十九大报告中的提出的[④]。如何实现"弱有所扶"呢？这就需要我们借助科技创新的力量。在科技创新的帮助下，政府利用大数据建档，促使我们精准扶贫，使政府帮扶方式多样化，为弱势群体的生活提供便利。

随着我国脱贫攻坚战落下帷幕，我国消除贫困的斗争取得了阶段性胜利，但是为了继续巩固这一胜利成果，需要我们防止脱贫人口再次返贫。我们可以借助科技创新的力量对一些比较落后、困难地方的人们进行建档入库，记录他们的脱贫状况，实时追踪并及时给予他们帮助。随着信息时代的到来，国家对于社会弱势群体的帮扶慢慢从单一化向多样化转变。如增加心理疏导、思想帮扶、能力提升和知识传授等援助手段。

技术的创新与发展，使弱势群体的生活更加便利。在弱势群体中，不乏行动不便、身体上有缺陷的人等。在技术不断创新的过程中，产生了例如 AI 技术、AR 技术等，尤其是 AI 智能技术在我们帮助空巢老年人和残疾人的过程中起着关键的作用。人们

---

① 杨艳丽.探析板式高层住宅户型的可变性设计要点［J］.建材与装饰，2020（6）：96-97.

② 杨晓华.毛细管网空调末端系统与装饰粉刷层组合饰面施工技术［J］.施工技术，2015，44（9）：33-36，64.

③ 林树枝，施有志.基于 BIM 技术的装配式建筑智慧建造［J］.建筑结构，2018，48（23）：118-122.

④ "弱有所扶"如何实现？［EB/OL］.（2018-01-03）［2022-10-22］.https：//www.ccdi.gov.cn/was5/web/search/.

从残疾人和空巢老人的实际需求出发，利用 AI 技术研发出了"图像辅助阅读项目"①
和"老年人防摔倒预警"等产品样本，使他们的生活变得更加便利。

八、结语

科技创新具有十分重大的时代意义，对于一个国家、一个民族的发展来说是至关
重要的。科技创新是国际竞争力的动力点，是国强民富的重要基础，是维护国家安全
的重要力量，更是促进我国社会建设提质增效的重要技术支撑。本文从科技创新为社
会建设赋能出发，阐述了科技创新在满足我国人民对美好生活需要的过程中起着关键
的作用。科技的创新与发展极大地推动了我国幼有所育、学有所教、劳有所得、病有
所医、老有所养、住有所居、弱有所扶等方面的建设，为我国社会主义现代化建设的
进一步发展提供技术支撑、奉献科学力量。

参考文献

［1］本报评论员.正确把握社会主要矛盾和中心任务：论学习贯彻习近平总书记在省部级
专题研讨班上重要讲话［EB/OL］.（2022-01-14）［2022-10-22］.http：//opinion.people.com.
cn/n1/2022/0114/c1003-32330953.html.

［2］人民日报编辑部.高举中国特色社会主义伟大旗帜　为全面建设社会主义现代化国
家而团结奋斗：习近平同志代表第十九届中央委员会向大会作的报告摘登［N］.人民日报，
2022-10-17（2）.

［3］臧一浩.基因工程在医学中的应用［J］.中国科技投资，2018（4）：312.

［4］王锦明，刘军龙，刘爱红，等.莫氏巴贝斯虫裂殖子 cDNA 表达文库的构建及免疫
学筛选［J］.畜牧兽医学报，2012，43（12）：1931-1937.

［5］赵杨，曹文航.人工智能技术在新冠病毒疫情防控中的应用与思考［J］.信息资源管
理学报，2020（6）：20-27，37.

［6］学会之声.重点关注 | 浅谈"科技＋养老"_ 澎湃号·政务 _ 澎湃新闻 -The Paper［EB/
OL］.（2021-02-23）［2022-10-22］.https：//www.thepaper.cn/newsDetail_forward_11439055.

［7］杨艳丽.探析板式高层住宅户型的可变性设计要点［J］.建材与装饰，2020（6）：
96-97.

---

① "AI 向善，科技赋能弱势群体"研讨会召开　AI 黑科技助力弱势群体生活便利提升—科技
频道 — 金融界［EB/OL］.（2020-11-13）［2022-10-22］.http://finance.jrj.com.cn/tech/2020/11/
13182731276767.shtml.

［8］杨晓华. 毛细管网空调末端系统与装饰粉刷层组合饰面施工技术［J］. 施工技术，2015，44（9）：33-36，64.

［9］林树枝，施有志. 基于BIM技术的装配式建筑智慧建造［J］. 建筑结构，2018，48（23）：118-122.

［10］"弱有所扶"如何实现？［EB/OL］.（2018-01-03）［2022-10-22］. https：//www.ccdi.gov.cn/was5/web/search/.

［11］"AI向善，科技赋能弱势群体"研讨会召开　AI黑科技助力弱势群体生活便利提升—科技频道—金融界［EB/OL］.（2020-11-13）［2022-10-22］. http：//finance.jrj.com.cn/tech/2020/11/13182731276767.shtml.

数字中国视域下数字资本的扬弃研究

陈崔帆　　郭　远

（昆明理工大学马克思主义学院）

党的十八大以来，国家将发展数字经济上升为国家战略，数字经济和实体经济深度融合发展。党的二十大再次强调，坚持把发展经济的着力点放在实体经济上，坚定了数字中国建设的实体经济方向。习近平总书记指出，同世界数字经济大国、强国相比，我国数字经济大而不强、快而不优[①]。面对我国数字经济存在的这一问题，需要深刻认识数字资本本性，对其进行积极扬弃，有效激发其发展活力，为做强做优做大我国数字经济提供更多可能。

一、数字资本的本性及其再认识

学术界对数字资本普遍存在两种认识，一种观点认为，数字技术在生产中广泛应用，加速了产业资本、金融资本与各种现代技术的融合，从而催生出数字资本这一资本新形态[②]；另一种观点认为，数字资本作为一种特殊的产业资本，加剧了资本间的竞争[③]。学术界对数字资本的两种认识，都是基于数字资本对先前各种形态资本的积极扬

作者简介：陈崔帆，男，昆明理工大学马克思主义学院硕士研究生。

通讯作者简介：郭远，女，昆明理工大学马克思主义学院副教授，硕士研究生导师。

① 习近平.习近平谈治国理政：第四卷［M］.北京：外文出版社，2022：205.

② 聂阳.马克思资本批判视域下的数字劳动异化及其扬弃［J］.理论探索，2022（1）：47-53.

③ 陈优，李振.数字资本的生成、异化及其扬弃：马克思异化理论的当代启示［J］.改革与战略，2021，37（3）：9-18.

弃上的认识。从技术构成和功能上说，数字资本的独特作用在于引导生产和投资方向，克服产业资本和金融资本对于市场需求的盲目性弊端。数字资本借助分配过程中的普惠性，扩大了用户规模，用户在使用云计算时，接入云端便可享受各类云计算、云存储相对低成本的服务①。

数字资本对以往各种形态资本进行了积极扬弃，并不意味着其不存在任何资本之恶。数字资本和一切资本一样，都具有逐利的致命缺陷。正如马克思指出的："资本的趋势是：①不断扩大流通范围，②在一切地点把生产变成由资本推动的生产。"②面对数字资本的逐利本性，要积极引领和规范，激发其开放性，让其到全球市场中去竞争。

数字资本的逐利性，催生出其垄断性和封闭性。数字资本借助大数据、云计算等技术手段攫取和占有数据，并形成垄断的数字平台③。数字资本在全球竞争中，构筑"数字鸿沟"，阻碍了数字全球化的步伐④。即便如此，面对数字资本，特别是社会主义市场经济下的数字资本，依然要持肯定的态度，承认其引领科技革命、数字革命的积极力量，历史、发展、辩证地认识和把握其作用，努力发挥其作为重要生产要素的积极作用。

数字资本作为资本来到世上的一种新兴形态，不可避免地具有各种资本所具有的丑恶本性，但其也具有促进科技进步、繁荣市场经济、便利人民生活、参与国际竞争的积极作用，是实现中华民族伟大复兴道路上的重要力量。数字资本借助"数字"和"数据"的生产要素功能，推动着劳动的数字化转型⑤，生产者和消费者不必拥有"数字"或"数据"的所有权，只需拥有其使用权便能完成交易、消费和服务。

二、数字经济健康发展的重大战略意义

互联网、大数据、云计算、人工智能、区块链等技术的蓬勃发展，深刻重塑了中国的数字经济市场。习近平总书记强调，发展数字经济意义重大，是把握新一轮科技革命和产业变革新机遇的战略选择⑥。数字经济健康发展，有利于拓展发展新空间，

① 徐宏潇.后危机时代数字资本主义的演化特征及其双重效应[J].马克思主义与现实，2020（2）：125-131.

② 马克思，恩格斯.马克思恩格斯选集：第二卷［M］.北京：人民出版社，2012：714.

③ 蓝江.当代西方数字资本主义下的异化劳动批判：从《1844年经济学哲学手稿》看当代数字劳动问题［J］.广西师范大学学报（哲学社会科学版），2022：1-9.

④ 卓翔，陈丽娟.数字全球化与数字中国建设因应之策［J］.理论视野，2021（10）：52-56.

⑤ 徐艳如.数字拜物教的秘密及其背后的权力机制［J］.马克思主义研究，2022（6）：105-113.

⑥ 习近平.习近平谈治国理政：第四卷［M］.北京：外文出版社，2022：205.

重塑发展新动能，构筑竞争新优势。

数字经济健康发展，有利于拓展发展新空间。数字资本借助"数字""数据"等关键要素，开辟了产业资本和金融资本无法开辟的新领域，经济市场趋于网络化和数字化，全球要素资源深刻重组，全球经济结构再次重塑。数字经济与各种产业快速融合发展，国内外经济循环得以畅通，产业链、供应链得到延伸，各类资源要素快捷流动，各类市场主体加速融合。与此同时，数字经济与文化产业、货物贸易业等第三产业融合发展，催生出不少新产业、新业态、新模式。

数字经济健康发展，有利于重塑发展新动能。在抗击新冠疫情、恢复生产生活的过程中，数字经济推动各类生产要素更加协调地集聚配置，体现了其应对突发事件、参与经济发展的强大动能。习近平总书记指出，数字经济具有高创新性、强渗透性、广覆盖性，不仅是新的经济增长点，而且是改造提升传统产业的支点，可以成为构建现代化经济体系的重要引擎[1]。数字经济引领创新创造，推动传统产业转型升级，激发传统生产方式走向变革，能够有效重塑经济发展新动能。

数字经济健康发展，有利于构筑竞争新优势。要发挥数字经济亿万数据潜能，加快各种产业数字化、智能化转型，实现更加游刃有余的创新发展，从而提高产业链、供应链稳定性和竞争力，实现更加包容普惠的协调发展。此外，数字经济健康发展对于我国重点领域发展转型，关键核心技术攻坚克难，以及实现我国产业生态自主可控具有重大战略意义。数字经济的健康发展，关系到未来实现更加强劲、绿色、健康的可持续发展，关系到消除"数字鸿沟"和构建全球数字命运共同体。

数字经济领域具有巨大发展潜能，要努力推动数字经济融入新发展阶段，落实新发展理念，塑造新发展格局，服务高质量发展。高质量发展并不意味着要放弃高速发展，在各行各业数字化转型后，发展将是高质量承载下的高速发展。那时的数字科技，将造福一线工人，让生产成为更加安全的生产。那时的数字经济，将重塑各行各业，让发展成果惠及更多人群。

三、扬弃数字资本的中国方案

扬弃数字资本，对数字经济健康发展，数字中国加速构建意义重大。深刻认识数字资本，把握数字资本发展趋势和规律，是扬弃数字资本利与弊的第一步。规范和引领数字资本健康有序发展，让其积极参与国内经济循环，是扬弃数字资本利与弊的新阶段。积极营造世界数字经济发展的良性环境，鼓励我国数字资本走向世界，是扬弃

---

[1] 习近平.习近平谈治国理政：第四卷［M］.北京：外文出版社，2022：206.

数字资本利与弊的关键一步。

（一）深刻把握数字资本发展趋势和规律

要采取历史、发展、辩证的眼光认识数字资本的利与弊，深刻把握其发展趋势和规律。认识数字资本对产业资本、金融资本弊端积极扬弃的同时，也要肯定其自我扬弃的现实可能，进而促进其良性发展、共同发展。在发展中扬弃数字资本，在扬弃中发展数字资本。既要看到产业资本、金融资本的数字化转型，又要看到其转型过程中借助数字技术脱实向虚的倾向。

要正确处理政府与市场的关系，为数字资本发展营造更加有利的市场环境和法治环境。既要防止数字资本无序扩张，又绝不能捆住其手脚，要让其在合法利民的区间内运行。要坚持安全意识和底线思维，将防范化解重大风险与防止资本无序扩张一起考虑。资本无序扩张是长期积累的结果，要常抓常管，坚决防范发生系统性风险。

（二）规范和引领数字资本健康有序发展

要制定具有针对性的法律法规，规范和引领数字资本健康有序发展。数字经济发展快、转变新，容易催生新产业、新业态、新模式，相关立法存在时间差和空白区。对此，要探索建立"定期修法制度"，加快推进反垄断法、反不正当竞争法的修订工作，防止平台经济、数字经济野蛮生长。加快建立健全市场准入制度、公平竞争审查制度、反垄断监管制度、产权保护制度，为数字资本设置直接有效的"红绿灯"。此外，也要关注非公有制经济人士健康成长，用社会主义核心价值观对其进行积极引导。

要提升数字资本治理效能，规范和引领数字资本健康有序发展。立法是治理的基础，有好的立法才有科学有效的治理。治理要贯穿数字经济创新、生产、经营、投资全过程，形成事前引导、事中防范、事后监管的治理格局。要做大做强国有企业，让国有企业在数字经济领域发挥主导作用。一方面，引领数字资本进入育种、医药等利国利民的行业；另一方面，引领数字经济市场发展方向，防止数字资本利用数字技术和网络空间无序扩张。各级领导干部要用习近平总书记关于数字经济、资本治理的重要论述武装大脑，系统有效治理数字资本。

（三）营造世界数字经济发展的良性环境

加强数字领域国际合作，营造世界数字经济发展的良性环境。要做强做优做大我国数字经济，让我国数字资本走出去。要充分发挥数字技术优势，优化数字营商环境，深化数字领域合作。要依托"一带一路"发展"丝路电商"，尽快构建数字合作格局，构建全球数字命运共同体。要加强数字领域知识产权保护国际合作，打造利于激发数字资本活力的数字经济发展环境。

努力消除国际"数字鸿沟"，营造世界数字经济发展的良性环境。要顺应数字、网络、智能的发展方向，促进新技术传播和运用，加快新型数字基础设施建设。要维护全球产业链、供应链稳定，持续推进贸易和投资自由化、便利化，努力保障各种要素在全球范围内安全有序流动。要积极倡议各国担当数字时代责任，共同探讨制定反映各方意愿、尊重各方利益的数字治理国际规则。

四、结语

数字资本为我国经济的发展带来了诸多可能，特别是助力我国数字经济实现了更加强劲的发展。也要看到，我们对数字资本的认识尚不成熟，我国数字经济离做强做优做大还有一定距离。发展数字经济，建设数字中国，还面临许多亟待认识和解决的问题，要深刻把握数字资本发展趋势和规律，规范和引领数字资本健康有序发展，营造世界数字经济发展的良性环境。同时，在此基础上继续探索扬弃数字资本、建设数字中国的现实方案。

参考文献

［1］习近平.习近平谈治国理政：第四卷［M］.北京：外文出版社，2022.

［2］聂阳.马克思资本批判视域下的数字劳动异化及其扬弃［J］.理论探索，2022（1）：47-53.

［3］陈优，李振.数字资本的生成、异化及其扬弃：马克思异化理论的当代启示［J］.改革与战略，2021，37（3）：9-18.

［4］徐宏潇.后危机时代数字资本主义的演化特征及其双重效应［J］.马克思主义与现实，2020（2）：125-131.

［5］马克思，恩格斯.马克思恩格斯选集：第二卷［M］.北京：人民出版社，2012.

［6］蓝江.当代西方数字资本主义下的异化劳动批判：从《1844年经济学哲学手稿》看当代数字劳动问题［J］.广西师范大学学报（哲学社会科学版），2022：1-9.

［7］卓翔，陈丽娟.数字全球化与数字中国建设因应之策［J］.理论视野，2021（10）：52-56.

［8］徐艳如.数字拜物教的秘密及其背后的权力机制［J］.马克思主义研究，2022（6）：105-113.

新时代农产品直播带货助力乡村振兴的路径探析

宋孝敏　秦成逊

（昆明理工大学马克思主义学院）

经过几十年的努力，我国完成了脱贫攻坚任务，实现了第一个百年奋斗目标。现在面对百年之未有之大变局，我国步伐依然坚挺，要朝着第二个百年奋斗目标而奋进。习近平总书记曾强调，从世界百年未有之大变局看，稳住农业基本盘、守好"三农"基础是应变局、开新局的"压舱石"。三农的工作重心已经从脱贫攻坚转移到乡村振兴。随着科技的发展，农村网络基础设施的进一步完善和中国庞大的网民基数，使直播带货异军突起为我国农产品的销售带来了新的机遇。如何使乡村振兴抓住直播带货的风口，因地制宜、因时制宜把两者结合起来需要进一步的探索。

一、农产品直播带货助力乡村振兴的意义和现状

（一）农产品直播带货助力乡村振兴的意义

"民族要复兴，乡村必振兴"。习近平总书记2021年8月24日在河北承德考察时曾强调，"产业振兴是乡村振兴的重中之重，要坚持精准发力，立足特色资源，关注市场需求，发展优势产业，促进一、二、三产业融合发展，更多更好惠及农村村民。"直播带货是一种新的营销方式，主播通过互联网平台对商品进行展示，并在线进行答

作者简介：宋孝敏，女，昆明理工大学马克思主义学院经济哲学专业研究生。

通讯作者简介：秦成逊，男，昆明理工大学马克思主义学院教授，硕士研究生导师。

疑、导购销售[①]。直播带货的销售方式具有可视性强、互动性高、交易中间环节少、交易成本低等优点，更加有利于农产品的销售。

农产品直播带货为乡村振兴带来了动力，带动了乡村经济的发展，主要体现在以下几点：①农产品直播带货的销售模式，通过互联网直播平台进行信息传递使供求信息流通更加高效，促进了市场供求平衡的同时，促进了农产品出村进城。②农产品直播带货扩大了农产品和农副产品的销路，在一定程度上稳定了农民收入。③直播带货使大部分农民直接对接消费者，有利于更多的农产品的价值留在农村，增加农民的收入。④农产品直播带货新型营销模式的出现，带来了大量的就业岗位，促进了乡村就业。⑤农产品直播带货，深化了乡村经济的产业链。

（二）农产品直播带货助力振兴乡村的形式

在政府和市场的双重作用下，多种模式的农产品直播带货带动了乡村产业的发展，为乡村重新焕发活力积累了宝贵的经验。如"官员直播带货"、短视频+直播带货、网红直播带货等多种农产品直播带货的成功形式值得借鉴和学习。

首先，官员直播带货，是当地的政府官员通过直播平台，对于当地的特色农产品进行介绍，帮助当地农民解决销售困难的问题。政府官员进行农产品直播带货不仅具有网络直播平台的宣传优势，而且政府官员的身份自带政府的公信力。其次，"短视频+直播带货"是通过拍摄吸引消费者的小短片为产品进行宣传。最后，对于网红直播带货，网红主播本身具有一定的粉丝基础，消费者在观看直播的过程中，较容易接受网红主播的推荐，顺利进行产品购买[②]。

（三）农产品直播带货助力乡村振兴的贡献

根据对于 iiMedia Research 数据报告整理，从 2017 年至 2021 年，五年间，中国农村的网络零售额增加了 64.67%；农产品的网络零售额则增加了 144.98%；农产品的网络销售额在农村网络零售额的占比也增长了 48.77%。从以上数据不难看出，直播带货对于我国农村经济发展良好的促进作用。2017 年至 2021 年，农村居民人均可支配收入增长率由 7.3% 增长至 9.7%，且连续 5 年持续正增长；城镇居民人均可支配收入增长率由 6.5% 增长至 7.1%，城乡居民可支配收入差距相对持续稳步缩小。拼多

① 王丽丽.浅析电商时代下主播直播带货的法律问题及应对策略［J］.河北企业，2022（5）：143-145.

② 杨东霞.电商营销模式下网络直播平台的营销策略研究［J］.商展经济，2022（16）：44-46.

多与广东、湖北等省份进行合作，每月都有农产品直播带货的场次活动；而且帮扶相关地区培养本土专业直播电商人员，助力人才振兴；并助力孵化本土品牌，促使乡村产业可持续发展。

二、农产品直播带货助力乡村振兴尚存在的不足及原因分析

（一）直播带货的宣传力度及其影响需要加强

iiMedia Research 数据显示，43.92% 的网民主要是通过线上其他信息了解农产品的消费信息，38.4% 的网民通过直播带货渠道了解农产品信息。从整体看农产品的直播带货还有很大的发展空间，直播带货的宣传力度还需要加大。学者龚骊的调查显示，目前农产品直播带货的主要困难是观看直播的人流量少[①]。产生这种问题的主要原因包括以下 3 点。其一，随着直播带货的兴起，资本开始投入直播带货行业，他们通过购买直播平台的推送和广告，使自己快速具有流量，农民直播难以占据大量流量。其二，大部分的农产品的存量低，难以形成规模化销售和大面积推广，对于请大流量主播带货也难以形成产量的支撑，形成的影响面也小。其三，大量刚刚兴起的农产品直播间难以被发现，并且检索排序靠后以至于被忽略，导致很多农民主播难以吸引流量、扩大宣传。

（二）直播带货的产品差异化特色程度需要提高

首先从用户的网络名称看，从抖音的检索上找到的"石榴哥"相同的用户名就有几十个，而且只有一部分是卖石榴的用户，其他都是生活分享类用户等非农产品的直播用户，消费者不能从用户名称明确分辨出该用户的类型。其次从宣传视频的形式看，直播间的宣传视频大多风格相似，情节相似，消费者对于宣传视频没有了新鲜感和期待感，对于帮助建立地区标志性品牌的效果不大。最后从主播的销售话术看，一些直播间里的农产品主播使用相同或相似的销售话术和与粉丝互动的方式，很容易让消费者产生听觉和视觉疲劳，流失一部分不稳定的消费者和潜在的消费者。

（三）直播带货的专业性人才不足

农产品直播带货需要大量的电商专业人员运作才能保障直播带货的持续运转。而专业技术人才的匮乏正是产品直播带货的痛点之一，如农产品直播带货的推广网页的设计、主播的直播话术及对于农产品的了解、专业摄像机的使用、宣传短视频的调色

---

① 龚骊.直播带货"带"出农产品销售新模式［J］.统计科学与实践，2020（10）：46-49.

和剪辑、直播场景的布置和规划等都需要专业人员的参与。相关人员的专业性不足会降低对产品的呈现效果,从而进一步降低消费者的购买意愿。而且被邀请来的外来主播对于本地农产品不了解,农业知识匮乏,对于产品介绍不全面,难以突出产品的优势。刚刚开始进行直播的农民主播对于直播话术掌握不精,摄像镜头感不足,对相关流程不熟悉,给消费者带来的体验感不强。

(四)直播带货的平台建设及其他措施需进一步完善

直播带货并不是简单地进行线上产品的宣传和简单的售前咨询和售后服务,线下还需要一整套产业链的支撑。产品采摘、仓储、运输、包装及相关的冷链运输等,每个环节都是农产品线上直播带货的依托。对于线上,因直播间的级别高低、容纳的观看人员的数量和直播设备质量不同,从而直播呈现出的效果也不尽相同;网络信号的不稳定,甚至会出现掉出直播间的问题,导致购买过程难以顺利进行。很多消费者不愿意购买直播带货的农产品,还有一个重要原因在于长途运输有时时间太长,无法真正地保障新鲜,拉低了产品的质感和口感,也降低了消费者对于农产品的感官,甚至会拉低消费者的信任,对于农产品的品牌产生消极的影响。

三、进一步加强直播带货助力乡村振兴的路径探析

(一)借助多平台宣传,提升品牌知名度

酒香也怕巷子深,在互联网快消时代,应利用多方媒体平台加大农产品宣传,扩大产品知名度和影响力。国内越来越多的直播平台积极响应国家号召,助力乡村振兴,为各种农产品的直播带货提供了多种助农的措施,各地也积极响应抓住机遇宣传本地农产品。蒙自市借助淘宝等多个直播电商平台打造"北归蒙园"公共品牌,销售蒙自市特色水果,包括红心猕猴桃、柠檬、苹果、枇杷等,帮助农产品"出村进城"。屏边苗族自治县与阿里巴巴、京东等网络销售平台合作,致力打造屏边县的产业品牌,促进产业振兴。截至 2020 年 3 月,屏边苗族自治县线上销售特色农产品 300 余万元[①]。

(二)本土直播和技术结合,赋予产品特色

蒙自市的石榴通过政府引导和技术支持,实现石榴种植的标准化和规模化,生产

---

① 郇宜晴,杨婷婷,吴叡,等.云南省屏边县农产品直播销售模式的优化研究[J].现代商业,2022(4):43-45.

出科技含量高的绿色环保食品。西北勒苹果示范基地建立了两套智慧农业管理体系及农产品溯源体系，有利于健全产品追责体系，加快了乡村数字化建设，增强产品技术含量，突出了产品的技术特色，并且加强了消费者对于产品的信任，有力提升了水果产品品牌价值和市场竞争力。产品的优化加上本土人员直播带货，使产品具有乡村民族特色，品牌更有辨识度。蒙自市 2021 年 1—10 月，全市电子商务销售额达 13.87 亿，2020 年 8 月至 2022 年 6 月，电商园区直播间完成 225 场直播，带货 18 种产品，带动销售额 1265 万元[①]。

（三）建设直播培训基地，进行人才引进和培养

各地政府通过与各大平台合作培养本土网红主播，这样培训出来的主播不仅能掌握直播技能，而且了解产品生长过程、优势及文化背景。不仅带动了当地农民的就业，宣传了当地的农产品和文化，而且降低了农产品销售的交易费用，使农民收到更多农产品带来的价值。蒙自市水田乡结合当前数字经济发展形势，深入挖掘本土网络达人，在"请进来 + 强本土"的基础上，组织开展直播带货培训，增强本土网络人才的直播专业性，为农产品拓宽销路。"水田乡嘎拉迷村通过组织电商直播培训，进一步健全农产品营销体系，拓宽销售渠道，2021 年以来销售额达 10 万元，户均增收 5000 元。"[②]

（四）政府助力完善基础设施，为乡村振兴提供条件

直播带货助力乡村产业发展，配套的基础设施要不断完善，才能更好地发挥直播带货的助力。道路、通信及网络基础设施是直播带货的硬件基础，蒙自推进"三中心一平台"建设，集仓储、交易、加工配送、运输、包装、物流信息等功能的全产业链，为农产品的直播带货打通和稳定产业链。据蒙自市官方公布："截至 2022 年 3 月，全市建成 5G 基站 867 个，5G 网络覆盖方面，城区、乡镇（街道）覆盖率达到 100%，农村常住居民人均可支配收入 18414 元，同比增长 11.2%。"[③] 基础设施的建设为农产

---

① 蒙自市人民政府.发展数字经济产业链　推动全市高质量跨越发展［EB/OL］.（2022-06-28）［2022-10-27］.http：//www.hhmz.gov.cn/zfxxgk/fdzdgkzfxx/zdlyxxgk/qtxxgk/202206/t20220628_590998.html.

② 蒙自市人民政府.蒙自水田乡嘎拉迷村："四手联弹"奏响乡村振兴曲［EB/OL］.（2022-08-31）［2022-10-27］.http：//www.hhmz.gov.cn/zwzx/xzxx_211109/202208/t20220831_602709.html.

③ 蒙自市人民政府.发展数字经济产业链　推动全市高质量跨越发展［EB/OL］.（2022-06-28）［2022-10-27］.http：//www.hhmz.gov.cn/zfxxgk/fdzdgkzfxx/zdlyxxgk/qtxxgk/202206/t20220628_590998.html.

品的直播带货提供了硬件基础，农产品的直播带货又助力于乡村的产业振兴。

参考文献

［1］王丽丽．浅析电商时代下主播直播带货的法律问题及应对策略［J］．河北企业，2022（5）：143-145.

［2］共产党员网．习近平在河北承德考察时强调　贯彻新发展理念弘扬塞罕坝精神　努力完成全年经济社会发展主要目标任务［EB/OL］．（2021-08-25）［2022-10-27］．https：//www.12371.cn/2021/08/25/ARTI1629888790474709.shtml.

［3］杨东霞．电商营销模式下网络直播平台的营销策略研究［J］．商展经济，2022（16）：44-46.

［4］龚骊．直播带货"带"出农产品销售新模式［J］．统计科学与实践，2020（10）：46-49.

［5］郇宜晴，杨婷婷，吴叡，等．云南省屏边县农产品直播销售模式的优化研究［J］．现代商业，2022（4）：43-45.

［6］蒙自市人民政府．蒙自市水田乡嘎拉迷村："四手联弹"奏响乡村振兴曲［EB/OL］．（2022-08-31）［2022-10-27］．http：//www.hhmz.gov.cn/zwzx/xzxx_211109/202208/t20220831_602709.html.

［7］蒙自市人民政府．发展数字经济产业链　推动全市高质量跨越发展［EB/OL］．（2022-06-28）［2022-10-27］．http：//www.hhmz.gov.cn/zfxxgk/fdzdgkzfxx/zdlyxxgk/qtxxgk/202206/t20220628_590998.html.

习近平科技创新思想的生成逻辑、理论特征与实践要义

彭春辉　王　颖

（昆明理工大学马克思主义学院）

一、习近平科技创新思想的生成逻辑

（一）从理论逻辑中理解习近平科技创新思想

习近平科技创新思想蕴含着深厚的马克思主义理论基础和中国共产党人的智慧结晶。一方面，习近平科技创新思想以马克思主义科技创新理论为基石。回顾马克思主义理论，虽然没有明确地提出"科技创新"一词，但是他们认为学技术是生产力的核心要素，对社会经济发展起着重要的推动作用。马克思和恩格斯从资本主义与生产方式变革的关系中，指明了科学技术的重要性，马克思指出："劳动力的生产是随着科学技术的进步而不断进步的"[1]，表明生产工具的发展与生产力有着密切联系，科技创新能够推动生产工具的更新，继而表明科学技术的进步对整个人类社会发展具有重要作用。另一方面，习近平科技创新思想延续了中国共产党人集体的科技创新思想。在社会主义建设初期，以毛泽东同志为核心的第一代领导人，就提出了"向科学进军"

作者简介：彭春辉，男，昆明理工大学马克思主义学院硕士研究生，从事思想政治教育研究。

通讯作者简介：王颖，女，昆明理工大学马克思主义学院副教授，博士，主要从事道德教育、思想政治教育研究。

[1]　中共中央马克思恩格斯列宁斯大林著作编译局.资本论：第一卷［M］.北京：人民出版社，2004：664.

的论断①，其目的就是在不太长的历史时期内，利用科学技术改变我国贫穷落后的面貌。在改革开放时期，邓小平提出"科学技术是第一生产力"②，强调科学技术对国家发展的重要性，而后江泽民提出"创新是一个民族进步的灵魂，是一个国家兴旺发达的不竭动力"③，胡锦涛提出"走自主创新道路，建设创新型国家"④。总之，党的十八大以来，习近平总书记对社会主义科技创新发展作出一系列的讲话和指示，成为习近平科技创新思想的重要组成部分，既具有丰富的理论内涵，也充分体现出习近平总书记对中国特色社会主义科技创新发展事业的认识不断深化。

（二）从实践逻辑中认识习近平科技创新思想

习近平科技创新思想的产生具有深刻的现实基础，是习近平总书记对国际新一轮产业革命、国内社会发展现状的深刻认识和经验总结。一方面，习近平科技创新思想是基于世界新一轮科技产业革命蓄势待发的世情提出来的。经济全球化让全世界各个国家的产品互通有无，资本与技术的交往变得更加紧密，然而在经济全球化的浪潮中，西方资本主义国家凭借其技术创新能力方面的优势，妄图在全球化市场中建立属于本国利益的国际规则，这对于广大发展中国家来说，无疑是一次巨大的挑战。另一方面，习近平科技创新思想是基于新时代中国特色社会主义科技创新的具体实践提出来的。面对严峻的国际形势和国内经济发展下行压力，以习近平同志为核心的党中央审时度势，提出加快构建以国内大循环为主体、国内国际双循环相互促进的新发展格局，这是适应我国经济发展阶段性变化的主动选择，同时也对我国科技创新提出了更高的要求，要求科技领域要攻坚克难，解决好核心技术难题，坚持创新驱动发展，推动中国特色社会主义全方面高质量发展。

二、习近平科技创新思想的理论特征

（一）战略性与人民性相统一

战略问题是一个政党、国家的根本性问题，只有在战略上赢得主动、精准施策，才能为人民谋幸福，为民族谋复兴。中国科技创新需要明确战略导向，习近平总书记

① 中共中央文献研究室.毛泽东文集：第八卷［M］.北京：人民出版社，1993，12：351.
② 邓小平.邓小平文选：第三卷［M］.北京：人民出版社，1993，10：274.
③ 江泽民.江泽民文选：第一卷［M］.北京：人民出版社，1996，11：432.
④ 中共中央文献研究室.十七大以来重要文献选编（上）［M］.北京：中央文献出版社，2009，8：17.

以高度的战略思维和全局视角，谋划我国科技发展事业布局，明确了我国科技发展的战略目标、战略方向和战略位置。面对"科技创新"为谁服务的根本性问题，以习近平同志为核心的党中央始终坚持"以人民为中心"的发展思想，明确科技创新的目的最终是为了惠及民生、造福人类。习近平总书记指出，着力推动工程科技创新，实施可持续发展战略，通过建设一个和平发展、蓬勃发展的中国，造福中国和世界人民，造福子孙后代①。通过科技创新，及时地解决粮食安全问题、医疗卫生问题，更好地实现人民所需、人民所期。总之，习近平总书记战略性地将科技创新与"人民为中心"的发展思想二者统一起来，充分体现出习近平科技创新思想的战略性与人民性的理论特征。

（二）创新性与自主性相统一

创新是科技发展的关键，自主是科技创新的灵魂，全面建成社会主义现代化强国，实现第二个百年奋斗目标，必须走自主创新之路。新时代以来的 10 年时间，我国科技事业取得了长足的进步，在一些科技领域已经跻身前列，但是部分核心技术仍面临"卡脖子"的难题。历史与现实告诉我们，关键核心技术是要不来、买不来、讨不来的，必须把创新主动权、发展主动权牢牢掌握在自己手中②。只有坚持科技自主创新，寻找科技发展的新突破口，勇攀世界科技高峰，才能在未来科技发展中留有一席之地。走好科技自主创新道路，要充分发挥好中国特色社会主义的制度优势，面对一些亟须突破的关键技术，要利用社会主义制度集中力量办大事的优势解决技术困难。要以时不我待的觉悟推进科技自立自强，只争朝夕突破"卡脖子"问题，加强基础理论研究，增强科技创新的源头供给，为我国科技创新发展打下厚实基础，推动中国特色社会主义现代化进程。

（三）民族性与世界性相统一

科技创新发展，既是增强国家实力和民族复兴的关键，也是解决全球性问题的"破局之匙"。习近平科技创新思想具有鲜明的民族性和世界性特征，它是中国化马克思主义科技思想的最新理论成果，也是全球科技创新思想的重要组成部分。新时代科技创新在坚持独立自主的基础上，还要兼顾与世界各国的多元交流，科技创新不能走封闭僵化的老路，需要立足于国内科技发展实况，将国际科技资源融入中国科技发

① 习近平.在巴黎联合国教科文组织总部发表演讲［N］.光明日报，2014-03-28（1）.
② 青原.认清本质洞明大势斗争到底［N］.人民日报，2019-06-17（4）.

展,让科技创新成为中国全方位高质量发展的动力支撑。此外,在积极倡导构建人类命运共同体和生命共同体的背景下,推动中国科技创新由"并行者"向"领跑者"的角色转变,为世界科技发展提供中国方案和中国智慧,实现我国科技创新的多元化、多领域、多学科、多方位的进步和发展。总之,习近平科技创新的价值旨归不仅是为实现中华民族伟大复兴而服务,也为全世界科技发展提供中国方案,这凸显了习近平科技创新思想民族性与世界性相统一的理论特征。

三、习近平科技创新思想的实践要义

(一)坚持科技创新战略地位和提高自主创新能力

在全球新一轮科技和产业革命的浪潮中,中国科技事业要想占有一席之地,就必须坚持科技创新的战略地位,提高自主创新能力。面对世界各国纷纷强化前沿技术领域的严峻挑战,中国科技发展中的原创性技术显得尤为重要。一方面,在科技发展中突出科技创新的战略地位,依据本国科技发展实际,制定出实现中国式科技现代化的行动纲领,构建以政府主导、市场导向、企业主体、科研院校为支撑的科技创新体系,推进我国科技创新的现代化进程。另一方面,坚持科技创新战略地位,需要加强对基础理论的研究和提高自主创新能力,以核心基础、前瞻技术、"卡脖子"技术为我国科技发展的着力点,创新原始理论,实现科技创新从"0到1"的突破,将科技创新理论成果创造性地转化为应用成果,实现中国基础研究和应用研究迈向新台阶,让中国科技成为世界科技创新的新高地。

(二)完善科技创新体制机制和加强人才队伍建设

在迈向中国式现代化的征程中,科技事业发展需要健康的科技体制作为制度保障,需要人才资源作为支撑。一方面,打造体系完备、制度成熟的科技创新体制,需要坚持以习近平科技创新思想为指导。中国科技体制的改革,首要明确党的领导核心作用,加强对科技创新工作的全面领导。另一方面,要实现我国科技强国的愿景,需要打造一支供需匹配、结构合理的科技人才队伍,在人才培养上要具备坚定的政治素养、崇高的道德修养,为我国科技发展事业提供高质量的人才资源供给。建设科技创新人才队伍,必须以习近平科技创新思想为行动指南,做好国家战略结构性调整与人才供给的有效衔接,为科技创新事业配备合理的高层次创新人才。

（三）贯彻落实创新驱动发展理念和着力改善民生

理念是行动的先导，在推动我国科技事业发展的进程中，需要贯彻创新驱动发展理念，坚持以人民为中心的发展理念，用科技造福人民。一方面，实现我国科技创新驱动发展，需要牢牢抓住"创新"这一核心，围绕创新开展科技工作。在制度层面上，要突破现行制度障碍，优化不适用科技创新的体制机制，同时坚持市场在资源配置中的决定性作用，以市场需求作为产业科技创新的发展方向。在主体层面上，科技创新要发挥市场主体作用，增强企业的自主创新能力，实现企业产业化发展。另一方面，中国科技创新始终要以"为人民服务"为目标，坚持科技创新成果服务人民、科技事业依靠人民的发展理念，促使科技成果更充分地惠及人民群众，让科技渗透到社会、经济、文化等各个领域中。通过科技创新与实践应用，改变人民原有的生活方式，改善医疗卫生水平，为人民高质量的生活品质提供坚实的技术支撑。

参考文献

［1］中共中央马克思恩格斯列宁斯大林著作编译局.资本论：第一卷［M］.北京：人民出版社，2004：664.

［2］中共中央文献研究室.毛泽东文集：第八卷［M］.北京：人民出版社，1993：351.

［3］邓小平.邓小平文选：第三卷［M］.北京：人民出版社，1993：274.

［4］江泽民.江泽民文选：第一卷［M］.北京：人民出版社，1996：432.

［5］中共中央文献研究室.十七大以来重要文献选编（上）［M］.北京：中央文献出版社，2009：17.

［6］习近平.在巴黎联合国教科文组织总部发表演讲［N］.光明日报，2014-03-28（1）.

［7］习近平.坚定不移创新创新再创新加快创新型国家建设步伐［N］.人民日报，2014-06-10（1）.

［8］中共中央文献研究室.习近平关于科技创新论述摘编［M］.北京：中央文献出版社，2016：1.

［9］秦书生，于明蕊.习近平关于科技创新重要论述的精髓要义［J］.思想政治教育研究，2020，36（6）：1-5.

［10］张媛媛.习近平科技发展战略思想探析［J］.思想理论教育导刊，2017（7）：47-54.

浅析习近平法治思想的创新发展

——基于中华优秀传统文化视角

王晓霞　张　燕

（昆明理工大学马克思主义学院）

一、法治本质：从"人治为主"到"法治为本"

"制度"重于"人治"。有"制"方能"治"，而就法治的本质层面来看，在主体选择上完成了"人治为主"到"法治为本"的转变，这一转变在某种程度上保障了法治过程中所要求的公平正义，所谓"法者，天下之仪也"。

（一）从"不患寡而患不均"到"以社会主义制度为前提的社会公平论"

对于"人治"还是"法治"的主体选择上，慎子认为"不多听，据法倚数，以观得失"，不听从亲近者之言，而是根据法律和规律，来判断是非得失，即"法"大于"人"，法的价值与地位相继得到提升，继而凸显出其维护社会公平正义的功能。管子进一步阐述了法律的功能，"法断名决，无诽誉。"意为"依法度断事，按刑名判案，没有诽谤和夸誉。"但如若"法治"蔽于"人治"，梁章钜提出"令不行，禁不止，小人纵欲，善良吞泣。"即法令不能实施，禁令起不到制止的作用，就会使小人放纵着他们的欲望，善良的人们只能吞声泣饮。因而社会的公平与正义也就无从谈起。从"人治"到"法治"的转变，体现的是公平正义的法治精神得以彰显。

作者简介：王晓霞，女，昆明理工大学思想政治教育专业硕士研究生。
通讯作者简介：张燕，女，昆明理工大学马克思主义学院教授，硕士生导师。

366

古人云："公与平者，即国之基址也。"公平正义理念从微观层面来看其代表着整个社会的价值取向，从宏观层面来看，其表征着人类社会文明发展进步的过程。习近平法治思想"法治为本"理念的提出，是对中国传统文化中所蕴含的公平正义进行了创造性转化与创新性发展，因而习近平法治思想中所体现的公平正义是建立在坚持以人民为中心的发展思想之上的，这也是我们党治国理政的核心价值①。因此，全面深化改革、全面依法治国必须坚持以人民为中心的发展思想，让人民群众感受到公平正义就在身边，进而全面深化政法改革，增强执法司法的规范性与公信力，推进法治中国建设。所谓"法不察民情而立之，则不威。"因此，公平正义体现在习近平法治思想中，它既不是西方崇尚自由平等的正义论，也不是我国古代"唯患不均论"，而是以社会主义制度为前提的，维护和保障广大人民群众切身利益的"社会公平论"，坚持人民为中心。

（二）从"法必本于人"到"以人民为中心"

民本思想是中国传统文化中极其重要的思想资源。殷商时期就有"恭承民命"的记述，西周之初，周公提出了"敬德保民"等一系列具有人文精神的思想。春秋时期管仲提出："以人为本，本治则国固，本乱则国危。"首次提出了以人为本的思想，后来孔子的"为政以德"、孟子的"民贵君轻"和荀子的"君舟民水"等一系列民本思想，都成为儒家治国理政的重要理论。由此可以看出，受儒家民本思想的影响，中国古代法律已经意识到君与民是唇齿相依的关系，因而中国古代法律实践已经开始重视法必取之于民而用之于民的法治思想。

习近平总书记指出，必须把人民放在心中最高位置②。因此，中国特色社会主义法治实践必须坚持以人民为中心的发展思想。如慎子所言："法者，非从天下，非从地出，发乎人间，合乎人心而已。"即一个国家的法律制度，既不是从天上掉下来的，也不是从地下长出来的，而是在民间社会发轫的，是顺应人的利益和愿望而产生的。所谓"民心是最大的政治"。

二、法治理念：从"以法治国"到"依法治国"

（一）从"奉法强者则国强"到"中国法治建设的时代导向"

《韩非子·有度》："故以法治国，举措而已矣。"以法治国就是一切都按法度来处

---

① 胡建文，曹文泽．习近平法治思想中公平正义的生成逻辑、内涵要义与实现路径［J］．江西师范大学学报（哲学社会科学版），2022，55（2）．
② 习近平．习近平谈治国理政：第二卷［M］．北京：外文出版社，2017．

理问题。是故"君臣上下贵贱皆从法"，因此，有了法度的裁断，人们就不能用伪诈来取得巧利。法家反对"礼治"，主张"法治"的重要观点，对秦朝法制的发展有重大影响，对后世封建法制的重视也有深远影响。《韩非子·有度》亦云："国无常强，无常弱。奉法者强则国强，奉法者弱则国弱。"任何一个国家不会有持久不变的强盛，也不会有持久不变的衰弱。奉行法度如果措施果断强硬，那么国家就会强盛；奉行法度如果措施软弱无力，那么国家就会衰弱。将"奉法"上升为统治者治理国家、政治清明、人民富庶的一条重要准则。

治理国家应该有一定之规，此"规"即"法"。在以"朕即国家"为标志的君主专制国家里，国家的兴衰、民众的命运，全部押在君主的意志上。这样，法律最容易被君主的意志所毁坏。现代法治精神已经从"治民"转向"治官"，治理那些手中掌握着权力的官员，即"抓关键少数"。尽管老百姓也要守法，但是现代法治原则强调为官者不得违法，致力于"治官限权"，即抓住"官"这个执法关键，就能促进公正司法、全民守法，健全法治建设。

（二）从"徙木立信"到"执法必严"

"徙木立信"指变法的法令都已完备，但迟迟没有公布于民，故而法令得不到施行，变法图强的夙愿很快就会化为泡影。常言道变法者一曰勇，二曰智，三曰信，既要有变法的勇气，还要有变法的睿智，更要得到民众的信任与拥护。于是，卫鞅立木杆于南门并对百姓宣称："有能够搬过去的就赏给五十镒黄金。"后来某天有人真的将木杆搬至了北门，卫鞅立即向其兑现了诺言，以此向百姓表衷自己变法图强的决心，百姓也认为其用心正义，遂积极拥护变法。从这一典故中我们也能看出法治建设进程中立法与执法的重要性。所谓"法，国之权衡也，时之准绳也。"苏轼认为，"有法不行，与无法同。"即有法而不行使，那就等同于没有法律。王符认为，"国无常治，又无常乱，法令行则国治，法令弛则国乱。"即一个国家没有长久不变的安定，也没有长久不变的动乱。法令施行了，国家就安定；法令松弛了，国家就动乱。苏辙有言，"立法设禁而无刑以待之，则令而不行。"也就是如果立法规定了禁止的条款却没有相对应的处罚来处置，那么，即使有规范，也无法执行。因此，反观执法过程中"有法不依"的腐败现象，正是法治精神不健全而导致的后果。因为"没有法治精神，再精密的法律条文都难免沦为摆设。"[①]

法治精神是法治的公平正义的外在表征。执法必严是法治体系的最终环节，也是

---

① 习得：习近平引用的古典名句（七）［J］.党员干部之友，2015（2）.

法治的灵魂与生命①。有法可依的关键在于执法必严，即"法无授权不可为"，要严守法律的边界，执法司法切不可越界出轨。"良法"与"善治"在法治体系中不是对立的两个方面，而是相得益彰的两个部分，良法再完备，如果执法不严格，同样也不能达到事半功倍的治理效果。因此，"良法"不等同于"善治"，"善治"需要"良法"保驾护航，二者唇齿相依，相辅相成，只有二者齐发力，才能开创我国法治建设良法善治的新局面。

三、法治原则：从"明德慎罚"到"德法兼施"

法安天下，德润人心。"德治"与"法治"一脉相承，"法治与德治的关系源于法与道德的关系"②。老子称："上德不德，是以有德；下德不失德，是以无德。""法令滋章，盗贼多有。"也就是最有道德的人，从不标榜自己有德，因此才真正具有道德；道德低下的人标榜自己没有离失道德，所以他并不真正具有道德。法令愈加严酷，盗贼就愈多。儒家的德治就是主张以道德去感化教育人。太史公曰："法令者治之具，而非制治清浊之源也。"即法律是治理国家的工具，但不是治理好坏的本源。在"德治"文化的熏陶下，德治成为统治者长期奉为正统思想，成为治国理政的重要理念③。从孔子"导之以德，齐之以礼"、管子"礼法并重"到汉代董仲舒"德主刑辅、以德治国"，德治为主、法治为辅一直占据治国理念的重要位置，都体现了德治和法治相结合的治国之道④。礼法并治被看作汉代以来的主要治国方略。礼法并治、德法兼施在统治者治国理政的理念中长期占据主导地位。

德法之辩一直是政治学、法学常谈常新的论题。对于国家治理来说，法治和德治如同车之两轮、鸟之两翼，不可偏废。《新时代公民道德建设实施纲要》指出，"坚持德法兼治，以道德滋养法治精神，以法治体现道德理念"，强调法治和德治两手抓、两手都要硬。也就是法治建设进程中，以德治国与依法治国二者并非形同陌路，而要形影不离，合力开创我国法治建设良法善治的新局面。

---

① 习近平在中央政法工作会议上强调：坚持严格执法公正司法深化改革促进社会公平正义保障人民安居乐业［N］.人民日报，2014-01-09（1）.
② 张中秋.法治及其与德治关系论［J］.南京大学学报（哲学·人文科学·社会科学版），2020（3）.
③ 季爱民，程梅婷.中国传统文化视域下习近平法治思想的创新发展［J］.学校党建与思想教育，2022（4）.
④ 本刊评论员.必须坚持依法治国和以德治国相结合［J］.求是，2014（24）.

四、结语

习近平法治思想厚植于中华优秀传统文化，并汲取了传统文化深厚的理论特质和实践基础，实现了批判式继承与创新性发展。中华优秀传统文化这一独特文化底蕴使习近平法治思想具有鲜明的中国特色、庄严的华夏风范，使当前社会主义法治建设的理论逻辑与实践逻辑更具中国特色、更显大国自信，必将引领我国法治建设迈向良法善治的新境界。

参考文献

［1］胡建文，曹文泽.习近平法治思想中公平正义的生成逻辑、内涵要义与实现路径［J］.江西师范大学学报（哲学社会科学版），2022，55（2）.

［2］习近平.习近平谈治国理政：第二卷［M］.北京：外文出版社，2017.

［3］习得：习近平引用的古典名句（七）［J］.党员干部之友，2015（2）.

［4］习近平在中央政法工作会议上强调：坚持严格执法公正司法深化改革促进社会公平正义保障人民安居乐业［N］.人民日报，2014-01-09（1）.

［5］张中秋.法治及其与德治关系论［J］.南京大学学报（哲学·人文科学·社会科学版），2020（3）.

［6］季爱民，程梅婷.中国传统文化视域下习近平法治思想的创新发展［J］.学校党建与思想教育，2022（4）.

［7］本刊评论员.必须坚持依法治国和以德治国相结合［J］.求是，2014（24）.

脑机接口技术在医疗领域对患者的自主性问题探究

张 喆 赵 旭

（昆明理工大学马克思主义学院）

脑机接口（Brain-computer interface，BCI）是指将人或动物脑（或者脑细胞的培养物）与计算机或其他电子设备相连，建立一种不依赖常规大脑信息输出通路（外周神经和肌肉组织）的全新通讯和控制技术[①]。自主性主要考察自主行为，即个人能够根据自身理性做出判断且有能力执行[②]。BCI技术的产生及发展能够有效促进人类认知能力的提升，提高人们生活质量。然而随着科技的发展和进步，一些难以克服的新障碍将逐步显现出来。比如当前研究应用较为广泛的人脑与计算机交互实验技术（NLP），这一研究领域就存在诸多伦理问题。但当前BCI技术的研发与应用主要围绕医学领域进行，本文也将着重探讨BCI技术在医学领域的自主性伦理问题，通过对BCI技术在医学领域的自主性伦理问题的分析，尝试性提出相应解决对策，以助BCI技术更好地发展，为实现我国科技强国的目标添砖加瓦。

作者简介：张喆，女，昆明理工大学马克思主义学院科学技术哲学专业硕士研究生。

通讯作者简介：赵旭，男，昆明理工大学马克思主义学院教授，硕士研究生导师。

① 胡凌.理解技术规制的一般模式：以脑机接口为例［J］.东方法学，2021（4）：38-48.

② 魏郡一.脑机接口技术：人的自主性问题及其伦理思考［J］.医学与哲学，2021，42（4）：27-31.

一、关于患者的自主性伦理问题分析

（一）关于患者决策自主性缺失伦理问题分析

具有自主决策能力的前提是能够理解脑机接口技术研究的信息，理解 BCI 技术可能产生的风险及后果，才能选择是否加入研究。BCI 技术本身就是一项新兴技术且比较复杂，而该技术在医疗领域应用时，使用者大多数存在严重生理障碍。这使得信息的传达和接收都存在不少困难。

BCI 技术是一项新兴的神经技术，并没有完全进入大规模临床应用阶段。因此研究者对它带来的风险并没有完全了解[①]。目前已知的风险为侵入式脑机接口技术可能带来的出血和感染、组织被破坏等。对于其他风险，例如会不会引起大脑的病变等尚不明确。研究人员在这种情况下传达给患者的信息本就是有限的，他们在自身都不理解的情况下，无法告诉患者关于脑机接口更多相关的信息及在使用过程中会出现的状况。患者的自主决策从信息的来源与传达上就受到了一定程度的限制。

并且使用 BCI 技术的患者大多具有意识、认知以及行动障碍，如何使此类患者表达自我意愿是当前 BCI 技术面临的应用难题，若行使代理决策权是否会违背主体意志也是需要考虑的问题。

此外，神经外科医师和神经科学家正在努力实现对人的大脑的可视化、可量化，以更好地了解大脑的功能和运作状态。在当前的医疗康复领域，BCI 技术对患者进行康复治疗需要在患者知情且同意的情况下进行，并与医师、研究人员、康复技术有着完好的沟通与了解。但对需要 BCI 技术进行康复治疗的患者来说，部分患者无法进行决策。例如闭锁综合征患者，所以在个体自主行为能力因种种原因无法实现时，若对患者进行代理决策是否科学合理、符合患者主体的意愿等问题，需要慎重考虑。

（二）关于患者自主性混乱的伦理问题分析

由于 BCI 技术基于人机的互动融合，因此这种情况下便可以反向操纵，患者在使用或依赖 BCI 技术的同时意味着自我控制权的丧失，而这种丧失正是无形的思想。这种攻击可能发生在 BCI 技术使用周期的每个环节[②]，容易造成患者自主性混乱的问题。

---

① 葛松，徐晶晶，赖舜男 . 脑机接口：现状，问题与展望［J］. 生物化学与生物物理进展，2020，47（12）：1227-1249.

② IENCA M，HASELAGER P . Hacking the brain：brain-computer interfacing technology and the ethics of neurosecurity［J］. Ethics and information technology，2016，18（2）：117-129.

BCI 技术的出现在一定程度上使 BCI 成为用户精神世界的主导者，患者甚至可以通过 BCI 操控、增强、治疗自己的神经功能，此时患者在使用该技术时，不可避免地使自我与技术相结合、融合，使得"赛博格"① 出现，用户呈现电子人状态，使 BCI 用户对自我身份产生怀疑。

BCI 技术带来的人机融合，技术哲学家贝尔纳·斯蒂格勒在《技术与时间 1：爱比米修斯的过失》一书中，表达了他对于人类身体和技术之间关系的观点，他认为技术是人体的代具②，而且在进行"脑控"时 BCI 出现问题③，人的意识不能主导机器，由机器对人的行为发出命令，这将使人的自主性丧失，那么这个"人"的类属问题值得深思。

在医疗领域，患者在使用 BCI 技术时，因 BCI 技术的特殊性，易使其对自我意识产生怀疑，并且长期接受 BCI 设备治疗的患者可能会怀疑自己对行为的控制，因此会对其心理健康产生潜在的负面影响。

（三）关于患者自主性混乱带来的归责问题分析

患者在使用 BCI 技术时，因 BCI 技术的特殊性，无论是侵入式 BCI 还是非侵入式 BCI，其都与用户大脑密不可分，可能会对患者大脑产生的影响是未知的。BCI 技术的一个重要前提和必要保障是对责任范围的划分以及责任的分配。

当患者使用 BCI 技术时，应判断机器运行是否正常，若机器出现故障，对主体意识翻译不准确甚至错误，是否会做出违背主体意志的行为，使得患者自主性丧失。此外 BCI 技术在一定程度上可以理解为是距离大脑最近的一种技术，而大脑对人的重要性众所周知，在 BCI 技术中，无论是侵入式 BCI 还是非侵入式 BCI 都与用户的脑电信号有所接触，那么有可能会对 BCI 用户的脑电信号产生影响，通过 BCI 进行思想融合④，是否可能会在 BCI 主体意识不清醒的情况下对 BCI 进行的行为控制，使患者面临自主性丧失的风险。

---

① 郁喆隽.对未来科技的哲学审思［J］.书城，2021（2）：5-13.

② 乔新玉，张国伟.人机融合：赛博格的身体技术与身份认同［J］.编辑之友，2021：63-66.

③ 宁晓路，曹永福，张颖，等.脑机接口技术应用的伦理问题分析［J］.医学高新技术伦理，2018：39-604.

④ FIACHRA O'BROLCHAIN, BERT GORDIJN. Brain–computer interfaces and user responsibility ［M］//GRUBLEK G, HILDTE. Brain-computer interfaces in their ethical, social and cultural contexts Dordrecht：Springer，2014：163-182.

二、伦理对策探讨

基于上述伦理问题,可展望到未来脑机接口技术可应用于医学治疗领域的可能性及其可能带来的后果。BCI 技术产生的伦理问题需在其尚未被广泛应用时进行解决处理,以使其处于技术安全红线之内。

(一)从设计主体层面对策分析

作为 BCI 产品的设计者,在应对 BCI 产品引发的伦理问题方面具有不可推卸的责任,在设计产品之初,应对与 BCI 产品有关的伦理问题进行全面考虑,努力减少其可能引发的伦理问题。

①加强患者知情同意或代理决策最优化。在医疗领域,使用 BCI 技术对患者进行治疗时,对于有自主决策能力的患者,要保障患者对技术的知情同意,医护人员要遵守此原则。对于丧失自主决策能力的患者,应由其法律关系上最亲近的人,在与专业的医护人员进行商议后,与医护人员共同为患者进行代理决策,以保证代理决策的最优化。

②建立"以人为本"科研伦理规范。BCI 设计者要保证患者在使用 BCI 技术时的主体性,谨防主体性丧失的情况出现,保证人对于 BCI 技术的绝对支配地位。设计者要严格遵守"以人为本"的原则,针对非必要的治疗型 BCI 技术设置使用时间,避免产生依赖性从而使患者对 BCI 技术成瘾。

③在 BCI 产品使用前,BCI 研发者及 BCI 销售商应提前做好风险评估,为 BCI 产品投入市场质量问题把关;国家层面应对投入市场的 BCI 产品做好管控及质量检测。

(二)从应用客体层面对策分析

作为 BCI 产品的使用者,患者在使用 BCI 技术时,理应对 BCI 产品具有了解与决定的权利,但面临一些特殊的无法沟通或者认知障碍的患者,难以沟通及行使自主决定权,此时更应谨慎面对。

①在使用 BCI 产品前,患者应正视自己对 BCI 的使用;积极接受 BCI 产品的医院方提供的心理检测和心理干预,增强其心理抗压能力。

②在使用 BCI 产品前,患者自身若具备表达自我意愿的能力,应帮助患者全面了解该 BCI 产品,充分尊重患者意愿,尊重其自主决策权;对于不能行使自主决策权的患者,参考上述(加强患者知情同意或代理决策最优化)。

③ BCI 用户在使用机器前，应明晰其潜在风险。在 BCI 产品使用后，对患者思想意识以及感觉运动行为的控制产生影响，应按照使用 BCI 前签署的相关合同追究相关责任，若合同责任划分不清晰，应以保护用户权益为出发点对相关部门进行问责。

（三）从技术层面对策分析

在当今时代，人的自主性被削减得越来越弱，尤其在"智能化"面前，当前的"智能化"还是属于人在外部控制设备。在未来社会，BCI 技术尤其是侵入式 BCI 的特点是与人体的高度融合，人在机器面前的自主性可能将会面临更大的危机，如被"控脑"风险，如何从技术层面对风险进行防控是我们接下来探讨的问题。

① BCI 技术研究者从技术突破层面了解脑机接口技术带来的风险，以此告知患者，使之在使用前明晰其风险后决定是否使用 BCI 技术。

②以当前 BCI 技术的发展来看，当前及未来 BCI 技术运行于算法之下，算法的设计运行又极为重要，需要将其严格控制在一定的技术红线之内，从技术层面降低其可能带来的伦理风险。

（四）社会层面对策分析

全球范围内建立健全 BCI 技术实验、应用、伦理监督的标准化体系。当前 BCI 技术势头发展迅猛，如果对 BCI 技术研究使用不当，将 BCI 技术应用于危害地球、国家、社会的领域内，对社会造成的影响不可谓不大。所以要建立健全 BCI 技术实验、应用、伦理监督的标准化体系，以助 BCI 技术健康发展，为人类所用。

三、结语

概述之，BCI 技术作为人工智能技术的重要组成部分，在医学领域的应用备受关注，但其在应用过程中产生的诸多伦理问题亟待解决。BCI 技术的应用会带来一定的科学变革，它带来的既有收益也存在风险，作为科学工作者我们不能只关注于技术问题还要关注其伦理问题。本文通过分析 BCI 技术在医疗领域的自主性伦理问题并尝试性提出解决对策，希望对以后 BCI 技术的伦理规范工作有所启发，以助 BCI 技术更好地服务于人类，造福于人类。

参考文献

［1］胡凌.理解技术规制的一般模式：以脑机接口为例［J］.东方法学，2021（4）：38-48.

［2］魏郡一.脑机接口技术：人的自主性问题及其伦理思考［J］.医学与哲学，2021，42（4）：27-31.

［3］葛松，徐晶晶，赖舜男.脑机接口：现状，问题与展望［J］.生物化学与生物物理进展，2020，47（12）：1227-1249.

［4］IENCA M，HASELAGER P . Hacking the brain：brain-computer interfacing technology and the ethics of neurosecurity［J］. Ethics and information technology，2016，18（2）：117-129.

［5］郁喆隽.对未来科技的哲学审思［J］.书城，2021（2）：5-13.

［6］乔新玉，张国伟.人机融合：赛博格的身体技术与身份认同［J］.编辑之友，2021：63-66.

［7］宁晓路，曹永福，张颖，等.脑机接口技术应用的伦理问题分析［J］.医学高新技术伦理，2018：39-604.

［8］FIACHRA O'BROLCHAIN，BERT GORDIJN. Brain–computer interfaces and user responsibility［M］//GRUBLEK G，HILDTE. Brain-computer interfaces in their ethical，social and cultural contexts Dordrecht：Springer，2014：163-182.

［9］尼克·拉姆西.脑—计算机接口［M］.伏云发，丁鹏，罗建功，等译.北京：国防工业出版社，2022.

［10］RUSSO G M，BALKIN R S，LENZ A S . A meta - analysis of neurofeedback for treating anxiety - spectrum disorders［J］. Journal of counseling & development，2022，100（3）：236-251.

［11］张学义，潘平平，庄桂山.脑机融合技术的哲学审思［J］.科学技术哲学研究，2020：76-81.

［12］顾心怡，陈少峰.脑机接口的伦理问题研究［J］.科学技术哲学研究，2021：79-85.

正确认识和把握科学技术的双重性

常 玄 刘化军

（云南师范大学马克思主义学院）

科学技术是人类认识世界和改造世界的手段，其实质是一种理论、技术、方法和工具的集合。马克思从辩证唯物主义和历史唯物主义的角度出发一分为二地看待科学技术，他既肯定科学技术对人类、社会发展的促进作用，也看到由于科学技术的发展导致一系列问题出现。正确理解科学技术的双重性，有利于利用好科技的积极作用促发展，克服科技的消极作用谋复兴。

一、科学技术的本质

科学是关于自然、社会和思维的知识体系[1]，是以范畴、定理的形式反映真实世界中的各种现象的性质和运动的体系[2]，是人类求真的一种认知活动、方法系统和知识体系。技术是人们利用自然和社会规律，为满足自身物质生产、精神生产以及其他非生产活动所必需的各种物质手段和方法的总和[3]。技术"揭示了人与自然的动态联系，表现在人类的生产过程、生活状态中。"[4] 科学和技术两者是相辅相成、辩证统一的，它

作者简介：常玄，女，云南师范大学马克思主义学院马克思主义基本原理硕士研究生。

通讯作者简介：刘化军，男，云南师范大学马克思主义学院教授，硕士研究生导师。

① 夏征农，陈至立.辞海［M］.上海：上海辞书出版社，2015：1746.

② 胡乔木，姜椿芳，梅益.中国大百科全书（哲学卷）［M］.北京：中国大百科全书出版社，2011：404.

③ 金炳华.哲学大词典［M］.上海：上海辞书出版，2007：779.

④ 中共中央马克思恩格斯列宁斯大林著作编译局.马克思恩格斯全集：第二十三卷［M］.北京：人民出版社，2006：410.

们有着密不可分的关系。随着现代科学技术的发展，科学与技术相互依赖、相互促进的关系日趋突出，科技融合呈现出新的特征与趋势。科学技术是人们在思考世界、认识世界、研究世界、改造世界的过程中创造出的一系列工具，科学技术的实质是人们认识世界和改造世界的成就，其一旦形成又反过来成为人们进一步认识世界和改造世界的理论指导和实践工具，它能提高人们认识世界和改造世界的能力和效率。

二、科学技术的双重性

科学技术对人类和社会的发展既有促进作用，也有反作用。纵观历史，资本主义国家在过去两百多年里相继开展了科技革命，科学技术的发展引导生产力不断革新、促进生产关系的变革，这对世界格局的变化产生重要影响。辩证认识科学技术的作用，能更好地利用科学技术推动人类、社会进步。

科学技术作为人类进步的源泉，是推动社会发展的重要动力。17世纪以来，以火药为代表的新兴技术先后登上历史舞台。"蒸汽机和棉花加工机的发明……推动了产业革命，产业革命同时又引起了市民社会的全面变革"[1]。科学技术是推动社会向前发展的动力和源泉，"科技是国家强盛之基，创新是民族进步之魂。自古以来，科学技术就以一种不可逆转、不可抗拒的力量推动着人类社会向前发展"[2]。科学技术本身天然地具有推动社会进步的积极功能。所以，马克思曾称其为"历史上的有力的杠杆"，是"最高意义上的革命力量"[3]。科技的发展，可以使劳动资料、对象、劳动者素质得到提高。科技在生产中的应用，能渗透到影响生产效率的各个元素中，从而转化为真正的生产力。科学技术是生产工具的灵魂、是劳动者能力的基础。科学技术的发展程度，决定着生产力的高低，决定着生产关系。按科学技术发展程度的高低，生产关系发展的程度可以划分为几个时期。纵观整个人类社会发展历程，人类社会生产力的若干次飞跃，都是由于科学技术取得了重大突破。"科学技术是先进生产力的集中体现和重要标志，是第一生产力"[4]。科学技术运用于生产活动中，使人类改造世界的能力得到了极大提高。科技进步促进生产力发展，生产力决定生产方式，生产方式决定生产关系即经济关系。

① 中共中央马克思恩格斯列宁斯大林著作编译局.马克思恩格斯全集：第二卷［M］.北京：人民出版社，2006：368.
② 习近平.在中国科学院第十七次院士大会、中国工程院第十二次院士大会上的讲话［M］.北京：人民出版社单行本，2014：3.
③ 1861—1863年经济学手稿［M］.北京：中央编译出版社，2014：348.
④ 江泽民.江泽民文选：第三卷［M］.北京：人民出版社，2006：270-272.

所有事物都具有双面性，科学技术也不例外。纵观人类文明的发展史，科学技术的发展始终遵循着"反自然选择"的道路，它不断地给人类带来征服、改造自然的能力，同时也在一定程度上改变了人们的生活方式、生产方式和认知方式。随着科学技术迅猛发展，人类为了经济、社会发展不惜牺牲生态环境，工业生产急剧增长，最终导致全球性环境问题频发。"我们不要过分陶醉于我们人类对自然界的胜利。对于每一次这样的胜利，自然界都对我们进行了报复"①。人类的非理性行为，尤其是通过科技手段对自然的无限索取，造成全球范围内生态系统的结构失衡，导致全球性资源短缺、能源危机等，大大缩短了地球资源的使用年限，这一系列行为严重威胁人类的生存与发展。此外，随着基因工程、互联网技术、人工智能等科技发展，社会伦理问题也不断出现，人类基因工程中所涉及的社会、伦理和法律问题尤为突出。第一只克隆羊多莉的成功诞生是克隆技术的伟大突破，但由此产生的伦理关系问题则对人类自然发展产生极大影响。科技发展已经从改造自然界扩展到对人类内在生理和心理结构的改造，这大大威胁着人口的自然延续。同时，当以技术为核心的移动互联网在生活中普及，一个既有仿真又有虚拟互动的数字化的世界便被创造出来，这个世界给人们一种浸入式的感受，拉近人们的交流、交往，也导致信息安全、个人隐私等问题频发。此外，当代人工智能的出现则是导致"科学技术异化"论产生的根源。科学技术，特别是人工智能，代替了大部分人类的工作，人类对科学技术的掌控力度越来越弱，而最终科技极有可能成为人类的主宰。人类作为曾经科技成果的创造者，在科技迅猛发展的时代里完全沦为人工智能的附庸。因此，正确认识科学技术与人类发展的关系，有利于明确人的全面发展是目的，科学技术是手段，科学技术的不断革新是为人类更好地发展、生产服务。

三、科学技术双重性的启示

"在我们这个时代，每一种事物都好像包含有自己的反面"②，科学技术是一把双刃剑，需要辩证地看待科学技术的作用，正确对待科学技术的双重性。新时代下，我国仍然存在发展不平衡不充分的问题，只有发挥好科学技术的积极作用才能解决我国的问题，促进生产、发展社会，为人民的幸福生活添砖加瓦。

---

① 中共中央马克思恩格斯列宁斯大林著作编译局.马克思恩格斯选集：第四卷［M］.北京：人民出版社，2006：123.
② 中共中央马克思恩格斯列宁斯大林著作编译局.马克思恩格斯选集：第一卷［M］.北京：人民出版社，2006：775.

（一）利用科技的积极作用促发展

科学技术的发展是一个"无止境的革命"，科技是人类发展之源，它是推动人类社会前进的一个重要因素，对促进人类社会发展起到不可替代的作用。社会进步和生产力的发展是科技创新的必然结果。当前，我国仍处于并将长期处于社会主义初级阶段，人民日益增长的美好生活的需要与发展不平衡不充分之间的矛盾是我国社会现阶段的主要矛盾，我国共同富裕的目标尚未实现，这说明生产力发展对我国至关重要。"要重视科技创新对生产力发展的作用，发挥科技创新在民族伟大复兴中的支撑引领作用"①，科学技术的创新对生产力的发展有着深远的影响，科学技术的发展自始至终都是我们党和国家在改革开放后取得历史性成就和变革的根源。新时代下，面对百年未有之大变局，面对国内国外不同风险和挑战。首先，必须加大科技创新的力度，坚持以创新为核心的发展驱动战略，鼓励科技创新，提高科技成果的应用率。其次，高度重视科技和生产相融合，推动产业升级，促进经济发展。坚持科技自主，全方位地推进科技创新体制、强化关键核心技术，加快建设科技型和创新型国家。最后，加快科技强国建设的步伐，优化资源配置，开创中国特色社会主义新局面，走出适合我国实际的科技革新之路，实现高水平的科技自主发展。

（二）克服科技的消极作用谋复兴

首先，科技创新要树立正确的价值观，明确科技的最终目的是促进人的全面发展。科技创新要本着为人类生活、发展而服务。"通过工业日益在实践上进入人的生活，改造人的生活，并为人的解放做准备"②。中国特色社会主义进入新的历史阶段，我国科技事业发展也进入新的阶段，科技工作者作为科技创新的主体，承担着时代的责任，在科研、科技创新和工程开发中具有无可取代的地位。科技工作者与应用者要提高自身素质，尽可能降低科技的消极作用，要坚持以人为本的价值取向，用道德和伦理规范科技发展，让科技发展惠及民众。其次，科技创新要尊重自然，以可持续发展为指引。避免出现"先发展经济，后治理环境"等类似情况再次发生。人与自然本是相互依存、相辅相成的系统。自然既是人类生存与发展的基础，又是社会建设中不可或缺的一部分。科技创新必须合理利用自然界有限的资源，坚持科技创新与自然协调发展，为人类社会的可持续发展注入不竭动力。"面对严峻复杂的国内外形势，我们必须坚持节约优先、

---

① 新华社．决胜全面建成小康社会夺取新时代中国特色社会主义伟大胜利：在中国共产党第十九次全国代表大会上的报告［N］．北京：人民日报，2017-10-28．

② 马克思．1844 年经济学哲学手稿［M］．北京：人民出版社，2018：85．

自然恢复为主的方针，建设资源节约型环境友好型社会"①。通过科技创新，解决现代化进程中"绿色发展"的问题，实现人与自然的协调发展。最后，"科技是国之利器，国家赖之以强，企业赖之以赢，人民生活赖之以好"②，正确对待科技发展的负面效应，充分释放科技创新的活力，让"科技梦"作为"中国梦"实现的巨大驱动力。

参考文献

［1］夏征农，陈至立.辞海［M］.上海：上海辞书出版社，2015：1746.

［2］胡乔木，姜椿芳，梅益.中国大百科全书（哲学卷）［M］.北京：中国大百科全书出版社，2011：404.

［3］金炳华.哲学大词典［M］.上海：上海辞书出版，2007：779.

［4］中共中央马克思恩格斯列宁斯大林著作编译局.马克思恩格斯全集：第二十三卷［M］.北京：人民出版社，2006：410.

［5］中共中央马克思恩格斯列宁斯大林著作编译局.马克思恩格斯全集：第二卷［M］.北京：人民出版社，2006：368.

［6］习近平.在中国科学院第十七次院士大会、中国工程院第十二次院士大会上的讲话［M］.北京：人民出版社，2014：3.

［7］1861—1863年经济学手稿［M］.北京：中央编译出版社，2014：348.

［8］江泽民.江泽民文选：第三卷［M］.北京：人民出版社，2006：270-272.

［9］中共中央马克思恩格斯列宁斯大林著作编译局.马克思恩格斯选集：第四卷［M］.北京：人民出版社，2006：123.

［10］中共中央马克思恩格斯列宁斯大林著作编译局.马克思恩格斯选集：第一卷［M］.北京：人民出版社，2006：775.

［11］新华社.决胜全面建成小康社会夺取新时代中国特色社会主义伟大胜利：在中国共产党第十九次全国代表大会上的报告［N］.北京：人民日报，2017-10-28.

［12］马克思.1844年经济学哲学手稿［M］.北京：人民出版社，2018：85.

［13］本书编写组.新思想·新观点·新举措［M］.北京：学习出版社、红旗出版社，2012：66.

［14］新华社.中共十九届五中全会在京举行［N］.北京：人民日报，2020-10-30.

---

① 本书编写组.新思想·新观点·新举措［M］.北京：学习出版社、红旗出版社，2012：66.
② 新华社.中共十九届五中全会在京举行［N］.北京：人民日报，2020-10-30.

人工智能的道德问题刍议

陈 乐 高 洋

（云南师范大学马克思主义学院）

在科学技术迅猛发展的今天，人工智能技术得到了前所未有的发展。一场人机围棋比赛，让人类发现自己能力的渺小，人们也对人工智能技术发展带来的一系列社会问题、伦理道德问题展开了热烈和广泛的争论。无论人工智能机器能否发展到跟人类一样具有意识和情感，能否真正成为道德主体，在追求科技创新的道路上，为了让人工智能技术及其应用更好地服务人类、造福人类，我们应该积极防范人工智能技术潜在的风险和可能给人类带来的危机。

一、人工智能的发展进程

"2016 年由谷歌旗下的 DeepMind 公司开发的 AlphaGo，在与围棋世界冠军、职业九段棋手李世石进行的围棋人机大战中，以 4 比 1 的总比分获胜。这一刻，即使是之前对人工智能一无所知的人，也终于开始感受到它的力量。"[①] 当人类在彰显智力堡垒的棋类游戏中大败人工智能技术，这一震惊世界的事件发生后，越来越多人的注意力被人工智能所吸引，人工智能技术进入公众视野，科研机构、技术开发界、消费市场等竞相追逐人工智能技术、开发人工智能产品。人类已经进入了人工智能的时代，最能体现人工智能热潮的就是机器能够具有高度自主性的学习算法——深度学习，可

作者简介：陈乐，女，云南师范大学马克思主义学院外国哲学硕士研究生。

通讯作者简介：高洋，男，云南师范大学马克思主义学院副教授，硕士生导师。

① 腾讯研究院.人工智能：国家人工智能战略行动抓手［M］.北京：中国人民大学出版社，2017：59.

以自我学习、自我编程、自我决策。

在科学技术突飞猛进的今天，追求科技创新助力人工智能技术取得新进展，愈加加速了智能机器的到来。这也使得机器发生了重大转变，它不再是曾经人们所认识的那种冷冷冰冰、笨重庞大，还稍显愚笨的被动工具，逐步向具有规划、决策、感知、执行、认知的"能动者"迈进。"受到大数据、持续改进的机器学习、更强大的计算机、物理环境的IT化（物联网）等多个相互加强的因素推动，人工智能技术在ICT领域快速发展，不断被应用到自动驾驶汽车、医疗机器人、护理机器人、工业和服务业机器人以及互联网服务等越来越多的领域和场景。国外一些保险和金融公司以及律师事务所开始使用具有认知能力的人工智能系统替换人类雇员。"[①] 但是从一些使用人工智能技术而引发的灾难性事件来看，我们迫切需要考虑是否应该给人工智能一个道德主体。因为随着人类对人工智能技术、人工智能产品需求的增长，越来越高级的机器被发明出来，更甚者还有那些拥有与人类高度相似的感知能力、情感水平的智能产品的开发。另外，目前很多发达国家也在积极地开发军用机器人，其自主性的日益增强也已经是发展军用机器人的一种趋势，例如，像朝鲜、印度等先进国家就研制出了放哨自动化机器人，它的全自动模式，可以在没有人的指挥或命令下而自行决定是否对敌方开火。美国国会在2000年下令将三分之一的军用地面车辆和深潜攻击机替换为机器人车辆。这些具备自主决策的机器人杀手对人类的生命和世界和平的威胁是不容小觑的，其中隐藏的诸多道德问题也需要人类密切关注和反思。从医疗诊断、图像识别、语音识别，人工智能系统在越来越多的领域达到甚至超过人类的认知水平。就目前的发展状态和趋势，人类有理由预见，在不久的将来，医疗、交通运输、金融机构、工业服务、军事国防等诸多领域的人类体力、脑力、决策力将由智能机器人或系统所取代。

在机器学习中，其基础步骤是给算法提出训练数据，而后学习算法再按照从训练数据中得出的推论产生一个新的规律，这被称为机器学习模型。就自动驾驶车辆来说，它使用了一系列雷达和激光感应器、录像头、全球定位控制系统等设备，还有许多复杂的分析性编程和计算系统等，它能像人一般做得非常好，甚至在一些方面还远远优于人类。自动驾驶的车辆仔细地观察周围道路，并注意其他车辆行人、障碍物、近道等，考虑交通流量、气候条件和影响车辆运行安全性的其他各种原因，并不断调节路径和速度，所有这些都是机器学习的结果，并非取决于程序员的决策能力，虽然是程

---

① 腾讯研究院、中国信息通信研究院与腾讯研究院AI联合课题组.互联网前沿［M］.北京：中国人民大学出版社，2016.

序员设定了学习规则。上述情况无不说明，电脑、机器人等正在摆脱人的直接操控，独立地运行，尽管它们仍由人类来按下启动按键，或由人实现间接操控。不过从其本质上来说，他们早已不是在人手中的被动机器，而是变成了人的意志的执行者、决策者，拥有自主权和能动性。

而"完全的自主性"意味着不需要人类介入或者干预的情况下，产生了新的机器模式：感知—思考—行动。当决策者是人类自身，而机器仅仅是人类决策者手中的工具时，人类需要为其使用机器的行为负责。当人类决策者使用机器从事不当或者违法行为时，人类社会一方面可以借助法律这一工具对违法者进行惩罚。然而，当具有自主性的机器在自主决策和执行过程中违背了法律法规，损害了人类利益时，既有的针对人类决策者的法律法规和道德并不适用于这些非人类的机器。面对越来越自主性的机器人，人类在设计机器人时，需要对机器人这一"能动者"提出类似的法律法规、道德要求，确保机器人做出的决策和行动是合乎道德、合乎法律的。然而，目前人工智能系统的深度学习以及如何做出决策的过程和依据并不为人所知，即使是依赖人类输入的大数据，机器人在做出决策时也有潜藏歧视、偏见等可能性。

二、人工智能发展凸显道德问题

就像麻省理工学院情感计算集团主任 Rosalind Picard 说："机器越自由，就越需要道德标准。"[①]那么，大家所说的机器道德到底指的是什么道德？"机器"如果直白一些来讲，就是一堆算法和程序，而人类如何能够用算法、程序来表达道德，尤其是人类的道德思想呢？如果人工智能拥有道德主体地位，人工智能拥有怎样的、达到什么程度的道德地位？

人类的终极追求是想让机器维护每个人的自由、安全、尊严和权利，实现这一目的需要将人类的法律、道德等规范和价值嵌入人工智能系统，以防人工智能技术的发展和使用给人类带来巨大的风险和毁灭性的灾难。在设计、嵌入的机器道德方面，2016 年年底 IEEE 开启了国际人工智能伦理项目，并发表了《合伦理设计：利用人工智能和自主系统（AI/AS）最大化人类福祉的愿景》[②]，从可操作标准化的层面为道德嵌入提供指引。

---

① 温德尔·瓦拉赫，科林·艾伦.道德机器：如何让机器人明辨是非［M］.北京：北京大学出版社，2017.18.

② 腾讯研究院，中国信息通信研究院与腾讯研究院 AI 联合课题组.互联网前沿［M］.中国人民大学出版社，2016：133.

在我看来，机器道德的提出，源于人类对人工智能技术发展的恐慌和担忧，既希望人工智能技术可以完全地服务人类，又希望人类不会受到机器的伤害或是不给人类造成损失。它充分表达出人工智能的以自己为主体，这个思想与其说是为人们的利益考虑，让人和平相处，还不如说人们准备让人工智能成为自我中心思想、自我的产物。计算机、软件都可以模仿人的思想，但如何真正模拟出人类的道德？机器说得简单些就是一堆程序和算法，如何能够为人类的道德做代言人，而人类如何有权把自身的道德强加于机器。贯穿人类发展史，各个种族、各个民族、国家都有自己的历史，无论是语言、思想、行为习惯、风俗、教育、文化等都经历了几百年、几千年的沉淀和积累才发展到今天。历史的车轮永远向前滚动，人类自身的文化都处在不断的发展中，我们如何确保给机器嵌入的道德价值就是合理合法的呢？世界存在那么多民族，每个民族都有自己不同的文化和道德，即使在某些方面大家有共同的认知和理解，但那也是居于人类这个具有高度认知能力和理解能力的物种来说。如果人类设想把自己的道德嵌入机器，那怎样的道德是能够被所有人所接受、认可的，面对不同的民族文化，当人类在设计机器，编写程序算法时，应该如何应对？趋于人工智能深度学习、自主性的发展趋势下，智能机器人可以对围棋等人类活动有新的见解和认识，当人类给机器嵌入一套道德规范时，通过对日常生活中事物的判断、决策、执行等，智能机器人完全有可能再衍生出或者"学习"出一套符合机器人自己的道德价值体系。通过阿尔法的事例，这样的设想并不是没有根据的。机器道德的提出就是为了消除人类对失于自己控制的机器，或者失于控制的机器反过来危害到人类的利益的一种预防措施。

三、人工智能：坚持以人为本的道德地位

将机器人看作无自由意志又毫无情感的物质，那么人工智能的道德问题也成为人类的一厢情愿。唯有机器对道德具有主观判断能力、产生情感后，才真的可以把人工智能机器人视为如人一般的道德主人，才合乎道德的原初含义，从而机器道德才具备了实质性意义。在发展的进程当中，科技的发展程度远大于生育伦理的相对缓慢进程，造成二者的不均衡发展，如何实现生育伦理学与发展同步，谋求科学技术和生育伦理学的均衡，填补生育伦理学严格规制的不足。从人本主义的角度来看，以人为本，才能弥补伦理道德建设进程中的不足，使二者取得均衡状态。

人工智能按照人类意愿设计并具自主行动能力后，为人类进行服务。人工智能产生于人，其最终目的也是服务于人。因此，人工智能的发展要坚持人的实践本性、人的社会本性、人的个性本质，绝对不可偏离自然科学。马克思曾指出："科学技术就

是解决我们人类需要的一个重要手段，取得生产物质的重要手段，一切的科学技术都是人对自然能动关系的体现。"[①] 人类和人工智能之间的关系应该按照这一法则，坚持人本主义的基本准则，需受到尊敬、拥有隐私、保持人类的社会价值观和伦理纲常，以及在婚姻家庭的伦理道德等各方面。特别是关于人的社会属性方面，每个人虽是单独的个体，但必定处于某种社会关系之中。如马克思所指出："人的本质不是单个人所固有的抽象物，在其现实性上，它是一切社会关系的总和。"[②] 人工智能在某些方面带来了便利，却产生了新的困惑，所以应该贯彻人本主义的伦理学道义与基本准则，强调智能服务于人的人本主义发展理念。

四、结语

为了更好地适应人工智能的发展趋势，即使人工智能技术能更有效地应用于人们生活，也要减少其负面效应，人类应该怎么做？当建立人工智能道德主体后，能否解决由 AI 带来的一系列问题？制作一套道德标准并把它灌输进机器的思维或者机器的算法中，我们是否信任自己制定的标准？我们不能忽视关于人工智能道德主体地位的争论所带来的积极影响。

参考文献

［1］温德尔·瓦拉赫，科林·艾伦.道德机器：如何让机器人明辨是非［M］.北京：北京大学出版社，2017.

［2］腾讯研究院.人工智能：国家人工智能战略行动抓手［M］.北京：中国人民大学出版社，2017.

［3］腾讯研究院.互联网前沿［M］.北京：中国人民大学出版社，2016.

［4］雷·库兹韦尔.如何创造思维：人类思想所揭示出的奥秘［M］.盛杨燕，译.杭州：浙江人民出版社，2014.

［5］王东浩.机器人伦理问题研究［D］.天津：南开大学，2014.

［6］孙振杰.关于人工智能发展的几点哲学思考［J］.齐鲁学刊，2017（1）：77-81.

［7］于雪，段伟文.人工智能的伦理建构［J］.理论探索，2019（6）：43-49.

［8］马克思，恩格斯.马克思恩格斯选集：第一卷［M］.北京：人民出版社，1995：410.

---

① 孙政杰.关于人工智能发展的几点哲学思考［J］.齐鲁学刊，2017（1）.

② 马克思，恩格斯.马克思恩格斯选集：第一卷［M］.北京：人民出版社，1995：410.

习近平科技创新思想的三重维度

陈　敏　孔卫英

（云南师范大学马克思主义学院）

习近平科技创新思想具有深厚的历史背景、现实基础，并对我国未来科技发展的动力、目标等作了系统性阐释。党的十八大以来，中国特色社会主义进入了新的发展阶段，对各方面发展提出了新要求，特别是科学技术的发展和运用对于社会生产力的促进作用。习近平总书记多次强调科技创新重要性，并对科技创新思想做出原创性贡献。厘清习近平科技创新思想的内在逻辑，强化"创新是引领发展的第一动力"认识，以科技创新带动全面创新，为我国科技事业发展贡献理论和实践力量。

随着社会进步和经济发展的不断深化，新一轮科技革命和产业变革正在蓬勃发展，为科技创新转型和发展提供了时代机遇。在实现中华民族伟大复兴的背景下，我们要深化对习近平科技创新思想的认识，在党和国家的带领下，立足于我国当前科技发展现状，总结科技创新经验，高度重视科技创新发展对于实现"两个一百年"奋斗目标的重要作用，坚持走中国特色自主创新发展道路。

一、理论之维：对传统科技思想的继承与发展

在科学技术革命背景下，马克思和恩格斯把科学技术作为衡量社会生产力发展程度的重要指标，尽管马克思、恩格斯等人并没有明确提出科技创新、技术创新、科学创新等概念，但在其思想体系中高度关注科技发展，对科技创新做出深度思考。

从生产力与生产关系角度看，马克思指出，生产关系的变革应符合生产力水平的

作者简介：陈敏，女，云南师范大学马克思主义学院马克思主义基本原理硕士研究生。
通讯作者简介：孔卫英，女，云南师范大学马克思主义学院讲师、硕士生导师，博士。

发展要求。因此，科学技术的不断突破和生产力的不断发展为生产关系的变革奠定了物质基础，从而使生产关系产生重大变革，最终推动人类社会更好更快的发展①。从科学与技术的关系来看，科学技术既有区别又有联系，科学创新是技术创新的基础，技术创新推动科学创新发展，而推动科学技术发展的根本动力是生产实践和社会需求。从科技创新的动力来看，马克思、恩格斯把科技哲学体系与政治经济学体系统一起来，把资本与科技相联系，资本家对剩余价值的追求推动科技的发展，二者呈正相关关系。此外，马克思、恩格斯还对科技创新的价值、动力以及双重效应等多个角度阐释了科学技术的重要性。

中国共产党领导集体在马克思科技思想基本命题的基础上，把"科技是生产力"与我国不同时期的国情相结合，特别是改革开放以来，中国共产党注重总结经验，继承与发展马克思科技思想，形成了一系列具有时代特色和丰富内涵的科技创新思想，如毛泽东提出的"独立自主和取长补短"观点、邓小平做出的"科学技术是第一生产力"重大论断、胡锦涛的"建设创新型国家"思想，这些都是中国共产党人继承优良传统，创新思想的重大理论成果。

习近平科技创新思想是根据新的时代条件，不断创新和发展马克思主义科技观以及毛泽东、邓小平、江泽民、胡锦涛关于科技发展的思想的最新理论成果，既立足于实践又基于理论，是习近平新时代中国特色社会主义思想的重要组成部分，对我国未来创新发展、持续发展具有重要意义。

二、现实之维：习近平科技创新思想的当代价值

科技引领未来，创新驱动发展。党的二十大报告指出，加快实施创新驱动发展战略，加快实施科技自立自强。科技创新，是一个国家发展、民族复兴、人民幸福的不竭动力，是中华民族屹立于世界民族之林的关键，更是中国进一步面向世界、迎接挑战的重要法宝。习近平科技创新思想是当前推动我国高质量发展的重要指南，把创新放在现代化建设全局的核心地位，面向世界科技前沿、面向经济主战场、面向国家重大需求、面向人民生命健康，贯彻好习近平科技创新思想的当代价值。

（一）新时代科技思想中国化的最新理论成果

马克思科学技术观提出"科技就是生产力"的科学论断，是与当时的社会历史条

---

① 马克思，恩格斯. 马克思恩格斯选集：第一卷［M］.北京：人民出版社，1995：355.

件相适应的上层建筑。中国特色社会主义事业是习近平科技创新思想形成的现实条件，先进的共产党人善于总结，继承发展了马克思、恩格斯关于科学技术发展的重要思想。在此基础上，习近平在治国理政的过程中，充分发挥思维能力的综合效应，以逻辑思维为基础，自觉运用中国共产党人创新思维的智力传统，取得了中国特色社会主义的新发展[①]，习近平科技创新思想内涵十分广泛，包括动力、人才、发展目标、体制保障等多个层面，是对新时期我国科学技术发展的总体认识，同时，对我国在接下来社会主义现代化建设道路上如何应对科技发展难题、"怎样赶上、超过"技术先进国家提出了富有前瞻性的规划，是新时代中国特色社会主义科技思想的最新成果。

（二）新时代我国科技事业与经济社会发展的实践指南

新形势下，面对国内国际新情况，习近平总书记作出了关于新时代科技创新发展的重要论述，这一思想是对新一轮科技革命和产业改革的深度把握，立足于我国科技发展现状提出的重大论断。

从国际大势来看，科技成为国际竞争中的重要因素，国际竞争实质上是生产力之争、科技创新能力之争，坚定不移走自立自主的创新发展道路，完善科技创新体系，强化以大数据、互联网、人工智能等科技手段促进科技事业和经济社会发展。我们要以全球视野谋划科技创新，积极加入全球创新格局。一方面，办好自己的事情，做好关键核心技术研发。另一方面，学习借鉴国际先进技术，做好国际交流，在应对全球性挑战中，贡献更多的"中国智慧"。习近平总书记在二十大报告中，对我国科技发展提出了"三个加快"举措：加快实施创新驱动发展战略，加快实现高水平科技自立自强，加快实施一批具有战略性全局性前瞻性的国家重大科技项目，增强自主创新能力。只有充分发挥习近平科技创新思想的引领作用，才能促进我国科技事业在国际竞争中行稳致远，开创新时代科技创新发展新局面。

从国内形势来看，随着全面深化改革的不断深化，我国"经济发展面临速度换挡节点、结构调整节点、动力转换节点"[②]，目前我国很多产业发展存在"卡脖子"技术问题，归根结底在于科技实力不足，强化基础研究能力，实现产业结构和经济高质量发展相协调，进一步完善我国科技创新体制机制。贯彻新发展理念、推动高质量发展、构建新发展格局，坚持依靠科技创新，我们才能在危机中育新机、在变局中开新局。

① 曹亚芳.习近平治国理政的创新思维研究［J］.社会主义研究，2016（3）：16-23.
② 杨英杰.习近平经济思想中的"创新"理念研究［J］.科学社会主义，2016（4）：124-127.

三、时代之维：以高水平科技创新助推中华民族伟大复兴

进入新时代以来，中国在经济、政治、文化、生态及社会治理等层面取得了显著成就。实现中华民族伟大复兴的宏伟目标，意味着我国今后发展要更注重质量和水平，全面提升发展的效能。因此，根据我国科技发展总体目标"三步走"战略部署，要推动科技发展向高质量高水平转化，与"五位一体""四个全面"布局相适应，以高水平科技创新助推中华民族伟大复兴。

（一）坚持以人民为中心，实现人与社会的和谐共生

习近平总书记创造性地提出以人民为中心的科技观，把人民对美好生活的向往与科技创新发展结合起来，打造人民群众共同建设、共同享受的现代社会和谐关系。高度重视解决人民最直接、最现实的利益问题，不断满足就业、教育、医疗等方面的实际需要，促进人与社会的和谐发展，建立公平、正义、和谐、美丽的社会环境，稳定有序的社会结构，实现人与社会良性互动。

科学技术的运用和发展应该立足于现实的人。科技创新依靠人，科技创新成果应当由人共享。习近平总书记强调了科技对人类和平与发展的重要作用，作出"深度参与全球科技治理，贡献中国智慧，着力推动构建人类命运共同体"[1]的论断，科学技术的运用和发展事关整个人类社会发展，我们应该共同应对挑战，贯彻好创新发展理念，调动人民群众的积极性和创造精神，使每一个人都参与到社会主义现代化建设实践中，促进人的全面解放，实现人的全面发展，为实现"中国梦"提供更广泛的群众力量。

（二）坚持人才强国，培养全民创新理念，增强全民创新意识

习近平总书记在二十大报告中强调，科学技术是第一生产力，人才是第一资源，创新是第一力量。坚持以习近平新时代科技创新理念为核心，尊重劳动，尊重知识，尊重人才，尊重创新，把人才强国战略落实在科技发展全方位，把人才发展体制机制落实到科技发展全过程。习近平总书记高度重视人才资源，在人才队伍的建设方面作出了重要指示，指出，我们要打造"规模宏大、结构合理、素质优良的创新人才队伍"[2]。我们要努力营造全面创新、全民创新的良好社会氛围，以科技发展带动经济、

---

① 习近平.为建设世界科技强国而奋斗：在全国科技创新大会、两院院士大会、中国科协第九次全国代表大会上的讲话［M］.北京：人民出版社，2016：17.

② 习近平.为建设世界科技强国而奋斗［N］.人民日报，2016-06-01（2）.

政治、社会发展，最大限度地发挥创新驱动力，为人类全面发展创造更加完善的物质条件。

劳动者的整体素质对一个国家创新能力至关重要。马克思指出，"人是生产力中最活跃的因素"[①]，这启示我们应该关注人的发展，坚持以人为本，充分发挥人民的智慧，努力提高全民的科学素养，培养适应时代发展和科学发展的创新型人才，建设高科技人才队伍。可见，提高自主创新能力，必须依靠人民群众，增强全民创新意识，尊重"全民"创新主体，形成与时俱进、开拓创新的社会发展新局面，建设创新型国家。

（三）弘扬科学精神，推动人文意识与科技理性相协调

科学精神是科学的灵魂，它是伴随着科学技术的发展而形成的基本精神状态和思维方式，是一种追求真理和服从真理，并且不受宗教信仰、政治立场和功利得失的精神。

科学技术的迅速发展为我们展开了新的世界视野，也为我们探索世界提供了新的手段和工具。科学技术在提高人类征服自然的能力和确认人的本质力量的同时，也逐渐疏远了人类的精神、情感和行为。就像一代哲学大师海德格尔所论述的那样，人们在工具理性的刺激下，一味地追求物欲世界的满足，而忽视了人的真正的内在生活世界，弃人类的情感、意志、价值等方面而不顾，结果留给人类的只得是一个冷冰冰的"科学世界"[②]。面对社会发展取得巨大成就背后的各种突出问题，如资源和环境代价、经济和社会发展不协调、人与人之间日益冷漠，我们应该重塑科学精神，在发展科学技术的同时考虑人文理性，关注人的发展和人与人之间的联系，使科技发展真正为人服务，实现人文关怀与科技理性地融合，营造创新发展的良好社会风尚。

人文精神的培养和弘扬也应以科学原则为指导。因为人文社会的发展需要通过自然科学原理的手段和工具来教育和调整，人们才能从愚昧的国度走向科学的国度，把社会从一个混乱和无知的状态带到一个有序和理性的状态。在这个过程中，人的各方面能力不断发展，也增强了科学技术的持续性动力。因此，弘扬科学精神有助于协调人文关怀与科技理性的关系，进一步为中华民族伟大复兴奠定文化基础，实现物质文明与精神文明共进步。

① 马克思，恩格斯.马克思恩格斯全集：第一卷［M］.北京：人民出版社，1980：61.
② 张小莉.科学技术与人的全面发展［D］.延安：延安大学，2011.

参考文献

［1］马克思，恩格斯.马克思恩格斯选集：第一卷［M］.北京：人民出版社，1995.

［2］曹亚芳.习近平治国理政的创新思维研究［J］.社会主义研究，2016（3）.

［3］杨英杰.习近平经济思想中的"创新"理念研究［J］.科学社会主义，2016.

［4］习近平.为建设世界科技强国而奋斗：在全国科技创新大会、两院院士大会、中国科协第九次全国代表大会上的讲话［M］.北京：人民出版社：2016.

［5］习近平.为建设世界科技强国而奋斗［N］.人民日报，2016-06-01.

［6］马克思，恩格斯.马克思恩格斯全集：第一卷［M］.北京：人民出版社，1980.

［7］张小莉.科学技术与人的全面发展［D］.延安：延安大学，2011.

［8］党雪华.马克思科技观及其对我国科技发展的意义研究［D］.武汉：武汉轻工大学，2021.

［9］马克思，恩格斯.马克思恩格斯选集：第一卷［M］.北京：人民出版社，1995.

［10］马克思，恩格斯.马克思恩格斯选集：第三卷［M］.北京：人民出版社，1995.

［11］马克思，恩格斯.马克思恩格斯选集：第四卷［M］.北京：人民出版社，1995.

［12］任芳.科技创新引领发展　教育赋能创造未来［N］.汉中日报，2022-10-20（1）.

［13］马克思，恩格斯.马克思恩格斯文集：第八卷［M］.北京：人民出版社，2009.

［14］吴海南.马克思科技创新思想的要义探微［J］.福州大学学报（哲学社会科学版），2021（2）：20-24.

习近平"以人民为中心思想"的价值意蕴研究

扶艳梅　胥春雷

（云南师范大学马克思主义学院）

以人民为中心的思想，集中体现了习近平总书记重要讲话精神，是基础性、先导性的理论成果，其在习近平总书记重要讲话形成的理论体系中居于重要地位。深刻领会这一思想的理论渊源、丰富内涵及价值意义，是学深悟透习近平总书记系列讲话精神的必然要求，对全党和全体人民共同奋斗完成党的中心任务、实现人民共同富裕目标具有重要意义。

一、"以人民为中心"思想的理论渊源

通过研究坚持"以人民为中心的发展思想"对马克思主义唯物史观、中国古代民本思想的继承和发展，可以看出习近平总书记提出的"以人民为中心的发展思想"具有深厚的理论根基，是对人类杰出优秀文化资源的传承和创造性发展。其传承自中国古代民本思想，又对中国传统民本思想进行了弘扬和发展。同时，它又以马克思主义的群众史观为指导基础，结合中国的国情进行了逻辑延伸与创新发展，在历届中国共产党的以人民为中心的思想中逐渐形成的。结合历届国家领导人人民至上的思想，逐渐形成了"以人民为中心"的核心理念。

作者简介：扶艳梅，女，云南师范大学马克思主义学院马克思主义基本原理专业硕士研究生。

通讯作者简介：胥春雷，男，云南师范大学马克思主义学院教授，硕士研究生导师。

（一）植根于中华传统的民本思想

中国的民本思想源远流长，其起始于夏商周，发展于春秋战国时期，成型于汉。《尚书》中的"民为邦本"、儒家的"民贵君轻"、贾谊的"民为万世之本"等，均对现在"以人民为中心"思想产生了极深的影响。在中国悠久的历史进程中，不断有新的思想在先前文化的提炼与创新中出现。在新时代的社会主义建设中，"以人民为中心"思想汲取了民本思想的精华，并进行了创造性的转化与发展。

（二）立足于马克思主义人本思想

在马克思主义思想中，人本思想的内容非常丰富，是其重要组成部分。马克思主义唯物史观认为，人民群众是历史发展的主体，其前提是"有生命的个体的存在"，人处于一定的社会关系中，根据自己的主观意愿，通过进行一定的实践活动，实现与物质世界双向的发展，注重对客观世界的改造。"以人民为中心的思想"在尊重人民主体地位的同时，也继承和发展了马克思主义的关于人的解放和人的自由全面发展的思想，以人民为中心的目的就是为了实现共产主义，而这个最终目的的实现离不开每个人的解放、全人类的解放以及每个人的自由而全面的发展。

（三）发展于中国共产党人的人民观

"以人民为中心的发展思想"是以党的关于人民至上的群众观为直接来源的。毛泽东提出了全心全意为人民服务。邓小平提出了逐步实现人民共同富裕的思想，江泽民"三个代表"思想和胡锦涛的科学发展观都强调了人民的作用。在新时代必须坚持学习毛泽东思想等一系列党的主张和智慧结晶，因为这都是我们党执政为民和人民至上思想的集中体现。在中国特色社会主义新时代，习近平总书记在治国理政实践中把马克思主义基本原理同中国具体实践和国情、时代特征结合起来，提出了以人民为中心的发展思想，这是对以往党的人民思想的继承和发展。

二、"以人民为中心"思想的深刻内涵

中国共产党是依靠人民而发展起来的政党，总结党的百年奋斗史可以发现，党的力量来源于人民，体现了中国共产党的根基血脉。党之所以能够执政百年而屹立不倒，就是因为切切实实地扎在了人民群众实践的土壤中，和人民群众保持紧密相连的关系，人民群众是党成功完成执政目的的基础，可以说，决定党的前途和发展命运的就

是人民[1]。

（一）坚持人民至上和生命至上

以人民为中心的发展思想回答了为谁发展的问题，要坚持人民至上、生命至上。习近平总书记反复强调，中国共产党根基在人民、血脉在人民。共产党是以人民的立场为根本政治立场，这一点明显与其他政党相区别。在党的发展进程中，始终是牢固树立人民至上观念、全心全意为人民服务。我们党在治国理政的各领域、各环节、各方面始终把人民跟人民的生命放在首要位置，这充分体现了中国共产党的政治本色与党性原则。在党领导人民进行建设、改革的整个过程中，人民至上的原则始终存在。在抵御新冠病毒侵犯中，党中央始终秉持着"人民至上、生命至上"的理念，将人民的身体健康和生命安全排在首位，带领全国人民进行疫情防控，取得重大战略成果，这充分彰显了党的价值追求。

（二）紧紧依靠人民来推动国家发展

"以人民为中心的发展思想"回答了发展依靠谁的问题，要紧紧依靠人民群众推动国家发展。人民群众作为全国各项事业发展的主力军，推动了国家发展。人民是社会历史的缔造者和创建者，也是实践的主体。改善民生是立党为民、执政为民的必然要求。我们必须牢牢依靠人民来推动国家的发展，习近平总书记强调，我们国家的名称，我们各级国家机关的名称，都冠以"人民"的称号，这是我们对中国社会主义政权的基本定位[2]。这充分表明了共产党立党为公、执政为民的决心。在实践中，人民代表大会制度及其他诸多制度，给予了人民当家做主的根本保障。

（三）促进发展成果惠及全体人民

"以人民为中心的发展思想"回答了发展成果由谁共同享有的问题。发展的宗旨必须是人民共同获取发展所取得的成果，力求在发展实践行动中，推动高质量民生工程事业建设，对民生体系查漏补缺。要更加关注重视人民普遍关心关注的民生问题，采取更有针对性的措施，一件一件抓落实，一年接着一年干，让人民群众获得感、幸

---

① 王晶晶. 以人民为中心的发展思想：理论基础、主要内容和价值意蕴［J］. 中共福建省委党校学报，2017（10）：18-25.

② 习近平. 坚定制度自信 自觉坚持和完善人民代表大会制度：学习习近平总书记在庆祝全国人民代表大会成立60周年大会上的重要讲话［J］. 求是，2015（5）：8-10.

福感、安全感更加充实、更有保障、更可持续①。从党成立之后发生了翻天覆地的变化的百年历史来看，党的各项事业和蓝图越是要发展和实现就越要让努力奋斗的成果覆盖全体人民。党的 100 多年的历史，就是与人民共享革命、建设成果的历史。

三、"以人民为中心"思想的时代价值

习近平总书记在党的二十大报告中指出："从现在起，中国共产党的中心任务就是团结带领全国各族人民全面建成社会主义现代化强国、实现第二个百年奋斗目标，以中国式现代化全面推进中华民族伟大复兴。"②在第二个百年奋斗目标的实现过程中，人民群众起着决定性作用，以人民为中心的发展思想作为新时代的理论成果，是中国式现代化道路的实践指向，为共同富裕提供内在动力与价值导向。

（一）是推动第二个百年奋斗目标实现的内在动力

要顺利实现第二个百年奋斗目标的重大历史任务，党提出的各种方略、政策和计划都需要依靠人民的推动和发展。唯有发动人民群众的力量，才能为实现第二个百年奋斗目标提供源源不断的内在动力。从中国国情出发，中国是一个人口大国，中国式现代化要促进人的自由而全面发展，决不允许出现物质富足、精神贫乏的"单向度的人"，而要促进全体人民在物质和精神上实现共同富裕，需要在科技和文化上都得到共同发展。在社会主义社会的发展过程中，人民起着关键和决定性的作用，既要坚持以人民群众作为决定力量，又要动员人民群众参与到第二个百年目标的实现中来，使全体人民在规划建设中共同受益。

（二）是促进中国式现代化发展的本质要求

"中国式"就是要立足中国国情，充分考虑中国人民的发展需要，充分体现中国现代化建设扎根中国、符合中国国情、大大改善民生。它充分体现了建设中国特色社会主义和中国共产党执政的规律。中国特色社会主义建设和发展的过程，也就是如何践行和推进"以人民为中心的发展思想"的过程③。在促进中国式现代化发展中坚持党

① 习近平.习近平在基层代表座谈会上强调 把加强顶层设计和坚持问计于民统一起来 推动
"十四五"规划编制符合人民所思所盼［J］.思想政治工作研究，2020（10）：10-11.
② 习近平.高举中国特色社会主义伟大旗帜，为全面建设社会主义现代化国家而团结奋斗［N］.
人民日报，2022-10-17（2）.
③ 韩喜平.坚持以人民为中心的发展思想［J］.思想理论教育导刊，2016（9）：25-27，132.

的思想的指导，带领人民实现美好生活是中国共产党的优良传统，在我国发展的各个关键时期，党都做出了符合当下客观实际的理论指导从而满足了人民的各种诉求，取得了非同凡响的成就。而在新时代，人民对于美好生活有了新的追求和定义，对于生活条件等有了更高的需求，所以更要继续为人民的美好生活而努力、奋斗。

（三）是追求共同富裕目标达成的价值导向

让全体人民更多更公平公正地享受到发展所带来的收益成果，持续推动人的全面发展是全党和全国民众的价值共识，是反映全国各族人民共同认同的价值理念的最大公约数，人民群众是实现共同富裕的忠实实践者，只有全体人民踔厉奋发，勇毅前行，才会加速共同富裕的步伐，最终实现共同富裕的目标。在社会主义现代化建设实践中，调动全体人民实现共同富裕的积极性和主动性，使人民有机会共享发展成果，是我们党根据新时代社会发展规律与发展形势做出的正确抉择。要满足人民群众的深层次需求，实现人的自由全面发展，必须全面推进深化改革。坚持人民当家做主的思想，注重加大对不发达和落后地区的支持发展力度，建立和发展更公平普及的公共服务体系，关心低收入群体，注重扩大中等收入群体来调节发展和收入的不平衡问题，实现人民的共同富裕。

参考文献

［1］习近平. 坚定制度自信　自觉坚持和完善人民代表大会制度：学习习近平总书记在庆祝全国人民代表大会成立 60 周年大会上的重要讲话［J］. 求是，2015（5）：8-10.

［2］习近平. 习近平在基层代表座谈会上强调　把加强顶层设计和坚持问计于民统一起来　推动"十四五"规划编制符合人民所思所盼［J］. 思想政治工作研究，2020（10）：10-11.

［3］习近平. 高举中国特色社会主义伟大旗帜，为全面建设社会主义现代化国家而团结奋斗［N］. 人民日报，2022-10-17（2）.

［4］王晶晶. 以人民为中心的发展思想：理论基础、主要内容和价值意蕴［J］. 中共福建省委党校学报，2017（10）：18-25.

［5］韩喜平. 坚持以人民为中心的发展思想［J］. 思想理论教育导刊，2016（9）：25-27，132.

［6］余建军，姬海涛. 坚持以人民为中心的发展思想的教育内涵及意义［J］. 中国校外教育，2022（2）：72-81.

［7］陈雪. 习近平以人民为中心思想的价值追求［J］. 山东开放大学学报，2022（2）：

76-78.

　　[8]付海莲,邱耕田.习近平以人民为中心的发展思想的生成逻辑与内涵[J].中共中央党校学报,2018,22(4):21-30.

　　[9]胡伯项,艾淑飞.习近平以人民为中心的发展思想探析[J].思想教育研究,2017(1):28-32.

　　[10]姜淑萍."以人民为中心的发展思想"的深刻内涵和重大意义[J].党的文献,2016(6):20-26.

　　[11]王明生.正确理解与认识坚持以人民为中心的发展思想[J].南京社会科学,2016(6):1-5.

浅析庄子技术思想的内在意蕴及其当代价值

何攀婷　高　洋

（云南师范大学马克思主义学院）

党的十九大提出，经过长期努力，中国特色社会主义进入了新时代。这是我国发展的新的历史方位，并指明了实现"两个一百年"奋斗目标和中华民族伟大复兴的前进方向。因此，作为当代学生，一方面我们要清楚地认识到新的历史发展时期必然会在多方面带来新的要求，特别是鉴于创新驱动发展所取得的成效，当代的社会发展会对科技创新提出更高的要求。另一方面，我们要在正确思想的指导下不懈努力，为科技创新和中华民族伟大复兴做出自己应有的贡献。而庄子的技术哲学思想对当代科技发展的走向具有一定的借鉴价值。

一、庄子所肯定的"自然之技"的内涵

庄子肯定的技术是自然之技，是对世俗之技的取消与否定之后的一种道德精神状态的想象，其目的是达到一种高超的境界，从而获得自由与美的感受，最终使人通达于"道"。如庖丁解牛追求的是超越技术的道的境界，这种境界所呈现的是"心斋坐忘"的、不用外部感官而依靠内向的直觉的精神状态。

（一）人的"本性"与"天性"相统一

庄子提倡自然之技是为了使人保持"天性"与"本性"的统一，是自然无为的，

作者简介：何攀婷，女，云南师范大学马克思主义学院马克思主义哲学专业硕士研究生。

通讯作者简介：高洋，男，云南师范大学马克思主义学院副教授，硕士研究生导师。

对第一自然没有损害的，是合于自然天性的手工技艺。而世俗之技是人为的技巧，是机械的、有工具参与的制造。因此，自然之技是合道的，为庄子所赞赏的。而与自然无为之道相背离的技艺是人为的，是为庄子所否定的。庄子认为，程序化的机器之类的东西的出现，必定会致使机巧类的行为随之产生，有了机巧类的行为定会诱使人出现机变类的心思。那么，人心就丧失了纯洁性与本真性，变得不再纯洁空明，所谓心纯洁空明就是把人心中的机变剔除。如若心不再纯洁空明，便再也不能与大道同一了。

（二）人的自由本性的彰显

自然之技是本能与自由的高度统一，是最大限度的自由。庄子的自由观可以分为两种形态："自在逍遥"和"无我"。这两种不同形态之间，除外在的明显的差异之外，还存在着两者具有内在一致性——庄子的"自在逍遥"与"无我"都是对生命的超越与对人生的超然。在庄子看来，人只有达到了这种超越才有可能实现生命存在的价值与获得自由，在此，庄子提出要以一种超群绝伦的精神来获得这种成果，这种精神就是"道"的观念。而庄子又认为技术是对自由的一种超越，是人对自然状态的解放，是精神的自由，这种技术具有超越自然和社会的意义。由此可见，庄子所说的技术是对自由的升华，而且这种升华又是与"道"相互关联的。

（三）人与自然相统一

庄子所提倡的自然之技是排除私欲的，是自然无为的为人处世的精神状态，是以顺应自然规律的自然无为原则去转变有为之技艺，抛技之有为。如"无射之射"是无心射，心境淡定且非目的非射，是无欲无求的，是符合道性的，因此可以由自然之技进入"道"的境界。在庄子看来，心为物欲所役会导致人们用"以物观之"的思维观察万物，所以只看到事物之间的对立性和差异性，而不管相通相融的世间万物，也不能真正明白万物之间的自然大道。在庄子看来，要做到除吃饭喝水等基本欲望之外，对外物要无欲无求，否则心容易被形役、人容易被物化。

二、庄子"自然之技"的哲学基础

庄子发现了使生存和技术成为可能的根本存在物——"道"。道家思想的核心是"道"。庄子曾说："道不可闻，闻而非也；道不可见，见而非也；道不可言，言而非也，知形形之不形乎？道不当名。"[①]庄子认为"道"是万物存在的根本原因，是天地

---

① 陈鼓应.《庄子》今注今译［M］.北京：商务印书馆，2007：668.

的真正来源。因此，作为庄子思想中的最高概念的"道"包含着一种本体论的意义，那么"道"在现实生活中，必然可以通过向人们提供精神支柱而给人以进步的动力来实现自己的作用。技也是如此，由于庄子认为技与"道"相关联，且自然之技也强调了从事技术活动的主体的精神领域，对主体精神有着向大道前进的昭示作用，能慢慢地转向"道"的境界。所以，"道"是艺术价值创造的本体论基础。

三、基于庄子哲学思想的科技异化反思

自改革开放以来，国内的技术创新、技术引进等技术实践取得了极大的发展，伴随而来的是技术理性的发展也迎来了大趋势。但由于科技越来越被用作控制自然和社会的手段，其利用也主要遵循效率原则，技术理性日益走向了片面化发展的境地，并由此导致了一方面人所生活的外部社会环境愈发与人的发展对立起来，另一方面人与自然的关系出现了巨大危机。

（一）对"人为物役"的反思

技术理性走向片面化发展的表现之一就是功利性思维，认为人类可凭借自己的理性能够找出全部或大部分自然与社会的规律，并在行动中对各种行动方案做出正确抉择，不断追求提高工具的效率。在此思维路径上，我们会看到科学技术对社会的积极作用迅速显现，但同时，科学技术对社会的负面影响也空前突出。由于掺杂着与自然规律相违背的心思和为大道所否定的欲望，在解放人类劳动力的同时，也会改变人类的思维模式，放大人类为服务自我和提高盈利而产生的欲望，促使人们热衷于追求外物带来的感官享受，人将在对物的效率与经济价值的过度追求中丧失自己的本性，被物所役使。对于此，庄子认为技艺的使用要符合人之本性，人是支配技术的主体而不是技术的奴隶。人也是由"道"发展而来的，是大自然的一部分，有其生存发展的自然规律。对于能满足人的需求的技艺，人们不仅要使其遵循人的自然本性，而且还要通过从事自然之技这个中介活动来实现通往"道"之境界。在此，庄子提出实现精神自由而通往"道"的一种重要途径——坐忘。在坐忘的过程中，主体抛去了对事物的分解、概念、对象等这些特性的认知，从而做到虚而待物，无忧无虑。道就背离在这空虚的心境中。这种纯粹的感知活动即"循耳目内通"是种审美关照，庄子所赞美的审美化的人生态度，区别于他的实用认知态度。庄子以一种超越"物役"的态度，建立主体精神，解决人性异化的危机。

（二）对现代"世俗之技"的反思

随着近代科学的发展和机械的大量发明使用，人们将目光更多地转向了科技带来的物质恩惠，文化所产生的精神作用在一定程度上被忽视。使人得不到应有的关怀，从而在进行技术生产的过程中变得机械化，行尸走肉般地屈服于大机器生产之下。

当今充斥着我们生活的各种科学技术在庄子看来更多的是世俗之技而非自然之技。他认为两者大相径庭，它们的区别在于：自然之技开发和展示了身体和自我的潜力，实现了优美的工匠精神与自然精神完美契合。其结果是为了达到一种卓越的"境界"，在这境界中，我们真正获得的是自由与美的感受，即从心所欲而不逾矩。而世俗之技的出发点则是功利主义，是一种模式化的机械行为，其目的是减少身体体力劳动，从而满足人的欲望，其结果是使人得到物质享受，而不是心灵的体验。机械性行为并不具备自然之技的特质，机械以提高工作效率为手段，生产出各种产品，从而服务于人类。在此过程中，机械处于不停工作的状态，而在它们日复一日、千篇一律的运作之外，它们没有多余的艺术思维，它们已经在工具的使用和机床的效率中失去了生命即丧失了对美的创造性。换言之，庄子所提倡的技术应该是一种艺术的、与身心一体的技术。在这种庄子所追求的技术境界中，最终的技术成就是技术活动本身，技术活动所产生的成果只是次要的。总而言之，庄子哲学否定机械，但并非否定所有的机械，而是认为要遵守"技兼于事，事兼于义，义兼于德，德兼于道，道兼于天"[①]，保持本性，不被外在事物所役或所累，使"技"与"道"产生某种联系。

（三）对人与自然关系的探讨

技术理性的片面发展还体现在凸显人的主体性地位，认为人作为主体，雄居于客体之上，人可通过工具来操纵客体。这种思维倾向是片面的，是无视受动性即自然界对人的制约，而对人的能动性滥加发挥，必然会造成严重的生态危机。

在此视角上，作为主体的人和作为客体的自然之间的关系是对立的，这与庄子所倡导的"万物齐一"思想是相冲突的。值得注意的是，这里所说的"万物"之间的关系具有社会生活和精神修养层面的意义。庄子所肯定的技术是要依乎天理，顺应自然的，强调在顺应客观规律的前提下进行积极的有为。天地、四时、万物都有自身运行的规律，圣人的明智在于不妄自作为，而是顺从自然。由此展现出的是人对自然的谦逊与敬畏，而不是被片面化的技术理性过于倚重技术的"工具性"和"力量性"而带有的明显的功利主义色彩，和所展现出的对自然的一味征用。随着生态环境问题日益

---

① 陈鼓应.《庄子》今注今译［M］.北京：商务印书馆，2007：347.

严重，如今人们越来越重视构建人与自然的和谐关系，我国的技术发展需要在技术与环境关系上采取理智态度，避免由于过度强调技术理性而导致不断放大技术理性的负面影响，如把物质享受作为人之本质和在物质领域把人变成纯粹的经济动物等，从而加剧人与自然的冲突。

四、结语

由于技术作为人类改造世界的一种物质实践活动及其结果，它本身具有"自然性和社会性、物质性和精神性、中立性和价值性、主体性和客体性、跃迁性和累积性"①。从这种互相对立的辩证性质中可以看出，反映具有辩证性的技术运动的思维就是辩证思维，"辩证思维是在自然界中到处盛行的对立中的运动的反映。"② 由此可见，庄子对技术评判具有辩证思维的特点，因此挖掘作为传统文化的庄子技术思想具有重要意义。除此之外，哈贝马斯认为："（科学）研究和技术之间的相互依赖关系日益密切，这种相互依赖关系使得科学成了第一位的生产力。"③ 阐明了科学技术的重要性。在现实中，我们的时代是一个技术的时代，而科技又发挥着不可思议的作用，因此中国提出了科教兴国战略，以期早日实现中华民族伟大复兴的中国梦。如今，中国再度崛起，党的十八大以来，以习近平同志为核心的党中央以前所未有的力度强化国家战略科技力量，重要科研主体创新能力不断提升，战略性创新平台体系不断完善，战略性创新资源空间布局不断优化，战略性科技任务实施取得重大突破，推动我国科技事业实现跨越式发展。问题在于中华民族的伟大复兴不仅是在科技、经济方面，还要在文化方面强大起来，所以现代中国除了要处理好传统文化，还要解决现代科学技术带来的难题，这需要大家的共同努力。

参考文献

［1］陈鼓应.《庄子》今注今译［M］.北京：商务印书馆，2007.

［2］黄顺基.自然辩证法概论［M］.北京：高等教育出版社，2004.

［3］恩格斯.自然辩证法概论［M］.北京：人民出版社，1984.

［4］哈贝马斯.作为"意识形态"的技术与科学［M］.上海：学林出版社，1999.

---

① 黄顺基.自然辩证法概论［M］.北京：高等教育出版社，2004：186-188.

② 恩格斯.自然辩证法概论［M］.北京：人民出版社，1984：83.

③ 哈贝马斯.作为"意识形态"的技术与科学［M］.上海：学林出版社，1999：58.

浅析人工智能发展趋势下的人类主体性问题

李 艳 高 洋

（云南师范大学马克思主义学院）

一、何谓人工智能

人工智能（Artificial Intelligence）简称 AI，从学科角度理解为用来研究和开发人类智能，模仿、执行人类部分智能的一门综合性学科。在计算机科学中，人工智能又称为"机器智能"，即机器模仿人类的智能，是对人的思维信息的功能模拟，它不同于人类及动物天生的自然智能。总的来说，人工智能不仅属于计算机科学，它还涉及语言学、神经生理学、心理学等其他多个学科领域，是一门"多方面"的交叉性学科。人工智能其实就是通过人工方法或系统来模仿人类智能的一种科学技术。具体表现为依靠模仿学习、图像处理、语音识别等大数据和智能算法，把算力、算法、数据挖掘为核心技术，实现在智能家居、智能医疗、智能教育等领域的拓展及应用，目前主要的人工智能技术包括了计算机视觉、机器学习、自然语言处理、机器人技术和生物识别技术等。实际其本质是人的智能，是人的本质力量对象化的结果。

二、人类主体性的阐述及其特点

人的主体性概念最早出现于西方近代哲学，人的主体性一直是哲学研究的核心概

作者简介：李艳，女，云南师范大学马克思主义学院马克思主义哲学硕士研究生。

通讯作者简介：高洋，男，云南师范大学马克思主义学院副教授，硕士研究生导师。

念，哲学史上对于人的主体性的认识经历了漫长的过程，马克思主义回归到人的主体本位，从研究现实的人的生产实践活动入手，采用实践的思维方式，把人的主体性归结为现实的人通过具体的实践活动所表现出来的特性，将人的主体性从意识领域回归到实践领域。可以看到的是，人的主体性并不是人的某种固定属性，而是作为主体的现实的人遵循否定之否定规律，呈现"实践—认识—再实践—再认识"的螺旋式上升的过程，不断革新与提升自我的动态表达，是人自我发展、自我反思与自我超越的现实实践活动的产物，它既产生于人的认识与实践，也和人的认识与实践息息相关[①]。

自主性是人类主体性的基本特征，它是人和其他动物区分的标志。人作为一种有生命的感性存在物，其自主性表现在人可以依照自己的主观意愿对客观事物进行自主选择，可以有选择和取舍的对所处的客观世界进行改造，但动物只能依据自身的基本生活需要进行活动，比如说蜂蜜筑巢、蚂蚁搬家，它们都无法超越本能，做出与自己生命活动不一致的举动，但是人类不仅有基本的生存能力，而且还有主动追求真、善、美的能力。

能动性是人类主体性的鲜明表现，不论是人的体力劳动还是脑力劳动都是人的能动地改造客观世界的行为，人类认识和改造自然界的行为时刻都彰显着人的主体性地位。人的能动性是人类思维和实践的结合，是人通过劳动将自己的本质力量转化为客观现实的存在，也就是人的本质力量对象化。

创造性是人类特有特征之一，它是对人的主体性的最高体现。人的创造性表现为对人这个主体自身的不断完善和发展，从而使人变成世界的主体力量。人类通过创造性不断跳脱各种各样的条件束缚，把人脑中的想法和智慧外化到客观对象之中，使自然界和人的精神世界成为为我的存在。人类通过后天实践得来的科学成果、劳动成品等产物都是主体创造性的再现。

三、人工智能发展对人类主体性的挑战

（一）人工智能背景下人的自主性和能动性下降

随着大数据、人工智能、物联网的出现，人在现实生活中已离不开功能各异的智能产品。计算机、智能手机、智能机器人等高新电子产品把人们的生产活动和生活方式变得更加方便和快捷起来，智能产品给人们带来了极大的便利性，同时也极大地弱化了人的自主能动性，人工智能的独立性和自主性越强，人的无用性就愈发明显。人

---

① 王清涛.马克思的主体转换与哲学革命［J］.求索，2021（4）：85-91.

工智能强大的收集数据、储存、计算和分析数据的能力，使人类主体心甘情愿将记忆的能力和计算、分析等逻辑思维能力，甚至把主体特有的创造力都让渡给了智能机器。人类主体能动性的一部分被机器智能所取代。科技的进步，让农耕变得机械化，人们很少能感受"汗滴禾下土"的辛苦累楚。科技的演化让社交变得多元化，使得人与人之变得越来越生疏，人情变得越来越冷漠[1]。

（二）人工智能背景下主体性意识弱化

自我认同，是指人类对自身主体性的理解和认同，这种认同不仅体现在让人作为主体自觉能动地进行社会实践活动，又体现在主体对自己本身的行动及结果的评价，是人通过理性认识的反思和批判从而实现主体精神和实践的自由的目标。回顾历史，在传统的生产方式和传统的社会体制下，人类主体通过劳动和制造、使用生产工具的能力，自觉能动地征服着自然界，并且把自身当作自然界的主宰不断地巩固人类的主体性地位。然而，随着智能技术和新一代的信息通信技术的发展与普及，人类社会进入一个快速发展的时代，整个社会的结构和生产方式发生了深刻的变化，虽然人类借助在人工智能领域取得的成果确保了人类主体性的地位，但在另一方面，随着智能产品对主体的影响和控制，使得人类的精神世界和精神生活的实质内容受到挑战和威胁，人们渐渐对自身产生了怀疑，开始对其主体地位和个人价值等方面陷入了认同陷阱，电脑逐渐替代人脑，机器的主体性则必然愈加彰显，而人类的主体性地位逐渐弱化[2]。

（三）人工智能背景下主客体关系的颠倒

人类是作为实践主体的存在具有主体性地位和作用，而作为人类创造的人工智能和其衍生出的一切人造物，都只能考虑客体性。但是，随着人类的技术化生存和虚拟社会的高速发展对各个社会生活领域的渗透，人类自身面临着被人工智能产品取代的风险。机器大工业导致了人对机器的直接仇恨，而现在被更加温和、隐蔽的方式代替了，人工智能技术对主体实践能力的奴役表现得更为隐蔽化。人工智能机器使人类摆脱了琐碎的和高强度的社会实践活动，但是从本质来说人工智能化的生产将使人不得不努力提高自身的劳动素质去适应现代社会科技的发展，和别人或者智能化产品争夺生存和立足的机会，导致了主体始终处于充满压力和焦虑不安的精神状态，人类为了更好

① 腾讯研究院，中国信息通信研究院互联网法律研究中心，腾讯 AI Lab，等. 人工智能［M］. 北京：中国人民大学出版社，2017：326-385.

② 卢卫红，杨新福. 人工智能与人的主体性反思［J］. 重庆邮电大学学报（社会科学版），2022：1-13.

地适应智能时代，把自身的大部分精力和时间用在单一地追求自身的科技水平提高上，导致主体认知和实践能力的片面性，还造成主体实践的丰富性和多样性被消解在技术的自主性发展当中。智能机器具有高效和精准的绝对优势，对比之下，人因为受到自身的限制在生产效率上呈现出弱势性，使得人类主体在生产中处于从属和服务于机器的次要地位，人在生产实践中的客体化倾向越加严重，最终导致主客体关系颠倒。

（四）人工智能背景下主体性的意识异化

一方面是批判准则的异化。进入人工智能时代，人类主体对人工智能始终表现出更为宽容的"接纳"态度。在人工智能对人类思维、意识、本能等多方面的潜移默化的影响下，人类逐渐改变批判准则。在人类的认识中，技术对推进人类文明和发展生产力具有重大贡献加之科技本身所表现的"普适性"，使得人们总是更加关注科技的积极效用，逐渐忽略隐藏在人工智能背后的主体意识的异化。生产发展中所带来的巨大成果使得技术自身的主导地位进一步得以维持，人们面对技术逐渐被人工智能所支配变成科学技术的奴隶而难以清醒[1]。

另一方面是主体批判意识的流失。当前，自然和人类社会的诸多方面都被纳入大数据智能算法的支配之下，智能算法正逐渐成为人类生活的主导性力量，它影响着人们的意识、行为和生产生活，也重塑着整个社会甚至全球的运行模式和治理模式。然而，人工智能的核心技术只掌握在少数人的手中，这种"算法权利"剥夺了多数社会主体对人工智能技术进行批判性反思的权利和机会[2]。

四、人工智能浪潮下如何坚持人类主体性

在思维认识方面：通过加强教育，强化人的主体意识，加快人类主体性的复归，关注人的发展和价值，把实现人自由、全面的发展作为最终目的和归宿。人的参与是人工智能正常运行的前提。人工智能的心脏——电脑有着惊人的记忆力，敏捷的运算速度，精准的逻辑判断能力，可以代替甚至超过人类的部分思维能力，但是电脑只能接受人脑的指令，必须先由人把思维过程加以形象化和符号化，用特定的信息符号输入电脑之中，人工智能才能够工作。两者之间的顺序表现为人的思维在前，电脑的功能在后。坚持用辩证、理性的思维一分为二地看待人工智能，在充分认识人工智能的积极作用的同时，还需要始终警惕人工智能的技术失控、道德问题等潜在的风险，善

---

[1] 卢卫红，杨新福.人工智能与人的主体性反思［J］.重庆邮电大学学报（社会科学版），2022：1-13.
[2] 陈冲.人工智能对人类主体性的影响［D］.成都：成都理工大学，2019：25-28.

于运用底线思维，凡事做最坏的打算，做到有备无患。牢牢把握住人工智能技术发展的主动权，避免反客为主和主客颠倒的现象发生，同时推动人工智能技术的跨越式发展，借助科技实现对人的个性的解放，彰显人的主体性的真正价值。

在具体社会实践方面：一方面，把人工智能和人的主体性结合起来，全方位提高人的实践水平，通过人工智能的发展助推人的独立自主和判断能力的提升。提高劳动者素质，充分发挥高科技人才在人工智能中的主体作用，培育创新型科技人才。坚持教育为本，把科技和教育摆在经济、社会发展的重要位置。要坚持贯彻实施科教兴国和人才强国战略，首先就是要坚持发展教育。良好的教育是人才培养的必要条件，落后的教育，就没有科技的发展。重视创新人才培养、与对外开放相结合等一系列措施，大力培养年轻人才、领军人才的同时，还要尊重人才，为人才提供良好的生活环境。另一方面，要加强对人工智能的道德规范建设，净化人的生存环境。坚持以人为中心，坚持科技为民的原则，加快推进人工智能成果共享进程，提高人们的社会亲密度。充分发挥人工智能在医疗、教育、交通等社会领域范围的应用给人类带来的便利性和快捷性，把人工智能对社会关系的消极效应降到最低。制定相应的人工智能知识普及政策，开设相应的智能知识普及教育活动和讲座。

参考文献

［1］卢卫红，杨新福.人工智能与人的主体性反思［J］.重庆邮电大学学报（社会科学版），2022：1-13.

［2］王清涛.马克思的主体转换与哲学革命［J］.求索，2021（4）：85-91.

［3］梁馨熠.人工智能背景下主体性的困境及出路［D］.乌鲁木齐：新疆师范大学，2021.

［4］陈冲.人工智能对人类主体性的影响［D］.成都：成都理工大学，2019.

［5］腾讯研究院，中国信息通信研究院互联网法律研究中心，腾讯 AI Lab，等.人工智能［M］.北京：中国人民大学出版社，2017：326-385.

"互联网+"时代电信网络诈骗引发的伦理问题研究

——以当代大学生为视角

桑锦霞 雷 希

（云南师范大学马克思主义学院）

近年来，随着网络新闻媒体关于大学生遭遇电信网路诈骗的报道越来越多，电信网络诈骗在大学生群体中的肆虐已经成为当今的新闻热门，引起了社会各界的广泛关注，它在大学生群体中的频发不仅带来了许多政治、法律问题，也带来了一系列伦理道德问题。

"互联网+"是指将互联网作为当前信息化发展的核心特征提取出来，并与工业、商业、金融业等行业全面融合。"互联网+"时代的来临，使得互联网与传统行业进一步融合，促进了社会的各个领域的进步。但另一方面，网络信息技术和大数据被滥用所引发的电信网络诈骗正在威胁着人们的财产安全，尤其是电信网络诈骗在大学生群体中的频发，不仅引发了广大民众对网络空间中的个人信息隐私和网络安全等问题的普遍担忧，而且也引发了一系列的伦理问题。本文将结合电信网络诈骗的典型案例，对当前大学生电信网络诈骗所带来的伦理道德问题进行深入的探究和详细的阐述。

作者简介：桑锦霞，女，云南师范大学马克思主义学院伦理学专业硕士研究生。

通讯作者简介：雷希，男，云南师范大学马克思主义学院教授，硕士研究生导师。

一、大学生个人隐私权被侵

（一）隐私和隐私权

隐私是一个人的周围"不可接近的区域"，个人的隐私是指"个人不允许他人接近的区域"[①]。隐私权是指公民享有的个人生活安宁和个人信息受到法律保护，不被他人非法侵扰、知悉、搜集、利用、公开等的一种人格权[②]。隐私权是一种行使其他重要权利诸如自由的前提条件，而自由是人能够成为人的最关键的因素。因此，维护个人隐私权对于个人自由是绝对必要的。

（二）大学生个人信息隐私的无所遁形

随着网络的普及，人们的生活与网络紧密相连，如今，在使用网络过程中，人们总是需要提供各种个人信息，如姓名、电话号码、家庭地址等。而大学生作为互联网的主要使用者之一，其对新事物有着极大的好奇心，因此，该群体更容易接触到存在信息泄露的网站。且随着电信网络诈骗案件在大学生群体中的高发，产生了一条贩卖大学生个人信息隐私数据的产业链，贩卖大学生个人隐私信息竟成了一些不法分子非法获取私利的手段，这些大学生的个人信息隐私甚至在网上被明码标价，只要花上几百元就可以买到数万条个人隐私信息。

享有合理的个人隐私权是当代公民的基本权利之一，是人拥有尊严的体现。但电信网络诈骗在大学生群体中的频繁发生，使得大学生个人隐私权受到严重侵害。因此，保护大学生的个人信息隐私权不被侵害是当前网络信息时代的一个重要伦理问题。

二、引发社会诚信危机

（一）诚信与诚信价值观

诚信是我国古老优良传统的美德之一，在中国几千年传统文化中备受推崇。是社会伦理道德观念的一个重要原则。诚信作为伦理学中的一种价值观，是个体在生活中所需要遵循的价值准则，它的存在能够有效防止不诚信行为的发生，是人们相互之间建立信任和友善关系的基础和保障。可如今，随着电信网络诈骗在各个社会群体，尤其是大学生群体中的肆虐，诚信这种美德正面临着巨大的挑战。

---

① 李伦.网络传播伦理［M］.长沙：湖南师范大学出版社，2007：117-118.

② 张新宝.隐私权的信息保护［M］.北京：群众出版社，1998：16-17.

（二）电信网络诈骗引发的社会诚信危机表现

在网络发达的当今社会，网络上各种"诈骗短信""黄段子"等信息无处不在。这些不健康、虚假信息的泛滥，使得社会诚信度大打折扣，电信网络诈骗的无孔不入，严重冲击了社会的诚信体系。仅以 2022 年 9 月"开学版"电信网络诈骗案为例，诈骗分子利用互联网技术发布虚假信息，通过冒充老师潜入学生群或家长群，以收取学费为由对学生或家长进行诈骗行为。从这一案例可以看出，诈骗分子们紧跟时事，不断改变诈骗手段，无孔不入，其行为与当今社会的内在道德价值相悖相驰，模糊了互联网空间中道德与非道德的界限，使得人与人之间产生了严重的信任危机，并在社会中引起极坏的负面影响，使得唯利是图者盲目效仿，久而久之，这将会使人们逐渐蔑视道德，社会风气将会被败坏，社会将出现严重的信任危机。

三、影响社会安定

电信网络诈骗作为一种违反社会道德规范、违反法律的欺诈行为，在大学生群体中的肆虐所产生的危害对社会的安定和谐有着极大的负面性。其具体表现在以下两个方面：

（一）破坏了正常的经济秩序

电信网络诈骗在大学生群体中的猖獗，破坏了正常的经济秩序，严重侵害了大学生的个人利益。在互联网时代，可以储存和传递信息的网络虚拟空间出现了，其为人们在虚拟空间中可以自由、快捷、便利地开展各种网络活动提供了途径。在网络的虚拟空间中，任何商家都可以在网上通过一个或多个网站，与买家进行便捷的网络交易。对大学生们来说，商家网络平台具有选择面广、搜索方便等特点，这使得网上交易日益成为大学生们乐于选择的购物方式。仅从效益来看，这种以互联网为基础的网上交易提高了社会的经济效益，带动了社会经济的快速发展。但是，在网络社会，人们之间的联系是以对方提供的信息为依据，这就给诈骗分子利用虚假信息对大学生群体实施诈骗行为留下了机会。而诈骗分子利用非法手段牟取大学生的合法利益必将破坏正常的市场经济秩序，严重侵害他们的利益，为互联网经济蒙上阴影。

（二）打破社会和谐安定状态

电信网络诈骗在大学生群体中的猖獗不仅破坏了正常的社会经济秩序，也破坏了社会的和谐安定状态，严重影响了和谐社会的建设。电信网络诈骗不仅侵害了大学生的财产安全，也威胁到了他们的生命。例如，2016 年的徐玉玉因遭遇电信网路诈骗引发心脏疾病而死的案件。大学生本身的不成熟性和脆弱性使得他们极易受到外界因素的影响，如今电信网络诈骗的猖獗更是引发了大学生群体及其相关群体的恐慌，使得他们的心理安全感降低，甚至一些遭遇电信网络诈骗的大学生可能会产生不利于社会和谐稳定的想法，进而做出违反道德甚至违反法律的行为，影响社会的和谐稳定发展。

四、引发网络生态伦理危机

网络生态伦理，属于应用性伦理的范畴，是从伦理学的角度来研究人与网络人、网络社会、网络生态的关系[①]。随着网络技术的发展，互联网在人们生活中各个领域的运用，推动了网络虚拟空间的形成。电信网络诈骗是互联网信息时代的产物，它的频发在一定程度上引发了网络空间信息污染、主流道德观念被颠覆等网络生态伦理问题。

（一）造成网络空间信息污染

网络空间的信息污染是指在网络上存在着有害性、虚假性、误导性的信息，对网络空间的信息资源安全以及人们的身心健康造成了损害。网络信息的污染问题伴随着网络的发展而诞生，且越来越严重，但电信网络诈骗的出现无疑加重了网络信息污染问题。

"互联网＋"时代的电信网络诈骗对网络空间信息的污染主要表现为两个层面：一是对网络中有用信息的污染。网络中有用信息污染主要表现为诈骗分子利用真实、有价值的信息混淆视听，进行非法诈骗，使得原本有用的信息受到质疑。二是垃圾信息和虚假信息的泛滥成灾。网络中的垃圾信息和虚假信息是网络信息污染最主要的组成部分，也是危害性最大的信息污染源，它们的出现扰乱了社会秩序、侵害公民权利、违反公共道德[②]。其危害主要表现在对网络信息生态的破坏威胁到了人类的生存。诈骗分子为了达到非法骗取他人钱财的目的，在网络上发布各种虚假新闻、广告、谣言等信息，这些信息的存在和传播不仅使得网络信息的可信度降低，也将直接威胁到个人、团体的人身和财产安全、社会的和平与稳定。

---

① 郑洁.网络社会的伦理问题研究［M］.北京：中国社会科学出版社，2011：45.
② 谌湘闽.网络生态危机的表现形式与对策［J］.新闻世界，2011（12）：109-110.

（二）颠覆主流道德观念

现实社会的道德以凝练为全体公民所认同的社会道德体系为目标，与现实社会不同，网络社会的道德具有多元化，这使得网络中的主体的道德观念、道德价值取向及评判标准也各不相同。而网络空间无政府的特点，为各种不健康或者亚健康的价值观的交流与传播提供了一个平台，这使得学校和社会宣扬的健康主流价值理念在互联网面前慢慢崩塌，而导致这一局面的罪魁祸首就是以电信网络诈骗为主的网络犯罪行为。这些行为使得各种虚假、垃圾信息充满了网络空间，而虚假、垃圾信息在网络空间的散布将影响学生及其他群体的道德观念，进而颠覆社会的主流道德观念。以大学生为例，大学生作为网络的主要使用群体，其上网的时间远比其他群体长，而且其具有的世界观、人生观、价值观的不成熟特征使得他们极易受网络虚假、垃圾信息的影响，长此以往，大学生的道德意识、道德判断能力将被这些信息弱化，形成违背社会主流道德意识的价值观念。

五、结语

综上所述，我国电信网络诈骗在大学生群体中的频发，引发了大学生隐私权被侵犯、社会诚信危机、社会和谐安定被破坏及引发网络生态伦理危机等一系列严重的伦理问题。虽说从某些方面来看，这些伦理问题的产生是社会发展到一定阶段上的必然产物。但这些问题的出现使得社会道德准则受到挑战，社会整体的道德水平下降，需要学界对此给予更多关注，并研究相应的解决策略。

参考文献

［1］李伦.网络传播伦理［M］.长沙：湖南师范大学出版社，2007.

［2］张新宝.隐私权的信息保护［M］.北京：群众出版社，1998.

［3］郑洁.网络社会的伦理问题研究［M］.北京：中国社会科学出版社，2011.

［4］谌湘闽.网络生态危机的表现形式与对策［J］.新闻世界，2011（12）：109-110.

［5］黄北毓.大数据时代下电信网络诈骗犯罪治理之殇［J］.法制博览，2016（5）：61-62.

世界历史视域下的中国共产党百年奋斗历史的价值意蕴

王　佳　胥春雷

（云南师范大学马克思主义学院）

党的十九届六中全会通过的《中共中央关于党的百年奋斗重大成就和历史经验的决议》（以下简称《决议》）提出："党和人民事业是人类进步事业的重要组成部分。自中国共产党成立以来，党既为中国人民谋幸福、为中华民族谋复兴，也为人类谋进步、为世界谋大同，以自强不息的奋斗深刻改变了世界发展的趋势和格局。"[①] 这一重要论断，充分肯定了党的百年奋斗对世界历史进程产生了深刻影响。随着中华民族伟大复兴历史进程的推进，中国日益接近世界历史舞台中央，面对百年未有之大变局，本文试图从马克思世界历史理论视角出发，分析我们党百年奋斗历史的重大意义，对新征程实现中华民族伟大复兴的中国梦具有重要意义。

一、马克思世界历史理论的建构

（一）历史向世界历史的转变

1. 马克思世界历史理论的建构

维柯是历史上首位提出"人是历史的创造者"的思想家。随着实践发展，法国空

作者简介：王佳，女，云南师范大学马克思主义学院马克思主义基本原理专业硕士研究生。

通讯作者简介：胥春雷，男，云南师范大学马克思主义学院教授，硕士研究生导师。

① 新华网.中国共产党第十九届中央委员会第六次全体会议公报［EB/OL］.［2022-05-10］.
http：//www.news.cn/politics/leaders/2021-11/11/c_1128055386.htm.

想社会主义者圣西门、傅立叶等人的思想中已具有世界历史思想萌芽，黑格尔的世界历史学说是近代资本主义世界史学发展的最高成就，马克思从唯物史观角度批判继承了黑格尔的观点揭示了世界历史的根源，以人的现实的实践活动为基础构建世界历史理论。马克思曾强调指出："世界历史不是过去一直存在的，作为世界史的历史是结果。"① 人类历史首先是生产力发展的历史，生产力和生产关系的矛盾运动是推动社会发展的根本动力。除此之外，马克思还谈道："世界历史形成的条件是以大工业为标志的生产力与普遍交往的统一。它们的相互作用构成世界历史形成的根本动力，从而决定世界历史的形成是一种客观的必然性，一种自然历史过程。"② 因此，我们也不能忽视"普遍交往"在推动社会历史发展的重要作用。17 世纪中期，各国和民族之间相互隔离的历史被打破，各民族、国家进入全面相互影响、相互制约的阶段，世界经济、政治、文化等方面的普遍的全方位的交往与联系，即世界交往的形成，造成了世界性的阶级对抗和冲突，也构成了共产主义产生的重要前提。

2. "世界历史"的内涵

在《德意志意识形态》中对于世界历史有这样一句经典的概括："各国相互影响的活动范围在这个发展进程中越是扩大，各民族的原始封闭状态由于日益完善的生产方式、交往以及因交往而自然形成的不同民族之间的分工消灭得越是彻底，历史也就越是成为世界历史。"③ 以大工业为标志的生产力的巨大发展为世界历史的形成提供了客观的和必要的条件，随着交通工具的普遍运用和时代的世界市场的形成，人们的交往形式越来越多样、交往范围越来越广，各个民族和国家都进入交往关系，普遍交往建立。世界历史的形成是社会生产力发展和科技进步的客观要求也是交往和分工发展的必然结果④。马克思还赋予了人在世界历史中的核心地位，并把人的自由全面发展与共产主义的实现联系起来，因此，马克思认为："人类的解放、每一个单独个人的解放程度是与历史完全转变为世界历史的程度一致的，世界历史的完成也就是个人解放的实现和共产主义的诞生。"⑤

① 马克思，恩格斯.马克思恩格斯选集：第二卷［M］.北京：人民出版社，2009：28.

② 梁树发.从源头上理解马克思的世界历史理论：读《德意志意识形态》［J］.浙江学刊，2003（1）：50-58.

③ 马克思，恩格斯.马克思恩格斯选集：第一卷［M］.北京：人民出版社，1995：80-81.

④ 石云霞.马克思的世界历史理论及其当代意义［J］.马克思主义理论学科研究，2019，5（1）：23-36.

⑤ 马克思，恩格斯.马克思恩格斯文集：第一卷［M］.北京：人民出版社，2009：540-541.

（二）党的百年奋斗历史与世界历史紧密联系

马克思在对"世界历史"进行深刻剖析之后，看到了资本主义发展到最后必将被历史淘汰，资本主义社会的基本矛盾是不可调和的对抗性矛盾，随着资本主义在全球范围内的发展，历史发展成为世界历史，世界历史的未来趋势必然是共产主义。党的百年奋斗历史与世界历史紧密联系，在各国人民为争取独立而进行的革命斗争中，我们党顺应世界历史发展的大潮，带领人民实现了国家的独立、民族的解放；在世界社会主义运动陷入低谷的同时，中国共产党领导的社会主义事业也面临严峻考验。中国共产党始终以世界性眼光看待中国的发展，以全人类的视域关注历史的发展大势，以正确的历史观处理同外部世界的联系，始终以人民为中心，尊重人民的历史创造者、推动者地位，站在人民的一边、站在和平的一边、更站在历史进步的一边。党的百年丰功伟绩深刻影响了世界历史，推动了世界历史。

二、党的百年奋斗历史是世界历史的重要组成部分

（一）党领导的新民主主义革命改变了世界发展格局

1917年俄国十月革命取得胜利，社会主义兴起。我们党的一百多年的奋斗历程，可以说是中国共产党领导下的一个半殖民地半封建国家的革命、建设和改革，实现国家富强、民族振兴的历史进程。以大工业和普遍交往为基础的世界历史的形成，帝国主义侵略中国，中国人民蒙受空前浩劫，在时代的呼唤下，在历史发展的潮流下，中国共产党孕育而生，自此中国的革命发生了翻天覆地的变化，新民主主义革命取得胜利，深刻改变了世界发展格局，昭示了人类发展新方向，也是对中国与世界历史关系的深刻塑造。之后的社会主义发展过程中，中国提出的一系列新方针，如"另起炉灶""打扫干净屋子再请客""和平共处五项原则"等，表明新中国成立后致力于建立不同于西方霸权式的国际关系和秩序，主张建立以合作和互助为特征的新型国际关系，中国已成为促进世界和平与发展的重要力量，占世界人口1/4的东方雄狮屹立于世界东方。社会主义在政治、经济、军事上的存在和发展，已经成为遏制资本主义在全球扩张的重要力量，并改变了世界的政治格局。

（二）党领导的社会主义革命建立了社会主义制度

《决议》指出："中国共产党和中国人民以英勇顽强地奋斗向全世界庄严宣告，中国人民不但善于破坏一个旧世界，也善于建设一个新世界，只有社会主义才能救

中国，只有社会主义才能发展中国。"^①新中国成立伊始，中国共产党和中国人民面临两大任务："一是彻底完成新民主主义革命任务；二是医治战争创伤，恢复破败不堪的国民经济。"^②经过反复酝酿，1953 年 6 月，中共中央提出了党在过渡时期的总路线，开始实施第一个五年计划，在全国掀起了工业化建设的高潮并取得了重大成就。到 1956 年，在党的带领下，中国用了不到 5 年的时间完成了社会主义改造任务，在这样复杂、深刻、困难的社会变革中，没有引起社会震荡，经济不降反增，这不能不说是一个伟大的创举和了不起的奇迹，对世界历史产生了积极影响，必将载入人类史册。

社会主义制度的确立与发展，既是对马克思主义的预言的证实，也是社会主义实力和对世界历史影响力增强的彰显。从开国大典至今，党带领人民取得了非凡成就，从一穷二白到全面小康社会建成，中国已经赶上了时代且引领时代。

三、中国共产党百年奋斗历史的意蕴和价值

（一）党的百年奋斗历史丰富和发展了世界历史理论

1. 以人民为中心的发展思想

马克思把人的解放和发展看作世界历史发展的核心内容，正如"每一个单个人的解放的程度是与历史完全转变为世界历史的程度一致的。"^③回顾党的百年光辉历程，就是一部党与人民群众的关系史，也是全心全意为人民服务的奋斗史。党的十八大以来，党和国家明确提出以人民为中心的发展思想，凸显人民的主体地位，高扬人民的价值立场，重视人民的主体作用。2020 年新冠疫情席卷全球，在两年多的抗疫过程中，抗击疫情中国答卷"以人民为中心"发展理念贯穿始终，"人民至上、生命至上"是中国共产党对 14 亿人民的庄严承诺，党中央率领全国各族人民风雨同舟、无所畏惧、勇往直前，书写了"人民至上、生命至上"的时代答卷，彰显了中华民族的力量与担当。以民为本、生命至上的中国理念、统筹疫情防控和经济社会发展的中国方案、推动构建人类命运共同体的中国行动，已在全球范围内深入人心。我们党以人民为中心的思想具有很强的原则性、预见性和创造性，同时又以高度的理论自觉和实践自觉对

① 新华网.中国共产党第十九届中央委员会第六次全体会议公报［EB/OL］.［2022-05-10］. http：//www.news.cn/politics/leaders/2021-11/11/c_1128055386.htm.

② 罗平汉.中国共产党百年发展历程［M］.河北：河北人民出版社.2021：105.

③ 马克思，恩格斯.马克思恩格斯文集：第一卷［M］.北京：人民出版社，2009：541.

人类历史发展起推动作用①。

2. 推动构建人类命运共同体

面对百年未有之大变局，在"历史向世界历史转变"的历史发展潮流中，生产力与生产关系的矛盾运动、多重维度发展的交往形式，都在促进区域性的民族和国家不断向世界历史的整体靠拢。自习近平总书记于 2013 年首次提出"人类命运共同体"概念后，"人类命运共同体"这一具有中国特色的新的外交理论，引起了世界各界的广泛关注和热烈的讨论。中国始终坚持将人类命运共同体的构建落在实处。其思想的提出是对中国该如何与世界相处？人类该走向何方？这两个重大时代问题的回答，中国共产党始终以世界性眼光看待中国的发展，以全人类的视域关注历史的发展大势，以正确的历史观处理同外部世界的联系，人类命运共同体是马克思"世界历史"理论对共同体概念的当代阐述，为维护世界和平、促进共同发展提供了中国智慧和中国方案。

（二）党的百年奋斗历史深刻影响了世界历史进程

1. 展示了马克思主义的强大生命力

"十月革命"把马克思主义带到中国，中国共产党是在马克思列宁主义和中国工人运动密切联系的基础上产生的。中国革命在一系列马克思主义中国化成果的正确指导下取得胜利，马克思主义也在当代中国焕发出新的生机与活力。生产力极大发展、生产方式和生活方式的极大变革，是中国特色社会主义制度给中国带来的显著变化。改革开放的四十年，深刻改变了中国的同时也深刻影响了世界，中国 7 亿多的贫困人口按照国际贫困线的标准完成脱贫，历史性地解决了绝对贫困问题，不仅在中国历史发展的长河中具有重要意义，也在整个人类社会的发展中具有重大的世界历史意义；2008 年国际金融危机以来，中国经济连续多年对世界经济增长贡献率超过 30%②；全球新冠疫情暴发以来，中国是 2020 年全球唯一实现正增长的主要经济体，面对世界经济深度衰退的冲击，中国经济较快实现稳定恢复，为国际社会抵御疫情和经济衰退创造了有利条件。中国发展的伟大成就，充分证明了中国社会主义制度的优越性、中国特色社会主义道路的正确性，也让世界看到马克思主义理论的科学性。

2. 开辟了实现中华民族伟大复兴的正确道路

近代以来，曾经领先于世界的中国陷入积贫积弱、任人宰割的境地，从此实现中

---

① 陶日贵. 以人民为中心的时代蕴涵：基于马克思历史进步论的视角［J］. 思想理论教育导刊，2021（3）：57.

② 新华网. 习近平在博鳌亚洲论坛 2018 年年会开幕式上的主旨演讲［EB/OL］.［2022-05-10］. http://www.xinhuanet.com/politics/2018-04/10/c_1122659873.htm.

国梦成为全体中华儿女最迫切、最伟大的梦想。1921年，中国共产党应运而生，中国人民在中国共产党的领导下探索出了一条实现中华民族伟大复兴的正确道路。新民主主义革命时期，中国共产党在马克思主义中国化理论指导下，制定和践行了正确的理论、纲领、路线、方针和政策，为实现中华民族的伟大复兴创造了最基本的社会环境。在社会主义革命和建设时期，在西方国家的封锁下，我们党领导人民消灭了剥削，建立了社会主义的民主专政，在生产力落后、一贫如洗的条件下，充分利用工人的力量，工业体系和经济体系的建立和不断完备，为实现中华民族的伟大复兴奠定了根本政治前提和制度基础。改革开放和社会主义现代化建设时期，中国共产党继续带领人民探索中国建设社会主义的正确道路，形成了中国特色社会主义理论体系，为实现中华民族伟大复兴提供了充满活力的体制保证和快速发展的物质条件。党的十八大以来，我们党在对世情国情党情深刻变化的全面把握下，提出新时代党的建设总要求，带领人民开启实现第二个百年奋斗目标的新征程。在社会主义事业发展的各个阶段，我们党始终带领人民朝着中华民族伟大复兴的目标前进，正如《中共中央关于党的百年奋斗重大成就和历史经验的决议》在总结党的百年奋斗历史意义时所指出的："党的百年奋斗开辟了实现中华民族伟大复兴的正确道路。"①

3. 拓展了发展中国家走向现代化的途径

中国共产党成立100年来，团结带领人民创造了经济快速发展和社会长期稳定的"中国奇迹"。中国的成功经验表明，中国共产党领导下的中国现代化之路，不仅行得通、走得好，而且还为人类发展开创了一条新的发展之路。世界历史有其内在规定性，也即发展规律，每个被卷进世界历史的民族或地区，都必须按照世界历史的内在规律构建自身的发展道路②。党的百年奋斗从根本上改变了中国人民的命运，改革开放的提出，中国特色社会主义道路的开创，建立了全面的物质生产体系，经济建设取得显著成就，我国人民实现了贫穷到温饱、再由温饱到小康的历史性跨越，国际地位和国际影响力不断提升，对推进社会主义现代化建设具有世界性的意义。以加入WTO为标志，中国经济融入世界经济体系和经济全球化浪潮之中。《决议》指出："党领导人民成功走出中国式现代化道路，创造了人类文明新形态，拓展了发展中国家走向现代化的路径，给世界上那些既希望加快发展又希望保持自身独立性的国家和民族提供

---

① 中共中央关于党的百年奋斗重大成就和历史经验的决议［N］. 人民日报，2021-11-17.
② 新华网 . 中国共产党第十九届中央委员会第六次全体会议公报［EB/OL］.［2022-05-10］. http：//www.news.cn/politics/leaders/2021-11/11/c_1128055386.htm.

了全新的选择。"①

四、结语

在世界百年未有之大变局与中华民族伟大复兴战略全局的交汇节点，站在世界历史时间的角度，马克思诞辰已有204年，中国改革开放也逾40年，这些事件只是人类历史总进程中的一个瞬间，然而对当代中国与当代世界的发展来说却是沧桑巨变，"一带一路"、人类命运共同体等中国方案逐渐被世界认可接受，实际上就是马克思"世界历史"思想被世界认可和接受。中国特色社会主义道路越走越宽广，而资本主义世界危机的不断加深，资本主义必将走向灭亡而社会主义必将发展壮大，这一世界历史趋势不可阻挡。展望未来，新的百年奋斗仍需砥砺前行，中国共产党必将带领中国人民为实现中华民族伟大复兴创造更加辉煌的成就，为人类进步事业做出更大的贡献。

参考文献

［1］新华网.中国共产党第十九届中央委员会第六次全体会议公报［EB/OL］.［2022-05-10］.http：//www.news.cn/politics/leaders/2021-11/11/c_1128055386.htm.

［2］马克思，恩格斯.马克思恩格斯选集：第二卷［M］.北京：人民出版社，2009.

［3］梁树发.从源头上理解马克思的世界历史理论：读《德意志意识形态》［J］.浙江学刊，2003（1）.

［4］马克思，恩格斯.马克思恩格斯选集：第一卷［M］.北京：人民出版社，1995.

［5］石云霞.马克思的世界历史理论及其当代意义［J］.马克思主义理论学科研究，2019（1）.

［6］马克思，恩格斯.马克思恩格斯文集：第一卷［M］.北京：人民出版社，2009.

［7］罗平汉.中国共产党百年发展历程［M］.河北：河北人民出版社.2021.

［8］马克思，恩格斯.马克思恩格斯文集：第一卷［M］.北京：人民出版社，2009.

［9］陶日贵.以人民为中心的时代蕴涵：基于马克思历史进步论的视角［J］.思想理论教育导刊，2021（3）.

［10］新华网.习近平在博鳌亚洲论坛2018年年会开幕式上的主旨演讲［EB/OL］.［2022-05-10］.http：//www.xinhuanet.com/politics/2018-04/10/c_1122659873.htm.

［11］中共中央关于党的百年奋斗重大成就和历史经验的决议［N］.人民日报，2021-11-17.

---

① 新华网.中国共产党第十九届中央委员会第六次全体会议公报［EB/OL］.［2022-05-10］.http：//www.news.cn/politics/leaders/2021-11/11/c_1128055386.htm.

井冈山斗争时期中国共产党科技思想及其实践研究

杨雅稀　　吴若飞

（云南师范大学马克思主义学院）

井冈山斗争时期，为了解决当时所面临的各种困难，井冈山革命根据地红军在党的领导下，在不同领域采取了一系列措施以解决面临的各种困境。首先，在科技领域，提出了建设较为严密的军事设施及条件较好的综合医疗机构、铸造货币以解决根据地资金困难的问题、建设工厂以解决日常生活用品匮乏等建议；其次，科研机构建设方面，先后创设起了红军医院、兵工厂、军械厂、服装制造厂、铸币厂等机构，诸如此类公共机构在战时发挥着生产服务单位的功能，同时兼具科技研究的功能。

一、井冈山革命根据地的困境及应对的科技思想

（一）医疗方面

在成功粉碎黔敌两次进攻"进剿"和湘赣边敌军进攻两次"会剿"行动之后，红军损失惨重，面临着伤兵过多而兵源补给严重不足的困难。毛泽东在《井冈山的斗争》一文里多次提到根据地医疗方面的困境：医院设在山上，用传统中西医结合两法来进行临床治疗，医师、药品与设备仪器均奇缺。杨克敏也在给中央的报告文件中详细地记录：红军中伤病员人数过多、医生人数不足且医术太差、药少、伤病员待遇也比较差等情况。

作者简介：杨雅稀，女，云南师范大学马克思主义学院思想政治教育专业硕士研究生。

通讯作者简介：吴若飞，男，云南师范大学马克思主义学院副教授，硕士研究生导师。

在这样严峻的情况之下，1928年6月，毛泽东以中共湘赣边界地方特委和四军军委名义写报告给湖南省委就已提到"伤兵医院必须办理完善"[①]。1928年10月，湘赣鄂边界各县党第二次代表大会曾提出红军根据地巩固的有效方法有以下3种：修筑坚固完备有力的阵地工事建筑；供应储备数量充足丰富的红军粮食储备；建设装备较好的兵工厂医院。1929年，杨克敏在给中央作的一个综合报告中提出了医药问题也是红军建设中出现的一项重要战略问题：希望中央能买点药送去，派一些精通中医或西医医术的医师前去工作。

（二）军事方面

在井冈山革命根据地创建之初，武器就十分匮乏。陈毅任红十二师师长，该师主要由5000余人构成，这是一支湘南的农军，仅有短步枪百余支，其余武装均为梭镖，因此该师被称为"梭镖师"，陈毅曾幽默风趣地称自己是"梭镖师师长"。

在那场著名的双方争夺黄洋界隘地战斗的过程中，红军各将领们的行军和布阵也说明了当时武器资源上存在严重短缺的现象。红军各路将领们共下令修筑并布置完成了前后五道军事防御的工事：第一道是竹钉阵，第二道是竹篱障碍墙阵；第三道则是滚木石阵；而在第四道是壕沟阵；只有在布置第五道防御工事时，红军前线指挥官们才按照命令开始布置起各种枪械，但每个红军战士平均手上却只有3～5发子弹。邓乾元在对中央的报告中提出：红军及赤卫队"第一困难是子弹，子弹是常常要消耗的，但是消耗没有接济的来源"[②]。

（三）经济方面

井冈山革命根据地受到了国民党军事反动派频繁的军事轰炸和严厉的经济封锁。这种种压制，使井冈山根据地基本经济来源短缺和食物输入困难，且当地产物供应不足，这些都是根据地经济窘迫的直接原因。1928年秋，湘赣边界党的第二次代表大会召开，一年来，边界苏维埃政权割据的地区，由于敌人一直封锁着，食盐、布料、药品等生活必需品非常匮乏，这使工农小资产阶级、群众还有红军士兵的生活困难，甚至到了极度艰苦的程度。军民日用必需品等物资匮乏成为当时所面临的重要问题。

---

① 毛泽东.毛泽东选集：第一卷［M］.北京：人民出版社，1991：65.

② 邓乾元.井冈山革命根据地［M］.北京：中共党史资料出版社，1987：342.

二、井冈山革命根据地内的科技实践

（一）医疗方面

面对着根据地医药、医是师不足，伤员得不到及时救助的情况，党联合苏维埃政府以及红军部队就地取材，在根据地内建立了两所医院。

1927 年 10 月 7 日，工农革命军在进驻到了宁冈茅坪之后，在县城附近的攀龙书院里建起了井冈山革命根据地内的第一所人民医院兼卫生所——茅坪后方医院。在多次向上级申请医师和药品未果的情况下，医院内的一些医疗工作者们自己动手，用各种竹子来制成镊子、软膏刀、软膏药盒等，用已经消过毒的小剃刀来代替手术刀，用废旧破土布子来代替纱布，对已用过的纱布洗了又用，用完再洗，直至纱布完全被洗破才算废弃。

第二所则为红军小井医院，10 名医师，一间小木屋，这就是我军历史上的第一所正规综合医院，随着这一所红军医院的顺利创建，开启起了我党和我军对中国医疗卫生事业新的伟大尝试。1928 年 11 月，红四军发动官兵捐款，小井医院得以建立，这所可以同时容纳 300 多位伤病员的医院，成为我军历史上第一所正规化的红军医院。由于当时的国民党对我革命根据地长期实施严密封锁，医院阵地范围里，人手、药材、医疗设备和其他治疗器械严重紧缺，物资极其匮乏，连医院里最基础的麻醉、消毒药也供应不足。尽管当时环境条件都很艰苦，但医护人员仍设法及时地救治了不少红军战士。用当地草药和民间土法进行综合辅助治疗，如采用青合草治疟疾、用茶叶水煎消毒、细辛汤活血止痛、细骨莲接骨，换药用硼酸、升汞沙、过氧化氢、铁氯酒、盐水等。

（二）军事方面

为破解军械弹药不足的问题，红军先后兴办了两个兵工厂和一个军械处。步云山修械所、塘边兵工厂、红四军军械处等，成为战时解决红军主力军需各种武器军械子弹火药物资供应的可靠来源。在老工匠们的努力下，军械处能操作修理和制造各种军用的武器，制造梭镖、大刀炮具和各种鸟枪，而后还能自主设计制造出各种单筒式枪、松树炮和土手榴弹。制作的武器经过严格的检验试放，合格无误后，才被送往前方。

（三）其他方面

为解决国民党对根据地内的经济封锁导致军中物资短缺的困难，红军在宁冈雇用了一些当地裁缝，开始在茅坪镇的坝上、牛亚陂、马源坑等地生产棉被等用品，并成立了桃寮工厂。在桃寮工厂成立后，缝纫员工人数增加到40多人。他们用自制颜料将缴获的白布染成灰色布。生产项目也从单件衣服、帽子、米袋、绑腿和子弹袋扩大到生产棉衣。

为了彻底粉碎国民党严密的经济封锁，加强根据地与外界的贸易，换取生产日用品和其他军需物资，湘赣边界党组织在井冈山的上井村创办了革命根据地第一家造币厂——井冈山红军造币厂，又称作"上井造币厂"和"红军花边厂"。它是中国共产党领导下的红色政权创办的最早的造币厂，它最早生产及铸造出的"工"字银圆，是红色政权第一批发行并在革命根据地领域内广泛流通的正式通用货币，它的发行帮助根据地军民们度过了相当长一段艰苦的战争岁月。造币业最初原料主要来源是打土豪得来和红军从战场上缴获而来的大量金铜银器、首饰。造币厂开创了中国共产党领导下的造币事业先河，为造币事业的发展积累了很多宝贵的经验。

1928年5月，红四军在攻克永新县城时缴获了一台石印机，宁冈县委宣传部部长刘辉霄带领几名战士，用猪油、烟灰调制出印刷效果相当好的油墨，第一个红军印刷厂由此诞生。

这些战时公共行政机构，既是简单的生产单位，又是战时的简易科研机构，为后来的军事需要产业的发展积累了一定的经验。

三、结语

由于当时井冈山革命根据地存在的历史时间较短，加之频繁的大小战斗和国民党严密的经济封锁、自身生活经济困难等多种原因，导致井冈山革命根据地的科技事业也仍存在不足，但这一时期的科技实践是中国共产党对科技事业的发展做出的初步尝试，虽然这期间所进行的科技工作只是基础性的、零散的、未形成系统的，但也完成了中国共产党科技史从无到有的实践，为后来中国共产党带领下的科学技术事业积累了宝贵的经验。

参考文献

［1］毛泽东.毛泽东选集：第二卷［M］.北京：人民出版社，1991.

［2］余伯流，陈钢.井冈山革命根据地全史［M］.南昌：江西人民出版社，2007.

［3］井冈山革命根据地［C］.北京：中共党史资料出版社，1987.

［4］栾丽萍，程美玉，张鹏.中国共产党百年科技创新的辉煌成就与宝贵经验［J］.潍坊

学院学报，2022，22（4）：33-38.

[5]游海华，范惠芹.中国共产党科技事业的系统初创：井冈山革命根据地的科技事业[J].苏区研究，2018（6）：36-48.

[6]跃辉，王希.中国共产党科技思想的丰厚意蕴与实践范式[J].河北学刊，2022，42（4）：27-37.

[7]芦苇.新时代党的科技思想的深刻内涵与实践路径[J].理论视野，2022（4）：12-18.

[8]高尚荣.中国共产党百年科技创新思想的演进研究[J].安徽科技，2022（3）：30-35.

[9]廖勇.启蒙与救亡：延安时期中国共产党科技实践的双重动力[J].新经济，2022（1）：83-87.

[10]沈梓鑫.中国共产党百年科技思想与发展战略的演进[J].财经问题研究，2021（12）：12-20.

培根"知识就是力量"时代新解

弗兰西斯·培根作为提出"知识就是力量"的第一人，把知识当作资源先河，知识能够转化为生产力量促进人类社会生存发展。如今新的科学理论和技术正在加速更迭，"知识就是力量"内涵也在不断扩大，不仅是知识，人才、科技、创新也成了社会变革中的必要因素。只有尊重知识、培养人才、重视科技创新，我们才能更好地将科学技术转化为生产动能，凸显出知识更大的力量。当前，我国正在加快建设社会主义现代化强国，重温培根这一经典名言，对于当今中国具有深远意义。

一、"知识就是力量"新的时代内涵

知识作为人类智慧的结晶，不仅是文明的彰显，也是物质生产的体现。培根作为历史上首个阐述"知识就是力量"的学者，他充分肯定知识的学习能够为人类带来福祉。通过知识不断创新能够为我们提供新思路、新工具、新路径，从而改善我们的社会生活，减轻痛苦增加幸福感。培根的"知识就是力量"主要体现在以下 3 个方面：

首先，科学知识拥有巨大力量在于它能够正确反映事物及其发展规律。在他看来，"在哲学里面，就是这种规律以及对于这种规律的研究、发现和解释构成知识和活动的基础。科学的本质是存在的反映，科学是真理的反映，因为存在的真理和认识的真理是一致的。"[①] 也就是说，人们通过认识自然规律对其加以运用进而转化为能力，就

作者简介：朱丛丛，女，云南师范大学马克思主义学院外国哲学专业硕士研究生。

通讯作者简介：程鹰，男，云南师范大学马克思主义学院副教授，硕士研究生导师。

① 路德维希·费尔巴哈.费尔巴哈哲学史著作选［M］.纪涂亮，译.北京：商务印书馆，1961：58.

能够控制、统治自然，使自然为人类造福。其次，培根非常肯定科学技术的发展能够满足人类需要。"在所给予人类的一切利益中，莫过于发现新的技术、新的才能和改善人类生活为目的的物品。"[①] 科学知识是一把能够实现人类普遍利益的利刃。推崇科学，重视知识，是世界上一切事物最高尚的事情。最后，通过多方面的知识学习，可以使我们更加全面和完善，并养成良好的道德情操。他说："读史使人明智，读诗使人聪慧，演算使人精密，哲理使人深刻，伦理学使人有修养，逻辑修辞使人善辩。"[②]

世界变化风起云涌、变化莫测，面对百年未有之大变局，"知识就是力量"这一论题毫无疑问持续地对我们社会更新和变革具有不可估量的价值，并且拥有更加丰富的内涵。在当今社会，知识已不能自然的成为一种力量，而是需要通过不断地探索、创新、整合才能成为一种力量。这种智力力量表现为人类不仅能够通过发挥自我的思维能力发现事物规律，还能主观能动的思维整合对知识加以创新，然后不断积累新知识、新力量。当然，在这个时代，知识能够发挥多大的力量在于知识所形成的智力资源的多少，它是否能被足够地开发和利用，在利用时又能否有效迅速地转化为生产动能，包括对智力资源的整合、配置、占有、使用、生产等，这些因素罗织在一起决定一个国家在经济发展中的竞争优势。

有学者认为，这种智力资源是一种"知识经济"的体现，所谓"知识经济"是指知识在经济上的使用、生产和分配。随着"知识经济"和科学技术发展，生产力已经突破传统物质生产而触伸至知识生产领域，信息技术的革新也使得知识经济正在加速迭新、取代之前的工业经济，并跃升为新型的生产力形态。"知识经济"时代也给我国发展以新的启示，建构一个"知识型社会"对于我国全面建设社会主义现代化国家，坚持和发展中国特色社会主义必由之路具有重大作用。

二、人才——知识力量的核心构成部分

"知识"是一种力量，但是这种力量是以人才为载体的。人作为"知识经济"的直接创造者，是知识经济运作的核心。"知识经济"将人才和经济有机统一，发挥更大的社会效能。面对世界局势的变化多端，我们必须培养适应新生产力的人才，加快将科学研究生产动能的转化。如今的科学已不是一个人的单打独斗，而是全社会的共同参与。

培根预见性地看到了科学分工在研究中起到的重要作用。在《新大西岛》中，培

---

① 法灵顿.弗兰西斯·培根［M］.何新，译.北京：三联书店，1958：43.

② 培根.培根论人生［M］.何新，译.上海：上海人民出版社，1982：13.

根将技术人员分组并进行具体的分工，虽然各组之间分工不同，但在整个研究过程中实验、原理再到新的实验是紧密相连的，并且他还认为，学术交流也是促进技术研究和进步的重要方法之一。"在某种程度上我们可以说培根是劳动分工思想的第一个阐述者"①。培根也先见地看到了人才在国家建设中的推动和保障作用。第一，人才作为科学发展的主体力量，国家应该高度重视人才特权和优惠待遇政策，并给予充分的肯定和鼓励。在他看来，科学工作者应该拥有比其他普通人更高的地位。"我们对于每一个有价值的发明都为他的发明者建立雕像，给他一个优厚和荣誉的奖赏。"②科研学者待遇过低会阻碍社会的进步和发展，学者为生计奔波则无法全身心投入科学工作。第二，国家部门要营造宽松自由的学术环境，使科学工作者乐在其中。培根鼓励知识分子积极探索各领域并发布自己的成果，他认为学者们通过不断地交流、争辩，能够促进发现真理的脚步，也会使知识更具科学性。第三，加大科学研究经费的投入，使学者可以无资金之忧，同时国家也要支持知识分子走出国门，与世界交流、对话，把握最新的学术动态。从现今角度来看，培根俨然是一位现代团体科技研究的先驱。他对人才的重视和相关激励制度在当今时代依然焕发着生机与活力，与我国的人才制度有着契合之处。

我国在 2002 年首次明确提出"人才强国"战略③，回首过往，至今已 20 余载。在这期间，我国培养出了大批高素质、高竞争力的人才队伍，营造了良好的人才环境，显著有效地解决了发展中存在的人才问题。但是，我们需要清醒地认识到，自己"大而不强"的人才短板，特别是在一些核心领域依然面临着"卡脖子"的风险，必须提高自己在技术核心领域的防范重大风险意识，优化人才机制，提升国际核心人才竞争力。

随着党的二十大的召开，我国再一次强调要"深化实施人才强国战略"，习近平总书记在党的二十大报告中指出，"培养造就大批德才兼备的高素质人才，是国家和民族长远发展的大计。功以才成，业由才广。坚持党管人才原则，坚持尊重劳动、尊重知识、尊重人才、尊重创造，实施更加积极、更加开放、更加有效的人才政策；完善人才战略布局，坚持各方面人才一起抓，建设规模宏大、结构合理、素质优良的人才队伍；加快建设世界重要人才中心和创新高地，促进人才区域合理布局和协调发展，着力形成人才竞争的比较优势"④。

---

① 安东尼·昆顿.培根［M］.徐忠实，刘青，译.北京：中国社会科学出版社，1992：114.

② 弗朗西斯·培根.新大西岛［M］.何新，译.北京：商务印书馆，2012：41.

③ 2002—2005 年全国人才队伍建设规划纲要［Z］.央视国际网络，2002-06-11.

④ 习近平.高举中国特色社会主义伟大旗帜 为全面建设社会主义现代化国家而团结奋斗：习近平同志代表第十九届中央委员会向大会作的报告（摘登）［N］.人民日报，2022-10-17.

三、科学技术与知识创新——知识转化为力量的源泉和动力

　　知识是科学技术的理论形态，科学是知识的升华和结晶，技术又将科学理论具体化、实用化。培根作为一名"亲技术"的实验哲学鼻祖，非常重视技术在人们社会生活中的作用和价值，建立一个技术王国来改善人类物质生活条件是他整个哲学体系的中心要旨。在培根看来技术有以下方面的作用：一，技术是社会生存的基本。技术与智慧同等重要，没有技术人类不可能很好地生存发展．二，技术是提高社会效率的工具。他指出"赤手做工，不能产生多大效果"，技术能够大大提高人类的社会效率从而取得最大的效益，不依托技术的人很难在社会中发展。三，技术是一种可以改变世界的力量。"知识就是力量"，知识通过科学的运用就可以转化为一种力量，这种力量能够改变人类社会生活、历史风貌。四，技术揭示真理。正如在《新工具》开篇所说"理解力如听其自然，也是一样。事功是要靠工具和助力来做出的，这对于理解力和手是同样的需要。"①科学进步依赖于技术活动的实践，同样技术实践推动科学理论的进步。培根作为一名技术大家，先见性地看到了技术在人类社会生活、历史发展中的巨大作用，也始终坚信技术的发展能给人类未来生活带来翻天覆地的变化。虽然培根的有些技术观念有他的历史局限性——过于乐观地夸大技术的作用，充满着浪漫主义的技术万能论思想。但是从当时的那个时代来看，他对技术的认识是非常新颖且有预见性的。在现代角度来说，培根技术哲学的思想依然有着其独特的价值。

　　当然，培根也重视知识创新在科学实践中的作用，他在极力批判旧的传统神学思想，把创新当作科学技术活动的重要手段，如果没有新发现、新工具、新力量的产生，那么科学将是举步维艰、进步缓慢的。他表示要不断地发现、整理知识，对知识进行规律总结，然后再发现新的知识，循环反复，从而促进科学真理的进步。培根不仅认为知识创新在科学技术中是必要的，还要将新发现、新认识、新方法投入到具体的实践中转化为具体的科学成果以便为人类所用。当今世界是一个知识经济的时代，国与国之间的竞争实际上是知识和生产结合紧密度以及知识的运用和转化速度的较量。因此，培根关于知识创新和科学技术的看法，不仅向我们揭示了科学的本质，还认识到了实践在科学活动中的作用，不论在当时的时代还是现在的时代都展现了强大的生命力和活力。

　　面对日益紧张的世界局势，我国也加快了实施科教兴国、创新驱动发展战略的步伐，在党的二十大报告中指出，"完善科技创新体系。坚持创新在我国现代化建设中

---

① 弗朗西斯·培根.新工具［M］.许宝骙，译.北京：商务印书馆，1986：7.

的核心地位，深化科技体制改革，加入多元化科技投入，加强知识产权法治保障，形成支持全面创新的基础制度；培育创新文化，弘扬科学家精神，涵养优良学风，营造创新氛围；扩大国际科技交流合作，加强国际化科研环境建设，形成具有全球竞争力的开放创新生态。""加快实施创新驱动发展战略。以国家战略需求为导向，积聚力量进行原创性引领性科技攻关，坚决打赢关键核心技术攻坚战。"[①]

教育、科技、人才是全面建设社会主义国家的基础性、战略性支撑。所以必须坚持人才是第一资源、科技是第一生产力、创新是第一动力，为社会主义现代化强国开辟道路，创造新动能、新优势。

参考文献

［1］余丽娥.培根及其哲学［M］.北京：人民出版社，1987.

［2］冯华，金正波，常钦，等.加快实施创新驱动发展战略［N］.人民日报，2022-10-22（1）.

［3］夏保华.人的技术王国何以可能：培根对技术转型的划时代呐喊［J］.东北大学学报，2018（6）.

［4］余蕙.弗朗西斯·培根"知识就是力量"新解［J］.温州师范学院学报，2002（2）.

［5］刘月霞，付建军.培根关于知识创新的体制建设思想评述［J］.河北师范大学学报，2005（5）.

［6］巨乃岐.论培根的技术价值思想［J］.唐山学院学报，2011（1）.

［7］杨亚楠.知识就是力量：培根新知识观研究［D］.重庆：西南大学，2021.

［8］刘启春.知识生产力的哲学思考.［D］武汉：华中师范大学，2012.

---

① 习近平.高举中国特色社会主义伟大旗帜　为全面建设社会主义现代化国家而团结奋斗：习近平同志代表第十九届中央委员会向大会作的报告（摘登）［N］.人民日报，2022-10-17.

《资本论》中的科技思想及其现实启示

张芯涤　王兴芬

（云南师范大学马克思主义学院）

一、《资本论》中科技思想的时代背景

《资本论》的写作始于 19 世纪中叶，这是资本主义经济迅速发展的时代。19 世纪初，以英国为首，随后在法国、德国等掀起的工业革命，使人类社会进入"蒸汽时代"，步入了机器大工业背景下社会化大生产的进程。19 世纪 60 年代末，以德国为中心兴起的第二次工业革命，拉开了"电气时代"的序幕，从此科技的发展和机器的应用成为经济发展的主要推动力量。除了工业革命以外，另一重要的经济背景是 1825 年经济危机和 1857 年经济危机。随着科学技术的发展应用，世界贸易急剧扩大，大量的新兴国家卷入到了世界市场中，使得经济危机带来了世界性的破坏。

从 15 世纪开始，自然科学开始蓬勃发展，使人们摆脱了神学的枷锁。到了 19 世纪，细胞学说、能量守恒定律和生物进化论的发现，为《资本论》中科技思想的形成奠定了理论基础。不仅如此，人文科学的发展也对《资本论》中科技思想的形成起推动作用，马克思批判继承了德国古典哲学、英国古典政治经济学和法国空想社会主义等的重要理论，为《资本论》中科技思想的形成提供了参考。

作者简介：张芯涤，女，云南师范大学马克思主义学院马克思主义基本原理专业硕士研究生。

通讯作者简介：王兴芬，女，云南师范大学马克思主义学院讲师，硕士研究生导师。

二、《资本论》中科技思想的基本内涵

（一）科学技术是生产力

长期以来，不论是在政治经济学领域还是在哲学领域，学者们采用的大多是把生产力的要素概括为劳动者、劳动资料以及劳动对象，但马克思在《资本论》中指出，"劳动生产力是由多种情况决定的，其中包括：工人的平均熟练程度，科学的发展水平和它在工艺上应用的程度，生产过程的社会结合，生产资料的规模和效能，以及自然条件。"[①]明确了"科学的发展水平和它在工艺上应用的程度"在生产力要素中的地位，从生产力的内在源泉，指明了科学技术就是生产力。而资本主义社会由于工业与技术革命，加速科学技术的发展，使得资本主义社会"所创造出的巨大生产力超过了以往任何时代的总和"[②]，也印证了科学技术的生产力作用。

各个经济时代的区别在于如何生产以及用什么劳动资料生产，马克思认为"劳动资料取得机器的物质存在形式，要求以自然力来代替人力，以自觉应用自然科学来代替从经验中得出的成规。"[③]也就是说，科学技术的生产力作用首先是通过生产工具的变革来实现的。在《资本论》中马克思花费大量的篇幅来阐述剩余价值理论，其中对科学技术的生产力价值也做了说明："采用改良的生产方式的资本家，比同行业的其余资本家，可以在一个工作日中占有更大的部分作为剩余劳动。"[④]首先采用先进生产技术的生产者会有更高的劳动生产率，在社会必要劳动时间内会获得更高的超额剩余价值，因此科学技术成为提高劳动生产率的决定性因素，即科学技术是生产力。

（二）科学技术与人的发展有机统一

科学技术是社会历史发展的革命性力量，"现代工业通过机器、化学过程和其他方法，使工人的职能和劳动过程的社会结合不断地随着生产的技术基础发生变革。"[⑤]其中劳动资料作为生产力发展水平的标志，从普通工具到机器的演进，意味着生产方式发生了变革，而在此基础上工人的生产关系也发生了改变，所以工人的社会关系也不可避免地发生改变。人的本质"是一切社会关系的总和"[⑥]，在人的本质的生成过程中，

① 马克思，恩格斯. 马克思恩格斯文集：第五卷 [M]. 北京：人民出版社，2009：53.

② 马克思，恩格斯. 马克思恩格斯文集：第二卷 [M]. 北京：人民出版社，2009：36.

③ 马克思，恩格斯. 马克思恩格斯文集：第五卷 [M]. 北京：人民出版社，2009：443.

④ 马克思，恩格斯. 马克思恩格斯文集：第五卷 [M]. 北京：人民出版社，2009：370.

⑤ 马克思，恩格斯. 马克思恩格斯文集：第五卷 [M]. 北京：人民出版社，2009：560.

⑥ 马克思，恩格斯. 马克思恩格斯选集：第一卷 [M]. 北京：人民出版社，2002：501.

科学技术具有推动意义，马克思对科学技术的探究和对人的本质的思索构成了有机统一的整体。

在资本主义生产方式下，由于对剩余价值的疯狂追逐，科学技术表现为异己的力量，导致了资本家和劳动者的全面异化。就劳动者而言，随着劳动资料的不断改进，体力劳动者只需适应机器运作的简单操作，造成了智力的荒废，逐渐沦为机器的附庸；脑力劳动者则是将科技创新视作谋生的手段，而非自由自觉的活动，完全服从于资本家。科学技术的资本主义应用，劳动者被"夺去身体上和精神上的一切自由活动"①。对资本家而言，科学技术成为资本家获取高额利润的手段，个别资本家通过科技创新提高劳动生产率，可以通过"薄利多销"的方式获取更多的超额剩余价值；当整个资本家阶级通过科技创新提高劳动生产率，商品的社会必要劳动时间减少，商品的价值也因此降低，进而缩减工人的工资，这就使工人的剩余劳动时间相对延长，给整个资本家阶级带来了更多的剩余价值。科学技术创新所带来的剩余价值，役使资本家成为科学技术的"奴隶"。

（三）科学技术与自然生态双向互动

人是自然界发展的产物，自然界是人类赖以生存发展的基本条件，自然生产力因其属性的不同对科学技术产生不同的影响。自然力是科学技术创新的基本动因，"要利用水的动力，就要有水车，要利用蒸汽的压力，就要有蒸汽机。"②要实现自然力的生产性作用，就必须创制与自然力相适应的技术产物。自然物质为科学技术创新提供了物质基础，其种类和属性的多样性，使与之相适应的科学技术也呈现出多样性的特征；科学技术同样要与自然物质的运动规律相适应，"电流作用范围内的磁针偏离规律"③的发现促使了电报的发明和使用，这是人类在自然规律指导下所作出的科学技术创新。而自然地理位置也是影响科学技术的重要因素，科学技术的类型往往与地理性特征相适应，开放性地区往往更容易吸收和开发新的科学技术。

马克思对科学技术自然生态之维的辩证性审度具有前瞻性和全面性，提出了对人与自然物质变换断裂的修复。针对资本主义生产方式下对自然界的横征暴敛，马克思提出通过农业中化学与机械的革新发展，保护和改善自然资源，推行农业的生态化发展；通过发明和使用高性能的机器，减少对自然资源的损耗，以尽可能少的资源实现

---

① 马克思，恩格斯.马克思恩格斯文集：第五卷［M］.北京：人民出版社，2009：487.
② 马克思，恩格斯.马克思恩格斯文集：第五卷［M］.北京：人民出版社，2009：444.
③ 马克思，恩格斯.马克思恩格斯文集：第五卷［M］.北京：人民出版社，2009：444.

满足人类需要的物质生产。

通过推进科技进步和技术改良，减少"废料"的产生和"排泄物"的再利用，"原料的日益昂贵，自然成为废物利用的刺激。总的来说，这种再利用条件是：排泄物必须是大量的而且只有在大规模的劳动条件下才有可能；机器的改良，使那些原有形式上本来不能利用的物质，获得一种新的生产中可以利用的形式；科学的进步，特别是化学的进步，发现了那些废物的有用性质。"[①]

三、《资本论》中科技思想的现实启示

（一）面向经济主战场，增强国际竞争力

《资本论》中，科学技术的创新发展离不开社会生产实践，在新的历史方位下，发展科学技术应当首先面向社会生产领域，充分发挥科技创新对社会生产的推动力量，实现经济社会的健康发展。当代中国在坚持高质量发展的同时，资本在社会生产领域也占据了一定空间，包括但不限于境外资本、跨国资本等。对处在社会主义初级阶段的中国而言，合理驾驭资本，促进资本对科技创新的推动作用是十分必要的。应在坚持中国特色社会主义制度的前提下，将各类资本合理运用于科技创新事业，拓宽中小型科创企业的融资渠道，推动科技与资本的有机结合；同时对资本进行有效规制，提高资本运行的规范化程度，让资本在科学技术的创新发展中合理运行。

受新冠疫情和国际竞争格局演变的影响，美国主导的全球化分裂和产业链重置，采取各种手段阻止技术溢出，构建所谓的"小院高墙"。美国首先从芯片行业开始对中国进行了无所不用其极的限制，将矛头重点指向中国的华为公司，试图构建将中国排除在外的世界技术体系和产业链之外的世界经济体系。为实现高水平的科技自立自强，粉碎美国图谋，必须加强"产业链创新链融合"[②]，解决"卡脖子"的技术难题，加快建设科技强国，形成国际竞争新优势。

（二）以人民为中心，增进人民福祉

《资本论》中马克思立足于资本主义制度下剩余价值驱动的资本逻辑，对科学技术的创新发展进行了深入分析，其目的在于通过对人类生存境遇的反思批判，探究人

---

① 马克思，恩格斯.马克思恩格斯文集：第七卷［M］.北京：人民出版社，2009：116-117.

② 习近平.加快建设科技强国　实现高水平科技自立自强［N］.人民日报，2022-05-01.

类解放和全面发展的现实路径。"科技创新，一靠投入，二靠人才"[①]，在新的历史方位下，要落实创新驱动发展战略，必须注重科技人才的首创性。首先应设置灵活的创新人才任用机制，让现有创新人才发挥出最大效用；其次应改善创新人才的科创环境，推进科技体制改革；最后要完善创新人才培养机制，重视青年人才的培养和人才自主培养。

马克思对科学技术的探究和对人的本质的思索构成了有机统一的整体，科学技术的创新发展与人类的生存发展密不可分，进入新发展阶段，科技创新更须以人民为基本点。坚持以人民为中心，以"人民的美好生活需要"为导向，把增进人民福祉作为科学技术创新发展的价值目标，将科技创新和人的自由全面发展有机融合。同时构建科技命运共同体，推进全球科技创新成果共享，提高我国科技创新的自主性和开放性，以全球视野融入世界科技创新体系，"深度参与全球科技治理，贡献中国智慧，让中国科技为推动构建人类命运共同体做出更大贡献"[②]。

（三）立足自然禀赋，实现可持续发展

《资本论》中马克思强调了自然生产力对科学技术创新发展的推动作用，华夏大地地大物博，为科学技术的创新发展提供了丰厚的自然条件，而自然科学的发展构成了科技创新的重要基础。在新的历史方位下，首先要深入对自然生产力的系统认知，科学把握自然生产力的性质及运动规律；其次根据自然地理环境优化研发布局，因地制宜，发展区域特色科技创新；最后是协调区域间资源流动与共享，资源富集区带动资源贫瘠区，切实提升我国整体科技创新水平。

在马克思生活的时代，生态问题虽然并没有凸显，但马克思前瞻性的视野已经认识到了这一严峻问题。人类的生产力在征服和改造自然中获得了长足的发展，单纯片面地运用科学技术征服自然，使自然对人类展开了大规模的报复，但科技创新既是生态问题的诱因，亦是解决生态问题的手段。要正确处理人与自然的关系，实现人与自然的和谐共生，必须坚持绿色发展理念，强调科学技术创新发展的可持续发展导向，让科技真正造福于人类。

① 习近平.把科技的命脉牢牢掌握在自己手中　不断提升我国发展独立性自主性安全性［N］.人民日报，2022-06-30.
② 习近平.加快建设科技强国　实现高水平科技自立自强［N］.人民日报，2022-05-01.

参考文献

［1］洪银兴.中国特色社会主义政治经济学范畴与《资本论》原理的内在联系：以创新发展理念的理论溯源为例［J］.当代经济研究，2017（12）：24-30，97.

［2］王传利，肖炳兰.资本逻辑与科技社会功能的发挥：论和谐社会的制度基础［J］.马克思主义研究，2010（5）：96-101.

［3］孙亚南，王兴芬.《资本论》及其手稿中的创新思想与当代价值［J］.当代经济研究，2019（8）：63-70.

［4］李仙娥，李志成.习近平关于科技创新重要论述的基本内容［J］.党的文献，2022（4）：43-50.

［5］胡启斌，蔡敏.习近平科技创新重要论述的逻辑蕴涵、内在特质与实践向度［J］.中共福建省委党校（福建行政学院）学报，2022（3）：33-41.

［6］于金凤.《资本论》中的科技管理思想及其现代意义［J］.甘肃社会科学，2002（6）：113-116.

［7］周士跃.《资本论》及其手稿中科技思想及其对创新驱动发展战略的现实启示［J］.改革与战略，2017，33（11）：79-82.

［8］姜惠，刘宝杰."人的发展"维度下《资本论》中的科技创新思想［J］.佛山科学技术学院学报（社会科学版），2021，39（6）：22-30.

［9］姜惠，刘宝杰.《资本论》中科技创新思想的社会生产之维［J］.克拉玛依学刊，2022，12（3）：28-37.

［10］姜惠，刘宝杰.《资本论》中科技创新思想的自然生态之维［J］.齐齐哈尔大学学报（哲学社会科学版），2021（10）：32-37.

［11］王维平，廖扬眉.《资本论》阐释科技伦理思想的三重维度：文本、逻辑和内涵［J］.自然辩证法通讯，2022，44（10）：87-93.

［12］崔泽田，李庆杨.马克思科技创新驱动生产力发展思想及其当代价值［J］.理论月刊，2015（5）：12-16，32.

［13］熊晓兰.马克思主义科技观对新时代科技自主创新的思考［J］.九江职业技术学院学报，2018（4）：74-76.

［14］胡连勇.《资本论》及其手稿的科学技术思想研究［D］.金华：浙江师范大学，2020.

［15］刘雨.马克思《资本论》中蕴含的科学技术思想研究［D］.呼和浩特：内蒙古师范大学，2019.

［16］解慧娟.马克思主义科技观发展演进研究［D］.兰州：兰州大学，2019.

数字劳动内涵探析

朱加朝　沈　阳

（云南师范大学马克思主义学院）

一、对数字劳动的认识

数字劳动是第四次科技革命大背景下产生的新型劳动形式，是当今时代的显著特征，但目前对数字劳动的界定和认知仍旧存在着很大的争议。随着科学技术的不断发展，"数字劳动"内涵也不断地得到丰富、拓展。当然，虽存在争议，但对"数字劳动"的更精准认识是为必要。在此，将从西方语境和本土语境考察的基础上，对"数字劳动"这一当今时代显著劳动方进行认识。

（一）西方语境下的数字劳动

数字劳动最初是由意大利学者蒂齐亚纳·泰拉诺瓦（Tiziana Terranova）的《免费劳动：为数字经济生产文化》（2000）[①]一文中提出。他将数字劳动视为一种现代互联网信息化世界中的特有现象[②]。泰拉诺瓦所指的数字劳动是数字媒介用户为了获得免费的在线服务，无偿地承担起生产，包括回复评论和邮件收发等在内所有的互联网免费劳动。但随着社会的发展，数字劳动远远超出了泰拉诺瓦的定义范围，加拿大学者达拉斯·斯麦兹（Dallas Walker Smythe）的"受众商品论"中也可以找到一个依据，

作者简介：朱加朝，云南师范大学马克思主义学院马克思主义劳动观专业硕士研究生。

通讯作者简介：沈阳，云南师范大学马克思主义学院教授，硕士研究生导师。

① TIZIANA TERRANOVA，FREE LABOR. Producing culture for the digital economy［J］. Social text，2000（18）：33-58.

② 孙旭，丁乔. 数字经济时代"新服务工人"数字劳动信息素养培育研究.［J］. 情报科学. 2022，40（5）.

即认为电视观众在观看过程中被强制要求观看商业广告，这就表明观众在收看广告和接受营销信息时承担了一种无偿的工作[①]。紧接着，克里斯蒂安·福克斯（Christian Fuchs）认为，应将"受众商品理论与马克思主义劳动价值理论这一'正统'解释方式相结合"，通过"价值链"这一前提条件来进一步剖析"数字劳动"的具体运作形式。当然，在福克斯看来，数字劳动包括互联网用户的浏览、点击和分享等消费性活动，同时也包括信息通信设备生产所需的所有劳动形式，在这里，所覆盖的主体包括互联网平台、互联网用户和生产领域工人在内的信息通信产业链上所有软件、内容和硬件生产都隶属数字劳动。另外，马克·格雷姆（Mark Graham）等人研究边缘地区的线上劳动力市场的外包做法时，将"数字劳动"称之为"通过数字劳动力市场进行的有偿活动"[②]。当然，总体来说，福克斯对数字劳动的研究较为合理，但同样不可避免地倾向于笼统，没有将物质劳动与信息时代下的数字劳动作区分，这显然对"数字劳动"这一界定是不足的。

（二）本土语境下的数字劳动

进入新时代，"数字化生活"已经成为人们日常生活中的重要组成部分，借助移动手机和计算机等信息通信设备在网络空间进行交流、学习和工作，极大地便利了我们的生活，减少了交流的成本，增加了沟通渠道。但我们对"数字劳动"的本土研究仍然缺乏，对其认识不足。这主要是因为，一方面"数字劳动"在不断地丰富变迁；另一方面研究难以跟上技术更新的速度，研究显得滞后。当然，国内的部分学者对"数字劳动"做出界定，进一步增加对数字劳动的理解。比如，学者肖峰认为，"在 ICT（信息与通信技术）设备上进行的生产、采集、处理与使用数据，并且消耗了人的体力、脑力和时间的活动"，数字劳动是由"数字"和"劳动"两个单词组合成的合成词，一是侧重点在"数字"的"劳动的数字化"，强调其是与物质劳动不同的劳动类型；二是侧重点在"劳动"的"数字化的劳动"，强调数字劳动的过程与物质劳动一样，亦消耗了人的体力与智力[③]。孔令全、黄再胜两位学者通过分析数字劳动是非物质劳动的当代形式和数字劳动本质上还是物质劳动这两种观点，认为数字劳动的界定上存

---

① 亚历桑德罗·甘迪尼，操远芃.数字劳动：一个空洞的能指？[J].国外社会科学前沿，2022（1）：47-54.

② 亚历桑德罗·甘迪尼，操远芃.数字劳动：一个空洞的能指？[J].国外社会科学前沿，2022（1）：47-54.

③ 肖峰，邓璨明.数字劳动的含义及其与物质劳动的比较[J].武汉科技大学学报（社会科学版），2021，23（6）：632-637.

在属性上的差别，但都认为数字劳动具有生产性，"能够生产商品和剩余价值，存在资本对数字劳动的剥削，两种观点对数字劳动的定义也就存在狭义和广义之分"①，指出狭义的定义主要针对"数字媒体中用户的数字劳动"，广义的界定是数字媒体生产、流通和使用中资本积累所需的劳动都囊括进来，包含狭义的数字劳动。由于界定的有所不同，适用的范围和具体表现形式也不尽相同。刘雨婷、文军认为，"数字劳动的进路不仅仅是一个劳动形式演变的问题，更意味着一种新就业形态的诞生"②，鼓励在未来研究中不要过多强调数字劳动概念的新颖，"而是能对其与数字技术作用下社会经济文化变量的关系提供更细致和情境化的理解"③。总的来说，国内学者对数字劳动的界定也尚未达成一致认识，仍在持续的探讨中。

本文在考察西方语境和本土语境的基础上，进一步深化了对"数字劳动"的认识。在本文看来，数字劳动是指人的智力成果通过数据和信息表现出来，通过手机、计算机等通信设备及云计算、互联网等高新技术支撑，将人的智力成果存储于网络空间，包括各个领域，工、农、科技成果等，使其存在于一定的空间，并在应用中产生相应新的价值。通常来说，数字劳动不直接生产物质资料，属于非物质性生产劳动，但又能够生产出新的商品和价值，可以说是人在消费了数据信息（可以理解为一般的知识成果）后，再创造出新价值的一种劳动，隶属于一种"活劳动"。另外，"数字劳动是在技术基础与社会基础交织的根基上发展起来的"④，数字劳动丰富了传统的物质劳动，是物质劳动的新发展，对人的智力、脑力要求更高，属于一种创造性劳动。

二、数字劳动与物质劳动的区别与联系

在马克思主义劳动观看来，劳动是人类的本质。当然，劳动总是需要在一定社会历史条件下进行，尤其随着科学技术的发展和生产力的快速进步，劳动的具体形式也会发生具体的相应变化。从人类社会产生以来，人类无时无刻不依赖自然界，通过劳动将自然界和人类社会联系起来，在人的劳动作用下人类从自然界中创造出自然界本

---

① 孔令全，黄再胜.国内外数字劳动研究：一个基于马克思主义劳动价值论视角的文献综述［J］.广东行政学院学报，2017，29（5）：73-80.
② 刘雨婷，文军."数字"作为"劳动"的前缀：数字劳动研究的理论困境［J］.理论与改革，2022（1）：117-131.
③ 同上.
④ 同上.

来没有的物质或者对自然界中的自然物进行加工、改造，改变原有的自然物质形态，通常来说，这一创造出新的物质产品的劳动，把它视为物质劳动。但随着高科技的发展，大数据、人工智能等高新技术的发展，极大地改变了人们的劳动方式，衍生出了新的劳动方式——数字劳动。以通信信息技术为基础的数字劳动能够使数字劳动者更好地在数字空间将自己的想象力、创造性思维进行对象性建构，产生新的创造物，数字劳动者在数字劳动过程中不仅强化了数字劳动能力，而且改变着自身的理念和思维方式。

（一）数字劳动和物质劳动的区别

物质劳动是真真实实的劳动的外化，在我们的身边随处可以看得见、摸得着的物质性生产劳动，在发挥人的主观能动性的基础上，人本身将脑力和体力劳动结合起来，并借助劳动资料对劳动的对象进行着符合人的目的性的改造，这个过程中体现出来的是实体的物质层面。正如马克思看来，生产物质资料的劳动的全过程离不开劳动者的劳动、劳动资料和劳动对象，只有这 3 个要素相互作用，才能够创造出新的物质产品。其劳动过程是劳动者通过有目的的活动，也就是运用劳动资料对劳动对象进行加工，改造原有的自然界中的物质形态，满足人们的某种需要的使用价值过程。而与此同时，数字劳动却出现一些新的变化。首先，劳动者不仅成为通信设备的操作者，而且是网络空间的创造者和享用者。与传统物质劳动相比，数字劳动的劳动者需要掌握的是计算机操作、网页浏览以及网络的能力，甚至需要接受专门的网络培训。通常来说，数字劳动者能够"依托网络平台，在不同领域成功实现供需匹配，并有效扩展劳动的服务类型和地理边界，成为数字资本生产策略与赚取网民数字劳动剩余价值的重要途径"[1]。其次，在网络平台上建立的虚拟世界，数字劳动者不直接对自然物质进行改造、加工，相反，数字劳动者是按照自己的情感体验、思维方式去进行新的劳动产品的创造，数字劳动者在网络空间进行自由表达，形成新的内容，这些新的内容包括文字、图片和语音等在内的数据产品，这些数据产品区别于物质产品，根本是"0"和"1"的二进制运算的呈现，具有相当程度的抽象性。数字劳动不同于物质劳动，比如在"流水线"上劳动者的操作是整齐划一的，而数字劳动则彰显着劳动者自身的独特性，体现出劳动者自己的个性。另外，其"对地理空间和时间的限制较小，能够使人们摆脱传统劳动中受空间和时间限制

---

① 吴鼎铭，胡骞.数字劳动的产业价值及其生产模式［J］.青年记者，2022（12）：15-17.

的弊端，为个人进行自由生产提供了可能"①。最后，数字劳动将头脑中的情感观念、知识经历通过虚拟化的形式再生产出来，在网络上进行邮件的发送，平台程序上进行互相评论等，都无疑在消耗着劳动者的精力。

（二）数字劳动与物质劳动的联系

马克思认为，人类一切劳动的本质都是人的体力和脑力的消耗，都是使用劳动工具，改造自然物质形态的有目的、有计划的社会实践活动。世界上不存在绝对的脑力劳动和体力劳动的分离，不存在物质劳动与非物质劳动的对立。首先，从劳动的主体角度来说，不管是数字劳动还是物质劳动，都离不开劳动者肢体与相关器官的协同操作，都需要在人的肢体作用下操作工具（即便是最原始的劳动方式也是如此）、相关设备的运作，无论是生产小麦、流水线上生产手套，还是操作智能化设备。不管是物质劳动还是数字劳动，在进行劳动之前总需要做出一定劳动计划，进行"蓝图"绘制，增强劳动的目的性；在劳动过程中，需要结合具体情况，对劳动进度、劳动的效果进行监控并适度调整，并且在劳动的过程中也嵌入相应的情感和语言上的交流，都能够在物质与数字劳动中将头脑中的价值观念、知识阅历等在劳动过程中呈现出来，很大程度上来说，这是劳动者生命体验的对象化，同时，在这个过程同会形成从劳动中产生出来的具有激励劳动的精神。其次，从劳动的终极产品来说，劳动的终极产品无非就是用眼睛可看、手可触及的物质产品和网络中的数据信息产品。在这里，生产物质产品的物质劳动和带来数据信息的数字劳动是相互作用的，难以割裂。也就是说，一方面，物质劳动是数字劳动的基础和前提。数字劳动不能脱离物质劳动而单独运行，离开先前的物质技术积累，就没有后来的技术新超越。数字劳动的网络设备的建立以及有线设备、无线装置都是由物质劳动带来，离开了物质劳动，也就无所谓的数字劳动，数字劳动作为脑力劳动与体力劳动的生命活动，离不开物质劳动提供的物质产品，数字劳动的产品——知识信息、网络娱乐视频等都是社会物质实践的反映。另一方面，数字劳动反作用于物质劳动。数字劳动能够快速更新劳动理念，传递相关的价值，促进生产力的发展，促进物质劳动各要素相应的变革，提高物质劳动的生产效率。数字劳动具有不完全受时间空间限制劳动的特点，能够在数字劳动的过程中再生产出劳动力，促进物质劳动与数字劳动的融合发展。最后，从马克思主义劳动观角度出发，无论是数字劳动还是物质劳动都是人的体力和脑力耗费的过程，都离不开人积极地劳动活动，都是人类历史实践的产物，最终目的都是服务和助推人的全面发

---

① 刘悦.数字劳动研究：基于马克思劳动价值论的视角［D］.石家庄：河北经贸大学，2022.

展，使人类实现更加美好的生活。

参考文献

［1］TIZIANA TERRANOVA，FREE LABOR．Producing culture for the digital economy［J］．Social Text，2000（18）：33-58.

［2］孙旭，丁乔．数字经济时代"新服务工人"数字劳动信息素养培育研究．[J].情报科学，2022，40（5）.

［3］亚历桑德罗·甘迪尼，操远芃．数字劳动：一个空洞的能指？［J］.国外社会科学前沿，2022（1）：47-54.

［4］亚历桑德罗·甘迪尼，操远芃．数字劳动：一个空洞的能指？［J］.国外社会科学前沿，2022（1）：47-54.

［5］肖峰，邓璨明．数字劳动的含义及其与物质劳动的比较［J］.武汉科技大学学报（社会科学版），2021，23（6）：632-637.

［6］孔令全，黄再胜．国内外数字劳动研究：一个基于马克思主义劳动价值论视角的文献综述［J］.广东行政学院学报，2017，29（5）：73-80.

［7］刘雨婷，文军．"数字"作为"劳动"的前缀：数字劳动研究的理论困境［J］.理论与改革，2022（1）：117-131.

［8］吴鼎铭，胡骞．数字劳动的产业价值及其生产模式［J］.青年记者，2022（12）：15-17.

［9］刘悦．数字劳动研究：基于马克思劳动价值论的视角［D］.石家庄：河北经贸大学，2022.

论习近平科技创新理念的三重逻辑

邹笃霞　刘化军

（云南师范大学马克思主义学院）

马克思主义经典著作中包含着丰富的科学技术思想，并且从科学技术对经济社会发展的推动作用、对生产关系的变革作用展开对科技现实价值的论述。马克思认为，科学技术是推动社会发展的重要力量，并提出了"科学是生产力"的重要观点。虽然，马克思、恩格斯并未直接提出"科技创新"的说法，但他们提出的"科学""技术""变革"思想同样蕴含着科技创新的内涵。自新中国成立以来，我国一直重视科技发展。以毛泽东同志为核心的第一代中央领导集体提出了"向科学进军"的口号，开启了研究科学技术的进程，为此后科技的发展奠定了坚实的基础。之后，"科学技术是第一生产力""科教兴国""建设创新型国家"等目标的提出，表明我国历代中央领导集体始终将科学技术作为引领国家和社会发展的重要力量。党的十八大以来，习近平总书记始终坚持以马克思主义科技理论为指导，在继承和发展前人科技思想的基础上，在立足于中国科技发展的实际情况和趋势的基础上，提出了走中国特色自主创新道路；加强科技人才队伍建设；实施创新驱动发展战略等创新理念。习近平总书记的科技创新理念是新时代中国特色社会主义的重要组成部分，是实现中华民族伟大复兴的方向指引、是植根于人民、造福人民的伟大理念。

一、习近平科技创新理念的生成逻辑

习近平总书记的科技创新理念是在复杂的国际国内大背景下形成的，既立足于新

作者简介：邹笃霞，女，云南师范大学马克思主义学院马克思主义哲学专业硕士研究生。

通讯作者简介：刘化军，男，云南师范大学马克思主义学院教授，硕士研究生导师。

时代科技创新与经济发展、综合国力之间现实问题，又着眼于分析建设科技强国面临的新问题和新特征，是科学应对经济转型的要求，是建设现代化国家必须坚持的理念。改革开放四十多年的发展，我国科技建设虽然取得了丰硕的成果，但还存在一系列问题。第一，立足当代科学技术的发展弱项去进行分析，我国科技创新能力不足、科技发展水平不高、科技人才队伍建设有待加强。第二，从科学技术作为第一生产力转换为现实经济增长动力不足去分析，我国科技对经济社会发展的支撑能力不足，科技对经济增长的贡献率远低于发达国家水平，经济发展中人口、资源要素难以支撑经济转型。第三，从科技与综合国力提高的整体性分析，从世界整体发展趋势来看，科技与经济社会发展联系愈加紧密，科技创新的潮流势不可当，新一轮科技革命和产业革命带来了更为激烈的科技竞争，科技实力已成为保障国家安全的重要基础，在接下来的国力竞争中科技创新是经济发展、提升综合国力的重要的举措，科技强则国家强。

从我国实际问题出发来看，如何提高科技创新水平、如何通过高质量的科技来支撑我国经济高质量的发展，是当代科技发展、经济发展的困境，也是习近平总书记提出科技创新理念的时代背景。此外，21世纪以来，新一轮科技革命和产业革命的孕育兴起是当前建构科技创新理论的整体性需求，世界正处于科技变革和谋求经济转型升级的历史交汇点。当今世界正经历百年未有之大变局，全球科技创新以前所未有的速度发展，科技渗透到人类生活的方方面面，人类生产生活方式、思想观念、综合国力竞争因素也随之发生改变。首先，科技涉及领域多元化要求科技全面发展。随着网络时代的到来，互联网、云智能、大数据等一系列前沿技术不断融合并加速发展，从互联网到物联网、从信息化到数字化、从虚拟现实到人工智能、从智能制造到智慧工厂，各领域技术实现井喷式发展。其次，科技与经济社会发展联系愈加紧密。当前，"信息技术、生物技术、新材料技术、新能源技术广泛渗透，带动几乎所有领域发生以绿色、智能、泛在为特征的群体性技术革命"[①]。最后，科技创新在不同学科、不同领域之间交叉融合，新兴学科不断涌现，前沿领域不断延伸，科技创新成为世界潮流。总之，从目前世界经济的发展情况来看，创新成为经济发展的驱动力，只有实现了科技创新，才能使经济社会更加有力地加速发展。

二、习近平科技创新理念的理论逻辑

习近平总书记在多种重要场合强调创新发展的重要性，提出"创新是引领发展的

---

① 中共中央文献研究室. 习近平关于科技创新论述摘编［M］. 北京：中央文献出版社，2016：27.

第一动力"[①];"抓创新就是抓发展,谋创新就是谋未来";[②]"我国发展经济新常态关键是依靠科技创新转换发展动力"[③]"科技是国家强盛之基,创新是民族进步之魂"[④]等重要理念,在深刻把握国际国内科技发展现状的基础上,形成了一系列具有中国特色、全球视野的科技创新理念。

在国家发展全局中,科技创新居于战略核心地位,是突破发展瓶颈和解决深层次矛盾问题的根本出路。在今天,要想在发展中抢占先机就必须走中国特色社会主义自主创新道路。走中国特色社会主义自主创新道路,首先要树立创新自信。习近平总书记说,创新从来都是九死一生,但我们必须有"亦余心之所善兮,虽九死其犹未悔"的豪情[⑤]。我国科技界要坚定创新自信,在独创独有上下功夫,勇于挑战最前沿的科学问题,提出更多原创理论,做出更多原创发现,力争在重要科技领域实现跨越发展,跟上甚至引领世界科技发展新方向,掌握新一轮全球科技竞争的战略主动。其次,基础研究是整个科学体系的源头,是所有技术问题的总机关。要保持自主创新能力,首要的就是重视基础研究。基础研究是所有科技创新自立自强的根基,根基不牢,科技创新这座"大厦"便难以立足,实现科技自立自强的步伐便会停滞不前。目前,我国正处于发展的攻坚期,正在为建设世界科技强国的目标而不懈奋斗。同世界发达国家相比,我国科技基础仍然薄弱,科技原创能力不足,原创性成果还需不断增加。面对这些问题,唯有加强基础研究、注重原始创新,才能实现累积性进步和突破性发展,进而对经济社会发展产生深远的长期性影响。

要想实现科学技术作为第一生产力对现实经济增长的推动作用必须实施创新驱动发展战略,推进以科技创新为核心的全面创新。首先,实施创新驱动发展战略人才是关键。党要发挥领导核心作用,加强党对人才工作的统一管理和领导,把尽可能多的人才团结在党周围,为党和国家事业的发展贡献力量。进入改革发展的新时代,党要注重培养高水平人才,激发人才的创造性思维,真正实现人尽其才,为建设人才强国提供坚强的保障。其次,支持和帮助科技人员创新创业,着力破除人才发展过程中遇到的种种体制障碍,为科技人员创造开放、自由、平等的创新创业环境,在全社会形成尊重人才、爱护人才的创新氛围,为广大科技人员的成长开山铺路。最后,对人才

---

① 中共中央文献研究室.习近平关于科技创新论述摘编[M].北京:中央文献出版社,2016:45.

② 中共中央文献研究室.习近平关于科技创新论述摘编[M].北京:中央文献出版社,2016:67.

③ 中共中央文献研究室.习近平关于科技创新论述摘编[M].北京:中央文献出版社,2016:67.

④ 中共中央文献研究室.习近平关于科技创新论述摘编[M].北京:中央文献出版社,2016:81.

⑤ 习近平.为建设世界科技强国而奋斗:在全国科技创新大会、两院院士大会、中国科协第九次全国代表大会上的讲话[M].北京:人民出版社,2016:10.

进行分层分类管理。对各个领域的人才进行分层分类的个性化管理，使人才发展的空间更有可塑性，促进人才的个性化发展。此外，实施创新驱动发展战略企业是主体。企业是促进经济和科技紧密结合的关键力量，创新能力决定着企业的核心竞争力，也影响着在国际竞争中的话语权。习近平总书记强调要破除体制机制障碍，让市场成为配置创新资源的决定性力量，让企业真正成为技术创新主体，增强科技进步对经济增长的贡献度，加快形成我国科技发展的新动源。

三、习近平科技创新理念的价值逻辑

从思想理论的演进逻辑上来看，习近平科技创新理念是一个理念与实践互动演进的产物，是马克思主义科技观、中国共产党治理经验、世界实践经验在习近平治国理政中融会贯通生成的原创性成果。习近平科技创新理念符合世界发展潮流，回应了新时代经济发展转型的需求，对我国科技事业的发展具有重要的理论意义和实践意义。

首先，习近平科技创新理念为实现中华民族伟大复兴中国梦提供了有力保障。当今世界百年未有之大变局加速演进，国际环境错综复杂，世界经济陷入低迷期，科技创新成为国际战略博弈的主要战场，围绕科技制高点的竞争空前激烈。相对于依靠资源、依靠劳动要素投入，破坏环境的发展方式，从低端发展向主动创新发展对中国建设现代化国家、对中国在国际竞争中取得优势具有重大意义。科学技术关系话语权，影响我国"两个一百年"奋斗目标的实现，关系国家和民族的命运，关系人民幸福和人类自由解放。习近平总书记强调，科技是国之利器，国家赖之以强，中国要强，中国人民生活要好，必须有强大科技[①]。因此，面对百年未有之大变局，我们必须抓住新一轮科技革命和产业革命的机遇，加快增强创新原创力、提高创新体系整体效能、提高科技产出效益，深入实施创新驱动发展战略，加快形成以创新为主要引领和支撑的经济体系和发展模式，为实现中华民族伟大复兴提供有力保障。

其次，科技是为人服务的，发展也是为人服务的。"以人民为中心"是习近平科技创新理念的价值指向和目标追求，它回答了科技创新"依靠谁""为了谁"的问题。在习近平总书记看来，人民具有至高无上的地位，改善民生、造福人民、促进人的全面发展是当前科技工作的出发点和落脚点。其一，要想做到科技为了人民必须把科技创新与提高人民生活质量和水平结合起来，大力发展民生科技，依靠科技来谋民生之利、解民生之忧，推动人民群众最关心、与人民生活密切相关的科学技术发展。其二，

---

① 习近平 . 在中国科学院第二十次院士大会、中国工程院第十五次院士大会、中国科协第十次全国代表大会上的讲话 [N].人民日报，2021-06-03（1）.

要想实现可持续发展就必须加快转变经济发展方式，以人为本，统筹兼顾。习近平总书记强调我们的发展必须担负责任大国的使命，不仅造福中国人民，更要造福世界人民。习近平总书记认为我们必须改变过去主要依靠资源和投资来驱动的经济增长的方式，代之以技术应用和技术创新来驱动生产效率，利用科技创新高效合理配置各种资源，推动生态产业、绿色产业的升级和转型，以保持经济发展与绿色发展之间的平衡。转变发展理念，改变经济发展方式，使科技成果更充分地惠及人民群众，更加发挥科技在保障和改善民生中的积极作用，实现科技成果的价值，让人们过上美好幸福的生活。

参考文献

［1］中共中央文献研究室.习近平关于科技创新论述摘编［M］.北京：中央文献出版社，2016.

［2］习近平.在欧美同学会成立一百周年庆祝大会上的讲话［N］.人民日报，2013-10-22（2）.

［3］习近平.在党的十八届五中全会第二次全体会议上的讲话［N］.人民日报，2015-10-30（2）.

［4］习近平.在十八届中央政治局第九次集体学习时的讲话［N］.人民日报，2013-10-30（2）.

［5］习近平.在中国科学院第二十次院士大会、中国工程院第十五次院士大会、中国科协第十次全国代表大会上的讲话［N］.人民日报，2021-06-03（1）.

科技创新为实现中华民族伟大复兴注入强大动力

郭绍平　黎贵优

（云南民族大学马克思主义学院）

习近平总书记在党的二十大报告中特别强调，必须坚持科技是第一生产力、人才是第一资源、创新是第一动力，深入实施科教兴国战略、人才强国战略、创新驱动发展战略，开辟发展新领域新赛道，不断塑造发展新动能新优势。实现科技创新发展，是引领中国应对各种困难挑战的必然选择，是实现中华民族伟大复兴的战略需要。

一、新时代我国进行科技创新的必要性

（一）科技创新是我国面对当前国际竞争的需要

当今世界正处于百年未有之大变局，科技创新越来越成为国家之间竞争的重要因素。一个国家只有在国际竞争中赢得科技创新的主动权，才能在复杂的国际竞争中把握机遇。习近平总书记指出，完善科技创新体系，坚持创新在我国现代化建设全局中的核心地位。扩大国际科技交流合作，加强国际化科研环境建设，形成具有全球竞争力的开放创新生态①。通过科技创新，渐渐提高我国在国际科技竞争中的地位，这样我国才能在险象丛生的国际竞争中赢得竞争优势。历史告诉我们，落后就

作者简介：郭绍平，男，云南民族大学马克思主义学院马克思主义基本原理专业硕士研究生。

通讯作者简介：黎贵优，男，云南民族大学马克思主义学院教授，硕士生导师。

① 习近平.高举中国特色社会主义伟大旗帜　为全面建设社会主义现代化国家而团结奋斗［M］.北京：人民出版社，2022：35.

要挟打，我国已经失去了第一次工业革命、第二次工业革命和第三次信息技术革命的历史机遇，这直接拉开了我国和发达资本主义国家之间科技竞争的距离。2022 年 8 月，美国总统拜登正式签署了《2022 年芯片与科学法案》。在这个法案中，试图通过投资补贴等方式吸引半导体企业在美国投资，而且试图用限制补贴资格等方式阻止半导体企业在中国进行投资。以美国为首的资本主义国家的目的很明显，他们凭借自身在三次工业革命中所取得的优势阻碍中国产业的进步和科技的发展。当前世界正处于新一轮科技革命的机遇期，同时也是带来经济发展的机遇期。习近平总书记强调，创新才能把握时代，引领时代[1]。我国只有进行科技创新，才能在国际竞争中赢得优势。

（二）科技创新是维护国家安全的需要

习近平总书记统筹国内和国外安全大局，提出了总体国家安全观。习近平总书记指出，国家安全是民族复兴的根基，社会稳定是国家强盛的前提。必须坚定不移贯彻总体国家安全观，把维护国家安全贯穿党和国家工作各方面全过程，确保国家安全和社会稳定[2]。习近平总书记指出，科技兴则民族兴，科技强则国家强[3]。近代以来，由于我国的科技实力比较落后，西方资本主义国家依靠船坚炮利的优势打开了我国的国门，国家蒙辱、人民蒙难、文明蒙尘，中华民族一度处于危难之中。改革开放后，党和国家尤为重视科技事业的发展，极大地推进了我国的国家安全，并使我国进入了创新型国家行列。科技创新在保障国家安全、维护国家主权中发挥着显著的作用。

二、科技创新的巨大推动作用

（一）依靠科技创新壮大我国的实体经济

习近平总书记指出，建设现代化产业体系，坚持把发展经济的着力点放在实体经济上，推进新型工业化，加快建设制造强国、质量强国、航天强国、交通强国、网络

① 习近平.高举中国特色社会主义伟大旗帜 为全面建设社会主义现代化国家而团结奋斗［M］.北京：人民出版社，2022：20.
② 习近平.高举中国特色社会主义伟大旗帜 为全面建设社会主义现代化国家而团结奋斗［M］.北京：人民出版社，2022：52.
③ 中共中央文献研究室.习近平关于科技创新论述摘编［M］.北京：中央文献出版社，2016：89.

强国、数字中国[①]。2021 年，我国的 GDP 是 114.37 万亿元。我国已经连续多年居于世界第二大经济体，从 3 个产业对 GDP 的贡献来看，第三产业增加值占国内生产总值的 53.3%，而其中的信息传输、软件和信息技术服务业增加值在其中的占比最大，达到了 43956 亿元，增长 17.2%。在我国从富起来到强起来的进程中，科技创新是我国经济高质量发展的动力源，同时实体经济也对科技创新提出了更高的要求。实体经济主要是以制造业为主体涉及物质资料生产的行业，发展实体经济的重点是发展制造业。依靠科技创新可以推动制造业的转型升级，并且推动实体经济的发展。日本是世界第三大经济体，虽然日本的地理位置、资源等并不占据优势，但是日本却重视高新技术的研发，比如日本的高精度半导体材料、机器人、日本海底探测潜水艇等技术的发展，逐渐带动了日本的实体经济。

（二）科技创新推动我国的绿色转型

习近平总书记指出，加快发展方式绿色转型，推动经济社会发展绿色化、低碳化是实现高质量发展的关键环节。加快节能降碳先进技术研发和推广应用，倡导绿色消费，推动形成绿色低碳的生产方式和生活方式[②]。中国加快发展方式绿色转型，既是应对传统能源减少，又是应对全球气候变化的必然要求。依靠技术创新能够推动世界清洁能源的发展，为全球经济贡献自己的一分力量。通过技术创新发展绿色低碳产业，推动人们形成绿色的生产方式和生活方式，最后实现碳达峰和碳中和。中国目前在能源技术、新能源的研发方面处于世界的领先水平，这都依赖于科技创新。我国计划在2030 年之前实现碳达峰，2060 年之前实现碳中和的目标。依靠科技创新，我国在未来将能够实现绿色低碳的生产方式和生活方式。未来中国将会实现从清洁能源到传统能源的转变，对推动世界新能源的研发和使用将会发挥举足轻重的作用。

三、科技创新助推中华民族伟大复兴

（一）科技创新是中华民族伟大复兴的不竭动力

科技创新关系到我国全面建成社会主义现代化强国、实现第二个百年奋斗目标、

---

① 习近平 . 高举中国特色社会主义伟大旗帜　为全面建设社会主义现代化国家而团结奋斗［M］.
北京：人民出版社，2022：30.
② 习近平 . 高举中国特色社会主义伟大旗帜　为全面建设社会主义现代化国家而团结奋斗［M］.
北京：人民出版社，2022：50.

实现中华民族伟大复兴的实际需要。习近平总书记强调，加快实施创新驱动发展战略，坚持面向世界科技前沿、面向经济主战场、面向国家重大需求、面向人民生命健康，加快实现高水平科技自立自强。以国家战略需求为导向，积聚力量进行原创性引领性科技攻关，坚决打赢关键核心技术攻坚战。加快实施一批具有战略性全局性前瞻性的国家重大科技项目，增强自主创新能力[1]。科技创新不仅在经济社会发展中具有关键作用，而且在实现中华民族伟大复兴的进程中更是具有举足轻重的重要作用。从我国目前的情况来看，科技创新能力还有很大的提升空间，要不断地激发科技创新的动力和活力，更好地发挥创新是引领发展的第一动力的重要作用，为实现中华民族伟大复兴的中国梦提供源源不竭的动力。

（二）中华民族伟大复兴迫切需要科技创新的支撑

科技创新和中华民族的伟大复兴是相辅相成的，科技创新是中华民族伟大复兴的不竭动力，而在实现中华民族伟大复兴的进程中同样离不开科技创新的支撑。习近平总书记指出，教育、科技、人才是全面建设社会主义现代化国家的基础性、战略性支撑[2]。中国特色社会主义进入新时代，为了更好地激发科技创新的支撑作用，推动科技创新的进步，党和政府出台了很多的举措。"十四五"期间，中央财政坚持将科技作为财政支出的重点领域，从4个方面着力加快科技自立自强，推进科技创新。一是着力强化国家战略科技力量；二是着力提升企业技术创新能力；三是着力激发人才创新活力，健全创新激励和保障机制，构建充分体现知识、技术等创新要素价值收益分配机制；四是着力推动完善科技创新体制机制[3]。在中国共产党团结带领全国各族人民朝着全面建成社会主义现代化强国、实现第二个百年奋斗目标、以中国式现代化全面推进中华民族伟大复兴前进时，科技创新的支撑作用将越来越显著。

---

① 习近平. 高举中国特色社会主义伟大旗帜　为全面建设社会主义现代化国家而团结奋斗［M］. 北京：人民出版社，2022：35.

② 习近平. 高举中国特色社会主义伟大旗帜　为全面建设社会主义现代化国家而团结奋斗［M］. 北京：人民出版社，2022：33.

③ 转引自"十四五"中央财政如何支持科技自立自强？［EB/OL］.［2022-05-10］. https://m.gmw. cn/baijia/2021-04/07/1302216671.html.

参考文献

［1］习近平.高举中国特色社会主义伟大旗帜　为全面建设社会主义现代化国家而团结奋斗［M］.北京：人民出版社，2022.

［2］中共中央文献研究室.习近平关于科技创新论述摘编［M］.北京：中央文献出版社，2016.

［3］杨程程.论新时代创新型国家建设：意义、内涵与路径——学习习近平总书记关于创新型国家建设的重要论述［J］.社会主义研究，2021（1）：69-76.

［4］陈敬全，庞鹏沙，谷敏，等.立足新时代大力推进融通创新加快建设创新型国家的思考［J］.北京交通大学学报（社会科学版），2018，17（2）：12-17.

［5］孙卫.促进科技创新与实体经济协同发展［J］.中国科技论坛，2020（6）：5-7.

［6］韩杰才.新时代加快建设创新型国家的新使命［J］.人民论坛，2017（33）：89-90.

［7］刘静.习近平关于科技创新重要论述的科学思维方式［J］.西安建筑科技大学学报（社会科学版），2018，37（6）：7-12.

［8］胡啟斌，蔡敏.习近平科技创新重要论述的逻辑蕴涵、内在特质与实践向度［J］.中共福建省委党校（福建行政学院）学报，2022（3）：33-41.

［9］聂朝昭，伍安春.习近平科技创新论述的科学内涵及其时代价值［J］.中学政治教学参考，2020（6）：5-8.

［10］谭文华.论习近平科技自主创新观及其时代价值［J］.社会主义研究，2018（5）：24-30.

［11］金光磊.习近平科技创新思想研究［J］.科学管理研究，2016，34（5）：1-4.

［12］高鸿钧.加强国家战略科技力量协同　加快实现高水平科技自立自强［J］.中国党政干部论坛，2022（2）：6-11.

农业科技创新助力边疆民族地区乡村振兴发展

——以水稻旱地种植技术为例

白恩彩　马丽萍

（云南民族大学马克思主义学院）

习近平总书记在党的二十大报告中指出："全面建设社会主义现代化国家，最艰巨最繁重的任务仍然在农村"。加快建设农业强国，"深入实施种业振兴行动，强化农业科技和装备支撑，健全种粮农民收益保障机制和主产区利益补偿机制，确保中国人的饭碗牢牢端在自己手中"。全面建设社会主义国家，"必须坚持科技是第一生产力、人才是第一资源、创新是第一动力"，不断塑造发展新动能新优势[①]。这些重要论述，为边疆民族地区乡村振兴发展指明了方向。

一、农业科技创新在边疆民族地区乡村振兴发展中的重要作用

（一）农业科技创新推动边疆民族地区乡村振兴农业产业体系的创新发展

乡村振兴，科技是第一生产力。习近平总书记指出，发展乡村特色产业，拓宽农

作者简介：白恩彩，云南民族大学马克思主义学院思想政治教育专业硕士研究生。

通讯作者简介：马丽萍，云南民族大学马克思主义学院教授，硕士研究生导师。

① 习近平.高举中国特色社会主义伟大旗帜　为全面建设社会主义现代化国家而团结奋斗〔EB/OL〕.〔2022-10-25〕.https://mp.weixin.qq.com/s/bx_wFCUdDmZ_rl0ynv-YRg.

民增收致富渠道①。乡村振兴的经济基础和物质保障在于产业振兴，而农业科技创新是产业振兴的动力源泉。边境民族地区仍然是发展最不平衡最不充分的地区，针对边疆民族地区农业实际条件提高农业科技创新的针对性，立足当地资源开发特色农业产业，并将农业科技创新技术融入农业生产实践中，用农业科技创新改造传统生产方式，提升农产品生产科学化，提高农产品生产率、质量、竞争力，促进农业产业结构性调整、推动边疆民族地区农业产业体系的创新发展，从而助力边疆民族地区农民实现持续增收、脱贫致富，为边疆民族地区乡村振兴战略发展奠定物质基础。

（二）农业科技创新促进边疆民族地区乡村振兴人才机制的创新发展

乡村振兴，人才是第一资源。人是农业科技创新成果转化的关键，农业科技创新的研发，归根结底是为了使农民掌握农业科技创新知识，用农业科技创新技术去进行生产实践。农业科技创新在边疆民族地区的推广过程中，引入科技人才、管理人才等各方面人才，并与农民实际条件相结合，把现代化科学农业技术传授给农民，提高农民的科学农业知识素养和农业科学技术水平，培育了一大批新型职业农民和农业技术人才，很大程度上推动了边疆民族地区乡村振兴人才培育体系的形成与发展，从而促进了乡村振兴人才机制的创新发展，汇聚了更多人才投身乡村建设，为边疆民族地区乡村振兴事业添砖加瓦。

（三）农业科技创新推进边疆民族地区乡村振兴科技创新体制的创新发展

乡村振兴，创新是第一动力。习近平总书记指出，全面深化科技体制改革，提升创新体系效能，着力激发创新活力②。在边疆民族地区推广农业科技创新，利于形成依托政府设立农业科技创新项目、引进科研团队接手项目、建立农业创新示范基地、加强企业合作、并落实到农户的以政府、科研团队、企业、农户四级为推广主体的农业科技创新体制。这不仅聚焦了边疆民族地区乡村振兴发展的重大科技需求、提升了科技自主创新能力和农业关键核心技术、保障了农业科技持续创新及科技成果转化，而且还提高了科技下乡的服务力、增强了科技创新的支撑力度、提升了乡村振兴的科技展示度，为边疆民族地区乡村振兴持续发展打实根基。

---

① 习近平．高举中国特色社会主义伟大旗帜　为全面建设社会主义现代化国家而团结奋斗[Z].新华网，2022-10-25.

② 习近平．习近平谈治国理政：第三卷［M］.北京：外文出版社，2020：249.

（四）农业科技创新加快边疆民族地区乡村振兴战略目标实现的步伐

乡村振兴，农业农村现代化是总目标。习近平总书记在党的二十大报告中指出："以中国式现代化全面推进中华民族伟大复兴。"[①] 中国式现代化离不开农业农村现代化，农业农村现代化是实现全面现代化的基础、是乡村振兴战略的总目标。我国边疆民族地区农村由于自然和人文条件中的诸多限制因素，导致农业现代化发展水平不高。农业科技创新是加快推进农业现代化的驱动力，把农业科技创新融入农业生产中，大力进行良种培育、更新农业生产装备、实现高效率生产、农业稳产增产、资源充分利用、推动农业发展向创新驱动转变，为农业农村现代化发展提速增效，加快边疆民族地区乡村振兴战略目标实现步伐。

二、水稻旱地种植技术及其运用成效

（一）水稻旱地种植技术简介

水稻旱地种植技术是朱有勇院士领衔团队在传统旱谷种植的基础上，根据云南边境民族地区少水田、多旱地的环境条件，研发的产量高、口感好的新品种，这个旱种杂交水稻新品种叫滇禾优615。今年在云南推广了50万亩，在澜沧拉祜族自治县蒿枝坝村推广了405亩，最高亩产达到788公斤，最低达到634公斤，总产达到28万公斤，蒿枝坝村277个村民，人均产量超过1000公斤[②]，使得长期生活在云南山区旱地的边境少数民族群众的口粮从粗粮换成了大米，真正做到了饭碗牢牢端在自己手中，保障了粮食安全，充分体现了朱有勇院士积极响应时代召唤，扎根基层，切实推动科技助农，用农业科技创新带动边境少数民族群众脱贫致富，助力脱贫攻坚与乡村振兴有效衔接，促进边疆民族地区乡村振兴发展。

（二）水稻旱地种植技术运用成效

1. 水稻旱地种植技术与农村实际条件相结合，推动当地特色农业产业发展

朱院士带领技术团队研发新的水稻旱地种植技术，并且把水稻旱地种植这一农业科技创新融入农业生产的实践中，将农业科技创新转化为当地特色农业产业，形成了政府出规划、农户出力出地、科技人员出智、企业出资本和市场的较为完整的特色农

---

① 习近平．高举中国特色社会主义伟大旗帜 为全面建设社会主义现代化国家而团结奋斗 [Z]．新华网，2022-10-25．

② 朱有勇：把论文写在祖国的大地上 [J]．中国经济周刊，2022-10-19．

业产业体系，是农业科技创新与农村实际条件相结合，推动当地特色农业产业体系创新发展的最佳典范。

2. 水稻旱地种植技术与农民实际条件相结合，为当地培育了一批新型职业农民

朱院士扎根云南科技扶贫的 7 年里，带领他的团队走遍了澜沧县的村村寨寨。其间，朱院士与科技团队从农民实际条件出发，开设与之相适应的科学种植技术学习课程，提高农民的科学农业知识素养和科学种植技术水平，无偿为边疆民族地区乡村振兴战略培育了新型职业农民和农业技术人才，培养出了 2000 多名本土农民科技人才，带动了近 3000 户[①] 农户实现了脱贫致富。

3. 水稻旱地种植技术与农业实际情况相结合，促进当地农业科技创新体系建设

朱院士带领团队科技助农，努力提升科技自主创新能力和农业关键核心技术，并将农业科技创新和当地农业实际情况相结合，依托水稻旱地种植技术这一农业科技创新项目、积极引入企业合作、推广合作社、建设农业科技示范基地、开展农业科技创新知识培训、推广到农户，构建"院士团队＋政府＋合作社＋基地＋农户"的模式[②]，带动了澜沧拉祜族自治县农业科技创新体系的建设与发展，强化了科技创新的支撑力度，推动了边疆民族地区乡村振兴持续发展。

三、边疆民族地区农业科技创新存在的问题及对策

（一）边疆民族地区农业科技创新存在的问题

1. 科技创新体系不完善

边境民族地区的农业科技体系工作处于逆境状态，表现在科技创新支撑度低、农业科技体系推广方法不当、相关工作人员专业知识更新不及时、科技服务力度不够，导致农民在农业生产过程中遇到的难题得不到较好解决，农业防灾减灾工作几乎停滞，根本无法保障农业有效生产。

2. 科技人才缺乏

边疆民族地区对于教育的投入不够，教育资源匮乏，教育的局限性导致人才培养方面的缺陷。同时，由于边疆民族地区生活条件艰苦、发展空间狭小、没有较好的人才引进激励制度、科技人才薪酬待遇不高，导致引不进人才、留不住人才，科技人才引入困难，人才紧缺。

---

① "农民院士"朱有勇的"丰衣足食"梦 [Z]. 中国新闻网，2022-10-19.

② 汇智聚力培育新型农民 [Z]. 云南网，2022-10-19.

3. 科技发展水平滞后

边疆民族地区内生动力不足、缺技术、缺资金，生活条件恶劣，地形崎岖等条件限制，使得边疆民族地区农业科技创新投资规模低、科技要素配置不合理、缺少农业创新科研项目和核心技术的支撑，无法自主进行农业科技创新实践，导致了边疆民族地区农业科学创新发展水平滞后。

（二）改善边疆民族地区农业科技创新的对策

1. 建设和完善科技创新体制机制

习近平总书记指出，推进科技体制改革，形成支持全面创新的基础制度[①]。国家和政府要为边疆民族地区设立相应的农业科技创新项目，要依托农业科技创新项目，积极与企业合作，加强农业科技创新的宣传推广，建设农业科技示范基地，并且将村两委负责人以及相关负责农业生产的工作人员纳入示范培训，大力开展知识更新培训课程，形成集成示范、推广应用、知识培训为一体的农业科技创新体系，切实解决农业科技创新体制机制不完善的问题，更好更精准地推广农业科技创新技术的实践与发展。

2. 加强乡村振兴人才队伍建设

习近平总书记指出，功以才成，业由才广[②]。要以政府为主导，提高对教育事业的重视、构建人才培育制度，实施积极有效的人才政策、加大科技人才引入、增加科技人才薪酬待遇，要引得进人才、留得住人才。最重要的是，从基层入手，针对边疆民族地区群众对学科学农业技术难、用科学农业技术能力弱的现状，开设农民培训班、科技技能实训班等促进掌握科学技术知识的课程，课程要结合农民实际生产生活，用通俗的语言讲理论，将教室设在田间地头，技术人员手把手指导农民种植，提高农民对现代化种植技术的掌握、培育新型职业农民和农业技术人才、推动乡村振兴人才培育体系的形成与发展，从而加强边疆民族地区乡村振兴人才队伍建设。

3. 建立乡村振兴科技创新激励机制

提高边疆民族地区的农业科技创新发展水平，农业科技创新激励机制是枢纽。首先，政府要在财政方面加大对农业科技创新激励机制的资金投入和对农业科技创新规模的投资，为农业科技创新提供更好的发展平台，以此来提高边疆民族地区农业科技创新水平、促进农业科技创新成果的转化。其次，要发布农业科技创新激励机制办法，

---

① 习近平. 习近平谈治国理政：第四卷［M］.北京：外文出版社，2022：200.

② 习近平. 习近平谈治国理政：第三卷［M］.北京：外文出版社，2020：253.

通过激励办法来调动边疆民族地区科技工作者研发农业科技创新的积极性，从而提升科技自主创新能力和农业关键核心技术、强化边疆民族地区乡村振兴发展中农业科技创新的支撑力度，以农业科技创新助力边疆民族地区乡村振兴发展。

参考文献

［1］习近平.习近平谈治国理政：第三卷［M］.北京：外文出版社，2020.

［2］习近平.习近平谈治国理政：第四卷［M］.北京：外文出版社，2022.

［3］习近平.高举中国特色社会主义伟大旗帜　为全面建设社会主义现代化国家而团结奋斗［Z］.［2022-10-25］.https：//mp.weixin.qq.com/s/bx_wFCUdDmZ_rl0ynv-YRg.

马克思主义人才思想对新时代
创新型人才培养的启示

吴　浪　尹晓彬

（云南民族大学马克思主义学院）

一、马克思主义人才思想概述

从广泛的意义上讲，"人才"是指在各行各业中能力较为突出且具有代表性的领军人物。《现代汉语词典》将人才解释为"德才兼备的人，或有某种特长的人。"具体说来，"人才是指具有一定专业知识或专门技能，进行创造性劳动并对社会做出贡献的人，是人力资源中能力和素质较高的劳动者。"[①] 人才是我国政治经济与社会文化发展的第一资源。

（一）马克思主义人才观

马克思主义人才观是马克思主义的重要组成部分之一，它随着马克思人学理论的产生而出现，并随着马克思主义人学理论的发展而不断发展。正如研究者所指出："尽管马克思、恩格斯专篇论述人才问题的著作很少见到，但凡全面研究过马克思主义的人都会发现，在马克思、恩格斯浩繁著作中，蕴含极其丰富的、深刻的人才思想理论。"[②] 马克思主义人才思想作为一个严密的理论体系，主要包括人的需要理论、

作者简介：吴浪，女，云南民族大学马克思主义学院 2021 级思想政治教育专业硕士研究生。

通讯作者简介：尹晓彬，男，云南民族大学马克思主义学院博士，硕士研究生导师。

① 国家中长期人才发展规划纲要（2010—2020 年发布·中国政府网）。

② 中国人才研究会编，徐颂陶、罗洪铁主编.马克思主义人才思想研究［M］.北京：党建读物出版社，2015：1-2.

人的本质理论、人的自由而全面发展理论、人力资本理论、人与环境关系理论以及杰出人才与人民群众关系理论等组成部分，"人"和人的价值是马克思主义人才思想的核心。

其中，人的需要理论与人的本质理论是马克思主义人才思想的地基。在马克思、恩格斯看来，一切社会实践活动和人类历史都是以人的存在为前提的，人的本质在其现实性上是一切社会关系的总和，人不仅具有自然性、社会性，还具有实践性。实现人的自由而全面的发展是马克思主义谋求全人类解放的目标之一，也是共产主义社会的根本特征之一。因此，人的自由而全面发展理论是马克思主义人才思想的核心内容。关于人力资本理论、人与环境关系理论以及杰出人才与人民群众关系理论则是马克思主义人才思想的重要组成部分。

（二）中国共产党对马克思主义人才思想的继承与发展

中国共产党在领导全国各族人民进行社会主义实践的过程中，在继承马克思主义人才思想的基础上，结合我国实际形成了许多具有深远意义的人才思想理论。可以说，是一部社会主义实践的辉煌历史，也是一部马克思主义人才思想在继承和发展过程中不断中国化的历史。

在中国革命和建设时期，基于当时党所面临的中心问题和主要任务，以毛泽东为代表的中国共产党人形成了人才素质理论和价值理论、实践造就人才的理论、人才培养的理论、关于领导人才的理论、知识分子理论以及德智体全面发展的理论。作为中国共产党早期主要领导人之一的瞿秋白在阐述无产阶级政权建设理论时也曾提出"新社会里，最重要的问题之一，就是要有相当的教育制度去教育后辈……社会自己觉着最重大的责任，就在于尽力培植新人物。"[①]

进入改革开放和社会主义现代化建设时期，党面临的主要任务是，继续探索中国建设社会主义的正确道路，解放和发展社会生产力，使人民摆脱贫困、尽快富裕起来。在这一历史时期，以邓小平同志为代表的中国共产党人形成了"尊重知识，尊重人才"的人才思想，同时进一步加深了对人才的战略地位、人才的素质、人才的培养、人才的选拔和使用以及人才的管理的认识；以江泽民同志为代表的中国共产党人形成了人才资源论、人才强国战略论、人力资源能力建设论、人才队伍建设论、全面人才观以及人才环境建设论等系列人才思想；以胡锦涛同志为代表的中国共产党人在科学

---

① 杨文茜，朱喆.瞿秋白人才思想对培育时代新人的启示［J］.学校党建与思想教育，2022（4）：15-17.

发展观中形成了科学人才观、提出了建设世界人才强国的目标，确立了党管人才的原则，并进一步发展了人才培养使用理论与人力资源开发的统筹协调理论[①]。

自中国特色社会主义进入新时代以来，以习近平同志为代表的中国共产党人在继承毛泽东、邓小平、江泽民、胡锦涛人才思想的基础上，进一步丰富和发展了马克思主义人才思想。总的说来，习近平人才思想的科学内涵主要包括以下几点：一是坚定的理想信念；二是强烈的爱国人才；三是持续的创造思维活力；四是敢于担当的责任意识；五是共建共赢的国际理念[②]。

"在不同历史时期，党的人才思想始终以马克思列宁主义为指导，坚持人民至上的政治立场，紧紧抓住不同阶段社会主要矛盾这根主线，以代表最广大人民的根本利益为价值追求，以高度的政治责任感面对时代命题和主要矛盾，不断继承创新和发展，以适应不同时期的现实要求。"[③] 历代中国共产党人在社会主义实践过程中形成的人才思想，不仅为我国社会主义事业建设培养了许多高质量创新型人才，还在不同程度上为马克思主义理论宝库增添了新的内容，彰显了马克思主义与时俱进的鲜明理论品格。

二、创新型人才的科学内涵

一百年来，在中国共产党的带领下，中国特色社会主义的发展进入了新时代。中国共产党始终对人才的培养保持着高度重视的态度，在不同历史时期对人才培养的需求也有所不同。新时代，我国社会的主要矛盾已经转变为"人民日益增长的美好生活需要和不平衡不充分的发展之间的矛盾。"在党的二十大报告中，习近平总书记明确指出，全面建设社会主义现代化国家的首要任务是实现高质量发展[④]。毫无疑问，高质量发展离不开高质量的创新型人才作为重要的战略支撑。

对于创新型人才，学界主流的观点认为："所谓创新型人才，是指具有较强的创新精神和创新能力，在对社会所产生的创造价值、对人类社会进步做出的贡献等方面

---

① 中国人才研究会编，徐颂陶、罗洪铁主编.马克思主义人才思想研究［M］.北京：党建读物出版社，2015.10：157-291.

② 卢黎歌，李英豪，岳潇.习近平人才思想及其价值意蕴研究［J］.思想教育研究，2018（1）：37-41.

③ 徐明.中国共产党人才思想的理论来源、逻辑理路与当代启示［J］.人民论坛·学术前沿，2021（24）：24-32.

④ 习近平.高举中国特色社会主义伟大旗帜　为全面建设社会主义现代化国家而团结奋斗［N］.人民日报，2022-10-26（1）.

体现出超群或超常状态和结果的德才兼备的人才。"①创新型人才通常表现出来的特征为：一是具有强烈的开拓创新意识以及汲取知识的愿望；二是能力突出，这里所指的能力包括但不限于观察能力、分析研究能力以及表达能力，并且需要熟练掌握某一特定领域的专业知识；三是具备良好的政治思想道德素质；四是具备先进的思想观念以及科学批判的思维方式；五是具备良好的生理心理素质，能承担艰苦且纷繁复杂的研究工作②。

在新的时代条件下，我们所需要的创新型人才是牢固掌握技术知识的专业型人才、具有批判精神的建设型人才、具有开拓能力的创新型人才、具有爱国精神的奉献型人才以及极具代表意义的榜样型人才。

三、马克思主义人才思想对创新型人才培养的启示

（一）尊重人的客观需要

新时代培养创新型人才要做到尊重人的客观需要。马克思主义者深刻地认识到人终究是"现实的人"，并且"人的本质是一切社会关系的总和"。"现实的人"不仅具有自然属性，还具有社会属性。人的自然属性和社会属性决定了人总是围绕一定需要而存在的，这些需要各不相同，却都在无形中影响着人的思想和行为。离开了人的需要，人的一切实践活动和一切社会关系都会失去意义。因此，培养新时代创新型人才应当正视人的需要，而不能绕开甚至忽视对人的客观需要的重视。

（二）脚踏实地，坚定理想信念

实践与信念是培养新时代创新型人才不可忽略的两大重要因素。正所谓"千里之行，积于跬步"，新时代创新型人才不仅要具备跬步千里的意识，能做到脚踏实地，艰苦奋斗；还要能找准目标与方向，坚定正确的理想信念，并沿着正确的方向前行。因此，对新时代创新型人才的培养应当坚持从实际出发、实事求是，在实践中培育和管理人才。同时，培养创新型人才还要加强思想引领，引导其坚定正确的政治立场，自觉将个人的奋斗目标融入中国特色社会主义现代化国家建设的实践之中。

---

① 金秋萍.创新学［M］.苏州：苏州大学出版社，2019（1）：33-34.
② 薛永武.博士生导师学术文库人才开发新论［M］.北京：中国书籍出版社，2019（1）：26-28.

（三）勇于奋斗、敢于担当、甘于奉献

斗争精神、担当精神、奉献精神是新时代创新型人才应当掌握的思想武器。作为人脑特有的机能，意识对人的行为具有指导与支配的作用。因此，在培养新时代创新型人才的过程中不能忽视意识的作用。要培养出勇于奋斗、敢于担当、甘于奉献的新时代创新型人才，不仅要重视对新时代创新型人才科学辩证的思维习惯、开拓进取的创新意识的培养，还应当重视提高新时代创新型人才的思想道德素质与生理心理素质。

（四）营造良好的社会环境，形成"四个尊重"意识

人创造环境，同样环境也创造人。"人才的培养、选拔、使用离不开良好的环境，人才自身的成长、成才、发展也需要一个良好的环境作为保障。"[1]培养新时代创新型人才应当在全社会形成"科技是第一生产力、人才是第一资源、创新是第一动力"的共识与"尊重知识、尊重劳动、尊重人才、尊重创造"[2]的意识。在培养新时代创新型人才的过程中，还应当积极发掘极具代表性的创新型人才素材，加大宣传创新型人才榜样的力度，为创新型人才的培养营造良好的社会环境。

四、结语

中国特色社会主义现代化实践一直在路上，新时代要求人才能够适应并且融入其中。在新时代条件下，我们应当坚持对马克思主义人才思想的继承，并且在实践的过程中不断创新。青年兴则国兴，青年强则国强。青年一代要看清自己的历史使命，自觉将个人的奋斗目标融入中华民族伟大复兴的中国梦，锐意进取，自觉成长，努力将自己锤炼为创新型人才。

---

[1] 唐斌，罗洪铁.习近平人才思想研究［J］.探索，2015（3）：15-18，24.
[2] 习近平.高举中国特色社会主义伟大旗帜　为全面建设社会主义现代化国家而团结奋斗［N］.人民日报，2022-10-26（1）.

参考文献

［1］习近平.高举中国特色社会主义伟大旗帜　为全面建设社会主义现代化国家而团结奋斗［N］.人民日报，2022-10-26（1）.

［2］杨文茜，朱喆.瞿秋白人才思想对培育时代新人的启示［J］.学校党建与思想教育，2022（4）：15-17.

［3］卢黎歌，李英豪，岳潇.习近平人才思想及其价值意蕴研究［J］.思想教育研究，2018（1）：37-41.

［4］徐明.中国共产党人才思想的理论来源、逻辑理路与当代启示［J］.人民论坛·学术前沿，2021（24）：24-32.

［5］唐斌，罗洪铁.习近平人才思想研究［J］.探索，2015（3）：15-18，24.

［6］中国人才研究会编，徐颂陶、罗洪铁主编.马克思主义人才思想研究［M］.北京：党建读物出版社，2015：157-291.

［7］金秋萍.创新学［M］.苏州：苏州大学出版社，2019：33-34.

［8］薛永武.博士生导师学术文库人才开发新论［M］.北京：中国书籍出版社，2019：26-28.

科技创新：实现中国梦的必然选择

陈丽娟　杨　云

（云南农业大学马克思主义学院）

随着社会的不断进步和经济的不断发展，推动社会进步和经济改革的重要驱动力是科技创新。如今中国特色社会主义进入了新时代，习近平总书记强调，社会主义建设的方方面面都与科技创新有着很大的关联，可以说科技力量的发挥直接影响到"中国梦"的实现进程，没有强大的科技，"两个翻番""两个一百年"的奋斗目标都难以顺利达成，中国梦这篇大文章难以顺利写下去。本篇文章围绕科技创新与中国梦，阐述了我国科技创新的必要性并阐述了相关改进措施。科技创新不可止步，科技创新是实现中国梦的必然选择，要加快建设创新型国家，提高科技创新能力，更好地助力中华民族伟大复兴。

一、科技创新理论概述

创新是破除旧观念、旧理论，在继承发展成果的基础上运用事物之间的新联系来更好地改造世界的社会发展的不竭动力。科学与技术是相统一的，是人的本质力量的对象化，科技创新以推动社会和经济发展为目的，既包括利用科学知识及方法和科学研究发现来推动技术进步的创新，又包括利用技术突破和新发明转化为生产力而促成的创新。创新是推动发展的第一动力，创新包含多方面内容，其中科技创新作用十分重要，科技创新已经成为提高国家综合实力和国际竞争力的决定性力量。科技创新作为提高社会生产力、提升国际竞争力、增强综合国力、保障国家安全的战略支撑，必

作者简介：陈丽娟，女，云南农业大学马克思主义学院马克思主义基本原理专业硕士研究生。
通讯作者简介：杨云，男，云南农业大学马克思主义学院教授，硕士研究生导师。

须摆在国家发展全局的核心位置。

二、中国科技创新发展观

在与马克思主义科学技术观和中国具体科学技术实践相结合的过程中形成了中国马克思主义科学技术观，这是中国化的马克思主义科学技术观。在中国革命、建设、改革的过程中，历代领导人不断提出科学技术和科技创新在社会经济发展中的重要性以及建设创新型国家的必要性。新中国成立伊始，毛泽东就提出了科学技术及其创新是立国兴国的先决条件之一，并把"自力更生"作为其科技创新思想的根本立足点；邓小平在推动中国改革开放进程的过程中也明确指出："中国必须发展自己的科技，在世界高科技领域占有一席之地。"这是一个国家兴旺发达的标志，科技创新是解放和发展生产力的重要途径；江泽民也提出科技创新越来越成为社会生产力解放和发展的重要基础和标志，越来越决定着一个国家、一个民族的发展进程，创新是科学的本质；胡锦涛提出了科学技术体制改革对科技创新的重要性，指出深化体制改革不仅可以推动科技创新，还能推进社会主义制度自我完善和发展。

如今，中国进入了新的发展阶段，习近平总书记提出了要建设创新型国家，建设世界科技强国；还提出只有依靠科技创新，才能推动经济社会持续健康发展，才能全面增强我国经济实力、科技实力、国防实力及综合国力，才能为坚持和发展中国特色社会主义、实现中华民族伟大复兴奠定雄厚物质基础。发展科学技术，是国家富强、人民富裕的必由之路，进入新时代，我们比历史上任何时期都更接近中华民族伟大复兴的目标，比历史上任何时期都更有信心、有能力实现这个目标。而要实现这个目标，我们就必须坚定不移走科技强国之路。习近平总书记就我国科技创新的奋斗目标提出了"三步走"的清晰规划与蓝图：到 2020 年，我国进入创新型国家行列，到 2030 年，我国进入创新型国家前列，到 2050 年左右，进入世界科技强国行列，是中国科技创新的长远目标。

三、科技创新的必要性

（一）自然资源方面

社会经济的发展进步离不开自然资源的消耗与开发，中国虽然是一个自然资源大国，但随着工业化发展过程中对自然资源的粗放利用和过度消耗，不仅使自然环境遭受了严重污染，也导致中国资源的储备严重不足。进入新时代，在习近平总书记提出的新发展理念指导下，我们要做到"既要金山银山，也要绿水青山"，就必须转变经济发展方式。但是，现阶段工业经济对自然资源的需求依然保持强劲态势，同时由于科学技术的限制，我们尚不能找到自然资源的完全替代品，而随着自然资源的供给呈下降趋势，中国自然资源大国的优势也将消失殆尽。因此，依靠自然资源的高消耗来推动经济可持续发展的方式已经行不通。

（二）科学技术方面

科学技术进步贡献率较高是创新型国家具有的一般性特征，创新型国家的科学技术进步贡献率一般都在 70% 以上。最近十几年，中国科学技术水平得到了显著提升，与发达国家科技水平的差距正在日益缩小，但在具有核心竞争力的科学技术方面，中国与发达国家相比依然存在较大差距，科学技术对经济发展的驱动作用也存在明显不足：中国科技对经济增长的贡献只有 50% 左右，而自主研发能力不足的问题还普遍存在，部分技术还停留在依靠其他发达国家的阶段，这使得中国的科学技术发展受制于发达国家，严重制约了中国经济可持续高质量发展。因此，现阶段中国科学技术自主创新能力还不适应高质量发展的要求。科技创新是国运所系，国家强大主要靠创新，而科技创新也是实现中华民族伟大复兴的重要法宝，这就要求中国必须加快科技创新驱动发展的步伐。

（三）国际环境方面

时代更迭变化，当今世界正经历百年未有之大变局，国际格局和国际体系正在发生深刻变化。随着中国经济的崛起与国际地位的提升，以美国为首的发达国家企图通过各种策略来制约中国经济的快速发展。因此，面对世界经济持续动荡、国际贸易保护主义冲击等各种挑战，以及全球经济格局大调整、全球经济结构正在重塑、世界经济竞争日益严峻等形势，中国迫切需要提升科学技术水平，尤其是自主创新能力，实施更全面、更深入的科学技术创新，实施创新驱动发展战略，推动以科技创新为核心的全面创新，坚定不移地走中国特色自主创新道路，这也是实现中华民族伟大复兴的必由之路。

四、政策建议

（一）走中国特色的自主创新道路

坚持和发展中国特色社会主义、实现中华民族伟大复兴，必须加快建设创新型国家，建设世界科技强国，走中国特色的自主创新道路。习近平总书记多次论述了坚持走中国特色自主创新道路的重要意义及其策略选择，"增强自主创新能力，最重要的就是要坚定不移走中国特色自主创新道路，坚持自主创新、重点跨越、支撑发展、引领未来的方针，加快创新型国家建设步伐，抓科技创新就是牵住牛鼻子，下好科技创新这步先手棋，就能占领先机，赢得优势。"要"实现两个一百年奋斗目标，实现中华民族伟大复兴的中国梦，必须坚持走中国特色自主创新道路。"走自主创新道路，就要明确我国科技创新主攻方向和突破口，加快推进国家重大科技专项，加快关键核心技术自主创新。只有坚持走中国特色的自主创新道路，着力提升将科技成果转化为现实生产力的能力，中国才能真正成为世界科技强国。

（二）完善有益于科技创新的科技人才制度

人才是一个国家最宝贵、最重要的资源，是我国实施创新驱动发展战略、实现建设世界科技强国目标的第一资源。习近平总书记指出，人才是创新的根基，是创新的核心要素，创新驱动实质上是人才驱动，没有强大人才队伍做后盾，自主创新就是无源之水、无本之木。培养大批适应时代发展需要的高素质的科技人才，对我国经济社会发展至关重要。我国要在科技创新方面走在世界前列，需要牢牢把握集聚人才大举措，这是走创新之路的首要任务。因此，有必要通过制度建设与安排，规范和保障科技人才的相关权益，以提高科技人才在科技创新活动中的创新效率和科技成果转化积极性，并真正体现科技人才是科技创新活动的核心要素。

（三）加快科技体制改革步伐

科技体制是科学技术活动的组织体系及相应的运行机制或各种制度的总称。习近平总书记从实施创新驱动发展战略的高度，阐明加快科技体制改革的必要性，提出创新是一个系统工程。因此，我们必须深化科技体制改革与创新，形成充满活力的科技管理和运行机制，提升创新体系效能。要坚持科技创新和制度创新双轮驱动，协同发挥作用。要优化和强化技术创新体系顶层设计，着力激发创新主体的创新激情和活力。要以治理现代化为目标，加快科技管理体制的改革。

五、结语

科技创新是实现中国梦的必然选择，社会发展的驱动力量在于科技的进步和科技的不断创新。进入新时代的中国，实现了脱贫攻坚全面建成小康社会的第一个百年奋斗目标，但仍处于社会主义初级阶段，仍是世界上最大的发展中国家。要实现社会主义现代化、实现中华民族伟大复兴的中国梦，就必须依靠科技创新，因此应加快实施创新驱动发展战略，用创新驱动打造经济社会全面发展的新引擎。

参考文献

［1］张志亮，隆宏贤.科技创新与社会发展实证研究［M］.北京：中国经济出版社，2018.

［2］中共中央文献研究室.习近平关于科技创新论述摘编［M］.北京：中央文献出版社，2016.

［3］习近平在中国科学院第十七次院士大会、中国工程院第十二次院士大会上的讲话［N］.北京：人民日报，2014（2）.

［4］姚程.科技创新与制度创新：中国经济发展的必然选择与必要选择［J］.新疆社会科学，2021（2）.

［5］习近平.在党的十八届五中全会第二次全体会议上的讲话（节选）［J］.求是，2016（1）.

［6］吴江.尽快形成我国创新型科技人才优先发展的战略［J］.中国行政管理，2011（3）.

［7］辛向阳.创新发展的四大维度［J］.当代世界与社会主义，2016（2）.

新时代马克思主义科技思想及其当代价值

郭怡婷　张潇润　王　飞

（云南农业大学马克思主义学院）

一、新时代马克思主义科技思想的主要内容

（一）创新是第一动力，实施创新驱动发展

新时代需要指引前进的正确理念，所以创新至关重要。创新发展有重要的意义，关系到我国未来的发展，尤其有助于拉动经济发展。当前我国经济发展既要转型升级，又面对国外竞争的压力，提高经济动力就必须依靠创新。创新发展包含 3 个层面的创新，首先是思维方式创新，鼓励变革、勇于超越，创新思维是机制创新和科技创新的先导。其次是体制机制创新，科技创新在一定程度上受到相关体制机制的制约，合理有效的体制机制能够促进创新事业的发展。最后是科技创新，推动我国经济发展。我国以往的经济发展主要依靠劳动力、资源能源等要素拉动。当前，传统要素的成本日益增加，我国经济发展面临"瓶颈"，只有依靠科技创新，才能加快向高质量发展转变。

面对新时代、新趋势，党的十八大提出实施创新驱动发展战略，强调科技创新是提高社会生产力和综合国力的战略支撑，必须摆在国家发展全局的核心位置。一方面，科技创新有助于促进生产力的发展。我国长期较为"粗放"地依赖自然资源和人口发

作者简介：郭怡婷，云南农业大学马克思主义学院马克思主义基本原理专业硕士研究生。
　　　　　张潇润，云南农业大学马克思主义学院马克思主义基本原理专业硕士研究生。
通讯作者简介：王飞，云南农业大学马克思主义学院教授，硕士生导师。

展生产的方式，严重阻碍了生产力的发展，而科技创新有助于提高劳动者的创新思维，升级劳动手段和开拓劳动对象范围，使社会生产力最终得到提升。另一方面，科技创新有利于综合国力的提升。从人类社会工业革命和大国崛起来看，每一次工业革命都是技术的革命，进而带来了生产力的发展、经济的进步以及综合国力的提升。新中国成立以来，我国吸取了近代中国落后就要挨打的惨痛教训，十分重视自身科技创新，而步入新时代更应抓住新一轮的机遇，迎接挑战，使我国综合国力和国际话语权不断提升。

（二）人才是关键因素，实现科技自立自强

"人是科技创新最关键的因素"，习近平总书记提出了诸多科技人才培养策略，致力于"培养造就一大批具有国际水平的战略科技人才、科技领军人才、青年科技人才和高水平创新团队。"[①]加强科技创新人才队伍建设，在全社会大力培养优秀科技人才。改革创新型人才培养和使用机制，要按照人才成长规律改进人才培养机制，为人才培养搭建平台，要发挥优秀科研人员的带头作用，积极带动和培育创新型科技人才，要转变教育模式，培育科技人才的批判性思维和创新能力。

当前，我国从内部来看，基础研究实力不足，投入不多，缺乏创新性成果，在一些领域还处于后发位置，科技成果的转化还不够畅通，研究发明市场转化率不高，科技资源的配置较分散且不均。从外部来看，西方国家对我国虎视眈眈，不断打压我国在关键核心技术领域的发展，遏制我国科技进步。习近平总书记强调，我们要坚持科技自立自强，要坚持问题导向和需求导向，依靠自身能力突破，破解创新发展难题。要围绕前沿科技领域进行技术研发，建立科技先发优势。但自力更生不等于闭门造车，发展科技还要具备全球视野，注重"引进来"和"走出去"，深化科技交流与合作实现科技共赢。

（三）制度创新是驱动，走绿色发展道路

当前，我国科技发展还面临一些制度层面的关卡，习近平总书记强调推进科技创新，必须破除体制机制障碍[②]。通过优化科技发展的上层建筑，激发科技创新的活力。科技成果投入社会、造福人民，才能实现科技发展的社会价值。因而，我国科技发展

① 习近平.决胜全面建成小康社会　夺取新时代中国特色社会主义伟大胜利［N］.人民日报，2017-10-28（1）.
② 中共中央文献研究室.习近平关于科技创新论述摘编［M］.北京：中央文献出版社，2016：70.

要建立技术创新市场导向，激发各个科技创新主体的创新活力和热情，提高我国整体创新水平才能使其更好地服务于科技事业。

科技是一把双刃剑。马克思和恩格斯不仅指出了科技进步对工业发展、社会变革的重要作用，也看到了资本利用科技的同时也破坏了自然。科技的不断进步，技术在生产生活中的应用为人类的生活带来便捷。但技术的滥用、误用也带来了诸多生态和社会问题。新时代下，习近平总书记提出绿色科技用于解决人与自然和谐共处的问题，指出"绿色科技成为科技为社会服务的基本方向，是人类建设美丽地球的重要手段。"[①]绿色科技的目标是改变当前人与自然的对立状态，克服工业文明给自然生态带来的负面影响，以人与自然的和谐、人和世界的永恒发展为目标。习近平总书记认为，绿色科技能够解决影响人民群众生活的生态问题，应该全方位应用到生态环境建设的各个领域。能否有效解决生态问题，在一定程度上取决于绿色科技的发展程度，我们应该推动绿色科技创新，让科技为人的生存发展服务，朝着有利于人的全面发展的方向迈进，最终达成人与自然的和谐共生。

二、新时代马克思主义科技思想的特征

（一）坚持与时俱进，解决科技发展难题

时代在发展，科技在进步，马克思主义科技思想也在不断与时俱进。新时代马克思主义科技思想始终坚持在实践中创新，不断完善和发展自身。在科技功能、科技人才、科技战略、科技体制和科技和谐等方面形成了一系列新的思想成果，是指导当前以及未来科技事业的行动指南。世界科技发展日新月异，迭代更新步伐加快。在新时代建设社会主义现代化强国的关键时期，科学技术的重要性越来越值得重视。

当前，我国在科技发展过程中仍存在一些关键问题。而新时代马克思主义科技思想始终坚持问题导向，致力于解决科技发展中的难题，提出一系列攻坚克难的重要举措。历史的教训提醒我们，忽视科技、忽视创新，经济和社会就会停滞不前。习近平总书记指出，如果我们不识变，不应变，不求变，就可能陷入战略被动，错失发展机遇，甚至错过整整一个时代[②]。我们要站在新的时代起点上，紧贴现实要求，适应社会科技发展现状，提出具有针对性和可操作性的创新驱动发展战略，在坚持科技自立

---

① 中共中央文献研究室.习近平关于科技创新论述摘编［M］.北京：中央文献出版社，2016：98.
② 习近平.论把握新发展阶段、贯彻新发展理念、构建新发展格局［M］.北京：中央文献出版社，2021：112.

自强，发挥自力更生、艰苦奋斗的优良传统的基础上积极参与国际科技交流，做到以我为主、为我所用。为了及时破除科技创新道路的障碍，给科技创新保驾护航，并解决创新型高精尖人才数量不多且分配不均的问题，我国提出了科技创新、制度创新"双轮驱动"和一系列培养人才的新观点新理念，助力我国社会主义现代化的发展。综上可知，新时代马克思主义科技思想始终坚持与时俱进，坚持问题导向，坚持人民至上。

（二）坚持人民至上，科技发展造福人类

科技是劳动不断发展的产物，但资本逐利的本性占有并侵蚀了科技所产生的生产工具，物化了人，使人服务于工具进而丧失了个性。资本对科技的利用还一定程度上导致了人与人之间的分化，马克思的科技异化思想批判了资本对科技的利用，主张消灭资本主义私有制，让科技服务于人而非支配人。新时代面对不同于马克思时代的社会历史条件，新时代马克思主义科技思想始终坚持人民至上，坚持科技的发展是为了人民，目的是造福人类。

坚持人民至上就是坚持科技创新源于人民、为了人民。人民是劳动和科研的主体，一切的科技创新只有通过来源于人民，才能实现突破和进步。科技创新要坚定人民立场，才能发挥出改善人民生活、推动经济社会发展的重要作用。现代各国联系越来越紧密，科技创新带来的便利不仅仅服务于我国人民的生产生活，也在交流交往中造福全人类。科学技术没有国界，实现人类共同的美好愿望和解决全球面临的生态及能源危机都需要全人类戮力同心，共享科技创新成果，实现科技真正造福人类。

三、新时代马克思主义科技思想的当代价值

（一）新时代马克思主义科技思想的理论意义

首先，在新时代下，习近平总书记根据我国科技发展的现状和国内外实际，提出了一些新观点、新论断，赋予了马克思主义科技思想新时代的内涵。其次，方向指引未来，坚持正确的方向才能保证科技强国建设不偏航、不迷航。科技创新要面向世界，具备国际视野，要面向经济市场，具备科技供给能力，要面向国家重大发展需求，具备问题导向，要面向人民群众，具备人文情怀。最后，新时代马克思主义科技思想在人才方面培养创新型人才、在科技体制改革方面完善技术创新体系、在战略方面实施创新发展战略，不仅助推了科技事业的发展，也为我国加快步入创新型国家行列奠定了重要的理论基础，为中华民族伟大复兴中国梦的实现注入了强大的精神动力。

（二）新时代马克思主义科技思想的实践意义

科学技术发展与人类社会发展息息相关。习近平总书记认为，自古以来，科学技术就以一种不可逆转、不可抗拒的力量推动着人类社会向前发展。首先，在新时代，习近平总书记把握我国当前国内外科技现状和我国科技发展需要，详细论述了科技创新必须遵循的方法原则。在新时代马克思主义科技思想的指导下，我国科技创新必将取得丰硕成果，我国科技必将迎来新的发展巅峰。其次，我国发展科技、不断推动科技创新不仅仅是自身发展的需要，也是有利于维护世界的长期和平稳定、解决人类共同面临的生态问题、推动人类文明的持续进步的。新时代科技创新观为世界科技发展提供了中国方案和有益借鉴，也将对世界科技发展产生广泛而深远的影响。最后，中国特色社会主义进入新时代，我们比历史上任何一个时期都更加接近中华民族伟大复兴中国梦的实现，而中国梦的实现离不开科技的助力，科技创新是中华民族实现伟大梦想的重要力量支撑。

四、结语

党的二十大报告明确指出："必须坚持科技是第一生产力、人才是第一资源、创新是第一动力，深入实施科教兴国战略、人才强国战略、创新驱动发展战略，开辟发展新领域新赛道，不断塑造发展新动能新优势。"当前，我们应立足新时代的客观实际，挖掘新时代马克思主义科技思想的内容和特征，揭示新时代马克思主义科技思想的理论价值和实践价值。在习近平新时代科技创新观的指导下，中华民族走在中国特色社会主义康庄大道上的步伐将更加坚实，中华民族伟大复兴中国梦的实现也将指日可待。

参考文献

［1］习近平．决胜全面建成小康社会夺取新时代中国特色社会主义伟大胜利［N］．人民日报，2017-10-28（1）．

［2］中共中央文献研究室．习近平关于科技创新论述摘编［M］．北京：中央文献出版社，2016．

［3］习近平．论把握新发展阶段、贯彻新发展理念、构建新发展格局［M］．北京：中央文献出版社，2021：112．

［4］习近平．在中国科学院第十七次院士大会、中国工程院第十二次院士大会上的讲话［N］．人民日报，2014-06-10（2）．

晏阳初乡村建设思想对新时期乡村振兴的启示

黄梦瑜　沈云都

（云南农业大学马克思主义学院）

乡村振兴是一项功在当代，利在千秋的历史任务，早在 19 世纪末 20 世纪初，中国遭受列强入侵，国内军阀混战民生凋敝之际，一大批仁人志士为挽救民族危亡投身乡村建设，晏阳初就是其中的代表人物之一。在乡村建设中，晏阳初提出的"四大教育"，着力点在于农民，认为阻碍乡村建设发展的原因是农民教育落后，其中关于平民教育开展的实践内容在新时期乡村建设中有一定的参考价值。在新时期乡村振兴视角下，农村教育发展不再是单一的去文盲化，而是与农村经济、农业生产和农民增收三者之间的关系问题，给予农民更多的学习机会，为乡村振兴发展提供支持和保障。

一、晏阳初乡建思想中的"四大教育"

晏阳初是具有世界影响力的平民教育家和乡村建设家，早期到欧洲为华工服务，深刻体会到华工在国外所受轻蔑，更有甚者"遇华人之较整饬者，亦以为非支那人，而是日本人"[①]，认为要根本上提高民众的知识和人格，非从教育入手不可。1922 年，晏阳初在长沙推行《全城平民教育运动计划》，招募一批教师，主张兴办平民学校开展识字教育，实施生计教育、文艺教育、卫生教育和公民教育以培养农民的生产力、

作者简介：黄梦瑜，女，云南农业大学马克思主义学院中国地方农业科学技术史专业硕士研究生。

通讯作者简介：沈云都，男，云南农业大学马克思主义学院副教授，硕士研究生导师。

① 晏阳初.平民教育与乡村建设运动［M］.北京：商务印书馆.2014：33-34.

知识力、强健力和团结力，造就"新民"，从而达到强国救国的目的。

（一）生计教育

中国的经济基础在农村，生计教育在于培养农民的生产力。晏阳初认为"生计教育在城市侧重工业；在农村侧重农业，改良其技术，改善生活，使之生计稳定，生趣益然"[①]。其中农业生产包括科学化生产技术推广，对农作物进行品质改良，增加产量以及合作经济组织的建立等方面，使农民真正享受到生产增加所得的利益，促进农村经济的发展。

（二）卫生教育

卫生教育，或强种教育，在于培养农民的建强力，是实现其他一切教育的基础。以往由于医药卫生的不普及，农民缺乏最低限度的卫生常识，"小病不求医，大病求医，而医束手无策"的现象无处不在。当下，农村公共卫生服务短板依旧存在，完善农村公共卫生服务体系，可通过加强人才建设措施，从主体上切实提高农村生活质量。

（三）文艺教育与公民教育

文艺教育关乎农民的知识与精神生活问题，通过扫盲教育，采用戏剧和图画等方式培养农民的知识力，人民没有知识，任何的政策方案都难以实现。公民教育则是在知识、体格具备之后培养农民的团结力和公众心，在道德水平的基础上培养国民的判断力，具有明辨是非，自觉自信的主张和正义感。

中国的经济基础在农村，农民是农村发展的主要劳动力。他们过着苦难的生活，但是不要忘记他们隐藏着巨大的力量，这一巨大的潜力尚未得到挖掘和发展。苦力的两方面：一方面是苦难的命运，另一方面是潜在的伟力[②]，而教育是激发这潜在伟力的重要举措。

二、乡村振兴的着力点

乡村振兴战略是建设现代化经济体系的基础支撑，而农业又作为国民经济的基础。当前我国农业农村基础差、底子薄、发展滞后的状况尚未根本改变，经济社会发

---

① 晏阳初.平民教育与乡村建设运动［M］.北京：商务印书馆.2014：36-37.

② 宋恩荣主编.晏阳初全集：第二卷［M］.长沙：湖南教育出版社，1992：441-442.

展中最明显的短板仍然在"三农"，现代化建设中最薄弱的环节仍然是农业农村[①]。推进乡村振兴需实现以教育促经济，促文化，谋发展。

（一）建立乡村专业人才体系

乡村建设实验，是以晏阳初为首带领大批胸怀广志的优秀知识分子进行的民族自救运动。在定县实验区，晏阳初招募一批国外留学归来的人才，发起了第一次"博士下乡"运动。1940年，创建了第一所中国乡村建设学院，培养了大批务实创新、责任担当及实践能力强的乡村建设人才，为乡村兴旺提供了人才支持。从目前农业的发展情况来看，相关人才学历整体偏低，很多人员的专业素质无法更好地满足发展需求[②]。除此之外，大量农村劳动力外出务工，老人、妇女和儿童成为主要的留守人口，导致农村人才结构出现失衡。为了更好地培养农村创新型专门人才，需提高整体的能力水平，全面整合教育资源，将人才的培养方案优化创新，使素质教育得以推进，同时将创业人才素质进行提高[③]。针对人才结构失衡，地方政府建立人才引进激励政策，吸引优秀人才返乡入乡，为人才留在乡村提供发展前景。基层工作人员作为乡村建设的引领者，加强自我的专业素质，以及实践与决策能力也是人才建设的一部分。

（二）加强乡村公共卫生基础建设

基于中国人口基数大和人口老龄化严重的基本状况，农村出现大批空巢老人，致使难以保障老年人的医疗卫生服务。同时，城乡二元化问题严重，卫生资源分配不均衡，公共卫生服务差距大，也是造成农村"看病难"现象的源头之一。卫生问题关乎人的生命健康，培养卫生意识需要奠定坚实的物质基础，对此政府增加对农村医疗卫生的财政投入，明确组织的经费预算，以确保农村医疗卫生服务供给能力稳定。除此之外，基层卫生服务人才队伍建设滞后也是主要问题之一。由于人才短缺，加强医院对乡村医疗服务支援；制定吸引医务人员支援乡村卫生建设的待遇体制；针对提高人才队伍质量，提供对乡村医护的岗位培训机会[④]，提升卫生人才队伍整体素质等举措，

① 中共中央国务院印发《乡村振兴战略规划（2018—2022年）》［EB/OL］.［2022-05-10］. http：//www.gov.cn/zhengce/2018-09/26/content_5325534.htm.

② 李海艳，唐礼智.乡村振兴视域下农村创新创业型人才培养路径与驱动策略分析［J］.农业经济，2022（8）：128-130.

③ 薛凡.农村人才需求与农村职业教育人才培养研究［J］.农村经济与科技，2020，31（17）：335-336.

④ 张慧滢.农村公共卫生服务体系发展现状及对策探究［J］.农家参谋，2019（14）：14.

对加强农村卫生基础建设，保障农民基础医疗卫生服务十分有必要。

（三）重视乡村精神文明建设

当前，乡村虽然物质生活水平得到快速提升，但精神文明建设进展却处于滞后状态，这就严重影响了乡村振兴战略的实现[①]。尽管乡村物质水平得到提升，但是对于农村整体经济的发展来说，还有所欠缺。部分村内干部将乡村振兴的重点放在经济上，有些工作落实到实践中只是为了达到上级要求走形式，而并未真正开展，使得"精神文明建设"难以为农民带来切实体验。村干部宣传文化振兴可按照当地文化特色因地制宜，依据实际情况开展相应的精神文明活动，引进对应人才或安排干部进行学习培训，发掘乡村特色文化，自身重视的同时也带动了村集体参加，提高了文化的影响力。要注重将乡村文明建设与基础性治理工作结合，为大众创造一个更为适宜的生活环境，提高生活质量。

三、对今天新时期乡村振兴的启示

乡村振兴离不开农业、农村、农民问题，亦可以说是从事行业、居住地域和主体身份三位一体的问题。新时期乡村建设问题依旧存在，晏阳初的生计、文艺、卫生和公民"四大教育"对解决"三农问题"，推进乡村振兴有很大的帮助，不可否认其中的实践经验以及它的历史地位为解决当代"三农问题"与推进乡村振兴提供了有益借鉴。

（一）发展农村职业教育，培养专业型技术人才

《中共中央国务院关于实施乡村振兴战略的意见》（中发〔2018〕1号）强调，实现乡村振兴战略，必须优先发展农村教育事业。农村职业教育作为农村教育的重要组成部分，与农村发展联系最为紧密，为传统的农业发展模式向现代科技化农业模式的转变，培养了熟练掌握生产技术信息的高素质农业技术人员。这与晏阳初提出的"生计教育"在教育目的上具有高度相似性，主张改良农业生产技术，为农业发展提供技术支持。当今农村农业发展逐步迈向现代化进程，构建了现代农业产业体系、生产体系、经营体系。全面提升农村人力资本水平，优化农村劳动力结构，可提高农业创新力、竞争力和全要素生产率，使乡村振兴有人才支撑和中坚力量。

---

① 冯波.乡村精神文明建设是实现乡村振兴的关键［J］.农村经济与科技，2020，31（24）：267-268.

（二）加强乡风文明建设，提高农村文化素养

乡风文明建设是乡村建设的灵魂和保障，人民文化素质的体现。"十一五"规划纲要首次将乡风文明建设纳入农村发展战略层面后，坚持从物质文明与精神文明一起抓。其中不乏与"文艺教育""公民教育"契合之处，即站在农民的知识、精神、道德角度开展农村教育。加强农村思想道德建设，巩固思想文化阵地，深入实施农民的道德建设工程，在乡风文明建设中文化具有凝聚、整合、同化、规范社会群体行为和心理等功能[①]。从知识、精神、道德层面提高人的文化素养，为乡村建设发展营造良好的乡风氛围。

（三）增加农村医疗卫生服务供给，推进健康乡村建设

医疗卫生事业是重大民生事业。改革开放以来，我国各级政府不断在人力、财力等方面加大医疗卫生投入，加强基层医疗卫生服务体系建设，确保基础健康服务落实到人。农村医疗卫生服务供给不只是政府单方面物质上的输出，也包括对农民从思想层面认识的革新。这与"卫生教育"强调体魄强健、身体健康是一切工作的基础的主张相似。当今大部分农民依旧面临着"看病难，看病贵"的问题，反映出了国家的社会保障服务还需要进一步加强。广泛开展健康教育活动，倡导科学文明健康的生活方式，让大家养成良好卫生习惯，有利于推进健康乡村建设。

四、结语

中国儒家"民为本，本固邦宁"的民本思想是影响晏阳初开展平民教育实验的出发点。他认为，中国农民存在"愚、贫、弱、私"4大病症，倡导"用文艺教育以治愚，生计教育以治贫，健康教育以治弱，公民教育以治私"，借以培养农民的"四力"，即知识力、生产力、健康力和团结力，这与乡村振兴中解决"三农问题"具有借鉴意义。农民的生计问题与农村产业的发展直接关联，开展农村职业教育，培养专业性技术人才从农民主体上谋求发展，解决农业与农民之间的经济问题；农民增收的同时，从文艺和公民的角度出发，提升农民自身文化素养以及乡风文明建设，解决农村与农民之间的文化问题；农村医疗卫生服务供给，建设健康乡村则从卫生的角度，解决农民自身的生命健康问题。

---

① 董欢．乡风文明：建设社会主义新农村的灵魂［J］．兰州学刊，2007（3）：75-78.

参考文献

［1］晏阳初.平民教育与乡村建设运动［M］.北京：商务印书馆，2014.

［2］宋恩荣.晏阳初全集：第二卷［M］.湖南：湖南教育出版社，1992.

［3］中共中央　国务院印发《乡村振兴战略规划（2018—2022年）》［EB/OL］.［2022-05-10］.
http：//www.gov.cn/zhengce/2018-09/26/content_5325534.htm.

［4］李海艳，唐礼智.乡村振兴视域下农村创新创业型人才培养路径与驱动策略分析［J］.
农业经济，2022（8）：128-130.

［5］薛凡.农村人才需求与农村职业教育人才培养研究［J］.农村经济与科技，2020，31
（17）：335-336.

［6］张慧滢.农村公共卫生服务体系发展现状及对策探究［J］.农家参谋，2019（14）：14.

［7］冯波.乡村精神文明建设是实现乡村振兴的关键［J］.农村经济与科技，2020，31（24）：
267-268.

［8］董欢.乡风文明：建设社会主义新农村的灵魂［J］.兰州学刊，2007（3）：75-78.

古人类遗址开发与保护问题研究

——以周口店遗址为例

李影芝　李文峰

（云南农业大学马克思主义学院）

遗址是前人留下的具有社会经济和文化价值的建筑物等人类活动痕迹[1]。遗址中记录着历史，留下了文明的印记，是文化的一种载体，也是开发旅游产品的对象和旅游的目的地。当前经济社会不断发展，遗址在开发、保护和利用等方面面临的问题亟待解决。当前学界研究遗址问题多着眼于遗址的开发与保护之间的关系，进行问题分析并提出解决措施[2-3]。喻学才[1]通过描述遗址的价值评价，进而推动遗址开发与保护，促进遗址旅游业的发展。徐楠[4]等研究历史遗址类旅游资源，探究历史遗址类旅游资源深度开发的措施和保护，强调要坚持开发与保护并重，坚持效益与可持续性相融，保护其永续利用。杨业启[5]聚焦大遗址保护的国外研究现状，并探究国内大遗址保护的现状、面临的问题与挑战，在研究中提出大遗址保护性开发，进行维护性展示。刘卫红[6]等研究新时代大遗址保护规划的概念和性质、发展现状，提出大遗址保护规划的未来发展趋势，主张提升大遗址保护规划的科学合理性和有效实施性。陈述彭[7]等研究文化遗产的保护与开发之间的矛盾现状，探究古环境、古建筑与生态之间的关系，通过生态对文化遗产进行修复，结合当前的技术，认为通过数字信息技术进行环境遥感监测与管理信息系统应用保护文化遗产，也是较好的遗址保护方式。

周口店遗址作为第一批全国重点文物保护单位，不仅列入世界文化遗产名录，

作者简介：李影芝，女，云南农业大学马克思主义学院农村科学技术发展专业硕士研究生。

通讯作者简介：李文峰，男，云南农业大学机电工程学院教授，博士研究生导师。

更于 2021 年入选"百年百大考古发现"。从瑞典地质学家安特生等人发现"北京猿人"遗址，到今天共出土发现"新洞人""田园洞人""山顶洞人"等，从直立人、早期智人到晚期智人，周口店遗址的发掘，可以让我们回顾人类文明的过往，但当前对周口店遗址的重视度不够高，对遗址周边的研究不全，未来还需要对周口店遗址进行深入的探索。

一、研究区域

周口店遗址位于北京城西南约 50 公里处的房山区境内，周口店遗址先后出土了距今 20 万～ 70 万年前的"北京人"、10 万～ 20 万年前的第四地点新洞人、约 4.2 万年至 3.85 万年前的田园洞人、3 万年前左右的山顶洞人的生活痕迹。周口店遗址共发现不同时期的各类化石和文化遗物地点 27 处，出土人类化石 200 余件，石器 10 多万件以及大量的用火遗迹及上百种动物化石等，是古人类学、考古学、古生物学、地层学、年代学、环境学及岩溶学等多学科综合研究基地。同时周口店遗址博物馆、周口店国家考古遗址公园还是世界遗产、全国重点文物保护单位、国家一级博物馆、国家AAAA 级旅游景区、全国爱国主义教育示范基地、全国科普教育基地。

二、周口店遗址开发与保存价值

周口店遗址有丰富的古人类文化遗存。目前遗址类旅游资源已成为历史遗址旅游开发的重点，周口店遗址的保存与发展也是一个重要的项目。周口店遗址保存能够反映古人类的生存和发展的历史遗存器物，例如他们使用的打制石器、食用的动物化石、制作的衣物饰品等，这些遗物类旅游资源的发掘。当前对于周口店国家考古遗址公园出土文物的保存，主要采用博物馆的形式，对出土文物进行展出，增加人们对周口店遗址的开发与保护的认知，增强科普性与实用性。

关于保护文物、环境、社会资源的措施，前文提到了社会环境效益对大遗址保护与开发的重要性。周口店遗址的形成经过漫长的历史积淀，拥有丰富的文化内涵，反映人类过去的生存状态、人类创造力及人与环境的关系，是人类文明的纪念碑。"过去"无法重复的特征使该遗址具有不可再生的特性，同时也赋予其历史文化与科学的价值，这种价值在转化为宝贵的历史文化资源后，对现代人类精神生活将会产生多方面积极的影响。周口店遗址出土的大量古人类生活的遗迹遗物，涵盖了人类进化的重要阶段，从直立人"北京猿人"，到早期智人"新洞人"，再到晚期智人"田园洞人""山顶洞人",这些发现对于研究不同演化阶段、古人类的体质特点、进化过程的更迭等问题,提供了古人类的生理结构等发现。这些发现是有力地印证古人类"多地区起源""连续进化、附带杂交"等理论的支撑点,是研究以蒙古人种为代表的现代东亚人类的起源与演化过程的主要依据[8]。例如古人类石器制品的出土,通过对石器制品的原料种类和类型、形态特点的研究,可展示古人类的制作工艺和制作原材料的选取,也可通过石器的使用对比其他地区较之东亚地区石器的制作与使用。又如古人类有效地使用火和利用火进行大型猎物的狩猎活动的遗存,可以帮助人们研究石器时代古人类的生存模式。而周口店遗址以及其附近存在多种地层和地质现象出土丰富的更新世动物化石,还是第四纪实践教学的重要基地。

三、周口店遗址的保护与开发

周口店遗址具有多种资源的开发价值,对研究过去古人类的发展有重要的依据作用,但在周口店遗址的保护与利用过程中,存在众多问题亟待解决,对于周口店遗址的开发与保护应当做到以下几点:

(一)科学合理规划遗址

加强遗址的保护,既可满足旅游可持续发展的需要,又顺应文物保护的要求,是从根本上解决矛盾的唯一途径。当前周口店遗址面临周边开山取石、挖煤等经济活动蚕食破坏当地地形地貌的问题,因此带有明确科学目的并采用现代勘测手段的系统地质与考古调查,应是探明周口店地区科学资源的当务之急和唯一途径:通过现在的3S手段进行最新勘测,在周口店遗址周围进行系统的调查研究,探究周口店遗址的科学资源和可持续发展潜力;寻找新的人类化石的遗存遗物,系统采样进行年代和环境的多项测试分析,验证北京猿人用火的真伪;通过技术分析古环境估计其后以及遗址的气候环境,提取遗址的各项参数,建立科学的依据为未来遗址的发展和开发制定方针和合理的策略。

(二)综合审视遗址现状,积极开展科学管理与保护

从1929年裴文中先生进行遗址开发过程中发现第一个北京猿人头盖骨以及古人类用火遗迹开始,到贾兰坡先生主持发现3个北京猿人头盖骨,此后受到战乱等多种原因影响,遗址发现的遗存遗失。但在20世纪50—70年代后续不断发展,深入挖掘周口店遗址古人类的遗存和遗物,不断进行新的突破、新的探索。周口店遗址的发掘

和记录过程也在不断演变，从 1932 年开始转变"漫掘法"，采用地质学指导下的"深沟法"，转变了中国旧石器考古的发掘方法。后进行"打格分方法"等技术进行探索。如今对周口店的探索，应当采用激光扫描仪、全站测量仪等仪器，发掘更多的新材料[9]。当前应通过扩大并深化田间考古格网定位的经验，引进先进的地理信息系统技术，进行定点保护。

（三）利用资源，创新活动，扩大宣传，发挥遗址的重要作用

许多人对周口店遗址的了解来自中学历史课本上对"北京猿人"和"山顶洞人"的介绍，但他们对于周口店的一系列发掘过程和发掘结果，并没有很深入的了解。而在地质学、地理学和古生物学等诸多学科的研究过程中，周口店遗址是一个重要的实践基地，那里出土了大量的各类化石以及文化遗物，对研究古人类、考古旧石器的学者可谓是宝库。可以作为科普中心，向人们传输古人类的知识。也可以通过多种技术，再现古人类的生活面貌、生存环境。当前面对疫情，游客流量不高，可以开辟线上旅游，制作多维视觉效果图，进行宣传、创新活动。还可以与其他社区社团进行文化联动，与高校进行爱国教育基地建设，通过一批批学生的实践活动，进行对周口店遗址的资源调动；通过文创产品开发，扩大对其宣传；通过体验活动，充分发挥周口店遗址对多学科的作用。

（四）以周口店遗址为基地，深入开展科研工作

周口店遗址作为多学科的实践教学基地，承担了多项实验研究、学科探索，众多学者在这里研究第四纪、古脊椎动物、古人类等。通过从"北京猿人"等一系列的研究发现，吴新智先生从"铲形门齿"这一形态发掘出"多地区进化假说[10]"，进而提出"网状的连续进化附带杂交假说"。通过实际验证提出假说，一些学者根据发现，验证了"北京猿人使用火"等一系列重大科学发现。通过新的化学分析方法、实验工具，探究发掘物品的新价值，探究第四纪时期人类出现的发展的条件、人类生存环境的变化、人类的自生进化的适应性，对今后人类的进化、演化方向和气候变迁、环境突变等研究有一定的参考价值。

四、结语

周口店遗址的发掘与保护是至关重要的，通过遗址的发掘保护可以验证东亚的古环境、古气候、古人类和考古学等一系列的发现，验证了考古学在中国及东亚的发展。通过周口店遗址的开发利用案例，进一步探索未来中国在大遗址建设方向的探究。

参考文献

［1］喻学才.遗址论［J］.东南大学学报（哲学社会科学版），2001（2）：45-49.

［2］包广静.基于人地关系的自然文化遗产保护与开发［D］.昆明：云南师范大学，2004.

［3］鲍展斌，曹辉.历史文化遗产保护和开发的对策思考［J］.宁波大学学报（人文科学版），2002（3）：85-88.

［4］徐楠，宋保平.浅议历史遗址类旅游资源及其开发与保护［J］.承德民族职业技术学院学报，2003（4）：65-68.

［5］杨业启.遗址保护与旅游开发之间的平衡［J］.中国房地产，2016（28）：76-79.

［6］刘卫红，张玺.大遗址保护规划的现状与发展趋势［J］.自然与文化遗产研究，2022，7（2）：49-53.

［7］陈述彭，黄翀.文化遗产保护与开发的思考［J］.地理研究，2005（4）：489-498.

［8］高星，张双权，陈福友.论周口店遗址的科学价值与研究潜力：纪念裴文中先生诞辰100周年［J］.第四纪研究，2004（3）：265-271.

［9］张月书.周口店遗址发掘方法的演进［J］.化石，2020（1）：40-43.

［10］吴新智.中国远古人类的进化［J］.人类学学报，1990（4）：312-321.

民族复兴视域下中国供暖技术变迁研究

刘晨宇　曹　茂

（云南农业大学马克思主义学院）

　　人类历史是一部抵御寒冷的历史。早在工业革命前的数千年，人类就已经知道如何使用各种不同的能源。供暖是指通过一定方式让室内获取热量，以达到适宜的生活条件或工作条件。"足寒伤心，民寒伤国"是汉代史学家荀悦的警示之言。因为有寒冷，所以抵御寒冷的技术发展对人类生命和民族存亡都起到重要作用。习近平总书记在中国科学技术协会第十次全国代表大会上讲"加强原创性、引领性科技攻关，坚决打赢关键核心技术攻坚战。科技立则民族立，科技兴则民族兴。"[①]科技领域的不断突破、创新以及实现低碳和可持续是实现中华民族伟大复兴的重要一环。

一、中国供暖技术的缘起和发展

　　为抵御严寒带来的生存威胁，自人类开始使用火以来，采用由火燃烧产热的一系列采暖方式。发展至今，采（取）暖设备依然是人们日常应对寒冷天气室内环境控制方式，并在设备外观、人体舒适程度、能源利用效率上有了长足的进步。

作者简介：刘晨宇，男，云南农业大学马克思主义学院科学技术史专业硕士研究生。

通讯作者简介：曹茂，女，云南农业大学副教授，硕士研究生导师，主要从事中国近现代史研究。

① 习近平.习近平谈治国理政：第四卷［M］.北京：外文出版社，2022：197.

（一）供暖技术的缘起

"在更新世巨大冰原的范围之外，乃是大片荒凉的苔原，欧洲更是如此。这些地区曾多次发育多年冻土。"[①] 全新世时期上海及邻近地区"初期气候因之前的冰期影响还比较冷……气候凉而湿"[②]，到全新世晚期的西周时期气候依然偏冷。"唐代寒冻记录有 24 年次，其中，有 3 年各发生两次寒冻灾害，合计 27 次……但史书对赈济措施多阙载。"[③]"明清的记载：明代正德元年（1506），冬雨雪，大寒……为时 19 天出现低温寒冷天气。"[④] 在过去，寒冻等自然灾害带来了巨大的生命威胁，缺少室内的温度获取方式和保持温度的途径，人类无法保证基本的生活条件，更没有适宜的工作环境，为应对寒冷，人类开始了供暖技术的探索。

（二）中国古代的供暖技术

1. 火的使用是最早的建筑环境控制技术

在引入现代工业技术前，人们已经学会获取热量来保持室内的温暖。"它是在原来地面上下掘深约 0.8 米、长 4.1 米、宽 4.75 米东西长的长方形圆角坑，以坑壁作为墙壁，壁上涂抹一层厚 2.5～3.5 厘米的黄色草泥土……跨过门限即为烧火的灶坑，灶坑附近堆积有灰烬和木炭渣。"[⑤] 西安半坡遗址考古发现的长方形灶坑，证实了 6000 年前的仰韶时期就已有人类通过火坑取暖改变自身居住环境，开始懂得利用火来应对寒冷，可以说是最早的建筑环境控制技术，充分体现了新石器时代中华民族旧人的智慧。

2. 管道式传热设备的应用

"清代定鼎北京后，满族将自己在东北独特的御寒经验带到了紫禁城，便是利用'火道'形成'暖阁'……除'空心火墙'，热气游走其间，与地暖共同形成'暖阁'结构。"[⑥] 北京故宫之内至今还保留着完整的明清时期的火地采暖系统，"热气"即为烟气，是通过烟气作为介质的一套采暖设备。

① 邢嘉明. 环境变迁［M］. 北京：海洋出版社，1981：41-42.

② 刘昌森. 上海自然灾害史稿［M］. 上海：同济大学出版社，2010：41.

③ 么振华. 中国灾害志·断代卷：隋唐五代卷［M］. 北京：中国社会出版社，2019：131-132.

④ 海南省万宁县地方志编纂委员会. 万宁县志［M］. 海口：南海出版公司，1994：93.

⑤ 佚名. 西安半坡遗址第二次发掘的主要收获［J］. 考古，1956（2）：16.

⑥ 林硕. 暖阁春初入　长遣四时寒：古代宫廷的取暖生活［J］. 北京档案，2019（12）：3.

（三）中国近代的供暖技术

在北京市海淀区志中，记载清末以来主要通过供热锅炉作为供热工程的主要设施："清宣统三年（1911），建立清华学堂（今清华大学），以美国锅炉设备用于洋教士宿舍和教室取暖。1935 年日本侵华时期，在华北农业试验场（今中国农业科学院）安装锅炉设备，向科研主楼和农作物试验温室供暖……1978 年，北京市热力公司向钓鱼台国宾馆，军事博物馆集中供热。1990 年，石景山发电厂经大修改造后向中央电视台等单位集中供热……1995 年，全区集中供热单位 51 个，蒸气供热总量达 8 412 万吨；热水供热总量 258 315 万百万千焦；供热面积 951 万平方米，占全区供热面积的24.4%；集中供热管道长 385 公里。"[①]集中供暖技术在近代以来开始在全国各大城市推广和建设，21 世纪时全国冬季严寒地区和寒冷地区城市锅炉供暖技术已比较成熟。

二、现代供暖面临问题与技术发展趋势

20 世纪国际建筑界提出了"绿色建筑"这个概念，所谓"绿色建筑"准确地表达应该是"可持续建筑"或是"低碳建筑"甚至"零碳建筑"，但此时国内仅有少数学者对此开展相关的研究。2002 年立项的"绿色奥运建筑评估体系研究"课题，是我国第一次对绿色建筑有比较成熟和完善的研究评价体系，通过对国际上比较成熟的绿色建筑评价标准进行学习，我国在面临能源紧缺压力以及高耗能排放导致的环境问题上逐渐重视起来，提出低成本、节能、安全运行等建筑设计方案。现正是实现"碳中和"的初步阶段，对现有建筑的供暖节能方式改造，以及加速研发更为新式的能源利用方式，才能更好地实现人与自然和谐共生。

（一）供暖能源消耗和环境污染问题

在营造室内环境的过程中，室内环境得到改善，但伴随而来的是一系列环境问题，特别是供暖供热时生热所产生的有害生态环境的物质。能源可分为化石能源和非化石能源，其中化石能源是一种碳氢化合物或其衍生物，也是较为常用的能源，但煤和石油这些最常用的化石能源却是非清洁能源，对环境污染较大。能源效率是供暖阶段的重要问题，主要是 3 个方面：其一是如何用尽量少的能源提供尽可能多的服务质量，如一个建筑供暖系统，在相同的供热设备能耗下，可以提供更多的供暖面积。其二是能源转换的效率，在能源的加工、传输等过程后，降低能源的损耗，或是通过一

---

① 张宝章．北京市海淀区志［M］．北京：北京出版社，2004：652.

些回收方式，将多余的能源产热量再回收。其三是对能源的节约，在保证室内环境的前提下，降低供给的温度来减少消耗。

能源消耗对地球环境的破坏主要分为两个方面：第一是传统意义上所说的污染问题，能源燃烧产生大量的 CO、SO_2、灰尘、烟雾等对环境造成严重污染，飘散在大气中的有害气体和烟雾对人体危害极大，加剧肺部疾病。第二是现在全世界最为关注的温室气体排放导致的全球变暖问题，这些由二氧化碳和氟化物组成的气体改变大气结构，让更多的太阳辐射携带热量肆无忌惮地穿过屏障，而 CO_2 却成为地表热量外散的阻碍。

（二）现代清洁能源供暖技术的发展

近年来，为应对大气污染问题和能源利用问题，我国学习北美和欧洲发达国家所采取的多元化和清洁化的供暖技术。其中最为常采用的是地源热泵，相较于一般的锅炉燃烧，在减少排放、保护环境以及安全程度上都极为出色。还有一类是在不同的地区因地制宜采取不同的清洁能源供暖，如在天然气资源充足的地区使用天然气供暖技术、高海拔地区日照充足可采用太阳能光伏技术。另外还有通过回收废水余热资源来进行废物再利用的余热利用技术。"目前，我国清洁能源供暖技术除上述地源热泵技术、深井地热技术、污水余热技术、空气源热泵技术和天然气供暖技术外，还包括太阳能光伏供暖技术等，均具有节能、环保的优势和特点，目前主流的、应用最广泛的清洁供暖技术是地热能开发利用技术。"[①] 根据外部环境和经济条件不断改善资源的利用方式，已经成为我国在供暖技术中优化能源结构、推进生态文明建设的强有力手段。

三、供暖技术绿色创新对中华民族伟大复兴的重要意义

现代社会中，人类有大约 80% 的时间需要在室内环境工作或生活。建筑环境在一些生产中有着特殊的要求，如无菌的实验室、高洁净度要求的手术室，甚至太空舱的恒温恒压环境。人类自身对环境的要求、生产工作环境的要求和科学实验研究对环境的要求，促使着人类研究和发展人工环境的改良方式，从简单到复杂逐步发展出供暖、通风、空调等手段。供暖技术离不开科技创新，同时实现科技创新需要科技工作者有舒适的工作和研发环境，所以舒适的环境对于科技创新发展尤为重要。要在技术

---

① 胡德群.清洁能源：一种绿色集中供暖的模式创新［J］.城市管理与科技，2018，20（1）：4.

上不断进步才有利于实现高质量发展，中国式现代化需要中国自己的技术"站起来、走出去"，需要包括供暖在内的各种为中华民族伟大复兴铺平道路的技术不断发光发热。

习近平总书记指出，国家富强，民族复兴，最终要体现在千千万万个家庭都幸福美满上，体现在亿万人民生活不断改善上[①]。实现好、维护好、发展好人民群众赖以生存的生态环境，筑牢生态安全屏障，实现中华民族伟大复兴，建筑环境与能源应用工程在生态环境维护与能源利用保护上需要不断增强。生态环境是关系党的使命宗旨的重大政治问题，也是关系民生的重大社会问题。在生态环境越来越直接影响到人民群众身体健康和生命安全的情况下，生态环境越来越凸显出与民生福祉紧密的关联性。加快提高生态环境质量是人民的热切期盼，只有积极回应人民所想、所盼、所急，加强生态文明建设，改善供暖技术的能源利用率，才能为人民提供更舒适的生活和工作环境，不断满足人民日益增长的美好生态环境需要，才是真正实现中华民族伟大复兴。

四、结语

中国供暖技术从古代到近代再到现代的持续性技术革新与发展，既体现了科学技术的进步，也呈现了科技发展的环境关怀。当代大量高新科技产业对供暖技术的支持，人民群众在室内的生活和工作环境已经得到高新技术支撑。新征程上，要继续发扬科技创新的精神，为国家供暖技术提供更强有力的保障。新时代，秉承"绿水青山才是金山银山"的两山理念，以不断满足人民群众的美好生态环境需求为终极价值，抓紧改善现有的供暖设施，因地制宜，不断推进新型清洁能源和再利用资源的应用，为实现中华民族伟大复兴提供不竭动力。

参考文献

［1］习近平.习近平谈治国理政：第四卷［M］.北京：外文出版社，2022.

［2］邢嘉明.环境变迁［M］.北京：海洋出版社，1981.

［3］刘昌森.上海自然灾害史稿［M］.上海：同济大学出版社，2010.

［4］么振华.中国灾害志·断代卷：隋唐五代卷［M］.北京：中国社会出版社，2019.

［5］海南省万宁县地方志编纂委员会.万宁县志［M］.海口：南海出版公司，1994.

---

① 中共中央党史和文献研究院.习近平关于注重家庭家教家风建设论述摘编［M］.北京：中央文献出版社，2021：11.

［6］佚名.西安半坡遗址第二次发掘的主要收获［J］.考古，1956（2）：16.

［7］林硕.暖阁春初入　长遣四时寒：古代宫廷的取暖生活［J］.北京档案，2019（12）：3.

［8］张宝章.北京市海淀区志［M］.北京：北京出版社，2004.

［9］胡德群.清洁能源：一种绿色集中供暖的模式创新［J］.城市管理与科技，2018，20（1）：4.

［10］中共中央党史和文献研究院.习近平关于注重家庭家教家风建设论述摘编［M］.北京：中央文献出版社，2021.

民族伟大复兴背景下云南冷链物流创新发展研究

沐 荣 沈 梅

（云南农业大学马克思主义学院）

云南作为一个农业大省，农副产品生产、销售、进出口在云南农业经济中占有重要比重，冷链物流的作用越来越重要，但由于多种因素制约，云南省的冷链物流还有很大的进步空间。在"实现中华民族伟大复兴"的背景下，聚焦云南省冷链运输的发展优势和现状，抓住机遇发展云南省的冷链物流行业，是巩固脱贫攻坚成果、有效衔接乡村振兴、促进消费升级与转型的有效途径。

一、冷链物流的相关概念及适用范围

冷链物流主要指的是使得配送产品全程保持低温，与传统的物流相比，冷链物流主要运用复杂的制冷技术与系统，从生产、预冷加工、集货、销售等流程做到低温状态，从而保持产品质量[1]。

随着社会的发展进步，冷链物流的范围愈加广泛，除基本的运输蔬菜、水果及各种生鲜食品的农产品冷链物流外，还延伸到绿色食品冷链物流[2]、医药冷链物流[3]、智慧型冷链物流[4]……冷链物流行业发展前景广阔。

作者简介：沐荣，女，云南农业大学科学技术史研究所科学技术史专业硕士研究生。

通讯作者简介：沈梅，女，云南农业大学科学技术史研究所科学技术史研究员，硕士研究生导师。

二、冷链物流的发展历程及云南冷链物流发展优势

（一）冷链物流的简要发展历程

我国冷链物流的引进始于 20 世纪五六十年代，主要经历了 3 个阶段，萌芽期：20 世纪 60 年代到 90 年代，主要是为了调节淡旺季生鲜食品的供给问题；发展期：20 世纪 90 年代到 2008 年，随着消费方式的转型升级，电商、医药与农产品的市场需求加大，我国的冷链物流也进行了演变和升级；优化期：2009 年至今，随着全球化、绿色低碳、资源整合等新理念对冷链行业提出了更高的要求[1]。

云南作为一个农业大省，冷链物流的发展具有重要作用。为了满足需求，适应发展，在这几十年中，云南省的冷链物流发生了巨大改变，初级冷链物流市场已经形成，基础设施建设正在改善，第三方冷链企业快速发展。物流需求、地域优势、政策扶持都在发生变化。

（二）云南冷链物流的发展优势

1. 物流需求

云南地形气候复杂多样，是农产品的出口大省，对于冷链物流行业的需求量大、要求高。目前，云南已经形成了八大特色产业，成为我国绿色食品供给的重要省份[5]。据数据显示，自 2015 年起，云南省货运总量呈持续上升趋势，货运需求量大，但是云南省 90% 的蔬菜在常温下运输，损耗率达到 30% 左右，而北美等发达国家的水果等产品的货损率仅为 2% 左右[6]。由于蔬菜、花卉、医药等货物的种类和特性不同，对温度的要求以及耐藏性也不同，云南省对冷链物流的货运需求量和技术要求都有很大的发展空间。

2. 地域优势

云南地处西南，地理位置优越，具有十分突出的战略地位。云南与东盟中的越南、老挝、缅甸有 4000 多公里的陆路边境接壤，有 20 多个国家一类、二类口岸常年开放通关，具有连接东南亚、南亚物流大通道的作用[7]。2019 年 8 月，云南自贸区正式设立，涵盖昆明、红河、德宏片区，分别辐射不同的目标范围。云南加快推进自贸区的建设就必须快速提升物流服务能力[8]，推进现代物流的全面发展，通过跨境物流，可以进口泰国等地的特色水果生鲜，销往内地，也可以出口本国的特色农副产品以及各种药材、物资，满足人们消费需求的同时促进了国内外双循环的发展，具有很大的发展前景。

3. 政策扶持

近年来，国家和云南省政府高度重视云南省的冷链物流发展，通过规划引领、主体培育和政策保障，大力发展冷链物流，补齐短板，对于促进云南农业发展、经济增长、对外开放起到了重要作用。云南省先后出台《支持特色农产品生产加工和冷链物流建设政策措施》《云南省支持农产品冷链物流设施建设政策措施》等政策措施，旨在结合云南省现代物流产业"十四五"规划工作的基础上，推动冷链设施建设，打造产业特色，加快冷链物流行业的发展[9]。

三、云南冷链物流现状分析及存在问题

由于地形、市场开发程度等原因，与发达国家和其他一线城市相比，云南省冷链物流还有很多改进的空间。

（一）冷链物流体系不完善

云南省的冷链物流还处于初级阶段，冷链物流体系不完善，科技创新程度不够。由于冷链物流的体系不完善，其运作效率相对较低，很多企业没有采用高度自动化、智能化的机器设备，货物进库出库主要依靠人力，因此订单处理、采购频率、库存周转、仓库的合理使用等方面均存在不足，形成了较高的储存成本；同时，因为物流系统不够智能化，与物联网技术、5G技术的连接不够深入，冷链物流不够智能，大多数蔬菜花卉仍是使用普通的常温运输，损耗率高，冷链物流的成本高，还容易造成订单处理不佳、库存周转率不合理等问题。

（二）云南省的优势发挥不明显

云南的特殊优势发挥的作用还不明显，"云品出滇"战略落实不到位。一方面，云南有八大特色产业，物产丰富，但是云南的特色产品出口及打造的品牌知名度不够，出口货物的数量及种类有待提高，国家和政府出台了许多扶持政策，但是许多政策的实施方式和落实程度有待提高。另一方面，随着时代的发展变化，人们的消费方式也发生了改变，电商的规模在日益壮大，冷链物流的发展早已与电商密不可分，由于其特殊的地域优势，跨境电商冷链物流系统成了云南农产品走向国际发展的重要桥梁[9]。但是目前云南的跨境电商冷链物流发展规模小，存在许多问题，还没有充分利用其地域优势和政策优势，冷链跨境电商合作艰难，优势发挥不明显。

（三）实体企业发展规模小、参与度低

云南的冷链物流起步晚，虽然有政策扶持，物流产业也初具规模，取得了一些成就，但是总的来说，云南冷链物流发展还是相对落后的。首先，冷链物流企业数量少，规模小，冷链运输主要以规范化程度较低的小型普通物流企业为主，他们的技术设备都是价格较低的技术设备，针对性不强[9]。其次，企业的参与度还不够，缺乏一些大型的龙头产业作为引导。据商务部有关数据显示，截至 2018 年，云南省共有 10 475 家企业从事外贸，但仅有 200 家企业入驻阿里巴巴参与电子商务[10]，这说明云南省的跨境电商参与度不高，对于新的消费方式、合作模式积极性不高。

四、云南省冷链物流的发展对策

云南省的冷链物流发展需要与时俱进，抓住机遇的同时融入创新理念。一靠科技，二靠优势，三靠政策，全面助力云南冷链物流发展。

（一）完善物流体系，加强冷链物流科技创新

完善物流体系要在政策、资金、土地、人才等方面进行适度倾斜，让科技研发与投入有所保障，要大力支持冷链物流行业与大数据、人工智能、5G 等技术的融合与创新应用，让冷链物流充分融入智慧城市、乡村振兴、民族复兴的建设之中，实现绿色物流、智慧型物流。

首先，要倡导绿色低碳，加大科技投入，增加冷链物流体系智能化、自动化水平。提高冷链物流中的技术水平，在物流运输中规划合理的运输路线，选择最佳中转站与物流中心，减少物流过程中因智能化、自动化程度不高造成的高成本、运输困难等问题。例如冷链物流与物联网技术的结合，如今已成了一项惠民利民的技术创新，对货物的存储、运输、配送阶段都进行了全程的监测，不仅可以监测温度与湿度，保证货物的品质与安全，事后还能对冷链环节进行回顾，便于查找问题和不足，这一点在疫情环境下在问题货物的源头查找与控制中发挥巨大的作用。其次，还要注意对冷链物流体系中的先进设备的升级与养护。现如今，科学技术水平发展加快，产品的升级换代速度也在加快，在引进新的冷链物流设备的同时要注意对原有的设备进行升级与养护，延长其使用寿命，创造更多的收益。

（二）依托自贸区，充分发挥云南省的综合优势

冷链物流是云南省发展的一个重要机遇与挑战，要充分利用云南省的交通区位、

政策扶持产品特色等各种优势条件。云南省的货物运输需求量大，要进一步拓展冷链物流的市场，扩大冷链物流队伍，打造云南特色产品，畅通"云品出滇"上行通道。要创建符合现代人民需求的物流体系，使运输的品种多样化，货物包括食品、医疗、生活等方面，满足人民日益丰富的物流需求，提高运输的速度和安全监测能力，使运输的货物质量有保障。

结合目前云南划分的3个自贸区，要进一步发挥云南独特的区位优势，扩大对内陆地区、东南亚和南亚的影响范围，依托中老铁路，打造集分拣、加工、仓储、报关报检于一体的铁路冷链物流枢纽，打造完善的物流体系，做大做强跨境电商物流，促进中外贸易的发展。为了促进云南省的冷链物流产业发展，国家和各级政府出台的各项政策和法规，要加以落实，促进有关产业发展，增加居民收入，及时发放鼓励奖金、补贴资金，支持城乡居民消费。

（三）提升核心竞争力，培育壮大冷链市场主体

云南省的冷链物流行业中实体企业发展规模小，数量少，要落实奖励制度，支持中小型企业的转型升级，实施全省骨干冷链物流企业培育工程，积极培育一定数量具有国际竞争力的企业集团，壮大企业的数量与规模。跨境电商冷链物流系统对于推动云南农产品走向国际发挥着重要的作用，要鼓励企业与新型的消费方式结合，增加电商物流的占比，与南亚、东南亚国家开展全方位、多层次、宽领域的国际交流合作，鼓励省内具备实力的企业走向海外市场，加快构建国际冷链物流双向通道。要加强对企业的人才培养、科技投入和政策的适度倾斜，增加企业的核心竞争力，打造品牌知名度，为企业发展提供更多的机会和更广阔的发展前景，让龙头企业带动中小型企业的行业的发展。

云南省的冷链物流发展任重道远，在具体的实施过程中，要结合实际情况，贯彻落实创新、协调、绿色、开放、共享的新发展理念，以先进技术和管理手段应用为支撑，以政策法规为保障，构建符合云南省实际的"全链条、网络化、严标准、可追溯、新模式、高效率"的现代化冷链物流体系，满足居民消费升级需要，为中华民族伟大复兴贡献云南之力量。

参考文献

［1］孙雪莲.云南绿色食品冷链物流网络布局优化研究［D］.昆明：昆明理工大学，2021.

［2］苏春梅，张榆琴.云南绿色食品冷链物流成本调查及控制策略研究［J］.农业与技术，2022，42（4）：126-129.

［3］张曼婕.云南省医药冷链物流发展研究［J］.合作经济与科技，2018（21）：59-63.

［4］韩佳伟，朱焕焕.冷链物流与智慧的邂逅［J］.蔬菜，2021（3）：1-11.

［5］毕亚楠，汪禄祥.云南省绿色食品产业发展现状、问题与对策［J］.农产品质量与安全，2020（5）：45-48.

［6］姜懿珊，张榆琴，郝若诗，等.云南绿色食品冷链物流发展研究［J］.中国集体经济，2021（5）：109-110，164.

［7］李瑞霞.云南建设面向东南亚现代物流中心的思考［J］.昆明大学学报，2008（1）：28-31，35.

［8］孙飞燕.云南自贸区冷链物流发展的SWOT分析［J］.中国物流与采购，2021（22）：59-60.

［9］苏益莉.云南农产品跨境电子商务冷链物流系统构建研究［J］.时代金融，2018（11）：59-60，63.

［10］刘长波，李富昌.云南冷链物流技术设备现状与优化对策分析［J］.资源开发与市场，2015，31（5）：593-596，621.

古滇国青铜文化浅析

潘 娇 李文峰

（云南农业大学马克思主义学院）

1956 年"滇王之印"考古重大发现，让我们惊奇地发现，早在 2000 多年前，滇池边就存在一个古老的王国。古滇王国作为一个在历史上仅存在 500 多年历史的城池，却蕴含着巨大的文化价值，在我国的历史长河中留下了短暂而又灿烂的文明，甚至没人知道滇国是为何销声匿迹，"庄桥王滇"至今还是未解之谜。后因古文物的相继出土，特别是石寨山出土的"滇王之印"，进一步印证了古滇国的存在。而青铜文化作为古滇国重要代表，更是为证明时代的存在留下了深刻的印记。本文主要通过文献资料法对古滇王国最具代表性的青铜器进行探索，向我们展示了作为古滇人民的生活，挖掘其存在的古代记忆，探讨当时滇国匠人的独特技艺，这对云南地方的历史具有重大的意义。

一、研究背景

目前，随着社会经济的飞速发展，在这个快节奏的时代，越来越注重历史底蕴、历史文化的传承。因为文献记载的缺失，对古滇王国的研究存在困难，尽管能在较大程度上还原其真实性，但是仍然存在未解之谜，这就更加需要不断探索以及验证。再加上古滇国存在时间较短，在文献研究上很难有效把握。但值得庆幸的是，继"滇王之印"出土，古滇王国的存在得到充分验证后，石寨山古墓群、李家山遗址、金莲山墓葬群、"滇王相印"封泥的相继被发现，为考古研究者带来了希望。这些遗址中有

作者简介：潘娇，女，云南农业大学马克思主义学院 2021 级硕士研究生。

通讯作者简介：李文峰，男，云南农业大学机电学院教授，硕士研究生导师。

大量青铜器的出土，使得古滇国的灿烂辉煌青铜文化得到验证，为学术界研究提供了重要的依据。

二、研究现状和方法

（一）研究现状

司马迁的《史记·西南夷列传》是已知晓的最早、最全记录滇国的文献，这是司马迁对滇的记载，滇国本身是没有文字记录的，其可信度只能依靠实物资料验证。自1955年开始，在考古遗址中陆续发现滇文化遗物，一系列专家学者对其进行了考察研究。1997年，张增祺[①]老师对滇国进行了全面深刻的归纳总结，从滇国缘由、都城、滇文化、滇国经济、滇国生活等不同角度阐述滇国的历史风貌，让我们真切体会滇国人们的生活；李孝友[②]老师通过对古滇王国自然生态环境入手，研究了古滇王国的自然生态环境和都城晋宁的历史；雷平阳[③]老师通过描绘庄蹻入滇、晋城、盘龙寺等地，为我们刻画了一个栩栩如生充满生活文化气息的滇国小镇。还有专家学者热衷于滇国青铜器的研究，沙伟[④]通过对滇国贮备器的研究，探讨了作为古滇国"存钱罐"的奥秘；孟斋[⑤]通过对滇国遗迹出土的蛙纹铜矛进行深入挖掘得出了滇国有蟾蜍辟邪的信仰；方伟伟[⑥]通过对滇国铜鼓的详细分析，与云南不同地方铜鼓对比，探讨了铜鼓特点及其作用；郭琳琳[⑦]通过对滇国青铜器执伞俑的研究，分析了滇国当时的离职规范和社会生活；李艾丽[⑧]则在滇人腰间分析研究青铜扣饰，反映出滇文化与北方游牧文化的交流与融合。

（二）研究方法

本文首先采用历史描述法，能较为真实地还原古滇王国的历史；其次采用文献分析法，力图深层次地分析滇国青铜文明及其技艺，最后采用综合归纳法，以探索古滇

① 张增祺.滇国与滇文化［M］.昆明：云南美术出版社，1997.
② 李孝友.古滇王国的历史记忆［M］.昆明：云南人民出版社，2016.
③ 雷平阳，雷龙杰，等.古滇王国上的小镇［M］.武汉：长江文艺出版社，2011.
④ 沙伟.贮备器：古滇国的"存钱罐"［J］.东方收藏.2018（10）.
⑤ 孟斋.蟾蜍辟兵：古滇国蛙纹铜矛头刍议［J］.收藏夹.2021（7）.
⑥ 方伟伟，孙明跃.滇国铜鼓简释［J］.民族音乐.2021（5）.
⑦ 郭琳琳.滇国执伞俑析论［J］.东方收藏.2022（1）.
⑧ 李艾丽.滇人腰间的精致与风雅［N］.玉溪日报.

人民的生活，挖掘其历史记忆。

三、古滇国历史概述

（一）滇国概述

在《史记·西南夷列传》中记载："西南夷君长以什数，夜郎最大；其西靡、莫之属以什数，滇最大。"在云南省拍摄的《消失的古滇王国》情景纪录片中谈到，在2000多年前，中国的西南地区有一个王国与西汉王朝同时存在，被称作滇国。它非常的富裕而独特，具有辉煌而发达的青铜文明，主要分布在以滇池为中心的云南省中部和东部地区。经相关研究考证，滇国大概出现在战国初期，直到西汉初为全盛时期，西汉中期以后开始衰败，西汉末至东汉初被中原取代。不久之后，这个有着500年历史的神秘的古滇国突然消失了，在消失的2000余年里，人们几乎不了解滇国文化和它高度发达的青铜文明。

滇国，都城位于今天的晋宁一带，历史上始于公元前278年，止于公元前109年，是中国西南边疆古代少数民族的部落，地域主要是以滇池为中心的云南中部和东部地区，历史学家将其称为滇族。滇族的族民并不是土生土长的，而是因为战乱从北方迁移而来，主要是以北方游牧民族的羌族为主，而后来到西南地区分散成为各个云南的少数民族，在大理周围的民族主要是以擅长骑马的昆明人为主，滇池周围则以滇人为主。滇国是非常富裕而独特的，有着辉煌发达的青铜文明，也是迄今为止发现的有着活人祭祀的神秘文化之一。

滇国，是存在于滇池沿岸最大的城池，是滇国的政治经济中心，也是周围最大的部落，与夜郎、哀牢、南越和汉毗邻。滇国既是统称范围，也是当时都城名称。在当时，滇国的经济和文化都已经发展到一个较高的水平，一个重要的标志就是大量金器在古墓群中发现。其中包括金子打造的小饰品、金剑鞘、金手镯、金马具等，无一不彰显着滇国当时金器制造水平的发达，还有发达的青铜文明，在后来被人发掘中逐渐凸显出来，成为滇国的独特代表。

（二）民族的迁移

在青铜器这无字史书上发现贮贝器盖子的成分和贮贝器明显不同，这就说明这并不是同一时期铸造的工艺。在转变为贮贝器之前为铜鼓，作为滇人乐器的一部分，但是由于外来人的入侵，打破原本生活的和谐，入侵者并不知晓铜鼓用意，只因入侵后找不到盛放贝壳等钱财的物品，后来逐渐演变成为存放类似于货币的贝壳的器皿，也就是贮贝器。贮贝器上铸造的工艺、形态，例如上面的兽斗题材、三人骑士等和北方草原文化上有些许相似。公元前3世纪，秦国迅速向周边国家扩张势力，弱小的北方氐羌人部落无法与之抵抗，部落人在3骑士的带领下开始向南迁移，也就是史料中记载的氐羌人率众人南迁的故事。他们来到了云南，分化形成如今云南的各个少数民族，甚至在当时进入到滇国。当时已经存在了滇国，滇人在当时成为"濮人"的土著，是江汉平原一代迁移而来，是铜鼓的发明者和使用者，也将铜鼓视为神圣之物，与神灵沟通的器物。后来氐羌族人的到来打破了濮人的宁静生活，占据了滇国都城，缴获大量的青铜器。氐羌族在这里成为贵族，并且融合当地礼仪与氐人习俗，成为滇王国的主人，其中铜鼓的祭祀圣物也逐渐改变为贮贝器。

（三）滇王庄蹻是否存在

两千多年前的一天，当时正处在战国天下大乱时期，秦国为统一天下，一方面往东打韩国、赵国、魏国，鲁国、齐国这些国家，同时往南攻打楚国。庄蹻为救楚国向西挺进借兵，在征服夜郎国之后，来到当时的云贵高原发现了滇国。也就是说在庄蹻来之前已经有了滇国，也并非庄蹻建立的滇国。到滇国没多久就收到楚国灭亡的消息，本想殉国自缢的庄蹻在当时滇王的劝说下留在了滇国。据央视纪录片叙述，庄蹻在这之后就定居在滇国并与滇王的女儿成亲，但是历史是否如此不得而知，《史记》中的记载存在滇王的乃庄蹻之后，但是滇国的青铜文化在庄蹻来之前就已经存在。不只《史记》对其有所记载，还有《华阳国志》中写道庄蹻在滇自称为庄王的故事，但是相较之下，《史记》的记述更为可信。但是庄蹻作为楚国将军后又是滇国女婿，在后世出土的遗迹中却没有出现楚国文化的痕迹，这很值得怀疑，因此无法证实其真实性。通过古滇国遗留下来的青铜器可以看出，在庄蹻到达滇国之前就已经有独特的文化。

（四）汉使张骞来访滇国

在滇王庄蹻之后的150多年后，汉武帝派遣汉使张骞取道滇国，试图打通前往身毒（印度）的通道，以免除北部匈奴人的威胁。著名典故"夜郎自大"其实最早出现在滇国，这也产生了对滇王庄蹻是否真实存在的疑惑，因为若是真有楚国庄蹻入滇国，怎会对外一无所知。汉使张骞因打通蜀身毒道困难在滇国停留很久，也让西汉王朝知道了许多有关滇国的事情，后因汉武帝先后征服周边国土，以大军压境的形势，派遣汉使劝说滇国降汉入朝，设益州郡，赐滇王王印，复长其民。但有官职没实权，这也让原本的滇国人民在归属汉朝之后矛盾不断，逐年积压，直至消失都不曾知晓原因为何。

（五）滇王王印和滇国相印印泥

1956年11月，在云南晋宁的石寨山古墓群中发现"滇王之印"，是用纯金打造，重90克，印面边长2.4厘米，高2厘米，蛇纽，蛇首昂起，蛇身盘血，背有鳞纹。汉武帝赐"滇王之印"后，对云南实行羁縻统治。如今的滇王之印被收藏在中国国家博物馆，在云南省博物馆的"滇王王印"为仿品。"滇王王印"的出土进一步证实滇国的存在，也是云南隶属中央最早的物证。除此之外还有近些年在距离石寨山墓地700米的位置发现的河泊遗址，在其废弃的41号河道中清理了90号灰坑，发现了"滇国相印""王敞之印""田丰私印"[①]的封泥，一方面弥补了历史文献对于古滇王国记载的缺失，另一方面也验证了古滇王国的存在，相印等的存在说明在滇国归属汉朝后不仅设立益州郡，还设立了"滇相"，建立起一套完整的政治体系，为后世提供一定的线索。起初以为封泥是在印章下面的类似于保护套的东西，通过学习了解发现，印泥不是印章，而是古代用印在泥土上所留下来的痕迹，也就是有印章印记的泥团。在古代的封泥适用于物品包装上，盖上印章防止泄漏，以备检查是否有人动过。封泥表面会有官职名称，背面有挂绳的痕迹，通过研究封泥就能得到各国通信系统的运作及官制和行政设置情况等重要信息。

（六）丧葬和祭祀

滇国的丧葬分等级进行埋葬。云南澄江县金莲山的墓葬群，是迄今为止滇青铜文化考古发现的最大墓葬群，经研究人员初步推断是平民墓葬群，反映了独特的葬俗，对研究滇文化起到重要的作用。就目前而言，滇国的丧葬的大小和深浅，与被埋葬这儿的人社会身份地位有关。最让我感兴趣的就是在河泊所附近发现的幼儿瓮棺葬，幼儿（平均年龄不超过一岁）都被装在瓮罐或者是盆中，多数埋葬在居住区房屋附近或者室内地面下。瓮罐葬的葬具一般是日常使用的陶罐，在底部钻的小孔则是作为死者灵魂出窍的地方。而且滇国作为青铜器生产的地方，活人祭祀的场景也被铸造在了青铜器上，这在后面会详细讲到。

四、滇国的青铜文化

随着科学技术的发展，青铜器中的青铜文化逐渐成为考古学家们探索民族文化的一大重要视角。自从发现并认识到古滇王国的青铜文化后，先后发现大量的古滇王国

---

① 李东红,陈丽媛.从"滇国三印"看西汉时期的西南边疆治理[J].中国边疆史地研究.2021,31(3).

古墓群和遗址，甚至出土上万件青铜器，其中包括铜制农具、铜矛、铜饰品、贮贝器等。无一不彰显着滇国青铜文明的独特之处和民族风格。青铜文化主要体现在以下几个方面。

（一）青铜器分类

云南作为"金属王国"，在很早之前就开始青铜器的使用，滇国的青铜器的分类主要包括：

①农具，如铜锄、铜镰、铜斧、铜针、铜刀、铜锥等；

②生活用品，如铜壶、铜碗、铜杯、铜灯、伞盖、执伞佣等；

③兵器类，如铜剑、铜矛、铜叉、铜甲、头盔、狼牙棒等；

④乐器类，如铜鼓、铜钟、铜锣、铜铃等；

⑤装饰品类，如铜镯、铜簪、权杖铜饰、浮雕工艺扣饰等。

（二）制作工艺

1.青铜铸造工艺

青铜器主要是铜锡合金，也有部分是铜铅合金，具有熔点低、硬度大、色泽变化多、铸造性能好的特点。在古滇国，工匠早就掌握了青铜冶炼技术，还能浇筑出栩栩如生的人物、生活情境。值得关注的是，他们具有高超的铸造工艺，让铜鼓上的形象更加栩栩如生。青铜的铸造工艺主要如下。

①范模铸造法：滇国青铜器铸造工艺中最常见的一种，铸造任何意见青铜器必须先制作内模，然后再以模翻范，然后进行浇筑和修饰而形成，在滇国的青铜器中大多数都是通过翻模铸造而成。

②单范铸法：采用这种方法的大多数是动物纹的扣饰，在其正面是生动活泼的图案，而背面没有任何纹饰。通过反刻或者是制作内模而进行。之后就是进行浇筑和雕纹。

③空腔器物铸造法：这种铸造方法主要是铸造斧头、矛等，主要是用两块对合的外范夹在中间的泥芯组成，在浇筑完成后仍然可以取出。

④夯筑范铸造法：在进行浇筑前要制造出完全相同的泥模，包括上面的细节等，然后将泥模边用木板和半潮湿的泥土进行夯实，再将泥模粉碎取出，最后再进行浇灌。这种工艺主要应用在实心建筑中，例如"南诏铁柱"。

⑤套接铸造法：就是用一般范模铸造出第一个环，依次在环后进行铸范，连续多次就能环环相扣，形成青铜链状铜器。

⑥蚀蜡法：先用蜡雕刻成想要的形象，然后在蜡模上涂以泥浆形成泥模，并小心翼翼地在泥模底部钻出一个小孔，泥模晾干后再焙烧成陶模，经焙烧，蜡模全部融化流失，只剩下陶模，再从小孔处灌入铜液，冷却后将泥模敲碎，这样就得到栩栩如生的青铜雕像。

2. 青铜加工工艺

为了使青铜器更加美观和耐用，滇国工匠在其加工工艺上也颇有成效。

①锻打：通过对青铜原料的不断高温煅烧和锻打以去除掉其中的杂质的同时，增强其韧性和延展性，便于塑造更薄的青铜器物。

②模压：就是将锻打后的青铜片放在固定的范模中间，然后给模具施加压力，从而形成数量对，且一模一样规格的铜制品。

③鎏金，也叫镀金：在古代的青铜器上表面都会镀上一层金粉和水银的混合物，以使其更加灭管，防腐防水，延长其使用寿命。

④镀锡：青铜器的镀料多用的是锡，那是因为锡的熔点低，开采量大。镀锡主要用浇灌法和沉浸法进行，和镀金一样，不仅美观还能增加其防腐蚀性。

⑤金银错：就是在青铜器表面绘制线条画出沟槽，在沟槽中放入金银丝或金银片，再利用错石将其打磨光滑，使得其更加立体美观。

⑥镶嵌：主要是在青铜器的扣饰、剑柄等上镶嵌小型珠宝以起到装饰作用。

⑦彩绘：通过绘图工具，利用大自然的颜色将其附着在青铜器上。

⑧线刻：在青铜器上刻制线条绘制花鸟鱼虫、生活场景等，在一方面起到记录历史场景的作用。

（三）青铜器文化特征

青铜器的文化特征随着时间的变化而变化，可以归纳以下几个特征：

①滇文化的早期阶段。在这个阶段云南边疆几乎与内地没有往来，这时候的青铜器大多数是具有当地独特特点和民族文化的形象的青铜器。

②滇文化的中期阶段。也就是当外来人入侵滇池流域，中原文化开始进入滇文化，逐渐影响和取代滇文化。

③古滇国的墓地多以墓葬群的方式出现，例如李家山墓葬群、金莲山墓葬群和石寨山墓葬群。还会因为性别的不同随葬品也不同。

（四）贮贝器

在滇国墓葬群出土的青铜器中，让我最为感兴趣的要数由铜鼓演化而来的贮贝器。铜鼓之前是被用作乐器，以与神灵沟通，后又被用作存储贝壳的贮贝器，在这中间有着它自己的故事。相关研究人员发现铜鼓上的雕刻痕迹被磨掉之后又重新雕刻新的造型，且衣着服饰与之前雕刻的明显不同，这都是因为占领了滇人的氐羌民族进行的改造，并且融入了自己的文化，也就成为如今我们口中的滇人。他们融合了当地民族文化和自己柚木习俗，形成了独具特色的文明。贮贝器器盖主要分为两种表现题材，分别是动物和人，更是栩栩如生，而贮贝器从外形来看主要分为以下几类：

一是束腰形贮贝器。大多数情况下束腰形贮贝器高30厘米以上，上下较为肿大，中间细长，类似于古装中女娘束腰的形状，而侧面会留有小孔以便搬运，主要是以兽群为主。例如"西汉五牛贮贝器""西汉群兽雕塑盖贮贝器"。二是虎耳束腰形贮贝器。与束腰形贮贝器不同的是，它在整体上要比束腰形贮贝器高15～25厘米，体形稍大，题材丰富，铜塑像更是栩栩如生。虎耳束腰形顾名思义，就是在铜器两侧有老虎形态的铜器作为器耳，且老虎的形象都是虎头朝上，虎口大张的形态。这一类型的贮贝器更加栩栩如生，有动物、人物或者祭祀场景等，例如"西汉祭祀场盖贮贝器""骑士四牛盖贮贝器""西汉八牛盖贮贝器"。

在以往铜鼓在祭祀、庆典上的使用比较广泛，更是作为当时滇国的乐器使用，再到后来，铜鼓被人发现并逐渐演变成用来储存类似海贝的货币，逐渐演变成我们现如今所说的贮贝器，象征着上层通知阶级权利和财富的象征。铜鼓形的贮贝器主要分为以下两类：

一是单鼓形贮贝器。由原本的铜鼓打破鼓面改制而成，并在其上方增加一个盖面。在这种情况下大多数就从以往的畜群变成了祭祀的场景和生产劳动的场景，在另一方面也起到了威慑的作用。例如"西汉祭祀群像贮贝器""西汉纳贡场面贮贝器""西汉杀人祭柱群像贮贝器""西汉纺织群像盖贮贝器"。二是叠鼓形贮贝器。外形大小与铜鼓一模一样，实际上就是两个铜鼓重叠而起，对铜鼓进行的改造，并在凿空后的铜鼓上加盖精美的盖子，上面是精心浇筑的栩栩如生的人物，同时也记录了历史。大多数的叠鼓形贮贝器属于战争题材，而且叠鼓形贮贝器只有与滇王身份相当的王权贵族才能拥有。例如"西汉战争场面叠鼓贮贝器""狩猎场面贮贝器""西汉战争群像贮贝器"。

五、滇国青铜文化发达原因

滇国的青铜文化拥有着丰富多彩的内容和独具特色的表现形式，更是将自身民族文化特点、服饰装扮融入到了青铜器的人物中，显得栩栩如生。但是滇国为何会有如此丰富的青铜文明。

（一）铜锡资源丰富

云南省作为"有色金属王国"，在当时就盛产各种有色金属，并在商朝就有大量开采的现象。而且据史料记载，铜锡出现的地方大多在古滇国的范围之内，更加有利于铜锡的开发和利用，为滇国青铜文明的发展提供了物质基础。

（二）云南在早期很少受到中原地区的影响

尽管中原地区铸造工艺水平较高，但是种类和形式相较于滇国还是比较单一，缺乏生气。滇国在青铜器的制作上富有创造性，能够大胆构思大胆表现，并融合自己民族的特征习俗，让人在庄严中感到神秘。当时的滇国处在西南边陲，中原的战争很少蔓延到滇国，也保障了滇国的繁荣和稳定，再加上还有夜郎国位于中原和滇国之间，中原文化更是难以传入，给予了滇国自由发展自身青铜文明的机会。

（三）滇国青铜文明吸收了其他民族的精华

滇国虽然在东面没有受到中原地区的影响，但是滇西南方向受到其他民族文化的汇集和融合。首先是北方的游牧民族的迁移，带来了文化和其他的生活方式，然后是南亚、东南亚的影响，使得滇人在制作青铜器时相互融合，取其精华，去其糟粕，青铜文明不断发展壮大。

参考文献

［1］张增祺.滇国与滇文化［M］.昆明：云南美术出版社，1997.

［2］陆合春.江川李家山：中国青铜文化最后的辉煌［N］.玉溪日报.

［3］郭琳琳.滇国执伞俑析论［J］.东方收藏.2022（1）.

［4］李艾丽.滇人腰间的精致与风雅［N］.玉溪日报.

［5］方伟伟，孙明跃.滇国铜鼓简释［J］.民族音乐.2021（5）.

［6］孟斋.蟾蜍辟兵：古滇国蛙纹铜矛头刍议［J］.收藏夹.2021（7）.

［7］沙伟.贮备器：古滇国的"存钱罐"［J］.东方收藏.2018（10）.

［8］李东红，陈丽媛.从"滇国三印"看西汉时期的西南边疆治理［J］.中国边疆史地研究.2021，31（3）.

［9］雷平阳，雷龙杰，等.古滇王国上的小镇［M］.武汉：长江文艺出版社，2011.

［10］李孝友.古滇王国的历史记忆［M］.昆明：云南人民出版社，2016.

新中国成立初期铁路建设经验与成就

孙 静 车 辚

（云南农业大学马克思主义学院）

1876 年，中国开始修建第一条铁路——上海吴淞铁路时，已经比世界上第一条铁路晚了 50 多年。1876—1991 年，清政府共修筑铁路 0.91 万公里；1912—1949 年，中华民国时期共修筑铁路 1.7 万公里，修复铁路 0.83 万公里，经过多年的战争和国民党军队溃败时的破坏，能够通车的仅剩 1.1 万公里。新中国诞生后，我国进行大规模的铁路建设，并对旧线进行技术改造，发展迅猛。至 1965 年时，国内铁路营业里程增加到 3.8 万公里，比建国初期增长了 71%。

一、新中国成立初期的铁路建设发展概括

1949 年中华人民共和国成立，结束了帝国主义、封建主义和官僚资本主义三座大山的压迫，解放了生产力，国民经济迅速发展，铁路建设蒸蒸日上，面貌日新。我国铁路经历了由少到多，由小到大，由弱变强的不同阶段。1949—1966 年大致可以划分为 3 个阶段。

（一）经济恢复期间

1950—1952 年三年经济恢复期间，铁路做了 3 件大事。

作者简介：孙静，女，汉族，云南农业大学马克思主义学院硕士研究生，主要研究科学技术史。

通讯作者简介：车辚，男，汉族，云南农业大学马克思主义学院教授，博士，主要从事政治学、经济技术史研究。

①对旧线进行修缮加固，保证正常通车。

②建成成渝、天兰铁路和来睦铁路。国家对铁路共投资 11.34 亿元，占全国基本建设投资总额的 14.47%，其中用于新线建设的资金为 4.31 亿元，占国家对铁路投资总额的 38%。

③为大规模新线建设做好准备。表 1 为三年经济恢复时期（1950—1952 年）修建的线路。

表 1　三年经济恢复时期（1950—1952 年）修建线路表 [①]

线路类别	线名	起讫点	里程（公里）	开工时间	运营时间
干线	陇海线	天水—兰州西端	354.1	1950–04	1954–08
干线	成渝线	成都—重庆	505.5	1950–06	1953–07
干线	湘桂线	来宾—友谊关段	418.6	1950–10	1955–03
支线	汤林线	伊春—乌依岭	152.4	1952–05	1966–12
干线	宝成线	宝鸡—成都	668.9	1952–07	1957–12
干线	丰沙线	丰台西—沙城	106.4	1952–09	1955–10
干线	兰新线	兰州西—乌鲁木齐西	1894.6	1952–10	1965–12

（二）1953—1957 年的第一个五年计划时期

经过三年经济恢复，国家已把主要精力集中到社会主义工业化的目标上来。有计划、有规模地建设新线。"一五"期间，国家用于铁路基本建设投资 62.89 亿元，占全国基本建设总额 10.7%；用于新线建设为 29.57 亿元，占铁路基本建设投资总额 47%，为铁路建设提供良好的发展机会。

①逐步加强旧线改造。1955 年 2 月召开的全国铁路工作会议，除了强调把资金主要用在铁路技术改造上，还提出了增大列车密度、提高列车重量和加快行车速度相结合的技术改造的原则。

②开展"满超五"运动。在学习苏联和推广中长铁路经验，建立新的经营管理制度的同时，广大铁路职工在爱国主义热情的激励下，掀起了一个以满载、超轴、500 公里运动为中心的生产劳动竞赛。

③大力展开新线建设。如 1954 年开工，1958 年建成的起自内蒙古自治区包头，

---

① 铁道部档案史志中心 . 新中国铁路五十年［M］. 北京：中国铁道出版社，1999：360.

经过宁夏回族自治区而抵兰州的包兰铁路，全长 990 公里，为中国在沙漠地区修筑铁路积累了可贵的经验。表 2 为"一五"计划期间（1953—1957 年）修建线路表。

表 2 "一五"计划时期（1953—1957 年）修建线路表 [①]

线路类别	线名	起讫点	里程（公里）	开工时间	运营时间
干线	蓝烟线	蓝村—烟台	183.4	1953-06	1956-06
干线	集二线	集宁南—二连	336.9	1953-05	1955-11
干线	萧穿线	萧山—宁波南	146.8	1953-07	1959-10
干线	黎湛线	黎塘—湛江	341.8	1954-09	1956-01
干线	包兰线	包头—兰州东	990.5	1954-10	1958-10
干线	京承线	北京—承德	286.0	1955-09	1960-10
支线	武大线	武昌—大冶	95.5	1955-10	1958-06
支线	内宜线	内江—安边	138.4	1956-01	1960-02
干线	外福线	外洋—福州东	186.1	1956-03	1959-11
支线	河茂线	河群—茂名	61.9	1956-03	1959-03
支线	包白线	包头—白云鄂博	146.8	1956-03	1958
干线	川黔线	赶水—贵阳北段	301.3	1956-04	1965-10
干线	黔桂线	都匀—贵阳段	145.6	1956-06	1959-03

（三）"二五"和三年调整期间（1958—1965 年）

第二个五年计划开始时，出现了国民经济"大跃进"的形势，盲目追求高速度，经济指标越抬越高，成为"大跃进"基本特征。

这一时期投资分散，前 3 年投资 100 多亿元，虽然铺轨 4232 公里，修复线 2760 公里，但工程设备不配套，不能通车运营，发挥不了效益。1961 年元旦前后，"大跃进"中的问题已经暴露出来，铁路运输秩序混乱，事故严重。1961 年年初，中共中央提出"调整、巩固、充实、提高"的八字方针，经过三年调整，扭转了被动局面，并加速了西南地区的铁路建设，建成了干线 12 条、支线 30 条。表 3 为"二五"和三年调整期间（1958—1965 年）修建线路表。

① 铁道部档案史志中心 . 新中国铁路五十年［M］. 北京：中国铁道出版社，1999：360.

表3 "二五"和三年调整期间（1958—1965年）修建线路表 [①]

线路类别	线名	起讫点	里程（公里）	开工时间	运营时间
支线	密县支线	新郑—密县	40.7	1958-02	1959-01
支线	昆一线	石咀—平浪	125.3	1958-04	1959-06
干线	兰青线	河口南—西宁南	187.4	1958-05	1961-03
支线	勃七支线	勃利—七台河	36.1	1958-05	1961-04
支线	安李支线	安阳—李珍	33.2	1958-07	1958-08
支线	朝乌线	根河—莫尔道嘎	75.6	1958-07	1966-12
干线	成昆线	成都—昆明西	1083.3	1958-07	1970-12
支线	符夹支线	符离集—河寨	82.8	1958-08	1966-12
支线	嘉镜线	嘉峪关北—镜铁山	77.5	1958-08	1966-12
支线	吉舒支线	吉林北—舒兰	78.0	1958-08	1966-10
干线	贵昆线	贵阳南—明西	643.3	1958-08	1966-11
支线	湖林支线	湖潮—林歹	36.1	1958-09	1965-10
干线	干武线	干塘—武威南	176.5	1958-10	1965-12
干线	汉丹线	汉口—丹江	409.1	1958-10	1966-12
支线	津蓟线	汉沟镇—蓟县	93.3	1958-12	1965-12
支线	介西支线	介林—阳泉曲段	448	1959-04	1962-06
支线	娄邵支线	娄底—邵阳	98.7	1959-05	1965-04
支线	向东支线	江家—江边村	116.4	1961-06	1965-12
干线	通让线	通辽—让湖路	411.1	1964-07	1966-12

二、新中国成立初期的铁路建设中重要技术成就

（一）建筑技术日益提高

1. 桥梁技术成就

石拱桥是我国传统的桥式，历史上有着光辉的成就。1901年穆林河石拱桥是我国修建最早的铁路石拱桥。1912年津浦铁路共建砖石拱桥1290座，但跨度都比较小，20世纪50年代，成渝线、宝成线就地取材修建了不少石拱桥，最大跨度38米，20

---

① 铁道部档案史志中心.新中国铁路五十年［M］.北京：中国铁道出版社，1999：361.

世纪 60 年代成昆线一线天石拱桥跨度为 54 米，是当时我国国内跨度最大的铁路石拱桥，也是世界上无铰石拱桥中跨度最大的。

2.隧道技术成就

新中国成立前，铁路隧道一般采用上下导坑的开挖方法，有的隧道还采用了竖井、斜井和横洞的辅助导坑。施工中的临时支撑采用木排架。施工方法用手锤打眼、人工装碴、手推车运输。无通风装置，用油灯照明。施工进度为平均单口月成洞 10 米左右。

20 世纪 50 年代，道路施工逐步采用手持风动凿岩机、有轨运输、管道式通风、电灯照明，并普遍采用圬工衬砌。宝成线秦岭隧道长 2364 米，开挖了竖井，平均单口月成洞约 45 米。

20 世纪 60 年代初，隧道施工中推广配套的小型机械化，凿岩机打眼、装碴机装碴、电瓶车运输、机械通风，不少隧道平均单口月成洞达到 100 米，全年成洞 2400 米。成昆线的官村坝隧道长 6107 米，曾创造过平均单口月成洞 152 米，年成洞 3600 米的最高纪录，接近了当时的世界先进水平。

（二）技术装备改造更新

蒸汽机车制造。1949 年全路仅有 4096 台，数量少，功率小，破损严重。1952 年，中国开始仿制旧机型，制造出一批蒸汽机车，如解放型机车。1956 年，开始对这些仿制的旧机型机车实行现代化技术改造，制造出建设、人民等型机车。

内燃机车制造。1958 年，我国生产了第一台"巨龙型"内燃机车，以后逐步建立了青岛、大连、二七、戚墅堰、资阳等内燃机车制造厂，生产电传动的东风型机车和液力传动的东方红型、北京型机车。

电力机车制造。中国铁路电力机车的研制始于 1958 年，当时试制出引燃管式第一台电力机车。1965 年，开始试用硅整流器代替引燃管，又经不断改进，制成韶山型电力机车。表 4 为新中国成立初期铁路机车保有量。

表 4　新中国成立初期铁路机车保有量 [1]

机车类型	单位	"一五"期末（1957 年）	"二五"期末（1962 年）	"调休"期末（1965 年）
蒸汽机车	台	4251	6020	6142
内燃机车	台		12	66
电力机车	台			

———————

[1] 铁道部档案史志中心.新中国铁路五十年［M］.北京：中国铁道出版社，1999：378.

三、新中国成立初期铁路的政策因素

（一）确立高度集中的领导体制

1949 年年初，中国人民革命军事委员会根据中共中央政治局的决定，成立军委铁道部，任命滕代远为部长，"统一领导各解放区铁路的修建、管理和运输"，阐明了统一全国铁路工作的必要，强调首先必须统一铁路的组织与领导，以适应战争和生产的需要。

1949 年 10 月 1 日，中华人民共和国成立。从此，铁道部作为国家政府机关，对全国铁路实行政企合一的统一管理，部机关及铁路局各级机构的组织建设不断加强，进一步完善了集中统一的领导体制。

（二）统一指挥全国铁路的修复

1949 年 1 月 28 日至 2 月 7 日，在石家庄召开首次铁路工作会议，研究统一管理全国铁路的同时，围绕支援解放战争取得最后胜利这个中心，着重部署了全国范围的铁路抢修任务。这一年的铁路抢修工作，大体是按 3 期进行的：

11 月至 4 月为第一期，重点是抢修支援渡江作战的主要通道；

4 月至 10 月为第二期，重点是抢修支援解放军追歼残敌，解放全国大陆的铁路；

10 月至 12 月为第三期，重点是接通全国各主要干线，全面恢复大陆上的铁路交通。

在铁道兵团和各铁路管理局的共同努力下，终于在年底修通了京汉（原平汉）、粤汉、陇海、浙赣、南同蒲铁路全线和湘桂铁路的衡阳至桂林段。至此，大陆上原有主要铁路基本修复，并连接成为一个整体。

四、中国铁路现代化成就

当今，中国铁路事业日新月异，成绩显赫，创新更是层出不穷。高速铁路已经成为我国一张靓丽的国家名片。依靠多年的发展，中国铁路目前已经在五大方面位居全球领先地位，规模第一、速度第一、技术第一、安全第一和环保第一，而这 5 个第一，西方至今仍无法实现反超。

中国铁路能够实现 5 个全球第一的壮举，靠的还是中国愈发强大的国力与基建能力，而依靠越来越发达的铁路网跟铁路技术，中国经济发展的速度也将跟高铁时速一样不断腾飞。

参考文献

［1］铁道部档案史志中心.新中国铁路五十年［M］.北京：中国铁道出版社，1999.

［2］宓汝成.中华民国铁路史资料（1912—1949）［M］.北京：科学出版社，2016.

［3］郝瀛.中国铁路建设［M］.四川：西南交通大学出版社，1999.

［4］宓汝成.帝国主义与中国铁路（1847—1949）［M］.北京：经济管理出版社，2007.

［5］王斌."新线第一"：中华人民共和国初期的铁路建设（1949—1957）［J］.自然科学史研究，2019，38（3）：278-289.

［6］傅志寰.中国铁路百年发展与创新［J］.中国铁路.

［7］李长进.新中国铁路发展的伟大成就与未来展望［R］.国资报告，2019.

［8］曹文翰.新中国成立以来党的铁路政策研究［D］.成都：西南交通大学，2021.

警惕生物安全威胁，筑牢生物安全屏障

姚 念 车 辚

（云南农业大学马克思主义学院）

一、引言

当前，我国正处于境外生物威胁和内部生物风险交织并存、传统生物安全问题和新型生物安全风险相互叠加的状态[①]，这给社会经济的稳定发展、人民的健康安全、国家的和谐发展带来了极大的挑战。生物安全是国家安全的重要组成部分，与传统国家安全问题相比，具有潜伏期长、破坏性大、影响深远、无国界性等特征。生物安全问题是整个人类社会必须解决的难题，这要求各国、国际组织携手合作，警惕生物安全威胁，加强对生物安全问题的治理。

二、生物安全的含义与重要性

近年来，新冠疫情席卷全球，生物安全问题危在旦夕。党的十八大以来，习近平总书记将生物安全作为国家总体安全的一个重要内容，并将其纳入国家总体安全战略体系。生物安全是指各国有效地预防和处理危险生物因子及相关因素威胁，使得生物技术能够稳定健康地发展、人民生命健康和生态系统处于相对无危险和不受威胁的状态，生

作者简介：姚念，女，云南农业大学马克思主义学院农村科学技术发展专业硕士研究生。

通讯作者简介：车辚，男，云南农业大学马克思主义学院教授，硕士研究生导师。

① 习近平.习近平谈治国理政：第四卷［M］.北京：外文出版社，2022：400.

物领域具备维护国家安全和可持续发展的能力[①]。习近平总书记对生物安全问题进行了详细阐述，并向全国人民释放出了"维护生物安全就是维护国家安全"的信号。为保障人民生命健康，预防生物安全风险，实现国家长治久安。习近平主席签署了第56号主席令，决定从2021年4月15日起实施《中华人民共和国生物安全法》。

回顾曾经发生的生物安全问题，从2003年的SARS冠状病毒，到2009的H1N1流感，再到2013年的H7N9禽流感，以及2019年的COVID-19病毒，我国长期面临着生物安全的威胁，在应对突发公共卫生事件时也缺乏应急响应机制。生物安全问题不同于传统的政治、经济、军事等问题，我们必须对生物安全问题有明确的认识和定位。生物安全问题呈现出"非传统化"的特点。生物技术的科学实验不同于以往，危险系数变得更高，演化机制也变得越发复杂，不可控因素增多，一旦发生意外，则会导致灾难性的事故发生。例如，1986年的切尔诺贝利事件，这次事故给乌克兰造成了巨大人员伤亡和损失，并一度陷入了核危机的阴影之中。

生物安全问题与其他国家安全问题休戚相关。国家安全观的关键在于"总体"，强调要用系统的思维方式看待国家安全观。生物安全问题意识形态化就是政治安全，保护人类遗传和动植物资源安全是在维护资源安全等。生物安全问题已经成为全球性的安全问题。全球化进程的加快，使得各国在面对生物安全等问题时都无法独善其身。

三、把握生物安全的重要内容

国家把生物安全问题纳入国家安全体系中，对其进行了系统规划，希望从整体上提高国家生物安全的治理水平。《中华人民共和国生物安全法》将生物安全问题分为5类：防控重大新发突发传染病、动植物疫情；生物技术研究、开发与应用安全；病原微生物实验室生物安全；人类遗传资源与生物资源安全；防范生物恐怖与生物武器威胁[②]。

一是要强化预防新发传染病和动植物疫情。这也是当前最严峻的生物安全问题，亟待解决。为预防和解决生物安全问题，实现人与自然和谐共存，构建人类命运共同体，我国颁布了《中华人民共和国生物安全法》，其中规定：国务院卫生健康、生态环境等有关部门，应当对新发突发传染病、动植物疫情时时进行网络监测和预警，及时报告，并采取积极有效的措施。任何单位和个人不得谎报、瞒报等，更不能妨碍他

① 李大光.警惕生物安全威胁，全面维护生物安全[J].中国军转民，2021（17）：65-69.
② 中华人民共和国生物安全法[J].中国人大，2021（8）：15-21.

人报告。国家还建立了联合防控机制与国际合作网络，做到及时发现，控制传染源，防止其扩散，威胁人类和其他动植物的生命安全。

二是生物技术的研发与应用安全。科研人员在从事高风险、中风险生物技术研发活动时，需进行风险评估，加强对生物技术研发监管，制定风险防控和突发事件应急预案，确保生物技术的研究能安全地进行。现代生物技术的突破给社会带来了红利，但基因编辑、转基因食品等技术的出现在道德伦理、粮食安全等方面也给社会带来了风险。2018 年，南方科技大学的"基因编辑婴儿"案，在违法的情况下进行基因编辑，这是对人类伦理的挑战。2006 年，俄罗斯科学院的一项研究表明，在吃了转基因大豆食品的老鼠中，超过半数的幼鼠会在出生后 3 周内死去，这比未吃过转基因大豆的老鼠的死亡率高出 6 倍。

三是有关病原体微生物实验室的安全。我国已制定了有关病原体微生物实验的严格规范，各科研工作者必须严格按照规定操作。此外，禁止个体开设病原体实验室和开展此类试验。如果病毒体样本泄露出去，被人恶意利用，对人类的危害是无法估计的。病原体微生物实验室所产生的废物，应进行专门的处置，以避免其对人体、动植物产生威胁。

四是人类遗传资源与生物资源安全。中国幅员辽阔，地形、气候复杂多变，生态环境丰富。生态系统是指在一定空间内生物成分和非生物成分通过物质循环和能量流动相互作用、互相依存而形成的一个生态学功能单位①。生物多样性可以从直观层面上表现出生态系统的多样化特征。我国拥有极其丰富的人类基因资源和生物资源，国家对这类资源的采集、利用等制定了管控政策，任何个人或组织在利用人类遗传资源和生物资源时，都必须在法律的约束之下进行，并遵循道德准则，不得危害国家和社会的公共利益。同时，国家要加强对外来物种的管理，未经国家相关部门的许可，不得擅自引进、释放或丢弃外来物种。

五是防范生物恐怖主义与生化武器的威胁。由于生物技术有军民双重属性，国家必须采取措施，以防范生物恐怖与生物武器威胁，防止其被不法之徒用于制造生化武器、研发生物毒素而进行恐怖活动，威胁社会安全。各级政府和有关单位要积极引导舆论，准确地报道生物恐怖袭击、生化武器袭击，及时发布疏散、转移、紧急避难等信息，并对被污染区域和人员进行长期的环境和健康监督。

---

① 伍光和．自然地理［M］．北京：高等教育出版社，2008：412-413.

四、防治生物安全问题的措施

如何维护国家生物安全的问题，不仅是科研工作者需要长期思考的课题，更是举国上下应共同致力的问题。习近平总书记指出，生物安全关乎人民生命健康，关乎国家长治久安，关乎中华民族永续发展，是国家总体安全的重要组成部分[①]。中国目前生物安全形势严峻，我们需要用系统的眼光看待生物安全，并采取行之有效的措施来维护生物安全，保障人民安全，促进社会的稳定发展和国家的长治久安。

一是要加强对生物安全的法制建设，从法律层面上对其进行预防。我国的生物安全法律体系是我国政府管理水平不断提升的重要内容。2015年，华大基因的子公司在未获授权的情况下，与牛津大学进行了一项国际合作，将部分中国人类基因资料转移到国外，因此遭到了科技部的行政处罚。这表明我国必须明确生物安全立法的必要性与紧急性，建立健全基本的生物安全制度，加强风险防范，科学地界定技术的发展界限，保障和推动新型技术的健康发展。

二是要妥善处理好生物技术发展和安全的关系。通过生物技术的研究，提高我国的生物安全防御力。发展生物技术不能局限于实验室，应加速推动生物技术的成果转化，实现"产业链"式的发展，保障国家安全。我们还必须注意到生物安全对生物技术发展的推动作用。当国家处于安全的状态下，为生物技术的发展打造了一个有利的社会环境，从而推动生物技术的发展。生物技术发展与安全两者相互促进，密不可分。

三是加快生物安全的科学技术创新和人才培养。当前，我国生物安全核心技术领域受到限制，面临着国内人才供应不足和国际技术"卡脖子"的风险。因此，必须以国家战略目标为导向建立科研平台，研究生物安全技术的创新形式和关键技术的突破口，整合优化科技资源配置和建设重大科技创新平台。凝聚各路人才进行新发突发传染病研究、攻克生物安全技术领域的核心技术以及从事前沿生物技术的研发，为国家生物安全提供人才与技术保障。

四是在面对生物安全问题时要以预防为主，联防联控。生物安全问题时有发生，其影响范围已从局部扩展到全球，对人类和社会构成了极大的威胁。首先，要在国家整体安全战略布局之下，对我国的生物安全风险控制与治理体系进行全面的规划，定期进行安全风险系数的评估，建立监测体系，及早消除潜在的隐患，提前做好预防措施，避免出现重大生物安全危机。其次，针对已发生的生物安全事件，采取联防联控的控制策略。从国家层面到公众，都应该积极参加防治生物安全的工作。

---

① 习近平.习近平谈治国理政：第四卷［M］.北京：外文出版社，2022：399.

五是加强国际国内双边合作，共同构建人类命运共同体。世界是一个整体，国家安全问题牵一发而动全身。习近平总书记提出，我们要秉持人类命运共同体理念，同国际社会携手应对日益严峻的全球性挑战①。自新冠疫情暴发以来，中国率先开展溯源行动，并将新冠疫情的相关信息与全球共享，积极研制抗病毒疫苗并派遣医疗队支援各国。各国在做好本国的生物安全工作时，不能"闭关自守"，应积极与其他国家开展合作。基于国家间的互信与合作，加强我国在国际生物安全体系建设中的话语权。

五、结语

在经济一体化的今天，重大生物安全问题事件绝不会是最后一次。人类显然已经认识到了这一观点，也具备了部分防范化解生物安全问题的技术和手段。但是我们必须树立"人类命运共同体"的观念，与国际社会携手合作，不断提高和改善生物安全防控能力，共建美好地球家园。这也有助于构建人类卫生健康共同体，进而发展构建人类安全共同体，最后成功实现人类命运共同体的建设。

参考文献

［1］习近平.习近平谈治国理政：第四卷［M］.北京：外文出版社，2022：400.

［2］李大光.警惕生物安全威胁，全面维护生物安全［J］.中国军转民，2021（17）：65-69.

［3］中华人民共和国生物安全法［J］.中国人大，2021（8）：15-21.

［4］伍光和.自然地理［M］.北京：高等教育出版社，2008：412-413.

［5］钮松.总体国家安全体系、人类命运共同体与生物安全治理［J］.国际关系研究，2020（4）：109-128，158-159.

［6］习近平.在全国抗击新冠疫情表彰大会上的讲话［N］.人民日报，2020-09-09.

---

① 习近平.在全国抗击新冠疫情表彰大会上的讲话［N］.人民日报，2020-09-09.

双循环背景下中国新能源汽车崛起与发展探析

张　丽　沈　梅

（云南农业大学马克思主义学院）

一、中国新能源汽车崛起与发展进程

（一）研发布局阶段（1991—2005 年）

改革开放背景下，得益于外资车企带来资金和技术使得中国汽车产业初具规模，但整体上仍是"大而不强"，与西方国家差距较大，亟须探索一条由汽车大国迈向汽车强国的发展路径。"八五""九五"时期，电动汽车关键技术研究、燃料电池技术被分别纳入科技攻关项目中着手研发。随着可持续发展战略的不断深入，中国将电动汽车研究开发列入"十五"国家"863"计划重大专项，确定"三纵三横"研发布局。2005 年，国家将低耗能与新能源汽车、氢能及燃料电池技术纳入中长期科技发展规划中的优先主题和前沿技术。

（二）产业化准备阶段（2006—2010 年）

在"十五"基础之上，国家科技部又制定了"十一五"节能与新能源汽车重大项目实施方案。2007 年实施的《新能源汽车生产准入管理规则》规范了新能源汽车的定义，确定生产企业资质、生产准入条件及申报要求等，预示着国家鼓励新能源汽车市

作者简介：张丽，女，云南农业大学马克思主义学院农村科学技术发展专业硕士研究生。

通讯作者简介：沈梅，女，云南农业大学马克思主义学院研究员，硕士研究生导师。

场化发展的开端。

2008年11月，众泰纯电动汽车作为国内第一款电动汽车获得产销许可证后开始量产。2009年，国内首次提出大规模发展新能源汽车目标，并启动"十城千辆"工程，但实施效果不佳。为刺激产业发展，财政部等部门于2010年联合印发《私人购买新能源汽车试点财政补助资金管理暂行办法》。

（三）示范推广阶段（2011—2015年）

这一阶段也是产业发展的转折点，首先是调整新能源汽车技术路线，明确以纯电驱动为战略取向，确定新能源汽车产业化目标。其次是实施税收优惠、高额补贴、免购置税等政策。最后是国家领导人2014年提出"发展新能源汽车是中国从汽车大国迈向汽车强国的必由之路"，此后国家的相关鼓励政策更加全面系统。2015年，中国新能源汽车产销量位居全球第一。

（四）产业化发展阶段（2016年至今）

政策措施的不断出台，为新能源汽车的生产和使用提供便利，为产业化发展奠定基础。2018年，中国宣布取消汽车制造行业的外资限制，尤其是在新能源制造领域，这起到"鲶鱼效应"的作用，倒逼本土传统车企和造车新势力不断进行技术创新，提高竞争优势。《新能源汽车产业发展规划（2021—2035年）》提出，将利用15年的时间使新能源汽车核心技术达到国际先进水平、质量品牌具备较强的国际竞争力，确立未来中国新能源汽车产业高质量发展的基调。

二、中国新能源汽车行业发展现状

（一）产业政策红利不断释放

作为国家战略性新兴产业，有关部门高度重视，主要从生产端和消费端出台相关政策支持新能源汽车快速发展，具体包括产业发展规划、新能源汽车购置补贴、车船税减免优惠、充电设施建设奖补、生产基地建设奖补等方面，政策的适用性和精准度不断提高，推动新能源汽车产业链快速发展。扶持政策从最初的支持购买升级为中央支持购买、地方支持充电基础设施建设和配套运营服务[①]。

---

① 陈娟，鲍大同.中国新能源汽车产业发展现状分析［J］.产业创新研究，2022（3）：8-10.

（二）产业格局基本形成

经过多年的发展，中国新能源汽车产业格局基本形成4大区域、6大集群，具体来看分别是东部地区（京津冀产业集群、长三角产业集群、珠三角产业集群），中部地区（长江中游产业集群），东北地区（东北产业集群），西部地区（成渝产业集群）。4大区域的代表车企分别有北汽、上汽、广汽、比亚迪、北京奔驰、理想、特斯拉、吉利、沃尔沃、小鹏、五菱、江淮、奇瑞、长安等，东风、上海通用、蔚来、众泰、江淮、吉利、江铃等，一汽、华晨宝马等，长安、比亚迪、力帆、知豆等。

（三）产销量连续多年居世界首位

中国已经连续7年成为全球新能源汽车生产和销售第一大国，生产技术明显提升，产业体系也在不断完善。2021年，我国新能源汽车产销分别完成354.5万辆、352.1万辆，均同比增长1.6倍。车型方面，纯电动汽车产销量最大，分别完成294.2万辆、291.6万辆，同比分别增长1.7倍和1.6倍；插电式混合动力汽车紧随其后，分别为60.1万辆、60.3万辆，增长1.3倍和1.4倍；燃料电池汽车产销均完成0.2万辆，增长48.7%和35%[①]。在产销两旺的背景下，国内品牌新能源汽车也迅速发展，国内品牌新能源乘用车在2021年销售247.6万辆，同比增长1.7倍，占新能源乘用车销售总量的74%左右[②]。

（四）对外贸易状况逐渐趋好

近年来，新能源汽车制造被纳入重要战略性新兴产业的行列，不仅产销量创下新高，部分市场的出口规模也呈现快速增长的态势。出口规模方面，得益于欧洲实施碳排放政策，以及补贴激励措施、燃油车禁售等因素影响，2021年中国新能源汽车出口猛增至31万辆，高于历年出口总和，同比增长达304%，占全国汽车出口总量的15%。出口市场方面，欧洲成为最大增量市场，主要是在比利时、英国、德国等发达国家，亚洲紧随其后，其他大洲购买量也逐渐增加。

三、中国新能源汽车行业存在问题

（一）动力电池技术领先，核心技术掌握不足

新能源汽车产业链核心主要为电池、电机、电控。电池方面，本土的比亚迪、宁

---

① 该数据来源于国家工信部官网。

② 该数据来源于国家统计局。

德时代等已推出集成效率高、安全性好、续航能力强的电池，国内已培育成熟的锂电池原材料供应商，国产化率达 90% 以上 ①。电机方面，国内品牌驱动电机自主配套比例已达 95%。电控方面，整车和电池控制器等领域技术较为成熟，电机控制器软硬件的设计和生产基本完全掌握。总体来看，中国具有较为完整的新能源汽车产业链 ②。

但在车规级芯片、控制系统等方面技术短板仍较为突出，特别是高端芯片制造、光刻机技术等方面，核心控制型芯片进口率高达 90%③。在全球疫情泛滥、大国博弈等背景下，国内不少新能源车企整车生产面临"缺芯少屏"等问题，导致产业高质量发展始终受到技术制约，生产成本难以压缩。

（二）基础设施相对滞后，产业服务配套体系不足

作为新能源汽车配套基础设施，汽车充电桩的布局和数量会影响充电便利性，甚至制约新能源汽车推广应用速度。近年来随着电动汽车保有量不断增加，对充电的需求也不断加大。从配套数量看，截至 2021 年年底，全国新能源汽车保有量 784 万辆，而充电桩保有量 261.7 万台，车桩比为 3∶1，明显不能支撑产业发展。另外，充电桩进小区难、安装位置不合理、区域发展不协调、运营平台模式不成熟等问题普遍存在。总体来看，新能源汽车产业相关服务配套存在明显不足，设施缺口较大且铺设速度低于新能源汽车增加速度。

（三）国际市场拓展能力不足，品牌认知度和竞争力不强

受绿色、低碳发展观念的不断深入，新能源汽车市场规模持续扩大。全球新能源汽车销量在 2021 年已达 675 万辆，同比增长 108%。其中，中国、欧洲和美国销量分别占全球市场的 50%、35% 和 8%④。虽然中国新能源汽车销量远高于欧美地区，但与欧美地区相比，国际市场开拓能力还有待提高。中国新能源汽车九成以上销售至国内市场，国外市场占比较低，整车生产基本在国内，其他地区布局甚少。

---

① 高运胜，金添阳 . 新形势下中国新能源汽车国际竞争力分析 [J] . 国际经济合作，2021（4）：65-76.

② 高运胜，金添阳 . 双循环视角下中国新能源汽车出口机遇与挑战 [J] . 价格月刊，2021（9）：55-62.

③ 公丕明 . 中国新能源汽车产业国际竞争力：影响因素、特征表现与提升路径 [J] . 现代管理科学，2022（4）：63-72.

④ 公丕明 . 中国新能源汽车产业国际竞争力：影响因素、特征表现与提升路径 [J] . 现代管理科学，2022（4）：63-72.

与过去传统燃油汽车市场不同，国内新能源汽车市场不再是由合资、外资车企主导，国内自主品牌车企依靠产品类型多、性价比高等优势市占率较高。2021年，全球新能源乘用车企业销量 TOP20 的排名中，中国自主品牌占据 8 席。尽管国内自主品牌产品表现不俗，但与国际品牌车企相比，中国自主品牌集中以低价车型为主，品牌认知度偏低，高端品牌国际竞争力相对较弱。外资、合资车企在新能源方面的布局已开始提速，各品牌间的竞争将更加激烈[①]。

四、双循环背景下中国新能源汽车发展建议

（一）整合国际国内生产要素，推动关键技术国产替代

相较于技术沉淀深厚的发达国家，国内在车规级芯片、控制系统、智能驾驶等重点技术领域的创新能力不强，核心技术仍由发达国家掌控。为尽快攻克核心技术，实现国产替代，政府设立了新能源汽车重点专项，涵盖动力电池与电池管理系统等 6 个创新链，38 个重点研究任务，集合国内高校、研究机构、专业协会及汽车厂商等[②]。

在双循环新发展格局下，应整合政府、高校、企业的资源，聚焦重点技术领域，支持关键零部件生产企业强化与国外科研机构、高校之间的合作力度；吸引国际先进芯片设计、制造企业在国内设立研发中心或生产基地[③]；鼓励整车生产厂商在国外设立研发机构，集中力量攻克关键技术。

（二）加快建设基础设施，完善产业服务体系

针对充电桩布局不合理、数量不足，售后体系不完善等普遍难题，应加快完善充换电基础设施的科学布局，在人员密集场所合理规划布局充换电基础设施，提升不同地区充换电保障能力和利用效率。此外，企业应加强全球线上线下售后服务体系建设[④]，缓解售后缺位等问题，提高服务效率与质量；培养新能源汽车检修、维修专业人才，增强市场竞争力。

---

① 袁博.后补贴时代中国新能源汽车产业发展研究［J］.区域经济评论，2020（3）：58-64.
② 高运胜，金添阳.双循环视角下中国新能源汽车出口机遇与挑战［J］.价格月刊，2021（9）：55-62.
③ 公丕明.中国新能源汽车产业国际竞争力：影响因素、特征表现与提升路径［J］.现代管理科学，2022（4）：63-72.
④ 陈相琴，刘红军."双循环"下中国新能源汽车高质量出口策略研究［J］.景德镇学院学报，2021，36（4）：30-35.

（三）增强企业核心竞争力，用好国际国内两个市场

受关键核心技术制约，中国新能源汽车自主品牌在低端市场比较活跃，而高端市场竞争力较弱。对此，应在财政补贴、税收优惠、技术支撑等方面，加大对产业链重点和薄弱环节的支持力度；打造一批新能源汽车产业专、精、特、新细分冠军，以点带面构建产业"链式图谱"①；鼓励基础条件较好地区建立生产基地或者智慧园区，吸引企业进驻形成产业联盟，降低生产成本的同时，促进优势互补，在共性技术上取得突破，提升新能源汽车产品整体的核心竞争力②。

双循环背景下，首先要从刺激消费、完善基础设施、破除区域间壁垒、优化配套服务等方面发力，推动国内大市场形成，巩固内循环对中国新能源汽车产业的主导地位。同时，巩固国内电池、电机、电控生产链，拓展稳定的国际芯片产业链、供应链，形成国内国际生产循环；着力打造自主品牌高端产品，扩展国际市场；利用好中国巨大规模市场资源和完备产业体系，形成对全球新能源汽车产业要素资源的强大吸引力，以内外需双轮驱动中国新能源汽车产业优化升级③。

参考文献

［1］陈娟，鲍大同.中国新能源汽车产业发展现状分析［J］.产业创新研究，2022（3）：8-10.

［2］高运胜，金添阳.新形势下中国新能源汽车国际竞争力分析［J］.国际经济合作，2021（4）：65-76.

［3］高运胜，金添阳.双循环视角下中国新能源汽车出口机遇与挑战［J］.价格月刊，2021（9）：55-62.

［4］公丕明.中国新能源汽车产业国际竞争力：影响因素、特征表现与提升路径［J］.现代管理科学，2022（4）：63-72.

［5］袁博.后补贴时代中国新能源汽车产业发展研究［J］.区域经济评论，2020（3）：58-64.

［6］陈相琴，刘红军."双循环"下中国新能源汽车高质量出口策略研究［J］.景德镇学

---

① 公丕明.中国新能源汽车产业国际竞争力：影响因素、特征表现与提升路径［J］.现代管理科学，2022（4）：63-72.

② 郑舒允.高质量绿色发展下中国新能源汽车产业发展现状及其问题分析［J］.科技和产业，2022，22（3）：132-137.

③ 高运胜，金添阳.双循环视角下中国新能源汽车出口机遇与挑战［J］.价格月刊，2021（9）：55-62.

院学报，2021，36（4）：30-35.

　　［7］郑舒允.高质量绿色发展下中国新能源汽车产业发展现状及其问题分析［J］.科技和产业，2022，22（3）：132-137.

民族复兴视域下云南新平傣族制陶工艺技术研究

张 静 曹 茂

（云南农业大学马克思主义学院）

一、引言

《新平县志》中对新平傣族记述为："傣族是新平彝族傣族自治县实行区域自治的民族之一，分布在元江、河谷热坝地带，以农业为主。新平傣族有傣雅、傣洒、傣卡等自称。傣雅主要居住漠沙；傣洒主要居住戛洒、水塘；傣卡主要居住腰街乡和角折村。又因傣族妇女服饰斑斓、色彩绚丽、点缀着琳琅满目的银饰，彩锦腰傣层层束腰，又称她们为'花腰傣'。"[①]信仰万物有灵、崇拜自然、崇拜祖先的花腰傣仍然较好地保留了传统文化，向世人展示着独特的花腰傣文化精华和魅力。

二、云南新平傣陶发展历史

制陶是花腰傣日常生活生产中必不可少的手工业，陶器种类涉及锅、罐、碗、盆、甑等各种生活器皿。公元前傣族创世史诗《巴塔麻嘎捧尚罗》中描述"水边有黑土，水边有黄土，黄土和黑土，是大地的污垢，人啊去取来，用它捏成'万'，用它捏成'莫'，用它捏成'丝'……从那时候起，人学会捏碗，人学会烧锅，一代教一代。

作者简介：张静，女，云南农业大学马克思主义学院科学技术史专业硕士研究生。

通讯作者简介：曹茂，女，云南农业大学马克思主义学院副教授，硕士研究生导师。

① 李树人，新平彝族傣族自治县县志编纂委员会.新平县志［M］.北京：生活读书新知三联书店，1993：112-113.

这时神就说，人更聪明了，人有智慧了，还得再做事，人才活得好"[1]。从中可见，傣族已经掌握制陶技术。《新平县志》中提到："明代新平的主要陶制品产区有平甸乡的七冲甸、大方达、漠沙乡的土锅寨，戛洒乡的南蚌、平田等村。新平还曾在民国时期设有陶窑，建办陶瓷厂生产陶器。"[2] 从中可见，明代时，傣族已经开始制作生活所用的陶制器皿。傣族制陶还有一个传说，一群花腰傣在河边玩耍，随手抓起身边的泥巴捏成一口锅，用石头架起烧制，成型之后放吃食在锅内煮，发现异常美味，就端回村里让大家品尝，至此，土陶的制作技术和用途就保留下来。

三、新平傣陶泥料成分分析

通过对云南省玉溪市新平彝族傣族自治县的漠沙镇曼蚌村和戛洒镇戛洒社区土锅寨两地的实地走访以及陶土采样检测分析，如表1所示：

表1　新平两地陶土化学成分分析表

村寨名称	二氧化硅 SiO_2	三氧化二铝 Al_2O_3	氧化铁 Fe_2O_3	氧化钙 CaO	烧失量
漠沙镇曼蚌村	60.85	18.87	6.98	0.39	7.27
戛洒镇戛洒社区土锅寨	61.78	17.93	5.98	1.13	5.57

陶瓷制品的性能和品质，既取决于所选用的原料，也有赖于所采用的生产工艺过程优选及加工[3]。黏土的化学组成在一定程度上反映其工艺性质。根据黏土的化学成分分析可以判断其质量。如表所示二氧化硅的含量相差1%左右，二氧化硅含量越高，泥土的可塑性就越弱，烧成收缩就越小。两地三氧化二铝含量相差1%左右，含量越高，耐火程度越高，烧成密度就更高。泥巴的硅铝比在一定程度可以决定泥巴的性质。三氧化二铁和二氧化钛可以决定坯体着色程度，所含量越多，烧成瓷器的颜色就会越深。

---

① 西双版纳州民委.傣族创世史诗：巴塔麻嘎捧尚罗［M］.岩温扁，译.昆明：云南人民出版社，1989.

② 李树人，新平彝族傣族自治县县志编纂委员会.新平县志［M］.北京：生活读书新知三联书店，1993：215.

③ 焦宝祥.陶瓷工艺学［M］.北京：化学工业出版社，2019：7.

四、新平傣陶制作工艺流程（图1）

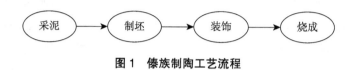

图1 傣族制陶工艺流程

（一）采泥

新平制陶时所选用的泥土都采自本村寨的泥巴，漠沙镇的泥土多采自村寨的土塘锅山。地表深处5米的泥土，黏性大、可塑性强、颜色呈黄色，泥巴采回来之后，渥堆陈腐一段时间后，天气晴朗时暴晒，经过一系列的舂土过筛，去除多余的杂质，粉碎过滤后再经过炼泥机成为可以直接使用的陶泥。在戛洒镇非遗传承人刀正富家中囤了数量较多的粗质原料，和漠沙镇曼蚌村相比较，杂质较多，泥土黏性不如戛洒镇，因为城镇化的进展加快，戛洒镇戛洒社区土锅寨陶土原料越来越少，需要跑到更远或邻村的地方去采粗质原料。

（二）制坯

新平傣族制陶从泥开始，更多依靠手工来创造完成，捏制和泥条盘筑是常见的方式，形状更多追求古朴、自然。傣族陶器被看作我国原始陶艺的代表，完整地保存了古代陶艺技术①。新平花腰傣制陶制作工具较为简单，运用泥条盘筑法的原理，用转盘、鹅卵石、木拍、竹片、潮湿的布就可制作陶器。取一块合适大小的泥巴用木头制作的圆柱形或手捏成圆片当作土锅的底，然后搓成合适的长短泥条，运用手动转盘自转由下而上盘筑泥条到合适的高度，鹅卵石用来压土锅内部泥条的缝隙，鹅卵石不仅增大摩擦力，而且取材方便。土锅的主体部分大致完成后，需要捏制双耳在土锅两侧。制作完成的土锅需要放置在阴凉通风处晾至完全干透后，才能入窑烧成。新平傣族制陶相对于程序简单，多数无须绘画，而且不需要施釉。

（三）装饰

在捏制完成器皿之后，用特制的带有纹路的木槌去拍打泥坯表面，木槌是花腰傣人民劳动和智慧的结晶，木槌刻有规则的斜纹或其他装饰，用来拍在土锅外部，一来

---

① 李星瑶. 云南非物质文化遗产传承保护应用和创新研究：以云南傣族制陶传统为例［J］. 西部皮革，2021，43（4）：151-153.

达到装饰作用，二来增大外表摩擦力，使土锅寿命长于一般土锅，花纹形成一定规律的纹路，像稻米成熟的米穗一样，新平傣族被称作"花腰傣"，是因为其衣服装饰的腰带多用织锦编成的花色，在一些茶具中部位置，也有类似于"花腰"的装饰。雕刻、镂空也是花腰傣常见的装饰方式，在捏制好的花瓶器皿上雕刻出牡丹的花卉用作装饰或在其他器皿上雕刻出镂空的图案，提高作品视觉层次感和艺术感。新平制陶更多的是日用品，杯、碗、壶等，上面装饰的花纹也是喜闻乐见的图案，在一定意义上象征着傣族人民对生活美好的盼望。

（四）烧成

新平傣族制陶的烧成有原始坑烧、柴烧、电烧等几种常见的烧成方式。在戛洒镇戛洒社区土锅寨还是传统坑烧的方式，烧陶全在露天进行，没有固定的地点，在自己菜园或者住宅附近清理一块平地即可[①]。而且会多家的东西约定一起烧窑，先放置一层稻草在上一窑烧成后的草木灰上，然后把风干好的土锅排列好，铺一层厚厚的稻草，再放置一些柴，在空隙处填入稻草和稻壳，晚上点火后，烧成一夜，等自然冷却降温后，土锅就完成了。在漠沙镇曼蚌村有较多的烧成方式，为了陶器的效果选择电窑和柴窑进行烧制，自建的柴烧馒头窑，外表形似圆滚滚的馒头而得名，窑内尺寸高 1.8 m、宽 1.1 m，窑口尺寸高 1.3 m、宽 1.2 m，是耐火砖结构和陶泥组成的砖土混合结构，用废木材和秸秆点火，干松枝、稻草辅助燃烧，以当地人称"黑心树"的树枝作为主要燃料，烧成温度可达到 800℃左右，馒头窑可以装载 40 口土锅，经过一天一夜的烧成，自然降温后，土锅就烧好了。在漠沙镇曼蚌村省级非遗传承人白邵美老师家中放置了一座电窑，用于土锅烧成，窑内可放置 37 cm × 50 cm 硼板 4 块，1.2 米高，用电炉丝加热，烧成温度也可达到 800℃到 1100℃，大约 12 小时就可完成一窑的烧制，是 2015 年成立漠沙镇妇女小组（土陶）建设项目时购入，提高了制作土陶能力，增加了漠沙镇曼蚌村土陶制作效率。土锅因不同的烧成方式出现不一样的烧成效果，原始坑烧无密闭空间、温度不均匀、烧成温度低，但烧成速度快、使用燃料少、空间不受限；柴烧需要积攒 40 口土锅才可烧窑、烧成时间长、温度均匀、烧成效果好，但需要足够的燃料和人力；电烧烧成程序简单易操作、温度均匀，但烧成土锅没有变化效果。3 种烧成方式都各有优势，可根据想要的效果来选择烧成方式。

---

① 汪宁生.云南傣族制陶的民族考古学研究［J］.考古学报，2003（2）：241-262.

五、主要用途

新平傣陶最传统的陶是土锅，花腰傣居住海拔 900 米以下的红河流域河谷地带的水塘、戛洒、漠沙等乡镇，大部分地势平缓，气候炎热干燥[①]。天气炎热时，需要用土锅放置饮用水、米饭等食物，放在土锅内的食物可以保持清凉感，不易变质腐烂，几乎是新平傣族家家户户必备的炊具。戛洒牛肉汤锅被称为"滇中第一锅"，土陶就是主要的容器。自古戛洒为迤西茶马古道交通关口，是商贸、交通往来的重镇，几百年来，上演了独具地方特色的汤锅传奇。随着经济发展和社会进步，汤锅在戛洒的名气越来越大，并成为花腰傣的一个美食品牌。后来随着时代的发展，新平制陶不再局限于土锅、碗等日常的生活用品，戛洒镇戛洒社区市非遗传承人刀正富到江西景德镇、福建德化等地交流学习，已经可以完成手工捏制的茶杯、茶壶、花瓶、艺术摆件等各类工艺品；漠沙镇曼蚌村省非遗传承人白邵梅也不仅仅局限于土锅的制作，她还通过去玉溪市华宁县学习拉坯技术来制作茶具，作品有花瓶、大茶壶、水洗、盖碗等器皿；在新平县非遗保护中心，陈设有雕刻的牡丹茶叶罐、镂空的花瓶摆件、烟灰缸等工艺品。

六、结语

2012 年，习近平总书记在广东考察时指出，中华民族有着五千多年的文明史，创造和传承下来的优秀文化传统，我们绝不可抛弃，恰恰相反，我们要很好地传承和弘扬，因为这是我们的'根'和'魂'。"[②] 新平傣族制陶保留着新石器时期制陶的泥条盘筑和轮制方法，为研究古代制陶工艺提供强有力的说法[③]。充分显示材料性能和工艺制作特点，制作技艺古朴、制作方法原始、产品独特，体现着傣族人民对美好生活的态度和自然的崇拜；传承者延续着傣族人民制陶的文化，有浓郁的民族特色和地方风格，丰富着中华传统文化内涵；挖掘傣族制陶历史及工艺流程，具有一定的文化意义和现实意义，保护非物质文化遗产、振兴民族文化、呈现中华民族制陶多样性和弘扬中华传统文化、增强文化自信、实现中华民族伟大复兴。

---

① 李树人，新平彝族傣族自治县志编纂委员会 . 新平县志［M］. 北京：生活读书新知三联书店，1993：62-63.

② 中共中央文献研究室 . 习近平关于实现中华民族伟大复兴的中国梦论述摘编［M］. 北京：中共文献出版社，2013（12）.

③ 中国硅酸盐学会 . 中国陶瓷史［M］. 北京：文物出版社，1982（9）：39-40.

参考文献

[1] 李树人，新平彝族傣族自治县志编纂委员会.新平县志［M］.北京：生活读书新知三联书店，1993.

[2] 李星瑶.云南非物质文化遗产传承保护应用和创新研究：以云南傣族制陶传统为例［J］.西部皮革，2021，43（4）：151-153.

[3] 焦宝祥.陶瓷工艺学［M］.北京：化学工业出版社，2019.

[4] 汪宁生.云南傣族制陶的民族考古学研究［J］.考古学报，2003（2）：241-262.

[5] 西双版纳州民委.傣族创世史诗：巴塔麻嘎捧尚罗［M］.岩温扁，译.昆明：云南人民出版社，1989.

[6] 中共中央文献研究室.习近平关于实现中华民族伟大复兴的中国梦论述摘编［M］.北京：中共文献出版社，2013.

[7] 中国硅酸盐学会.中国陶瓷史［M］.北京：文物出版社，1982.

"双边命运共同体"视域下的中缅边境治理的探析

邸 笛 刘小勤

（昆明医科大学马克思主义学院）

中缅两国向来是一衣带水的友好邻邦，由于特殊的地理、民族和文化原因，两国人民向来有密切的跨境活动往来，胞波情谊沿袭千年。我国共有 14 个陆上周边邻国，缅甸特殊的地理位置决定了在周边国家中它是与中国地缘、政治、经济与安全联系最为紧密的国家，也是与我国最早划定边境的国家，更是建设"一带一路"的主要合作国家与受益国家。除了双边合作，中缅还在中国—东盟等合作机制下积极开展交流与合作，并积极参与全球公共卫生治理。然而，缅甸公共卫生体系脆弱，中缅边境地区非传统安全问题严重，缅甸社会基础不稳定，中缅公共卫生安全合作面临巨大挑战。

党十八大以来，习近平总书记在深刻领悟时代发展基础上，结合国际国内形势提出了"人类命运共同体"这一构想，周边命运共同体是构建人类命运共同体的基础，它秉承了人类命运共同体的理念，追求着人类共同的利益价值内涵[①]。该思想致力于从边缘地带着力，在共同体背景下强调周边区域多主体间休戚与共的合作伙伴关系，让中国发展与治理的经验和成果惠及周边，同时通过具体政策与项目落实来与周边国家守望相助、共建利益共同体。中缅双边命运共同体的理论与实践能够为边境治理提供有力指导，促进边境地区治理能力与治理体系的现代化发展，为中缅双边关系新时代

作者简介：邸笛，女，昆明医科大学马克思主义学院社会医学与卫生事业管理专业硕士研究生。

通讯作者简介：刘小勤，女，昆明医科大学马克思主义学院教授，硕士研究生导师。

① 曲星.人类命运共同体的价值观基础［J］.求是，2013（4）.

提供新的发展契机。

一、中缅边境治理的现状

（一）中缅发展关系的概况

1. 中缅关系历史悠久

中缅关系的起源可以追溯到公元 2 世纪，当时两国还没有建立正式的官方对话机制，但开始了经济和文化上的交流沟通。直到公元 4 世纪，中国南方丝绸之路的成功开通，标志着中缅两国经贸和文化交流的正式开启。1885 年，缅甸沦为英国殖民地后，两国官方交流也随之结束。1948 年 1 月 4 日，缅甸脱离英国殖民统治获得完全独立，中缅关系进入新时代。1950 年 6 月，缅甸和中国正式建交，在官方层面上相互承认对方作为独立主权国家的合法地位。两国建交后，关系发展迅速。1962 年至 1998 年，面对苏联与美国的大国竞争和复杂的地区形势，缅甸为了维护国家安全和利益，坚定奉行绝对中立和不结盟的政策，对参与国际和地区事务采取消极态度。1988 年至 2011 年，缅甸积极发展对华关系，两国友好关系得到进一步巩固和发展。2011 年以后，中国对缅政策在经济全球化背景下不断变化，缅甸对华政策进入大国外交合作时期，中缅关系进入新的发展阶段。

2. 中缅关系的新发展

不附加任何条件的免费援助一直是中国对缅外交的主要内容。中缅关系在"一带一路"倡议背景下快速发展。中缅对彼此战略地位的认识，不再是大国与小国之间的依赖，而是开始从双边、地区和全球层面来考虑。在国家对外开放以及中国—东盟自由贸易区全面启动后，我国边境地区经济发展的区位优势更加显著，相邻国家人员的跨境往来更加频繁、多元，也为两国间的"双边命运共同体"建设提供了现实依据。2020 年，习近平主席与缅甸总统进行会谈，双方将推动中缅双边命运共同体达成一致意见，开启了中缅关系的新时代。边境贸易的全面推进，中缅双边贸易额早已突破百亿，不仅实现了两国在经济、技术与服务领域的合作，也促进了边境地区国民的民族团结与稳定，开辟了国际贸易的新渠道。同时，边境经济贸易的辐射效应也促进了周边国家的经济贸易合作与发展。围绕基础设施、产业基地与交流平台，进一步深化了与南亚、东南亚国家各领域的开放互动。在"双边命运共同体"框架下，中缅进行了有效的政策沟通和交流，区域经贸合作水平不断提高，促进了地区经济、公共卫生安全发展整体水平，巩固和加强了地区安全，增进和深化了政治互信。

（二）缅甸局势

1. 缅甸局势的进展

以昂山素季为首的缅甸"昂山派"在 2020 年大选之前，一直与掌握权力中心的军方不和。昂山派系和军方之间的冲突也在 2020 年 11 月的缅甸大选中爆发。缅甸议会有 642 个席位，在 2020 年 11 月的大选中，昂山素季的政党赢得了 396 个席位，而军方赢得了 199 个席位。昂山派系在 11 月的选举中获得压倒性胜利后，军方对昂山派系的不满达到了高潮。选举后不久，军方发动政变，拘留了昂山素季等人。2021 年 5 月 21 日，由缅甸国务委员会组成的新一届联邦选举委员会在内比都联邦选举委员会会议厅与 62 个政党代表举行会见会。

2. 缅甸局势的成因

首先是历史原因，自缅甸进入封建社会以来，历代王朝都没有直接控制缅北地区，缅北地区一直处于相对独立的地位。各个朝代对偏远地区的统治都略显薄弱，偏远地区与中央王朝之间的联系也相对松散。追溯缅甸的历史，在整个封建时期，缅甸统治的领土大致都可以分为两部分，也就是说，缅甸其实一直处于分裂的状态[①]。其次，民族武装原因，缅甸经过几千年的发展，历经多次朝代的演变后被英国殖民，直到 1948 年正式独立，国家内部的武装和政府一直不断的内斗之中。缅甸独立后，历届政府实施了一系列不合理的民族政策，导致缅甸民族分裂主义达到高涨。由于缅甸政府的武装力量不如地方军队，导致地方民族武装力量与中央政府的对立与隔膜长期存在，缅甸政府无法集中统治。再次，宗教信仰原因，缅甸官方统计的人口为 5000 万，有 135 个民族。缅甸 90% 以上的人口信奉佛教，约 200 万罗兴亚人信奉伊斯兰教，由此可见政府管理之困难。最后，政党之争，缅甸政府于 2010 年启动了政治过渡，将权力逐步从军方转移到民盟政府。缅甸政局突变的深层原因在于，军方与民盟对民主过渡执政地位和领导权的争夺再次激化，最终导致了政局的突变。

二、中缅边境治理面临的挑战

中国与缅甸有长达 2185 公里的边境线，分别与我国的西藏与云南相接壤，西藏地区一侧有山川作为天然屏障，便于管理；但云南地区一侧处于地势较为地平的河谷地区，适宜人类生活，加之边境两侧民族同宗同源、世代交往致使两侧人民长期存在

---

① 张伟.缅北冲突背景下边境自由贸易区避战边民管理研究：以瑞丽市为例［J］.经济研究导刊，2021（5）：83-85，98.

经济等多方面的交流往来。新冠疫情发生以来，缅甸疫情比中国更为严峻，加之受缅甸政局动荡影响，许多缅甸边境民众涌入中国躲避疫情。

（一）缅甸内乱造成难民涌入

中国尚未公开因政权更迭引发的冲突缅甸新的难民进入国内的数据，不过据联合国难民署公告显示，自 2021 年 3 月以来，已有 4000 ~ 6000 名缅甸难民进入印度，另有约 2300 余人在 4 月 27 日进入泰国。缅甸难民涌入我国边境，已经逐渐成为一个影响我国边疆治理、安全和与邻国关系稳定的一个重点问题。难民的产生充满不确定性，当缅北难民进入我国边境时，一旦出现处理不及时或不到位的情况，不仅可能造成国内民众的意见和不满，两国外交出现分歧[①]，甚至影响"一带一路"建设进程与"双边命运共同体"思想实践的发展脚步。而且难民涌入还会产生公共安全问题，不利于社会治理。虽然中国的相关法律法规例如《宪法》等表明中国对待难民包容的态度，但目前中国并没有专门的系统性法律，也没有具体的难民管理配套规则和方法及应急性、临时性的边境严格管控措施，缺乏法治保障。

（二）中缅经济安全难以保障

近年来，缅北地区一直处于缅甸政府与缅北少数民族地方武装力量长期交火、对峙的局面。缅北动荡局势不仅对中国边境的传统安全方面产生了负面影响，而且在非传统安全方面也面临着更多更大的挑战。中缅边境各国人员流动往来频繁，是"黄赌毒"等问题的聚集地，电信诈骗、赌博团伙，利用缅甸国内监管薄弱的漏洞，组织非法移民越境，由外向内影响危及我国公民生命财产安全。长期以来，中国对于非传统国家安全都需耗费大量人力、物力开展社会治理行动，难免出现某些不法分子混入云南边境地区，造成违法犯罪行为与违法政治活动等违法案件增加，影响边境地区的经济发展与政治稳定。

（三）中缅公共卫生安全挑战

我国与缅甸接壤的西南边境由于缺乏天然屏障，民间、田间小道数量过多，加之缅甸国内长期的武装冲突与政治动乱影响，导致政府对卫生领域投资与建设不足，国内的公共卫生体系极为薄弱，提供普通的医疗服务尚可，但面临较为严重的突发公共卫生事

① 王莹，陆云.总体国家安全观视角下的中缅边境难民潮隐患与应对思考［J］.大理大学学报，2018，3（11）：72-76.

件时，医疗物资与医护人员便显得极为匮乏。缅甸的整体公共卫生应对能力偏低，使我国与之相邻边境地区的输入性公共卫生风险加大。尽管我国为阻断新冠疫情的跨境传播，加强了对外来人员进入边境地区的限制，采取严格的隔离措施，但仍有部分缅籍人员利用边境地区屏障不足，偷渡进入西南边境地区。自 2021 年 2 月 1 日以来，缅甸大量医务工作者举行了罢工，缅甸的公立医院和新冠病毒检测中心几乎全部关闭。本应接种第一批疫苗的医务人员不仅自己拒绝接种疫苗，同时拒绝向他人提供医疗服务。针对缅甸疫情防控形势，缅甸必须提供更多医疗资源，如专业技术人员、医生、护士、检测设备和防护工具等，以更有效地控制疫情[①]。与此同时，政府需要建设能够支持这些医疗资源的基础设施，以加强正在努力应对大流行的卫生系统。任何国家都需要一个能够提供持续卫生保健的公共卫生系统，在这种情况下，中缅公共卫生安全合作必然会受到缅甸公共卫生体系建设滞后的制约，加强边境地区公共卫生治理迫在眉睫。

三、中缅边境治理策略建议

中缅边境治理关系到西南边境的安全、稳定和发展。因此，本文根据中缅边境陆路口岸的特点，结合构建中缅双边命运共同体的目标，对中缅边境治理提出以下建议：

（一）坚决支持缅甸和平进程

缅甸是东盟大家庭的一员，中国是缅甸的山水邻邦。中方密切关注缅甸局势发展。中方一贯支持缅甸各方在宪法和法律框架下通过对话解决分歧，继续推进来之不易、符合缅甸国情的民主转型进程。中方支持东盟作为成熟的地区组织，坚持不干涉内政原则和协商一致的传统，鼓励并建设性参与缅甸内部和解进程。我们主张继续避免流血和平民伤亡，防止局势恶化甚至失控。中方希望并相信东盟继续发挥建设性作用，积极协助缅甸推进国内政治和解，切实维护东盟团结合作和地区和平稳定。两国自古以来就保持着相对稳定的和平友好伙伴关系，特别是缅甸目前正处于民主政治过渡时期，国内发展存在诸多不确定因素，但中方从不干涉缅甸内政，始终尊重和支持缅方选择的发展道路，愿继续深化中缅友好合作关系。

（二）深化中缅经济合作

中国与缅甸的边境经济合作始于 1992 年的国家沿边开放战略。随着 2013 年国

---

① 马勇，蔡雨欣.中缅公共卫生安全合作：现状、挑战及前景［J］.南亚东南亚研究，2021（1）：1-12，150.

家"一带一路"倡议的提出，中缅两国开启了边境经济合作的新时代，并设立畹町、瑞丽等边境合作区主导商贸、边境贸易与旅游、农产品加工等产业。2020年1月，习近平主席访问缅甸，中缅双方就巩固传统友谊，构建命运共同体达成共识，共同推动中缅经济走廊转入实质建设阶段。中缅双方就首先建设瑞丽—木姐边境经济合作区、中缅清水河边境经济合作区、猴桥—甘拜地边境经济合作区等已经达成共识并有序推进①。

当前，缅甸政变形势下，需要有关部门加强沟通与协调，加快中缅边境经济合作区和中缅经济走廊建设，使中缅边境口岸更好地发挥连接"国际国内两种资源、两种市场"的门户和窗口功能，为双边经济的发展，为文明互鉴、构建双边命运共同体做出更大贡献。

（三）完善中缅边境公共卫生安全应急体系建设

从我国周边邻国角度，"一带一路"与"双边命运共同体"建设扩大了两国人民之间的友好往来，而缅甸国内公共卫生体系落后，导致的传染病传播并蔓延到我国边境地区是与周边国家交流过程中不可避免的问题。缅甸国内公共卫生体系薄弱，单纯依靠本国力量恐难以在短期内提升与完善。因此，中缅两国开展公共卫生领域合作是缅甸公共卫生体系快速发展的重要保障，也符合"一带一路"建设与"双边命运共同体"发展。

1. 建立难民安全应急体系

首先，在边境城市应设立难民事务管理机构。机构工作人员由参与难民事务管理的有关领导和熟悉当地环境的专业人员组成，主要负责难民的甄别、检验检疫、安置、救援和善后、遣返等工作。加强信息共享，在战事开始前进行预警，在战事平息时对难民进行劝返。其次，加强难民管理的国际合作。处理我国边境地区难民问题也可依靠国际组织帮助，联合国难民署是联合国设立的专门国际难民事务机构，主要处理各国难民问题，我国应积极开展与联合国难民署的合作，使中国、缅甸与联合国共同处理缅甸难民涌入问题，这也是完善我国难民政策的根本途径②。最后，建立健全法律法规。随着政府职能的不断转变，应积极推进有关难民的法律法规。中国以国家主权、安全和利益为优先，以尊重和保障人权为基本原则，以可操作性为原则，积极推动制定和颁布难民事务管理专门法律。由法律规定难民事务管理的专门机构、职责、

① 李芳芳.中缅边境缅甸难民治理问题研究［D］.昆明：云南财经大学，2016.
② 付永丽.中缅边境陆路口岸的特点及发展策略［J］.贵州民族研究，2021，42（2）：62-69.

难民申请程序和入境途径等。

2. 加强边境地区联防联控机制

疫情暴发后，瑞丽加强了"五位一体"的管边控边机制，统筹整合公安部门，对出入境边防检查、边防管理、乡（镇）民兵干部、村组干部、党员群众等设置检查站，解放军边防连队联合巡逻队、边防服务道路进行每日和每周的检查，对入境自然村实行封闭网格化管理。对边境服务道路进行物理隔离和封锁，以"人力＋物力"的方式收紧边境管理线。中缅两国国情不同、疫情不同、防疫措施不同。在此基础上，中缅应加强疫情联防联控，采取科学措施妥善处理人员出入境事宜，逐步恢复两国人员往来。中缅应鼓励更多利益攸关方参与合作，构建多层次、多元化的公共卫生安全合作伙伴关系，为中缅公共卫生安全合作多元化发展提供新机遇。

3. 加强公共卫生人才培养计划

中缅需加强卫生教育和人员培训方面寻求合作。一方面要交流健康教育领域的经验，加强健康学科建设，共同开展边境地区健康知识普及工作；另一方面，可以依靠医科大学和医疗机构共同开展公共卫生人才培养。中方可向缅方医疗机构派遣专家，提供技术援助，帮助缅方培训医院管理人员、卫生专家和专业技术人员，提高传染病防控能力和水平。

4. 有效发挥世界卫生组织在公共卫生中的作用

良好的合作平台和机制可以促进国家公共卫生合作的可持续发展。世界卫生组织是构建"一带一路"沿线地区传染病联防联控体系的重要合作伙伴，能够发挥良好的枢纽作用[①]。在公共卫生合作项目中，中缅应充分发挥世卫组织的"润滑剂"作用，与地方政府和民众进行有效交流与沟通，在推动合作项目顺利发展的同时，共同探索可持续的公共卫生安全治理模式。

四、结语

缅甸的政治问题涉及甚广，牵涉甚深。在建设"一带一路"与"双边命运共同体"的过程中，我国与周边邻国的往来愈发密切，国家间的人员流动带动了我国边疆地区与周边国家经济等方面的发展。与此同时，人员的跨国流动不可避免的会产生一系列问题，公共卫生、跨国犯罪、难民涌入等非传统安全问题发生的频率有所增加，边境地区的安全受到一定的威胁和挑战。面对问题与挑战，不能将其归咎于对外开放建设，

---

① 王金龙，王立立，宋渝丹，等．"一带一路"倡议下加强公共卫生国际合作的探讨［J］.中国公共卫生管理，2021，37（1）：110-114.

应从边疆地区开放、发展、治理等方向思考，从国家整体安全的视角规划，坚持共商共建共享的合作方式，加强中缅双方政治互信、经贸合作、安全协作，加强边境安全治理，妥善处理两国边境问题，不仅维护边境和边疆地区的安全稳定，对于构建"双边命运共同体"以及发展与周边国家友好关系更具有重要意义。

参考文献

［1］曲星．人类命运共同体的价值观基础［J］.求是，2013（4）．

［2］张伟．缅北冲突背景下边境自由贸易区避战边民管理研究：以瑞丽市为例［J］.经济研究导刊，2021（5）：83-85，98.

［3］王莹，陆云．总体国家安全观视角下的中缅边境难民潮隐患与应对思考［J］.大理大学学报，2018，3（11）：72-76.

［4］马勇，蔡雨欣．中缅公共卫生安全合作：现状、挑战及前景［J］.南亚东南亚研究，2021（1）：1-12，150.

［5］李芳芳．中缅边境缅甸难民治理问题研究［D］.昆明：云南财经大学，2016.

［6］付永丽．中缅边境陆路口岸的特点及发展策略［J］.贵州民族研究，2021，42（2）：62-69.

［7］王金龙，王立立，宋渝丹，等．"一带一路"倡议下加强公共卫生国际合作的探讨［J］.中国公共卫生管理，2021，37（1）：110-114.

马克思主义科技观视域下护士科研素养与临床实践能力探析

陶继华　杨明莹

（昆明医科大学第二附属医院）

　　21 世纪以来，科学技术不断发展，多学科交叉融合，涌现出很多新学科，例如大数据、人工智能等助力医学的发展。随着医学的不断发展，社会对护士提出了更高的要求，需要更多的高素质护理人才来服务护理岗位。全国护理事业发展规划（2021—2025 年）[①]，明确提出要加强护理学科建设和人才培养。护理科研是提高护理质量、促进学科发展的重要手段[②]。科研素养和临床实践能力是高素质护理人才培育非常重要的组成部分。马克思主义科技观认为科学技术是生产力，推动人类发展，社会进步，用科学的思想作指引来促进护士科研素养与实践能力非常重要。因此，探讨马克思主义科技观视域下的护士科研素养与临床实践能力，以期为培育高素质护理人才提供一定的理论参考。

一、护士科研素养的现状

　　科研素养又称科研素质，是医护人员的软实力，其核心是创新能力。护理科研可

作者简介：陶继华，女，昆明医科大学第二附属医院硕士研究生，主要从事临床护理。

通讯作者简介：杨明莹，女，昆明医科大学第二附属医院教授，硕士，主要从事临床护理与护理管理。

①　全国护理事业发展规划（2021—2025 年）[J].中国护理管理，2022，22（6）：801-804.

②　王霞，李秀云.临床专科护士科研能力现状调查[J].护理学杂志，2020，35（18）：87-89.

以有效提高临床护理质量，进而促进护理学发展。但目前护士科研水平参差不齐[1]，护士科研能力和客观科研产出均亟待提高[2]。传统思想认为医生的主要职责是治疗疾病，拯救生命。护士的日常工作重点在于接触患者、观察患病情况和治疗看护，以上可以满足患者对医生和护士的需求。但是随着科技和医疗水平的不断发展，以往的经验总结已经不能满足社会对医护人才的需求，科研创新在如何应对高素质人才培养中发挥着越来越大的作用。目前我国护理科研还存在诸多问题，例如护士从科研理论到投入实践应用的周期缩短，导致对知识理论的理解不够深刻；护理研究项目缺乏竞争力，部分护理科研人员存在浮躁心态，盲目跟风的情况；科研成果产出和转化薄弱，主要表现为选题缺乏创新、研究过程不严谨；跨学科合作存在认识偏差；为获取好的课题立项，出现挂名的情况[3]。这可能与护士接受的教育有关，多数本科以上学历的护理专业学生接受过系统的科研教育，而护士群体还有部分为专科学历；年轻护士临床时间较短，难以发现临床问题；领导对护理科研的重视不够；护士对科研认识不到位等[4]。

二、护士临床实践能力的现状

护理是实践性很强的学科，护士的临床实践能力高低代表着医院整体护理质量，也对护理学科的发展有着间接影响，临床实践能力主要指临床动手操作能力和临床思维能力[5]。虽然护理整体水平不断发展，但是护士的临床实践仍然存在很多不足，包括临床带教能力不足、教学管理能力欠缺、沟通不良、人文关怀较少、批判性思维欠缺等问题[6]。分析原因可能与护士整体学历水平不高，自身能力不足；医院对护士的临床操作培训考核不到位；护士对自身职业缺乏认同感；基本理论学习不深入，知识掌握不够全面有关。如何提高护士的临床实践能力，目前出现了很多护士培训班，尤其针

① 伍倩云,廖涛,高梦徽,等.四川省临床专科护士科研能力现状与影响因素分析[J].护士进修杂志,2021,36（7）:646-649.
② 胡宇乐,黎万汇,万佳,等.我国社区护士科研能力与培训需求的现状调查[J].中华现代护理杂志,2022（16）:2167-2172
③ 姜安丽.我国护理科研发展现状与分析[J].解放军护理杂志,2021,38（10）:1-3.
④ 孟欣,张月娟,刘晓辉,等.湖南省中医医院护士科研能力现状调查及影响因素分析[J].循证护理,2021,7（1）:50-55.
⑤ 陈琴,黄鹦,何宝清,等.以综合能力考核模式为导向对提高新护士临床实践能力的效果观察[J].基层医学论坛,2021,25（12）:1745-1747.
⑥ 黄嘉佳,周玉华,蔡心颖.专科护士临床实践的现状调查与分析[J].中国社区医师,2021,37（22）:182-183.

对专科护士。临床护理培训是一个相对薄弱的环节，以往我国医院多沿用传统带教模式，"师徒式"单向教学法，不利于护士整体临床思维的培养。因此要不断创新临床护理培训模式，从基础知识、专科知识、实践技能、专业表现能力、职业认同等方面入手，着力提升其综合素质，促进护士表现出更高的临床实践水平[①]。

三、提升护士科研素养和临床实践能力的意义

马克思主义科技观坚持用马克思主义的观点来认识科学技术的本质、发展规律和特征，认为科技创新是一种实践行为、实践活动，科技创新产生的成果应真正应用到实际生活，解决人类关系问题方面。护士既是护理学科发展的带动者，也是受益者。如何在"双轨合一"模式下处理好临床与科研的矛盾，是一个值得研究的问题。科研素养是创新型人才培养的关键要素，临床实践能力是医疗水平的具体体现。科研素养的提升，意味着护士发现问题，解决问题的能力，提升科研意识，科研设计、统计分析、文献查阅、论文写作能力等随之提高。临床实践能力的提升，包括基础知识、专科知识、实践技能、专业表现能力、职业认同、人文关怀等能力。护理科研素养作为一种意识形态，不光受到护理实践的制约及影响，也反作用于护理实践，较高的护理科研素养提升护理实践能力，反之，也会阻碍护理实践。因此，不仅要重视护士的临床实践能力，也要重视科研素养，顺应社会的发展趋势，从而促进护理学科发展，为培养高素质护理人才奠定基础。

四、科学技术异化的批判思考

科技发展的最终目的是满足人类需要，促进人类幸福，但如果出现技术异化，对于人类是一件不幸的事。人作为科技的使用者，科学技术异化的根本原因不在于技术本身，而是使用者对科技的滥用造成的。科技异化具体表现为未来满足人类更大的物质欲望而逐渐丧失自己的道德底线。马克思认为资本家们当发现与其他资本家存在差距时，会通过科技创新、技术改良来寻求新的进步，无形中促进科技的向前发展[②]。因此，科学技术异化是区别于马克思科技创新所体现的"功利性"。有学者对当代科技

---

① 王贞慧，李春燕，崔乃雪，等．298名老年护理专科护士临床实践水平现状及影响因素研究［J］．中华现代护理杂志，2022（14）：1927-1931.

② 徐静．马克思科技观对新时代科技创新的启示［J］．佳木斯职业学院学报，2020，36（3）：281-282.

异化问题提出了解决策略，包括提高人类自身价值观念认识，贯彻落实坚持科学发展观，建立合理的评价和约束机制 [①]。所以科技是一把"双刃剑"，需要用辩证的观点来思考科技问题。

五、马克思主义科技观对护士科研素养和临床实践能力的启示

（一）树立整体主义科研观

中国传统科技强调直觉思维，不重视实验，缺少西方文化的因果律、理性逻辑从而容易导致对问题理解的不够深入，应该摒弃片面的科技观，重视辩证的科技观 [②]。客观看待护理科研带来的成就，同时也要警惕医学科技所引发的问题。在开展护理科研活动时，需要从实际出发，确立整体主义的科研观。目前护理科研大多是临床研究，基础研究较少，与临床医师的科研存在研究深度上的差距，分析原因，一方面是学科对人才的培养方向不同，另一方面是学科性质不同，学科发展存在差异。马克思主义科技观也提到一定的生产和社会发展阶段，决定了相应层次与门类的科学技术产生，护理的发展晚于临床，这是不争的事实。但是应该对护理科研的贡献予以充分肯定，通过创新的成果，例如专利在很大程度上便利了临床工作，但是也不能忽视医学科学技术异化问题。

（二）坚持"以人为本"，重视人文关怀

马克思主义科技观提到科学是关于人的科学，坚持"以人为本"，科技创新应该是造福人类，而不是用科技产物代替医护人员，造成与患者的疏离。虽然科学技术的进步便利了护理治疗，但是人工智能无法取代护士。患者对护理人文关怀的需求较高，多数护士对护理人文关怀的认知停留在关怀态度以及健康教育等层面，对于患者高层次需求例如精神和文化等关注度较少 [③]。我国医院护理人文关怀实践缺乏系统性框架，在落实人文关怀实践时需要系统、科学模式的指导。而马克思主义科技观提到，科学理论既强调需要科学的理论为指导，同时也要体现科研的逻辑性。因此，对于人文关怀可结合

---

① U BRONFENBRENNER. 人类发展生态学［M］. 李荣，译. 韩国语版. 首尔：首尔教育科学社，1992.

② 程海东，陈凡. "新冠肺炎"重大疫情的自然辩证法审视：纪念恩格斯诞辰 200 周年［J］. 科学技术哲学研究，2020，37（6）：108-113.

③ 黄莉莉，卜梦茹，翟惠敏，等. 护理人文关怀实践困境的质性研究［J］. 护理学报，2021，28（1）：69-72.

一定的科学理论为指导。坚持"以人为本"，重视、创新人文关怀的内容与形式。

（三）坚持科学性与实践性相统一

马克思主义科技观坚持科学性与实践性相统一。实践性是马克思主义理论区别于其他理论的显著特征[①]。科学是排除了形而上学因素，建立在实践基础之上[②]，对于护理而言，科研与临床实践同样重要，两者相互影响，相互作用，护理科研指导临床实践，提高临床实践能力，临床实践又反作用于护理科研，在实践中逐渐发现问题，通过护理科研的手段，解决临床问题。在护理科研中明确科学的实证性、客观性、可重复性等特征，将科研成果运用于临床实践。科学需要保守和开放，需要磊落的精神、深邃的思想，睿智的方法和醇厚的道德[③]。科学是一件严肃的事情，对于护士需要强化批判思维，培育创新精神，重视科研诚信、科研道德问题。此外，也需要开阔的护理科研视角和方法，训练跨学科思维方式与能力，提升科研素养。以马克思主义科技观为指导，不断创新，发展科学技术运用于社会实践，以问题导向的方式去构建学科发展路径。

参考文献

［1］全国护理事业发展规划（2021—2025 年）［J］.中国护理管理，2022，22（6）：801-804.

［2］王霞，李秀云.临床专科护士科研能力现状调查［J］.护理学杂志，2020，35（18）：87-89.

［3］伍倩云，廖涛，高梦徽，等.四川省临床专科护士科研能力现状与影响因素分析［J］.护士进修杂志，2021，36（7）：646-649.

［4］胡宇乐，黎万汇，万佳，等.我国社区护士科研能力与培训需求的现状调查［J］.中华现代护理杂志，2022（16）：2167-2172.

［5］姜安丽.我国护理科研发展现状与分析［J］.解放军护理杂志，2021，38（10）：1-3.

［6］孟欣，张月娟，刘晓辉，等.湖南省中医医院护士科研能力现状调查及影响因素分析［J］.循证护理，2021，7（1）：50-55.

---

① 裴文霞，陈瑞旭.中国化马克思主义科技观的演变历程探析［J］.西南石油大学学报：社会科学版，2022，24（2）：51-58.
② 宁子健，贲志雯.从马克思主义科技观的视角探析新时代科学技术观的理念［J］.佳木斯职业学院学报，2019（4）：13.
③ 马来平.构建新时代的马克思主义科技观［J］.自然辩证法通讯，2020，42（5）：93-99.

［7］陈琴，黄鹦，何宝清，等.以综合能力考核模式为导向对提高新护士临床实践能力的效果观察［J］.基层医学论坛，2021，25（12）：1745-1747.

［8］黄嘉佳，周玉华，蔡心颖.专科护士临床实践的现状调查与分析［J］.中国社区医师，2021，37（22）：182-183.

［9］王贞慧，李春燕，崔乃雪，等.298名老年护理专科护士临床实践水平现状及影响因素研究［J］.中华现代护理杂志，2022（14）：1927-1931.

［10］徐静.马克思科技观对新时代科技创新的启示［J］.佳木斯职业学院学报，2020，36（3）：281-282.

［11］U BRONFENBRENNER.人类发展生态学［M］.李荣，译.韩国语版.首尔：首尔教育科学社，1992.

［12］程海东，陈凡.“新冠肺炎”重大疫情的自然辩证法审视：纪念恩格斯诞辰200周年［J］.科学技术哲学研究，2020，37（6）：108-113.

［13］黄莉莉，卜梦茹，翟惠敏，等.护理人文关怀实践困境的质性研究［J］.护理学报，2021，28（1）：69-72.

［14］裴文霞，陈瑞旭.中国化马克思主义科技观的演变历程探析［J］.西南石油大学学报：社会科学版，2022，24（2）：51-58.

［15］宁子健，贲志雯.从马克思主义科技观的视角探析新时代科学技术观的理念［J］.佳木斯职业学院学报，2019（4）：13.

［16］马来平.构建新时代的马克思主义科技观［J］.自然辩证法通讯，2020，42（5）：93-99.

从马克思主义哲学角度看个体心理韧性的发展

储召松　唐亚斯

（昆明医科大学第一附属医院）

心理韧性是一种积极适应各种生活环境的能力，其在不同文化背景下的定义也有所差异。目前国内外研究者对心理韧性较为一致的定义是：个体在面对不同逆境或压力事件时，能够积极适应并克服困难，最终带来良好结果的一种动态的心理特征[①]。心理韧性水平较高的个体在面对困境时能够秉持坚韧、开放的态度，克服工作生活中的困难和挫折，并且能将这一过程作为个人成长的机会[②]。因此，心理韧性在个体健康、全面发展中意义重大。近年来，越来越多的研究发现，心理韧性水平较低与抑郁症[③]、创伤后应激障碍[④]等精神疾病的发生密切相关，而且心理韧性水平与患者焦虑抑郁情

作者简介：储召松，男，昆明医科大学精神病与精神卫生学专业博士研究生。

通讯作者简介：唐亚斯，男，昆明医科大学第一附属医院研究生党总支委员、党支部书记。

① MASTEN A S, ORDINARY MAGIC. Resilience processes in development［J］. Am Psychol, 2001, 56（3）: 227-238.

② SISTO A, VICINANZA F, CAMPANOZZI L L, et al . Towards a transversal definition of psychological resilience: a literature review［J］. Medicina（Kaunas）, 2019, 55（11）.

③ 王晨旭，欧红霞，那丽娜. 抑郁症患者心理韧性调查［J］. 临床精神医学杂志, 2020, 30（3）: 204.

④ XI Y, YU H, YAO Y, et al . Post-traumatic stress disorder and the role of resilience, social support, anxiety and depression after the Jiuzhaigou earthquake: a structural equation model［J］. The asian journal of psychiatry, 2020, 49: 101958.

绪负相关，即心理韧性水平越低，患者的焦虑抑郁情绪越显著①。不仅如此，心理韧性通常还作为中介因素影响童年创伤、儿童生活事件与心理健康的关系①②③。马克思主义哲学科学揭示了自然、社会和人类思维发展的一般规律，是完整的、严密的、科学的理论体系，其中也蕴含了促进个体发展的理论和实践指导④。科学认识和理解马克思主义哲学对于促进个体心理韧性的发展具有深远意义。

一、从马克思主义哲学"辩证唯物论"的角度看个体心理韧性的发展

唯物主义哲学认为："物质第一性，意识第二性，物质决定意识，意识是物质世界发展的产物，它是人脑对客观事物的反映。"这是马克思主义哲学理论最根本的出发点和基本世界观。这一理论要求我们要实事求是，一切从实际出发。根据心理韧性的定义，只有个体具有客观、准确地认识事物能力这一前提时，才有可能进一步去适应和克服困难。因此，个体心理韧性的提高需要其提高客观认识事物的能力，做到"实事求是"。抑郁症患者是显著的低心理韧性水平的群体，具有负性认知偏向的特点⑤，有些患者由于儿童期创伤体验使其产生负性的认知模式，这种负性认知模式在患者现实生活中遭遇困境时被激活，产生消极观念和歪曲认知，进而产生消极厌世、自罪、自责、自杀等症状。这是个体无法客观认识事物，从而造成心理韧性水平降低的一个例证。

物质和意识的辩证关系认为，"物质决定意识，意识反作用于物质。"意识对物质具有反作用，这一理论提示我们要在坚持实事求是的基础上充分发挥意识的能动作用及主观能动性，它贯穿整个针对心理韧性进行心理干预的过程中。研究表明，心理治疗能够提高个体心理韧性水平，缓解焦虑抑郁等精神障碍症状，进而促进其心理健康

① 张梦雨，林雪姣，李冰，等.心理韧性在抑郁症患者童年创伤、抑郁中的中介作用［J］.中国健康心理学杂志，2020，28（9）：1308-1313.

② 韩黎，袁纪玮，赵琴琴.农村留守儿童生活事件对心理健康的影响：同伴依恋、心理韧性的中介作用及安全感的调节作用［J］.中国特殊教育，2019（7）：55-62.

③ 高毓清，张广清，于洪苏，等.大学生儿童期心理虐待对抑郁的影响：心理弹性的中介作用［J］中国健康心理学杂志，2020，28（3）：462-466.

④ 蔡珍珍，冯勇全.论马克思主义对个体人生发展的指导［J］.齐齐哈尔大学学报（哲学社会科学版），2018（10）：56-58.

⑤ 吴韦玮，陆邵佳，位照国，等.童年虐待经历及认知偏差与抑郁的关系［J］.中国临床心理学杂志，2013，21（4）：609-612.

发展[1]。认知行为疗法是指通过纠正歪曲的认知、思维信念，并进行认知重建，从而消除个体不良情绪和行为的心理治疗方法[2]。既往多项研究结果都显示，基于认知行为理论的干预方式可以有效提升研究对象的心理韧性水平[3][4]。上述研究均表明认知行为理论或疗法在个体心理韧性的发展中具有重要意义，而这恰好体现了发挥意识的能动作用及主观能动性的正向作用。

二、从马克思主义哲学"唯物辩证法"的角度看个体心理韧性的发展

马克思主义哲学"唯物辩证法"认为矛盾是事物发展的动力，并要求我们坚持用对立统一的观点看问题，对于个体发展而言亦是如此。人生某个阶段遭遇困难和挫折，在当下可能是阻碍，但从长远来看正是困难和挫折带来了变化，而个体应对困难挫折的这个过程就是个体发展的必经之路。因此，在个体心理韧性发展和提高的过程中，就需要将困难挫折看作挑战，进而克服困难。

应对困难挫折的过程中也要掌握一些方法和技巧。"唯物辩证法"是认识世界和改造世界的根本方法，它要求我们用联系的、发展的、全面的观点看问题，从事物相互联系、相互作用的关系出发，分析矛盾、抓住关键、找准重点，洞察事物发展规律。如果能够熟练认识并应用这些规律和方法，那么成功应对困难挫折也会更加轻松，进而更加容易取得良好的结果。此外，认知行为疗法中的核心环节——识别并矫正歪曲认知，也要求我们用联系的、发展的、全面的、合理的思维去代替片面的、灾难化的、全或无的、歪曲的思维，进而激活积极正向与环境相适应的行为，从而提高心理韧性，进一步改善不良适应等症状。

唯物辩证法中的"否定之否定规律"揭示了事物的变化发展是前进性和曲折性的统一，事物的发展是波浪式前进或螺旋式上升的过程[5]。个体心理韧性发展的过程也是

---

① LIU H, ZHANG C, JI Y, et al. Biological and psychological perspectives of resilience：is it possible to improve stress resistance？［J］. Frontiers in human neuroscience, 2018, 12：326.

② THOMA N, PILECKI B, MCKAY D. Contemporary cognitive behavior therapy：a review of theory, history, and evidence［J］. Psychodyn psychiatry, 2015, 43（3）：423-461.

③ 刘硕，宋莉莉，王詠. 运用认知行为团体心理辅导提升高中生的心理韧性［J］. 中国临床心理学杂志, 2021, 29（2）：419-423, 442.

④ PENG L, LI M, ZUO X, et al. Application of the Pennsylvania resilience training program on medical students［J］. Personality individual differences, 2014, 61-62：47-51.

⑤ 金炳华. 马克思主义哲学大辞典［J］. 出版广角, 2003（6）：14-21.

动态的、曲折的①②。由于个体面对的所有困难和挫折都不全然相同，有时为工作方面的，有时为生活方面的，还有时为情感方面的，凡此种种对于个体而言每一次遭遇都是一次新的挑战，这就不免让人心生畏惧之感。同时，面对每一次遭遇也不都是"积极适应并克服困难"，其中必定有失败的时候，而这也容易让人产生退缩的心理。正因如此，意识到心理韧性提升本就是一个曲折的过程也就至关重要了，它能让个体在这个过程中更加从容不迫，泰然处之，从而更加冷静客观地面对这些遭遇。

三、从马克思主义哲学"认识论"的角度看个体心理韧性的发展

马克思主义哲学"认识论"主要围绕实践、认识、真理3个核心展开，主要回答了"怎样认识世界"的问题。认识依赖于实践，对实践具有能动的反作用。正确的认识能够指导实践，反之，错误的认识会将实践引入歧途。在个体心理韧性的发展过程中同样遵循这个原则。

一项针对大学生的研究表明，核心自我评价与心理韧性呈正相关性，而与焦虑抑郁情绪呈负相关性，即核心自我评价越高其心理韧性水平越高，同时其焦虑抑郁程度越低③。国内研究者还发现基于积极心理学理论的实践对于提升心理韧性具有显著作用④⑤。这些研究都提示积极的自我评价或认知对于心理韧性发展意义重大。自我效能感是指个体在特定情境中对自己某种行为能力的自信程度，心理韧性的提高有赖于自我效能感的提升⑥。目前认为自我效能感的提升主要来源于4个途径⑦：①自身成功经验

① BERGEMAN C S，BLAXTON J，JOINER R. Dynamic systems，contextual influences，and multiple timescales：emotion regulation as a resilience resource［J］. Gerontologist，2021，61（3）：304-311.

② KLIKA J B，HERRENKOHL T I. A review of developmental research on resilience in maltreated children［J］. Trauma violence abuse，2013，14（3）：222-234.

③ 周敏. 大学生心理韧性、核心自我评价与抑郁、焦虑情绪的关系研究［D］. 长沙：中南大学，2014.

④ 马丽铭，张煌坤，吴燕妮，等. 积极心理学视角下的青少年心理韧性研究与实践［J］. 中小学心理健康教育，2021，（25）：8-14.

⑤ 田妮，寇延. 基于积极心理学的大学生心理韧性提升策略研究［J］. 现代商贸工业，2021，42（26）：63-65.

⑥ 赵静，王铭悦，付越，等. 初中生一般自我效能感与心理韧性的特征及干预：社会支持的中介作用［J］. 教育生物学杂志，2022，10（1）：32-39.

⑦ 彭聃龄. 普通心理学（修订版）［M］. 北京：北京师范大学出版社，2001.

的积累；②替代性经验；③言语的说服；④情绪和生理的影响。4个途径中对自我效能感提升影响最大的是自身成功经验的积累。成功的亲身实践经历能够提升自我效能感，增加个体自信心和核心自我评价，进而提高心理韧性水平。这个过程体现了积极实践与正确认识两者融合对于心理韧性发展的重要作用。

四、结语

马克思主义哲学是我们认识世界、改造世界的伟大工具，同时也是个体人生发展的重要利器。心理韧性是与个体发展关系密切的心理特质，促进个体提升心理韧性水平，有助于提高抗压、抗挫折能力，增加幸福感。马克思主义哲学理论中蕴含了指导个体发展心理韧性的普遍真理，本文从"辩证唯物论、唯物辩证法、认识论"3个角度对个体心理韧性的发展进行解读，是展现马克思主义理论强大生命力的重要视角。

参考文献

［1］MASTEN A S，ORDINARY MAGIC．Resilience processes in development［J］．Am psychol，2001，56（3）：227-238.

［2］SISTO A，VICINANZA F，CAMPANOZZI L L，et al．Towards a transversal definition of psychological resilience：a literature review［J］．Medicina（Kaunas），2019，55（11）.

［3］王晨旭，欧红霞，那丽娜．抑郁症患者心理韧性调查［J］．临床精神医学杂志，2020，30（3）：204.

［4］XI Y，YU H，YAO Y，et al．Post-traumatic stress disorder and the role of resilience，social support，anxiety and depression after the Jiuzhaigou earthquake：A structural equation model［J］．The asian journal of psychiatry，2020，49：101958.

［5］张梦雨，林雪姣，李冰，等．心理韧性在抑郁症患者童年创伤、抑郁中的中介作用［J］．中国健康心理学杂志，2020，28（9）：1308-1313.

［6］韩黎，袁纪玮，赵琴琴．农村留守儿童生活事件对心理健康的影响：同伴依恋、心理韧性的中介作用及安全感的调节作用［J］．中国特殊教育，2019（7）：55-62.

［7］高毓清，张广清，于洪苏，等．大学生儿童期心理虐待对抑郁的影响：心理弹性的中介作用［J］．中国健康心理学杂志，2020，28（3）：462-466.

［8］蔡珍珍，冯勇全．论马克思主义对个体人生发展的指导［J］．齐齐哈尔大学学报（哲学社会科学版），2018（10）：56-58.

［9］吴韦玮，陆邵佳，位照国，等．童年虐待经历及认知偏差与抑郁的关系［J］．中国临

床心理学杂志，2013，21（4）：609-612.

［10］LIU H，ZHANG C，JI Y，et al . Biological and Psychological perspectives of resilience：is it possible to improve stress resistance ？ ［J］. Frontiers in human neuroscience，2018，12：326.

［11］THOMA N，PILECKI B，MCKAY D . Contemporary Cognitive Behavior Therapy：A Review of Theory，History，and Evidence［J］. Psychodyn Psychiatry，2015，43（3）：423-461.

［12］刘硕，宋莉莉，王詠 . 运用认知行为团体心理辅导提升高中生的心理韧性［J］. 中国临床心理学杂志，2021，29（2）：419-423，442.

［13］PENG L，LI M，ZUO X，et al . Application of the pennsylvania resilience training program on medical students［J］. Personality individual differences，2014，61-62：47-51.

［14］金炳华 . 马克思主义哲学大辞典［J］. 出版广角，2003（6）：14-21.

［15］BERGEMAN C S，BLAXTON J，JOINER R. Dynamic systems，contextual influences，and multiple timescales：emotion regulation as a resilience resource［J］. Gerontologist，2021，61（3）：304-311.

［16］KLIKA J B，HERRENKOHL T I . A review of developmental research on resilience in maltreated children［J］. Trauma violence abuse，2013，14（3）：222-234.

［17］周敏 . 大学生心理韧性、核心自我评价与抑郁、焦虑情绪的关系研究［D］. 长沙：中南大学，2014.

［18］马丽铭，张煌坤，吴燕妮，等 . 积极心理学视角下的青少年心理韧性研究与实践［J］. 中小学心理健康教育，2021（25）：8-14.

［19］田妮，寇延 . 基于积极心理学的大学生心理韧性提升策略研究［J］. 现代商贸工业，2021，42（26）：63-65.

［20］赵静，王铭悦，付越，等 . 初中生一般自我效能感与心理韧性的特征及干预：社会支持的中介作用［J］. 教育生物学杂志，2022，10（1）：32-39.

［21］彭聃龄 . 普通心理学（修订版）［M］. 北京：北京师范大学出版社，2001.

论马克思主义科学技术观在当代医学生科研中的价值

吉妍蓉　刘小勤

（昆明医科大学马克思主义学院）

马克思认为科学是一般生产力，技术是现实生产力；科学是认识世界，技术是改造世界。马克思主义科学技术观是对科学技术发展规律的概括和总结，是从辩证唯物主义的角度，从整体上把握科学技术思想，进而改造人类社会。将马克思主义科学技术观融合运用到当代医学生科研中，这对于深入推进医学科学发展具有重要的价值。

一、科学技术本质观：科技生产助推医学实践

"科学技术是生产力"是马克思主义的科技本质观。科学是建立在实践的基础之上，因此在实际生活中要坚持一切从实际出发，利用现有条件，尊重客观规律，充分发挥人的主观能动性，不断推动科学技术的发展[①]。

科学技术作为生产力在医学生的科研实践中发挥着重要的作用。随着科技的不断发展，医疗药物不断创新、设备不断精细、资源不断优化，为医学科研实践提供条件，为医学科学发展奠定基础。在医学科研实践过程中，医学生应该坚持从实际出发，做好实践训练，根据医学发展状况和趋势确定自己的科研实践方向，充分利用现有的医疗资源，进行科学研究实践，让科技生产助推医学实践。

作者简介：吉妍蓉，女，昆明医科大学马克思主义学院社会医学与卫生事业管理专业硕士研究生。

通讯作者简介：刘小勤，女，昆明医科大学马克思主义学院教授，硕士研究生导师。

① 马克思，恩格斯.马克思恩格斯选集：第一卷［M］.北京：人民出版社，1972.

二、科学技术人才观：科技教育培养医学人才

我国对于科技人才极其重视，人才是第一资源。十年树木，百年树人，坚持教育为本，深入贯彻实施科教兴国和人才强国战略。尊重人才的个性发展，为人才服务，做到具体问题具体分析[①]。

科技教育贯穿当代医学生培养的课程体系当中，对于学生建立系统的科学技术观具有重要的意义。对于当代学生，不仅要学习专业课程，更加要注重思想教育，让学生树立正确的世界观、人生观、价值观。尤其对于医学生，科学技术的教育为其建立系统的医学知识体系奠定了基础，要不断优化医学生的课程结构，同时注重医学与科学技术的交叉融合，结合学生的需要和特点，开设各种相关课程，提高学生的科学素养，促进学生的全面发展。

三、科学技术和谐观：科技发展融合生态医学

在科技的发展中运用辩证思维，保护生态，推进绿水青山向金山银山的转化，既不能竭泽而渔，也不能缘木求鱼，而是要在保护中发展、在发展中保护。坚持尊重自然、顺应自然、保护自然，实现人与自然的和谐发展[②]。

科技发展必须从生态出发，融合医学知识，才能推动医学生的科研发展。科学技术的不断发展推动着医学不断向前发展，在发展过程中，通过不断认识自然的规律，在实践中借助科学技术工具不断改造自然，实现了人与自然的和谐共生。因此，医学生应该从认识自然出发，以科技发展为依托，建立医学与科技的生态联系，在发展中保护生态，达到人与自然和谐发展，不断提升医学科研水平，推动医学科学的发展。

四、科学技术创新观：科技创新转化医学成果

科技创新与进步是推动人类社会发展的重要引擎，科技创新是人类社会进步与发展的不竭动力。事物的发展是前进性与曲折性的统一，是在否定中不断发展。否定的实质是"扬弃"，即新事物对旧事物既批判又继承，既克服其消极的因素又保留其积

---

① 马克思，恩格斯．马克思恩格斯选集：第二卷［M］．北京：人民出版社，1957.

② 罗昌宏．马克思、恩格斯的科技观［J］．武汉大学学报（哲学社会科学版），2001（5）：588-595.

极的因素[①]。

发展科学技术，是国家富强人民富裕的必由之路，科技兴则民族兴，科技强则民族强。医学作为科学技术的一种，在国家富强民族复兴的道路上发挥着重要作用。作为医学生在科研过程中要将科技创新运用到医学实践中，将新的科技工具、科技知识等成果在不断创新中转化为医学成果。这个转化的过程就是不断进行辩证的否定，自己发展自己，自己完善自己，不断创造新的，更高质量的医学科研成果，医学科学将在否定之否定中获得新的突破。

五、结语

马克思主义科学技术观是马克思主义理论的重要内容，把握并运用马克思主义科学技术观，对于推动医学生的科研实践具有重要价值。发展是当今时代的主旋律，作为医学生要不断深化科学技术本质观、人才观、和谐观、创新观在医学科研中价值的理解，从而能够更好地坚持马克思主义科技观，不断推进马克思主义中国化理论成果的转化，实现马克思主义科技观与医学的相互融合，医学和科技发展不断与时俱进。总之，坚持马克思主义科学技术观，有助于指导医学生不断开展医学科研实践，解决医学科研实践中的诸多问题，对当代医学发展具有重要的意义。

参考文献

［1］马克思，恩格斯.马克思恩格斯选集：第一卷［M］.北京：人民出版社，1972.

［2］马克思，恩格斯.马克思恩格斯选集：第二卷［M］.北京：人民出版社，1957.

［3］罗昌宏.马克思、恩格斯的科技观［J］.武汉大学学报（哲学社会科学版），2001（5）：588-595.

［4］郭嗣法.论医学科学在否定之否定规律作用下的发展及其趋势：兼论中西医"PK"［J］.医学争鸣，2010，1（5）：7-12.

---

① 郭嗣法.论医学科学在否定之否定规律作用下的发展及其趋势：兼论中西医"PK"［J］.医学争鸣，2010，1（5）：7-12.

智能医疗与第四次工业革命

吴静娴　段玉印

（昆明医科大学第二附属医院）

工业革命对世界历史来说具有头等重要性，在过去，错过了前两次工业革命的中华民族，由辉煌走向衰败，甚至陷入了被动的局面。历史深刻证明，科技创新是民族复兴的前提。处于第四次工业革命的今天，我们正从科技大国向科技强国大步迈进，民族命运与科技创新息息相关。20世纪以来生物学高速发展，到了21世纪生命科学逐渐成为科学发展的主流。互联网＋医疗、智慧医疗、远程医疗、大数据应用、新药的研发、新兴设备的投入为人民健康保驾护航。在这个背景下，抓住新时代工业革命的机遇，发挥科技创新精神，为中华民族伟大复兴打下健康基础是实现民族富强的重要道路。

一、现代医疗：新时代的机遇和挑战

进入社会主义新时代，我国经济飞速发展，在解放和发展生产力的过程中，人民健康的发展不仅是生产力发展的重要条件，也是人类社会生产活动所追求的目标之一。全面小康以后，人民的生活水平显著提高，医疗卫生事业的发展与人民的生活质量息息相关，人们对医疗卫生服务的需求日益增长，我国医疗卫生的发展进入了关键的节点。

移动支付等4G时代的新兴产物给人们带来了诸多便利，这一时代，移动医疗也

作者简介：吴静娴，女，昆明医科大学第二附属医院外科学硕士研究生。

通讯作者简介：段玉印，男，昆明医科大学第二附属医院，心脏血管外科学方向副主任医师，硕士研究生导师。

初现头角，人类科技进步的成果带到医学领域中总能发挥出巨大的作用。现如今，随着 5G 时代的到来，在数字技术的推动下，医疗发展迎来了新的机遇。正如钟南山院士所说的那样，5G 智慧医疗技术在新冠疫情防控和复工复产的过程中发挥了重要作用。在疫情防控常态化的背景下，信息资源的延时传递会给各行各业带来诸多不便，在疫情防控管理上也会存在缺口和漏洞。但生活中，5G+ 热成像技术在人群密集场所能实现大量人群快速准确体温监测，为人民筑起疫情防线；在医疗治疗中，5G 技术将推动快速远程筛查、诊断和治疗；教育工作上，远程教育和远程办公，能推动复工复产的进程。此外，在评价智慧医疗的未来时，钟南山还认为，5G 技术将作为智慧医疗的基础，在 AI 辅助诊断等技术应用上迸发新的生机与活力。互联网＋医疗的模式将在解决医疗资源不平衡、误诊漏诊、诊疗耗时长等诸多问题上提供新的解决方案，智慧医疗将为人民筑起健康的围墙。在医疗改革的进程中，互联网和新兴技术的冲击将打破传统固有的医疗模式，重建起新的医疗健康体系。在医疗创新过程中，我们无法避免的会与互联网、大数据、人工智能等技术相交叉。

医疗信息化发展的过程中，我们也不可避免的面临着巨大挑战。除创新技术上需要进一步的突破外，伦理及信息安全也是尚待解决的问题。大规模人群的医疗数据集成涉及了人口安全问题，这也是我国国家安全问题。医疗数据的权限管理，包括如何获取和利用这类庞大的数据还没有很好的解决方案。因此，把握新时代的机遇，我们也要勇于面对一系列挑战，在医疗创新上引入更多技术、人才、管理、服务等资源，推动创新医疗技术的发展。

二、智能医疗：医疗创新的百年变局

2018 年，习近平主席在金砖国家工商论坛上指出，当今世界正面临百年未有之大变局。新一轮科技革新正为新产业积聚力量，这必定会给人民生活带来翻天覆地的变化。随着生活质量的提高，人类平均寿命的延长，人口老龄化加剧，人们对健康的需求日益提高，人们越来越需要更加便利的医疗系统。借助于互联网技术和人工智能，新型的互联网医疗体系应运而生。在过去我国医疗服务体系的一大主要缺陷是拥堵，尽管我国医疗保险的覆盖面广，但医疗机构拥堵的情况却处处可见，尤其是发达地区的三甲医院，医疗规模越大、层次越高的医院，看病越困难；而基层偏远地区的医院却与之相反。因此分级诊疗的体系在改变和平衡这一现状的作用就尤为重要。此外，远程医疗、电子医疗在解决医疗资源缺乏、看病难等问题上具有无限潜力。2021 年 5 月国家卫健委表示，我国远程医疗已覆盖全国将近 90% 的县区，通过远程会诊、远程培训等方式对基层医院进行指导和新技术培训，利用云计算、人工智能技术让远程医疗更精准。新技术的应用不仅使基层医生的服务能力得到了提升，也让更多百姓享受到了更优质的医疗资源。人工智能＋医疗逐渐成为未来发展的趋势。智慧医疗的出现及应用，以其智能的方式突破传统医学管理，带来了便利。

作为一种以智能的方式突破传统医学的医学管理模式，智慧医疗在 2009 年的医疗卫生信息与管理系统协会（HIMSS）大会上首次被提出[1]。其主要分为 3 大部分：数字化医院、家庭健康系统和区域卫生系统，通过互联网信息技术打造健康档案医疗信息平台，利用信息化，实现患者与医生、医疗机构之间的互通。通过区域卫生信息平台，实现支持社区"六位一体"的服务和公共卫生服务管理，以及区域内医疗机构的互联互通、业务信息共享、业务流程协作[2]。

虽然智慧医疗还是一门冉冉升起的新兴学科，但在实际运用中已初显成效。经历了从传统医疗到智慧医疗的转变，智慧医疗着眼于医疗互联网、大数据研究和个性化治疗等方向，医疗模式也逐步从以疾病为中心到以病人为中心的转变。新医改、电子病历、预约挂号这些生活中与我们息息相关的每一步都是智慧医疗带来的变化。

"十三五"以来，随着分级诊疗制度的建立和完善，基层医疗需要更加完善的配套设施和更加完备的治疗体系，而智慧医疗互联网平台能充分利用平台优势，实现医疗健康服务的可及性、公平性。智慧医疗不仅适应我国医疗改革的发展需要，更以其高效诊疗、便捷的服务、更平衡的医疗资源供给等优势，在基层医疗建设和国家医疗资源分配中发挥了巨大优势。

三、第四次工业革命：实现民族复兴的机会之窗

18 世纪以来，世界经历了多次科技革命，每一次都深刻影响人类社会的变化。作为人类发展史上的一个重要阶段，工业革命创造了巨大生产力，实现了从传统农业社会转向现代工业社会的重要变革。当今世界，科学技术水平决定着世界政治经济发展的规模和速度，也决定着各国各民族的前途命运，影响着人们生活的方方面面。错过了"蒸汽时代"与"电器时代"的发展的中华民族奋起直追，在 20 世纪四五十年代跟上了时代的步伐，迎来了第三次工业革命，打开了信息时代的大门，为第四次工业

[1] 糜泽花，钱爱兵.智慧医疗发展现状及趋势研究文献综述［J］.中国全科医学，2019，22（3）：366-370.

[2] 宫芳芳，孙喜琢，林君，等.我国智慧医疗建设初探［J］.现代医院管理，2013，11（2）：28-29.

革命奠定了坚实的基础。

　　第四次工业革命最早提出于 1984 年，兴起则始于 21 世纪，具有智能性、融合性与颠覆性三大特征[①]。21 世纪是科学高速发展的新时代，生命科学逐渐成为时代主流。在 2021 年 Science 杂志公布的年度十大科学突破里，生命科学占据了 7 个席位。认识世界才能改造世界，从宏观走向微观的世界里，先进的研究工具成为无数科研工作者认识世界的钥匙。正如在硬盘、芯片等存储器发明之前，古代的人们想不到"五车"的学识能存储于一块小小的磁盘里。工具的利用加速了医学的发展，1674 年列文·虎克发明了显微镜，医学的发展从宏观组织细化到细胞结构，19 世纪 80 年代显微技术快速发展，显微镜的放大倍数大幅提高，德国病理学家阿尔特曼在使用高倍镜研究细胞的亚显微结构时发现了线粒体，在这之后依赖于线粒体的三羧酸循环、电子传递、氧化磷酸化等能量转化学说才得以发展。现如今，无论是基础研究中电子显微镜的广泛应用还是临床诊疗上各类内镜的普遍应用，都成了现代科学技术中不可缺少的重要工具。可见，在认识世界和改造世界的过程中，利用先进的科研工具不仅大大提高了工作效率，更为无数生命科学工作者发现新世界创造了无限可能。

　　随着人类基因组计划的迅猛发展，世界上的动植物、微生物等一切生命体得到了基因测序。在如此精细而庞大的基因群中，如何将如此大量的遗传信息进行高效、快速的检测，了解他们在生命过程中所担负的功能成为广大科研工作者的共同课题。这一探索的过程中，利用先进的科研工具不仅能让实验结果更加精确，更能使大量繁杂的工作变得简便。在 DNA 碱基互补配对原则这一原理的支撑下，基因芯片横空出世。它能通过溶液中带有荧光标记的核酸序列与固定了序列已知的靶核苷酸的探针基因芯片上对应位置的核酸探针产生互补匹配，通过确定荧光强度最强的探针位置，获得一组序列完全互补的探针序列。据此可重组出靶核酸的序列。科技与医疗相结合使基因工程的发展突飞猛进，人类基因组测序也由此推动了医疗保健领域的转型，精确的分子信息带来了更精确的诊断和治疗。2011 年，美国国家研究委员会的一个特设委员会提出了一个基于精准医学新兴领域的人类疾病新分类法的理念。精准医疗将通过综合考虑生活环境和个体基因差异，指导制定更准确的治疗方案。现如今，科研人员已经开始利用医疗保健数据进行探索，利用靶向药物抗击癌症、引用新的计算机方法进行大规模数据处理，精准医疗已初见成效。

　　处于智能化的第四次工业革命，医疗创新和数字化变革引领健康的未来。随着数

---

① 黄忠.百年变局下第四次工业革命的发展与国际关系的走向[J].当代世界与社会主义,2022(4):30-41.

字科技和生物材料的融合，物联网、人工智能、区块链等数字技术的应用对传统医疗服务模式有着前所未有的冲击，为实现医疗健康服务的可及性、公平性、高质量、高效率、低成本提供新路径[①]。随着传感器技术和分析能力的发展，我们能通过大数据取得大量信息，基于这些数据创造的价值，数字医疗保健正在朝着前进的方向发展[②]。同时。近年来，中国智慧医疗市场需求与规模不断增长，大量科研工作者积极探索智慧医疗，加速医疗行业转型与变革，加速新技术的开发和应用。中国新闻社总编辑王晓辉曾表示，中国医疗防控救助数字化、智能化水平经受住了实践检验并加速提升。智能医疗的应用在应对新冠疫情的暴发与流行彰显了巨大的优势，在疫情监测、病毒溯源、资源调配等多种方面彰显了强大的作用。随着前沿科技和医疗领域的深入融合，中国健康事业将迸发强大的生命力。想要实现弯道超车，成为科技强国，就必须把握住第四次工业革命的发展机遇，让更多创新成果走向世界，为全球医疗卫生事业做出卓越贡献、彰显中国力量。

四、医疗与科技结合：科技创新引领伟大复兴

纵观医学发展史，我们不难发现，医学的发展很大程度上依赖于科学技术的进步，医学的进步与科技创新和前沿学科交叉融合息息相关。医疗设备的完善让医学诊断更为准确，新药的开发让人类有了对抗疾病的武器，新技术的引用提高了临床治疗的能力，互联网的应用逐渐改变医疗模式。

一直以来，医疗与科技的结合在不断地影响着医疗事业的方方面面。其中，外科手术的变革便是科技与医疗结合的优秀范例。在过去，柳叶刀似乎是外科医生的代名词，而现代手术刀已经不需要锋利的刀尖，手术电刀利用热效应切割的原理，实现对机体组织的分离和凝固。与过去鲜血淋漓的手术不同，手术电刀在切开的过程中同时灼烧切缘，具有切割和止血的目的，这一特点不仅有效地减少了术中出血量，还能为外科医生提供清晰的手术视野，提高手术成功率。除了手术器械的变革外，近年来，手术者队伍里也出现了"新成员"。2020年达·芬奇sp手术机器人首次亮相于上海进博会，为观众进行了精彩的"手术"表演。与常规手术相比，达·芬奇机器人不仅能提供放大10~15倍的视野，也增加了手部除颤功能，在精细手术中能做到更复杂更精确的操作。机器人的应用让外科医生的可操作空间更大也更精细，因此，手术机器

① 李韬，冯贺霞.数字健康发展国际经验与借鉴［J］.医学信息学杂志，2021，42（5）：2-8.
② JUNG M . Digital health care and the fourth industrial revolution［J］. Health care manag（frederick），2019，38（3）：253-257.

人可以被认为是外科医生的第二双更灵巧的手。此外，与常见的外科手术不同，从伽马刀到质子束，放射外科还能使用与传统认知上不一样的"刀"对肿瘤患者进行治疗。利用射线使 DNA 双链断裂，失去增殖能力，使肿瘤细胞裂解后被吞噬吸收，伽马刀第一次让人类实现了不开刀而切除肿瘤的愿望。从传统的开刀治疗到新技术投入使用，外科医生的可操控的范围更加精细，可操作性更强。科技的发展加速着医疗水平的进步，为无数患者带来了福音。

五、结语

今天，医学已不再是一门孤立的学科，而是一门跨越自然科学和社会科学，建立在多学科基础上的综合性科学。随着社会的发展和科技的进步，传统医学模式已经逐渐难以满足人们的健康需求。今天的大健康理念也从疾病转移到健康上来，人们的观念也从有病治病转移到未病先防上。可以说，社会文明的进步和科学技术的发展是推动医学发展的强大动力，医学新技术、新装备、新药品的发展也依赖于新技术和新设备的开发，科技创新和学科交叉共同促进现代医学的进步。习近平总书记指出，现代化最重要的指标还是人民健康，这是人民幸福生活的基础。人民健康事业的发展仍需要现代科学技术的支持，在实现中国梦之路上，抓住新时代工业革命的机遇，加快医学各学科之间的交互融合，实现科技创新、医疗创新，这是医学取得突破性进展的必然途径，也是实现民族复兴的必由之路。

参考文献

[1] 糜泽花，钱爱兵. 智慧医疗发展现状及趋势研究文献综述 [J]. 中国全科医学，2019，22（3）：366-370.

[2] 宫芳芳，孙喜琢，林君，等. 我国智慧医疗建设初探 [J]. 现代医院管理，2013，11（2）：28-29.

[3] 黄忠. 百年变局下第四次工业革命的发展与国际关系的走向 [J]. 当代世界与社会主义，2022（4）：30-41.

[4] 李韬，冯贺霞. 数字健康发展国际经验与借鉴 [J]. 医学信息学杂志，2021，42（5）：2-8.

[5] JUNG M . Digital health care and the fourth industrial revolution [J]. Health care manag（frederick），2019，38（3）：253-257.

中华民族伟大复兴背景下医学研究生创新人才培养的路径探讨

韦婵妍　王家平

（昆明医科大学第二附属医院）

2020年7月，教育部、国家发展改革委、财政部发布的《关于加快新时代研究生教育改革发展的意见》指出，研究生教育是国家创新体系的重要组成部分[①]。新时代思想政治教育肩负着强化研究生思想引领，发挥研究生优秀党员榜样力量，引导研究生成为担当民族复兴大任的时代新人的重任[②]。中国共产党第二十次代表大会强调实施科教兴国战略，强化现代化建设人才支撑，教育、科技、人才是全面建设社会主义现代化国家的基础性、战略性支撑。

医学研究生是未来医疗、科技创新领域的主力军，提升医学研究生创新能力，培育医学创新人才，是高等医学院校的首要任务。加之面对疫情提出的新挑战、实施健康中国战略的新任务、世界医学发展的新要求，提高医学研究生的创新能力，培养拔尖创新医学人才已经成为高等医学院校的重要使命。

作者简介：韦婵妍，女，昆明医科大学放射影像学专业硕士研究生。

通讯作者简介：王家平，男，昆明医科大学第二附属医院放射科教授，博士研究生导师。

① 教育部，发展改革委．财政部关于加快新时代研究生教育改革发展的意见［J］．中华人民共和国国务院公报，2020（34）：72-76.

② 田向勇，冯兵．实践活动推进习近平新时代中国特色社会主义思想"入脑入心"研究［J］．思想政治课研究，2022（1）：80-88.

一、医学创新人才培养现状及存在的不足

（一）医学研究生创新意识欠缺

医学创新人才的基础和必备条件是科研综合素质，创新思维能力的重要表现形式之一即为科研问题意识[①]。提出问题体现研究生个体的领悟与创新能力，很多医学生进入研究生阶段后，仍未转变被动获取知识的习惯，缺乏批判精神，既不敢大胆设想又不能小心求证，更多的是墨守成规，对他人的研究方法和成果简单移植重复，缺乏原创性思维，缺乏对问题的主观思考，无法提出问题，产生联想，无法找到自己的兴趣点所在。

（二）导师科研创新指导力不足，课程设置结构不合理

课程设置中"本科化"问题大量存在。研究生课程设置和教学内容缺乏创新性，同时，导师承担临床、教学、科研甚至管理多方面工作，科研成果作为重要的评价标准，而面对繁重的科研任务，部分教师会偏离科研育人的理念[②]。授课内容与现实社会脱节，不能反映和涉及相关学科领域的研究进展和最新学术成果。

（三）培养方案不健全，科研平台不广泛

目前的研究生教学中，由于某些课程理论性非常强，研究生难以理解，学习积极性下降。教学资源的科研要素不丰富延缓了研究生学科知识、创新意识和创新能力培养，影响了学生创新意识、科学精神和人文素养的养成。与此同时，科研能力培养的平台差别大，高水平的医学研究平台匮乏，科研资源共享度不高。

二、研究生创新能力培养的对策

（一）建立和培养研究生的正确问题意识

研究生现存创新能力不足，具体体现在对相关领域科学前沿研究缺乏了解、专业兴趣不高、问题意识薄弱、思维能力不足等[③]。导师是研究生的领航人，应在医院党

---

① 李辉雁，王欣，吴虹林，等.高校附属医院党建工作促进医学研究生创新能力培养探索［J］.现代医院，2022，22（8）：1165-1167，1170.

② 周建平，段文越，罗梅."三全育人"视域下医药专业院系科研育人体系构建与路径研究：以昆明医科大学药学院为例［J］.教育教学论坛，2020（40）：281-283.

③ 王心如，张超.高校科研育人的现实意义与路径探索［J］.创新创业理论研究与实践，2021，4（14）：73-75.

委牵头，人事、科研、教育、学生工作、临床等部门携手共建新型科研育人引导体系下，充分发挥导师的主导性，让其在研究生培养过程中的创新意识成长、知识结构构建、学术思维与素养养成、研究技能与科研实践水平等方面发挥重要作用；并引导研究生加强理论知识基础，深度参与到导师的创新性和前沿性的科研项目中[①]。对于研究生自身而言，在参与项目的研究过程中，也应该积极主动的培养自身文献阅读检索、资料收集、学术表达、信息数据处理、团队协作等能力；通过导师的指导，系统地训练发现问题、分析问题、解决问题的能力。培养研究生个体对学术科研问题的敏感力、把握力，实现问题意识的养成，这样才能抵达科技创新之巅。

建立科研育人机制，在导师指导研究生进行科学研究的同时，对其思想进行引导，树立正确的政治方向、学术导向以及价值取向，向研究生传递严谨求实的学风、创新进取的意识，由导师负责新生第一课的任务，定期开展导师和学生的交流，对研究生进行科研道德和学术的监督，将思想、品格、学术科研能力有机结合，培养全面的研究生。

（二）引入竞争、动态流动的考核遴选机制，做好师资力量的保障

围绕学科专业的特点和发展趋势组建联合导师团队，开展科技创新方法指导、科研创新能力的培养、科研行为规范等育人工作。探讨基础与临床"互聘"、导师之间互助、科研项目合作、联合培养等方式组建导师团队。

严格研究生导师的遴选标准。师者尊严，育人先育己，导师自身要练好基本功，要选聘政治素质过硬、师德师风高尚、业务素质精湛、合作精神好等的导师[②]。

组织新遴选的导师集中培训，组织在任导师主题交流，请校内外培养经验丰富、成绩突出的优秀导师进行授课，培训方案统一策划，自主落实，不定期开展沙龙活动进行自由交流。

（三）搭建科研平台，优化学校学科建设结构

学科建设和人才培养要坚持"面向世界科技前沿、面向经济主战场、面向国家重大需求、面向人民生命健康"，使人才培养不断向科研技术的深度与广度进军。

搭建公共科研实验平台。公共科研实验平台是研究生实验技能训练和创新能力培

---

① 王路，徐伟丽，张华.高校研究生创新能力培养过程中的问题反思与对策［J］.黑龙江教师发展学院学报，2022，41（9）：12-14.

② 陈录赐.创新驱动理论助力医学研究生科研综合素质培养机制改革探讨［J］.中国高等医学教育，2021（7）：141-143.

养的重要环节和场所。学校应统筹资源、优化组合，突破现有学科的界限，将各相关的实验室、实验技术人员、大型仪器设备、科技信息等科研资源充分地共享，平台的建设目标应是共享开放、服务优质的公共科技支撑平台。

构建共享开放的科研育人信息网络平台。依托智慧校园信息网络系统，建设集学科课程教学资源、科研技术服务与远程指导、基础及临床科研信息数据共享、科研互助与学术交流、伦理审查及成果转化等模块的公共资源共享系统平台。通过信息网络平台，实现研究生教育的职能部门衔接紧密、管理精细、任务自动追踪落实；信息共享与交流互动顺畅、学术思维与科研创新能力培养成效理想等[①]。

发挥研究生个体的主观能动性，构建科研互助组织。研究生作为科学研究活动的直接参与者，也是科研育人的直接受益者。为提高育人的效果，要充分调动研究生的主动性，强化自我管理、自我完善意识，激发科研创新的兴趣，提升内在的学习探索动力。同时，导师之间、师生之间和学生之间要加强相互合作，建立问题探讨机制，构建研究生科研互助组织。

三、结语

创新能力培养是我国研究生教育培养的核心内容，其是反映国家整体创新能力强弱的标志性指标，培养和提升研究生创新能力对于我国实现科技创新和知识创新、提升国际竞争力，实现中华民族伟大复兴有着极其重要的意义。

而在研究生创新能力的培养中，科研育人机制的构建是研究生教育改革的一个方向[②]。在此机制构建的过程中，应深度理解科研育人机制的本质意蕴，并结合当前医学院校科研育人的现状特点、研究生教育的规律和时代医学发展对创新人才的内在需求，选择合适的创新思路、模式和途径，采取必要的措施来保障机制的顺利实施。

参考文献

［1］教育部，发展改革委.财政部关于加快新时代研究生教育改革发展的意见［J］.中华人民共和国国务院公报，2020（34）：72-76.

［2］田向勇，冯兵.实践活动推进习近平新时代中国特色社会主义思想"入脑入心"研究［J］.

---

① 陈录赐.创新驱动理论助力医学研究生科研综合素质培养机制改革探讨［J］.中国高等医学教育，2021（7）：141-143.

② 陈录赐.医学院校研究生科研育人机制构建探讨：以培养创新能力为导向［J］.福建医科大学学报（社会科学版），2021，22（1）：73-76.

思想政治课研究，2022（1）：80-88.

[3] 李辉雁，王欣，吴虹林，等 . 高校附属医院党建工作促进医学研究生创新能力培养探索 [J] . 现代医院，2022，22（8）：1165-1167，1170.

[4] 周建于，段文越，罗梅 . "三全育人"视域下医药专业院系科研育人体系构建与路径研究：以昆明医科大学药学院为例 [J] . 教育教学论坛，2020（40）：281-283.

[5] 王心如，张超 . 高校科研育人的现实意义与路径探索 [J] . 创新创业理论研究与实践，2021，4（14）：73-75.

[6] 王路，徐伟丽，张华 . 高校研究生创新能力培养过程中的问题反思与对策 [J] . 黑龙江教师发展学院学报，2022，41（9）：12-14.

[7] 陈录赐 . 创新驱动理论助力医学研究生科研综合素质培养机制改革探讨 [J] . 中国高等医学教育，2021（7）：141-143.

[8] 陈录赐 . 医学院校研究生科研育人机制构建探讨：以培养创新能力为导向 [J] . 福建医科大学学报（社会科学版），2021，22（1）：73-76.

浅谈构建医患命运共同体的意义

——疫情后医患关系重塑的思考

何 影 姚黎清

（昆明医科大学第二附属医院）

宝贵经验和医用物资，生动地践行了构建人类命运共同体的庄严承诺。2012 年 11 月习近平主席提出人类命运共同体的理念，强调世界各国和各国人民要建立相互依存、团结一致、互利合作、共同发展的关系，旨在为人类社会确立共同努力目标，是构建互利共赢的国际社会新秩序的中国智慧和中国方案。当前我国面临多重疾病威胁并存，针对我国的卫生与健康问题，习近平总书记强调，这些问题不能得到有效解决，必然会严重影响人民健康，制约经济发展，影响社会和谐稳定"[1]。

在疫情防控背景下，虽然医患双方都承受着巨大的生理压力及心理挑战，但却着眼于抗击新冠疫情这一共同目标，呈现出一种相互依存、共同抗争、高度和谐的"医患命运共同体"关系。通过这次疫情，我们看到了理想中相互信任的医患关系的状态。因此，医患命运共同体对医患矛盾的解决具有较高的建设性、针对性、可行性。

一、思想的形成：医患命运共同体构建的可能性

疫情战疫打响，4.2 万医务人员第一时间请愿支援武汉，勇敢的逆行，用他们的血肉之躯为全国人民筑起一条牢固的白衣长城。虽然医患双方在疫情中都承受着巨大

作者简介：何影，女，昆明医科大学第二附属医院康复医学与理疗学博士研究生。

通讯作者简介：姚黎清，女，昆明医科大学第二附属医院主任医师，博士研究生导师。

[1] 习近平.把人民健康放在优先发展战略地位［N］.新华社，2016-08-20.

的生理压力及心理挑战，但却着眼于抗击新冠疫情这一共同目标，呈现出一种相互依存、共同抗争的、高度和谐的"共同体"关系，使得构建医患命运共同体成为可能。

（一）医患命运共同体构建的理论基础

德国哲学家卡尔·雅斯贝尔斯（Karl Jaspers）在 20 世纪 50 年代将医生开业与生存哲学问题结合，将医患关系上升到哲学的关系，并率先提出了"医患命运共同体"这一全新的医患关系概念。概念阐明了医患关系的前提和实质：医患关系中首要的是人格性相遇，治疗是在这个前提下展开的；在治疗中，医患之间也不是对立的主客关系，而是共同面对着疾病的同伴关系①。医生与患者是不可分割的整体，二者之间相互依存、相互补充，而非相互对立、相互排斥的关系。正如卡尔·雅斯贝尔斯所说"医生与患者都是人，而作为人本身，他们二者是同命运、共患难的伴侣。"

（二）医患命运共同体思想是社会主义核心价值观的重要体现

人类命运共同体思想是对中国优秀传统文化的创造性转化和创新性发展，是对马克思列宁主义的继承、创新和发展，是对新中国成立以来我国外交经验的科学总结和理论提升，蕴含着深厚的中国智慧。

党的十九大报告共 13 部分，其中第 12 部分以"坚持和平发展道路，推动构建人类命运共同体"为标题，专门讲构建人类命运共同体，系统阐述了人类命运共同体思想丰富而深刻的内涵及其时代价值。可见，倡导构建人类命运共同体的目的就是希望为人类做出新的更大的贡献。人类命运共同体思想还专门写进了党的十九大修改通过的《中国共产党章程》，特别强调指出："推动构建人类命运共同体，推动建设持久和平、共同繁荣的和谐世界。"所以，习近平总书记提出的人类命运共同体思想为全球生态和谐、国际和平事业、变革全球治理体系、构建全球公平正义的新秩序都贡献了中国智慧和中国方案。因此，深入学习贯彻十九大精神，系统阐述习近平人类命运共同体思想的深刻内涵与时代价值具有重要的理论与现实意义。

（三）医患命运共同体的思想渊源

中华民族历来追求和睦、爱好和平、倡导和谐，"亲仁善邻""协和万邦"，数千年文明史造就了独树一帜的"和"文化。"和"文化蕴涵着天人合一的宇宙观、协和

---

① 金寿铁.医生开业是具体的哲学：论卡尔·雅斯贝尔斯的现代医学理念［J］.社会科学战线，2018（11）：24-33.

万邦的国际观、和而不同的社会观、人心和善的道德观。孔子说，"泛爱众，能亲仁"；孟子主张"亲亲而仁民，仁民而爱物"。墨翟更为博爱，他提出要"兼相爱，交相利"。同样地，医学也受到传统文化的影响。"医乃仁术、济人为本"是我国行医者们所奉行的行为理念，"无伤也，乃仁术也。"孟子指出医学是施行仁道主义的术业，儒家之道体现在医疗上，就是要求医生应当以仁为怀，思想上树立"人命之重贵于金"的基本理念，悬壶济世。医务人员对于医术的追求有着很高的要求，力求达到"勤求古训、博采众方"。人类命运共同体、医患命运共同体等思想观念，就是对这些优秀传统文化的创造性转化和创新性运用。由此可见，这些优秀传统文化，是中华文明得以传承和繁荣的精神支柱，也是构建医患命运共同体的思想渊源。

二、疫情防控：医患命运共同体构建的紧迫性

新冠疫情的发生为人类敲响了警钟。此次疫情的蔓延给我国的经济带来了损失，也对整个社会造成了严重的影响。但毋庸置疑，疫情对改善中国的医患关系，对医疗资源的有效整合，对和谐医疗环境的构建，以及给中国医患命运共同体的构建提供了重要的契机。

（一）良好的医疗体制是医患命运共同体构建的保障

全力守护患者的生命安全是医务人员的本职，医务人员的职业精神与道德操守要全面复归，仅靠医务人员的努力远远不够，更多地需要制度的激励和保障[1]。服务于医患命运共同体，是医疗体制改革的原则，既要充分发挥市场的调节和激励作用，更应保障医疗机构的公益性。目前造成看病难、看病贵的症结所在是新医改仍然以市场机制驱动医疗服务体系，这就使得医患之间实质上仍然属于经济关系，这恰恰违背了医患关系的根本——医患命运共同体，医患矛盾注定愈演愈烈。所以，新一轮医改的出路应该是破除医院逐利性。政府应继续加大对医疗卫生的投入，在满足全民基本医疗保险覆盖的基础上，逐渐扩大医疗保障覆盖范围，减少个人支付比例，加强宏观调控及优化卫生资源配置，让基本医疗回归公益性，真正减轻患者就医负担，解决患者的后顾之忧[2]。另外，在医疗机构管理中还应加强渠道创新，充分利用互联网＋医疗

---

[1] 史敏.后疫情时代构建医患命运共同体的思考［J］.中国医学伦理学，2021，34（9）：1194-1197.

[2] 程科威.多维度研究公立医院公益性实现的保障要素［J］.中国卫生事业管理，2018，35（9）：670-672.

技术，开展远程医疗，从而节省医疗资源。总之，需从根本上改善医患关系，推进医疗体制改革为构建和谐医患关系提供制度保障。

（二）充分的医患互信与人文关怀是医患和谐的前提

信任是医患关系和谐的基石，"你若性命相托，我必全力以赴"，这充分表明了医患间的信任与理解，也是医患之间该有的相处模式。人文关怀是构建和谐医患关系必不可少的因素。"医者德为先""无德不成医"，医德比医术更重要，医德教育应该是终身教育。医务人员在努力学习掌握先进的医学知识和技术，给患者准确的诊断及最适治疗之外，还需要加强人文素质培养，照顾到患者的身与心，即所谓的"医者仁心，身心兼治"[①]。和谐医患关系的一个重要因素是医务人员给予患者必要的人文关怀。例如，在疫情期间，许多患者有严重的心理负担（包括：对未知病情的恐惧、亲人的猝然离世及对死亡的恐惧等），导致对医务人员有强烈的抵触情绪，无法建立相互信任。这个时候，医务人员需从一些小细节做起，以逐步打开患者的心扉，取得他们的信任，建立对治疗的信心。实践证明，人文关怀可以有效地拉近医患双方心的距离，建立亲密的医患关系。

（三）积极的社会舆论是构建医患命运共同体的催化剂

媒体及社会舆论通过信息的大量整合和快速传播，凭借其独特的优势，以新闻报道、论坛讨论等多种形式对医患关系开启了公共关注。马尔科姆·麦库姆斯和唐纳德·肖1972年提出了传播学中的议程设置理论，认为：大众传播媒介在一定阶段内对某个事件和社会问题的突出报道，会引起公众的普遍关心和重视，进而成为社会舆论讨论的中心议题。在社会媒介化的今天，媒体的曝光度和反映度，会形成媒体的舆论场，积极的、富有活力和韧性的舆论场能够发挥起良好的导向作用，对于建构和谐社会关系起到重要作用。目前社会对医疗的认知与现实错位：健康知识的传播满天飞，但科学性不足，理念导向堪忧，以至于很多百姓不了解"基本医疗并非最好的医疗"[②]，对医学的复杂性、局限性和不确定性缺乏认识，且我国公众生死教育长期缺位，很多人难接受疾病、衰老与死亡，对医疗与医生抱有过高期望。

因此，在新闻报道中，应把握好度，避免媒体失真、过度宣传，让患者产生高于

① 刘巧，等.共生理论对后疫情时代构建医患命运共同体的启示［J］.中国医学伦理学，2021，34（6）：696-700，726.

② 汪新建.医患信任关系的特征、现状与研究展望［J］.南京师大学报，2016（3）.

预期的期望，可避免不必要的医患纠纷。正确的舆论导向，对构建医患命运共同体具有重要的作用。

（四）加强行业立法是构建医患命运共同体的保障

在医患关系紧张、医患冲突屡见不鲜的背景下，塑造良性互动下的和谐医患关系，让医生和患者成为利益相关、情感共振的命运共同体更需要法律的支撑。在积极的社会舆论的催化下，医患携手对抗共同的敌人，战胜疾病的机会才可能大大提升。一方面，要保证医务人员的安全。医疗物资和防护用品保质保量供应，是打赢新型冠状病毒感染的肺炎疫情防控阻击战的关键所在，更是降低患者死亡率的不二之选，要努力提供疫情防控所需的医疗物资和药品充分满足患者的需求[①]。另一方面，要充分保障医护人员的身心健康。习近平总书记在新冠肺炎疫情防控期间提出："要加大全民普法工作力度，弘扬社会主义法治精神，增强全民法治观念，完善公共法律服务体系，夯实依法治国社会基础。"加强治安管理、市场监管等执法工作，加大对暴力伤害医务人员的违法行为打击力度，保障社会安定有序。为医患命运共同体的构建提供法律保障，在法治轨道上统筹推进各项防控工作，要在疫情防控期间加强法制宣传提供法律服务，积极引导广大人民群众增强法治意识，使人民群众依法依规的支持和配合疫情防控工作，并及时有效地化解在疫情期间产生的矛盾纠纷，从而保障疫情防控工作顺利开展。

参考文献

［1］习近平.把人民健康放在优先发展战略地位［N］.新华社，2016-08-20.

［2］金寿铁.医生开业是具体的哲学：论卡尔·雅斯贝尔斯的现代医学理念［J］.社会科学战线，2018（11）：24-33.

［3］史敏，李倩，胡晓佳，等.后疫情时代构建医患命运共同体的思考［J］.中国医学伦理学，2021，34（9）：1194-1197.

［4］程科威，占伊扬，张立.多维度研究公立医院公益性实现的保障要素［J］.中国卫生事业管理，2018，35（9）：670-672.

［5］刘巧，王军永，王力.共生理论对后疫情时代构建医患命运共同体的启示［J］.中国

---

① 中华人民共和国国务院新闻办公室.抗击新冠肺炎疫情的中国行动［N］.人民日报，2020-06-08（10）.

医学伦理学，2021，34（6）：696-700，726.

[6] 汪新建，王丛.医患信任关系的特征、现状与研究展望 [J].南京师大学报，2016（3）.

[7] 中华人民共和国国务院新闻办公室.抗击新冠肺炎疫情的中国行动 [N].人民日报，2020-06-08（10）.

侧畔千帆过，前头万木春

——用历史的眼光看中国科创事业发展

官 雪 杨文慧

（昆明医科大学附属心血管病医院）

1949 年 10 月 1 日，中华人民共和国的五星红旗第一次在首都北京天安门广场上空升起，中华民族历经屈辱磨难，浴火重生，从此翻开了崭新的篇章；73 年后，一个自主民主的中国，一个繁荣昌盛的中国，已傲立于世。无论世界格局如何变化，无论面临多么严峻的考验，我们都将乘风破浪、披荆斩棘，满怀民族自信，走在通往光明美好的未来之路上。

从 18 世纪的英国到 19 世纪末的日本等有着世界影响的大国，都是在科技革命的浪潮中崛起的，都是以强大的科技创新能力作为发展支撑。由此可见，科技创新与大国发展密切相关。

新中国成立之初，在技术上我们还很落后。为了获得人口红利，工业领跑国家的企业把许多低端生产设施转移到中国，各种低层次的中小型企业在国内遍地开花。当时的中国工业缺这少那，举国奋斗的目标就是把缺少且原来做不了的东西做出来，不管是用哪来的技术。许多研究院所被并入工厂或转为制造业，大学教授们都忙于研究和制造产品。企业更是忙于制造产品赚钱，不惜重金引进先进生产线，都不愿将资金投入需要大量时间和耐心的研发中。14 亿人的不懈努力使中国最终成为世界第二大经济体。但是，一个依赖技术引进的国家终将会进展缓慢，失去竞争力，甚至当经济发

作者简介：官雪，女，昆明医科大学附属心血管病医院硕士研究生。

通讯作者简介：杨文慧，女，昆明医科大学附属心血管病医院副主任医师，硕士研究生导师。

展到能够投入力量进行正面竞争甚至领跑时，国外垄断资本就会想方设法来阻碍[1]。

当然，中国人也逐步发现了问题。1956年，党中央发出关于"向科学进军"的号令，制定了中国第一个长期科技发展规划，这也催生了众多科学技术成果，"两弹一星"就是这个时期的产物，为我国的尖端科技事业奠定了基础。1978年，在全国科学大会上，邓小平重申了"科学技术是生产力"这一观点。1988年，他又进一步指出，"科学技术是第一生产力"，使得全国上下都开始重视科学技术。1995年5月，中共中央、国务院正式提出在全国范围内实施"科教兴国"战略，把教育事业和科技创新摆在社会、经济发展的首要位置，此后中国的科技事业迅速腾飞[2][3]。

从全面建设小康社会到基本实现社会主义现代化，从实施科教兴国战略、人才强国战略到创新驱动发展战略，科技创新的作用越来越重要[4]。政府和社会各界积极为科教事业发展创造良好环境，使之成为民族振兴、国家发展的不竭动力源。特别是党的十八大以来，习近平总书记从统筹世界百年未有之大变局和中华民族伟大复兴战略全局的立场出发，围绕自主创新的道路选择、以人为本的价值基准、新型举国体制的制度安排，科学地论述了有关科技创新的一系列重大实践和理论问题[5]。在中国共产党的正确领导下，中国人民依靠自己的聪明才智和刻苦勤奋，无疑将推动中国科技事业稳步向前迈进，成为世界一流的科技强国。

一、中国科技创新能力之变

创新精神是中华民族最鲜明的民族禀赋，习近平总书记曾引用《诗经》中的诗句"周虽邦旧，其命维新"及《盘铭》"苟日新，日日新，又日新"等古训[6]，来说明中华民族自古以来就具有创新精神。回顾中华民族5000多年的文明发展史，正是依靠不断地创新产出了一大批科技成果，走向繁荣、走向富强。尤其值得一提的，是宋朝。虽然在古代封建王朝中，宋朝的军事不如汉唐，但是却在文化、科技上有着其他朝代

① 谢友柏.再论设计科学：关于我国科技创新、人才和知识的思考［J］.上海交通大学学报（哲学社会科学版），2022，30（4）：57-69.
② 佟鑫，吴文娴.传承红色基因，肩负自强使命 以科技创新助推民族复兴［J］.国防科技工业，2021（8）：52-54.
③ 孔云.中国科学教育目标的演变［J］.四川教育学院学报，2007（12）：55-57.
④ 万劲波.坚持创新核心地位，建设世界科技强国［J］.科技导报，2021，39（3）：141-148.
⑤ 张军成，吴健敏.习近平新时代科技创新重要论述的核心要义及时代价值［J］.湖北经济学院学报（人文社会科学版），2021（1）：4-8.
⑥ 石娜.新时代青年文化自信教育探析［J］.厦门特区党校学报，2021（1）：10-16.

无法比拟的成就，特别是科技上的成熟，直接推动了宋朝经济的发展和繁荣，也对人类文明产生深远影响。

英国科学史学家李约瑟是第一个指出宋代具有非凡科技创造力的人："每当人们在中国的文献中查找一种具体的科技史料时，往往会发现它的焦点在宋代。"他从各种角度考究了中华文明对世界科学进步做出的贡献，得出的结论是，宋代是中国古代科学技术方面的发明和成就最为丰厚的巅峰时期，在许多方面超过了 18 世纪工业革命前的英国甚至欧洲的水平[①]。中国古代的四大发明有 3 项就出自该时期。15 世纪时，英国唯物主义哲学家、实验科学的创始人培根曾盛赞："这 3 种发明曾改变了整个世界事物的面貌和状态……没有一个帝国，没有一个教派，没有一个赫赫有名的人物，能比这 3 种机械发明在人类的事业中，产生更大的力量和影响[②]。"马克思也称赞它们是"预告资产阶级到来的三大发明"[③]。在他们看来，来自中国的这"三大发明"在世界文明史中有着举足轻重的地位。

然而，在清朝的闭关锁国政策下，中国科技发展远远落后于欧美国家。一落后，就挨打。在科技与国家发展方面，世界曾给中华民族留下一道难以磨灭的伤疤，也带来了深刻的教训及对于民族发展的深思。

新中国成立以来，几代中央领导集体通过对科技和创新进行不懈的探索和实践，为具有中国特色的独特创新指明了前进方向。如今，当科技革命和产业转型的机遇再次摆在我们面前，摆脱了重重桎梏的中国人纷纷怀着巨大的热情投入到科技创新之中，以史为鉴，已成为世界上具有重要影响力的科创大国，正稳步开启加快建设世界科技强国新征程[④]。

2022 年 9 月 29 日，世界知识产权组织发布《2022 年全球创新指数报告》，中国位列第 11 位，创新能力综合排名较 10 年前上升了 23 位，研发人员总量稳居世界第一，成功进入创新型国家行列，并且在全球参与排名的 132 个经济体中，我国首次拥有和美国同样数量的顶级科技集群，居全球首位[⑤]。这 10 年，得益于我国深入实施创新驱

---

① 萨日娜.中国古代如何鼓励科技创新：以宋代的科技奖励与科技创新为例 [J].人民论坛，2022（15）：110-112.

② 王兴文.试论宋代改革与科技创新的思想互动 [J].自然辩证法通讯，2004（4）：17-22，12-110.

③ 马克思.经济学手稿 [M].许宝骙，译.上海：商务印书馆，1884.

④ 国纪平.让科技创新为人类文明进步提供不竭动力 [J].人民周刊，2022（8）：68-72.

⑤ 刘垠.我国创新能力持续提升　推动力从何而来：专家解析《2022 年全球创新指数》亮点 [H].科技日报，2022.

动发展战略，大力扶持经济社会发展，推动科技体制改革，集中力量攻克关键核心技术，我国科技事业乘势而上，发生了历史性的重大变化。

现如今，科技的每一次进步，都在推动我们的生活进步。有了电子地图，再也不用根据北极星和指南针找回家的路；依靠移动通信设备和便捷出行工具，终于告别了"通讯基本靠吼，交通基本靠走"的落后时代；AI 图像修复功能，一分钟拯救蒙尘老照片……可以说，科技创新改变了我们的生活方式。探月探火、载人航天、卫星导航、人工智能、生物医药等领域不断涌现出重大科技创新成果，反映出我国科技实力已从量的积累迈向质的提升，标志着我国已成为全球最显著、最活跃且最具潜力的科技创新核心，成为推动全球创新格局演化的重要力量之一。

二、习近平论科技创新

历史性跨越背后，是增强科技创新的决心和行动，是鉴往知来的格局和眼界。

党的十八大以来，习近平总书记多次强调，把创新作为引领发展的第一动力，亲自部署并推动一系列重大科技创新举措。"一个国家和民族的创新能力，从根本上影响甚至决定国家和民族前途命运。""在新一轮全球增长面前，惟改革者进，惟创新者强，惟改革创新者胜。"①……同时，习近平总书记也强调，科技创新不是关起门来搞创作，更不是为了争当"世界霸主"的举措。

在金砖国家领导人第十四次会晤中，习近平总书记呼吁，我们要坚持开拓创新，激发合作潜能和活力，并指出，企图通过高科技垄断、封锁、壁垒，干扰别国创新发展，维护自身霸权地位，注定行不通②。要进一步密切加强跨国交流联系，依托"一带一路"倡议、"区域全面经济合作关系"等国际合作及冬奥会等国际交流场景。以 5G 通讯为例，中国是最早实现 5G 通信商用的国家之一，国内的 5G 基站建设布局已基本完成。5G 技术在各大市场行业的应用为我国数字经济带来了优势，因此需要借助各种国际合作交流契机，让我国科技成果在世界范围内加以应用，并以此实现科技创新能力互补、研究应用密切合作、数字资源合理共享的互助格局，同时也能为受疫情重创的全球经济发掘新的增长点③。这不仅是助力民族复兴梦的举措，也是构建人类命运共同体的正确途径一。同时，无论是追求"从 0 到 1"的新突破，还是掌握更多核

---

① 国纪平. 让科技创新为人类文明进步提供不竭动力［J］. 人民周刊，2022（8）：68-72.

② 刘文涛. 习近平论科技创新［Z］."学习强国"学习平台，2022-10-12.

③ 王金明. 坚持独立自主与中国特色科技创新之路：中国创新发展战略与升级［J］. 曲靖师范学院学报，2022，41（4）：1-9.

心技术，我们都需要切实提升原始创新能力，走中国独特创新之路，如此才能更加坚定我们的创新自信，从而形成更广泛、更强大的创新动能。

三、科技创新与科研人才

科技创新活动本质上是人的创造性活动，创新成果的转化需要实用型人才来实现。新中国成立以来，一代代科技工作者矢志践行科技报国的初心，响应祖国的号召，披星戴月，用智慧和汗水，在黑暗中摸索，在泥泞中前行，取得了一系列重大科技成果。从"两弹一星"到"神州"系列飞船，从超级计算机问世到国产大飞机 C919 亮相等，这些辉煌的成就见证了中国从站起来到强起来，也印证着老一辈科研人员艰苦奋斗、开拓创新、敢于啃硬骨头的意志和决心。他们把个人理想融入国家和民族的事业中，把家国情怀转化为爱党报国的动力源泉，融入不懈的奋斗中，成为一代代优秀人才不畏艰险、奋勇向前的"灯塔"，激励着一代代青年科技工作者去研究、去创新、去追求新的高度①。

科技创新是个漫长的过程，而青年人才是足以支撑这一国家发展进程的源泉。中国科技事业要想实现高水平的自立自强，在新一轮科技革命中占得先机、稳步前进，在迈向第二个百年奋斗目标的新征程中建设科技强国，就必须不断提升原始创新能力，就必须培养越来越多的具有科技创新能力和科学思维并且不怕吃苦的青年人才。历史的交接棒正传到我们这一代人手中，青年科技人员唯有蓄力奋发、勇起直追，才能承担起这一光荣使命。

正如没有星月，黑夜便不见光明。中国科技创新事业若无人推动，便也是前途一片黑暗。因此青年们要发自内心听党话、跟党走，敢担当、能吃苦、肯奋斗，树立崇高远大的理想，将坚韧不拔、一往无前、开拓进取的创新精神发扬光大；不断拓展自身的知识体系，培养求异思维；加强源头创新和原始创新，努力攀登科技高峰；把国家和人民的利益始终放在首位，为科技创新和全球发展奉献力量，才能成长为铸就科技强国、制造强国的中坚力量，才能承担起时代赋予我们的使命，才能实现中华民族伟大复兴，使中国成为历史苍穹下那颗永恒不落的明星。

---

① 李宏宇.科技创新助力民族复兴［J］.思想政治工作研究，2022（6）：43-44.

参考文献

［1］谢友柏.再论设计科学：关于我国科技创新、人才和知识的思考［J］.上海交通大学学报（哲学社会科学版），2022，30（4）：57-69.

［2］佟鑫，吴文娴.传承红色基因，肩负自强使命　以科技创新助推民族复兴［J］.国防科技工业，2021（8）：52-54.

［3］孔云.中国科学教育目标的演变［J］.四川教育学院学报，2007（12）：55-57.

［4］万劲波.坚持创新核心地位，建设世界科技强国［J］.科技导报，2021，39（3）：141-148.

［5］张军成，吴健敏.习近平新时代科技创新重要论述的核心要义及时代价值［J］.湖北经济学院学报（人文社会科学版），2021（1）：4-8.

［6］石娜.新时代青年文化自信教育探析［J］.厦门特区党校学报，2021（1）：10-16.

［7］萨日娜.中国古代如何鼓励科技创新：以宋代的科技奖励与科技创新为例［J］.人民论坛，2022（15）：110-112.

［8］王兴文.试论宋代改革与科技创新的思想互动［J］.自然辩证法通讯，2004（4）：17-22，12-110.

［9］马克思.经济学手稿［M］.许宝騤，译.上海：商务印书馆，1884.

［10］国纪平.让科技创新为人类文明进步提供不竭动力［J］.人民周刊，2022（8）：68-72.

［11］刘垠.我国创新能力持续提升　推动力从何而来：专家解析《2022年全球创新指数》亮点［J］.科技日报，2022.

［12］刘文涛.习近平论科技创新［Z］."学习强国"学习平台，2022-10-12.

［13］王金明.坚持独立自主与中国特色科技创新之路：中国创新发展战略与升级［J］.曲靖师范学院学报，2022，41（4）：1-9.

［14］李宏宇.科技创新助力民族复兴［J］.思想政治工作研究，2022（6）：43-44.

以科技创新推进中华民族伟大复兴

姚艳飞　王春艳

（昆明医科大学第一附属医院）

一、科技创新推进中华民族伟大复兴的时代背景

习近平总书记在党的十九届六中全会上，向全社会发出号召要积极推进科技自立自强[①]，科技创新在社会主义现代化建设中具有十分重要的作用。科技创新是促进人类社会向前向好发展的重要力量，在中国特色社会主义事业中起关键性作用。从目前严峻的国际、国内形势两个方面来看，发展科技创新迫在眉睫。

（一）国际形势严峻，世界正处于百年未有之大变局

从国际局势上来看，在 21 世纪的今天，世界正处于百年未有之大变局，世界格局十分动荡；又由于近年来新冠疫情的影响，使国际环境日趋复杂且极不稳定。当前世界向着多极化、经济全球化、社会信息化、文化多样化深入发展，全球竞争日益激烈。然而，我国作为全球第二大经济体，与发达国家的创新能力等方面还存在较明显差距，"创新型人才数量不足、质量不高也成了高质量发展中的重大问题，这种状况必须引起我们高度重视"。只有不断发展科技创新，持续提升科技自主创新能力，才能在大变局中沉着应对，顺应时代潮流，把握机遇，迎接挑战。

（二）国内需求增长，社会主要矛盾的转变

从国内局势上来看，中国特色社会主义进入新时代。党的十九大提出，我国社会

作者简介：姚艳飞，女，昆明医科大学第一附属医院临床病理专业，硕士研究生。

通讯作者简介：王春艳，女，昆明医科大学第一附属医院病理科教授，博士研究生导师。

① 中国共产党第十九届中央委员会第六次全体会议文件汇编［G］.北京：人民出版社，2021：2-12.

主要矛盾已经转化为人民日益增长的美好生活需要和不平衡不充分的发展之间的矛盾。国内巨大的市场需求也为科技创新提供了根本动力，为创新资源的聚集提供了有利条件。目前我国经济正处于由高速增长向高质量发展迈进的关键时期，科技创新与高质量发展息息相关，我们必须坚定不移贯彻新发展理念，提升科技创新能力和高质量人才培养，从而全面提升我国经济创新力和竞争力，为建设社会主义现代化经济体系、推动高质量发展提供战略支撑，为实现第二个百年奋斗目标、实现中华民族伟大复兴的中国梦奠定坚实基础。

只有走好科技创新这一步关键的棋，才能在解决我国现阶段社会主要矛盾、满足人民对美好生活向往的同时，提升我国的综合国力和国际竞争力，在全球百年未有之大变局的激烈竞争中，把握主动权，也为世界构建人类命运共同体贡献出"中国智慧"。

二、科技创新推进中华民族伟大复兴的重大意义

毛泽东同志高度重视发展中国自己的科学技术，向全党全国发出"向科学进军"号召[1]。邓小平同志作出"科学技术是第一生产力"的重要论断，提出"掌握新技术，要善于学习，更要善于创新"[2]。江泽民同志提出，"创新是一个民族进步的灵魂，是一个国家兴旺发达的不竭动力"，作出加速科学技术进步的决定，并提出科教兴国战略[3]。胡锦涛同志指出，"要加快提高自主创新能力，坚定不移走中国特色自主创新道路，坚持自主创新、重点跨越、支撑发展、引领未来的方针。"[4]党的十八大以来，全球经济面临许多新的重大课题，以习近平同志为核心的党中央作出了重大部署。实现高质量发展，建设社会主义现代化经济体系，必须坚定不移地贯彻创新、协调、绿色、开放、共享的新发展理念，用新发展理念统领发展全局。坚持科技创新的发展，是应对环境变化，更好的引领新常态的根本之策。"科技立则民族立，科技强则国家强。"[5]也正如马克思所言："随着科技的发展，打破了人们陈旧的思想与观念，并被新

① 中共中央文献研究室.毛泽东年谱（一九四九——一九七六）：第二卷［M］.北京：中央文献出版社，2013：511.
② 中共中央文献研究室.邓小平关于建设有中国特色社会主义的论述专题摘编［M］.北京：中央文献出版社，1992：40.
③ 江泽民.江泽民文选：第三卷［M］.北京：人民出版社，2006：64.
④ 胡锦涛.胡锦涛文选：第三卷［M］.北京：人民出版社，2006：348.
⑤ 习近平.在中国科学院第二十次院士大会、中国工程院第十五次院士大会、中国科协第十次全国代表大会上的讲话［N］.人民日报，2021-5-29（2）.

的富有时代性的思想所取代"①。科学技术的进步和创新与国家强盛和民族复兴密切相关，更是可以使人们的思想和观念随时代而进步，推进社会主义现代化建设的进程。2016年4月，在知识分子、劳动模范、青年代表座谈会上，习近平总书记指出，我们要不断推进理论创新、制度创新、科技创新等各方面的创新，让创新成果更多更快地造福社会、造福人民②。在2021年11月党的十九届六中全会上，习近平总书记再次强调，要积极推进科技自立自强③，把科学技术自主创新作为构建新发展格局的第一动力。实践表明，拥有自主研发能力、掌握核心科学技术的国家才能在国际上占据领先地位，在激烈竞争中脱颖而出，在国际潮流中站稳脚跟。我们要通过科技创新，推动经济高质量发展，促进社会主义根本要求的实现，促进全社会人民的共同富裕。科技创新不仅是我国把握关键核心技术的重要保障，同时也是国家创造财富的最重要源泉，是助力我国加快经济强国建设的最根本的保障④。习近平总书记指出，实施创新驱动发展战略，最根本的是要增强自主创新能力，最紧迫的是要破除体制机制障碍，最大限度解放和激发科技作为第一生产力所蕴藏的巨大潜能⑤。因此，为了实现中华民族伟大复兴的中国梦，要充分认识科技创新在我国发展中的重要作用，并把握住这一着力点，大力发展科技创新，提升我国的经济、科技实力以及国际竞争力。

三、科技创新推进中华民族伟大复兴的实践路径

习近平总书记强调，面向未来，增强自主创新能力，最重要的就是要坚定不移走中国特色自主创新道路，坚持自主创新、重点跨越、支撑发展、引领未来的方针，加快创新型国家建设步伐⑥。实施创新驱动发展战略，创新型人才是关键。创新型人才队伍缺乏，我国自主创新之路就会充满荆棘和坎坷。我国创新型人才队伍存在缺口，高素质人才占比偏低，成为科技创新驱动发展战略的重大制约。习近平总书记指出，青年一代有理想、有本领、有担当，国家就有前途，民族就有希望。青年兴则国家兴，青年强则国家强。作为一名新时代的青年，同时也是一名医学专业的硕士研究生，通

① 马克思，恩格斯.马克思恩格斯全集：第二十三卷[M].北京：人民出版社，1972：376.
② 习近平.在知识分子、劳动模范、青年代表座谈会上的讲话[N].人民日报，2016-4-30（2）.
③ 中国共产党第十九届中央委员会第六次全体会议文件汇编[G].北京：人民出版社，2021：2-12.
④ 陈劲.共同富裕视野下的科技创新[J].中国经济评论，2021（9）：52-54.
⑤ 习近平.在中国科学院第十七次院士大会、中国工程院第十二次院士大会上的讲话[N].人民日报，2014-6-10.
⑥ 习近平.在中国科学院第十七次院士大会、中国工程院第十二次院士大会上的讲话[N].人民日报，2014-6-10（2）.

过思政课程及专业课程的学习，树立坚定的理想信念，树立正确的世界观、人生观、价值观，认清新时代新阶段的新要求，把握国内外社会发展趋势，同时不断提升自己的临床医学专业知识和技能，将个人发展同社会发展趋势有机结合起来，将当前学习和未来发展有机衔接起来，将自己的人生追求与国家的发展、人民的实践紧密结合，充分认识科技创新强国的重要性，勇于担当，无私奉献，努力学习，为实现社会主义的最终目标——共同富裕而努力奋斗。在时代大潮中建功立业，同时成就自我，实现自己的人生理想和人生价值。在全面建设社会主义现代化国家新征程中，我们要以史为鉴，开创未来。我们要深刻把握中华民族伟大复兴战略全局和世界百年未有之大变局，把握机遇，迎接挑战，争做高素质创新型人才，自觉担当起实现中华民族伟大复兴中国梦的历史使命，朝着全党全国各族人民的第二个百年奋斗目标迈进。

参考文献

［1］中国共产党第十九届中央委员会第六次全体会议文件汇编［G］.北京：人民出版社，2021：2-12.

［2］王广生.以创新驱动发展战略推动经济高质量发展［J］.中国井冈山干部学院学报，2022（5）：32-40.

［3］中共中央文献研究室.毛泽东年谱（一九四九——一九七六）：第二卷［M］.北京：中央文献出版社，2013.

［4］中共中央文献研究室.邓小平关于建设有中国特色社会主义的论述专题摘编［M］.北京：中央文献出版社，1992.

［5］江泽民.江泽民文选：第三卷［M］.北京：人民出版社，2006.

［6］胡锦涛.胡锦涛文选：第三卷［M］.北京：人民出版社，2006.

［7］习近平.在中国科学院第二十次院士大会、中国工程院第十五次院士大会、中国科协第十次全国代表大会上的讲话［N］.人民日报，2021-5-29（2）.

［8］马克思，恩格斯.马克思恩格斯全集：第二十三卷［M］.北京：人民出版社，1972.

［9］习近平.在知识分子、劳动模范、青年代表座谈会上的讲话［N］.人民日报，2016-04-30（2）.

［10］陈劲.共同富裕视野下的科技创新［J］.中国经济评论，2021（9）：52-54.

［11］习近平.在中国科学院第十七次院士大会、中国工程院第十二次院士大会上的讲话［N］.人民日报，2014-6-10.

科技创新助推中华民族伟大复兴

王 宁 罗祥美

（昆明医科大学）

一、科技创新是中华民族伟大复兴的物质基础

世界历史的发展表明，每一次重大的科技创新都使经济得到了重大发展，每一项科学技术都极大地延展了经济发展的空间，制约及主宰着国家兴衰及国力的消长[①]。科技创新能力已经越来越成为综合国力竞争的决定性因素，在激烈的国际竞争面前，如果我们的自主创新方面得不到提升一味靠技术引进，就永远难以摆脱技术落后的局面。

科技创新要发挥科技的渗透性、扩散性、颠覆性作用，为高质量发展提供更多的源头供给、科技支撑和新的成长空间。这10年过程中，科技助推传统产业升级：持续20多年"三横三纵"技术研发，形成了我国新能源汽车较为完备的创新布局，产销量连续7年位居全球首位；立足我国以煤为主的能源禀赋，加快煤炭高效清洁利用研发攻关；连续15年布局研发百万千瓦级超临界高效发电技术，供电煤耗最低可达到264克每千瓦时，大大低于全国平均值，也处于全球先进水平。目前，该技术和示范工程已经在全国推广，占煤电总装机容量的26%。从载人航天到嫦娥探月，从杂交水稻到核电建设，中国一系列大国工程以及大国重器举世瞩目。在探月工程中，主要承担地面应用系统有效载荷分系统等任务，为"嫦娥"开展科学探测提供关键的技术

作者简介：王宁，女，昆明医科大学硕士研究生，主要从事妇产科卵巢肿瘤基础研究。

通讯作者简介：罗祥美，女，昆明医科大学主任医师，主要从事妇产科临床研究。

① 郑伟. 习近平科技创新观探赜 [J]. 武汉理工大学学报（社会科学版），2017，30（1）：76-81.

保障。在北斗三号全球导航定位系统建设中，承担了 12 颗卫星的研制任务。围绕深空、深海科技制高点，中科院研制的悟空、墨子、慧眼、太极、广目等一批科学卫星，使我国在空间科学国际竞争中占据了有利地位。成功研制了"深海勇士"号、"奋斗者"号、"海斗一号"等谱系化的深海装备，引领我国的深海科考进入万米时代。围绕航空发动机叶片、超分辨光刻机、仿生合成橡胶、高端轴承、高性能特种材料等重大需求，发挥体系化、建制化优势，突破了一批关键核心技术，为保障产业链安全提供有力的科技支撑。中华民族伟大复兴是实现国家富强、民族振兴和人民幸福，综合国力和国际影响力达到世界领先水平，全体人民实现共同富裕，建成富强民主文明和谐美丽的社会主义现代化强国[①]。这些成就对于我国经济社会发展起到了重要的支撑作用，为中华民族伟大复兴奠定了坚实的基础。

二、科技创新推动我国经济发展，激发经济活力

科技创新，是引领经济高质量发展的首要动力。近年来，我国科技能力不断跃升，从引领移动通信到核电产业跨越发展，再到 5G、新材料、新能源等，科技实力与创新能力的发展均显著支撑着实体经济的高质量发展[②]。由此可见，作为新时期发展的第一动力，持续科技创新将为实体经济发展提供有效动力，推动"产业强、经济强、国家强"目标的落实。不论是"十四五"规划或是 2035 年远景目标，创新发展，均被列为诸多任务之中的重中之重，特别是利用科技创新支撑实体经济发展、为实体经济赋能，已然进入到更深层次的融合阶段，而科技创新同实体经济的深度融合，不仅是立足国家发展的"刚需"，更是着眼长远发展的重大计划。立足当前，全面建成小康社会将为科技创新提供更加丰沛的物质条件和更广阔的应用前景；面向未来，科技创新将为下一步建设社会主义现代化强国提供更加强劲的发展动力，开拓新的发展空间。

依照《中国科技统计年鉴（2019 年）》等最新的相关资料得出，近些年高技术行业持续成长，优化了我国产业结构，改善了出口贸易，增强了我国经济发展的力量，2018 年我国高技术产业营业收入达到 157 001 亿元，相比 2010 年增长了 50.91%，实现利润总额 10 293 亿元，高技术产品出口总额达到了 743.04 亿美元，相比进口总额高出 77.52 亿美元，科技产品出口结构呈现多样化。科技进步驱动经济发展还逐步深入到科技企

① 郭敬生. 论我国经济高质量发展：战略意义、方向定位和重点任务[J]. 福州党校学报，2020（3）：59-62.

② 刘立山，华静. 以科技创新助力实体经济发展壮大[N]. 兰州日报，2022-10-12（2）.

业孵化方面，国家政策的支持为孵化一批前沿企业、培育竞争新优势提供了重要保障，2018 年列入政府统计部门名单的科技企业孵化器数量为 4 849 件，同比 2015 年增长 1.5 倍，孵化器内企业数量为 260 521 个，同比 2010 年增长两倍，在孵企业总收入 8 343.04 亿元，实现发明专利 85 180 件，为高技术行业的发展提供了充足的准备。

三、科技创新为导向，全面深化改革

解决当前我国发展面临的一系列重大问题，继续保持经济社会持续健康发展势头，迫切要求全面深化改革。1978 年 12 月召开的党的十一届三中全会，作出了实行改革开放的历史性决策。40 多年来，中国共产党始终坚持改革开放不动摇，推动中国经济社会发展取得令世界瞩目的奇迹，中华民族迎来了从站起来、富起来到强起来的伟大飞跃。全面深化改革为中国特色社会主义事业提供了磅礴的动力。习近平总书记指出，改革开放是党和人民大踏步赶上时代的重要法宝，是坚持和发展中国特色社会主义的必由之路，是决定当代中国命运的关键一招，也是决定实现"两个一百年"奋斗目标、实现中华民族伟大复兴的关键一招[①]。全面深化改革是中国特色社会主义的历史起点和逻辑起点，它为中国特色社会主义提供了充沛的动能，促成了社会主义事业全面快速发展。全面深化改革推动了经济建设迈向辉煌。对内搞活、对外开放首先在经济领域展开。经济改革把人们的物质意识动员起来，释放了个体的能量。中国人民勤劳俭朴的传统美德，在允许通过市场获利的政策支持下，迸发出极大的创造力，生成了引人注目的物质财富。中国在开放中利用庞大的全球市场，取得了超常规的发展。经济建设的辉煌成就，引导中国特色社会主义基本经济制度建立与不断完善，也为逐步实现社会主义建设和民族复兴目标打牢了物质基础。

四、推动高水平科技创新，塑造新的发展动能和优势

我国科技发展的方向就是创新、创新、再创新。科技创新的引擎，需要用改革的火炬来点燃，改革既是驱动力，也是凝聚力，抓改革就是抓发展，谋创新就是谋未来[②]。"聪者听于无声，明者见于未形。"科技创新永无止境。科技竞争就像短道速滑，我们在加速，人家也在加速，最后要看谁速度更快、谁的速度更能持续。坚持问题导向，建立健全机制体系。走科技创新推动高质量发展之路，必须紧盯生产技术难题、

---

① 习近平.论全面深化改革［M］.中央文献出版社，2018：502.

② 金光磊.习近平科技创新思想研究［J］.科学管理研究，2016，34（5）：1-4.

不足和关键核心技术，才能强弱项、补短板，有的放矢。坚持市场导向，走科技创新推动高质量发展之路。坚持效益导向，依靠科技创造价值。走科技创新推动高质量发展之路，必须强化技术产品推广应用和成果转化。2019 年 2 月 20 日，习近平总书记在会见探月工程"嫦娥四号"任务参研参试人员代表时进一步强调，"实践告诉我们，伟大事业都基于创新，创新决定未来。建设世界科技强国，不是一片坦途，唯有创新才能抢占先机。"① 科技成果只有同国家需要、人民要求、市场需求相结合，完成从科学研究、实验开发、推广应用的三级跳，才能真正实现创新价值、实现创新驱动发展。科学技术必须同社会发展相结合，学得再多，束之高阁，只是一种猎奇，只是一种雅兴，甚至当作奇技淫巧，那就不可能对现实世界产生作用。就像接力赛一样，第一棒跑到了，下一棒没有人接，或者接了不知道往哪儿跑。多年来，我国一直存在着科技成果向现实生产力转化不力、不顺、不畅的痼疾，其中一个重要症结就在于科技创新链条上存在着诸多体制机制关卡，创新和转化各个环节衔接不够紧密。

五、尊重科技人才，增强自主创新能力

无论是在革命战争时期、社会主义建设时期，还是改革开放新时期，中国共产党始终注重培养和使用人才，始终把人才资源建设作为党和国家发展的重大战略核心②。党的二十大报告指出，加快实施创新驱动发展战略，加快实现高水平科技自立自强，以国家战略需求为导向，积聚力量进行原创性、引领性科技攻关，坚决打赢关键核心技术攻坚战，加快实施一批具有战略性、全局性、前瞻性的国家重大科技项目，增强自主创新能力。

党的十八大以来，从世界首颗量子科学实验卫星"墨子号"、京沪干线、"九章号"、"祖冲之号"量子计算原型机，到 2022 年 7 月的世界首颗量子微纳卫星，中国科学技术大学在量子信息领域成功攀登一个又一个高峰。这些重大创新成果的取得，正是学校以国家战略需求为导向，下好量子科技"先手棋"，推进有组织科研结出的硕果。高校作为科技第一生产力、人才第一资源和创新第一动力结合点，是国家创新体系的重要组成部分，应充分发挥基础研究主力军和重大科技突破策源地的作用。

---

① 新华社.习近平会见探月工程嫦娥四号任务参研参试人员代表［EB/OL］.（2019-02-20）［2022-05-10］.http：//www.gov.cn/xinwen/2019-02/20/content_5367237.htm.
② 冯超.习近平新时代人才观研究［D］.长春：东北师范大学，2021.

六、结语

"道在日新，艺亦须日新，新者生机也，不新则死。"只有科技创新为导向，全面深化改革，不断推动科技创新高水平自立自强，不断塑造发展新动能新优势，让全社会都能够尊重科技尊重人才，增强自主创新能力，才能真正让科学技术成为助推中华民族伟大复兴的强大动力。

参考文献

［1］郑伟.习近平科技创新观探赜［J］.武汉理工大学学报（社会科学版），2017，30（1）：76-81.

［2］郭敬生.论我国经济高质量发展：战略意义、方向定位和重点任务［J］.福州党校学报，2020（3）：59-62.

［3］刘立山，华静.以科技创新助力实体经济发展壮大［N］.兰州日报，2022-10-12（2）.

［4］习近平.论全面深化改革［M］.中央文献出版社，2018.

［5］金光磊.习近平科技创新思想研究［J］.科学管理研究，2016，34（5）：1-4.

［6］新华社.习近平会见探月工程嫦娥四号任务参研参试人员代表［EB/OL］.（2019-02-20）［2022-05-10］.http：//www.gov.cn/xinwen/2019-02/20/content_5367237.htm.

［7］冯超.习近平新时代人才观研究［D］.长春：东北师范大学，2021.

中西医思维方式异同初探

何　亮　杨宏英

（昆明医科大学第三附属医院）

在临床上，我们常常会遇到这样的情况：患者在经过一系列化验检查后，可能会被告知一切正常，尽管他／她感觉到了不适，这是将现实的客观症状理解成了一种主观的错觉。这一现象的发生，是西医与中医在诊断上的差异，西医与中医的差异其实是东西方两种思维方式的差别。在哲学上，两者在生命、疾病和医学上各有优势。中医认为，所有疾病都是由人体阴阳失调导致体内微环境发生变化，而这些变化反过来又会导致更严重的阴阳失衡。西医将人体视为一台机器，忽略了个体生命体中元气的存在以及作用于人体的直接或即时病理状态。这种世界观和方法论的局限性，导致了西医治疗系统无法诊断能量状态中客观异常的存在。

一、西医的理念

西医是从西方哲学思想演变而来的，是以自然科学为基础。它起源于"原子论"，"原子论"是西方古代关于物质结构的一种朴素唯物主义学说[①]，随着物理学、天文学、生物学、医学等学科的发展，人类感知物质世界的能力得到了极大提高，科学逐渐向宏观和微观两极发展。基于公元2世纪意大利解剖学家盖伦对人体解剖学的贡献，西医得到了极大的发展，西医的研究也是基于将整个人体分解成几个部分的思维方式，这是推动西医发展的动力。西医善于在实验室进行基础研究，将复杂的相互连关的宏观整体分为相对独立的几个部分，对其进行逐一研究。在治疗上，西医提倡点对点的方法，通

作者简介：何亮，男，昆明医科大学第三附属医院2021级博士研究生。

通讯作者简介：杨宏英，女，昆明医科大学第三附属医院主任医师，博士研究生导师。

① 北京大学哲学系外国哲学史教研室．西方哲学原著选读：上卷［M］．北京：商务印书馆，2019.

过使用一些理化机制来解释疾病的发展、进展和演变。因此，西医倾向于从局部和静态层面的物质结构探索人类疾病。与中医学相比，它有利于从微观角度解释生命现象，更准确地了解疾病的病因病理，定位疾病的位置并进行定量分析。随着医学科学的发展，西医已经从单一的生物医学模型向生物心理社会医学模型过渡，从而形成了以抵抗为主要思维方式的思想，即希望通过对抗疗法杀死或去除致病因素来获得健康状态。

二、中医的理念

中医建立在中国传统哲学之上，将人文与自然科学融为一体。这个系统从古到今一直在同一文化体系中发展，从未中断过。中医学认为，生命是一个整体的、动态的、精神的和功能的统一体，疾病的发展主要是人体功能平衡紊乱状态的结果，主张治未病，防患于未然。中医学自诞生以来，就采用综合性、宏观生态学、宏观生命医学思考模式，运用平衡的思维方式，即健康是一种动态平衡、稳定与和谐的状态。因此，中医治病是"以阴阳为师，以术为生"，通过扶弱抑强，调和失衡状态，达到动态平衡、阴阳和合来治疗疾病。中医是一个独立的系统将中国古代哲学整合为一个整体，并以此为指导。先秦哲学著作《鹖冠子》的"元气论"是中国传统科学的起点，"元"是始的意思，"气"是物质性的元素。在《易经》中"元气"被称为"太极"，在《道德经》中被称"道"，在《黄帝内经》中被称"精"，而在《黄帝八十一难经》则称为"原气"。两汉时期逐渐被"元气论"同化，故而又被称为"元气一元论"[1]，将原始世界视为气的整体统一体。在方法论上，中医的一个显著特点是它的系统论，这也是中医和西医的区别。系统理论的主要特点是其"连关性""恒动性""整体性""宏观性"，这在中医中都有鲜明的、对应的概念。它是人类历史上最早的系统论。中医自诞生以来，从"阴阳五行、气、血、脏腑、经络"的关键概念出发，将人体作为一个整体来看待，而不是单个细胞或特定器官。

三、中医整体观与辩证观

整体观是中医学的基本特征之一，体现了中医学独特的世界观，阐明了人自身的整体性以及人与自然、人与社会的统一性[2]。中医认为人是自然的一部分，与自然环

① 孙广仁.中医基础理论［M］.北京：中国中医药出版社，2007：26-27.
② 张冀东，何清湖，孙贵香.从中医文化角度谈中医亚健康学的学科优势［J］.中国中医基础医学杂志，2014，20（8）：1079-1081.

境息息相关，人与自然是一体的。同时，人也属于社会，因此也要考虑心理和社会对人体的影响。这与世界卫生组织定义的健康标准是一致的，因为真正的健康不仅是没有疾病或疼痛，也是身体、心理、道德和社会功能的良好状态。在疾病的诊断和治疗中始终将整体观放在首位，调动身体积极因素来治疗疾病。

中医辨证观是指以辩证论治为基础的疾病治疗，是中医整体观的体现和落实。中医辨识与治疗疾病的原则就是辨证论治，是中医学的基本特点之一。证，是机体在疾病发展过程中的某一阶段的病理概括。反映了疾病发展过程中某一阶段的病理变化的本质，能更全面地揭示疾病的本质[①]。辨证，就是将望、闻、问、切 4 诊所收集的信息，通过分析判断为某种证。论治，就是确定相应的治疗方法。中医治病不是看疾病的异同而是着眼于证，因此，同一疾病的不同证候，治疗方法就不同；而不同疾病，只要证候相同也可以相同方法治疗，这就是"同病异治、异病同治"[②]。这种针对疾病发展过程中不同质的矛盾用不同的方法去解决的方法，就是辨证论治的精髓。

四、中西医的优势互补

环境对人类健康的影响已被广泛认可，中医特别强调人与自然的关系，承认人类生活受自然环境的影响。正是这种"天人合一"的思想引起了人们的争论，说中医不是纯医学，带有神秘学的思想。但这种观点是错误的，因为中医已被实践验证了数千年。随着现代医学模式的转变，我们可以看到西医的整体观念的转变，西医逐渐开始强调自然环境、社会环境、心理健康是导致疾病的原因。例如现代西医研究发现，肿瘤、心脑血管病等是多基因疾病。它们不是由单个基因引起的，而是基因和环境共同作用的结果。因此，仅靠分子水平的西医还原论的研究方法是不可能治愈这些疾病的。应该强调中医从环境和情感方面对发病机制的理解。医学模式的转变过程也反映了对中医病机的认识也正在被西医广泛接受。

系统生物学和微生态学的出现，为中医—西医整合创造了良好的平台，《系统生物学》强调对生命现象的研究和理解应该是系统的、整体的，标志着国际生命科学研究开始从简单的分析向系统的转变综合方法[③]。该理论中关于人类疾病的许多想法与

---

① 邓铁涛.高等中医药院校教学参考丛书，中医诊断学（第 2 版）［M］.北京：人民卫生出版社，2008：297.

② 徐建国.中医诊断学应用与研究［M］.上海：上海中医药大学出版社，2007：15.

③ IDEKER T，GALITSKI T，HOOD L . A new approach to decoding life：systems biology［J］. Annu Rev Genomics Hum Genet，2001（2）：343-372.

中医相同。而微生态学的出现为中医的研究提供了一种切实可行的方法和手段。中医的特点是在综合了解导致病理变化的各种因素和条件及个体体质的基础上进行判断和治疗，并始终强调个性化治疗。中医根据个体、时间和地点的个性化治疗系统是其显著特征，这也符合系统生物学的药物基因组学。系统生物学通过整合实验数据和建立模型来预测和预防疾病，其最终目标是实现个性化治疗。

中医缺乏还原论的分析方法，而现代医学缺乏整体性的思想和思维方式，中医和西医可以通过在系统生物学的背景下相互整合来找到各自的需求。伦敦帝国理工学院代谢组学创始人Jeremy Nicholson教授表示[①]，代谢组学研究人体作为一个整体系统和代谢网络在疾病和医学干预条件下的变化规律，这吻合中医的哲学。代谢组学不仅对药物进行毒理学分析，而且在中药材的质量控制中起着重要作用。此外，代谢组学也许能被证明是中草药取得突破性进展并进入世界市场的有力工具。中草药成分多，治病多靶点、多环节。因此，中草药治疗疾病是通过调节统一而不是单一的因素来治疗的，因为一个人的疾病状态不仅是身体局部的问题，而且是全身失衡的局部反映。中西医结合治疗和预防疾病可以相互取长补短，有利于更好地了解疾病的病理学和发病机制，提高人类对疾病的认识。

参考文献

［1］北京大学哲学系外国哲学史教研室.西方哲学原著选读：上卷［M］.北京：商务印书馆，2019.

［2］孙广仁.中医基础理论［M］.北京：中国中医药出版社，2007.

［3］张冀东，何清湖，孙贵香.从中医文化角度谈中医亚健康学的学科优势［J］.中国中医基础医学杂志，2014，20（8）：1079-1081.

［4］邓铁涛.高等中医药院校教学参考丛书，中医诊断学（第2版）［M］.北京：人民卫生出版社，2008.

［5］徐建国.中医诊断学应用与研究［M］.上海：上海中医药大学出版社，2007.

［6］IDEKER T，GALITSKI T，HOOD L. A new approach to decoding life：systems biology［J］. Annu Rev Genomics Hum Genet，2001（2）：343-372.

［7］NICHOLSON J K，LINDON J C. Systems biology：Metabonomics［J］. Nature，2008，455：1054-1056.

---

① NICHOLSON J K，LINDON J C. Systems biology：metabonomics［J］. Nature，2008，455：1054-1056.

心血管医疗科技创新助力健康中国梦

李皓洁　彭云珠

（昆明医科大学第一附属医院）

　　现代医学的发展伴随着科技科学的创新发展，科技创新促进了现代医学的进步。目前心血管疾病是危害人类健康的主要疾病之一，心血管疾病在诊断、治疗及康复方面的发展与进步离不开科技的发展与创新。科技创新极大促进了心血管医疗事业的发展，促进全民健康，助力建设健康中国，推动人民健康事业高质量发展。

一、心血管疾病与科技创新

　　据《中国心血管健康与疾病报告2021》显示：我国心血管患病人数高达3.3亿人，冠心病患者数量高达1139万，并处于持续上升阶段。目前心血管疾病是全球人类死亡的一大主要原因，也处于我国城乡居民疾病死亡构成比的首位[①]。心血管疾病有患病率高、致残率高、死亡率高、再住院率高等特点。对患者家庭生活造成巨大的经济与精神负担，同时持续上升的诊疗患者人数也加重了社会经济负担。心血管疾病严重影响全民生命健康，高速有效发展心血管医疗事业，有利于改善上述问题，推动健康中国建设。我们医务工作者需要不断提高心血管疾病诊断的准确度，改进治疗方案以提高患者诊疗满意度、改善患者预后，与此同时也需要积极发展康复治疗以提高患者生命质量。

作者简介：李皓洁，女，昆明医科大学第一附属医院专业硕士研究生。

通讯作者简介：彭云珠，女，昆明医科大学第一附属医院主任医师，硕士生导师。

①　中国心血管健康与疾病报告2021概要［J］.中国循环杂志，2022，37（6）：553-578.

当今世界正处于百年之未有之大变局，科技成为关键变量，它已然是国家富强、民族复兴的一项决定性因素[①]。现代医学的发展离不开科技的进步，科技的发展推动了现代医学模式的改变，科技创新提高了生活质量，而健康正是生活质量的根本，医疗科技创新对提升国民生命健康水平至关重要，是国家综合实力的重要组成部分和不可或缺的强国关键要素。加强科技创新驱动心血管医疗事业的发展，综合应用现代科学技术和方法，有效提升疾病预防、诊断、治疗和康复等医疗技术与水平，有助于提高国民健康水平，推动人民健康事业高质量发展，有利于推动建设健康中国。

二、科技创新助力心血管疾病医疗事业发展

（一）科技创新与心血管疾病的诊断

在临床工作中，心血管疾病诊断过程复杂，心血管疾病专业医生需要有扎实的理论基础、丰富的经验及高超的临床能力。目前心血管疾病的诊断主要依靠病史询问、症状表现、临床查体及相关辅助检查。了解疾病的发生发展机制对疾病诊断至关重要。现代各项科技的创新发展，科研技术和方法与时俱进，为科研人员提供了新的思路和方法，利用各种各样的试验设备和材料进行试验，深度探究并阐明疾病的发生、发展机制。科技创新加强了基础研究，提供了丰富的基础理论知识，增强了人们对疾病的基本认识和了解，提高了临床医生对疾病的判断识别及诊断能力。在临床工作中，必要的辅助检查可以帮助我们快速判断病情并协助制定高效的治疗决策。心电图在心血管疾病的诊断中已成为一项必不可少的检查，根据入院首次心电图结果，临床医生可以快速诊断心律失常、急性心肌梗死等典型心血管疾病并做出治疗决策，极大地提高了医生的诊治效率。心电图检查具备操作简单、价廉、耗时少等优点，在心血管疾病的诊断及治疗中发挥了巨大作用。而且心电图也是科学技术的发展与创新的成果。创造创新带动科学技术的进步，随着影像学技术的不断发展，心脏彩超、CT、磁共振等影像学检查技术不断提高，提升了心血管疾病临床医生诊断疾病、判断病情的能力。心脏彩超主要用于诊断先心病、瓣膜病，也可以为心肌病提供初步诊断依据，判断冠心病对心脏功能和室壁运动的影响，协助决定诊疗决策及评估瓣膜相关手术疗效等。CT可用于评估心脏结构和功能，可以初步判断心脏血管病变情况。心脏磁共振可用于心肌病诊断，评估心肌纤维化程度等。依靠前沿的影像学技术，医生可以更全面、精准地评估病情，制定出个体化医疗方案，实施精准高效的医疗。

---

① 潘锋.创新引领国家医学战略科技力量构建［J］.中国医药导报，2022，19（16）：1-4.

科学技术的发展带动了科研进步，增强基础研究，提高了医学研究水平，为心血管疾病诊治提供了理论基础；同时，推动前沿技术创新，有利于心血管疾病的早发现、早诊断、早治疗，有助于推动健康中国战略的实施。

（二）科技创新与心血管疾病的治疗

心血管疾病种类繁多，不同范畴的疾病有相对个性的治疗方案，医学研究水平的提高，可以为心血管疾病的诊治提供相关指南、共识等，规范治疗流程，同时根据不同患者的情况选择适合的治疗方案及手术方式。心脏介入手术以微创伤、痛苦小、恢复快为主要特点，因而在临床治疗过程中应用广泛。近年来，医学科技进步与创新推动了心血管疾病介入手术治疗迅速发展。心脏支架植入术是心血管疾病中最常见的手术，随着支架材料的变化及工艺技术的改进，心脏支架从一开始的裸金属支架发展到现在常见的药物洗脱支架及生物可降解支架。这使得冠心病的心脏再灌注手术治疗过程中有了更多的选择，可根据不同患者情况选择不同的支架进行植入。科技创新推动了介入手术的发展，扩大了介入手术治疗的范畴。先天性心脏病患者可以采用封堵介入进行治疗，心律失常患者可通过射频消融、起搏器植入等减少恶心心律失常、心源性猝死的发生。生物瓣膜技术的发展与提高，实现了通过介入方式就置换心脏瓣膜，避免了患者要开胸才能手术治疗，减轻患者的痛苦，减少术后恢复的时间。这一切都离不开医疗科技的创新发展。

现代科技和生物医学的发展，带来临床医学领域的技术进步，推动了临床实践理念的革新和医疗水平的提升[①]。科学技术发展与创新，推动了医疗器材的产生和技术的不断改进，创造了各种高精尖设备，促进了手术方式的变革，为患者治疗提供了更多的方案选择、同时亦降低了致残率、死亡率，改善预后。

（三）科技创新与心脏康复

科学技术推动现代医学模式的转变，医学模式经历了神灵主义医学模式、自然哲学医学模式、机械论医学模式、生物医学模式和现代生物医学模式即生物 - 心理 - 社会医学模式几个阶段。在现代医学模式下，人们的健康需求包含了病前、病中、病后各个干预环节，不仅仅局限于关注疾病的诊断和治疗，同时更加注重患者的预后与康复，新的学科——康复医学应运而生。随着心血管疾病诊治技术的提高，改善患者预后成为

---

① 詹启敏，杜建. 论医学科技与"国之重器"[J]. 北京大学学报（医学版），2022，54（5）：785-790.

医患共同关注的重点。心脏康复是一门融合了心血管医学、运动医学、营养医学、心身医学和行为医学的学科体系，为心血管疾病患者在急性期、恢复期、维持期及整个生命过程中提供生理、心理及社会的全面和全程管理服务[①]。心脏康复可有效减少心血管疾病患者再入院率、死亡率以及再发心血管事件风险，并极大改善病后生活质量。

科技发展同样也推动了心脏康复模式的改变。传统的心脏康复是以医院为中心的心脏康复，参与率与完成率低，在此基础上形成了以医院主导的家庭心脏康复模式，在一定程度上提高了心脏康复的参与度，但仍然不能有效解决患者因时间、距离受限影响参加心脏康复的问题。新的心脏康复模式—居家心脏康复，利用远程监测设备，有效地解决了这些问题，医务人员可通过远程监护间接指导患者居家进行康复训练，克服了交通、时间不便等诸多障碍，扩大了患者健康教育、康复咨询和康复监督的范围。通过创新，远程监测设备的出现可以让医务人员实时监测患者居家运动时生命体征，提高居家心脏康复的安全性，同时能够监督患者的执行情况，提高完成度，以保证心脏康复治疗的有效性。健康创新科技在心脏康复方面的应用，推进了心脏康复的发展，保障人民健康水平、促进健康产业发展。

三、科技创新助力健康中国梦

党的二十大报告特别指出，"江山就是人民，人民就是江山。"生命健康是民生福祉的重要组成部分，是促进国民全面发展的必然要求，是民族昌盛、国家富强的重要标志，是实现民族复兴的基本要素，要把人民健康放在优先发展的战略地位。科技是国家强盛之基，创新是民族进步之魂，科技创新是提高社会生产力和综合国力的战略支撑，必须把科技创新摆在国家发展全局的核心位置[②]。科技创新要面向人民生命健康，合理利用科技造福人民健康。医疗科技创新在加快推进健康中国建设和维护群众健康中具有不可替代的作用。现代医学的发展趋势是现代医学对科技进步的依赖性增强，新技术、新方法进入医学领域，提高了医学研究和疾病防治水平[③]。重大疾病防治更多依靠科技创新的支撑；医疗卫生服务质量和效率的提升离

---

① 陈强.提高医药科技创新能力 推动人民健康事业高质量发展［J］.健康中国观察，2020（3）：12-14.

② 詹启敏，杜建.论医学科技与"国之重器"［J］.北京大学学报（医学版），2022，54（5）：785.

③ 詹启敏，杜建.论医学科技与"国之重器"［J］.北京大学学报（医学版），2022，54（5）：790.

不开科技创新助力；健康产业发展需要科技创新的引领[1]。卫生健康科技是衡量国家科技创新水平的重要标志。健康科技创新是改善民生的核心、经济发展的支柱、民族振兴的希望[2]。

基因组医学和分子生物学的发展，深化了对疾病本质和生命机制的认知；物理学和计算机科学的进步，使疾病的物理诊断技术取得了巨大进展；腔镜手术、介入治疗和器官移植技术的兴起，突破了传统外科医学模式；循证医学的建立，使临床决策建立在最好的临床研究证据基础之上，健康大数据的应用将进一步提升医疗决策的科学性[3]。随着科技的发展，医学模式发生转变，医疗技术不断创新，医疗领域发生革新，向着满足人民群众日益增长的健康需求前进。健康科技创新有利于全面推动健康中国的建设，加快新时代我国卫生与健康事业发展，推动人民健康事业高质量发展，为实现中华民族伟大复兴的中国梦打下坚实健康基础。

参考文献

［1］中国心血管健康与疾病报告 2021 概要［J］.中国循环杂志，2022，37（6）：553-578.

［2］潘锋.创新引领国家医学战略科技力量构建［J］.中国医药导报，2022，19（16）：1-4.

［3］苏庆玲，郭展熊，黄小坪，等.高精尖设备促进精准医疗，科技创新助力健康中国建设［J］.中国医疗设备，2022，37（9）：1-3.

［4］医院主导的家庭心脏康复中国专家共识［J］.中华内科杂志，2021，60（3）：207-215.

［5］詹启敏，杜建.论医学科技与"国之重器"［J］.北京大学学报（医学版），2022，54（5）：785-790.

［6］陈强.提高医药科技创新能力 推动人民健康事业高质量发展［J］.健康中国观察，2020（3）：12-14.

---

① 陈强.提高医药科技创新能力 推动人民健康事业高质量发展［J］.健康中国观察，2020（3）：12-14.

② 同①

③ 苏庆玲，郭展熊，黄小坪，等.高精尖设备促进精准医疗，科技创新助力健康中国建设［J］.中国医疗设备，2022，37（9）：1-3.

弘扬历史主动精神
以科技创新助力民族复兴

陈润庭　余晓慧

（西南林业大学马克思主义学院）

　　征途漫漫，中国共产党团结带领中国人民走过了 101 年的光辉岁月。一路走来，面临无数繁重和艰巨的困难挑战，中国人民始终不忘初心使命，继续弘扬伟大的历史主动精神，为推进中华民族伟大复兴奋力向前。面对百年变局和经济全球化深入发展，在全面建设现代化强国的征程中，党的十九届五中全会把科技创新作为国家发展的战略支撑，将科技自立自强视为我国优先发展的重要工作。要走好中国现代化的赶考之路，需要继续坚持和发展新时代中国特色社会主义，用马克思主义的辩证思想来观察世界，自觉弘扬历史主动精神，不断提高科技创新能力，书写新的历史华章，为时代进步和民族复兴交出一份优异的答卷。

一、历史主动精神的内涵

　　历史主动精神来源于但又不局限于实践过程，是在历史发展进程中发挥人的主观能动性，通过实践推动历史前行的一种积极向上的精神力量和良好品质。关于"实践"这个哲学概念，马克思在《关于费尔巴哈的提纲》中提到，"人应该在实践中证

作者简介：陈润庭，女，西南林业大学马克思主义学院硕士研究生，主要研究方向为思想政治教育。

通讯作者简介：余晓慧，女，西南林业大学马克思主义学院副教授，硕士研究生导师，主要从事思想政治教育、文化哲学研究。

明自己思维的真理性，即自己思维的现实性和力量，自己思维的彼岸性。"① 也就是说历史主动精神它能不能推动社会向前发展，这不是一个理论的问题，而要通过实践来验证。国家领导人在治国理政的实践中，始终坚守大历史观，领导党和人民在应变局、开新局的实践中坚持守正创新，不断从历史中吸取经验教训，结合中国具体情况创新马克思主义中国化的理论成果，推进人类社会的发展进步。

实践作为人类社会生活的本质，具有区别于其他动物本能活动的自觉能动性，人类社会从低级到高级的发展，是一个不断发挥人类自觉能动性制造出先进的生产工具来发展生产力的过程。当现存的生产关系（社会制度、法律、文化等）与生产力的发展步调不一致时，生产力就会受到种种因素制约发展，社会便产生变革。变革旨在化解社会基本矛盾，让生产关系顺应并促进生产力发展，这是人类社会历史的发展规律，也是唯物史观的基本思想。"唯物史观科学阐明了人类历史发展的规律，是马克思主义政党发扬历史主动精神的思想基础"②。在社会发展史中，人起积极主导的作用，在顺应历史大势之下，是人自觉发挥能动性把握历史规律，将历史发展的客观规律作为认识世界和改造世界的方法论，将历史的滚轮向前推进。对历史进程认识得越全面，对历史规律把握得越深刻，对国家前途命运就掌握得越主动③。每个历史时期都有对应时代所彰显的伟大精神，这些伟大精神在不同的社会发展阶段面对不同发展目标所呈现出的良好品质，就是一种历史自觉和历史自信的体现。"以史为鉴，可以知兴替"④。我们作为时代新人要着眼于科技发展前沿，坚持运用马克思主义历史观和实践观来解决时代之困境。

历史的发展过程是曲折前进的，社会发展史也是一个"扬弃"的过程，历史主动精神是去其糟粕后能反映时代特征的精神品质。从鸦片战争到"五四"运动，中国社会在救亡图存中历经了太平天国运动、戊戌变法、辛亥革命等，都是以失败结束的。20世纪初，中国出现过的上百个政党和政治团体，由于缺乏科学理论指导，没有得到广大人民群众的拥护和支持，也成了历史失败的必然。但正是有了无数次失败和错误的实践尝试，人们才正确、客观、全面地认识到人民群众和科学理论指导的重要性。

① 马克思，恩格斯.马克思恩格斯文集：第一卷［M］.北京：人民出版社，2009：500.
② 发扬伟大的历史主动精神［EB/OL］.（2022-05-26）［2022-10-30］.https：//www.12371.cn/2022/05/26/ARTI1653521588347423.shtml.
③ 孙晓莉，王朋伟.新时代弘扬历史主动精神的理论意蕴和实践要求［J］.中国井冈山干部学院学报，2022，15（2）：38-46.
④ 习近平.习近平谈治国理政：第四卷［M］.北京：外文出版社，2022：8.

"实践是检验认识真理性的唯一标准"①，中华民族在一次次失败的道路上艰难探索，以史为鉴，勇往直前，最终才找到了中国共产党来团结带领中国人民从被压迫走向自立自强，从贫穷走向富裕。邓小平同志曾经说过："历史上成功的经验是宝贵财富，错误经验、失败的经验也是宝贵财富。"②中国共产党人善于把握历史主动，遵循历史发展规律，站在人民的立场，代表人民的利益，在实现中国梦的实践中形成了诸多历史精神风貌。例如 1934 年中国工农红军行走二万五千里创造的长征精神，1950 年抗美援朝战争中形成的伟大抗美援朝精神，2020 年抗击新冠疫情斗争中展现的伟大抗疫精神等，这些伟大历史精神是对过去的凝练和总结，是对马克思主义理论从运用到实践的成果，历史主动精神鼓舞着一代又一代中国青年敢于斗争，敢于创新，以主动担当的精神品质继续在曲折中前行。

二、历史主动精神与科技创新的辩证关系

历史主动精神和科技创新之间是相互联系和相互促进的，两者之间相互影响。历史主动精神作为一种思想驱动力，可以推动科技创新的发展，科技创新通过实践生产又能留给历史一种积极主动的正面精神。社会形态更替到现在的社会主义社会，是生产力与生产关系这对社会基本矛盾运动的结果，其中，科学技术是生产力中的渗透性要素，对生产力的发展起着越来越重要的作用，创新科技就是为了提高生产力。18 世纪 70 年代蒸汽机的出现让手工业迅速过渡到机器大工业，提高了生产效率并为社会发展奠定了物质基础；19 世纪后半叶到 20 世纪初期，电力的广泛运用作为新的动力取代了蒸汽机，进一步推动了社会生产力的发展；20 世纪下半叶，电子计算机、原子能、生物技术、空间技术的出现与运用，使人们很快进入到信息时代；21 世纪至今，人工智能、清洁能源等的出现，使人类进入到如今的智能化、数字化时代，这一次次的科技创新不同程度地改变了人们的生活、生产方式和思维方式，极大地推动着一个国家和民族的发展与进步。如果没有人担当历史使命，国家在原有生产力水平上就很难有突破创新，我国的科学技术奋力走到今天的水平，对新一轮科技革命我们有基础、有底气、有信心、有能力抓住机遇乘势而上，靠的就是一种历史自信。

历史主动精神与科技创新是辩证统一的关系。历史主动精神是在马克思主义理论指导下的一种合乎历史客观规律的自觉能动性。科技创新是在遵循历史规律前提下积

---

① 逄锦聚，陶得麟，等.马克思主义基本原理［M］.北京：高等教育出版社，2021：68.

② 罗心欲.找准切入点学好《胡锦涛文选》［J］.中共山西省直机关党校学报，2017（1）：102-104.

极、主动对原有生产力的突破创新，即通过创造出新型的生产工具、工艺方法和组织技术等来推动社会生产的迅速发展。历史主动精神和科技创新两者之间相互依存并相互转化，在科技创新方面要遵循历史客观规律，正确发挥人的主观能动性，主动是充分发挥人的能动性的积极表现，主动创新推进历史往前行进，为现在留下底气和信心；也只有充分发挥人的主观能动性，才能够在科技创新实践中正确认识历史客观规律，将历史主动精神作为创新的精神力量，让科技在核心技术和关键领域有所突破，实现创新。

科技创新和历史主动精神是实践、认识、再实践、再认识循环往复的发展过程。在马克思主义认识论中，实践是认识的基础，实践是认识发展的动力和认识的目的。科技创新的实践者是人，而历史主动精神是人进行伟大创造的思想动力。从历史的角度来考察，社会发展需要技术作为支撑，技术的需要又会推动科学的不断创新，科技创新受社会制度、利益关系、人们的观念和认识水平等这些主、客观条件的影响。人们在自觉攻克社会科技难题的同时，也存在科技给社会带来负面影响的可能，例如会涉及人自身健康、遗传及生态安全等诸多问题，而科技创新发展自然不能以破坏生态环境、违背道德伦理为代价，这是一个从感性认识到理性认识的过程。要正确认识历史客观规律和人与自然的关系，站在人类命运共同体的高度对科技进行创新突破，这又是一个从理性认识到实践的飞跃。客观现实世界是永恒运动变化着的，在社会发展的历史规律中，每当科技创新在实践中上升一个新高度，理论认识也会随时代变化发生转变，科学技术不断被创新，历史主动精神不断被更新，这是一个循环往复的发展过程。

三、主动创新推动中华民族伟大复兴

落后就要挨打，发展才能自强，"创新是引领发展的第一动力"[1]。我国实现中国特色社会主义现代化建设，其核心领域在科学技术方面。科学技术是先进生产力的重要标志，也是社会生产发展的决定性因素，一个国家和民族若不主动积极追求科技进步，中华民族就难以复兴。党的十九届五中全会强调，要"坚持创新在我国现代化建设全局中的核心地位，把科技自立自强作为国家发展的战略支撑。"[2] 科技创新驱动国家发展，科技自立自强，国家才会安全，民族才会复兴。

科技要创新，必须重视人的问题。人是生产力中最活跃的因素，特别是受过高等

---

[1] 习近平向世界公众科学素质促进大会致贺信 [N]. 新华社 .2018-09-17.

[2] 习近平 . 习近平谈治国理政：第四卷 [M]. 北京：外文出版社，2022：197.

教育的人更是要主动挑起科技创新的担子。青年兴则国家兴，科技强则国家强，培养创新型人才是国家发展的需要。当今世界的竞争就是人才的竞争，重视青年人才培养，不仅要重视他们科学能力、创新能力的培养，更要培养他们勇于斗争、敢于担当的精神品质，使他们坚定历史自信，秉持"敢闯无人区"的历史主动精神。要打造一批战略科技人才和科技领军人才，加强科技人才对基础性前沿领域的探索和关键技术的突破，以激发国家人才创新活力来助力民族复兴大任。

创新驱动发展，着眼于中华民族长久发展的谋划，人与自然之间的关系问题是时代面临的重大课题之一，建设社会主义现代化其中之一就是"人与自然和谐共生的现代化"[①]。党的十八大以来，我国生态文明建设以实现碳达峰、碳中和为重点来推动经济社会向绿色发展转型，实现"双碳"目标不是别人的要求，是我们自己的自觉行动。要加强绿色低碳技术方面的主动创新，运用现代网络信息技术、人工智能等创造可替代能源，在环境保护与经济发展之间实现平衡协调。全民应自觉增强环境保护和资源节约的意识，形成简约出行、绿色低碳的生活方式，来促进生态环境的改善，从而推进美丽中国的现代化建设。

科技创新也是农业经济增长的驱动力。无论科技如何发展，农业一直是经济发展的基础产业，国家对农业安全问题十分重视。目前我国在粮食产业效率方面和农业科技创新领域还存在不足[②]，应通过农业科技创新来达到粮食增量、农民增收，推动农业现代化建设，让农民实实在在感受到农业发展的前景，应用农业科技创新来振兴乡村，让农业农村现代化步子能在民族复兴路上行得稳健。

参考文献

［1］马克思，恩格斯．马克思恩格斯文集：第一卷［M］．北京：人民出版社，2009．

［2］发扬伟大的历史主动精神［EB/OL］．（2022-05-26）［2022-10-30］．https：//www.12371.cn/2022/05/26/ARTI1653521588347423.shtml．

［3］孙晓莉，王朋伟．新时代弘扬历史主动精神的理论意蕴和实践要求［J］．中国井冈山干部学院学报，2022，15（2）：38-46．

［4］习近平．习近平谈治国理政：第四卷［M］．北京：外文出版社，2022．

［5］逄锦聚，陶得麟，等．马克思主义基本原理［M］．北京：高等教育出版社，2021．

［6］罗心欲．找准切入点学好《胡锦涛文选》［J］．中共山西省直机关党校学报，2017（1）：

① 习近平．努力建设人与自然和谐共生的现代化［J］．求是，2022．
② 蔡之兵．科技创新是建设现代化产业体系的战略支撑［N］．科技日报，2019-08-19．

102-104.

［7］习近平向世界公众科学素质促进大会致贺信［N］.新华社，2018-09-17.

［8］习近平.习近平谈治国理政：第四卷［M］.北京：外文出版社，2022.

［9］习近平.努力建设人与自然和谐共生的现代化［J］.求是，2022.

［10］蔡之兵.科技创新是建设现代化产业体系的战略支撑［N］.科技日报，2019-08-19.

我国杂交水稻技术创新与发展中的哲学意蕴

李一迪　黄　勇

（西南林业大学马克思主义学院）

哲学是一种世界观，能够指导我们科学地认识世界和改造世界。科学技术只是在哲学基础上分门别类进行观察和试验的结果。任何一种科学技术和理论都是某种抽象世界观的具体化，其中都蕴含着特定的世界观框架。我国杂交水稻技术也是如此。袁隆平院士根据我国当时面临粮食供应紧张的现实问题，树立了研究杂交水稻的正确意识，不仅解决了我国人民的吃饭问题，保障了我国粮食安全，还促进了我国水稻种植业的发展，有利于社会和谐稳定。同时，我国努力推广杂交水稻技术，帮助南亚、东南亚、非洲等国家和地区解决了粮食问题，体现了我国的大国情怀。作为粮食大国的中国，杂交水稻技术的推广不仅能够缓解全球饥荒，保障世界粮食安全，也能够提高国家影响力，促进世界生物技术发展。因此，研究我国杂交水稻技术中蕴含的哲学原理，一方面有利于我们能够更好的认识这项技术，领会它带给我们的价值；另一方面有利于这项技术能够在未来更好地发展和利用，为世界粮食安全做更大贡献。同时，也有利于中国技术走向世界，展现中国力量，为实现中华民族伟大复兴添砖加瓦。

作者简介：李一迪，女，西南林业大学马克思主义学院硕士研究生，主要从事生态文明与绿色发展的研究。

通讯作者简介：黄勇，男，西南林业大学马克思主义学院教授，硕士研究生导师，主要从事生态伦理学研究。

一、杂交水稻技术创新与发展对中国的贡献

（一）成功解决了中国人民的吃饭问题

新中国成立初期，我国在很大程度上面临粮食短缺问题，1958—1961年，由于自然环境影响，全国发生大面积洪涝、干旱等自然灾害，造成全国粮食产量大幅度减产，导致全国面临粮食危机。虽然1962年以后有所好转，但全国粮食短缺仍然严重。1964年，袁隆平院士开始研究杂交水稻，通过长期的探索与实践，于1972年成功孕育出我国第一个大面积应用的水稻雄性不育系"二九南一号A"以及相应的保持系"二九南一号B"。杂交水稻的出现使我国的粮食单位产量迅速增加，粮食总量实现历史性突破，极大程度解决了我国十几亿人口粮食问题，使我国人民彻底摆脱了饥饿，帮助我国人民战胜了粮食危机，同时也大大改善了中国的粮食供给，使我国粮食供给实现总体平衡，降低了中国面临粮食短缺的风险。

（二）极大促进了我国农业发展

水稻是世界主要的粮食作物之一。杂交水稻由于叶片面积系数大于常规水稻，并且所产稻穗较多，产生的光合作用较强，因此制造的有机物要高于一般水稻，这也在一定程度上提升了水稻的产量，对我国农业发展带来一定的积极影响。杂交水稻的成功研发为我国农业的大幅增产开辟了新的途径，从而产生了巨大的经济效益，提高了我国经济发展水平，促进了我国国民经济发展，也为我国农业科学和农业生产发展树立了一座坚实的里程碑，推动中国农业迈上新台阶，为中国农业现代化发展奠定坚实基础。

（三）有力推动了现代生物技术发展

杂交水稻的问世是现代生物技术上的重大成就，它有效运用分子生物技术，将两个具有不同遗传特性的水稻品种或类型一个作为母本，一个作为父本，将其DNA进行排列组合，通过性杂交之后产生一种新的杂交体，使其在生产过程和适应性等方面都超过母本和父本，具有明显杂交优势，从而大幅提升水稻产量，开辟了提升水稻产量的新路径，同时杂交水稻也在学术上为自花授粉作物闯出了利用杂交进行作用的新路子，大大丰富了农作物遗传育种的理论与实践，不仅实现了人类水稻种植历史上的一次伟大飞跃，而且也为生物科学技术在水稻培育上的应用开辟了新的途径，推动了现代生物技术的发展。

（四）充分调动了农民种植积极性

由于杂交水稻单位产量较高，所以田地总产量也有所提高。高产水稻的诞生导致许多农民看到了农耕的希望，使得大家纷纷前往种植水稻，从而提高了农民种植水稻的积极性，最终自身收入也有所提高，不仅可以赚钱养家，还能在满足自身基本生活需求的基础上慢慢攒钱，提升自身生活水平，降低因贫穷而发生斗争的概率，有利于促进社会和谐。与此同时，杂交水稻的出现，缓解了我国人口猛增与人均耕地面积不协调的矛盾，农民大量种植杂交水稻，提高我国粮食产量，也为构建社会主义和谐社会提供了根本物质保障。

二、杂交水稻技术创新与发展对世界的影响

（一）保障了全球粮食安全

在杂交水稻没有研发成功之前，除了中国面临粮食危机，在南亚、东南亚、非洲等国家和地区也有同样的遭遇。当时他们深陷政治泥潭，外无民族主权，内无国家独立，同时国内人民还面临饥荒问题，很多地方都出现"人吃人"的悲惨局面，给整个世界带来重大消极影响。杂交水稻研发成功之后，不仅解决了中国的饥饿危机，也使中国逐渐成为世界第一大粮食生产国，保障了中国粮食安全。同时，中国将杂交水稻技术作为中国出口的第一项农业专利技术，并转让给美国，从此该项技术便具有了"水稻外交"的使命。直至今日，杂交水稻技术已经推广至全球60多个国家和地区，目前，越南、印度、菲律宾、孟加拉国、巴基斯坦、美国、巴西、马达加斯加等国家已经实现了杂交水稻的商业化生产，解决了多数国家人民的吃饭问题，造福了一方又一方人民。被西方国家称为"东方魔稻"的杂交水稻一直在履行自己的使命，为保障全球粮食安全做出重大贡献。

（二）拓宽了粮食生产战略空间

虽然杂交水稻让粮食产量猛增，全球基本上实现粮食产量年年丰收，但这也并不意味着我们今后就不会面临粮食危机。从长期来看，非洲以及中东部分国家和地区现在仍然存在饥荒问题，并且由于自然灾害以及战争等因素的影响，欧洲部分国家和地区也会随时面临粮食短缺，因此，全球粮食生产仍需维持相对平衡的生产态势，确保全球粮仓安全。随着世界人口不断增加以及耕地面积不断减少，我国水稻种植科学家们正在努力研究如何提高种子质量，降低种子成本，以及在盐碱地和沙漠地带如何种

植水稻，这一系列研究无不体现着我国对拓宽粮食生产战略空间所做的贡献。此外，拓宽粮食生产战略空间还有另外一层含义，即如何在现有的耕地外增加种植面积。我国研究的杂交"海水稻"可以有效解决这一问题。这一稻种也是我国以及全世界未来研究的重要方向，它不仅能够利用海洋提高我国杂交水稻的种植面积，而且也能解决越南、孟加拉国等国家海水入侵导致稻谷减产的问题。

（三）传播了杂交水稻良种技术

杂交水稻被称为"第二次绿色革命"，现如今也已经被联合国粮农组织列为解决发展中国家粮食短缺问题的首选技术。20 世纪 70 年代，袁隆平团队在海南岛发现了一株天然的雄性不育野生稻，通过全国的不断努力，三系法杂交水稻配套成功，使得平均亩产量在矮化育种的基础上增产20%。到了 20 世纪 90 年代，两系法杂交水稻研究又取得了突破性进展，使平均亩产在原来的基础上又增加 5% ~ 10%。现在已经研究到了第三代杂交稻，根据相关数据显示，平均亩产量又会增加 10% ~ 20%。这一系列数据表明，我国在杂交水稻技术上的创新已经达到新高度，在粮食科技方面已经建立起全新的创新体系，以袁隆平为代表的水稻种植业科技工作者正在杂交水稻技术创新的道路上不断前进。这样的探索和实践，使全球人民看到了我国培育杂交水稻的态度和决心，不仅有利于杂交水稻良种技术的传播，也有利于世界各国科学家前来中国学习相关种植技术，将我国的杂交水稻传播到世界各个角落。

三、杂交水稻技术创新与发展中的哲学意蕴

（一）体现了科学精神与人文关怀的有机统一

从 1960 年开始，中国遭受了前所未有的大饥荒，几乎全国人民都吃不到粮食，每天都有饿死的人民，国家虽然已经寻找很多方法进行补救，但都于事无补，使中国陷入严重的粮食危机。这一现象让袁隆平深刻感受到饥饿的痛苦，也让他进一步理解了"民以食为天"的含义。新中国是以人民为中心的国家，如果连人民最基本的饮食都得不到保障，那么国家建设也就无从谈起。因此，袁隆平决心要解决新中国的饥荒问题，由此走上了水稻研究和培育的科研道路。通过不断的研究，袁隆平在 1973 年成功实现三育配套，培育出了杂交水稻"南优二号"。这一重要科研成果迅速被国务院纳入大面积培育范围，在 1975 年国务院正式作出循序扩大适种杂交水稻的重大决定，以国家为支撑，大力投入人力、物力、财力，创造了当时全国粮食产量的最高纪录。杂交水稻的出现以及大面积播种，除了解决了全国人民的吃饭问题，也从侧面保

障了我国人民的身体健康和国家粮食安全，体现了以人为本的中心思想，不仅使国家拥有了充足的粮食供应和补给能力，也让人民能够吃饱饭，使其更有力量参与到新中国的建设当中，促进国家发展。

（二）体现了科学研究与生产实践的有机统一

在新中国建立初期，由于自然灾害导致的饥荒问题引起了袁隆平的重视，为此他根据我国国情，坚持一切从实际出发、实事求是的原则，以提高粮食产量为根本目标开始研究水稻种植并且研发出了杂交水稻，解决了全中国人民的吃饭问题，保障了中国的粮食安全。在研究过程中，袁隆平始终坚持实践出真知，他长期在田地间进行探索，对水稻培育有一定的正确认知，这也为杂交水稻的成功培育奠定了现实基础。同时，实践是认识发展的动力，有了正确的认知，也需要进一步实际操作。袁隆平常年奔波在田地里，对每一株水稻都仔细观察，记录下不同类型水稻的变化，这也有利于他不断深化对水稻品种改革的认识，从而得出更加科学的种植方法。最重要的是，实践是检验认识真理性的唯一标准，即使有了科学的理论指导，也需要在实践中进一步认证。在各国普遍认为自花授粉的水稻没有杂交优势的情况下，袁隆平带领自己的团队成功研究出世界首个根系发达、穗大粒多的优质杂交水稻。这一壮举令世人惊叹，中国也因此成为世界上第一个在生产上成功利用水稻杂种优势的国家。这也进一步说明哲学思维能够给中国乃至世界带来科学奇迹，杂交水稻技术的发展也让中国农业开始走上新征程。

（三）体现了尊重客观规律与发挥主观能动性的有机统一

创新是引领发展的第一动力。袁隆平是全球第一个开创水稻雄性不育与杂种优势利用科学研究的人，在全世界都不看好的情况下，他不拘泥于传统，冲破"无优势论"的束缚，大胆创新，在国内开始了杂交水稻的培育及相关研究。为了在理论和实践上取得突破，袁隆平积极寻找水稻雄性不育系以及相应的恢复系、保持系的三系配套技术路线，通过克服层层关卡，最终实现了"三系配套"科学构想。在实现这一构想之后，他通过反复试验，摸索出强势杂交组合的基本规律，培育出了"南优2号"杂交水稻，标志着三系杂交水稻研究成功。为了实现大面积种植，解决杂交制种产量低的困境，他充分发挥主观能动性努力探索，科学实验，摸索出一套"以父母本花期花时相遇为关键"的技术，在1976年成功开始大面积种植。早期的杂交水稻主要是中国为重心，提高水稻产量缓解全国饥饿危机，现如今杂交水稻技术已经传播到世界各地，由于南亚、东南亚、非洲等国家和地区与中国气候不同，常年高温并不适合杂交水稻的种植。于是我国农业科学家在原有杂交水稻超级稻的基础上，根据高温因素研制出耐高温的新品种，这一良种创新为热带地区带来了便利。同时该新品种不仅高产，而且稳产，稻米质量也非常好，在41.6℃的极端高温里还有55%的接种率，这也让中国超级稻在全球变暖的大环境中为世界粮食安全做出更大贡献。

1996年中国农业部正式开启超级杂交水稻育种计划，在这二十多年的发展中，我国水稻培育工作者们勇于探索，不断创新，在尊重水稻培育科学发展规律的基础上根据实际不断创新，研发新品种，更好地适应世界环境变化，帮助越来越多人民解决饥饿问题，进一步保护世界粮食安全，为全球粮仓提供不竭动力。在未来，水稻培育工作者们会继续以袁隆平院士"禾下乘凉梦"为目标，加强生物技术创新，在保持现有超高产的基础上，努力培育高产、高质、高抗、高适、高效"五高"超级稻，让超级杂交水稻走遍世界各个角落，保障全人类的粮食供应。

参考文献

[1] 罗闰良. 袁隆平的科学思想及其意义浅论 [J]. 杂交水稻，2022（S1）：253-256.

[2] 欧阳慧霖，章萍. 中国杂交水稻推广历程及现状研究 [J]. 粮食科技与经济，2018，43（6）：32-33.

[3] 李晏军. 中国杂交水稻技术发展研究（1964—2010）[D]. 南京：南京农业大学，2010.

[4] 赵海岩，郑文静，邹吉成，等. 现代生物技术在水稻育种上的应用 [J]. 垦殖与稻作，2005（2）：3-6.

我国科技创新助力生态农业发展探析

李 月 王传发

（西南林业大学马克思主义学院）

党的十八大以来，以习近平同志为总书记的党中央高度重视科技创新问题，将科技创新摆在我国农业发展的核心位置。同时，农业是关乎人民健康生活的大事，发展生态农业是时代大势。正如恩格斯所强调的："如果说人靠科学和创造性天才征服了自然力，那么自然力也对人进行报复。"[①] 因此，以生态保护为首要前提，以科技创新为有力支撑，致力于发展生态农业，才能赓续新时代生态农业发展之路。

一、科技创新与生态农业发展的内在逻辑

科技创新与生态农业发展之间紧密联系，相辅相成。一方面，科技创新为我国生态农业提供源源不断的内在动力。另一方面，我国生态农业发展推动科技创新的进步。我国生态农业发展的过程，实际上就是这两方面运动的辩证统一过程。

科技创新已成为我国生态农业发展必不可少的基调。科技是国家粮食之基，创新是民族进步之魂。科技创新是引领生态农业发展的第一动力。也就是说，我国现代生态农业发展离不开科技创新，科技创新为我国现代生态农业发展提供不竭动力。深入实施创新驱动发展战略，以科学技术创新为牵引，加快构建适应高产、优质、高效、

作者简介：李月，女，西南林业大学马克思主义学院马克思主义理论专业硕士研究生。

通讯作者简介：王传发，男，西南林业大学马克思主义学院教授，博士、硕士研究生导师。

① 马克思，恩格斯.马克思恩格斯选集：第三卷［M］.北京：人民出版社，2012：336.

安全的生态农业发展的技术体系。党的十八大以来，我国持续推进农业绿色转型，注重绿色优质农产品供给，全国绿色、有机和地理标志认证农产品数量超过 5.8 万个。2021 年，我国已完成 9 亿亩高标准农田建设任务；农业科技进步贡献率突破 60%；农业机械化高达 72%；农业科技论文和专利已名列世界前茅。科技助农成绩斐然、收获颇丰。科技创新与农业正在深度融合，迸发出科技创新活力。坚持科技兴农、科技强农、科技富农，是农业大国迈向农业强国进程的必经之路。

生态农业推动科技创新的发展。随着我国经济发展进入新时期，农业发展进入到快速转型升级的历史阶段[①]，生态农业已成为农业发展的关键新方向之一。生态农业发展呈现出的新需求，对农业科学技术提出了新要求，引领农业科技创新促进农业生产成本的降低、提质增效、保护生态环境的新趋势，更好将可持续发展战略落地生根。坚持以生态农业为导向，用创新驱动粮食和重要农产品的供给能力；加强生态农业资源保护利用开发；加强生态农业基础设施的改造；推动农业绿色发展。正如 2022 年两会上，杨忠岐委员关于开发研制昆虫的提案。昆虫不仅有优质蛋白，而且饲养过程中无须调温、方法简便易行，有益于应对环境污染造成的农业问题。可见，科学的开发和利用自然资源正符合可持续发展的生态理念，也符合我国现代生态农业发展的基调。

二、我国科技创新助力生态农业发展的机遇和挑战

农业是人类历史最悠久的产业，也是影响国民经济水平、稳定社会发展的重要组成部分。目前，全球新一轮的科技革命和产业创新方兴未艾，基础科学、信息科学、材料科学、生命科学与智能控制等先进科学领域不断融入农业发展中，催生出一些前所未有的现代农业科学技术，对我国生态农业发展产生革命性的影响。但与发达国家的生态农业相比，我国生态农业科技仍有一段距离，生态农业科技工作仍存在问题，制约着我国生态农业科技创新及其成果转化应用。当前我国生态农业发展的突出问题主要体现在农业科技创新重视度不够、农业生态能力未充分开发、生态农业拓展受阻碍。

首先，虽然我国对生态农业科技创新重视程度不断加强，但是生态农业科技成果的应用水平仍有待提高。特别是进入新时代，我国对生态农业科技创新成果需求的不断提升。生态农业发展过程中，存在不少由于使用化学防治药品导致产量下降的现象，一定程度上也反映出农业生产中病虫害防治是个难题。这类难题的出现，说明了生

---

① 张伟，马永鑫，孙建军，等.乡村振兴背景下加快农业科技创新的思考[J].农业科技管理，2020（6）：24.

态农业健康生产体系的恢复需要时间，同时，也说明了生态农业发展需要科学技术强有力的支撑。生态农业科研水平的滞后，导致生态农业基础设施落后，限制着生态农业推广到建设壮大的每一项环节，不能够满足现代生态农业发展的需求。在生态农业技术推广方面，相应的技术推广配套服务体系不够完善，造成农业先进技术引入效率低、范围窄。

其次，农业生态功能开发相对落后，缺乏可持续性。当前，由于商业农作物的推广，造成了我国农业种植品种单一，从而导致农业生态系统的自我调节能力下降。面对干旱、害虫入侵等灾害时，单一农作物会缺乏弹性。在农业生产中主要以使用农药、肥料和农业机械为主，忽视以生物防治、生物发酵利用等生物技术，造成了农业技术结构不合理，一些土壤环境污染、衰退问题难以解决。生态农业相关资源利用率较低，特别是农业废弃物、有机肥资源利用不充分。2021年公布的《关于印发"十四五"循环经济发展规划的通知》明确指出，到2025年基本建立资源循环型产业体系，农作物秸秆综合利用率要保持在86%以上。当前农作物秸秆综合利用率有待提高；禽畜粪污处理设施建设仍不健全；废弃农膜、农药和化肥包装、农机具等农用物资回收利用率较低。

最后，生态农业拓展受到阻碍。农民和科技人才都属于农业生产生活不可或缺的部分。现今，大量有知识的年轻人从农村流入城市，从事农业生产的农民普遍文化水平不高以及对生态农业生产讯息、农业技术都不太了解，同时，部分村镇缺乏推广和指导生态农业科技的专业人才。可见，农民文化水平、科技素质较低和科技人员的缺乏都一定程度上制约着生态农业生产效率和质量的提升。先进的现代农业科技在农村和农民中推广方式单一和应用率较低，使得生态农业拓展难以有实质性的突破。这也造成了我国生态农业的多功能潜力仍待挖掘。

三、我国科技创新助力生态农业发展的对策

改革开放以来，我国生态农业发展主要是由体制改革和优惠政策来推动发展，如今转变为依靠科技创新驱动我国生态农业发展。"要坚持农业科技自立自强，加快推进农业关键核心技术攻关。"习近平总书记的话字字铿锵、句句有力，揭示了振兴生态农业，关键在于科技创新。

（一）大力研发关键核心的生态农业技术

首先，以中国制度聚好中国力量，科学调配优势资源，推动农业前沿环保项目研

究，突破一批"卡脖子"的关键核心技术。其次，加大对核心生态农业技术的资金支持，政府可以通过优惠政策鼓励企业参与先进科研项目，推动企业与高校生态农业相关研究项目的合作。优化创新环境，促进生态农业创新项目进一步的展开，农业科技创新反作用于创新环境，促进创新环境再优化[1]。最后，深化农业科技体制改革，完善知识产权保护制度。用现代信息技术发展智慧农业，补全现代农业物质装备的短板。只有推进科技自立自强、产业链自主可控，方能得偿所愿的全方位、多途径开发食物资源。

（二）加快农业创新技术成果转化

加强生态农业科学技术的培训和推广应用，积极发展生态农业。通过农业科技创新将相关生态农业理论变成实践其实践目标变为现实，为生态农业推广夯实基础。农业技术创新和成果的转化必须转变传统以农民为对象的技术转化机制和模式，要以新型农业经营主体为依托，借助现代农业产业体系、经营体系和完善配套的生产体系，将技术大规模转移应用[2]。以现代农业科学技术为前提，因地制宜的改善农业生产环境和生态农业经营模式。坚持生态为根、保护为先、农业发展为重，利用现代科技成果使自然生产力和社会生产力相得益彰，形成大农业与第二、第三产业发展有机结合，实现生态方面和经济方面的可持续发展，促进经济效益、生态效益和社会效益有机统一。探索农业技术成果转化之道，加速创新链与产业链深度衔接，推动农业科技成果与市场协同发力。

（三）打造生态农业人才队伍

坚持产业为导向全面聚集农业科技人才，招才引智、人尽其才，着力夯实农业科技创新人才基础。发展新的农业技术，需要一批一批农业人才专家，才能有助于现代生态农业快速发展。"十三五"时期，农业人才队伍规模不断壮大、结构明显优化、素质得到提高，引领农业发展的作用得到彰显。农业科技力量得到有效提升，推动农业创新驱动实现关键的转变。从目前来看，我国农业人才队伍基础较好，《人才规划》对"十四五"时期农业人才队伍建设进行了系统谋划，主要目标是培优、做强、壮大。坚持"三分、三创、三促"的总体思路，就是坚持分类施策、分层推进、分工协

① 王丹，赵新力，杜旭，等.国家农业科技创新系统生态演化研究［J］.科技与产业，2021（12）：46.
② 王琳，林克剑.农业科技支撑引领乡村振兴的发展路径研究［J］.农业科技管理，2020（2）：66-69.

作，坚持创建平台、创新机制、创设抓手，促进人才下乡、促进人才返乡、促进人才兴乡，吸引各类人才为现代农业发展贡献力量。在现代农业人才培育、人才引进、人才使用、人才激励等关键环节协作发力，增加相关政策、机制、项目投入的力度。同时，提高农民的素质，让农民掌握了解一些实用的农业技术知识。落实更加开放的人才政策，激发人才创新的潜能，促进形成现代农业人才队伍的新格局。

（四）探究农业生态循环模式

保护生态环境是科技兴农的必要前提。以保护好生态环境为基本原则，构建同市场需求相适应、同资源环境承载力相匹配的现代农业生产结构和区域布局。杜绝杀鸡取卵、涸泽而渔的索取行为，要给生态系统留下休养生息的空间。发展绿色生态农业正当其时，加强农业废弃物综合利用，将上一产业的废弃物充分被下一产业循环利用。一是推进秸秆的回收利用，实现农业污染零排放和秸秆资源合理利用，从而避免焚烧秸秆导致的空气污染和资源浪费。挖掘"秸秆—青饲料—养殖业"等产业链。同时，废旧农膜和农药包装废弃物回收利用。二是大力推广沼气的综合利用，将农村生活污水、畜禽养殖的排泄物以及农业秸秆等作为沼气基料，产生的沼气、沼渣当作有机肥使用，沼气作为燃料。以沼气为纽带，探索沼液、沼渣的生态循环技术和利用模式，推行"猪—沼—菜"等综合利用模式，形成上联养殖业、下联种植业的生态农业新兴产业。三是畜粪收集处理和利用。完善畜粪的收集、运送和处理的运作机制，致力提高畜粪的利用率。促进粪肥还田，推广适宜技术，促进禽畜粪污有机肥资源化利用和发展生态农业。依据实际需要有效组合农业技术，从而实现生态农业产业化。

参考文献

［1］马克思，恩格斯．马克思恩格斯选集：第三卷［M］．北京：人民出版社，2012：336.

［2］张伟，马永鑫，孙建军，等．乡村振兴背景下加快农业科技创新的思考［J］．农业科技管理，2020（6）：24.

［3］王丹，赵新力，杜旭，等．国家农业科技创新系统生态演化研究［J］．科技与产业，2021（12）：46.

［4］王琳，林克剑．农业科技支撑引领乡村振兴的发展路径研究［J］．农业科技管理，2020（2）：66-69.

中国科技创新的现状及对策研究

刘思妍　　张海夫

（西南林业大学马克思主义学院）

我国科技事业经历过荆棘弥漫，也走过康庄大道。从向科学进军到迎来科技发展浪潮的春天；从科教兴国战略到创新驱动发展战略；从创新型国家向世界科技强国迈进①，党带领全国各族人民在科技领域一直奋起直追、全面创新，用实践印证了"科技兴则民族兴，科技强则民族强"这一真理。如今的中国，早已不是那个积贫积弱的晚清，也不是那个万物凋零的民国，取而代之的是欣欣向荣追赶世界第一梯队的新中国。社会主义现代化建设、"两个一百年"奋斗目标的实现、中华民族的崛起都离不开科技的创新发展，科学技术是第一生产力，也是国家发展壮大的重要支撑。站在新的历史起点，系统总结中国科技创新走过的道路。

一、近年我国科技创新取得的成就

在几千年的历史演进中，中华民族创造了灿烂的古代文明，拥有深厚的历史底蕴，在很长一段时间里无论是政治、经济、军事、技术、文化等方面都处于世界领先地位，经济总量长期位于世界第一，并遥遥领先于同期其他国家。到了近代，西方各国相继经历工业革命的洗礼，其生产力、综合国力等实现了巨大的提升。反观近代的中国，由于封建王朝严重腐败、目光短浅，致使中国积贫积弱、不思进取、闭关锁

作者简介：刘思妍，女，西南林业大学马克思主义学院硕士研究生，主要从事马克思主义基本原理研究。

通讯作者简介：张海夫，男，西南林业大学马克思主义学院党总支副书记、副院长，教授，主要从事马克思主义基本原理研究。

① 吴家芳. 习近平关于科技强国重要论述研究［D］.重庆：重庆理工大学，2021.

国，在科技水平、生产能力上远远落后于西方。直到新中国成立以后，才渐渐开启科技发展的大幕。尤其是改革开放后，我国再次打开国门，这种局面才开始逐渐扭转。党的十八大以来，我国科技事业飞速发展，科技实力明显提升，科技成果不断涌现。在过去一年中，虽然全球新冠疫情还没有结束，但这并不影响中国在各个科技领域取得新的突破。"天问"探火星、"嫦娥"登月球、"神十三"和"天和"核心舱成功对接、"华龙一号"、"海牛二号"、"深海一号"、高速磁浮列车、人工合成淀粉以及针对病毒的特效药等研制成功，这些技术成果涵盖了陆地、海洋、太空等多方面。其中"华龙一号"被称为人类史上最安全的核反应堆，在日本福岛核电站事故发生后，核电站的安全问题就受到全球的关注。对于核电技术，中国在这个领域的研究相对较晚，并且在很长一段时期由于严重缺乏铀矿，导致中国核电建设事业一度处于滞后状态。虽然中国国内核电占比较低，但是这并不意味着中国缺乏核电技术，"华龙一号"就是最好的证明，并且中国在 2021 年完成了援建巴基斯坦的核电站——大型海上能源站"深海一号"。为了实现节能减排，提升清洁能源占比，中国把"深海一号"部署在南海采集天然气资源，它每年生产的天然气资源足够大湾区民众年 1/4 的用气需求。人工合成淀粉技术的成功也是一个非常大的突破，甚至对整个人类都至关重要。当前，人类获取淀粉的主要途径是种植农作物，这种传统方式复杂且生产率较低。随着时代的进步，尽管人类的生活水平越来越高，但是饥荒问题依然存在，尤其是在非洲大陆，许多国家的民众仍然面临着吃不饱饭的情况；同样在我国国内，粮食安全也依然是一个严峻的问题，而人工合成淀粉技术的发明，可以让人类彻底摆脱饥荒，并且还有望解决全球气候变暖的问题。近年我国科技在各个领域都取得了非凡的成就，全世界都有目共睹，科技是推动社会进步的关键要素，是一个民族崛起和强大的重要源泉。未来的道路还很长，我们要继续在科技创新的道路上敢于创新、勇于挑战，大力发展前沿科技。

二、我国科技创新发展的国际影响

伴随着中国改革开放的深入，以及在科技领域投入的增加，我国在科技创新领域取得了长足的发展，并在国际上的影响力日益增长。在以大数据、云计算、人工智能等数字技术为代表的第四次科技革命，中国抓住了信息技术革命的机遇，搭上了革命的快车，催生了新业态、新模式。电子商务行业成为中国数字经济最重要的组成部分，行业规模和创新活跃度引领全球，多年持续高速增长。互联网经济的繁荣发展大力促进了中国经济快速增长，产业结构成功转型升级，人民的整体生活水平大幅提升①。互联网行业是中国科技创新发展成功的代表性行业，提升了中国的国际竞争力。在北京举办的2022年冬残奥会，背后有着大量的高科技支持，其中最突出的是5G移动通信技术和云基础设施服务，在冬残奥会的主办城市北京和河北张家口的所有87座体育场馆都有5G连接。5G网络能够提供更快的数据传输速率和超低延迟，同时还能节省能源、降低成本。广播机构通过云基础设施接收赛事直播，画面高清且具有定格慢动作回放功能，使得运动员比赛场景能够更加清晰地展现在全球观众面前，不错过每一个激动人心的瞬间。这展现了中国互联网技术的实力，为全球各国民众提供了更便利、清晰的观看效果，也使得比赛更加公平公正。中国互联网行业的快速发展在国际上提供了很多机遇，互联网行业是一个高度竞争性行业，拥有各种市场化融资工具，技术发展方向多元自由②。中国加大对外开放，给外资企业开放了足够的空间，提供了更多的机会。中国的发展也促进了外资企业的进步，实现了互利互惠。除了互联网行业中国实现了快速发展，在新能源汽车行业，中国也实现了弯道超车。在传统汽车方面，中国的核心技术创新能力仍然有限，发动机主要还是依靠进口。但自2014年起，中国大力推进新能源汽车发展，包括混合动力、电池和氢燃料汽车，在新能源汽车产业链各个环节都占据重要位置③。中国成为世界最大的新能源汽车市场，还是唯一能够生产大型电动公交车的国家。中国是全球最大的新能源汽车生产地，向欧洲出口了大量的新能源汽车。现在全球环境污染严重，而新能源汽车不需要燃烧汽油、柴油等，减少了二氧化碳等气体的排放，实现了节能减排，能够有效改善空气污染，保护环境。全球汽车未来发展方向是新能源化已成为全球各国和企业的共识，新能源行业的发展给内外资企业带来了同等的发展机遇。中国的经济发展带动着科技产业的全面升级，正通过"一带一路"等向全球各个国家辐射，伴随着人类命运共同体的构建持续深入，中国的国际影响力会更上一个台阶，中国的科技成就会更加惠及全球人民。

① 陈钰.美国智库对中国科技创新能力和影响的评估：基于国际战略研究中心报告的分析［J］.全球科技经济瞭望，2020，35（6）：48-52.

② 李明，龙小燕."十四五"时期我国数字基础设施投融资：模式、困境及对策［J］.当代经济管理，2021，43（6）：90-97.

③ 乔英俊，赵世佳，伍晨波，等."双碳"目标下我国汽车产业低碳发展战略研究［J］.中国软科学，2022（6）：31-40.

三、提升我国科技创新能力的对策

（一）进一步激活创新主体，加强创新体系建设

改革开放至今，我国的科技经历了长期、稳定、高速的发展，这些发展的动力都来源于创新。科技创新是一个国家科技工作发展的基石，我们国家的创新工作必须与时代相契合，按照经济社会发展对科技创新的要求，建立能够支撑我国经济持续稳定高速发展的创新体系，以"创强"为工作切入点，注重创新主体的培育，注重相关机制的完善，注重创新环境与条件的深入优化，形成持续有力的科技创新能力。企业是创新资源配置的主体，我们必须培养一批重点科技的创新型企业，再进一步确立企业作为技术进步的主体单位。只有这样形成以企业为主体的技术基本格局，带动行业区域化发展，最终推动我国科技更上一个台阶。政府部门要进一步创造优胜劣汰的体制、公平的市场环境，使得企业能够在市场竞争中真正体现技术进步的价值和收益。

（二）加强高素质人才的平台建设

科技的发展来源于人才，新时代中国特色社会主义建设不能缺少高精尖端技术人才。相关机构应该优化人才引进的政策与措施，加大人才引进的力度。古人云，衣食住行乃人生之大事，面对现在日趋增长的房价，科研人员的工资收入与其并不成正比。我们必须建立一套完整的人才公寓制度以及购房补贴制度，针对市场的高房价与高素质人才形成一对一的扶持，或集中区域规划专家公寓、人才大厦，并且建立相关配套设施，以解决高素质人才住房困难问题，创造有利于提高人才素质的居住环境。另外，可以根据当地的实际需求，结合相关政策对高层次人才安家实行点对点补助，设立"人才专用专项资金"等。在税收方面也可对相关高新技术人才实施税收抵扣政策。我们还需加大学术交流，营造浓厚的学术氛围，学术活动是提高相关技术人员研发水平、创新能力的重要纽带，是为专业技术人员输送新知识、新技术的重要平台，也是吸引外来人才和稳定人才队伍的重要条件。政府以及相关单位、协会应增加学术交流的经费投入，完善学术交流的组织能力、场地建设。各类学会、协会直接与相关部门挂钩，定期开展高水平的研讨活动，有计划地逐年增加科技人员出国考察、学习等机会，并有计划邀请国外专家到本地举办讲座、交流。与此同时，需要加强在职科研人员的继续教育与知识更新。

（三）促进企业专利创造，提高相关企业管理水平

加大知识产权保护力度是提升科技创新能力的必要前提，我国需要完善相关强调知识产权的创造和保护政策，加大对创新人员成果产权利益的保护力度。进一步增强创新人员的专利意识、知识产权保护意识，可以通过普法宣传和教育，帮助发明者树立依法垄断发明成果的权利意识和法制观念，转变社会普通民众长期以来对知识产权重要性的浅显认识。相关部门需要从经济社会可持续长期发展的角度，出台一系列的保护措施，提高企业在专利申请相关的保护，鼓励企业发明创造，提高企业技术创造能力。发明专利能够体现一个企业、一个国家的综合创新能力，我们要从保护到鼓励主动创造，树立尊重劳动、尊重人才、尊重创造的全民意识。另外，需要加强企业的专利队伍建设，培养一支庞大的企业专利人才队伍，以进一步推动我国有关科技创新企业的发展[①]。

参考文献

［1］吴家芳.习近平关于科技强国重要论述研究［D］.重庆：重庆理工大学，2021.

［2］陈钰.美国智库对中国科技创新能力和影响的评估：基于国际战略研究中心报告的分析［J］.全球科技经济瞭望，2020，35（6）：48-52.

［3］李明，龙小燕."十四五"时期我国数字基础设施投融资：模式、困境及对策［J］.当代经济管理，2021，43（6）：90-97.

［4］乔英俊，赵世佳，伍晨波，等."双碳"目标下我国汽车产业低碳发展战略研究［J］.中国软科学，2022（6）：31-40.

［5］黄钟钡，包倩文.我国企业科技创新人才队伍建设与培养路径［J］.福建论坛（人文社会科学版），2021（7）：85-98

---

① 黄钟钡，包倩文.我国企业科技创新人才队伍建设与培养路径［J］.福建论坛（人文社会科学版），2021（7）：85-98.

乡村振兴背景下边疆大学生回流的实然困境与应然进路

李明辉　周琬馨

（大理大学马克思主义学院）

中共中央、国务院指出：将乡村人才振兴纳入党委人才工作总体部署，健全适合乡村特点的人才培养机制，强化人才服务乡村激励约束。加快建设政治过硬、本领过硬、作风过硬的乡村振兴干部队伍[①]。而我国边疆地区的乡村振兴实施是推进乡村振兴的重点难点，却面临着人才数量、质量和结构上的问题，其中人才的流出是导致边疆地区乡村振兴主体空缺、动力不足的根源所在。基于此，探析边疆地区大学生回流中存在的实然困境和应然进路，能充分发挥边疆大学生对乡村振兴的助力作用，为乡村振兴战略的实施提出建设性意见。

一、问题与反思：乡村振兴背景下边疆大学生回流的实然困境

（一）主体缺位：边疆大学生无法回乡

"无法回乡"与"不愿回乡"无关，而"不愿意回乡"则是大学生在客观上不愿意或不愿意回到边陲，学术界对此问题的讨论比较多。尽管近几年，高校对志愿服务和奉献意识的宣传与意识不断加强，但是，这一认知并未转化为促进边疆大学生回流

作者简介：李明辉，男，大理大学马克思主义学院马克思主义理论专业硕士研究生。

通讯作者简介：周琬馨，女，大理大学马克思主义学院教授，硕士研究生导师。

① 中共中央　国务院.关于全面推进乡村振兴加快农业农村现代化的意见［EB/OL］.［2021-01-04］.
http://www.gov.cn/zhengce/2021-02/21/content_5588098.htm.

的内在动机。一是边疆地区经济落后，近年来将重点集中于脱贫攻坚和经济建设，将建设重点集中于"户""村"这一主体，忽视了个体和人才的建设。同时，一些地方党委政府没有积极发掘农村的优秀人才，而是选择坐观其变或听从安排，没有积极的发挥主观能动性引导。同时，由于农村"空心""空巢""老龄乡村"等问题，基层党委政府难以及时了解当地大学生的思想和工作生活情况，甚至对于本村人才和人口的流向情况一无所知，对农村青年和青年返乡的观念认识模糊，对其分类、统计、特性分析等有关工作的重要性、复杂性认识不足，缺少系统的定位和工作思路[①]，这样倒逼回乡村振兴的实施效果难以出色，则难以对大学生回流产生诱惑力。二是由于受传统文化和文化的制约，边疆学生迫于家庭因素没有脸面回乡，他们周围环境和朋辈父辈的影响。在中国人的观念中，读书是农村学生脱离乡村生活的唯一出路，接受高等教育的目的就是为了出人头地。而一些偏远的地方，因为不均衡的发展，一些地方的经济发展水平较差，导致了这些回流的边疆学生很难发挥自己一技之长，陷入被动失业的境地。，

（二）动力不足：边疆大学生无法扎根

缺乏"扎根"动力之一体现在服务体系不完善导致大学生回流的吸引力不足，人才发展得不到更全面的保障。

一是边疆地区在人才建设方面的顶层规划设计滞后，以及不适合乡村振兴战略的推进和大学生的就业现状。一方面，乡村振兴战略实施以来，乡村人才的评价、晋升等机制完善工作仍处在滞后的阶段，缺乏可操作、具体、明晰的评价机制[②]，使得已经返乡的大学生的成就和工作业绩没有一套科学、客观的指标对其进行评价，从而筛选不出多劳者、优秀者和主要贡献者，自然也无法对该部分人做出激励和奖励。另一方面，有关回流助力乡村人才振兴缺乏法律配套体系，表现出来的问题是人才队伍的管理上，乡村缺人才但是并没有一定的财政拨款、宣传文件等相关的激励服务措施，导致人才和乡村之间缺少协调，出现信息差以及信息交流不畅通，实施乡村人才振兴的工作效率就大打折扣。

二是乡村的发展格局有限，在生存、生活和工作上导致回流大学生扎根受阻。边疆地区整体发展水平低下，无论是从商、从政、从教、从医等职业选择，大学生都不

---

① 王金友.扬州市浦头镇乡村人才振兴实施中的问题和对策研究［D］.扬州：扬州大学，2021.
② 赵臣阳，潘旺，鲁银棱.农村籍大学生回流助推乡村振兴的路径思考［J］.四川农业科技，2022（5）：71-73.

能从中获得该有的满足感、获得感和幸福感，对边疆地区的发展格局和生活环境不满足自己的生活标准，即使是在大学生回流之后，在本身软件不行的贫困乡村，硬件相关设施缺乏[①]。在没有形成一个好的就业生态体系、不能获得适当的工作和生活安全的情况下，大学生的回流就变成了退缩和观望。

（三）能力不硬：边疆大学生无法出彩

随着农村产业结构的升级，对高素质的人才需求也越来越高，不仅要懂得技术，还要懂得经营管理，怎样才能为新时代实施乡村振兴发展所需的多层次的人才是个亟待解决的问题。而在我国，边疆少数民族地区的大学生，其自身的能力与素质还远远不能满足其发展的需要。从总体上看，多数边疆地区大学生缺乏人情世故、缺乏资本、缺乏技术、缺乏社会经验等，使他们在返回边疆后难以发挥其应有的作用。以云南为例，其产业的供应水平和效率在全国水平比较低下，高原特色化的农业也并未有显著成效。这些都需要农村实用人才的助力，但是现有的实用人才在适应生产力发展和市场竞争力上的能力明显不足。从内部的组织上来看，基层管理者中以行政管理为主，当中的技术推广人员被加冕行政职务，当作政务管理人员让其处理基层管理事务，大大挫伤了他们的积极性和活力。

二、探索与建构：边疆大学生回流乡村的应然进路

（一）夯实外部保障，为"回乡"保驾护航

第一，为边疆地区大学生回流提供政策保障，制定相应的高校实施办法，鼓励他们积极参加农村教育，并提供相应的扶持。在国家层面，建立高校毕业生回流后的就业和创业的保障机制，例如：高校助学贷款代还、基层福利补贴、考公考研倾斜照顾等。与此同时，由于大学生返回家乡在进入乡村体制后，还会遇到一些不清楚准入条件、职位、职务等方面的问题，因此，在政策解读和普及上帮助他们妥善处理好因为信息差导致的回村后遇到的各类困难。第二，要大力发展现代农业，推动"特色产业＋特色乡村＋特别人才"的协同发展。乡村产业振兴乡村振兴的重要环节，也是建设特色乡村的关键之举，而只有产业发展好才能带来更多的就业机会，才能为边疆地区年轻人才回流提供广阔的舞台。要推动农村产业发展，必须进一步健全和拓展农产

---

① 柳一桥，肖小虹. 以绿色发展引领乡村振兴：民族山区绿色农业产业链的形成机理与演进路径［J］. 中南民族大学学报（人文社会科学版），2022，42（1）：148-156，187.

品、农村电商、乡村旅游、红色资源开发整合、创意文创产品、高原特色产品等，改善乡村就业创业环境，形成回流乡村就业的良性生态循环系统，确保乡村人才能回流顺利。第三，加大以乡情为基点的回流体系，以情留人，以情感人，以振兴聚人才，以发展成就人才。根据当地的实际情况，从各办学层次和专业出发，制定适宜返乡大学生参加的项目，使他们有机会在当地发展。根据自己的技术专长和专业知识，引导经济管理类、农业生物类专业大学生创办农村电商、整合农产品资源和当地旅游资源；鼓励大学生利用新技术和新媒介进行教育、宣传和营销工作。

（二）优化回流生态系统，为"扎根"添砖加瓦

第一，要加大农村的基础设施的投入力度和乡村社区建设力度，保证基本生存方式和生活方式，努力缩短城乡之间的差距。加强农村教育、医疗、就业等公共服务，解决边疆大学生回归农村所面临的各类问题，加强农村服务一体化，推进农村各项改革，重塑城乡关系、走城乡融合发展道路，促进资金、人才等要素回流农村，提高农村人才的吸引力，促进农村籍大学生在农村"扎得下根"。除此之外，要重视乡村生态环境整治和乡村治安水平，全面保障好大学生在边疆地区的人身安全，杜绝遭受侵犯和歧视，加强乡风文明建设，让农村优美的环境、浓郁的文化育人才。第二，重视高校毕业生的思想政治工作，树立正确的就业理念，并积极促进大学生参与农村社会治理，为农村发展提意见。对于回流边疆的大学生，要抛弃以追求权贵名利和物质利益的传统思想，高校辅导员要充分了解本班边疆地区的大学生及其就业意向，注重了解和引导过程中的亲和力和人文关怀，树立服务边疆的奉献意识。化解学生对政策的误解和消极认知，使其摆脱刻板印象等传统观念的束缚，主动地融入社会，接受社会地位和人生角色的变化，增强自己的归属意识，让学生想要归根发展。

（三）培育实干型育人机制，为"出彩"锦上添花

第一，要完善边疆乡村人才的培育体制，形成政府、高校和社会共同育人的模式。要鼓励农业院校建立专业技术教育的平台，鼓励高职院校开办与新兴技能有关的专业，使专业水平更好契合边疆乡村振兴的需求，为边疆民族地区大学生提供民族性的专业技能培训、创业指导教育、乡村振兴政策，增强边疆民族地区大学生与乡村振兴的黏性，真正为乡村振兴提供服务。第二，整合调动积极因素，发挥回流人才的主体作用，激活回流大学生的活力。如何使返乡的大学生在乡村这块辽阔的土地上充分地利用其自身的优势，是做好回流工作服务乡村人才振兴的应有之义，也是把边疆大学生放在主体地位进行重新审视的表征。加大对乡村地区的人力资源的利用，是解决乡村地区人力

资源短缺问题的重要措施。要始终保持高校毕业生的主体性，使高校毕业生平等参与、平等发展、平等受益的平等权益，使其作为重要的依靠和受益方。做到把提高大学生的精神风貌和提高大学生的发展机遇与推动乡村振兴相联系，努力实现大学生的全方位发展。此外要重视发掘农业人才、创新创业人才、优秀教师、优质医疗人才，培养具备较高实操能力和善于解决"三农"问题的人员，因此，要尽快构建高校的技能实践基地和高职高专院校的人才培养体系，建立高校联盟和对口支援的帮扶体系，打通本地高校毕业生的就业渠道，并探索出一条适合本地和专门技术人员的职业发展途径，按照本土化的发展模式进行规培，制订符合本地特色的专业技能评估指标。

三、结语

边疆大学生回流既缓解了乡村人才的空缺，还作为全新的就业选择，实现了必要性和适切性的统一。然而，反观实然推进过程却发现存在主体缺位、动力不足及能力不硬的实然困境，表征为边疆大学生无法回乡、无法扎根以及无法出彩。鉴于此，提出应然进路，即要夯实外部保障，为"回乡"保驾护航；优化回流生态系统，为"扎根"添砖加瓦；培育实干型育人机制，为"出彩"锦上添花。

参考文献

［1］中共中央　国务院.关于全面推进乡村振兴加快农业农村现代化的意见［EB/OL］.［2021-01-04］.http：//www.gov.cn/zhengce/2021-02/21/content_5588098.htm.

［2］王金友.扬州市浦头镇乡村人才振兴实施中的问题和对策研究［D］.扬州：扬州大学，2021.

［3］赵臣阳，潘旺，鲁银梭.农村籍大学生回流助推乡村振兴的路径思考［J］.四川农业科技，2022（5）：71-73.

［4］柳一桥，肖小虹.以绿色发展引领乡村振兴：民族山区绿色农业产业链的形成机理与演进路径［J］.中南民族大学学报（人文社会科学版），2022，42（1）：148-156，187.

科技创新对推进中国式现代化的影响

李涛 赵善庆

（大理大学马克思主义学院）

党的十八大以来，习近平总书记将以科技为核心的全面创新摆在了国家发展的重要位置，从实现中华民族伟大复兴的高度对科技创新提出了一系列新论断、新要求。作为推动社会发展的强大动力之一，科技对全体人民的共同富裕、人与自然的和谐相处、物质文明和精神文明建设等方面的发展都有着深远影响。新时代背景下，坚持走具有中国特色的科技创新道路，努力推动科技创新，是实现中国式现代化强有力的保障。

一、中国科技创新的认识基础与演进

（一）中国科技创新的认识来源

中国关于科技创新的认识来源于马克思主义科技观，马克思《哲学的贫困》《1861—1863 年经济学手稿》《资本论》等经典理论著作中，关于科技的相关论述为中国科技创新提供了认识基础，其主要观点如下。

1.科学是一种在历史上起推动作用的、革命的力量

科技一直以来都是推动社会发展的强大动力，科学革命下的手工业时代、蒸汽时代、电气时代直到现在的信息化时代，每个阶段都显示着科技强大的生命力。恩格斯

作者简介：李涛，男，大理大学马克思主义学院硕士研究生，主要从事中国近现代史基本问题研究。
通讯作者简介：赵善庆，男，大理大学马克思主义学院，副教授，硕士研究生导师。

认为，科学革命的出现，打破了宗教神学关于自然的观点，自然科学从神学中解放出来，从此快速前进。马克思认为，科学与技术的结合推动了产业革命，产业革命促使市民社会在经济结构和社会关系上发生了全面变革[①]。在马克思看来，社会财富是由无产阶级劳动人民创造的，但是社会生产率的提高却是科技出现后的结果，这是劳动人民的福音。正如马克思恩格斯讲到的一样：没有蒸汽机和珍妮走锭精纺机就不能消灭奴隶制；没有改良的农业就不能消灭奴隶制；当人们还不能使自己的吃喝住穿在质和量方面得到充分保证的时候，人们就根本不能获得解放[②]。同时，马克思认为，科学技术的出现并不是提高社会生产率的唯一原因，科学技术能够推动社会向前发展，但是要作为变革社会的革命力量必须依靠具有高水平的劳动者，只有劳动者接受了教育并有能力去运用科技才能将科技变为先进的生产力，这同时也符合马克思"人民是历史的创造者"这一基本观点，科学技术是劳动者手中的有力武器，在劳动者的运用下间接为社会创造财富。

2. 科学技术是生产力

科学技术是生产力这一观点是马克思科技思想的核心内容。马克思说："大工业把巨大的自然力和自然科学并入生产过程，必然大大提高劳动生产率。"[③] 从这句话中其实已经可以看出，马克思已经把科技当作生产力的一种。只不过与具体的生产工具相比，科技有其自身的特殊性，主要体现在条件性上。作为推动社会发展的强大动力之一，科技的条件性主要体现在，其想要发挥作用离不开人类对自然科学的研究和对科技发展的投资。人需要先以自然科学为基础对科技进行不断研究，在科技成果诞生的时候才能转化为生产力来生产社会财富。此外，科学技术与生产力的关系问题在马克思主义生产力学说中占有重要地位[④]。生产力的发展和科技的进步是相互作用的，科技的进步伴随着必然是劳动者素质的提高、生产效率的提高、产业结构的变革和生产成本的降低等多方面，科学水平的提高不仅对劳动生产领域有大的影响，在文化、管理等其他领域也会产生较大变革，因此，科学技术不仅是生产力，而且是一种能够变革社会的强大动力。

---

① 刘皓. 马克思主义科技观研究［D］. 吉林：吉林大学，2013.

② 中共中央马克思恩格斯列宁斯大林著作编译局. 马克思恩格斯文集：第一卷［M］. 北京：人民出版社，2009：527.

③ 中共中央马克思恩格斯列宁斯大林著作编译局. 马克思恩格斯选集：第二卷［M］. 北京：人民出版社，2012：218.

④ 郑文范，温飞. 准确理解和把握科学技术是第一生产力［J］. 中国高校社会科学，2015（2）：21-26，156-157.

（二）中国共产党对科技创新的发展

"在分析任何一个社会问题时，马克思主义的绝对要求，就是把问题提到一定的历史范围之内；此外，如果谈到一个国家（例如，谈到这个国家的民族纲领），那就要估计到同一历史时代这个国家不同于其他各国的具体特点。"[①] 这也是马克思主义永葆强大生命力的原因，理论和不同国家的实际相结合才能结出科学的果实。在中国，中国共产党对科技创新的发展主要经历了 3 个重要的发展阶段。

第一个发展阶段是邓小平关于"科学技术是第一生产力"的重要论断。以邓小平同志为核心的党中央领导集体，当时面临的任务是大力发展生产力，发展中国的经济总量。在以四个现代化为目标进行社会主义建设时，邓小平洞悉时局提出科学技术现代化是工业、农业、国防现代化的前提，邓小平当时的论断实际上已经指出了科技对农业、工业和国防建设的影响，只要率先实现科学技术现代化，工业生产和农业生产效率便会得到质的变化，加快现代化进程。第二个阶段是"科教兴国"战略的提出。"科教兴国"战略完全贯彻了科学技术是第一生产力的思想路线，将科学与教育摆在社会发展的重要位置，认识到科技可以当作社会发展的动力去引领经济社会的发展。第三个阶段是进入新时代以来科技的发展。以习近平同志为核心的党中央领导集体把科技创新摆在了国家发展的重要位置，实施创新驱动发展战略，突出强调创新是与时俱进的，坚持推进以科技创新为核心的全面创新。

二、科技创新对中国式现代化道路的重要影响

中国式现代化是人口规模巨大的现代化、全体人民共同富裕的现代化、物质文明和精神文明相协调的现代化、人与自然和谐共生的现代化、走和平发展道路的现代化，新时代下之所以把创新驱动发展战略摆在更加突出的位置，是因为科技创新对中国发展的影响不是单方面的，而是体现在推进中国式现代化的全过程中。

一方面，经济建设上，科技创新驱动发展使我国产业结构发生了变化。第一产业和第二产业从业人员呈现大幅下降趋势，大多数人们已经不需要再用体力劳动去维持生活，转而将工作中心投入到了第三产业，用智力做自己的立身之本，科技极大地推动了经济的增长，丰富了人民的物质生活，使得人口规模巨大的国家实现现代化有了可能。在精神文明的建设上，科技也发挥着重要作用。目前我国已经基本实现全国网

---

① 朱瑛.论马克思主义的科技观及其在中国的发展［J］.武汉大学学报（哲学社会科学版），2005（6）：779-783.

络覆盖，网络传媒的发展也提高了人们接受消息的效率，核心价值观有更多的渠道、方式去传播，有利于正确价值观的引导和培育。另一方面，我国通过科技手段拓宽了文化的传播渠道，将传统文化和时代文化有机结合在世界上传播。同时，科技创新也促进了文化在传播方式上的变革。就传统文化的传播来说，依靠科学技术的发展，VR 等技术使人们有机会在不同环境下从不同角度感受我国优秀传统文化，人们通过身临其境的亲身体验有了自己的感悟，有利于更好地传承弘扬文化，发挥文化作为生产力的作用。科技创新带给文化建设上的福利还体现在教育上，以思想政治理论课的教学为例，在课堂上利用多媒体设备进行形式创新的教学，能够很好地调动学生的积极性，课外实践活动也可以通过参观智能展馆等的形式来提高思政课的教学实效性。这些例子都体现了科技对精神文明建设的推动。在人与自然相处上，过去的我们为了发展经济过度破坏生态，对自然造成了不可逆的伤害，科技不断的创新发展，使我们有机会在不破坏自然环境的前提下发展经济，促使人和自然和谐共处。

三、科技创新是中国式现代化建设高质量发展的关键

科技创新和中华民族伟大复兴的中国梦是辩证统一的关系，实施以科技为核心的创新驱动发展战略，为实现"中国梦"提供了有力支撑，实现中国梦同时能够更好地推动科技创新。新时代下继续坚持实施科教兴国战略和创新驱动发展战略，是实现中国梦的强大保障。

科教兴国战略的实施最重要的是要把握好科学技术发展的方向和对于高素质人才的培育。习近平总书记在党的二十大报告中提出：必须坚持科技是第一生产力、人才是第一资源、创新是第一动力，深入实施科教兴国战略、人才强国战略、创新驱动发展战略[①]。习近平总书记关于国家发展的论述为推进中国式现代化提供了方法论，其中对于科教兴国战略和创新驱动发展战略的强调，实际上也是在突出科技创新在推进中国式现代化当中的重要作用。科教兴国战略的实施可以带动其他领域的协同发展，习近平总书记是将科技创新贯彻在了建设社会主义现代化国家和中华民族伟大复兴的中国梦当中。其内涵丰富，不仅仅是在一个领域内的运用，而是在多领域，如在生态治理、科教兴国等方面都突出强调要运用好科技这一把武器进行中国自主的改革创新。

---

① 习近平. 高举中国特色社会主义伟大旗帜　为全面建设社会主义现代化国家而团结奋斗：在中国共产党第二十次全国代表大会上的报告 [EB/OL]. [2022-10-16]. http://jhsjk.people.cn/article/32551583.

坚持创新驱动发展战略是推进中国式现代化的重要保证。中国特色社会主义现代化国家的建设实现需要坚持实施以科技为核心的创新战略。当前，想要科技创新到达一个新的高度，就必须有意识的运用科技手段去解决我国在实现现代化征途中的艰难险阻，找到科技创新的动力源泉，攻关一系列的"卡脖子"技术难题，走中国自主科技创新发展道路。只有坚持加大对科研的投入，坚持将科学技术的自主权掌握在自己手里，才能更好地优化产业结构推动社会经济向前发展，在科技创新道路上实现长足发展，为实现现代化保驾护航。

四、结语

科技创新是推进中国式现代化的强大动力，在经济、文化、政治、生态、军事、社会治理等方面都发挥着不可替代的作用。新时代实施创新驱动发展战略最重要的还是要抓好对科技人才的培育工作，为科技人才培育提供良好的社会环境。其次，还要协调好科技在各领域的发展运用，发挥利用好科技的积极影响，避免科技可能带来的消极影响，发挥科技创新的强大动力，支持保证中国式现代化的顺利推进。

参考文献

［1］刘皓.马克思主义科技观研究［D］.吉林：吉林大学，2013.

［2］中共中央马克思恩格斯列宁斯大林著作编译局.马克思恩格斯文集：第一卷［M］.北京：人民出版社，2009.

［3］中共中央马克思恩格斯列宁斯大林著作编译局.马克思恩格斯选集：第二卷［M］.北京：人民出版社，2012.

［4］郑文范,温飞.准确理解和把握科学技术是第一生产力［J］.中国高校社会科学,2015（2）.

［5］罗昌宏.马克思、恩格斯的科技观［J］.武汉大学学报（社会科学版），2001（5）.

［6］朱瑛.论马克思主义的科技观及其在中国的发展［J］.武汉大学学报（哲学社会科学版），2005（6）.

［7］习近平.高举中国特色社会主义伟大旗帜　为全面建设社会主义现代化国家而团结奋斗：在中国共产党第二十次全国代表大会上的报告［EB/OL］.［2022-10-16］.http：//jhsjk.people.cn/article/32551583.

［8］马来平.构建新时代的马克思主义科技观［J］.自然辩证法通讯,2020,42（5）.

［9］郭铁成.习近平科技创新思想对马克思主义科技观的发展［J］.人民论坛,2017（28）.

科技创新与中华民族伟大复兴的路径探究

饶　兼　赵金元

（大理大学马克思主义学院）

党的十八大以来，习近平总书记立足于国际国内形势，高瞻远瞩，在多个重要场合论述了科技创新对一个国家民族的重要性，把科技创新看作是事关党和国家长远发展的原动力。新时代科技依然是第一生产力，创新是第一驱动力。从国内来看，新时代我国社会主要矛盾也发生了很大的转变，人民的物质生活水平基本得到了满足，广大人民群众在社会生活的更多方面产生新的需求。与此同时，社会发展也对科技的创新发展提出了新的更高要求。从国际上看，中美贸易摩擦凸显了技术主权之争愈演愈烈，科技创新能力竞争如火如荼，使我们明白，只有掌握了关键核心技术才不会被"卡脖子"的道理。

一、科技创新是中华民族伟大复兴的原动力

历史是最好的教科书。在人类社会的发展进步中，科技日益发挥着"第一生产力"的火车头作用。中国特色社会主义进入新时代，我们比历史上任何时期都更接近中华民族的伟大复兴，但中国梦不是轻轻松松、敲锣打鼓就能实现的，我们面临的形势和挑战也从未有过的复杂和严峻。在前所未有的严峻形势和挑战下，科技创新在我国社会主义现代化建设全局中占有核心地位。党的十九届五中全会提出："坚持创新在我国现代化建设全局中的核心地位，把科技自立自强作为国家发展战略支撑，面向世界

作者简介：饶兼，女，大理大学马克思主义学院马克思主义理论专业硕士研究生。

通讯作者简介：赵金元，男，大理大学马克思主义学院教授，博士生导师。

科技前沿、面向经济主战场、面向国家重大需求、面向人民生命健康，深入实施科教兴国战略、人才强国战略、创新驱动发展战略，完善国家创新体系，加快建设科技强国。"[①] 关键核心技术是要不来买不来的，科技要发展就需要创新，而这一切都需要依靠人才来推动。

科学技术是人类文明的重要组成部分，深刻改变着世界格局、民族兴衰和国家命运。以史为鉴，可以知兴替。近代清政府做着天朝上国的美梦，闭关锁国，闭门造车。而此时以英国为首的西方资本主义国家已率先进入蒸汽时代，发起了工业革命，使生产力得到极大的发展，中国与第一次科技革命失之交臂。新中国成立后，中国科技事业进入一个新的历史时期，我们逐步构建起现代科学技术体系与体制。1978 年，中国实行改革开放，邓小平提出了"科学技术是第一生产力"的重要论断，我们迎来了"科学的春天"。从中国的近代史可知，落后就要挨打，在现代，科技落后更要挨打，国家的强大必须依靠科技的强大。实践再次告诉我们，建设现代化经济体系，推动全球经济发展，都需要强大科技作支撑、作坚定的后援。科技影响着人们的生活质量，也承载着人们对未来美好生活的向往。当今世界，谁能够在创新上先行一步，谁就能掌握引领创新的主动权。我国虽已成为世界第二大经济体，但创新能力依然不够强，关键核心技术受制于人的局面尚未根本改变。因此，科技创新事关整个国家、整个中华民族发展的前景，要实现高质量发展，实现量变到质变的飞跃，需要科技来助力。

二、科技创新背景下中华民族伟大复兴的路径选择

新时代，是我们青年一代生逢其时的好时代，但也是机遇与挑战并存的时代。习近平总书记科学研判时代之需，发展之迫，从世界和时代的发展坐标上，准确认识历史方位，制定正确的方针政策，提出要实现全面建设社会主义现代化国家、全面推进中华民族伟大复兴必须找准基础性、战略性支撑。科技立则民族立，科技强则国家强。在党的二十大报告中，习近平总书记明确强调指出，教育、科技、人才是全面建设社会主义现代化国家的基础性、战略性支撑。必须坚持科技是第一生产力、人才是第一资源、创新是第一动力，深入实施科教兴国战略、人才强国战略、创新驱动发展战略，开辟发展新领域新赛道，不断塑造发展新动能新优势[②]。科技进步靠人才，人才培养靠教育。因此，通过科技创新推进中华民族伟大复兴，我们需要着重从以下几

①　习近平.中国共产党第十九届五中全体会议公报［N］.人民日报，2020-10-30.
②　习近平.高举中国特色社会主义伟大旗帜　为全面建设社会主义现代化国家而团结奋斗［M］.北京：人民出版社，2022：33.

个方面努力：

（一）充分发挥教育的基础性战略性支撑作用

通过实施科教兴国战略，培养大批高素质创新人才，发展科学技术，支撑民族复兴。在党的二十大报告中，习近平总书记强调指出，坚持教育优先发展，坚持为党育人、为国育才，全面提高人才自主培养质量，着力造就拔尖创新人才，聚天下英才而用之。我们要办好人民满意的教育，全面贯彻党的教育方针，落实立德树人根本任务，培养德智体美劳全面发展的社会主义建设者和接班人，加快建设高质量教育体系，发展素质教育，促进教育公平①。教育是发展的基础，培养科技创新人才是"国之大者"，这是教育光荣的使命，也是艰巨的任务。科技创新，教育是基础，人才是保障，坚持教育优先发展原则是贯彻以人民为中心的发展思想的具体实践，也是马克思主义群众史观在中国的生动实践。现代教育是科学技术再生产的重要条件，科学技术对社会生产发展的作用，在一定意义上是通过现代教育实现的。中国特色社会主义进入新时代，教育的基础性、先导性、全局性地位和作用更加凸显。十年树木，百年树人。要把教育摆在更加重要位置，全面提高教育质量，注重培养学生创新意识和创新能力。坚持教育优先发展，有利于各类人才脱颖而出，有利于实现人的自由全面发展，有利于为中华民族伟大复兴提供战略性人才支撑。

（二）充分发挥科技的基础性战略性支撑作用

实现中华民族伟大复兴，必须大力强化国家的自主创新能力和科技支撑力。在党的二十大报告中，习近平总书记强调指出，完善科技创新体系，坚持创新在我国现代化建设全局中的核心地位……加快实施创新驱动发展战略，加快实现高水平科技自立自强，以国家战略需求为导向，积聚力量进行原创性引领性科技攻关，坚决打赢关键核心技术攻坚战，加快实施一批具有战略性全局性前瞻性的国家重大科技项目，增强自主创新能力②。当今中国科技创新活动，要按照有助于进一步促进我国经济社会发展、保障和改善民生、提高原始创新能力的目标进行顶层设计和实践推进。这样的目标有助于我们正确解决发展中的不平衡不充分问题，更好更快地满足人民对美好生活的需要、提升生活品质；有助于我们畅通国内国际双循环，构建好新发展格局，实现

---

① 习近平．高举中国特色社会主义伟大旗帜　为全面建设社会主义现代化国家而团结奋斗［M］．北京：人民出版社，2022：33-34.

② 习近平．高举中国特色社会主义伟大旗帜　为全面建设社会主义现代化国家而团结奋斗［M］．北京：人民出版社，2022：35.

高质量发展；有助于我们更加顺利地推进全面建设社会主义现代化国家新征程。

（三）充分发挥人才的基础性战略性支撑作用

实现中华民族伟大复兴，教育是基础，科技是支撑，人才是关键。因此，在实施科教兴国战略、创新驱动发展战略的同时，必须大力实施人才强国战略，在全社会营造尊重知识、尊重人才、尊重创造的良好风气，把优秀人才都吸引到中华民族伟大复兴的历史伟业中来。在党的二十大报告中，习近平总书记强调指出，深入实施人才强国战略，坚持尊重劳动、尊重知识、尊重人才、尊重创造，完善人才战略布局，加快建设世界重要人才中心和创新高地，着力形成人才国际竞争的比较优势，把各方面优秀人才集聚到党和人民事业中来[①]。科技进步靠人才，人才是第一资源，是科技创新的根本和源泉。科技工作者应该强化爱国为民的服务意识，全社会更要大力营造尊重知识、尊重科学、尊重人才的良好氛围，不断提高科技工作者的生活幸福感和事业成就感，充分调动他们为实现民族复兴伟业而不懈奋斗的积极性、主动性和创造性。

（四）弘扬伟大建党精神，增强科技创新动力

伟大的精神滋养伟大的事业。精神是一个民族赖以长久生存和发展的灵魂。唯有精神上站得住、站得稳，一个民族才能在历史洪流中屹立不倒、挺立潮头。习近平总书记指出，科学成就离不开精神支撑，科学家精神是科技工作者宝贵精神财富[②]。2020年9月11日，在科学家座谈会上，习近平总书记重点阐述了爱国精神和创新精神，强调"科学无国界，科学家有祖国"[③]。回顾我国科技事业所取得的每一项重大成就，都离不开科学家无私报国、服务人民的高尚情怀和优秀品质。如果说求真是科学家精神的底色，那么爱国就是科学家精神的第一要义。一路走来，筚路蓝缕，我们靠什么实现从核弹爆炸成功到嫦娥2号探月卫星上天，再到神舟系列飞船上天，我们国家取得了举世瞩目的成就，这些成就的取得在于我们广大的科技工作者不怕吃苦，勇于担当，不断拼搏。我国科技事业取得的历史性成就，是一代又一代矢志报国的科学家前赴后继、接续奋斗的结果。如果说求索是科学家精神的外在表现，那么创新就是科学家精神的内在驱动。科学无止境，创新之路并非平坦。只有那些执着追求、创新

---

① 习近平.高举中国特色社会主义伟大旗帜 为全面建设社会主义现代化国家而团结奋斗［M］.北京：人民出版社，2022：36.

② 求是网.科学成就离不开精神支撑，习近平谈科学家精神［EB/OL］.［2022-05-10］.http：//www.qstheory.cn/zhuanqu/2021-10/05/c_1127926026.htm.

③ 习近平.在中国科学院考察工作时的讲话［J］.九江学院学报（社会科学版），2019（4）.

不停步的人，才能达到科学的光辉顶点。

三、结语

中华民族伟大复兴的前途是光明的，但道路是曲折的。科技创新已然成为大国战略博弈的重要战场。只有把关键核心技术掌握在自己手中，才能从根本上保障国家经济安全、国防安全和其他安全。从邓小平提出"科学技术就是第一生产力"这一重要论断开始，不仅是把科学技术之于国家发展的重要作用提升到了前所未有的高度，更是对马克思主义科学技术观和生产力理论的继承和发展，是对中国社会主义现代化建设实践经验的科学总结。建设科技强国是建设现代化强国、实现中华民族伟大复兴的必由之路，科技创新能力是建设现代化强国的关键内核。建设世界科技强国是党中央面向新时代做出的重大战略决策，这一目标与全面建设社会主义现代化国家新征程、向第二个百年奋斗目标高度契合。也就是说，科技创新与建设社会主义现代化强国、实现中华民族伟大复兴的中国梦紧紧相连。全国科技界和社会各界肩负着重大的历史使命，让我们紧密团结在以习近平同志为核心的党中央周围，攻坚克难、锐意进取，为加快建成世界科技强国、全面建设社会主义现代化、实现中华民族伟大复兴的中国梦做出更大贡献。

参考文献

［1］习近平.中国共产党第十九届五中全体会议公报［J］.人民日报，2020-10-30.

［2］习近平.高举中国特色社会主义伟大旗帜　为全面建设社会主义现代化国家而团结奋斗［M］.北京：人民出版社，2022.

［3］习近平.在中国科学院考察工作时的讲话［J］.九江学院学报（社会科学版），2019（4）.

［4］求是网.科学成就离不开精神支撑，习近平谈科学家精神［EB/OL］.［2022-05-10］.http：//www.qstheory.cn/zhuanqu/2021-10/05/c_1127926026.htm.

习近平总书记关于科技创新重要论述的探析

杨磊磊　张　娇

（大理大学马克思主义学院）

当今世界，科技创新愈加成为推动经济社会发展的主要力量，引领发展的第一动力是创新，国家强盛离不开先进生产力的发展，离不开科技创新。习近平总书记指出，要开辟发展新领域新赛道，不断塑造发展新动能新优势[①]。党的十八大以来，习近平总书记继承、丰富并发展了马克思主义科技观，立足国内国际两个大局，统筹推进科技创新工作，全面、系统、准确阐述什么是科技创新，怎样进行科技创新，科技创新的出发点和落脚点是什么的问题，对科技创新作了一系列重要论述，是习近平新时代中国特色社会主义思想的重要组成部分，不仅为新时代科技创新指明方向，而且为推进中国式现代化提供战略支撑。

一、习近平总书记关于科技创新重要论述的来源

习近平总书记关于科技创新的论述，既来源于对马克思主义科技观的继承、丰富和发展，又来源于新时代中国特色社会主义科技创新工作的伟大实践。

作者简介：杨磊磊，男，大理大学马克思主义学院马克思主义中国化专业硕士研究生。

通讯作者简介：张娇，女，大理大学马克思主义学院副教授，硕士研究生导师。

① 习近平.高举中国特色社会主义伟大旗帜　为全面建设社会主义现代化国家而团结奋斗：在中国共产党第二十次全国代表大会上的报告［M］.北京：人民出版社，2022：33.

（一）理论渊源

马克思恩格斯用历史唯物主义的世界观方法论，分析资本主义的生产方式指出，生产力的极大发展是解决斗争冲突和推动社会进步的重要因素，并且生产力的发展要在先进的社会制度和科技的高度发展下推动。列宁在批判性地继承马克思恩格斯科技观的基础上，基于当时小农经济仍然占据主导地位的俄国，创造性提出了适合当时俄国国情的科技观。列宁认为，科学技术的创新发展是发展社会主义的重要条件，并且高度重视当时的技术专家和科技人才的培养。

在中国革命、建设时期，毛泽东创造性地指出："科学技术这一仗，一定要打，而且必须打好……现在生产关系是改变了，就要提高生产力。不搞科学技术，生产力无法提高。"[1] 为中国科技创新工作奠定了坚实的基础。改革开放以后，邓小平开篇布局创新性的发展了马克思主义的科技观，提出了"科学技术是第一生产力"[2]、"中国要发展，离不开科学"[2]等一系列符合当时国情的观点，将马克思主义科技观进一步推向前进。江泽民聚焦当时科技创新存在的难题，强调："科学的本质就是创新……对中国来说大力推进科技创新、实现技术发展的跨越极为重要。"[3]科学地提出了科教兴国战略、可持续发展战略为中国科学技术创新指明了新的方向。胡锦涛认为，人类文明的进步离不开科学技术的革命性，要靠科技力量赢得发展先机和主动权，提出了以人为本的科学发展观[4]。

（二）实践来源

新时代以来，习近平总书记立足我国社会主义基本矛盾的转变，着眼国内国际两个大局，聚焦科技创新关键点，统筹推进科技创新工作，对新时代下我国科技创新的视野格局、能力、资源配置、体制政策等方面作了长远性、战略性、全局性的谋划。"天眼""墨子""悟空""北斗""嫦娥""蛟龙""天问"等科技创新成果不断涌现，实现了"上九天揽月，下五洋捉鳖"的千年梦想。在经济领域始终把创新作为引领经济发展的第一动力，中国速度从落后世界到赶上世界到领跑世界；在政治领域，依靠科技创新，基层组织创新工作服务，一系列惠民、便民新科技涌现，群众对基层党和政府满意度不断提高；在文化领域，依靠科技创新，文化事业和文化产业磅礴发展；

---

[1]　毛泽东.毛泽东文集：第八卷［M］.北京：人民出版社，1999：351.
[2]　邓小平.邓小平文选：第三卷［M］.北京：人民出版社，1993：274.
[3]　江泽民.江泽民文选：第三卷［M］.北京：人民出版社，2006：103.
[4]　胡锦涛.胡锦涛文选：第二卷［M］.北京：人民出版社，2016：166.

在社会领域，科技创新成果飞入寻常百姓家，人们的获得感、幸福感、安全感不断得到增强；在生态领域，依靠科技创新，我们着力解决污染防治问题，不断使中国的山变得更绿，天变得更蓝，水变得更清。

习近平总书记关于科技创新的重要论述，正是在马克思主义科技观的指导和一代代中国共产党人持续推进科技创新工作的历史进程中，特别是党的十八大以来的科技创新实践中孕育而生的。

二、习近平总书记关于科技创新论述的主要内容

习近平总书记关于科技创新的重要论述，既立足当下科技创新面临的实际问题又展望未来科技创新的进路。

（一）科技创新的本质论

通常我们把"本质"概述为现象背后客观存在的事物，是促使事物发生、发展、消亡的内在因素和推动事物发展的内部动力。科技创新的本质在于重塑新的社会关系，包括人与人、国家与国家、民族与民族之间的社会关系。早在 1845 年马克思就指出："人的本质是一切社会关系的总和。"[①]科技创新不仅是推动社会发展的重要动力而且是塑造社会关系的催化剂。习近平总书记认为，科学技术是世界性的、时代性的，发展科学技术必须具有全球视野[②]。人类从诞生到现在经历石器时代、青铜器时代、铁器时代、蒸汽时代、电气时代、信息技术时代，每个时代的交替，其核心的推动力都是先进生产力的高度发展，而生产力的高度发展进一步地重塑了社会关系，从而推动社会不断进步。

（二）科技创新的发展论

科技创新在于"革故"与"鼎新"。发展从哲学意义上来说是新旧两事物的产生和消亡。新时代科技创新怎样发展，习近平总书记认为，要坚持教育优先发展、科技自立自强、人才引领驱动[③]。既要在教育、科技自立自强、人才引领上"革故"，也要

---

① 马克思，恩格斯.马克思恩格斯全集：第十九卷［M］.中共中央马克思恩格斯列宁斯大林著作编译局，译.北京：人民出版社，2012：218.

② 习近平.习近平谈治国理政：第一卷［M］.北京：外文出版社，2018：123.

③ 习近平.高举中国特色社会主义伟大旗帜 为全面建设社会主义现代化国家而团结奋斗：在中国共产党第二十次全国代表大会上的报告［M］.北京：人民出版社，2022：33.

"鼎新"。革故针对的是阻碍科技创新发展的一切不适宜客观因素和主观条件，鼎新注重的是由内到外、由旧到新的转换和发展。教育优先发展讲求的是为谁培养人、怎样培养人、培养什么样的人的问题，习近平总书记强调，要办好人民满意的教育全面贯彻党的教育方针，落实立德树人的根本任务，培养德智体美劳全面发展的社会主义建设者和接班人①。科技自立自强讲求的是增强自主创新的能力。自主创新不等同于闭门造车，而是要实施创新驱动发展战略，"要坚定不移走中国特色自主创新之路，坚持自主创新、重点跨越、支撑发展、引领未来的方针，加快创新型国家建设步伐②。人才引领讲求的是人才培养的重要性问题。习近平总书记指出，人才是科技创新最关键的因素④，全面聚集人才，着力夯实创新发展人才基础③，要把各方面优秀的人才集聚到党和人民事业中来①。

（三）科技创新的中心论

科技创新的落脚点和出发点落实的是科技创新为了谁的问题。习近平总书记指出，江山就是人民、人民就是江山④，民心是最大的政治、党领导人民所推进的一切事业其最终归宿点都是以人民为中心。诚然，科技创新发展为的也是人民。一方面，科技创新拉动了人与人之间的距离。从古代封建社会的"飞鸽传书""鸿雁报信""八百里加急"到电报机、电话的普及，再到由单一到多元的各种聊天、视频软件的推广、AI 人工智能的运用，科技创新一直在以人为导向性，"人民对美好生活的向往，就是我们奋斗的目标"，科技创新是便民惠民利民的先进生产力。另一方面，为人民进一步的发展提供了空间和舞台。唯物史观认为，人民群众创造历史，这是不可否认的事实。科技的进一步创新不仅促进了生产力的极大发展，更是为人们的发展提供了空间。两者相辅相成，人认识的至上性可以推动科技创新，在现有科技创新的基础上人发挥其主观能动，进一步推动社会的发展，最终实现人自身全面自由的发展。

三、习近平总书记关于科技创新重要论述的价值意蕴

科技创新是国民经济发展的重要支撑，是提升综合国力的关键和核心。习近平总

① 习近平．高举中国特色社会主义伟大旗帜　为全面建设社会主义现代化国家而团结奋斗：在中国共产党第二十次全国代表大会上的报告［M］．北京：人民出版社，2022：34．

② 习近平．习近平谈治国理政：第一卷［M］．北京：外文出版社，2018：121．

③ 习近平．习近平谈治国理政：第三卷［M］．北京：外文出版社，2020：253．

④ 习近平．习近平谈治国理政：第四卷［M］．北京：外文出版社，2022：9．

书记关于科技创新的重要论述为实现中华民族伟大复兴提供了根本遵循。

（一）指明新时代科技创新工作的航标方向

中国的科技创新是立足本国国情，彰显大国情怀的创新。立足国情，科技创新要为社会主义现代化服务，在科技革命和产业革命交替演进的今天，以高新技术为代表的新一代生产力正变革阻碍其发展的生产关系，如何在历史潮流中将科技创新的主动权牢牢把握在自己的手中，习近平总书记指出，在思想引领上要坚定马克思主义的指导地位，道路问题上要坚持中国特色社会主义事业的科技创新，动力问题上要实施创新驱动发展战略，法治保障上要在深化科技体制改革方面要下足功夫、下够功夫，筑牢科技创新法律防线，人才培养上要培养和造就一大批创新型人才为社会主义现代化服务，精神支撑上要厚植中华优秀传统文化的自信，自强不息、艰苦奋斗是中华民族生生不息的精神基因，在科技创新工作中既要逢山开路又要遇水架桥，出发点和落脚点上要以满足人民日益增长的美好生活的需要为目标。

（二）推进中国式现代化发展的迫切要求

科技兴，则国兴，科技强，则国强。科技创新是国家发展、民族复兴的硬实力。习近平总书记指出，从现在起，中国共产党的中心任务就是团结带领全国各族人民全面建成社会主义现代化强国、实现第二个百年奋斗目标，以中国式现代化推进中华民族伟大复兴[①]。要推进中国式现代化，科技的自立自强是重要战略支撑。在实现现代化的进程中，党和国家提出了一系列的战略，从科教兴国、人才强国到创新驱动，体现的是科技创新成果的自信心和自豪感。人口规模巨大的现代化要求科技创新是全方位、多层次的创新，是服务十四亿多人口大国的科技创新。全体人民共同富裕的现代化要求科技创新不仅要"输血"，更要在输血的基础上"造血"，以推进共同富裕。物质文明和精神文明相协调的现代化要求科技创新不仅要"塑形"更要"铸魂"。文化自信是更基础、更广泛、更深厚的自信，在科技创新过程中要融入中华优秀传统文化的因素，使得在发展物质文明的基础上厚植精神文明。人与自然和谐共生的现代化，要求科技创新要在充分尊重自然的前提下做出对人类更大的贡献。和平发展的现代化，要求科技创新要构建全方位开放平台，经济全球化的趋势使得各国关系变得更加的紧密，在充分保护知识产权的前提下携手推进科技创新是各国的共赢，而非零和博弈。

---

① 习近平.高举中国特色社会主义伟大旗帜　为全面建设社会主义现代化国家而团结奋斗：在中国共产党第二十次全国代表大会上的报告［M］.北京：人民出版社，2022：21.

诚然，以科技创新推动中国式现代化是当前和今后一个时期的迫切要求。

创新和发展是中华民族伟大复兴的国运所系，一个没有创新的民族难以屹立于世界民族之林，习近平总书记关于科技创新的重要论述，既坚持马克思主义科技观的指导地位，又立足本国实际，回答了新时代科技创新是什么、怎么做、为谁做的时代之问，又丰富了习近平新时代中国特色社会主义思想的时代内涵，指明了新时代科技创新的方向，为人类文明的发展贡献了中国智慧和力量。

参考文献

［1］习近平．高举中国特色社会主义伟大旗帜　为全面建设社会主义现代化国家而团结奋斗：在中国共产党第二十次全国代表大会上的报告［M］．北京：人民出版社，2022.

［2］毛泽东．毛泽东文集：第八卷［M］．北京：人民出版社，1999.

［3］邓小平．邓小平文选：第三卷［M］．北京：人民出版社，1993.

［4］江泽民．江泽民文选：第三卷［M］．北京：人民出版社，2006.

［5］胡锦涛．胡锦涛文选：第二卷［M］．北京：人民出版社，2016.

［6］马克思，恩格斯．马克思恩格斯全集：第19卷［M］．中共中央马克思恩格斯列宁斯大林著作编译局，译．北京：人民出版社，2012.

［7］习近平．习近平谈治国理政：第一卷［M］．北京：外文出版社，2018.

［8］习近平．习近平谈治国理政：第三卷［M］．北京：外文出版社，2020.

［9］习近平．习近平谈治国理政：第四卷［M］．北京：外文出版社，2022.

新时代以科技创新推进中华民族伟大复兴

李鑫蕊　赵金元

（大理大学马克思主义学院）

当今时代，科技创新日益成为当今社会发展进步的第一驱动力。中国特色社会主义进入新时代，中华民族伟大复兴进入不可逆转的历史进程，坚持科技创新，实施创新驱动发展战略，建设创新型国家，是应对世界新科技革命和产业变革机遇与挑战的需要，是解决新时代我国社会主要矛盾变化、满足人民对美好生活追求的需要，也是实现中华民族伟大复兴中国梦的需要。

一、科技创新对社会发展的作用

当今时代，一个国家生产力发展的重要标志就是科学技术的发展，科学技术的发展是经济社会发展的第一驱动力。从全球发展趋势来看，科学活动与技术活动之间的联动越来越多，产生的交集也越来越多，出现了科学技术化和技术科学化的发展趋势，科学和技术渐渐地融合在一起。

对于一个社会的进步发展，生产力是最终决定力量，社会生产力的发展好坏，直接影响整个社会的稳定与团结[①]。我国改革开放总设计师邓小平同志曾经指出，科学技术是第一生产力。他认为，在进入到 21 世纪后，世界经济的发展会有一个明显的

作者简介：李鑫蕊，女，大理大学马克思主义学院马克思主义中国化专业硕士研究生。

通讯作者简介：赵金元，男，大理大学马克思主义学院教授，硕士研究生导师。

① 刘志迎.高新技术及其产业的十大特性［M］.深圳：海天出版社，2002：3-10.

变化，就是科学技术的高速进步与发展，将会对整个世界的经济发展起到决定性作用[①]。经济的增长已经越来越离不开科学技术的发展，社会的进步与发展同样越来越离不开科学技术的发展与进步，用科技创新推动社会向前发展是新时代全面建成社会主义现代化强国、实现第二个百年奋斗目标必须坚持的基本方向。

科技革命是推动经济和社会发展的强大杠杆。马克思认为科学是"历史的有力的杠杆"，是"最高意义上的革命力量"[②]。纵观古今，当社会结构发生重大变化时，无一例外的重要原因之一就是科学技术发生了革命性的变革。从第一次工业革命到第二次工业革命，再到第三次科技革命，使得整个人类社会都发生了巨大的变化。这3次革命使社会生产方式发生了巨大的改变，使人类的生活方式彻底地进入信息化时代，也改变了人类的思维方式。所以，一个国家要想迈上一个更高的台阶，实现一个飞跃式的发展，让国民过上更好的生活，就必须持续推进科学技术创新。

科学技术具有推动社会不断发展的作用。科学技术可以促进经济增长和社会发展继而更好地为人类创造幸福，科学技术的发展标志着人们改造自然的主观能动性增强，这也就意味着人们可以创造出更多的物质财富，从而也会对社会发展起到举足轻重的作用。把科学技术应用到生产活动中，可以让生产工具得到改进，生产者的劳动能力得到显著提高，使社会生产力得到显著发展。而由于社会生产力的不断进步与发展，生产关系也将随着生产力的发展而得到新的变革和完善，从而对整个社会制度的变革产生一定的影响。科学技术创新对于社会变革所起到的作用，不仅表现在推动物质资料生产方式的变化，在精神层面也会推动思想的上层建筑的变革，即推动人们的思维方式和思想观念的变化。所以我们要正确认识和运用科学技术，坚持科学技术是第一生产力，进一步推进创新驱动发展战略，始终坚持正确价值导向，使科技为人民谋幸福，为国家谋发展，为民族谋复兴。

二、新时代以科技创新推进中华民族伟大复兴的必要性

中国特色社会主义进入新时代，面对世界百年未有之大变局，我国面临的挑战和风险也越来越多、越来越大，要想战胜各种风险和挑战，必须坚持科学技术是第一生产力、人才是第一资源、创新是第一动力，深入实施科教兴国战略、人才强国战略、创新驱动发展战略。

是应对世界新科技革命和产业变革机遇与挑战的需要。进入21世纪，全球新一

① 迟福林.改革还有很长的路［M］.北京：中国经济出版社，2001：1-30.
② 马克思，恩格斯.马克思恩格斯全集：第二十三卷［M］.北京：人民出版社，1993：53-60.

轮科技革命和产业革命深入发展，国际力量对比深刻调整，全球科技创新发展的中长期态势也在发生重大变化。全球经济重心由欧美发达国家向新兴经济体转移，科技创新投入的不断增加，致使亚洲日渐成为全球高端生产要素和创新要素转移的重要目的地。知识的全球传播、扩散和国际科研合作也成了科学全球化最主要的表现形式。伴随全球这些趋势的变化，为了更好地应对全球趋势变化带来的风险和挑战，党的十九届五中全会强调，"坚持创新在我国现代化建设全局中的核心地位，把科技自立自强作为国家发展的战略支撑"①。所以要加快建设科技强国，才能更好地应对风险和挑战。

是解决新时代我国社会主要矛盾变化、满足人民对美好生活追求的需要。党的十九大报告中指出："中国特色社会主义进入新时代，我国社会主要矛盾已经转化为人民日益增长的美好生活需要和不平衡不充分的发展之间的矛盾。"②党的二十大报告仍然强调这个主要矛盾，表明发展的不平衡和不充分问题依旧严重，是制约人民迈向美好生活的主要因素。习近平总书记也曾强调，要把满足人民对美好生活的向往作为科技创新的落脚点，把惠民、利民、富民、改善民生作为科技创新的重要方向③。因此，依靠科技创新，大力提升发展的质量和效益，加快构建新发展格局，着力推动高质量发展，实现经济保持中高速增长和产业迈向中高端水平，是解决我国新时代社会主要矛盾、满足人民对美好生活追求的迫切需要和必然选择。

是实现中华民族伟大复兴中国梦的需要。习近平在党的十九大报告指出，实现中华民族伟大复兴是近代以来中华民族最伟大的梦想④。他在党的二十大报告中再一次强调，改革开放和社会主义现代化建设深入推进，实现中华民族伟大复兴进入了不可逆转的历史进程⑤。实现中华民族伟大复兴的中国梦是中国共产党历代领导集体所肩负的历史重任。回顾中国近代史，中国在同帝国主义列强做斗争的过程中，经历了一次又一次失败，其中一个重要原因就是科技不够发达，没有先进的武器来傍身，所以我们只能挨打，被迫签订了一系列不平等的条约。新中国成立后，我们大力发展生产力，坚持科技是第一生产力，在70多年的不断探索和实践中，我们经历了跟跑、并

① 习近平.在十九届五中全会上的讲话［N］.人民日报，2020-10-26.
② 习近平.决胜全面建成小康社会　夺取新时代中国特色社会主义伟大胜利［N］.人民日报，2017-10-28.
③ 习近平.在中国科学院第十九次院士大会、中国工程院第十四次院士大会上的讲话［N］.人民日报，2018-05-29.
④ 习近平.决胜全面建成小康社会　夺取新时代中国特色社会主义伟大胜利［N］.人民日报，2017-10-28.
⑤ 习近平.中国共产党第二十次全国代表大会报告［N］.人民日报，2022-10-16.

跑到部分领跑的过程，终于在科技方面有一席地位。如今，中华民族伟大复兴已经进入了不可逆转的历史进程，要想更好地实现这一个中国梦，必须要用好科学技术，必须集中力量推进科技创新，真正的落实好创新驱动发展战略，使创新型国家建设与第二个百年奋斗目标和实现中华民族伟大复兴的历史使命高度契合。

三、新时代以科技创新推进中华民族伟大复兴的路径

党的二十大报告指出："新时代新征程中国共产党的使命任务为：中国共产党团结带领全国各族人民全面建成社会主义现代化强国、实现第二个百年奋斗目标，以中国式现代化全面推进中华民族伟大复兴。"[1] 在新的征程中，面对世界百年未有之大变局和中华民族伟大复兴的战略全局，我们更应该以科技创新推进中华民族伟大复兴。

首先，坚持走中国特色自主创新道路，建设创新型国家。"坚持走中国特色自主创新道路，敢于走别人没有走过的路，不断在攻坚克难中追求卓越，加快向创新驱动发展转变"[2]，这是习总书记对科技创新提出的明确要求。建设创新型国家必须要加快实施创新驱动发展战略，加快实现高水平科技自立自强，以国家战略需求为导向，积聚力量进行原创性引领性科技攻关，坚决打赢关键核心技术攻坚战，加快实施一批具有战略性全局性前瞻性的国家重大科技项目，增强自主创新能力。建设创新型国家，还需加快形成有利于创新的治理格局和协同机制，搭建有利于创新的活动平台和融资平台，营造有利于创新的舆论氛围和法治环境。

其次，培养科技创新型人才。习近平总书记强调："当前，我国进入了全面建设社会主义现代化国家、向第二个百年奋斗目标进军的新征程，我们比历史上任何时期都更加接近实现中华民族伟大复兴的宏伟目标，也比历史上任何时期都更加渴求人才。"[3] 新征程上，我国实现高水平科技自立自强，归根结底要靠高水平创新型人才。这就要求我们更加重视人才自主培养，努力造就一批具有世界影响力的顶尖科技人才，努力培养更多高素质技术技能人才。重视财政、科技、金融等领域的政策创新，为构建产学研用结合的协同育人平台提供更加有利的外部条件。以体系制度保证将人才的个人追求、能力塑造与国家和用人单位用人需求高效对接，着力营造良好的人才发展生态。建立高质量人才自主培养体系，培育爱国奉献、团结协作、

① 习近平.中国共产党第二十次全国代表大会报告［N］.人民日报，2022-10-16.
② 习近平.在北京人民大会堂会见探月工程嫦娥三号任务参研参试人员的讲话［N］.人民日报，2014-01-06.
③ 习近平.在中央人才工作会议上的讲话［N］.人民日报，2021-09-27.

具有创新自信、敢于攻坚克难的青年英才，把科技发展和创新人才培养的主动权牢牢掌握在自己手里。

最后，实现科学技术理论创新和实践创新的良性互动。人类认识世界和改造世界就是一个不断创新的过程，通过对旧事物的不断创新，创造出更多新的科技成果来更好地改造世界。习近平总书记提出，要根据时代变化和实践发展，不断深化认识，不断总结经验，不断进行理论创新，坚持理论指导和实践探索辩证统一，实现理论创新和实践创新良性互动[①]。习近平总书记关于理论创新的论述，深刻地揭示了理论创新与实践创新的内在联系。科学技术的创新同样离不开理论和实践的双重创新，科学技术的理论创新为科学技术的实践创新提供了全新的理论支撑，科学技术的实践创新为科学技术的理论创新提供了源源不竭的发展动力。因此要想更好的推进中华民族伟大复兴，必须让科学技术理论创新和实践创新实现良性互动。

四、结语

科技创新是新时代我们实现中华民族伟大复兴的重要途径之一，也是我们党在面对世界复杂多变趋势中的有力支撑。我们坚信，只要坚持中国共产党的正确领导，坚持科学技术是第一生产力，积极落实创新驱动发展战略，让科学技术成为推进中华民族伟大复兴的强大动力，中国梦才能早日实现！

参考文献

［1］刘志迎.高新技术及其产业的十大特性［M］.深圳：海天出版社，2002.

［2］迟福林.改革还有很长的路［M］.北京：中国经济出版社，2001.

［3］马克思，恩格斯.马克思恩格斯全集：第二十三卷［M］.北京：人民出版社，1993.

［4］习近平.在十九届五中全会上的讲话［N］.人民日报，2020-10-26.

［5］习近平.决胜全面建成小康社会 夺取新时代中国特色社会主义伟大胜利［N］.人民日报，2017-10-28.

［6］习近平.在中国科学院第十九次院士大会、中国工程院第十四次院士大会上的讲话［N］.人民日报，2018-05-29.

［7］习近平.中国共产党第二十次全国代表大会报告［N］.人民日报，2022-10-16.

［8］习近平.在北京人民大会堂会见探月工程嫦娥三号任务参研参试人员的讲话［N］.

---

① 郝欣梅.对马克思主义鲜明特征新变化的几点思考：以"马克思主义基本原理概论"课为例［J］.时代报告，2018（22）.

人民日报，2014-01-06.

[9] 习近平.在中央人才工作会议上的讲话 [N].人民日报，2021-09-27.

[10] 郝欣梅.对马克思主义鲜明特征新变化的几点思考：以"马克思主义基本原理概论"课为例 [J].时代报告，2018（22）.

试论中国式现代化对科技创新的价值规引

李昌烨　王万平

（大理大学马克思主义学院）

党的二十大报告指出，"教育、科技、人才是全面建设社会主义现代化国家的基础性、战略性支撑"，要"完善科技创新体系，坚持创新在我国现代化建设全局中的核心地位"[①]。这一科学论述，指明了科技在中国式现代化中的重要地位，深刻揭示了以科技创新推动中国式现代化的旨向。在中国共产党的领导下，中国开创了不同于西方模式的中国式现代化，为发展中国家走向现代化提供了新的路径选择。准确来说，中国式现代化是人口规模巨大的现代化，是全体人民共同富裕的现代化，是物质文明和精神文明相协调的现代化，是人与自然和谐共生的现代化，是走和平发展道路的现代化[②]。

当今时代，科学技术化和技术科学化的趋势越来越明显，科学和技术日益趋于

作者简介：李昌烨，男，大理大学马克思主义学院马克思主义民族理论与政策专业硕士研究生。

通讯作者简介：王万平，男，大理大学马克思主义学院教授，硕士研究生导师。

① 习近平.高举中国特色社会主义伟大旗帜　为全面建设社会主义现代化国家而团结奋斗［N］.人民日报，2022-10-26（1）.

② 同①.

"一体化"①。鉴于此，本文将"科学""技术"联合起来使用，统称为科学技术或科技。在其本质上，科技创新可以理解为：人有意识、有目的的创造性活动②。而"科技创新是一把双刃剑"③，在造福人类的同时，也可能引起扩大贫富差距、遮蔽价值理性、过度开发自然乃至威胁和平环境等一系列消极问题。如何有效规避科技创新的消极作用？实现中国式现代化需要怎样的科技创新？认真研究并回答这些问题，是"以中国式现代化全面推进中华民族伟大复兴"④中心任务的迫切呼唤。因此，在中国式现代化视域下深刻关照和审视科技创新，具有重要现实意义。

一、推动共同发展：科技创新的重大使命

中国式现代化语境下，我国建设的是人口规模巨大的和全体人民共同富裕的现代化。我国是世界上第一人口大国，也是世界上最大发展中国家。这一现实国情意味着，我国要实现巨大人口体量的现代化，并不是轻轻松松、敲锣打鼓便能实现的；要实现全体人民共同富裕的现代化，身上的担子也并不轻松。而科技创新是我国现代化建设的重要动力，这就内在决定了科技创新的重大使命是推动共同发展。

要实现巨大人口体量的现代化和全体人民的共同富裕，一方面，应当充分发挥科学技术"伟大的历史杠杆"⑤作用。科技创新是生产力发展的重要生长点。蒸汽机的发明，电力的广泛运用，都以前所未有的方式极大地发展了生产力并创造着社会财富。当今时代，是一个互联网、智能化、数字化的时代。在当代世界科技革命和产业变革中，我国应该注重数字技术等高新技术的发展，通过科技创新赋能高质量发展，为共同富裕奠定坚实的经济基础。另一方面，科技创新应注重改善民生和增进公众幸福。新技术的应用可能会带来固化社会阶层、扩大贫富差距等社会问题。但内含"共同富裕"之意的中国式现代化，所强调的价值理念是共同发展，这就意味着科技进步所创造的发展红利不是被少数人独享，而是由全体人民共享，其旨向是提升全体人民的获得感、幸福感和安全感。当然，科技创新的推动力量，不应是无止境追求利润的资本

---

① 《马克思主义哲学》编写组.马克思主义哲学（第二版）［M］.北京：高等教育出版社，2020：182.

② 王学川.科技伦理价值冲突及其化解［M］.杭州：浙江大学出版社，2016：59.

③ 王茂诗.习近平科技创新思想的伦理意蕴［J］.中国高校科技，2018（4）：4-6.

④ 习近平.高举中国特色社会主义伟大旗帜　为全面建设社会主义现代化国家而团结奋斗［N］.人民日报，2022-10-26（1）.

⑤ 马克思，恩格斯.马克思恩格斯全集：第二十五卷［M］.北京：人民出版社，2001：592.

力量，而应是广大人民群众的真正需要。

科技创新既要发挥"科学技术是第一生产力"①的作用，也应注重改善民生和增进公众幸福，从而推动人口规模巨大的和全体人民共同富裕的现代化。

二、推动协调发展：科技创新的目标导向

中国式现代化语境下，我国建设的是物质文明和精神文明相协调的现代化。"两个文明"相协调的价值规引，内在决定了科技创新的目标导向是推动协调发展。也就是说，加快科技创新，既要从工具理性维度考虑，也应从价值理性维度考量。

一方面，科技创新应合乎工具理性，但要防止工具理性过度膨胀。事实上，我们可以通过工具理性提供的途径和方法实现科技创新，进而为人类谋取更多的福祉和利益。当然，我们要注重规避工具理性过度膨胀所带来的片面性和种种弊端，不应沉迷于工具理性而忽视了对人文主义的追问。另一方面，科技创新要合乎价值理性，把人的价值，尤其是人的生命健康价值置于应有的高度。近代西方依靠科技进步带来了物质繁荣，但在经济利益遮蔽下，出现了"只见物不见人"的现象，而人也沦为一种工具性而非目的性存在。事实上，科技创新本身不是目的，科技研发和运用的最终目的是人自由而全面的发展。中国式现代化语境下，科技创新应明确科技活动的人本价值，重视精神文明建设和人文情怀关照，彰显科技对人的全面发展的促进作用，从而超越工具理性与价值理性脱节所带来的困境。

科技创新既应合乎工具理性，也应合乎价值理性，从而推动物质文明和精神文明相协调的现代化。

三、推动和谐发展：科技创新的重要伦理

中国式现代化语境下，我国建设的是人与自然和谐共生的现代化。人与自然和谐共生的伦理意蕴，内在决定了科技创新要在人与自然的协调发展中发挥作用，应尊重自然顺应自然保护自然，促进人与自然和谐共生。

一方面，科技创新应该用于人类合理开发和利用自然。科技的发展标志着人类改造自然能力的增强②。就此而言，科技创新意味着人类将拥有加速改造和利用自然的能力。但即使如此，科学技术的运用同样要合乎自然规律，尽量把对生态环境的损害降

---

① 邓小平. 邓小平文选：第三卷［M］. 北京：人民出版社，1993：274.

② 本书编写组. 马克思主义基本原理［M］. 北京：高等教育出版社，2021：152.

至最低限度，从而促进自然生态的平衡发展。能创造社会财富却严重破坏生态环境的科技创新，都应当慎重对待乃至被禁止。另一方面，科技创新应注重促进绿色低碳发展。不可否认，科技运用不当导致了生态破坏、环境污染等问题；同样不可否认，科技亦是解决这些问题的有效手段。通过推进绿色科技创新，我们可以减少对生态环境的破坏并修复被破坏的生态环境。当然，每一项科技创新都会或多或少地带来新的问题，新问题的解决又需要相应的新科技，而新科技又带来新问题，如此循环往复。然而，我们没必要由此悲观地认为科技创新所带来的福祉已经走向其反面。更切实可行的做法是以审慎态度对待科技创新，通过多种机制防范科技创新所可能导致的风险，一旦出现问题就要及时控制。

科技创新既应该用于人类合理开发和利用自然，也应注重促进绿色低碳发展，从而推动人与自然和谐共生的现代化。

四、推动和平发展：科技创新的人类情怀

中国式现代化语境下，我国建设的是走和平发展道路的中国式现代化。走和平发展道路的价值规引，内含了科技创新应具有深厚的人类情怀，推动和平发展。

一方面，科技创新应强调"不伤害原则"[1]和造福人类。历史上，西方资本主义国家在科技进步的条件下，将他国当作物件或工具加以技术化处理和运用，通过资本原始积累等残酷方式推进现代化。这种受资本逻辑主导的科技运用，在世界上制造了新的等级形式和强制形式，有悖于人类整体的发展诉求。与西方现代化进程中的科技创新相反，中国式现代化语境下的科技创新，既反对科技成为人类的刽子手和侵略战争的帮凶，还注重以科技创新解答人类发展难题，让中国的科技创新造福全人类，如新冠疫情的有力防控便是明证。另一方面，科技创新应注重增强国防实力。我国坚持走和平发展道路，实现和平发展亦是中国人民的不懈追求。但热爱和平并不意味着害怕战争，也不意味着不能增强国防实力。战争与和平的辩证法告诉我们，"能战方能止战"，只有通过加快国防和军队现代化建设才更有实力和能力成为世界和平的坚定捍卫者，而这"必须向科技创新要战斗力"[2]。

科技创新既应强调"不伤害原则"和造福人类，也应注重增强国防实力，从而推动走和平发展道路的现代化。

---

[1] 王克.推动科技创新 科技伦理教育不能缺位［J］.思想教育研究，2006（7）：13-15.
[2] 本书编写组.毛泽东思想和中国特色社会主义理论体系概论［M］.北京：高等教育出版社，2021：285.

五、结语

科技作用的发挥归根结底取决于社会制度。一方面，具有显著优越性的社会主义制度为负责任的科技创新提供了根本制度保障；另一方面，中国式现代化中包含多个"中国式"特定内容，这些特定内容蕴含的多重伦理意蕴[①]，"不断推动科技向善、造福人类"[②]。概言之，中国式现代化语境下的科技创新是负责任的创新：不仅对本国人民负责，亦对世界人民负责；不仅对当代人负责，还对子孙后代负责。而中国式现代化是由中国共产党领导的社会主义现代化，这就在根本上保证了中国式现代化能有效发挥对科技创新的价值规引作用。

科技迅猛发展所带来的影响有许多未知的一面，但我们不能因噎废食停止科技创新。科技作为全面建设社会主义现代化国家的基础性和战略性支撑之一，其创新程度直接影响着中国式现代化的发展水平。与此同时，基于国情实际的中国式现代化亦对科技创新提出了负责任的要求。中国式现代化中内含的多重价值意蕴，并不是为了约束科技创新的快速发展，而是提请科技创新应实现与社会的良性互动，不断满足广大人民群众对美好生活的向往。一言以蔽之，通过中国式现代化规引科技创新向善，以负责任科技创新推动中国式现代化，对于扎实推进中华民族伟大复兴具有重要意义。

参考文献

［1］习近平.高举中国特色社会主义伟大旗帜 为全面建设社会主义现代化国家而团结奋斗［N］.人民日报，2022-10-26（1）.

［2］《马克思主义哲学》编写组.马克思主义哲学（第二版）［M］.北京：高等教育出版社，2020.

［3］王学川.科技伦理价值冲突及其化解［M］.杭州：浙江大学出版社，2016.

［4］王茂诗.习近平科技创新思想的伦理意蕴［J］.中国高校科技，2018（4）.

［5］马克思，恩格斯.马克思恩格斯全集：第二十五卷［M］.北京：人民出版社，2001.

［6］邓小平.邓小平文选：第三卷［M］.北京：人民出版社，1993.

［7］本书编写组.马克思主义基本原理［M］.北京：高等教育出版社，2021.

［8］王克.推动科技创新 科技伦理教育不能缺位［J］.思想教育研究，2006（7）.

---

① 李建华，刘畅.中国式现代化新道路的伦理意蕴［J］.武汉大学学报(哲学社会科学版)，2022(4)：27-39.

② 中国政府网.中共中央办公厅国务院办公厅印发《关于加强科技伦理治理的意见》［EB/OL］.（2022-03-20）［2022-10-20］.http://www.gov.cn/zhengce/2022/03/20/content_5680105.htm.

［9］本书编写组.毛泽东思想和中国特色社会主义理论体系概论［M］.北京：高等教育出版社，2021.

［10］李建华,刘畅.中国式现代化新道路的伦理意蕴[J].武汉大学学报(哲学社会科学版)，2022（4）.

［11］中国政府网.中共中央办公厅国务院办公厅印发《关于加强科技伦理治理的意见》［EB/OL］.http：//www.gov.cn/zhengce/2022-03/20/content_5680105.htm.

三等奖

云南省第十届科学技术哲学与科学技术史研究生论坛三等奖论文（论文正文略）

序号	文章名称	作者	作者学校
1	华严圆融精神对人与自然的探讨	陈文丹	云南大学
2	恩格斯的科学哲学思想对孔德实证科学——哲学的超越	付正发	云南大学
3	论马克思"被解放的身体"	韩卫华	云南大学
4	量子纠缠与《易经》中哲学思想的关联性比较	王宁宁	云南大学
5	托尔金《魔戒》"中土世界"的生态科技观	张 珊	云南大学
6	科学技术哲学视域下中华民族共同体意识的传播路径	赵玉凤	云南大学
7	浅谈波普尔的证伪论及其意义	周晓燕	云南大学
8	技术主义的困境与反思：从厄里刻希马库斯讲辞谈起	邹林圻	云南大学
9	技术赋能：基于算法推荐技术的大学生信息茧房破解之道	漆 丽	昆明理工大学
10	新时代云南省科技创新助力绿色发展探究	杨志媛	昆明理工大学
11	梅洛庞帝对德雷福斯人工智能哲学思想的启示	曾紫卿	昆明理工大学
12	科学美的研究现状及其当代价值探索	杜伟莉	昆明理工大学
13	科技创新需要坚持人民立场	叶俊梅	昆明理工大学
14	科技创新优化"两新"组织党建路径研究	任明淑	昆明理工大学
15	习近平科技创新思想的哲学意蕴探析	李灼花	昆明理工大学
16	以科技自立自强推进中华民族伟大复兴	高湄阳	昆明理工大学
17	科学技术创新与人民美好生活	解 筝	昆明理工大学
18	从马克思主义女性主义视角看科技创新与妇女解放的相互作用	杨明娇	昆明理工大学
19	青年科技创新助推伟大"中国梦"的实现	寸丽琴	昆明理工大学
20	科技创新助力红色资源的育人路径探析	马丹妮	昆明理工大学
21	虚拟仿真实验教学在高校思政课教学中的应用	杨 娜	昆明理工大学
22	基于中国百年电力发展下新时代科学技术创新的思考	李佳慧	昆明理工大学
23	新时代地方高校研究生拔尖创新人才培养策略	陈佳倩	昆明理工大学
24	守正创新：党建引领科技创新的逻辑理路与推进策略	刘朝军	昆明理工大学
25	坚持以人民为中心推动科技创新	胡桂玲	云南师范大学
26	从《唐宫夜宴》看科技赋能传统文化	何 娜	云南师范大学

续表

序号	文章名称	作者	作者学校
27	科学技术异化对科技创新的影响	李灿洋	云南师范大学
28	马克思主义利益理论发展史研究	李靖雯	云南师范大学
29	"美丽中国"视域下的绿色科技创新研究	申 颖	云南师范大学
30	浅析马克思主义科技观的内涵及其现实意蕴	杨 亚	云南师范大学
31	国风游戏推动传统文化传播新途径探究	赵 杰	云南师范大学
32	周恩来科技战略思想对新中国科学技术发展的贡献	周 西	云南师范大学
33	试论中华民族伟大复兴的世界历史意义	牟兴义	云南师范大学
34	GIS 在考古学研究中的应用及前景展望	宁发金	云南农业大学
35	科技创新助力农业高质量发展研究	邵凯欣	云南农业大学
36	马克思主义科学技术社会论视阈下的网络强校建设	杨丽萍	云南农业大学
37	"激励理论"下非物质文化遗产保护研究	叶智伟	云南农业大学
38	马克思科技创新思想及实现路径研究	张潇润	云南农业大学
39	科技创新对于社会经济发展的影响	戴 悦	云南农业大学
40	纳西族剪纸研究	胡 涛	云南农业大学
41	浅谈文山烟区在烟草生产中的创新	钟绍兵	云南农业大学
42	中国式现代化背景下农业农村现代化重要意义探究	郭佳丽	云南农业大学
43	"文化堕距理论"下科技考古技术在地方性知识保护中的应用	杨雁雯	云南农业大学
44	云南保山甜柿发展及对策研究	倪超群	云南农业大学
45	乡村振兴背景下农旅融合发展问题探讨——基于安宁市凤仪村的调查	许 越	云南农业大学
46	新科技革命对我国发展的影响	林 渺	云南农业大学
47	浅析马克思主义科技创新思想的当代价值	卢玉婷	云南农业大学
48	推进科技创新，走好民族复兴路	耿枝仙	云南农业大学
49	以提高医药科技创新能力来保障人民健康事业的发展	李 敏	云南农业大学
50	新中国成立以来粮食安全问题	李丹凤	云南农业大学
51	小型农业机械化助力乡村振兴战略实施的对策研究	高静雅	云南农业大学

序号	文章名称	作者	作者学校
52	新时代农民科技创新意识的培育研究	毕国强	云南农业大学
53	重庆永川：智能引领唱好"双城记"	李亚腾	云南农业大学
54	浅析科技创新促进中华民族伟大复兴的影响	孙文梅	昆明医科大学
55	新冠肺炎疫情下中国大学生心理健康状况研究进展	刘基嫣	昆明医科大学
56	新冠疫情下关于预防医学专业的思考	陈洁	昆明医科大学
57	以"耗散结构"理论分析应对精神科护士职业倦怠	田海艳	昆明医科大学
58	流产临床治疗技术发展与人民生活质量水平的关系	唐岑	昆明医科大学
59	科技创新为巨龙插上腾飞的双翼	王浩楠	昆明医科大学
60	弗洛伊德精神分析视域下少数民族焦虑状态探讨	杨雯	昆明医科大学
61	从自然辩证法的角度看待循证医学	杨静雯	昆明医科大学
62	疫情对大学生校园生活影响的研究	冯玉洁	昆明医科大学
63	与时俱进，践行当代医者使命	吴霞	昆明医科大学
64	哲学思维在人体解剖学中的应用及指导意义	边立功	昆明医科大学
65	聚焦"四个面向"，推动精准医学的高质量发展	孟明耀	昆明医科大学
66	马克思主义哲学基本原理在心力衰竭患者救治中的应用	张雅永	昆明医科大学
67	关于医院的科技创新举措及效果相关的调查	韩旭等	昆明医科大学
68	跳出医学唯技术怪圈	胡锦秀	昆明医科大学
69	科技创新助推中华民族伟大复兴	高偌淇	西南林业大学
70	实现中华民族伟大复兴必须坚持走中国特色自主创新道路	罗靖	西南林业大学
71	乡村振兴战略下农业科技创新的思考和建议	万成龙	西南林业大学
72	绿色科技创新助力中华民族伟大复兴	王丹鹤	西南林业大学
73	科技创新与中国生态现代化的关系之思考	陈娟	西南林业大学
74	全面推进科技创新，为乡村振兴赋能	李创	西南林业大学
75	马克思主义理论人才本硕博连读培养模式探究	宋汶峰	云南民族大学
76	习近平对邓小平科技创新思想的继承和发展	陈鹏	云南民族大学
77	以中国式现代化全面推进中华民族伟大复兴	张宇	云南民族大学

续表

序号	文章名称	作者	作者学校
78	基于中国科技发展探索历程的角度看科技创新助力中华民族伟大复兴	黄 颖	云南民族大学
79	科技创新与中华民族伟大复兴的内在联系	金轶伦	大理大学
80	中国共产党百年科技创新的历史实践与经验研究	赵玉春	大理大学
81	坚定党理想信念推进民族伟大复兴	方 丹	大理大学
82	论习近平关于科技创新论述的形成背景、基本内容及价值意蕴	许琳琳	大理大学
83	科技振兴助推中华民族伟大复兴	孙立珊	大理大学
84	百年民族复兴的成功经验	邓 洁	大理大学
85	论马克思主义基本原理同中华优秀传统文化相结合	郑 欢	大理大学
86	从冬奥精神看新时代青年的使命担当	余义平	大理大学
87	新媒体时代红色资源在思政课中的应用	李 娟	大理大学
88	冕宁县红色文化资源开发利用研究	王佩贤	大理大学

后 记

  云南大学百年华诞，是每一个"云大人"既欢欣鼓舞又倍感荣幸的大事！作为国家"211 工程"大学和首批"双一流"建设高校，云南大学创造了一个又一个辉煌！我们作为云南大学的一分子，愿尽绵薄之力，把这本凝聚着大家心血和汗水的论文集交到出版社，最后及时呈现在学界和读者的面前，算是我们献给云南大学的生日礼物，聊表心意。

  第十届云南省科学技术哲学与科学技术史研究生论坛于 2022 年 11 月 5 日在云南大学校园成功举办，论坛气氛热烈，思想交锋的火花闪耀！这本厚厚的论文集是各校提交给论坛的优秀论文的荟萃。在此，我们感谢云南省自然辩证法研究会理事长杨玲教授、荣誉理事长诸锡斌教授、副理事长樊勇教授；感谢云南大学政府管理学院党委书记李娟教授、院长方盛举教授、哲学系主任杨勇教授等领导的大力支持！感谢云南大学、昆明理工大学、云南师范大学、云南农业大学、昆明医科大学、西南林业大学、云南民族大学、大理大学等 8 所高校相关专业的导师与研究生的积极参与。感谢云南大学研究生张甜甜、曹凯、王清龙、赵玉凤、李鹏、郭星宇、甫世欣、龙梓瑞、李金发、谢尚文、李书海、方瑞韬，他们参与了本论文集的整理工作。我们还要感谢科学技术文献出版社的崔静女士和中国科学技术出版社的王晓义先生，他们为论文集的出版付出了艰苦的劳动！

编者

2023 年 5 月 1 日